소방 안전 공학

최재욱 · 전성균 공저

FIRE PROTECTION
SAFETY
ENGINEERING

화수목

머리말

우리나라가 경제대국으로 성장할 수 있었던 것은 어려운 여건 속에서도 기술의 발전이라고 생각된다. 이에 대한 인간의 생활을 풍요롭게 하기 위한 제품개발 및 생산기술이 급속도로 진행되고 있는 오늘의 산업사회는 다양화, 전문화, 복잡화, 첨단화되어가는 기술시대라 할 수 있다.

산업이 발전함에 따라 취급하는 위험물질이나 유해물질의 종류가 증가하고, 더욱이 저장량과 수송량이 대형화되고 속도가 빠르게 이루어지고 있을 뿐만 아니라 생산설비의 고온, 고압, 심냉 등에 의한 조건들이 도입되고 있다. 그러나 안전기술을 그 바탕으로 하지 않는 생산, 운송, 저장 등의 활동은 항상 대형 재해의 잠재위험을 가지고 있는 것이다.

국외의 사고를 보면 영국의 Flixborough에서의 증기운 폭발사고, 이태리의 세베소에 있는 이쿠메사사의 독성물질인 TCDD누출사고, 인도의 보팔에 있는 Union Carbide사에서의 독성물질인 MIC누출사고 및 멕시코 LPG기지의 폭발사고 등과 같은 화학 Plant의 대형사고 발생은 종업원에 한정하지 않고 인근주민 및 지역 환경에도 엄청난 피해를 남겼을 뿐만 아니라 세상을 공포와 놀라움 속에 빠지게 하였다.

우리나라에서도 L화학의 분진폭발사고를 비롯하여 크고 작은 화재·폭발사고가 발생하였다. 최근에는 충북 제천의 스포츠센터 화재와 2018년 1월 경남 밀양의 병원에서 발생된 화재로 인하여 78명이라는 목숨을 잃은 후진국형의 사고가 발생하였다.

따라서 우리나라의 소방·안전 활동도 체계적이고 과학적인 방법으로 하지 않으면 안되는 시점에 이르렀으며, 지금까지 미약하였던 소방·안전 분야의 연구가 활발하게 이루어져 사고예방에 기여토록 하여야 한다.

본서는 현장의 산업안전 기술자와 소방·안전공학을 전공하고 있는 대학의 학생들을 위해 화학공업 관련분야에서 발생할 수 있는 화재·폭발 및 독성가스 누출사고 등의 대형 산업재해 예방을 위해 필요한 기초이론과 위험성 평가방법 등의 예방기술을 정리하였다.

그러나 모든 분야를 이 한권의 책에 다 정리한다는 것은 어려울 뿐 아니라 필자가 천학비재(淺學非才)하여 내용이 미흡한 부분이 많을 것으로 생각되기에 독자 여러분의 이해를 바란다.

끝으로 이 분야에 관심이 많은 분들의 지도와 편달을 바라며 이 책이 출판되기까지 물심양면으로 지원과 수고를 해주신 화수목 출판사 사장님을 비롯한 여러분께 감사를 드린다.

2018년 3월

최재욱 · 전성균 드림

차 례

Chapter 01

소방 · 안전공학의 정의

1.1 소방 · 안전공학의 특징

소방·안전공학은 다른 학문의 분야와 비교하면 많은 차이점이 있다.

첫째는 실제의 산업사회에는 평화롭지 못한 사건으로서 사고와 재해가 발생할 수 있는 불안이 존재하고 있다. 그럼에도 불구하고 지금까지의 여러 공학의 전문분야에서는 모두 순조로운 생산공정에 대해서만 교육과 연구를 행하여 왔다고 할 수 있다. 공학을 공부하는 사람은 안전에 대하여는 상식으로서 몸에 익숙해있다는 것으로 가정되어 있는 것처럼 안전은 상식이었고 학문의 대상으로는 되지 않는 것으로 생각하여 왔다.

지금까지의 생각으로서는 재해는 부주의에 의해 일어나는 것으로 주의만 하면 안전은 지켜지는 것으로 말하는 것이 일반적인 상식이었다. 안전의 문제를 공학으로 체계화시킨다고 하는 것은 생각할 수 없는 것으로 여겨왔다. 그러나 대학의 학부학생에게 안전에 대하여 가르치는데 있어 그 내용이 상식적인 설명에 불과하다든지 체계가 서있지 않는 단편적인 지식이어서는 안 된다는 것은 너무도 당연한 것이다. 역시 보편타당성을 가진 지식체계로서 계통적으로 짜여진 학문으로서 인정된 것이 아니면 안 된다. 여기에 소방·

안전공학은 종래에 없던 하나의 새로운 학문으로서 근본적으로 조직화해야 할 필요가 있다. 소방·안전공학은 주로 산업 활동에 수반하여 발생하는 재해의 원인과 경과의 구명과 그의 방지에 필요한 과학과 기술에 관한 계통적인 지식체계로 정의한다.

그러므로 소방·안전공학의 첫 번째 특징으로서 종래 돌아다보지 못한 영역을 대상으로 하는 신규학문이라고 할 수 있다.

둘째로 소방·안전에 관한 문제는 관계를 가지는 대상 범위가 아주 넓다고 하는 특징이 있다. 지금까지 발생한 재해와 공해의 구체적 실례를 들어도 알 수 있을 것으로, 그 원인 구명이나 대책 수립에는 기존의 세분화된 학문 중의 하나의 영역으로는 충분하지 못하고, 관련되는 이학이나 공학의 지식을 동원하여 이것을 체계적으로 종합하여 고찰하지 않으면 복잡한 재해와 공해의 참다운 원인이나 대책은 찾아보기 어렵다. 그것들의 원인 구명에는, 예를 들어 기계공학만의 지식 또는 공업화학이나 분석화학만의 지식을 가지고서는 최종적인 해명에 도달하기가 어려운 것이다.

여기에 소방·안전공학은 본질적으로 학술적인 입장이 서야 한다는 필요성을 깨닫는다. 기존의 학문을 배운 그 방향의 전문가는 자기 학문분야의 울타리를 벗어나 다른 학문분야의 지식을 광범위하게 흡수하여 학술적인 발상을 항상 얻을 수 있는 노력을 계속하지 않으면 안전공학을 바르게 이해하고 이 학문을 구사하기에 이르기가 어려운 것이다.

지금까지의 경험에서 본다면, 종래의 전문분야만을 지키는 소위 전문가는 대상 사실에 자연히 한계가 있으므로, 바르다고 생각하여도 편견을 고수하여 결국 잘못된 판단에 빠져 들어가는 일이 많이 있다. 이것은 자기의 전문영역의 지식이 풍부함에도 불구하고, 역으로 다른 전문분야에 대한 무지에 신경을 쓰지 않는 까닭일 것이다.

그러므로 소방·안전공학을 공부하는 사람은 항상 자기 지식의 수비범위를 될 수 있는 한 확대해가도록 끊임없는 연구가 필요할 것이다. 이것은 안전공학에 종사하는 사람의 숙명이라고 생각하지 않을 수 없다. 이러한 의미에서 안전공학은 각 종의 전문분야에 관련이 있는 종합공학(綜合工學)이라고 할 수 있는 특징을 가지고 있다.

그러나 모든 이학이나 공학에 통달한다는 것은 초인이 아닌 한 불가능한 것이라고 생각하는 사람도 있지만, 소방·안전공학에서는 그와 같은 것을 요구하고 있는 것은 아니다. 자기의 전문분야를 살리면서 그 밖의 분야를 등한시 하지 말고, 광범위하고 자유롭게 나른 분야를 이해한 상태에서 낭면하게 되는 구체적인 재해와 공해의 현상해석에 필요한 정도의 지식과 판단력을 충분히 갖추어야만 하는 것이다.

그 외에 안전공학은 필요에 따라서 인간공학이나 보건위생학, 병리학, 방역학, 독물학 등의 인간을 대상으로 하는 연구 성과를 받아들이지 않으면 안 되는 일이 많다. 한편 경영학이나 법학, 심리학 등의 사회적인 학문의 지식이 필요한 경우도 있다. 소방·안전공학은 공학이라고 하지만, 기존 공학에서 보는 것 같은 좁은 분야를 가리키는 것이 아니고 인간과 사회 모두를 연구대상에 포함시키는 종합공학이라는 것이 그 특징이다. 안전공학은 사람과 물건과의 양면에서 분석해가는 시스템공학(System engineering)임과 동시에 위험성의 예지, 예측에 대한 inter-disciplinary approach이며, 보기에 따라서는 multi-disciplinary approach이다.

셋째, 소방·안전공학은 그 성립의 밑바탕에 휴머니티(humanity) 또는 인도주의의 이념이 흐르고 있다는 것이다. 종래의 여러 공학들은 모두 경제적 능률을 지표로 하였으나 소방·안전공학에 있어서는 공학 중에 휴머니티(humanity)가 도입된 것으로 생각해도 좋다. 소방·안전공학은 경제적인 능률주의가 포함되어 있는 한편 인간의 귀중한 생명과 건강을 유지하고 사회의 평안을 지키는 것을 목표로 하고 있는 것으로서 다른 공학에서는 찾아볼 수 없는 것이다.

넷째는 종래의 공학이 모두 적극적으로 경제적 능률을 추구하는 것이었는데 비해 소방·안전공학에서 생각하고 있는 것은 소극적이긴 하지만 재해와 공해에 의한 비능률화를 저지함으로써 산업을 건전하게 이끌어가려고 하는 것이다. 계장설비를 완비한 자동화(automation)공장일지라도 사고가 전혀 발생하지 않는다고 할 수 없다. 만약 화재, 폭발 등의 사고가 발생한다면 생산시스템이 정지되든지 소실되어 폐허가 되기도 한다. 그러므로 사고의 발생을 예방하지 않으면 애써 이룬 능률공장도 그로 인하여 더 없는 비능률에 빠지고 만다.

사전에 사고의 발생을 예측하여 그 방지를 위한 근본적인 대책을 세워놓지 않으면 산업능률의 유지는 불가능한 것으로, 사전에 재해의 발생원을 알아내기 위해서는 소방·안전공학의 적용을 필요로 하는 것이다. 넓게 생각하면 안전공학의 기초가 있어야 비로소 산업이 성립할 수 있기 때문에 안전공학은 소극적이라고는 하지만 산업발전에 없어서는 안 될 기본적인 명제라는 것이 명백하다. 그뿐 아니라, 예를 들어 종래는 발화폭발의 위험이 있어 도저히 실현하지 못한 생산 공정도 여기에 안전공학의 지식을 도입하여 위험의 본질을 구명하여 위험을 제거하는 기술적 방법을 찾아낼 수 있다면 지금까지 불가능시 되어있던 새로운 공정이 실시 가능케 된다. 이것이 바로 안전공학의 적극적인 활용의 한 예이다.

이상에서 설명한 것을 정리해보면, 소방·안전공학의 특징은 다음과 같이 요약할 수 있다.

① 소방·안전공학은 신규의 분야를 가진 공학이다.
② 소방·안전공학은 학술적인 종합 공학이다.
③ 소방·안전공학에는 휴머니티(humanity)가 그 바탕에 깔려있다는 것이다.
④ 소방·안전공학은 소극적이긴 하나 산업능률 향상에 없어서는 안 되는 기초가 되는 것이다.

또한 소방·안전공학이 지향하는 사회적 지료로서는 다음의 세 가지를 들 수 있다.

① 산업에 종사하는 사람들의 생명과 건강을 지키는 일
② 산업에 위치하고 있는 지역주민의 평안과 건강을 수호하는 일
③ 재해의 발생에 의한 생산설비와 원재료, 제품의 손실을 방지하는 일

이상에서 볼 때 소방·안전공학에는 인도주의와 경제주의를 일체가 되게 하여 조화되고 이상적인 산업사회를 건설하려는 주장이 그 바탕을 이루고 있다. 즉, 안전공학을 연구하여 이것을 실천하는 것은 사회에 대한 봉사이며, 그것이 완전하게 행해질 때 만족해야만 한다.

1.2 소방 · 안전공학의 목적

안전이란 무엇인가라고 말하면 위험하지 않은 것이다. 위험이란 무엇인가라고 말하면 그것은 안전하지 않다는 것이다. 결국 이것으로는 무엇을 의미하는지 잘 깨닫지 못하며 그만큼 안전을 정의한다는 것은 어려운 일이다.

안전을 정의하려고 하면 어떻게 해도 추상론이 되기 싶다. 안전이란 무엇인가라는 추상적인 논의에 열중하는 것보다는 구체적인 안전대책을 실행하는 것이 더욱 중요한 일이라고 할 것이다.

요컨대 재해 또는 공해와 같은 유해무익한 것을 어떻게 하면 전무의 상태로 할 수 있겠느냐고 하는 명제에 대하여 구체적인 방법을 제공하려는 것이 소방·안전공학이 목적으로 하고 있는 것이다.

소방·안전공학에 있어서 그 연구대상이 되는 재해는 인간의 행위가 그 발생에 관련되어 있어 그 원인을 제거함으로써, 발생을 방지할 수 있는 것이 아니면 안 된다. 예를 들면,

지진, 태풍 등과 같은 자연재해 또는 천재의 발생 기구를 논하는 것은 본래의 안전공학의 영역이 아니고 방재공학의 영역이다. 그러나 지진의 결과로서의 건물 파괴, 화재의 발생 등은 안전공학의 대상이 됨과 동시에 한편으로는 방재공학으로도 취급되는 것으로 중복되는 부문이다.

본래 안전공학은 그 연구대상으로 취급하는 것은 인위재해 또는 인재이다. 인위재해는 그 발생 원인을 제거함으로써 예방이 가능한 것이다. 이것에 대하여 천재는 인력으로 그 발생을 예방한다는 것은 불가능한 것이다. 만약 천재가 발생한다면 어느 정도의 피해를 입는 것은 피할 수 없다. 지진과 태풍 등의 발생 그 자체는 인간의 힘으로 통제할 수 없는 것이므로 그 발생은 어찌할 수 없는 것으로 하고, 우리들이 할 수 있는 것은 그로 인한 손실을 어느 정도라도 감소시킬 수 있는 범위로 하는 것이다. 그러나 인재의 발생은 인간의 행위에 관계되는 것이므로 그 행위가 없으면 처음부터 인재는 발생하지 않는다. 이것이 천재와 인재의 근본적인 차이점이다.

원칙적으로 말하면 천재의 예방은 불가능하지만 인재의 예방은 가능하다고 할 수 있다. 다시 말하면, 천재의 대책은 발생 후 손해의 경감을 도모하는 것이나, 인재의 대책은 처음부터 그 발생이 전무하도록 노력하는 것이 최선의 방법이라고 할 수 있다.

실제로 인재라고 하지만 이것을 전무로 한다는 것은 아주 곤란한 것이다. 그러나 인재는 원칙적으로 예방 가능하다는 것을 확신하여 어디까지나 그 전무를 기하기 위하여 노력을 경주하는 것이 바른 태도라고 할 수 있을 것이다.

그런데 인재에는 여러 종류가 있다. 그것이 발생하는 장소에 따라 구별한다면 일상생활에서 발생하는 것과 직장에서 발생하는 것이 있다. 또, 발생 후의 피해에 따라서 분별하면 물적 재산상의 손해가 발생하는 경우와 인적인 생명과 건강에 영향이 나타나는 경우가 있다. 우리들은 일상생활을 하는 가운데 각종 사고를 다하여 손해를 입는 일이 있다. 예를 들면, 가정에서 일어나는 노인과 어린이에 대한 재해, 아파트나 호텔에서의 화재, 자동차 또는 항공기의 의한 교통재해, 군중의 집합장소에서 일어나는 재해 등 일상생활에 있어서도 위험은 도처에서 볼 수 있다. 또한, 우리들이 직업으로 하는 매일의 사회활동 중에서도 위험에 많이 직면하게 된다. 예를 들면, 인체의 재해가 가장 많은 것은 건설작업의 현장이다. 높은 곳에 설치되어 있는 받침대에서의 추락, 중량물의 운반 작업에 의한 수족의 상해, 용접작업 중의 감전, 지하공사 중의 산소결핍에 의한 질식사고와 붕괴사고 등이 발생할 위험이 많다.

기계공업에 있어서도 특히 공작기계를 취급하는 직장에 있어서 수족의 재해가 많이 발생한다. 이것들은 직업에 종사하는 가운데 발생하는 재해이므로 일반적으로 산업재해라고 부른다. 또 직장에 통근 도중이나 옥외작업의 이동 중에서도 교통재해를 당하는 경우가 있는데, 이들도 산업재해의 범위에 포함되는 경우가 있다.

이상에서 설명한 기계적인 인체재해 외에 일산화탄소와 황화수소 등의 유해가스가 누출되어 급성 가스중독에 걸려 생명을 잃는 일도 있다. 또는 산소결핍으로 인하여 질식하는 경우도 많다.

탄광이나 광산 등의 굉도에는 분진이 많으며, 용접이나 절단작업을 할 때는 유해가스와 흄(fume) 등이 발생한다. 금속의 세정작업에는 염화수소의 증기가 누출되고, 도장작업에서는 유해성 용제증기가 동반하게 된다. 오랫동안 이러한 분위기 안에서 작업을 한다면 직업성 질병 또는 직업병에 걸리는 일이 있다.

화학공장과 석유공장에서는 화재나 폭발사고가 발생하기 쉽다. 그로인해 화상 등의 인체재해 외에 생산설비가 파괴되어 경제적으로 큰 손실을 당하게 된다. 복구할 때까지의 기간은 생산이 정지됨으로 인한 손해가 생기는 것 외에 그 제품을 원료로 하여 사용하는 다른 사업에까지 영향을 미친다. 특히 화학공장에서 발생하는 재해는 일반적으로 다른 분야의 재해보다 대형화되는 경우가 많다. 예를 들면, 인도의 dyhya Pradesh주의 수도인 Bhopal 소재 Union Carbide 계열회사인 carbamate계 농약공장(Union Carbide India, Ltd.)에서 1984년 12월 2일 밤에 농약 원료로서 유독화학물질인 MIC(Methyl Isocyanate)가 누출하여 약 2,500명이 사망하였으며, 14,000여 명이 심한 장해를 받고 320,000명이 영향을 받은 큰 사고가 발생하였다.

위험물질을 수송하는 거대한 탱커(tanker)와 육상의 탱크로리(tank lorry) 등에서 탱크(tank)의 폭발사고가 일어나는 것도 그 원인은 위에서 설명한 공장 내의 폭발사고와 동일한 것이다.

때때로 화물선이 항해 중에 파랑으로 인하여 선체가 파손된다든지, 구조상의 결함 때문에 양중기가 넘어진다든지, 굉도의 암석이 낙반을 일으키거나 파괴 붕괴 재해도 큰 피해를 가져오게 하는 것이다.

이와 더불어 최근에는 공장의 연돌 또는 배수구를 통하여 배출되는 산업폐기물에 의하여 대기, 수질 또는 토양이 오염되어서 건강장애와 악취문제가 발생하는 일이 많아졌다. 이러한 것들을 산업공해 혹은 환경오염이라고 한다.

이상에서 설명한 바와 같이 직업 또는 산업에 관련하여 발생하는 인재의 종류를 들어보면 다음과 같이 다섯 종류로 대별할 수 있다.

① 노동재해 또는 직업상의 신체재해

② 공업중독 또는 직업성 질병
③ 화재 또는 폭발에 의한 재해
④ 파괴 또는 붕괴에 의한 재해
⑤ 환경오염 또는 산업공해

소방·안전공학이 그의 연구대상으로 하는 것은 상술의 다섯 가지 영역에 해당하는 재해와 공해이다. 이것들은 상호 원인도 되고 결과도 되는 관계가 있으므로 종합적으로 고려할 필요가 있다. 이들의 재해는 모두 인재이기 때문에 인간의 지혜와 노력에 의하여 이것을 예방하고 전무의 상태로 하는 것이 가능한 것이다.

이들 재해와 공해의 발생원인과 경고를 명확하게 하여, 구체적인 방지대책을 세워서 학문으로서의 지식체계를 정립시켜나가는 것이 소방·안전공학의 주된 목적이다.

더욱이 소방·안전공학은 각종 재해원인을 해석하여 얻은 지식을 적극적으로 이용하여 지금까지 위험에 대한 공포로 실시하기 곤란하였던 새로운 생산프로세스(Process)를 안전하게 조작하는 방법을 개발하여 이것을 실시 가능하게 할 수 있다.

1.3 화학공업의 화재와 폭발

1.3.1 화재

화재는 [사람의 의도에 반하여 발생 내지는 확대하고 또는 방화에 의해 발생하여 소화의 필요가 있는 연소현상으로서, 이것을 소화하는데 소화설비 또는 같은 정도의 효과가 있는 것을 이용할 필요가 있는 것]으로 규정되어 있으나, 단적으로는 가연성 물질이 의도에 반하여 연소하여 손실을 발생시키는 것이 화재라고 생각되어진다. 그러므로 화재로 인한 손실액은 상당히 큰 것이 보통이다.

화재는 단순한 연소 이외에 많은 인위적 요인과 사회적 요인이 결합되어 있으므로, 이것을 도시(일반)화재와 산업화재로 나누어 생각할 수 있다. 도시화재의 원인은 대부분 화염, 고온물이며, 주수에 의하여 소화가 가능하다. 만약 소화에 시간이 걸릴 때는 연소의 확산에 의해서 확대되고 큰 화재로 되며, 소실한 것은 일반 대중의 소비재이다. 반면에 산업화재는 화염, 고온물이 발화원이 되는 경우도 있으나, 이외에 충격, 마찰, 단열

압축, 자연발화, 전기불꽃(정전기의 방전에 의한 화재도 포함) 및 광선, 열선이 발화원으로 되는 경우가 있다. 소화는 주수에 의하여 성공하는 경우도 있으나, 때로는 주수에 의하여 역으로 화력이 증대하는 것도 있어 특수한 소화방법을 채택하지 않으면 소화시킬 수 없는 경우가 있다. 그러므로 현재까지는 산업시설은 소방법을 비롯한 여러 법규에 의해서 엄중한 규제를 받음으로써 화재의 확산에 의한 대규모의 도시화재로 발전하는 것은 거의 없으나, 많은 생산재가 소실되기 때문에 손해액은 아주 크게 되는 것이 보통이다.

산업화재의 발생빈도를 업종별로 살펴보면, 일반적으로 화학공업, 제재-목제품공업, 금속주조-제련업, 식료품공업, 기계기구공업, 방직공업, 인쇄, 제본업의 순으로 나타나는데, 이 중 가장 발생빈도가 높은 것이 화학공업이다. 화학공업은 가연성가스, 인화성액체, 폭발성 물질 등의 화약약품을 원료 또는 제품으로 취급하고 있기 때문에 화재발생빈도가 높다.

화재는 산업화재든 도시화재든 그의 사전방지가 가장 바람직한 것으로, 그렇게 하기 위해서는 발화원 대책이 화재 방지의 주된 것이나 산업화재의 경우에는 가연성 물질, 특히 가연성 기체, 액체의 누설 방지가 중요하다.

불행하게도, 화재가 발생한 경우에는 화염이 가지는 열에너지는 물론 화염에서 방사되는 방사열(복사열)은 주변의 가연성 물질을 가열, 발화시켜 화재의 확대를 돕는 결과로 피해는 시간의 경과와 더불어 기하급수적으로 증가함으로써 당연히 소화가 필요하게 된다.

소화는 연소의 3요소인 가연성물질, 공기(산소), 열(착화원) 중에서 어느 한가지만이라도 제거하면 그의 목적을 달성시킬 수 있다고 말할 수 있다. 더불어 연소의 화학반응은 여러 종류의 분자, 원자, 유리기가 고온 하에서 복잡하게 작용하여 형성되는 고속 연쇄반응의 집합이라고 할 수 있으므로 이 연쇄반응의 일부를 중단시키는 것이 되면 소화의 목적을 달성시키게 된다. 따라서 연소의 3요소에 이 연쇄반응의 중단을 더하여 이들 4종류가 소화조건이라고 할 수 있다. 그러나 이들은 소화의 조건을 정성적으로 표현하는 것은 적합하나, 실제의 소화에 필요한 충분조건이라고 말할 수 없고, 소화방법에 대한 정량적인 취급에 있어서의 충분한 정보와 지식을 얻는 것은 곤란하다.

산업화재에 있어서 화재의 초기단계에서 소화, 즉 초기 소화는 아주 효과적인 것으로서 소화의 이상(理想)이라고도 말한다. 산업화재는 대부분의 경우, 어떠한 이유에 의해 탑조류나 배관에서 가연성 가스와 액체의 누설이 원인이 되기 때문에, 누설의 방지가 소화활동에 꼭 필요한 일이다. 이것을 잊어버리면 소화에 성공하여도 재착화의 위험이 남아있어 폭발을 유발한다든지, 누설물이 독성을 가지고 있는 경우에는 중독의 위험이 발생할 수 있다는 것을 잊어서는 안 된다. 현실적으로 초기 소화에 필요한 것은 소화기이므로, 이것은 현장의 예상되는 화재에 적합한 소화제를 주제로 한, 조작이 간단하고 작동이 확실한 것을 선정하여 필요한 수량을 설치하는 것은 물론이고, 보수나 점검을 철저히 행하여 그 성능의 유지에 노력함과 동시에 화재발생이라고 하는 이상사태에 충분히 대처할 수 있도록 하기 위해 교육훈련이 필요하다.

불행히도 초기 소화에 성공하지 못한 경우에는 기존의 소화설비를 사용하고, 자체 소방대의 소화활동을 개시시킴과 동시에 소방서에 연락하여 소화활동을 전개해야 한다.

1.3.2 폭발(Explosion)

화재는 가연물의 연소현상이므로, 특히 압력에는 관계가 없으나 폭발은 본질적으로 압력이 급상승하는 현상으로서 압력이 발생하는 원인으로는 연소, 분해, 증발 등의 현상이 포함되어 있다. 이것이 화재와 폭발의 차이점이다.

따라서 폭발은 가연물의 연소반응에 의해 일어나는 것 외에 발열적인 분해반응과 액체의 급격한 증발에 의해서도 일어난다. 그러므로 반드시 착화를 필요로 하는 것은 아니다. 만약 폭발과 화재는 속도의 차이뿐이라고 생각한다면 폭발의 본질을 잃어버린다. 결과적으로 폭발과 화재는 서로 차원이 다른 개념이다.

그런데 폭발의 본질을 급격한 압력의 상승현상으로 보면, 그의 결과로 발생하는 용기, 탱크, 건물 등의 파괴, 파편의 비산, 충격파의 발생, 충격파와 폭풍압에 의한 2차적 파괴, 폭발음, 고온가스의 분출, 그것에 의한 가연물의 착화, 폭발 후에 발생하는 화재 등은 모두 폭발에 수반되어 일어나는 현상이다.

폭발재해는 생각지도 못한 때에 발생하고, 순간적으로 진행되어 사상자를 내고, 폭발 후에 화재가 발생하면 공장은 폐허로 되어버린다. 폭발재해에는 일반 화재의 경우와 같이 초기소화와 본격적 소화에 시간을 쓸 수 있는 여유가 없다. 따라서 폭발에 의한 손해를 방지하기 위하여 가장 유효한 대책은 폭발을 예방하는 대책이 있을 뿐이다.

그런데 지금까지 공장의 폭발재해는 원인이 불명확한 것이 많고 예방대책도 생각할 수 없는 경향이 많았다. 그러나 폭발재해도 인재인 이상, 이것을 예방하는 것은 불가능한 것은 아니다. 폭발의 예방대책을 찾기 위해서는 과거에 발생한 폭발재해의 사례를 많이 수집하여 이것을 기본으로 과학적 해석을 행하고, 그들의 발생원인과 확대경과의 실상을 정확하게 파악하는 일부터 시작하지 않으면 안 된다.

1.4 화재폭발사고의 유형분석과 예방대책

1.4.1 예방대책과 긴급대책

최근 화재폭발사고의 빈도가 높고, 재해규모가 커지게 된 것은 여러 가지의 이유가 있다고 생각되나, 산업의 발전에 따라서 취급하는 위험물질이나 유해물질의 종류가 증가하고, 더욱이 저장량과 수송량이 대량으로 되고, 수송과 생산의 속도가 빠르게 되었을 뿐만 아니라, 생산 공정에서 고압, 고온, 심냉 등의 극한조건이 도입되도록 되었기 때문이다.

기업은 먼저 사고가 일어나지 않도록 사전에 예방대책을 실시하여야 한다. 그러나 만일 사고가 발생한 경우에는 지역주민피해, 종업원피해 또는 생산피해가 발생하므로 이들의 피해를 경감하기 위하여 긴급대책을 강구하여야 한다.

법률상의 규제는 어떠한 화재폭발사고에 의한 지역주민 및 종업원에 대한 피해의 경감을 목적으로 하는 긴급대책에 중점을 두는 것은 당연한 것이다.

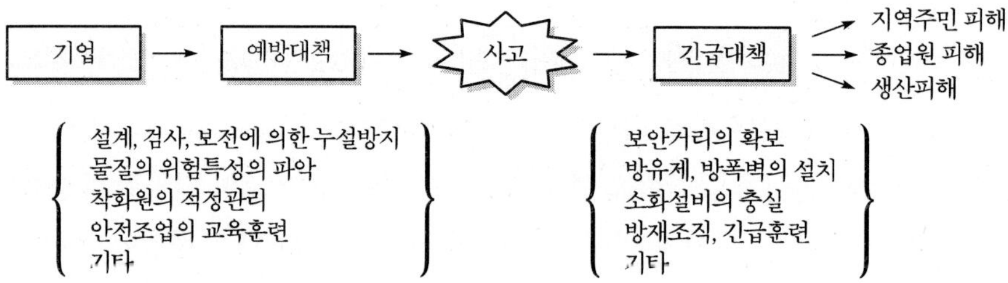

그림 1.1 예방대책과 긴급대책

긴급대책으로 구체적 사항을 열거하면 다음과 같다.

① 민가 또는 공공시설과 공장시설과의 사이에 있어 보안거리, 공장 내의 설비간 거리
② 누설가스의 강제 확산 또는 희석 장치
③ 가연성 액체의 누설확대를 방지하기 위한 방유제 또는 방액제
④ 대량누설의 방지를 위한 긴급차단장치
⑤ 설비의 내압의 이상상승을 방지하기 위한 안전변 또는 방폭장치
⑥ 발생한 화재를 진압하기 위한 소화설비 또는 살수냉각설비
⑦ 폭발사고에 의한 폭풍을 방지하기 위한 방폭벽
⑧ 인원대피를 위한 피난설비 또는 배연설비
⑨ 응급처치를 위한 지역방재조직 및 긴급훈련

긴급대책은 사고 발생 시의 피해를 경감시키기 위하여 필요한 대책이긴 하나, 이것만이 만능의 것은 아니다. 그러므로 이것에 앞서는 대책으로 예방대책에 전력을 다하여야 한다. 만약 기업이 예방대책에 성공하면 화재폭발사고는 발생하지 않을 뿐 아니라, 생산피해는 물론 종업원피해와 사회불안 및 주민피해도 전혀 없게 된다.

그러므로 우리들의 노력 목표는 예방대책에 철저를 기하는 편이 대책으로서 가장 현명한 것이다. 따라서 예방대책은 기업자체가 경영 업무상의 중대과제로 하여 자발적으로 그의 완전한 실시에 전력을 다하지 않으면 안 되는 것이다.

1.4.2 화재폭발사고의 종류와 발생하기 쉬운 작업의 종류

(1) 작업의 종류

화재폭발사고가 발생하기 쉬운 종류로서는 경험상 다음의 것을 들 수 있다.

(가) 일상작업 중의 사고

일상 운전 중에 금속의 피로나 부식의 진행 또는 위험한 미량 불순물의 축적 등에 의하여 배관, 압축기, 정제탑, 반응탑, 저온액화가스, 분리장치 등에서 가연성가스의 분출이나 폭발사고가 일어나기 쉽다.

(나) 비정상작업 중의 사고

공장건설, 취부공사, 시운전, 운전정지, 운전재개, 청소, purge, 수리, 검사, sampling, 폐기, 구급 등의 비정상 작업 시에 종종 화재폭발사고가 발생한다.

(다) 수송, 저장 중의 사고

pump의 가압수송에 의해 도관배관을 통한 유체수송 중 선박 또는 차량에 의한 위험물 수송 중, 선적 또는 하역작업 중, 휴대운반 중, 창고, 사이로, 탱크 등에 저장 중에 화재폭발사고가 발생하기 쉽다.

(라) 연구실험 중의 사고

연구실험실, pilot plant, 야외실험장 등에 있어서 예기치 못한 화재폭발사고가 일어나기 쉽다.

(마) 기상변화, 천재에 의한 사고

기압변화, 강설, 호우, 홍수, 벼락, 지진 등이 있을 때, 이것이 원인이 되어 화재폭발사고가 일어나는 경우가 있다.

(2) 착화원의 종류

(가) 나화(裸火)

① 난방, 담뱃불, 난로, 소각 등의 나화

② boiler, torch lamp 등의 나화

③ gas냉장고, FID검출형 gas chromatography 등의 작은 화염 등

(나) 고온표면(高溫表面)

① 전열기, 가열로, 배기관, 염도 등의 고온부

② 용융금속, slag

③ 가스절단의 불꽃 등

(다) 충격마찰

① 경합금 주물제의 공구에 의한 충격불꽃

② 배관 내를 고속기류로서 운반되는 scale과 배관내면과의 마찰에 의하여 생성하는 고온 scale입자

③ 회전부분의 마찰면 등

(라) 전기불꽃

① 전구의 파괴

② 전기활선의 단락 또는 절단

③ 절환스위치의 개폐

④ 자동제어장치, 냉장고 등의 전기접점 등

(마) 정전기 불꽃

① 석유류의 유동 또는 여과

② 가연성 가스 또는 mist의 분출

③ 습기 있는 스팀의 누설

④ nozzle에서 나오는 수류의 충격 등

(바) 단열압축

① 밸브의 급속한 열림조작에 의한 고압가스의 발열

② 액체 내부의 기포의 충격압에 의한 발열

③ 탱크 내 갑작스런 재료투입에 의한 발열 등

(사) 복사열

① 태양광선의 열

② 화염의 복사열 등

(아) 자연발열

① 흡습, 산화, 분해, 흡착, 중합 등에 의한 화학반응열의 축적

② 혼합위험에 의한 반응열의 축적 등

(3) 화재 및 폭발의 종류

화재의 종류에는 (가) 가스화재, (나) 기름(油)화재, (다) 금속화재, (라) 전기화재, (마) 이연물(易燃物)화재, (바) 산소과잉화재 등이 있다.

폭발의 종류에는 (가) 혼합가스폭발, (나) 단일가스의 분해폭발, (다) 분진폭발 및 분무폭발, (라) 혼합위험에 의한 폭발, (마) 폭발화합물의 폭발, (바) 증기폭발 등이 있다.

이상의 화재 및 폭발은 어느 것이나 앞에서 설명한 착화원의 에너지가 존재하여 발생한다. 그러나 증기폭발만은 착화원이 필요 없고, 단지 평형을 잃은 과열 상태의 액체가 출현이 존재하여 발생되는 것이다.

실제에 있어서는 발생한 화재가 원인이 되어 폭발사고가 유발되는 경우도 있고, 최초에 폭발사고가 일어나는 직·후에 화재가 발생하게 되는 경우도 있다.

1.4.3 화재폭발사고의 유형

실제의 경험에서 본 수많은 화재폭발사고의 원인과 경과를 상세하게 조사하여보면 화재폭발사고는 많은 원인이 연쇄적으로 조합되어져서 발생하고 있다는 것을 잘 알 수 있다.

화재폭발사고는 그들의 발생과정에 따라 이것을 몇 가지의 요인으로 분류하여, 그들의 요인을 조합하여 생각해볼 수 있다. 요인으로는 다음의 6종류를 들 수 있다.

1) 용기, 배관 등의 재료의 파괴 또는 변형, 밸브의 개방
2) 화학반응열 또는 잠열의 축적
3) 위험물질의 존재 또는 축적
4) 내용물의 누설 및 확산
5) 고온물 또는 착화원의 형성
6) 인적 오조작

이들의 요인을 조합하는 것에 의해 표 1.1에 나타내는 바와 같이 6종류의 유형으로 분류할 수 있다.

표 1.1 화재폭발사고의 유형분류

대분류	소분류(요인조합)	예방대책
I. 단순착화형: 착화원을 필요로 하는 폭발	A. 착화파괴형의 폭발(3+5+1) 용기 내에 있는 위험물질에 착화하여 내압이 급상승하기 때문에 용기의 파열이 일어난다.	(1) 원재료, 제품, 폐기물 등의 위험특성의 파악 (2) 착화원에 대한 적정관리
	B. 누설 착화형의 폭발(1+4+5) 용기에서 위험물질이 밖으로 누설하여 이것에 착화하여 폭발 또는 화재를 일으킨다.	(1) 누설방지를 위한 안전설계, 재료선택, 보전검사의 실시 (2) 누설 가스의 감지경보 (3) 밸브조작 등의 안전조업에 대한 교육훈련
II. 자연발열형: 반응열의 축적에 의한 폭발	A. 자연발화형의 폭발(3+2+5) 발열반응의 반응열이 서서히 축적하여, 자연발화에 의해 착화하고, 그 때문에 폭발 또는 화재를 일으킨다.	(1) 물질의 자연발화 특성의 파악 (2) 자연발화를 일으키는 조건을 제거
	B. 반응폭주형의 폭발(3+2+1) 자연발열이 개시되어 용기 내에서 증기압 또는 분해가스의 압력이 급격히 상승하여 용기의 파열을 일으킨다.	(1) 온도, 압력 등의 제어 및 반응열 방산을 위한 냉각교반 시스템의 확보 (2) 자연중합개시의 방지
III. 증기폭발형: 과열액체의 증기폭발	A. 열이동형의 증기폭발(5+2+1) 액체가 접촉한 고열 물체에서 열이 급속하게 이동하여, 액체는 과열상태로 되고 급격한 증발에 의하여 압력의 급상승이 일어난다.	(1) 고온작업에 있어서 물의 존재의 위험성 인식 (2) 액화가스의 접촉 또는 혼합에 의한 폭발 위험성 인식
	B. 평형파탄형의 증기폭발(1+2+4) 고압의 밀폐용기 내에서 증기압 평형으로 되어있던 액체가 용기의 파괴에 의한 압력저하로 인해 평형이 깨어져 과열액체가 급격한 증발을 일으켜 압력의 급상승을 일으킨다.	(1) 기액혼재의 밀폐용기의 균열에 의한 증기압 평형파탄의 위험성의 인식 (2) 밀폐용기의 내압이상 상승의 방지

표 1.1에서와 같이 폭발재해의 형식을 분류하여 보면 폭발의 예방대책은 단순한 것이 아니라, 이들 6종류의 형식에 따라서 근본적으로 각각 다르다는 것이 명확하게 되었다. 종래는 폭발이 서로 다른 형식의 것으로 이루어져 있다는 것을 알지 못했기 때문에 적절한 예방대책을 알지 못하고 폭발은 예방이 곤란한 것으로 판단하는 경향이 있었다고 생각된다. 즉, 6종류의 폭발의 발생과정이 서로 다름과 동시에 예방대책도 각각 서로 다른 것이다.

Chapter

02

위험성물질

일반적으로 화재 또는 폭발을 일으킬 위험성이 있거나, 인간의 건강에 유해하든지 인간의 안전을 위협할 우려가 있는 물질을 위험성 물질(위험물, hazadous materials)이라 한다.

1971년 미국 노동성의 직업안전 건강관리청(OSHA)에서는 작업 중의 고용자를 대상으로 한 규제 중에서 다음과 같이 위험물을 정의하고 있다.

위험물이라 함은 다음의 한 가지 또는 그 이상의 성질을 가진 물질을 의미한다.

(1) 밀폐식 인화점 측정법에서 인화점이 140°F(60°C) 이하 또는 자연발열을 일으키기 쉬운 것
(2) 허용 농도가 기체 또는 증기로서 500ppm 이하, 연무(mist)로서 500mg/m^3 이하 및 분진으로서 25mppcf(1mppcf=1ft^{3}당 100만 입자) 이하
(3) 1회 투여의 경구 50% 취사량(LD$_{50}$)이 50mg/kg 이하
(4) 다량의 발열을 동반하여 중합을 하기 쉬운 것
(5) 강 산화성 또는 환원성
(6) 단시간 폭로로서 제1도 화상을 일으키든가, 피부접촉에 의하여 상해를 일으키는 것
(7) 일반 작업 중 한 가지 또는 그 이상의 상기 성질을 가진 분진, 가스, 연무, 증기, 안개, 연기를 발생시키는 것

일반적으로 위험물을 협의의 위험물과 광의의 위험물로 분류할 수 있으며, 협의의 위험물질은 위험물안전관리법령의 규정에 따라 관리되고 있으며, 위험물의 저장, 취급 및 운반에 관한 사항을 규정함으로서 위험물로 인한 위해를 방지하여 공공의 안전을 확보하는데 목적이 있다. 위험물안전관리법 제2조의 규정에 의하여 지정된 인화성, 발화성 등의 성질을 가지는 위험성 물질에 대한 정보로서 위험물안전관리시행령 제 2조 및 제 3조에 규정된 위험물의 범위를 제1류에서 6류까지 규정하고 있으며, 산업안전보건법에서는 산업안전기준에 관한 규칙 제10조 및 제254조에 위험물을 폭발성 물질, 발화성 물질, 산화성 물질, 인화성 물질, 가연성 가스, 부식성 물질, 독성 물질로 분류하여 규정하고 있다. 광의의 위험물은 화재, 폭발위험성, 부식성, 독성 등의 위험성을 가진 물질을 총망라한 것으로서 소방법 외에 화약류 안전관리법, 고압가스 안전관리법, 독극물, 방사선 물질 및 공해 관계법령에 규정하고 있는 물질을 말한다.

2.1 국제연합(United Nations)의 위험물 분류

위험물질의 분류방법을 통일하고 화재, 폭발위험성, 부식성, 독성 등의 위험성을 가진 물질을 망라하기 위하여, 국제연합(UN)의 경제사회이사회에 설치되어있는 위험물운송전문위원회(Committee of Experts of the Transport of Dangerous Goods)가 작업을 완료하고 권고하고 있는 것을 조약으로 채택하는 것을 검토하고 있다.

UN분류에는 위험물을 9가지의 Class로 분류하고 있으며, 그 Class중에서 더욱 세분하여 구분하고 있다. 이 분류는 수송되는 물질에 대하여 적용되는 것으로, 이 분류에 들어가지 않은 물질 중에도 위험한 것은 존재하고 있으며, 예를 들면 환경오염 방지를 위해 규제되어지고 있는 물질 등이다.

UN의 분류방법을 나타내면 다음과 같다.

Class1. Explosives(화약류)

(a) 폭발성 물질(물질자체는 폭발성이 없지만 폭발성 가스, 증기 또는 먼지가 생기는 것은 포함되지 않음). 위험성이 너무 커서 수송할 수 없는 것이나 기타 위험성이 탁월한 것은 제외한다.

(b) 폭발성 물질, 폭발성 물질의 양 또는 성질에 따라서 운송 중에 소홀히 하여 혹은 사고로서 발화 또는 기폭하여도 비상, 화재, 연기, 열 또는 고음에 의해 물품의 외부에서 알지 못하는 것은 제외한다.

(c) 상기 (a) 및 (b)에 속하지 않는 물질 또는 제품으로서, 폭발이나 불꽃의 효과를 갖게 하기 위해서 제조된 물질

Division 1.1 Substances and articles which have a mass explosion hazard

■ 대량폭발의 위험을 갖고 있는 물질 및 제품
(대량폭발이라고 하는 것은 거의 순간적으로 전량이 폭발하는 폭발이다.)

Division 1.2 Substances and articles which have a projection hazard but not a mass explosion hazard

■ 비상의 위험성을 갖고 있지만, 대량폭발의 위험성을 갖고 있지 않는 물질 및 물품

Division 1.3 Substances and articles which have a fire hazard and either a minor blast hazard or minor projection hazard or both, but not a mass explosion hazard

■ 화재의 위험성을 갖고, 소규모의 폭파 또는 비상의 위험성 또는 양쪽을 모두 갖고 있지만, 대량폭발의 위험성을 갖고 있지 않는 물질 및 제품

Division 1.4 Substances and articles which present no significant hazard

■ 중대한 위험성을 나타내지 않는 물질 및 물품

Division 1.5 Very insensitive substances (대단히 둔감한 물질)

■ 대폭발 위험성이 있는 매우 둔감한 물질

Division 1.6 Extremely insensitive articles which do not have a mass explosion hazard

■ 대폭발 위험성이 없는 극도로 둔감한 제품

Class 2. Gases: Compressed, liquefied or dissolved under pressure
(가스류 : 고압, 액화 또는 가압하 용해)

■ 기준 1. 임계온도가 50 °C 이하의 물질 또는 50 °C에서 증기압이 3 kg/cm^2 이상의 물질

■ 기준 2, (a) ① 21.1 °C에서 절대압 2.8 kg/cm^2 이상

② 54.4 °C에서 절대압 7.3 kg/cm^2 이상으로 되는 물질

(b) 37.8 °C에서 Reid 증기압이 2.8 kg/cm^2 이상이 되는 물질

현재의 이 두 가지 기준의 정리가 이루어지지 않아서 어느 쪽의 기준에라도 맞는 것을 취하고 있다.

다음의 4가지가 포함되어 있다.

① Permanent gases(영구가스) : 실온에서 액화되지 않는 가스

② Liquefied gases(액화가스) : 실온에서 기압에 의해 액화되는 가스

③ Dissolved gases(용해가스) : 가압하에서 용제에 녹는 가스로서 다공성 물질에 흡수시킨 것

④ Deeply refrigerated permanent gases(심냉액화영구가스)

Class 3. Inflammable liquids(인화성 액체)

■ NFPA 30으로 분류하면, 인화점이 37.8 °C 미만이며, 증기압이 37.8 °C에서 40 psia를 초과하지 않은 액체로서 다음과 같이 Class I로 분류한다.

■ Class I A

인화점이 22.8 °C 미만이고, 끓는점이 37.8 °C 미만인 액체

■ Class I B

인화점이 22.8 °C 미만이고, 끓는점이 37.8 °C 이상인 액체

■ Class I C

인화점이 22.8 °C 이상이고, 끓는점이 37.8 °C 미만인 액체

Class 4. Inflammable solids: substances liable to spontaneous combustion : substances which, on contact with water, emit inflammable gases

■ 인화성 고체(가연성 고체): 스스로 연소하기 쉬운 물질 : 물과 접촉하여 인화성 가스를 발생하는 물질

Division 4.1 Inflammable solids. 인화성 고체(가연성 고체)

■ 화약류로 분류되어진 것은 제외하고, 수송 중에 부딪히는 조건하에서 용이하게 연소하든가 또는 마찰에 의해 화재를 일으키든가, 화재를 돕는 고체

Division 4.2 Substances liable to spontaneous combustion. 자연연소하기 쉬운 물질(자연 발화성 물질)

- 수송 중에 통상 부딪히는 조건하에서 자연발화하기 쉽거나, 공기와 접촉하여 발열하고, 화재를 일으키기 쉬운 물질

Division 4.3 Substances which, in contact with water, emit inflammable gases

- 물과 접촉하여 인화성 가스를 발생하는 물질(금수성 물질)
- 물과 반응해서 스스로 인화성으로 되거나(물과 접촉하여 자연발화하거나), 위험한 량의 인화성 가스를 발생하는 물질

Class 5. Oxidizing substances : organic peroxides (산화성 물질 : 유기과산화물)

Division 5.1 Oxidizing substances, other than organic peroxides. 유기과산화물의 산화성 물질

- 그 자체는 반드시 가연성은 아니나, 일반적으로 산소를 유리하여 다른 물질의 연소를 일으키기 쉽게 하든지 또는 연소를 조장하는 물질

Division 5.2 Oxidizing peroxides. 유기과산화 물질

- 2가의 -O-O-의 구조를 갖고, 과산화수소의 수소 1개 또는 2개가 유기기(有機基)로써 치환된 유기물질. 유기과산화물은 열적으로 불안정함으로서 자기가속(自己加速) 발열 분해를 일으키기 쉽다.

Class 6. Poisonous(toxic) and infectious substances (유독성물질 및 병원물질)

Division 6.1 Poisonous(toxic) substances. 유독성물질

- 마신다든지 흡입한다든지 피부에 접촉했을 때에 사람을 사망에 이르게 하든지, 중대한 장애를 일으키든지, 사람의 건강에 해를 끼치는 물질

Subdivision 6.1.1. 유독한 가스나 증기를 발생하는 물질

Subdivision 6.1.2. 유독한 가스나 증기를 발생하는 물질 이외의 유독성 물질

Division 6.2 Infectious substances. 전염성병원 물질

- 질병을 일으키는 미생물을 지닌 물질
- 동물 또는 인간의 병의 원인으로 되는 것이 알려져 있든지 또는 의심이 있는 미생물 또는 독소를 함유하는 물질

Class 7. Radioactive substances (방사성물질)

자연에 방사선을 방출하여, 그 비방사능이 0.002microcurie/gram을 초과하는 물질

Class 8. Corrosives (부식성물질)

생물조직에 접촉하면 화학작용에 의해 심한 손상을 주며, 누설하였을 때에는 다른 화물이나 수송수단에 본질적인 손상을 주고, 파괴하는 경우도 있는 물질 : 기타의 위험성도 있다.

Class 9. Miscellaneous dangerous substances (여러 가지의 위험성을 가지는 물질)

수송 중에 다른 Class에서 지적하지 않는 위험을 나타내는 물질, 철도 또는 도로에서의 수송에는 중요하지 않다.

2.2 산업안전보건법 및 소방법에 의한 분류

UN의 분류와 우리나라의 각종 법규에서의 위험물질의 분류, 호칭, 위험성 등의 관계를 표 2.1에 나타낸다.

산업안전보건법과 소방법에서 위험물을 각각 규정하고 있으므로 이를 서로 비교하여 보는 것이 유익할 것으로 생각되어 표 2.2에 그 비교표를 나타낸다.

표 2.1 각종 법규의 비교

UN분류	소방법	산업안전보건법	위험약품의 방재 레벨 (참고, 일본)	기타
1. 폭발성 물질	제5류 자기반응성물질	1. 폭발성 물질	4. 폭발성	화약류 단속법
2. 압축가스 액화가스 용해가스 심냉가스		2. 가연성가스		고압가스안전관리법
3. 인화성 액체	제4류 인화성 액체	4. 인화성 물질	인화성	
4. 가연성 고체, 자연발화성 물질, 물과 접촉하여 가연성 가스를 방출하는 물질	제2류 가연성 고체 제3류 자연발화성물질 금수성 물질	2. 발화성 물질 가. 가연성고체 나. 자연발화성 및 금수성물질	1. 발화성 6. 금수성	
5. 산화성 물질, 유기과산화물	제1류 산화성고체 제6류 산화성 액체	3. 산화성 물질	5. 산화성	
6. 유독 물질, 병원물질		7. 독성물질	9. 유독성	독극물
7. 방사성물질			11. 방사성	원자력, 핵연료, 핵원료, 방사성 동위원소
8. 부식성 물질		6. 부식성 물질	8. 부식성	
9. 그 외의 위험한 물질		유기용제특정화학물질		

표 2.2 산업안전보건법과 소방법의 위험물 비교

소방법		
구분	정의	품명
제1류 산화성 고체	• "산화성고체"라 함은 액체(1기압 및 섭씨 20도에서 액상인 것 또는 섭씨 20도 이상, 40도 이하의 사이에서 액상으로 되는 것을 말한다. 이하 같다)이와의 것으로서 산화성 또는 충격에 민감성을 가진 것을 말한다.	아염소산염류, 염소산염류, 과염소산염류, 무기화산화물류, 취소산염류, 과망간산염류, 중크롬산염류
제2류 가연성 고체	• "철분"이라 함은 50메시의 표준체를 통과하는 것이 50중량퍼센트 이상인 것을 말한다. • 마그네슘 또는 마그네슘을 함유한 것 중 2밀리미터의 체를 통과하지 아니하는 덩어리를 제외한다. • "금속분류"라 함은 알칼리금속・알칼리토류금속・철 및 마그네슘 이외의 금속분을 말하며 구리・니켈분과 150마이크로미터의 체를 통과하는 것이 50중량퍼센트 미만인 것을 제외한다. • 유황은 순도가 60중량퍼센트미만인 것을 제외한다. 이 경우 순도측정에 있어서 불순물은 활석 등 불연성 물질과 수분에 한한다.	황화린, 적린, 유황, 철분, 마그네슘, 금속분류
제3류 자연발화성물질 및 금수성물질	"자연발화성물질 및 금수성물질이라 함은 고체 또는 액체로서 공기 중에서 발화의 위험성이 있는 것 또는 물과 접촉하여 발화하거나 가연성가스의 발생 위험성이 있는 것을 말한다.	• 칼륨, 나트륨, 알킬알루미늄, 알킬리튬, 알칼리금속(칼륨 및 나트륨 제외)류 및 알칼리토금속류, 황린 • 유기금속화합물류(알킬알루미늄 및 알킬리튬 제외), 금속수소화합물류, 금속인화합물류, 칼슘 또는 알루미늄의 탄화물류

산업안전보건법		
구분	정의	품명
1. 산화성 물질	산화력이 강하고 가열, 충격 및 다른 화학물질과의 접촉 등으로 격렬히 분해되거나 반응하는 고체 및 액체	① 염소산 및 그 염류 ② 과염소산 및 그 염류 ③ 과산화수소 및 무기과산화물 ④ 아염소산 및 그 염류 ⑤ 불소산 염류 ⑥ 질산 및 그 염류 ⑦ 요오드산 염류 ⑧ 과망간산 염류 ⑨ 중크롬산 및 그 염류 ⑩ 기타 ①내지 ⑨의 물질과 동등한 정도의 위험이 있는 물질 ⑪ ①내지 ⑩의 물질을 함유한 물질
2. 발화성 물질	스스로 발화하거나 발화가 용이하거나 물과 접촉하여 발화하고 가연성 가스를 발생할 수 있는 물질	가. 가연성 고체 ① 황화인 ② 적인 ③ 황 ④ 철분 ⑤ 금속분 ⑥ 마그네슘 ⑦ 인화성 고체 ⑧ 기타 ①내지 ⑦의 물질과 동등한 정도의 위험이 있는 물질 ⑨ ①내지 ⑧의 물질을 함유한 물질
		나. 자연발화성 및 금수성 물질 ① 칼륨 ② 나트륨 ③ 알킬 알루미늄 ④ 알킬리튬 ⑤ 황인 ⑥ 알칼리 금속(칼륨, 나트륨 제외) 및 알칼리 토류금속 ⑦ 유기금속 화합물(알킬 알루미늄 및 알키리튬을 제외한다) ⑧ 금속의 수소화물 ⑨ 금속의 인화물 ⑩ 칼슘 또는 알루미늄의 탄화물 ⑪ 기타 ①내지 ⑩의 물질과 동등한 정도의 위험이 있는 물질 ⑫ ①내지 ⑪의 물질을 함유한 물질

소방법		
구분	정의	품명
제4류 인화성 액체	- 특수인화물류라 함은 디에틸에테르 · 이황화탄소 및 콜로디온 그 밖의 1기압에서 액체로 되는 것으로서 발화점이 섭씨 100도 이하인 것 또는 인화점이 섭씨 영하 20도 이하로서 비점이 40도 이하인 것을 말한다. - 제1 석유류, 제2 석유류, 제3 석유류 및 제4 석유류라 함은 각각 다음의 물품 및 성상(1기압에 있어서의 성상을 말한다)을 가지는 것을 말한다. 가. 제1 석유류: 아세톤 및 휘발유 그 밖의 액체로서 인화점이 섭씨 21도 미만인 것. 나. 제2 석유류: 등유-경유 그 밖의 액체로서 인화점이 섭씨 21도 이상 70도 미만인 것. 다만, 도료류 그 밖의 물품에 있어서는 인화성 액체량이 40용량퍼센트 이하이고 인화점이 섭씨 40도 이상, 연소점이 섭씨 60도 이상인 것은 제외한다. 다. 제3 석유류: 중유, 클레오소오트유 그 밖의 액체로서 인화점이 섭씨 70도 이상 200도 미만인 것. 다만, 도료류 그 밖의 물품에 있어서는 인화성 액체량이 40용량 퍼센트 이하인 것은 제외한다.	특수인화물류, 제1 석유류, 알코올류, 제2 석유류, 제3 석유류, 제4 석유류, 동식물유류

산업안전보건법		
구분	정의	품명
3. 인화성 물질	대기압(1기압)하에서의 인화점이 섭씨 60°C 이하인 가연성 액체	가. 에틸에테르, 가솔린, 아세트알데히드, 산화프로필렌, 이황화탄소, 기타 인화점이 영하 30 °C 미만인 물질 나. 노르말헥산, 산화에틸렌, 아세톤, 메틸에틸케톤, 기타 인화점이 영하 30 °C 이상 0 °C 미만인 물질 다. 메틸알코올, 에틸알코올, 크실렌, 아세트산아밀, 기타 인화점이 0 °C 이상 30 °C 미만인 물질 라. 등유, 경유, 테레핀유, 이소벤질알코올(이소 아밀알코올), 아세트산, 기타 인화점이 30 °C 내지 65 °C 이하인 물질

소방법		
구분	정의	품명
제4류 인화성액체	라. 제4석유류: 기계유·실린더유 그 밖의 액체로서 인화점이 섭씨 200도 이상 250도 미만인 것. 다만, 도료류 그 밖의 물품에 있어서는 인화성 액체량이 40용량퍼센트 이하인 것은 제외한다. - "알코올류"라 함은 1분자내의 탄소 원자수가 5개 이하인 포화 1가 알코올(퓨젤유 및 변성알코올을 포함한다)로서 알코올 수용액의 농도가 60용량퍼센트 이상인 것을 말한다. - 동식물유류"라 함은 1기압과 섭씨 20도에서 액체로 되는 동식물유를 말하며 불용성용기에 수납밀전되고 저장·보관되어 있는 것을 제외한다.	
제5류 자기반응성 물질	- "니트로 화합물"이라 함은 니트로기가 2 이상인 것을 말한다. - "니트로소화합물"이라 함은 하나의 벤젠핵에 2 이상의 니트로소기가 결합된 것을 말한다. - "유기과산화물류"라 함은 다음 표의 품명을 말하고, 이 표에서 정하는 함유율 이상의 것은 "지정유기과산화물"이라 한다.	유기과산화물류, 질산에스테르류, 셀룰로이드류, 니트로화합물류, 니트로소화합물류, 아조화합물류, 디아조화합물류, 히드라진유도체류

산업안전보건법		
구분	정의	품명
4. 폭발성 물질	가열, 마찰, 충격 또는 다른 화학물질과의 접촉 등으로 인하여 산소나 산화제의 공급이 없더라도 폭발 등 격렬한 반응을 일으킬 수 있는 고체나 액체	가. 질산에스테르류 나. 니트로 화합물 다. 니트로소 화합물 라. 아조 화합물 마. 디아조 화합물 바. 하이드라진 및 그 유도체 사. 유기과산화물 아. 기타 가목 내지 사목의 물질과 동등한 정도의 폭발의 위험이 있는 물질 자. 가목 내지 아목의 물질을 함유한 물질
5. 부식성 물질	금속 등을 쉽게 부식 시키고 인체에 접촉하면 심한 상해(화상)를 입히는 물질	가. 부식성 산류 (1) 농도 20% 이상인 염산, 황산, 질산, 기타 이와 동등 이상의 부식성을 가지는 물질 (2) 농도가 60% 이상인 인산, 아세트산, 불산 기타 이와 동등 이상의 부식성을 가지는 물질 나. 부식성 염기류 농도가 40% 이상인 수산화나트륨, 수산화칼륨, 기타 이와 동등 이상 부식성을 가지는 물질

<table>
<tr><th colspan="3">소방법</th></tr>
<tr><th>구분</th><th>정의</th><th>품명</th></tr>
<tr><td></td><td colspan="2">
<table>
<tr><th colspan="2">품명</th><th>함유율</th></tr>
<tr><td colspan="2">디이소프로필퍼옥시디카보네이트</td><td>60 이상</td></tr>
<tr><td colspan="2">아세틸퍼옥사이드</td><td>25 이상</td></tr>
<tr><td colspan="2">터셔리부틸퍼피바레이트</td><td>75 이상</td></tr>
<tr><td colspan="2">터셔리부틸퍼옥시이소부틸레이트</td><td>75 이상</td></tr>
<tr><td rowspan="2">벤조일퍼옥사이드</td><td>수성의 것</td><td>80 이상</td></tr>
<tr><td>그 밖의 것</td><td>55 이상</td></tr>
<tr><td colspan="2">터셔리부틸퍼아세이트</td><td>75 이상</td></tr>
<tr><td colspan="2">호박산퍼옥사이드</td><td>90 이상</td></tr>
<tr><td colspan="2">메틸에틸케톤퍼옥사이드</td><td>60 이상</td></tr>
<tr><td colspan="2">터셔리부틸하이드로퍼옥사이드</td><td>70 이상</td></tr>
<tr><td colspan="2">메틸이소부틸케톤퍼옥사이드</td><td>80 이상</td></tr>
<tr><td colspan="2">시클로헥사논퍼옥사이드</td><td>85 이상</td></tr>
<tr><td colspan="2">디터셔리부틸퍼옥시프타레이트</td><td>60 이상</td></tr>
<tr><td colspan="2">프로피오닐퍼옥사이드</td><td>25 이상</td></tr>
<tr><td colspan="2">파라클로로벤젠퍼옥사이드</td><td>50 이상</td></tr>
<tr><td colspan="2">2.4 디클로로벤젠퍼옥사이드</td><td>50 이상</td></tr>
<tr><td colspan="2">2.5 디메틸헥산</td><td rowspan="2">70 이상</td></tr>
<tr><td colspan="2">2.5 디하이드로퍼옥사이드</td></tr>
<tr><td colspan="2">비스하이드록시시클로헥실퍼옥사이드</td><td>90 이상</td></tr>
</table>
</td></tr>
<tr><td>제6류
산화성 액체</td><td>- 과산화수소라 함은 그 농도가 36중량퍼센트 이상인 것을 말한다.
- 질산이라 함은 비중 1.49 이상인 것을 말한다.</td><td>과염소산, 과산화수소, 질산</td></tr>
</table>

산업안전보건법		
구분	정의	품명
6. 독성물질		가. 쥐에 대한 경구투입실험에 의하여 실험동물의 50%를 사망시킬 수 있는 물질의 양, 즉 LD_{50}(경구, 쥐)이 kg당 200mg(체중) 이하인 화학물질 나. 쥐 또는 토끼에 대한 경피흡수 실험에 의하여 실험동물의 50%를 사망시킬 수 있는 물질의 양, 즉 LD_{50}(경피, 토끼 또는 쥐)이 kg당 400mg(체중) 이하인 화학물질 다. 쥐에 대한 4시간 동안의 흡입실험에 의하여 실험동물의 50%를 사망시킬 수 있는 물질의 농도, 즉 LC_{50}(쥐, 4시간 흡입)이 2,000ppm 이하인 화학물질
7. 가연성 가스	폭발한계 농도의 하한이 10% 이하 또는 상하한의 차가 20% 이상인 가스	가. 수소 나. 아세틸렌 다. 에틸렌 라. 메탄 마. 에탄 바. 프로판 사. 부탄 아. 기타 섭씨 15도 1기압하에서 기체 상태인 가연성 가스

2.3 위험성 물질의 위험특성

위험성 물질을 화학적 성질에 따라서 분류하여 보면 가연성 가스, 가연성액체, 이연성(易燃性)물질, 가연성분체, 폭발성 물질, 자연발화성 물질 및 혼합위험성 물질의 8종류로 나누어진다. 여기서는 이들 분류에 의한 위험 특성에 대하여 설명한다.

2.3.1 가연성가스 및 증기

이 분류에 속하는 것은 상온에서 기체 상태인 가연성가스(수소, 천연가스, 에틸렌, 아세틸렌, 암모니아 합성원료가스, 도시가스 등), 가연성 액화가스(LPG, 액체암모니아, 액화산화에틸렌 등) 및 가연성 액체증기(에테르, 벤젠, 알코올 등)가 있다.

이들 가연성가스가 공기(또는 산소)와 혼합하여 혼합가스의 조성이 어느 농도범위에 있을 때, 여기에 착화시키면 화염은 순간적으로 혼합가스 중을 전파하여 가스 폭발을 일으킨다. 이와 같이 폭발이 일어나는 농도 범위를 혼합가스의 폭발범위(explosive range) 또는 연소범위(range of flammability)라 하고, 이 농도범위 안에 있는 혼합가스를 폭발성 혼합가스(explosive gas-mixture) 또는 폭발성 가스라고 한다.

또한 폭발범위의 최저농도를 폭발 하한계(explosive lower limit) 최고농도를 폭발상한계(explosive upper limit)라 하고, 이들의 한계치를 폭발한계(explosion limit) 또는 연소한계(limits of flammability)라고 한다. 하한계와 상한계는 가연성가스(또는 증기)의 혼합가스에 대한 vol % 또는 mg/l의 단위로 나타낸다.

지연성가스인 산소, 염소, 불소, 아산화질소, 산화질소, 이산화질소 등은 가연성가스와 공존할 때는 가스폭발의 위험성이 있으므로, 지연성가스도 가연성가스와 마찬가지로 이 분류 속에 넣을 수 있다. 가스가 고압의 상태로 됨으로 인해 위험을 일으키는 경우에 대하여 고압가스 재해를 논할 때 설명하기로 한다.

가연성 가스 중에는 폭발상한계가 100%에 달하는 것, 즉 순수한 단일가스에 있어서도 분해폭발을 일으키는 것이 있다. 이와 같은 성질을 가지고 있는 것에는 아세틸렌(acetylene), 에틸렌(ethylene), 산화에틸렌(ethylene oxide), 하이드라진(hydrazine), 프로파디엔(propadiene), 메틸아세틸렌(methy acetylene), 모노비닐아세틸렌(monovinyl acetylene), 디비닐아세틸렌(divinyl acetylene), 디아세틸렌(diacetylene) 등이 알려져 있다. 이들의 가스는 고압으로 되면 분해폭발을 일으키기 쉽게 된다. 또 오존(ozone), 이산화염소, 시안화수소, 아조화수소, 산화질소, 아산화질소 등의 가스도 이러한 성질이 있다.

예를 들면, acetylene의 연소열은 1mole당에 대하여

$$C_2H_2+\frac{5}{2}O_2 \rightarrow 2CO_2+H_2O+312.4\text{Kcal}$$

공기 중에 있어서 acetylene의 화학양론 농도는 공기 중의 산소비를 0.21로 하면,

$$100/(1+2.5/0.21) = 7.8\%$$

그러므로 이 완전 연소비의 acetylene을 함유하는 공기의 0 °C, latm에 있는 1l당의 발열량은

$$(312.4/22.4) \times 0.078 = 1.09\text{Kcal}/l$$

acetylere의 분해폭발시의 발열량은, 1mole당에 있어서

$C_2H_2 \rightarrow 2C+H_2+54.2Kcal$

따라서 acetylene의 0°C, latm에 있어서 1l 당의 분해폭발의 발열량은

$54.2/22.4 = 2.42Kcal/l$

로 된다.

결국, acetylene의 분해 폭발의 단위체적당의 발열량은 완전 연소비의 acetylene을 함유하는 공기-acetylene혼합가스의 단위체적당의 발열량보다도 크다는 것을 알 수 있다.

일반적으로 가연성가스와 증기 위험성의 정도는 폭발한계, 최소발화에너지, 발화온도, 화염일주한계(火炎逸走限界), 연소열 또는 분해열 등의 수치에 의하여 판정할 수 있다.

2.3.2 가연성액체

가연성 액체(combustible liquid)는 가연성인데다 상온에서는 액체이므로 액체로서의 유동성을 가지고 있어서 유출되면 광범위하게 퍼지고 또한 낮은 쪽으로 흘러내려 위험을 확대시킨다. 더욱이 증기압이 높은 가연성액체는 항상 액체의 표면에서 가연성 증기를 발생하고 있어서 발화원에 의하여 인화 또는 가스폭발의 위험을 동반하고 있다. 이 두 가지의 성질 때문에 가연성 액체는 다른 위험성 물질에 비교하여 특수한 위험성을 가지고 있다고 할 수 있다.

가연성 액체의 위험성은 대부분 인화점(引火点)에 의하여 나타내어진다. 인화점이 비교적 낮은 가연성 액체를 특히 인화성 액체(flammable liquid)라고 한다. 인화점이 상온 이하인 것은 상온에 있어서 항상 발화원에 의하여 인화의 위험을 갖고 있다. 그러나 인화점이 높은 가연성 액체에서도 그것이 인화점 이상의 온도로 가열될 때는 위의 경우와 똑같이 항상 인화의 위험을 가지게 된다.

가연성 액체는 다음과 같이 인화점의 범위에 따라서 위험성에 의한 구분이 행하여지고 있다.

소방법에 따른 구분

우리나라의 소방법에서는 제4류 위험물에 가연성 액체를 규정하고 있으며 그 내용은 다음과 같다.

(가) 특수 인화물(지정수량 50l)

① 1기압(760mmHg), 20~40°C에서 액체이며 착화온도가 100°C 이하인 것

② 인화점이 -20°C 이하로서 비점이 40°C 이하인 것

③ 에테르(ether), 이황화탄소(CS), 콜로디온(collodion), 산화프로필렌(propyl-ene oxide), 알킬알루미늄류

(나) 제1 석유류(지정수량 200l)

① 1기압, 20°C에서 액체이며 인화점 이 21°C 미만의 것

② 1기압, 20°C에서 고체이며 20~40°C 사이에 액체가 되며 인화점이 21°C 미만인 것

③ 아세톤(acetone), 휘발유(gasoline), 벤젠 (benzene), 톨루엔(toluene), 크실렌(xylene) 등

(다) 제2 석유류(지정수량 1,000l)

① 1기압, 20°C에서 액상으로 인화점 이 21°C 이상 70 미만인 것

② 1기압, 20°C에서 고상인 물품으로 20°C를 지나 40°C 사이에서 액상으로 되며, 인화점이 21°C 이상 70°C 미만인 것

③ 등유(kerosene), 경유(diesel oil), 의산(formic acid), 초산(acetic acid), 테르핀유(terpene oil) 등

④ 도료류 그 밖의 물품에 있어서는 인화성 액체량이 40vol% 이하이고 인화점이 섭씨 40°C 이상, 연소점이 60°C 이상인 것을 제외한다.

(라) 제3 석유류(지정수량 2,000l)

① 1기압, 20°C에서 액상이며 인화점이 70°C 이상 200°C 미만인 것

② 중유, 크레오소오트유(creosote oil), 아닐린(aniline), 에틸렌글리콜(ethylene glycol) 등

(마) 제4 석유류(지정수량 6,000l)

① 1기압, 20°C에서 액상이고 인화점이 200°C 이상 250°C 미만인 것

② 윤활유, 가소제(D.O.P 등)

(바) 그 외 초산에스테르류, 의산에스테르류, 메틸에틸케톤(methylethyl ketone), 알코올류, 피리딘(pyridine), 클로로벤젠(chlorobenzene), 동식물유류 등이 있다.

2.3.3 이연성(易燃性) 물질

종이, 헝겊, 실, 면 등의 섬유제품과 그의 부스러기는 화재 시에 불이 자주 발생되는 물질이다. 이 외에 목재, 석탄, 아스팔트, 핏치, 파라핀, 생고무, 황, 수지, 도료, 성냥 등의 일반 가연물과 연료류의 일부가 이연성 물질의 분류에 속한다.

이들 이연성 물질의 위험성은 발화온도와 연소열로써 결정짓는다. 더욱이 상온에서 고체인 것도 연소에 의해 용융한 것은 액체로 되어 유동성을 나타내고 그 때문에 위험성이 증가한다. 섬유류는 다공성으로서 공기를 보유하여, 각 섬유는 공기와의 접촉 면적이 커져서 착화하기 쉽고 착화 후에는 완전히 소화하기가 곤란하다. 또 단열재로써 사용되는 코르크와 발포성 합성수지는 다공성으로써 보온성이 좋기 때문에 발화원에 의해 착화하면 용이하게 소화가 되지 않으며 불완전연소가 일어나 일산화탄소 등을 발생할 위험이 있다.

이러한 물질의 화재는 최초 증발 또는 열분해에 의하여 생성된 가연성가스에 착화되어 연소를 확대해나가는 것이므로 발화온도 이하로 냉각시키든가 공기를 차단하면 원칙적으로 연소를 멈추게 할 수 있다.

이들 물질은 공기가 부족한 장소에서 불완전연소를 일으킬 때는 다량의 연기와 함께 일산화탄소 등의 유해가스를 발생함으로써 화재가 발생할 때 피난을 방해하고, 또 가스중독의 원인이 되기도 한다. 건축재료, 가구, 의류 등에 사용하는 신재료는 이러한 점에 착안하여서 미리 시험을 행할 필요가 있다.

우리나라의 소방법에 규정되어 있는 제2류 위험물이 이 분류에 속한다고 할 수 있다.

2.3.4 가연성 분체(粉體)

이연성 물질이 분체 또는 액적(液滴)으로 되어 공기 중에 분산되어 있는 상태에서 착화하면 소위 분진폭발(dust explosion)을 일으킬 위험이 있다. 이와 같은 상태의 분진을 폭발성 분진(explosive dust)이라고 한다. 예를 들면, 공기 중에 분산되어 있는 석탄가루(炭塵), 황분(黃粉), 소맥분, 합성수지분말(폴리에틸렌 분말 등), 알루미늄분말, 마그네슘분말, 칼슘실리콘분말, 티탄분말, 중유액적(重油液適) 등이다. 유압장치에 사용되는 기계유도 그 압력으로 인해 공기 중에 분출될 때는 분무가 폭발적 연소를 일으킬 경우가 있다.

가연성 분체를 가만히 용기에 모아둔 상태 또는 선반 위에 쌓인 상태에서는 분체에 착화하여도 단지 연소를 일으킬 뿐 폭발을 일으키지는 않는다. 분진폭발이 발생할 때는 공기 중에 적당한 농도로 분체가 분산되어 일종의 기교질(氣膠質)의 상태로 되었을 때 분체입자의 연소가 급격하게 전파되어 단시간 내에 연소가 완료되어서 마치 혼합가스 폭발에서 볼 수 있는 것과 동일한 현상을 나타낸다.

따라서 분진폭발의 경우에도 혼합가스의 폭발과 같이 그 농도에 폭발한계가 있으며, 또한 최소발화에너지가 측정되어진다. 그러나 그 측정방법은 가연성가스의 경우에 비하여 상당히 어렵다. 대체적으로 폭발의 하한은 25~45mg/l, 상한은 80mg/l 정도이며, 최소발화에너지는 가연성가스의 경우에 비하여 약 100배 정도 큰 에너지가 필요하다.

분진폭발의 위험성은 주로 분진의 폭발한계농도, 발화온도, 최소발화에너지, 연소열, 분진폭발의 최고압력, 압력 상승속도 및 분진폭발예방을 위해 공기를 치환시킬 때 필요한 한계 산소농도(限界酸素濃度)에 의하여 나타내어진다. 또한 분진폭발 한계농도는 입자의 크기와 그의 현상에 의해서도 영향을 받는다.

분진폭발 후의 연소생성물로는 분진이 유해물질 또는 황의 경우는 CO, CO_2, H_2O, SO_2, 등의 기체가 되고, 금속분일 때는 MgO, CaO, SiO_2, TiO_2 등의 금속산화물에서 생성되는 고온도의 회분의 입자를 생성하므로, 피해에 있어서도 차이가 있으며 후자의 편이 화상이 심하고 또한 화재가 지속적으로 되기 쉽다.

2.3.5 폭발성 물질

고체 또는 액체의 상태로서 폭발성을 가지는 화합물을 폭발성 물질(explosive substance)이라고 부르고, 이것을 앞에서 설명한 폭발성 혼합가스 또는 폭발성 분진으로 구별한다.

폭발성 물질에는 그 폭발성을 공업적으로 이용할 수 있는 실용성이 있는 것과 너무 예민하여 실용성이 없는 것도 있다. 그중에서 실용성이 있는 것은 화약류(explosives)라고 일컫는다. 화약류에는 폭약(爆藥), 기폭약(起爆藥) 및 발사약(發射藥) 등으로 구별한다. 발사약은 협의의 화약이라고 부르기도 한다. 뇌관, 도화선, 신호염관(信號炎管), 연화(煙火) 등이 있다.

공업용 폭약에는 일반적으로 picric acid, trinitrotoluene, nitroglycerine 등과 같이 단일 화합물에서 이루어지는 화학폭약과 흑색화약, Calit, 액체산소폭약 등과 같은 2종 이상의 물질의 혼합물로서 이루어지는 혼합폭약이 있다. 그러나 화학폭약은 이 폭발성 물질의 분류에는 넣지 않고 뒤에서 설명할 혼합위험성 물질의 분류에 포함시킨다.

화학폭약인 picric acid[$HOC_6H_2(NO_2)_3$], trinitrotoluene[$CH_3C_6H_2(NO_2)_3$] 등은 nitro 화합물이며, nitroglycerine[$C_3H_5(ONO_2)_3$], nitroglycol[$C_2H_4(ONO_2)_2$], 4질산펜다에리

스릿트[$C_3H_5(ONO_2)_4$], nitrocellulose 등은 다가알코올의 질산에스텔이다. 이들 물질은 분자 내에 용이하게 유리될 수 있는 산소원자를 함유하고 있어 발화원에 의해 분자내연소를 일으키고 빠른 속도로 분해열을 방출하여 CO, CO_2, H_2, H_2O, N_2 등의 가스상 분해생성물로 되어 폭발현상을 일으킨다.

예를 들면, trinitrotoluene의 1kg당의 분해열은 880Kcal, 분해온도는 약 2217°C이며 1kg당의 발생 가스량은 830l(S.T.P.)로써, 결국 1kg의 폭약에서 폭발 직·후에는 약 7m^{3}의 부피를 차지하는 폭발가스가 생성하는 것으로 된다. trinitrotoluene의 밀도는 1.65로써 그것의 1kg의 부피는 650ml이므로 고체폭약 부피의 약 10^3배의 분해가스를 생성하고 분해열로 인하여 더욱더 그 부피의 약 10배로 팽창한다. 또한 trinitrotoluene의 폭속은 7,140m/sec이므로 분해는 순간적으로 완료되어 대단한 압력과 파괴력을 가지는 것으로 된다.

기폭약(起爆藥)은 공업용 폭약의 폭발을 완전히 행할 수 있게 하는 기폭의 목적에 사용되어지는 것으로서 그 감도(感度)는 폭약보다도 민감하다. 이 중에서 실제로 사용되어지는 것은 PbN_6, $Hg(CNO)_2$, lead trinitroresorcine 등이 있다. 이들은 예민한 물질이 여러 가지 폭발사고의 원인으로 되는 것이 많이 알려져 있다. 여기에 속하는 화합물로서는 AgN_3, Ag_2C_2, Cu_2C_2, N_4S_4, C_3N_{12}, $C_2H_8ON_{10}$, $C_6(N_3)_3(NO)_3$, $C_6H_4(NO_2)N$: $NClO_4$, HN_3와 그 외 halogen 지환체인 N_3Cl, N_3I, NCl_3, NI_3, 유기과산화물 등이 있다.

이들 중에서 PbN_6, Cu_2C_2 등은 위에서 설명한 nitro화합물과 질산에스테르 등과 달라서 분자 내에 유리되기 쉬운 산소를 함유하고 있지 않다. 그러므로 폭발할 때에 분자는 구성하고 있는 단체 그대로 분해되며 분해열은 분해생성물의 가열에 쓰여 진다. 예를 들면, PbN_6에 있어서는

$$Pb(N_3)_2 \rightarrow Pb+3N_2$$

와 같이 분해되고 PbN_6, 1kg당의 분해열은 364Kcal, 분해온도는 3,480°C로써 1kg에서 발생하는 N_2가스량은 S.T.P.에서 230l이므로, 이것이 약 3.2m^{3}로 팽창한다. PbI_6의 밀도는 4.60, 1kg의 체적은 218ml, 분해할 때의 폭속은 5,300m/sec이므로 거의 순간적으로 처음의 체적의 약 1.5×10^4배의 분해가스로 변함으로써 격렬한 폭발현상을 나타낸다.

그 외에 celluloide제품과 그 조각 등도 이것들이 대량으로 축적되어 있는 경우에는 발화하면 폭발성으로 됨으로써 이 분류 중에 넣을 수도 있다.

최근 합성수지공업의 발달에 따라 라디칼중합(radical polimerization) 등의 촉매로 각종의 유기과산화물이 제조되어지고 있으며, 이것들은 분자 내에 유리하기 쉬운 산소

원자를 함유하고 있으므로 분해할 때 발열하여 이들 중에는 앞에서 설명한 nitro화합물과 질산에스테르와 같은 정도의 감도와 폭발력을 나타내는 것도 있다.

예를 들면 methylethyl ketone peroxide, cyclohexanon peroxide, benzoyl peroxide, 2-4-dichlorobenzoyl peroxide, t-butyl peroxiacetate 등의 순수한 제품은 예민한 감도를 가지고 있다. 따라서 시판품은 용제 또는 희석제를 가하여 용액 또는 paste상으로 하여 취급의 안전을 도모하고 있으나, 유기과산화물은 본질적으로 안전하지 않으므로 저장 중의 자연분해에 의한 발열에 대하여도 대단히 주의해야 한다.

2.3.6 자연발화성물질(自然發火性物質)

자연발화(spontaneous ignition)란 "다른 어떤 화원(火源)을 주지 않아도 물질이 공기 중 상온에서 스스로 발열하여, 그 열이 오랜 시간동안에 축적되어 점차 발화점에 도달하여 연소를 일으키게 되는 현상"으로 정의되고 있다.

자연발화성을 가지는 물질이 자연발열(spontanous heating)을 일으키는 원인으로는 분해열, 산화열, 흡착열, 중합열, 발효열 등을 생각할 수 있다.

일반적으로 자연발화는 물질의 자연발열의 속도와 열의 발산속도(逸散速度)와의 사이에 평형이 깨져서 열의 축적이 일어나기 때문에 발생하는 것이므로 열의 방산을 방해하는 인자는 당연히 자연발화를 촉진시키는 것이 된다. 다공질, 분말상 또는 섬유상의 물질이 자연발화를 일으키기 쉬운 것은 공기에 접촉하는 면적이 커서 산화를 받기 쉬움과 동시에 열전도가 적어 보온효과가 작용하므로 열의 축적이 행하여지기 쉽기 때문이다.

자연분해에 의한 분해열의 축적에 의해 자연발열을 일으키는 것에는 질화면(nitro-cellulose), celluloid, nitroglycerine 등의 질산에스테르제품 외에 앞에서 설명한 유기과산화물 제품이 있다.

nitrocellulose는 도료원료로서 대량으로 사용되어지나 시판을 위해 출하될 때는 nitrocellulose 75%와 ethylalcohol 혹은 iso-propylalcohol 25%의 혼합물로서, 즉 alcohol 습면(濕綿)으로 되어있다. nitrocellulose가 습면으로 되어있는 한 자연발열을 방지할 수 있다. 그러나 이 습면을 넣어둔 드럼통을 노천에 저장하면 직사광선을 받아 드럼통 내의 alcohol의 증발이 일어나 일부분 건조한 nitrocellulose가 생성되어 자연발화의 위험을 갖게 된다.

산화열의 축적에 의한 것에는 일반적으로 산화되기 쉬운 물질 또는 불포화화합물이 많으며, 공기가 고온인 경우와 습도가 높은 경우에 자연발화를 촉진하는 효과를 가진다.

예를 들면, 불포화유를 함유하는 헝겊, 종이부스러기, 탈지박(脫脂粕), 누에고치부스러기, 기름정제 후의 백토, 여과포의 유침물(油侵物), 석탄분말, 황화광석, 황화나트륨, 고무분말, 유연(油煙), 활성탄, 금속분말 등이 여기에 속한다.

기름 묻은 헝겊, 함유(含油)섬유, 함유(含油)백토 등의 자연발화는 불포화유에 의해서 공기 중의 산소를 흡수함으로써 발생되는 대표적인 자연발화의 예이다. 일반적으로 아마인유, 동유(桐油), 임자유(荏子油)와 같은 건성유의 주성분은 linol산, linoleic acid, oleic acid 등의 glycerine ester이기 때문에 2중 결합이 공기 중의 산소에 의해 산화를 받을 때 발열한다. 산소흡수에 의한 산화열은 의외로 큰 것이다.

원면(原綿), 누에고치부스러기 등이 자연발화를 일으키게 되는 것은 면실유, 번데기 기름 등이 각각 면화, 누에고치 등의 섬유에 부착하여 있기 때문이다

석탄은 괴상(塊狀)의 것보다도 분탄 또는 분탄혼입의 괴탄이 자연발화를 일으키기 쉽고, 또 석탄은 산지에 따라서 자연발화의 난이의 차가 있다. 석탄의 자연발화는 수분과 관계가 있으며 수분을 함유하고 있을 때 자연발화를 촉진하는 경우가 많다. 또한 석탄 중에 함유되어 있는 황화광(黃化鑛)은 먼저 그것이 자연산화를 받아 발열에 의해서 석탄을 파쇄하여 분화를 촉진시키기 때문에 석탄의 자연발화를 조장하는 것이라고 말할 수 있다.

액화시안화수소는 내압용기에 저장할 때 미량의 수분이나 알카리분의 존재에 의해 그것이 촉매로써 작용하여 시안화수소의 중합반응을 촉진하기 때문에 자연발화를 일으키고 용기의 파열사고를 일으키는 경우가 있다.

건초(乾草) 등의 발효열로 인해 자연 발열하여 분해탄화한 후 산화열의 축적 때문에 자연발화를 일으키는 수도 있다.

이것들은 비교적 서서히 온도가 상승하는 것으로 협의의 자연발화성물질이다.

이러한 정의에서 보면 황인 등과 같이 공기에 접촉되면 바로 발화하는 것은 황인의 발화점 그 자체가 낮기 때문이므로 엄밀한 의미에서는 자연발화라고 할 수 없다. 또 금수성물질(禁水性物質)이 물과 접촉하든지 혹은 혼합위험성물질이 서로 접촉하여 발화하는 현상도 자연발화라고는 할 수 없다. 그러나 편의상 황인, 환원철(鐵), 환원닉켈 등과 같이 공기에 접촉되면 바로 발화하는 것도 광의의 자연발화로 간주하는 수가 많다.

최근 유기 금속류가 중합촉매와 원료로써 광범위하게 사용되어지고 있으며, 그중에는 발화온도가 아주 낮아서 공기에 접촉하면 용이하게 발화하는 것이 있다. 예를 들면, $(CH_3)_3Al$, $(C_2H_5)_3Al$, $(C_3H_7)_3Al$, $(i-C4H_9)_3Al$ 등의 alkylaluminium은 항상 상온에서는 무색의 액체이나 공기에 접촉되면 자연발화한다. 이를 방지하기 위하여 벤젠과 같은

용제로써 10~20 % 이하의 농도로 희석한다.

반응공정의 과정에서 발화온도가 비교적 낮은 물질이 생성하는 것이 폭발사고의 원인이 되므로 아주 위험하다. 종래에 무수 프탈산제조공정에 있어서는 종종 반응장치의 다음에 있는 결정포집장치에서 원인불명의 폭발사고가 발생하였다. 원인 구명을 위해 기초적 연구를 행한 결과 다음과 같은 사실이 명확히 되었다. 즉, 결정 포집장치 내의 조업 온도가 항상 200°C를 넘는 것은 아니었으므로 이 온도 이하에서 자연발화를 일으키는 저온발화성 물질이 부생(副生)되는 것이 확인되었다. 무수 프탈산(phthalic acid anhydride)의 불순불로 생성되는 말레인산(maleic acid)은 특히 철을 심하게 부식시키고 조업의 초기에 철관 내면에 수분이 응착하면 용이하게 말레인산의 철염을 생성한다. 그중에는 저온 발화성의 것이 많은데, 예를 들면 염기성 말레인산 제2철[$(C_2H_2(COO)_2)_3 \cdot Fe_2 \cdot 8H_2O$]은 공기 중에서 138°C 이상의 온도에서는 자연적으로 온도가 상승하고 183°C로 되면 급격히 발열하여 발화 원인을 만든다.

많은 사고가 운전 개시 직·후에 일어났다는 것은 포집계통이 아직 온도가 낮고 Maleic acid와 수분이 철 표면에 응축되기 쉬운 상태에 있었다는 것을 나타낸다.

더욱이 안식향산, succinic acid, fumaric acid, phthalic acid anhydride 등은 물과 수산화제2철이 공존하면 발화온도가 저하된다는 것이 명확히 되었다. 대개 유기물의 산화는 철 이온의 존재에 의하여 촉진되기 때문이다. 따라서 발화온도의 측정에 있어서는 장치의 재질선정에 주의할 필요가 있다.

2.3.7 금수성 물질(禁水性物質)

공기 중의 습기를 흡수하든지 또는 수분에 접촉되었을 때에 발화 또는 발열을 일으킬 위험이 있는 물질을 금수성 물질이라고 하고 소방법의 위험물 중 제3류 위험물에 해당한다.

금수성 물질에는 금속나트륨, 알루미늄분말, 칼슘카바이드(탄화칼슘), 인화칼슘(인화석회) 등과 같이 수분과 반응하여 가연성가스(수소, 아세틸렌, 인화수소 등)를 발생하여 발화하는 것이 있다.

$$2Na+2H_2O \rightarrow 2NaOH+H_2$$

$$2Al+ 6H_2O \rightarrow 2AI(OH)_3+3H_2$$

$$CaC_2+2H_2O \rightarrow Ca(OH)_2 +C_2H_2$$

$$Ca_3F_2 + 6H_2O \rightarrow 3Ca(OH)_2+2PH_3$$

그밖의 금수성 물질에는 생석회(산화칼슘), 무수염화알루미늄, 과산화나트륨, 수산화나트륨, 발연황산, chlorosulphonic acid, 삼염화인 등과 같이 수분에 접촉됨으로 인해 발열하여, 이것에 접촉하고 있는 다른 가연물을 발화 연소시키는 물질도 있다.

이들 금수성 물질에 의한 발화현상은 넓은 의미에서 자연발화라고 불리는 것이 있다. 금속나트륨을 창고에 보관할 때 빗물이 새어 들어와서 자연발화를 일으킨 사례는 자주 경험하고 있는 예이다.

또, 환원 철분을 다량으로 쌓아둔 창고에 물이 들어가서 철분이 수분을 흡수한 상태로 산화가 진행되고, 주로 산화열 때문에 온도가 상승하여 결국 철분이 용융하게 되는 경우가 있다. 절삭철분이라 부르는 철부스러기를 적재한 배의 선창에 바닷물이 침입하여 철부스러기가 자연발열을 일으켜 수증기를 발생시켜 선창이 위험에 이른 경우도 있다.

2.3.8 혼합위험성물질(混合危險性物質)

2종 또는 그 이상의 물질이 혼합 또는 서로 접촉함으로 인해, 발화의 위험을 일으키는 것을 혼합위험이라 하고, 이들의 물질을 혼합위험성물질이라고 한다.

혼합위험에는 다음 3가지의 경우가 있다.

(1) 물질이 혼합되어 앞에서 설명한 혼합폭약에 유사한 폭발성 화합물을 형성하는 경우
(2) 물질을 혼합했을 때 상호간에 반응을 일으켜서 민감한 폭발성 화합물을 형성하는 경우
(3) 물질이 혼합됨과 동시에 발화하여, 연소 또는 폭발을 일으키는 경우

혼합위험은 일반적으로 강한 산화성을 가진 물질과 환원성을 가진 물질과의 혼합의 경우에 일어나는 것이 많다.

산화성 물질로서는 예를 들면 질산염, 염소산염, 과염소산염, 아염소산염, 과망간산염, 중크롬산염, 무수크롬산, 과산화물, 발연황산, 액체산소, 취소(臭素), 염소, 불소, 산소, 산화질소, 이산화질소 등이 있다.

환원성 물질로서는 예를 들면 aniline, amine류, alcohol류, aldehyde류, 유기산, 유지 등 그 외에 모든 유기화합물 및 황, 인, 탄소, 황화비소, antimone, 금속분말 등이 있다.

혼합폭약인 흑색화약(질산칼륨, 황, 목탄분), carlit폭약(과염소산암모늄, 규소철분, 목분(木粉), 중유), ANFO폭약(질산암모늄, 광유), 액산폭약(액체산소, 탄소분말), 불꽃놀이화약(질산칼륨, 황, 황화비소), 사진용섬광제(질산칼륨, 마그네슘분말) 등의 조성은 모두 산화성 물질과 환원성 물질의 혼합물에 한한 것이다.

무수크롬산에 ethylalcohol을 주가하면 바로 발화하여 연소를 시작한다는 것은 잘 알려져 있는 사실이다. 표백용의 아염소산나트륨의 분말과 수산 또는 치오황산나트륨의 분말과를 혼합하면 바로 발화한다. 농후한 과산화수소용액(약 80%)과 농후한 수화 hydrazine(약 80%)과의 혼합이나, 발열질산과 aniline과의 혼합과 같이 양쪽이 모두 액체의 경우에도 이것을 혼합하면 바로 발화하여 맹렬하게 연소를 시작한다.

이와 같은 조합을 로켓(rocket)추진제로 하여 이용한다. 모발(毛髮)의 cold·wave용의 제1액은 환원제로써 ammonium thioglycolate용액을 사용하여 모발의 분자결합을 풀고, 제2의 산화제, 예를 들면 취소산칼륨($KBrO_3$)용액, 과산화수소용액 등으로써 새로운 결합을 고정시켜서 parmanent·wave를 만든다. 만약 제 1액과 제 2액의 용기가 파괴되어 서로 혼합되어서 건조하게 되면 자연적으로 발화하여 화재의 원인으로 된다.

유안(황산암모늄)공장에 있어서 원료가스 정제용의 저온액화가스 분리장치를 운전도중에 보냉(保冷)상자 속의 저온기기의 외면에 공기가 액화 응축하여 보냉제(保冷劑)로 사용되었던 동물의 털 속에 침입하여 마치 액체산소폭약과 같은 혼합위험을 형성하고 있었을 때, 다른 원인으로 파괴된 향류통에서 누설한 수소가스의 화염에서 연소(延燒)되어, 그 다음 보냉상자에서 큰 폭발이 일어나 11명의 사망자를 낸 큰 사고가 발생한 일이 있다.

또한 네덜란드에서도 가스분리장치의 보냉상자 속에서 응축한 액화공기와 누설된 탄화수소의 응축물이 불연성 단열재 사이에서 위험한 혼합물을 만들어 큰 폭발의 원인으로 된 경우도 있다.

윤활유가 고압산소가스에 접촉하면 산소는 윤활유 중에 용해되어가며 그 용해량은 대체로 산소의 압력에 비례하는데, 예를 들면 150 atm의 고압산소에 접촉하는 윤활유는 아주 위험한 폭발성 혼합물로 된다. 이러한 것이 근소한 마찰로써 발화하여 폭발하는 경우가 있다.

액체질소로 냉각한 시료에 γ선 조사를 행하면 공기 중의 산소가 O_3(ozone)으로 되어 액체질소 속에 용해하여 들어가고 액체질소가 비등하여 점차 양이 적게 됨과 동시에 심청색으로 되며, 마지막에 농감색의 고체로 되어 소실된다. 만약 발포styrol 등의 가연물이 단열재로 사용되어질 때는 농후한 ozone과 접촉하여 발화하여 연기를 내면서 타고, 또 당연히 용기가 폭발하고 용기에 붙어있는 접착테이프까지 발화를 한다.

진공관 제조용으로 사용되는 BaN_6는 충격에 대하여 둔감하나, paste상으로 하기 위해 불연성의 사염화탄소(CCl_4)를 가하여 유발에서 교반했을 때 폭발하여 유발을 분쇄한 사고가 발생했다. BaN_6(아지드화바륨)은 용이하게 질소를 방출하여 금속바륨으로 되고 할로겐화물과 반응함으로써 BaN_6과 CCl_4, trichloroethylene, chloroform($CHCl_3$) 등의 혼합물은 예민한 폭발물이라고 생각하지 않으면 안 된다.

Hexogen, tetryl 등의 nitramine계 폭약은 활성탄과 함께 가열하면 100°C를 약간 넘는 온도에서 발열 반응이 시작되어 폭발한다. 이것은 유리된 nitro radical이 활성탄과 반응하기 때문이다. trinitrotoluene, picric acid의 용해물이 활성탄과 접촉하면 위와 똑같이 용이하게 폭발한다. 활성탄을 사용하여 융용TNT폭약을 탈색 시험할 때 발화하여 화약 공장이 큰 폭발을 일으킨 경우가 있다.

무수말레인산($C_4H_2O_3$)에 1% 이하의 수산화나트륨을 첨가하여 200°C 전·후로 가열하면 폭발적으로 분해하여 가스상의 생성물로 된다. 탄산나트륨, 염화칼륨 등을 첨가하여도 똑같이 분해한다. 미국의 뉴오리언즈시의 오로나이트 케미칼사의 공장에서 무수말레인산($C_4H_2O_3$)용기에 세척용의 가성소다(NaOH)를 넣어서 큰 폭발과 화재를 일으킨 적이 있었다.

무수말레인산(maleic, acid anhydrous)(a), 무수호박산(succinic acid anhydride)(b), 무수초산(acetic acid anhydride)(c) 및 무수프탈산(phthalic acid anhydride)(d)의 분자구조식은 각각 다음과 같다.

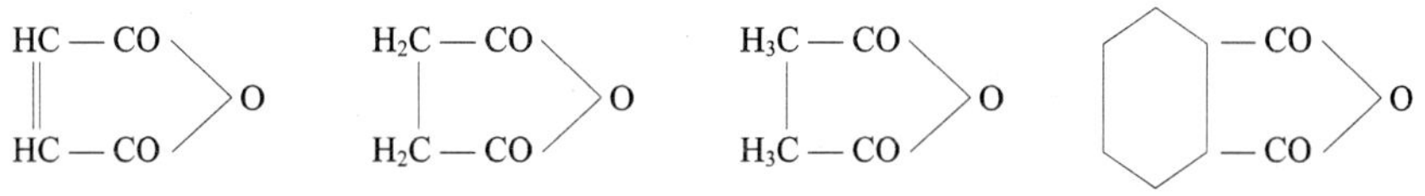

(a) (b) (c) (d)

무수말레인산은 앞에서 설명한 바와 같이 알카리 첨가에 의해 급격한 분해를 일으켜 폭발을 일으키나, 무수호박산은 알카리 첨가에 의해 급격한 압력상승은 인정되지 않았으나 분해생성물로서 탄화물이 남았다. 무수초산과 무수프탈산에 대하여는 알카리를 첨가하여도 분해는 전혀 인정되지 않았다.

시안화수소는 비점이 25.7°C인 액체이나 여기에 알카리를 가하면 수 시간 후에 액은 황색으로 착색되고 흑갈색의 중합물 침전이 생긴다. 착색의 속도는 알카리 농도와 온도에 의하여 촉진된다. 이때 생성되는 중합물은 무색침상결정의 4중체$(HCN)_4$와 무정형의 흑갈색의 아줄민산(azurmic acid)이라고 알려지고 있다. 시안화수소는 일반적으로 액화가스로 하여 고압가스용기에 넣어서 운반하고 있으나, 액체시안화수소는 황산산성으로 하여 시안이온(CN)의 생성을 방지하여 두지 않으면 용이하게 중합을 일으킨다. 중합열 때문에 용기가 파괴되고, 방출된 시안화수소가스 때문에 중독사고가 일어나기도 한다.

혼합위험 중에는 위에서 설명한 (1), (3)의 경우 외에 (2)와 같이 혼합했을 때 서로 화학반응을 일으켜서 불안정한 폭발성 화합물을 생성하는 것이 있다. 예를 들면, 황산 등의 강산이 염소산염, 과염소산염, 과망간산염 등과 혼합되면 각각 유리의 산 또는 무수물(Cl_2O_5, Cl_2O_7, Mn_2O_7)을 생성함으로써 아주 강한 산화성을 나타내고, 유기물과 접촉할 때에 폭발을 일으킨다. 또 염소산칼륨은 암모니아, 암모늄염, 은염(銀塩), 연염(鉛塩) 등과 접촉하면 폭발성의 염소산암모늄(NH_4ClO_3), 염소산은, 염소산연 등을 생성한다. 아질산염은 하이드라진(hydrazine)과 접촉하면 불안정한 아지드화수소산을 생성한다.

액화암모니아가 액화염소와 접촉할 때는 큰 폭발을 일으키는 경우가 있으며 염소의 액화공정에 암모니아 냉동기를 직접 사용하는 것은 위험하므로 꼭 브라인(Brine)을 사용하거나 다른 냉매를 사용할 필요가 있다. 그것은 염소와 암모니아가 접촉하면 용이하게 폭발성의 삼염화질소(NCl_3)를 생성하기 때문이다.

기체 상태에 있어서 극히 미량의 불순가스를 흡수함으로 인해 폭발성 화합물이 생성되는 것이 가끔 있다. 예를 들면, divinylacetylene은 비점 85°C의 액체이나 공기 중의 산소를 잘 흡수하여 예민한 과산화물을 축적해서 근소한 마찰로서도 격렬한 폭발을 일으키므로 아주 위험하다. 1,3-butadiene은 비점이-4.4°C로서 쉽게 액화하나 액상의 butadiene은 분위기중의 미량의 이산화질소를 흡수하여 불안정한 nitro 또는 nitroso 화합물을 만들어 때때로 큰 폭발의 원인으로 된다. 약 4atm의 배관내면에 부착되어 있던 1.3-butadiene이 폭발을 방지하기 위하여 통과시킨 불활성 가스 중에 함유되어 있던 미량의 이산화질소를 흡수하여 폭발성화합물을 생성하여 배관이 파괴된 경우도 있다.

이와 같이 일반적으로 혼합위험은 제조공정 중, 저장 중, 수송 중에 가끔 발생하여 전혀 예기치 못한 화재나 폭발사고를 일으키는 원인으로 된다. 특히 혼합위험을 형성할 가능성이 있는 물질의 조합은 아주 종류가 많으며, 또한 혼합하기 전에는 전혀 위험하지 않은 물질도 적지 않으므로, 취급하는 물질의 혼합위험성에 대하여는 미리 충분히 검토할 필요가 있다.

일반적으로 혼합위험에 의하여 발화한 경우에도 넓은 의미로 자연발화라고 할 수 있다. 혼합위험에서 한 쪽의 물질이 물인 경우에는 특히 이 물질을 금수성물질이라고 한다. 이상에서 설명한 사항들을 정리하여 혼합위험의 구성을 예시하면 표 2.3과 같다.

표 2.3 혼합위협의 구성 예

물질A	물질B	가능성이 있는 현상
산화제	가연물	폭발성 혼합물의 생성
염소산염	산	혼합접촉 발화
아염소산염	산	혼합접촉 발화
차아염소산염	산	혼합접촉 발화
무수크롬산	가연물	혼합접촉 발화
과망강산칼륨	가연물	혼합접촉 발화
과망강산칼륨	진한 황산	폭발
4염화탄소	알카리금속	폭발
니트로화합물	알카리	고감도 물질의 생성
니트로소화합물	알카리금속	고감도 물질의 생성
알카리금속	물	혼합접촉 발화
니트로소아민	산	혼합접촉 발화
과산화수소수	아민류	폭발
에테르	공기	폭발성 유기과산화물의 생성
오레핀탄화수소	공기	폭발성 유기과산화물의 생성
염소산염	암모늄염	폭발성 암모늄염의 생성
아질산염	암모늄염	폭발성 암모늄염의 생성
염소산칼륨	적인	타격 마찰에 민감한 폭발물의 생성
아세틸렌	동	타격 마찰에 민감한 폭발물의 생성
피크린산	납	타격마찰에 민감한 납염의 생성
진한 질산	아민류	혼합접촉 발화
과산화나트륨	가연물	혼합접촉 발화

2.4 소방법에 규정된 위험물 각류의 시험방법

오늘날의 고도 산업사회에서 생활의 편의를 제공하기 위해서 사용되어지는 많은 화학물질들이 위험물에 해당할 것인가에 대한 판단을 정확히 내리는 것이 가장 우선되어야 하는 과제이다. 우리나라의 소방법에서 위험물을 규정하고 있으나, 국내에서 새로이 합성되는 물질이나 수입되는 새로운 물질에 대하여는 애매한 사항들이 많이 있다고 본다. 그러므로 여기서는 위험물의 판정을 내리는 판정 순서를 Flow Chart로 나타내어 소개한다(그림 2.2 참조).

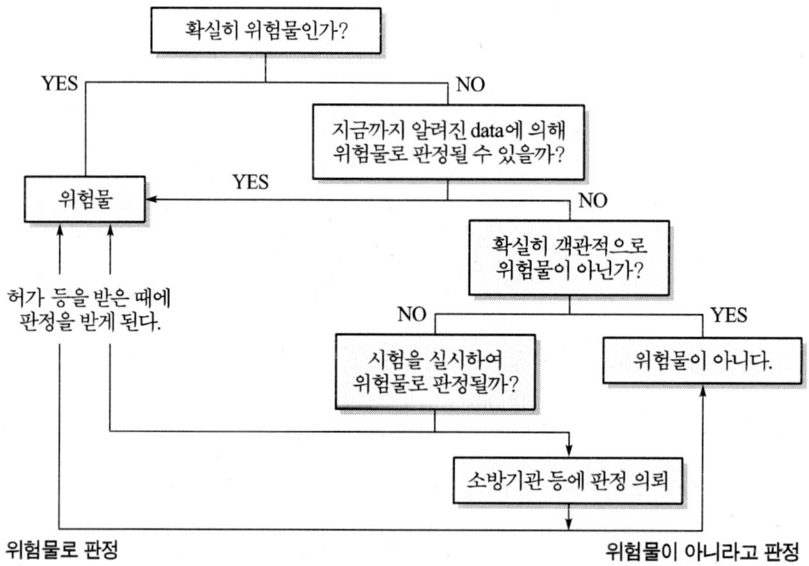

그림 2.1 위험물의 판정 순서에 대한 Flow Chart

일본에서는 1988년 소방법의 일부를 개정하여 위험물의 정의를 보다 명확히 하고 시험에 의한 위험물의 판정방법 등을 도입하였다. 이 개정의 배경으로는 ① 위험물품의 생산 유통실태의 변화에 대응할 필요가 있다는 점, ② 국제적인 동향에 대응할 필요가 있다는 점, ③ 준위험물 및 특수가연물의 실태의 변화 등에 대응할 필요가 있다는 점 등을 들고 있다. 일본에서는 위험물에 해당할 것인가의 판단과 그의 위험성의 정도를 합리적으로 파악하기 위하여 도입한 위험물의 각류의 대한 시험방법을 규정하고 있으므로 참고로 소개하면 표 2.4와 같다.

표 2.4 소방법령상에 규정된 위험물 각류의 시험방법

분류	시험	대상	측정되는 위험성	방법의 개요	판정기준
제1류	연소시험	고체 (분립상의 것)	산화력의 잠재적인 위험성	① 표준물질(과염소산칼륨)과 목분과의 혼합물(중량비 1:1)의 연소시간을 측정한다. ② 시험물과 목분과의 혼합물(8:2 및 1:1)의 연소시간 측정함	시험물과 목분과의 혼합물의 연소시간과 표준물질과 목분과의 혼합물의 연소시간과 같든가 또는 짧을 것
	대량 연소시험	고체 (분립상 이외의 것)		① 표준물질(과염소산칼륨)과 목분과의 혼합물(중량비 2:3)의 연소시간을 측정한다. ② 혼합물과 목분과의 혼합물(체적비 1:1)의 연소시간 측정한다.	시험물과 목분과의 혼합물의 연소시간과 표준물질과 목분과의 혼합물의 연소시간과 같든가 또는 짧을 것
	낙구식 타격감도 시험	고체 (분립상의 것)	충격에 대한 민감성	① 표준물질(질산칼륨)과 적인의 혼합물에 강구를 낙하시켜 당해 혼합물이 50%의 확률로서 폭발하는 높이(50% 폭점)를 구한다. ② 시험물과 적인과의 혼합물에 ①의 50% 폭점에서 강구를 낙하시켜 당해 혼합물이 폭발하는 확률을 구한다.	시험물과 적인과의 혼합물의 폭발확률이 50% 이상인 것
	철관시험	고체 (분립상 이외의 것)		① 시험물과 셀루로스분말과의 혼합물을 철관에 채우고, 전기뇌관으로 기폭시켜 철관의 파열의 정도를 관찰한다.	철관이 완전히 파열되는 것
제2류	작은 가스 불꽃 착화 시험	고체	화염에 의한 착화의 위험성	시험물에 작은 불꽃을 접촉시켜 착화할 때까지의 시간을 측정하고, 연소를 계속하느냐를 관찰한다.	10초 이내에 착화하고, 연소를 계속할 것
	인화점 측정시험	고체	인화성 위험성	시험물의 인화점을 세타 밀폐식 인화점 측정기를 사용하여 측정한다.	인화점이 측정되는 것

분류	시험	대상	측정되는 위험성	방법의 개요	판정기준
제3류	자연발화성 실험	고체 또는 액체	공기 중에서의 발화의 위험성	〈고체의 경우〉 ① 시험물을 여과지의 중앙에 놓고 10분 이내에 자연발화를 하느냐 안하느냐를 관찰한다. ② 분말시험물이 ①로써 자연발화하지 않는 경우 시험물을 낙하시켜, 낙하중 또는 낙하 후 10분 이내에 자연발화하느냐 안하느냐를 관찰한다.	〈고체의 경우〉 자연발화할 것
				〈액체의 경우〉 ① 시험물을 자기에 적하하여 10분 이내에 자연발화하느냐 안하느냐를 관찰한다. ② 시험물을 여과지에 적하하여 10분 이내에 자연발화하느냐 안하느냐 또는 여과지를 누렇게 태우느냐의 여부를 관찰한다.	〈액체의 경우〉 자연발화하고 또는 종이를 누렇게 태울 것
	물과의 반응성 시험	고체 또는 액체	물과 접촉하여 발화하든지 또는 가연성가스를 발생할 위험성	① 시험물을 물에 적신 여과지의 중앙 위치에 놓고 발생하는 가스가 자연발화하느냐 안하느냐를 관찰한다. ② ①에서 발생하는 가스가 자연발화하지 않는 경우, 당해 가스에 불꽃을 가깝게 하여 착화하느냐를 관찰한다. ③ 시험물에 증류수를 첨가시켜 1시간당 가스발생량을 측정하고 당해 가스에 가연성 성분이 함유되어 있는지 여부를 분석한다.	발생하는 가스가 자연발화 또는 착화하여야 한다. 또는 발생하는 가스의 량이 200 l /kg.hr 이상이고 가연성의 성분을 함유할 것

분류	시험	대상	측정되는 위험성	방법의 개요	판정기준
제4류	인화점 측정시험	액체	인화의 위험성	① 시험물의 인화점을 테그밀폐식 인화점 측정기에 의해 측정한다. ② ①의 인화점이 80°C를 초과할 경우, 클리브랜드개방식 인화점 측정기로 시험물의 인화점을 측정한다. ③ ①의 인화점이 0°C 이상 80°C 미만으로서 당해 온도에 있어서 시험물의 점도가 10cst 이상인 경우, 시험물의 인화점을 세타밀폐식 인화점 측정기로써 측정한다.	인화점이 측정될 것
제5류	열분석 시험	고체 또는 액체	폭발의 위험성	① 표준물질(2,4디니트로톨루엔 및 과산화벤조일)의 발열개시 온도 및 발열량을 시차주사열량 측정장치(DSC) 또는 시차 열분석장치(DTA)로서 측정한다. ② 시험물의 발열개시 온도 및 발열량을 ①에 사용한 장치에 의해 측정한다.	발열개시 및 발열량이 표준물질에서 구한 위험성의 기준 이상일 것
	압력용기 시험	고체 또는 액체	가열분해의 격렬도	① 시험물을 1.0mm의 오리피스판을 부착한 압력용기에 넣어 가열하여 파열 판이 파열하느냐 안하느냐를 관찰한다.	50% 이상의 확률로써 파열할 것
제6류	연소시험	액체	산화력의 잠재적 위험성	① 90%의 질산수용액과 목분과의 혼합물(중량비 1:1)의 연소시간을 측정한다. ② 시험물과 목분과의 혼합물(중량비 8:2 및 1:1)의 연소시간을 측정한다.	시험물과 목분과의 혼합물 연소시간이 90% 질산수용액과 목분과의 혼합물의 연소시간과 같든가 또는 짧을 것

2.4.1 위험물 평가방법의 일 예

위험물 시험방법 중 제4류 위험물(인화성 액체)에 해당할 것인가를 판단하는 평가방법에 대하여 그 평가순서를 소개하면 다음과 같다.

(1) 순서 1

〈액상 확인〉및 〈인화점 측정시험〉에 의해 제4류 위험물에 해당할 가능성의 유·무를 그림 2.3에 따라서 판단한다.

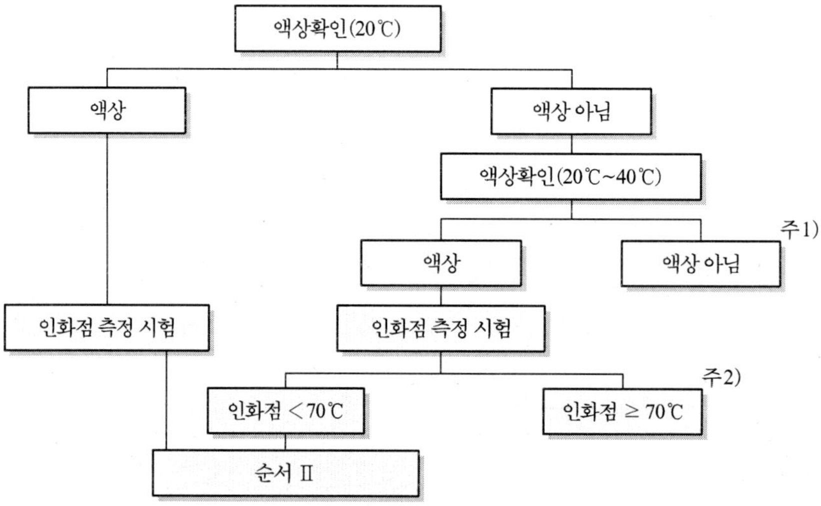

(주1) 40°C 이하의 온도에서 액상으로 되지 않는 것은 고체이므로, 제4류 위험물에는 해당되지 않는다.

(주2) 인화점이 70°C 이상의 물품은 제3석유류, 제4석유류 또는 동식물류에 속하지만, 이들의 물품에 대하여는 1기압, 온도 20°C에서 액상이 아닌 것은 제4류 위험물에는 해당되지 않는다.

그림 2.2 순서 1의 Flow Chart

(2) 순서 2

순서 1에서 제4류의 위험물의 대상으로 될 가능성이 있는 것으로 확인된 것은 그림 2.4에 따라 제4류 위험성에 해당되는지 안 되는지를 판단한다.

혼합물에 대하여는 다음의 세 가지의 조건 전부를 만족하는 것은 제4류 위험물에 해당되지 않는 것으로 규정하고 있다. 또한, 제4류에 해당되지 않는 것은 가연성 액체류에 해당한다.

① 인화점이 40°C 이상인 것
② 연소점이 60°C 이상인 것
③ 가연성 액체량이 40% 이하인 것

따라서, 위의 조건에 해당할 가능성이 있는 혼합물에 대해서는 다음의 Flow Chart에 따라 제4류의 위험물에 해당하는지의 여부를 판단한다.

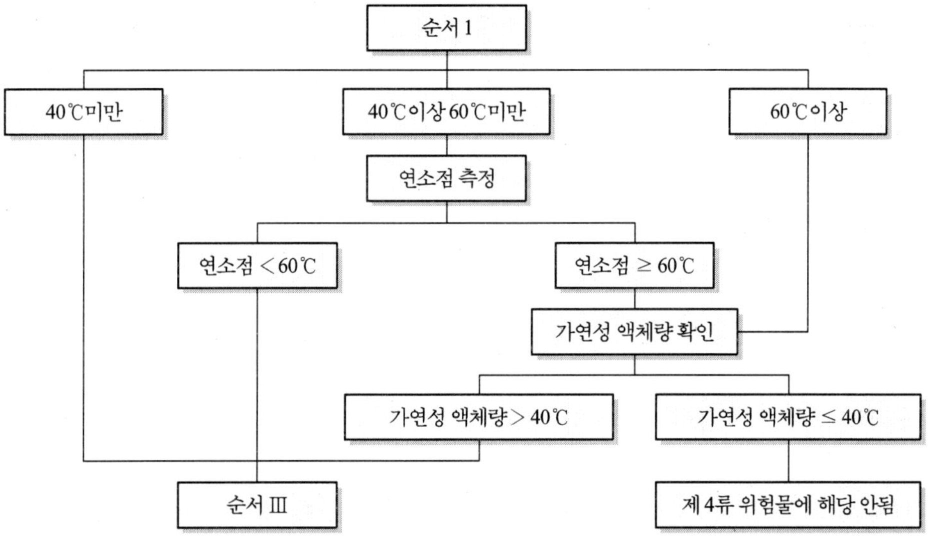

(주1) '알코올' 및 '동식물유류'에 속하는 물품에 대해서는 이것과는 다른 규정이 있다.
(주2) 가연성 액체량의 확인은 성분조성이 명확한 물품에 대해서는 그 성분조성에서 판단하면 된다.

그림 2.3 순서 2의 Flow Chart

(3) 순서 3

순서 2에서 제4류 위험물에 해당된다고 판단한 시험물에 대해서는 그에 속하는 품명을 그림 2.5에 따라 판단한다.

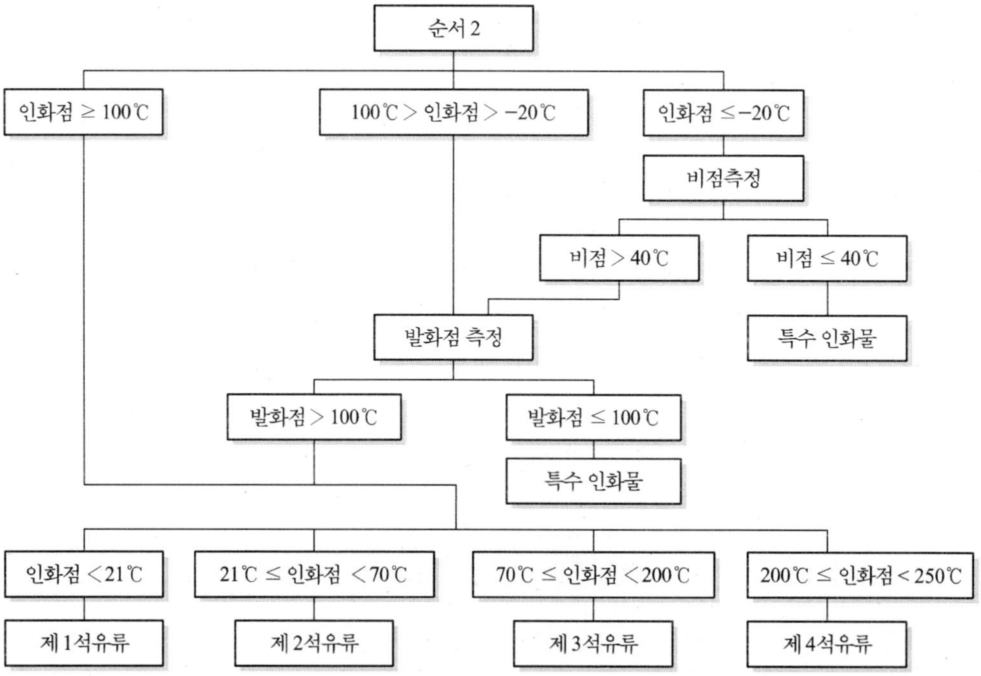

그림 2.4 순서 3의 Flow Chart

2.5 계산에 의한 반응성 화학물질의 위험성 예측

반응성 화학물질은 그 위험성을 문헌조사나 실험에 의하여 평가할 수 있다. 그러나 문헌조사만으로는 불충분한 경우가 많고, 또한 실험은 광범위하게 행할 수가 없다. 이와 같은 경우에 계산에 의한 예측이 상당히 유효하다.

2.5.1 반응성 화학물질의 계산에 의한 위험성 예측의 중요성과 한계

반응성 화학물질의 위험성을 실험적으로 평가할 때 다음과 같은 문제점이 있다.

① 실험적인 평가법은 어느 정도의 설비와 상당한 노력을 필요로 한다.
② 동시에 다수의 물질의 평가가 될 수 없다. 예를 들면, 약품 사이의 혼합위험성(혼합하여 때에 따라 발화 또는 독성 gas를 방출한다든지 하는 위험성)을 평가하는 경우, 아주 많은 조합을 고려하지 않으면 안 되며, 이들을 모두 실험하는 것은 현실적이 못 된다.
③ 잠재적인 scale 효과를 하나의 실험만으로서 평가할 수 없다.
④ 위험성이 너무 커서 물성(物性)을 측정할 수 없는 물질이 있다.

계산에 의한 위험성의 평가는 이들의 문제점에 어느 정도 답을 줄 수 있다.

현재 불안정(不安定) 물질의 평가에 사용되고 있는 계산방법은 분해열, 폭발열, 반응열 등, 즉 에너지적으로 평가하는 것으로서 반응속도, 반응조건 등을 예측하는 방법은 확립되어져 있지 않다. 그러나 물질의 위험성을 1차적으로 예측하기에는 충분한 경우가 많고, 때로는 실험에서는 얻어질 수 없는 정보를 주는 경우도 있다.

물질이 단독 또는 다른 물질과 혼합하여 발화하든지 폭발하는 것은 그 물질이나 혼합물이 반응에 의하여 방출할 수 있는 충분한 에너지를 갖고 있기 때문이다. 이들의 반응열(연소열, 분해열, 폭발열)의 대소에 의하여 그 물질의 폭발 또는 발화의 위험성을 어느 정도 예상할 수 있다.

반응열은 여러 가지 열량계를 사용하여 실측할 수 있으나, 실제의 불안정물질에 적용하기에는 여러 가지의 어려움이 따른다. 이 반응열을 계산에 의해 예측하고 그것을 사용하여 폭발이나 발화의 가능성을 평가하려고 하는 것이 여기에서 소개하는 방법이다. 이 방법을 유용하게 사용하기 위한 유의사항은 다음과 같다.

① 계산에 의한 위험예측은 절대적인 것이 아니고, 일차 예측에 지나지 않는다. 상세한 정보는 각종 시험에 의하지 않으면 안 된다.
② 계산의 결과, 위험성이 크다고 평가된 경우에는 여러 가지의 위험성 data sheet 사고 예 등을 조사하여 취급에 충분히 주의한다.
③ 새로운 화합물을 대량으로 합성한다든지 제품화하는 경우에는 먼저 계산에 의한 위험성 평가를 행하고, 위험성이 있다고 예상되는 경우에는 합성 후 몇 가지의 표준시험을 행한다.

2.5.2 폭발생성물 및 분해생성물의 추정

폭발열 및 분해열 등 반응열을 예측하기 위해서는 먼저 반응생성물을 추정하지 않으면 안 된다. 계산에 의한 폭발 또는 분해생성물의 예측법으로서는 평형계산법(平衡計算法)과 비평형계산법(非平衡計算法)이 있다.

평형계산법은 화학평형(化學平衡)을 고려한 것으로서, NASA에서 개발된 프로그램 CEC71이 유명하다. 그러나 아주 높은 온도에서 반응속도가 아주 다른 경우에는 유효하나 저온에서 반응이 완전하게 진행하지 아니하고 중간 생성물이 되는 경우나 반응이 늦은 경우에는 사용할 수 없으며, 현재 화학약품의 위험성 예측에는 이용되지 않고 있다.

한편, 비평형계산법은 반응이 완전하게 최후까지 진행한다고 가정한 것으로서, 평형계산법에 비하여 간단하고 실용적이기 때문에 CHETAH나 REITP2라고 하는 위험성예측프로그램이 사용되어지고 있다.

(CHETAH is in the Chemical Thermodynamics and Eneygy Hazard Evaluation Program in the American Society of Testing and Materials)

여기에서는 비평형계산법에 바탕을 둔 반응생성물의 추정법에 대하여 설명한다.

먼저 대상으로 하고 있는 물질에 대하여 경험에 의하여 결정된 우선 생성순위, 즉 물질을 구성하고 있는 원소가 원자상태로 되었을 때, 어떠한 생성물이 먼저 생성할 것인가라고 하는 순위에 따라서 생성물을 만들어간다. 그것으로부터 남은 원자는 단체 또는 분자상태로서 남는 것으로 한다. 우선순위는 표 2.5(REITP2의 예상생성물과 우선순위)에 나타낸다. 이것에 의하면 C, H, N, O를 함유하는 유기화합물의 경우, 생성물은 N_2, H_2O, CO_2의 순으로 생성하고, 남는 것은 C, H_2, O_2이다.

예 1 Nitromethane의 폭발

$$CH_3NO_2 \rightarrow [C+3H+N+2O] \rightarrow 1/2N_2+3/2H_2O+1/4CO_2+3/4C$$

예 2 5-CT(5-Chloro-1, 2, 3-thiadiazole)의 분해

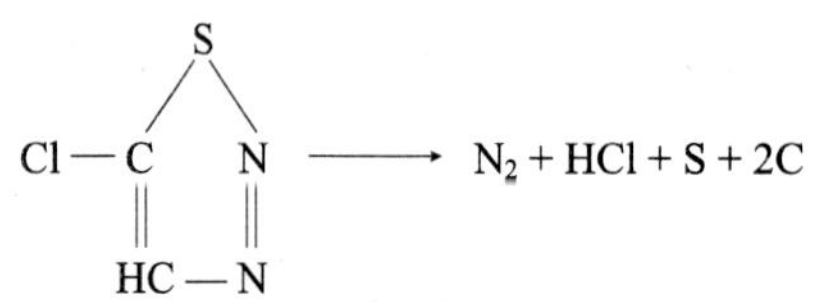

이 추정법은 고온에서 산소 balance(oxygen balance, 물질이 폭발 또는 연소하는 경우에 필요한 산소가 어느 정도 부족할까, 여유가 있을까를 나타내는 양)가 正(+), 즉

산소과잉의 물질에서는 실험결과와 잘 맞으나 OB가 (−)의 경우나 저온에서 반응이 최후까지 진행하지 않는 경우는 그다지 잘 맞지 않는 경우가 있다.

산소 balance가 (−)의 경우에는 다음에 설명하는 oxygen balance를 사용하는 보정식을 써서 실측에 맞도록 보증할 수가 있다. 저온에서 반응이 최후까지 진행하지 않는 경우로는, 예를 들면 유기과산화물에서 볼 수 있는 경향이다. 이 경우 다음에 나타내는 바와 같이 중간의 분해 생성물을 화학적인 판단에서 어느 정도 가정하면 된다.

Dialikylperoxide

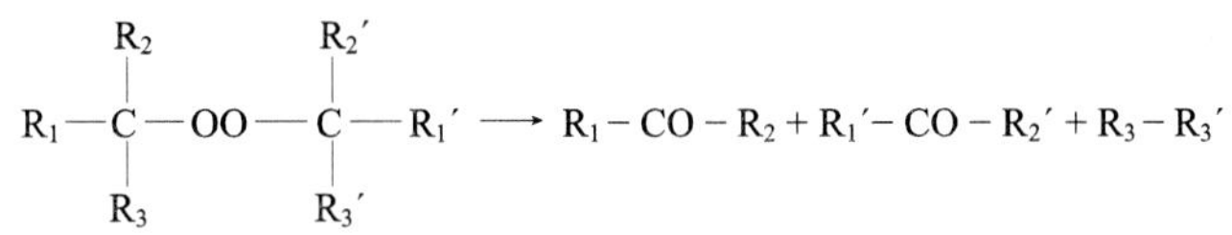

Hydroperoxide

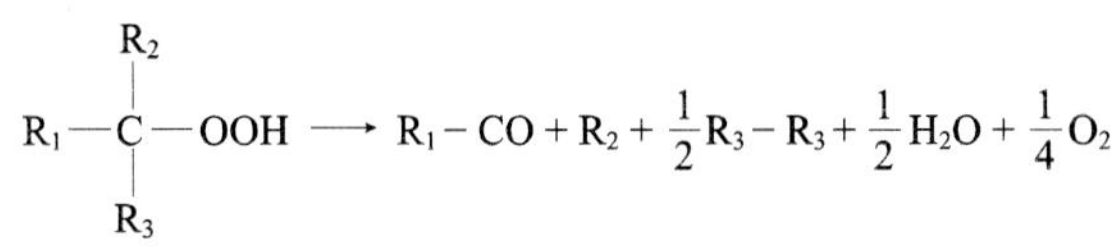

Peroxydicarbonate

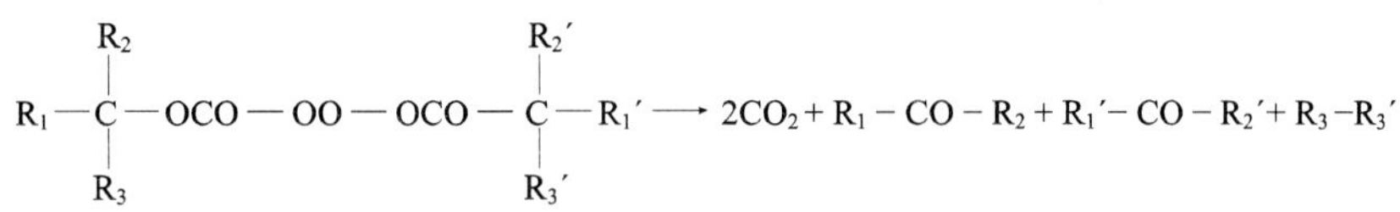

Diacylperoxide

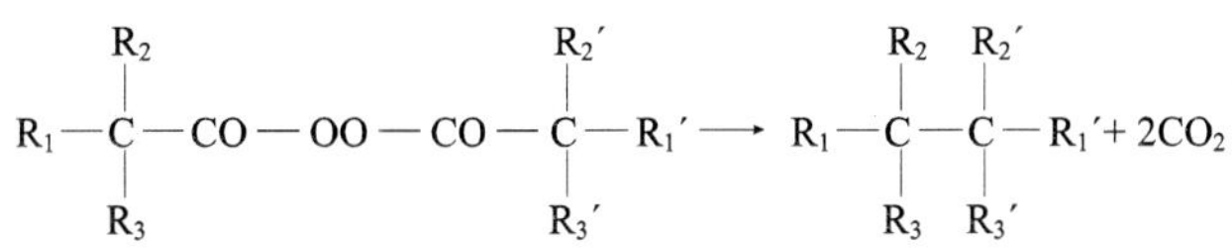

Peroxyester

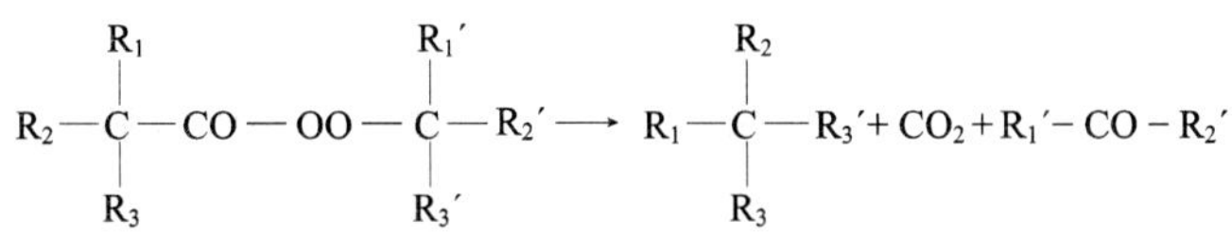

다음으로 연소생성물의 추정에 대하여 설명하면, 이 경우에는 완전연소하는데 충분한 산소가 존재하는 중에서 물질이 고온에서 연소했을 때의 생성물을 생각한다.

생성물의 우선순위는 표 2.5에 준한다. 예를 들면, C, H, N로 되어있는 물질의 경우 생성물은 N_2, H_2O, CO_2 순으로 생성한다. NOx 등도 될 수 있으나 무시하여도 연소열 계산에서는 그다지 문제가 되지 않는다.

예제 1 **다음 물질의 분해생성 또는 폭발생설물을 예상하라.**

a) Nitroglycol

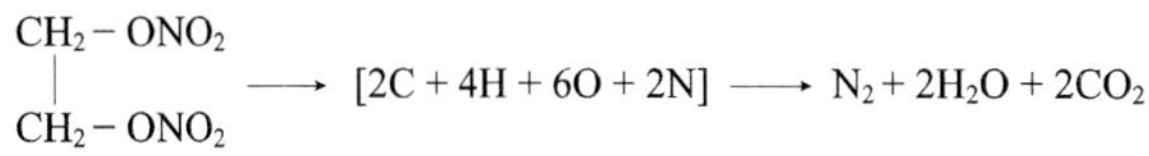

b) NH_4NO_3(질산암모늄) → [2N+4H+3O] → $N_2+2H_2O+\frac{1}{2}O_2$

c) TNT

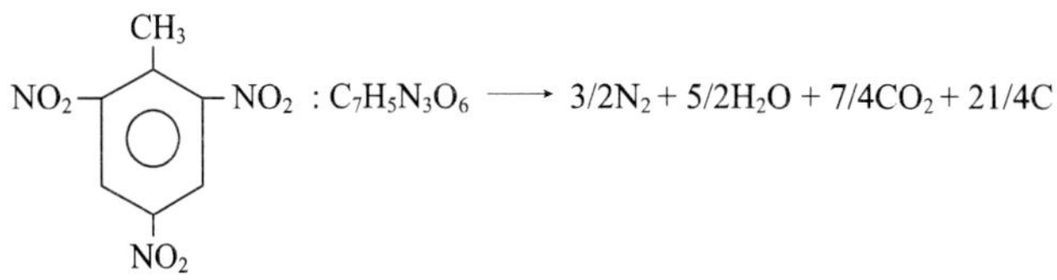

d) DPT

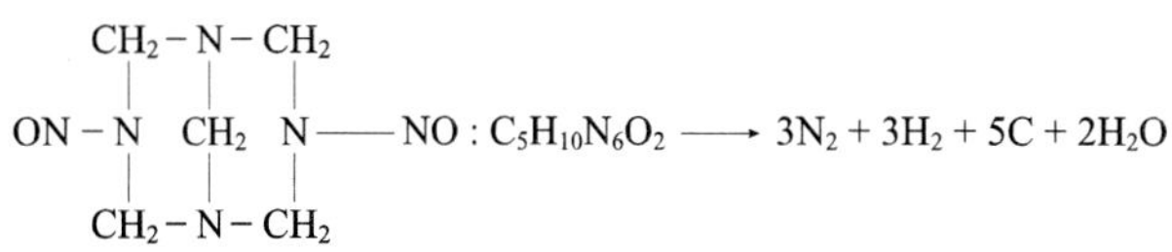

e) AIBN(α, α'–azobisisobutyronitrile)

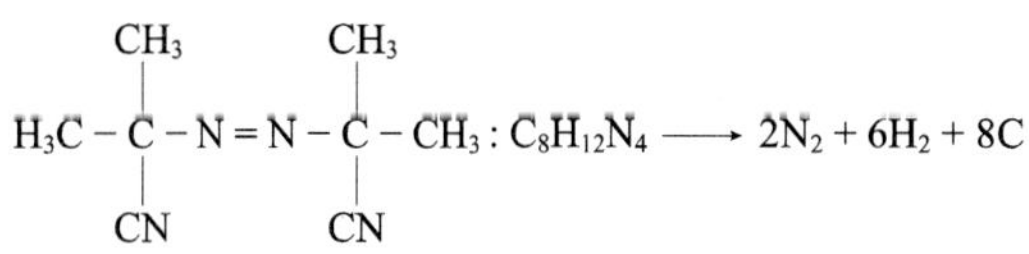

예제 2 **다음의 유기과산화물의 구조식을 쓰고 그 중간생성물을 예상하라.**

a) Benzoyl peroxide

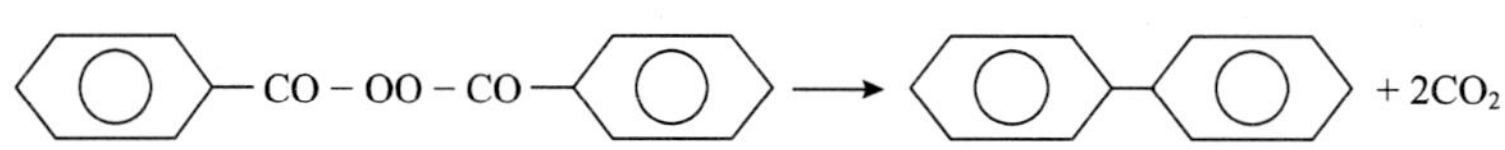

b) Cumen hydroperoxide

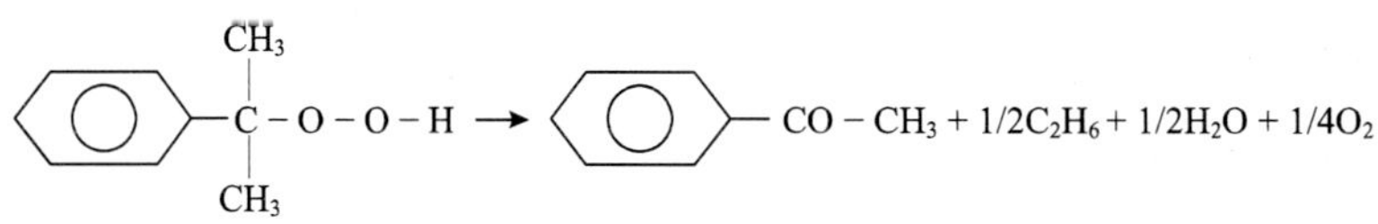

c) 과안식향산 t-butyl(t-butyl peroxybenzoate)

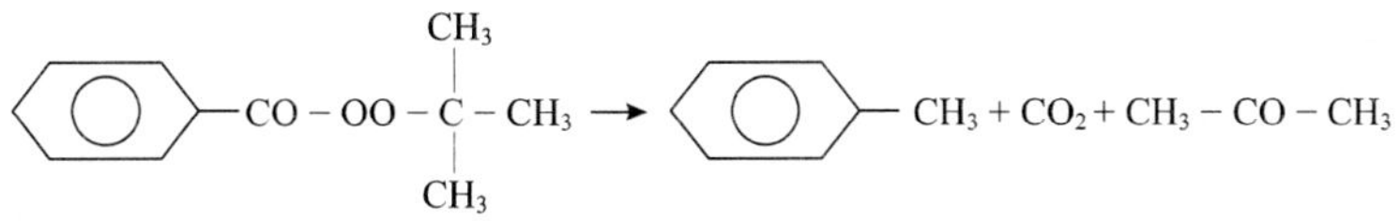

d) di-t-butylperoxide

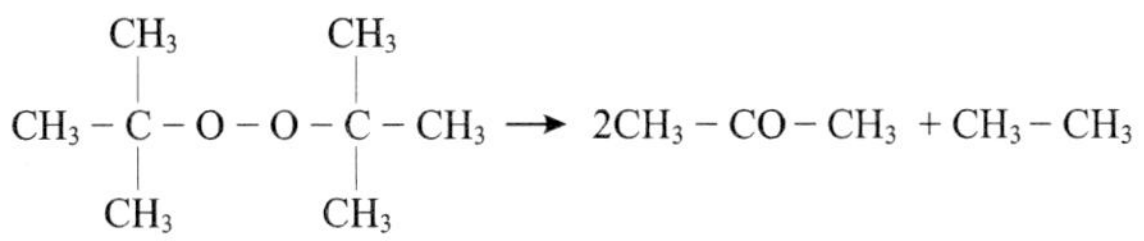

예제 3 **다음의 유기화합물의 연소방응식을 쓰라.**

a) Methane

$CH_4 + 2O_2 \rightarrow CO_2 + 2H_2O$

b) Acetic Acid

$CH_3COOH + 2O_2 \rightarrow 2CO_2 + 2H_2O$

c) Nitrobenzene

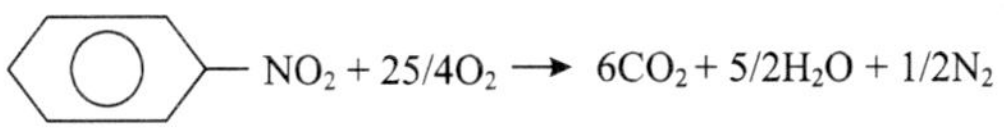

2.5.3 생성열의 추정(推定)

반응열 계산에는 평가하는 물질의 생성열이 필요하다. 생성열은 여러 가지의 열량계를 사용하여 실측할 수 있으나 불안정물질의 경우에는 용이한 것이 아니고 실측되어져 있는 데이터에서도 신뢰성이 낮은 것이 있다.

반응열을 추정하는 방법은 그의 구조로부터 구하는 것이 많고, 현재 일반적으로 사용되어지고 있는 것에 가성성칙(加成性則)을 사용하는 방법과 분자궤도법(分子軌道法)을 사용하는 것이 있다. 가성성칙(加成性則)을 사용하는 방법으로서 대표적인 것은 Benson이 제안한 2차가성성칙(2次加成性則)과 동해대(東海大)의 米田가 연구하고 있는 CHEMOGRAM이 있다. 양자 모두 유기화합물의 생성열에 구조적인 가성성이 성립한다고 가정한 것이다. 특징으로는 Benson의 가성성칙은 간단한 계산으로 기상(氣相)의 생성물이 추정되고, 액상-고상에 대하여는 Yoshida 등이 데이터를 부가하고 있다. 정도(精度)는 위험성예측에 필요한 정도(精度)(즉, 오차 100cal/g 이내)를 충분히 만족하는 것이다.

CHEMOGRAM은 Benson방법에 비하여 간단한 화합물에 대하여 정도가 좋으나 복잡한 화합물로 되면 정도(精度)가 나쁘게 되며, 계산이 복잡하기 때문에 컴퓨터를 사용하여 처리하고 있는 것이 특징이나, 불안정물질을 추정하기에는 data가 적고, 또한 고상(固相)의 생성열을 추정하는 방법은 확립되어져 있지 않다. 그러나 기능이 있어 유기화합물의 물성을 조사하는 데는 아주 편리한 data base이다. 가성성칙(加成性則)의 장점은 간단한 계산으로서 정도(精度)가 좋은 생성열을 추정할 수 있다는 점이며, 단점으로서는 원자단의 기여치(寄與値)가 얻어져 있지 않는 것에 대하여는 추산될 수 없다는 점이다.

한편 분자궤도법(分子軌道法)에 의한 생성열 추정에는 Dewar씨에 의한 MINDO/3법, MNDO법, AM 1 등이 유명하다. 분자궤도계산은 복잡하여 컴퓨터의 도움을 빌리는 것으로 된다. 앞의 가성성칙에 비해 어떠한 화합물에 있어서도 구조적으로 정하면 계산할 수 있는 가능성을 가지고 있다. 그러나 큰 분자에 대하여는 계산 비용이 많이 들며 정도가 충분하지 않으며, 계산된 값이 기상(氣相)의 값이라는 것 등으로부터, 일반적으로 사용되는 상태로 되어있다고는 말하기 어렵다. 그러나 최근 CHEMOGRAM에는 실측 데이터를 검색할 수 있는 이들 방법을 실용화시킬 수 있는 가능성이 증가하고 있다.

2차 가성성칙은 다음의 예에서 나타내는 바와 같이 인접원자의 효과까지 고려하여 화합물을 group으로 나눈다. 그래서 그 group의 생성열 기여치를 표 2.5.1~2.5.6에 나타낸다.

다음에 group치 및 보정치로부터 생성열의 추정 예를 나타낸다.

(주: l, s, g는 각각 liquid, solid, gas의 뜻이다.)

탄화수소

예 1 n-Octane(쇄상포화탄화수소)

시성식 : $CH_3(CH_2)_6CH_3(l)$

표준생성 enthalpy

$$\Delta H_f^O = 2[C-(H)_3(C)] + 6[C-(H)_2(C)_2] = 2\times(-11.58) + 6\times(-6.11)$$

$$= 59.82\text{Kcal/mol}(\text{실측치}-59.78)$$

예 2 Cyclohexane(환상탄화수소)

시성식 : $(CH_2)_6(l)$

표준생성 enthalpy

$\Delta H_f^O = 6[C-(H_2)(C)_2]+$환(Cyclohexane) $= 6\times(-6.11)+(-0.73)$

$=-37.39$Kcal/mol(실측치-37.39)

예 3 Isoprene(올레핀탄화수소)

구조식 : $CH_2=C(CH_3)-CH=CH_2$ (l)

표준생성 enthalpy

$\Delta H_f^O =[C_d-(H)_2]+[C_d-(C)(C_d)]+[C_d-(H)(C_d)]+[C_d-(H)_2]$

$+[C_d-(H)_3(C_d)]= C-CH_3$

$= 4.94 +7.56+4.94+5.48+(-11.26)$

$= 11.34$Kcal/mol(실측치 11.66)

예 4 Vinylacetylene(아세틸렌계 탄화수소)

구조식 : $CH\equiv C-CH = CH_2$ (l)

표준생성 enthalpy

$\Delta H_f^O = [C_t-(H)]+[C_t-(C_d)]+[Cd-H-Cd]+[C_d-(H)_2]$

$= 26.48+25.00+7.28+4.94=63.7$ Kcal/mol

예 5 Toluene(치환 benzene)

시성식 : $C_6H_5-CH_3$ (l)

표준생성 enthalpy

$\Delta H_f^O = 5[C_B-(H)]+[C_B-(C)]+[C-(H_3)C_B]$

$= 5\times1.95+3.144(-10.00)=2.89$ Kcal/mol(실측치 2.91)

예 6 Anthracene(축합환 방향족 탄화수소)

구조식 : 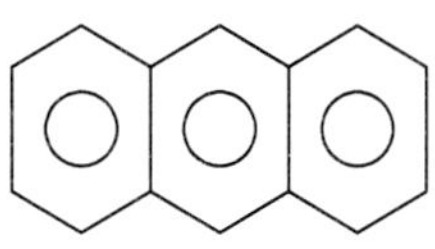 (s)

표준생성 enthalpy

$\Delta H_f^O = 10[C_B-(H)]+4[C_{BF}-(CB)_2(C_{BF})]=10\times1.56+4\times3.1$

$= 28.00$ Kcol/mol(실측치 30.88)

예 7 Allene

구조식 : $CH_2=C=CH_2$ (l)

표준생성 enthalpy

$\Delta H_f^O = 2 \times [C_d-(H)_2]+[C(allene)] = 2\times4.94+32.54$

$=42.42$ Kcal/mol(실측치 45.63)

CHO 화합물

예 8 Ethanol (alcohol) (l)

시성식 : CH_3CH_2OH

표준생성 enthalpy

$\Delta H_f^O = [C-(H)_3(C)]+[C-(H)_2(C)(O)]+[O-(H)(C)]$

$=-11.58+(-24.84)+(-30.0)=-66.42$ Kcal/mol(실측치−66.42)

예 9 Methyl−t−butylether(Ether) (l)

시성식 : $CH_3OC(CH_3)_3$

표준생성 enthalpy

$\Delta H_f^O = [C-(H)_3(O)]+[O-(C)_2]+[C-(C)_3(O)]+3[C-(H_3)(C)]$

$=-27.01+6.09+(-21.12)+3\times(-11.58)$

$=-76.78$ Kcal/mol(실측치−77.2)

예 10 Acetaldehyde(Aldehyde) (l)

시성식 : CH_3CHO

표준생성 enthalpy

$\Delta H_f^O = (C-(H)_3(CO)]+[CO-(C)\ (H)]=-10.00+(-35.38)$

$=-45.88$ Kcal/mol(실측치−45.88)

예 11 Acrolein(불포화 aldehyde)

시성식 : $CH_2=CHCHO$ (l)

표준생성 enthalpy

$\Delta H_f^O = [C_d-(H)_2]+[C_d-(H)(CO)]+[CO-(C_d)(H)]$

$=-4.94+(-10.87)+(-18.0)=-23.93$ Kcal/mol

예 12 Methylethy ketone(Ketone)

구조식 : $CH_3COCH_2CH_3$ (l)

표준생성 enthalpy

$\Delta H_f^O=[C-(H)_3(CO)]+[CO-(C)_2]+[C-(H)_2(CO)(C)]+[C-(H)_3(C)]$

$=-10.00+(-39.24)+(-5.48)+(-11.58)$

$=-66.3$ Kcal/mol(실측치-65.36)

예 13 Adipic acid(지방산)

구조식 : $HOOC(CH_2)_4COOH$ (s)

표준생성 enthalpy

$\Delta H_f^O=2[O-(H)(CO)]+2[CO-(O)(C)]+2[C-(H)_2(CO)(C)]+2[C-(H)_2(C)_2]$

$=2\times(-51.6)+2\times(-54.15)+2\times(-5.48)+2\times(-6.11)$

$=-234.68$ Kcal/mol (실측치-237.65)

예 14 Maleic acid(산무수물)

구조식 : 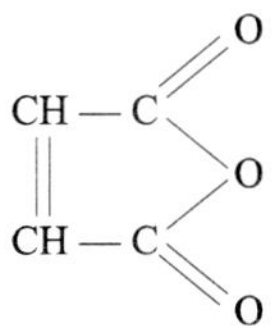 (s)

표준생성 enthalpy

$\Delta H_f^O=2[(C_d-(CO)(H)]+2[CO-(C_d)(O)]+[O-(CO)_2]$

$=2\times(-10.87)+2\times(-33.0)+(-20.07)$

$=-107.8$ Kcal/mol(실측치-112.08)

CHNO 화합물

예 15 Ethylene diamine

시성식 : $H_2NCH_2CH_2NH_2$ (l)

표준생성 enthalpy

$\Delta H_f^O=2(N-(H)_2(C)]+2[C-(H)_2(C)(N)]$

$=2\times(-1.03\ )+2\times(-5.1\ )=-12.26$ Kcal/mol

예 16 Trimethylamine

시성식 : $N(CH_3)_3$ (l)

표준생성 enthalpy

$\Delta H_f^O=[N-(C)_3]+3[C-(H)_3(N)]\ =\ 19.07+3\times(-10.27)$

$=-11.74$ Kcal/mol(실측치-10.93)

예 17 1, 2-Dimethylhydrazine

시성식 : $CH_3NHNHCH_3$ (l)

표준생성 enthalpy

$\Delta H_f^O=2[C-(H)_3(N)]+2[N-(N)(H)(C)]$

$=2\times(-10.27)+2\times16.57\ =12.6$ Kcal/mol(실측지 11.67)

예 18 Dioxyethylnitramindinitrate

구조식 :

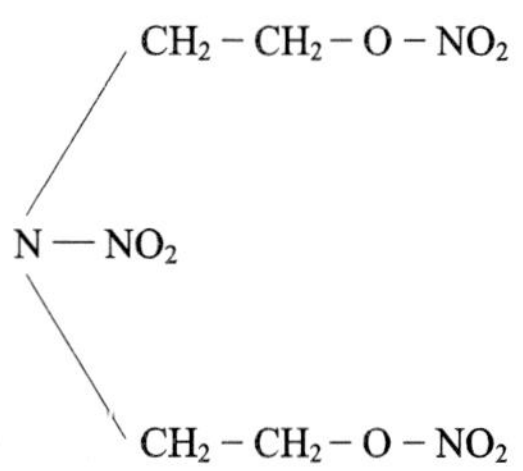

(s)

표준생성 enthalpy

$\Delta H_f^O=[N-(C)_2](NO_2)+2\times[C-(H)_2(C)(N)]+2\times[C-(H)_2(O)(C)]$

$+2\times[O-(C)(NO_2)]$

$=7.94+2\times(-5.10)+2\times(-24.84)+2\times(-9.08)$

$=-70.10$ Kcal/mol(실측치 -75.39)

예제 4 **Benson의 2차 가성성을 사용하여 다음의 화합물의 ΔH_f^O를 구하라.**

(1) $CH_3CH_2CH_3$ (g)

$\Delta H_f^O=2[C-(C)(H)_3]+[C-(C)_2(H)_2]$

$=2\times(-10.20)+(-4.93)=-25.3$ Kcal/mol

(2) CH_3CH_2ONO (g)

$$\Delta H_f^O = [C-(C)(H)_3]+[C-(H)_2(C)(O)]+[O-(C)(NO)]$$

$$=-24.2 \text{ Kcal/mol}$$

(3) 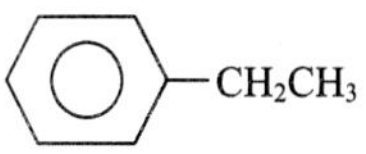 (g)

$$\Delta H_f^O = 5[C_B-(H)]+[C_B(C)]+[C-(H)_2(C_B)(C)]+[C-(C)(H)_3]$$

$$= 5\times(3.3)+(5.51)+(-4.86)+(-10.20)$$

$$=6.95 \text{ Kcal/mol}$$

(4) CH=CHCN (g)

$$\Delta H_f^O = [C_d-(H)_2]+[C_d(H)(CN)]$$

$$=6.26 +37.4=43.7 \text{ Kcal/mol}$$

(5) CH_3COH (with =O on C) (g)

$$\Delta H_f^O =(C-(CO)(H)_3]+[CO-(C)(O)]+[O-(CO)(H)]$$

$$=(-10.08)+(-35.1)+(-58.1) =-103.3 \text{Kcal/mol}$$

(6) 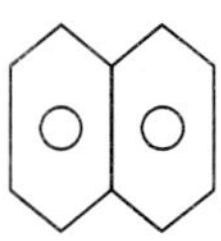 (s)

$$\Delta H_f^O = 8[C_B-(H)]+2[C_{BF}(C_B)_2(C_{BF})]$$

$$= 8\times1.56+2\times3.1=18.68 \text{ Kcal/mol}$$

2.5.4 분해열 및 연소열의 추정과 위험성 예측

연소 및 폭발은 어느 정도 이상의 반응열을 가진 경우에 일어날 수 있다. 계산에 의한 반응열의 추정이 가능함으로써, 화재·폭발의 1차 예측이 가능하다. 그러나 반응이 일어나기 쉬움의 정도는 간단한 계산으로서는 예측할 수 없으므로, 어떠한 조건에서 연소-폭발이 일어날 것인가는 실험에 의하여 확인할 필요가 있다.

여기서는 CHETAH의 기법에 REITP2의 기법을 가하여 계산에 의하여 폭발위험성의 예측을 행하는 방법을 소개한다.

순서

(1) 불안정 물질의 기상(氣相)의 $\Delta H_f^O(298)$를 Benson의 group 가성성칙을 사용하여 추정한다.

$$\Delta H_f^O(\text{화합물}) = \sum(\text{화합물중의 group의 } \Delta H_f^O(298))$$

(2) 분해방정식을 쓴다. 분해생성물은 일정 순서에 따라서 생성한다고 한다. 생성순서와 group의 ΔH_f^O는 표 2.5에 나타내었다.

질소는 N_2로서 생성하고, 물은 기상(氣相) $H_2O(g)$로 생성한다고 한다. 나머지 원자는 원소상 생성물로 한다.

(3) 분해열 Q_1을 구한다.

$$Q_1 = \sum(\text{생성계의 생성열}) - \sum(\text{원계의 생성열})$$

(4) 1g당의 최대분해 enthalpy ΔH_{max}를 구한다.

$$\Delta H_{max} = -Q_1/M$$

여기서 M은 평가하려는 물질의 분자량

(5) 완전 연소식을 쓴다. 완전연소 생성물은 표 2.5에 나타내어져 있다.

(6) 연소열 Q_2를 구한다.

$$Q_2 = \sum(\text{완전연소 생성물의 생성열}) - \sum(\text{원계의 생성열})$$

(7) 1g당의 연소열 ΔH_C를 구한다.

$$\Delta H_C = -Q_2M$$

여기서, M은 평가하려는 물질의 분자량. 단, 완전연소를 시키기 위하여 가해진 O_2의 분자량은 제외한다.

(8) $|\Delta H_C - \Delta H_{max}|$를 구한다.

(9) 그림과 같이 Plot하여 폭발위험성의 대·중·소를 판정한다.

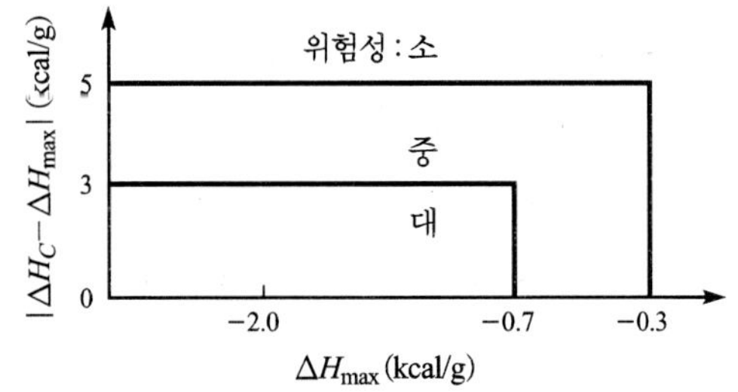

예 1 M-dinitrobenzene

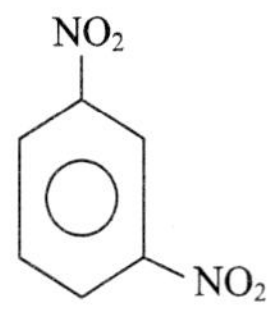

순서

(1) ΔH_f^O=4[C_B-(H)]+2[C_B-(NO_2)]=4×3.30+2×(-1.19)-10.82 Kcal/mol

(2)

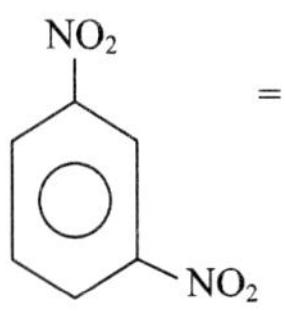

$= C_6H_4N_2O_4 = N_2 + 2H_2O + CO_2 + 5C_2 + Q_1$

O 2×57.8 94.1 O

(3) Q_1-(2×57.8 +94.1)-(-10.82)=220.52 Kcal

(4) ΔH_{max}=-Q_1/M=-220.52/168 =-1.31Kcal/g

(5)

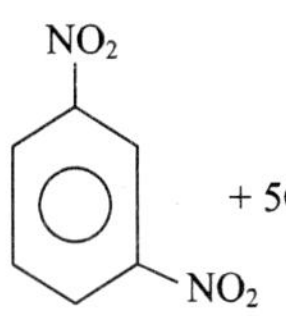

$+ 5O_2 \longrightarrow N_2 + 2H_2O + 6CO_2 + Q_2$

(6) Q_2={(2×57.8)+(6×94.1)}-(-10.82)=691.02 Kcal

(7) ΔH_C=-Q_2/M=-169.02/168 =-4.11 Kcal/g

(8) | ΔH_C-ΔH_{max} | = | -4.11-(-1.31) | =2.80Kcal/g

(9) 판정 : 폭발위험성 대

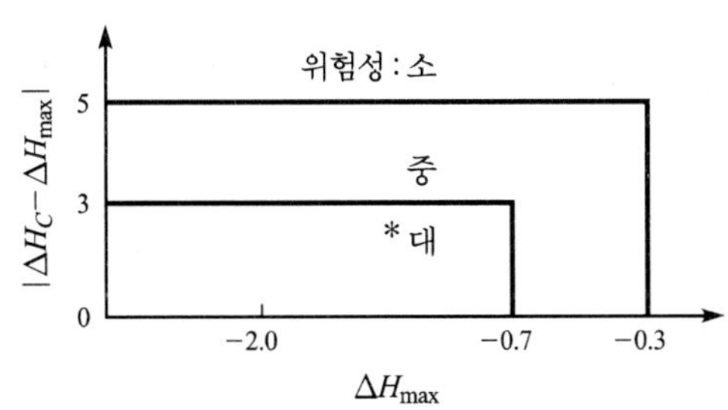

m-dinitrobenzene은 강력한 기폭으로 폭굉하는 것으로 알려져 있다.

예 2 Acrylic acid (g)

CH_2=CHCOOH

(1) $\Delta H_f^O=[C_d-(H)_2]+[C_d-(H)(CO)]+[CO-(C_d)(O)]+[O-(CO)(H)]$

$=6.26+5.0+(-32.0)+(-58.1)=-78.84$ Kcal/mol

(2) $CH_2=CHCOOH \rightarrow C_3H_4O_2 \rightarrow 2H_2O+3C+Q_1$

생성열 ΔH_f^O 78.84 2×57.80 O

분자량(M) 72

(3) $Q_1=2\times57.8-78.84=36.7$ Kcal

(4) $\Delta H_{max}=-Q_1/M=-36.7/72=-0.51$ Kcal/g

(5) $CH_2=CHCOOH+3O_2 \rightarrow 2H_2O+3CO_2+Q_2$

(6) $Q_2=2\times57.8+3\times94.1-78.84=319.06$ Kcal

(7) $\Delta H_C=-Q_2/M=-319.06/72=-4.43$ Kcal/g

(8) $|\Delta H_C-\Delta H_{max}|=|-4.43-(-0.51)|=3.92$ Kcal/g

(9) 판정 : 폭발위험성 중

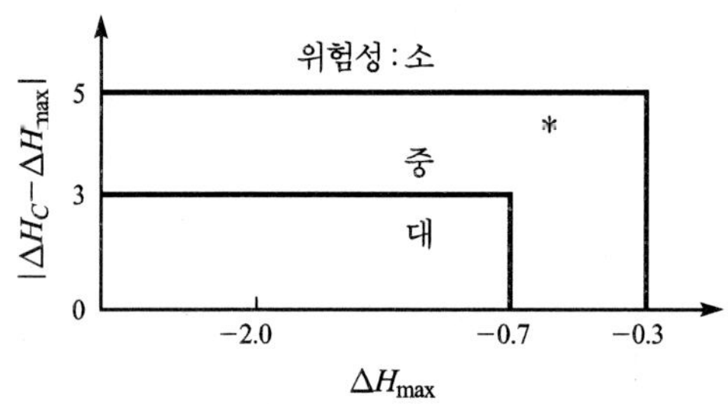

acrylic acid는 폭굉을 일으키는 것은 아니나 밀폐용기 중에서 가열시키면 폭주중합에 의해 용기를 과열시키는 경우가 있다.

예3 Acetylene CH≡CH

(1) ΔH_f^O =2(C$_t$−(H)]=2× 26.93=53.86 Kcal/mol

(2) CH≡CH → H_2+2C+Q_1

생성열−53.86 O O

분자량(M) 26

(3) Q_1= (O+O)−(−53.86)=53.86 Kcal

(4) ΔH_{max}=−Q_1/M=−53.86/26 =−2.07 Kcal/g

(5) CH≡CH+5/2O_2 → H_2O+2CO_2+Q_2

(6) Q_2=578+2×94.1−(−53.86)−299.86 Kcal

(7) ΔH_C=−Q_2/M=−299.86/26=−11.53

(8) $|\Delta H_C - \Delta H_{max}|$=|−11.53−(−2.07)| = 9.46 Kcal/g

(9) 판정 : 폭발위험성 소

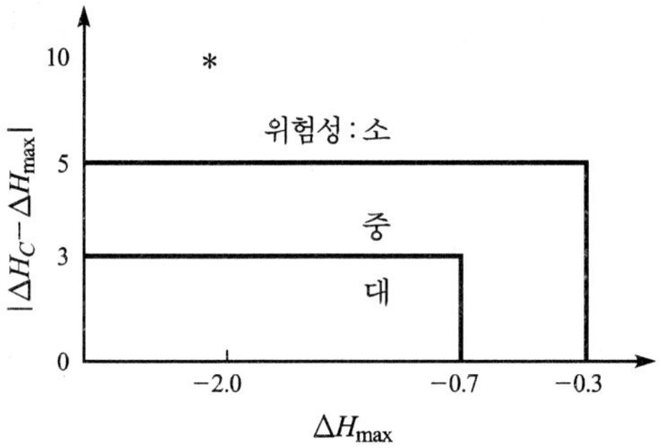

acetylene은 상압에서 단독으로는 연소하지 않으나 가압하에서는 연소 또는 폭굉한다. 폭발위험이 작다고 하는 판정은 옳지 않다. CHETAH의 방법에 의하여 정확하게 예측할 수 없는 하나의 예이다. CHETAH의 판정에는 최대분해 ehthalpy ΔH_{max} 이외에 $|\Delta H_C - \Delta H_{max}|$가 사용되어지고 있으나, 이것은 ΔH_{max}의 추정에 들어있는 오차를 보정하기 위한 것이다. acetylene의 경우는 이것이 과잉보정으로 되어있기 때문이라고 생각된다.

예 4 과산화 benzoyl(BPO)

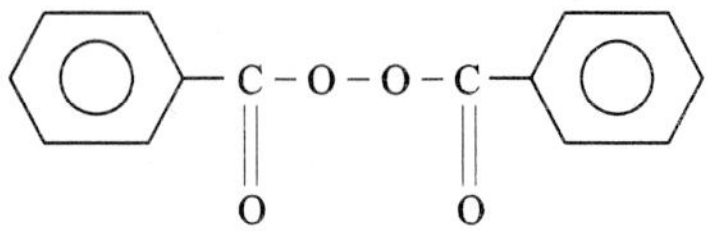

(1) $\Delta H_f^O = 10[C_B-(H)]+2[O-(O)(CO)]+2[C_B-(CO)]+2[CO-(C_B)(O)]$

$=10\times3.3+2\times(-19.0)+2\times3.7+2\times(-36.6)=-70.8$ Kcal/mol

(2) $C_{14}H_{10}O_4 \rightarrow 4H_2O+H_2+14C+Q_1$

	$C_{14}H_{10}O_4$	$4H_2O$	H_2	$14C$
생성열	70.8	4×57.8	0	0

분자량 M = 241

(3) $Q_1=4\times57.8-70.8 = 160.4$ Kcal/g

(4) $\Delta H_{max}=-Q_1/M=-160.4/242=-0.663$ Kcal/g

(5) 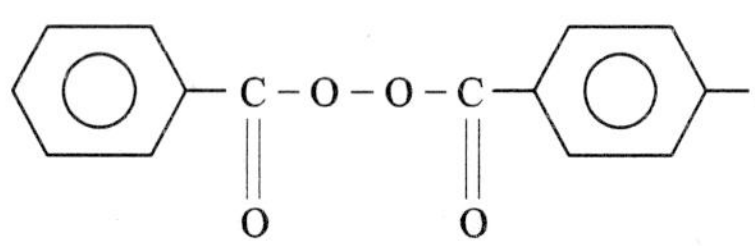 $+29/2O_2 \rightarrow 5H_2O+14CO_2+Q_2$

(6) $Q_2=5\times57.8+14\times94.1-70.80=1535.6$ Kcal

(7) $\Delta H_C=-Q_2/M=-1535.6/242=-6.34$

(8) $|\Delta H_C-\Delta H_{max}|=|-(6.34)-(-0.663)| = 5.68$ Kcal/g

(9) 판정 : 폭발위험성 小

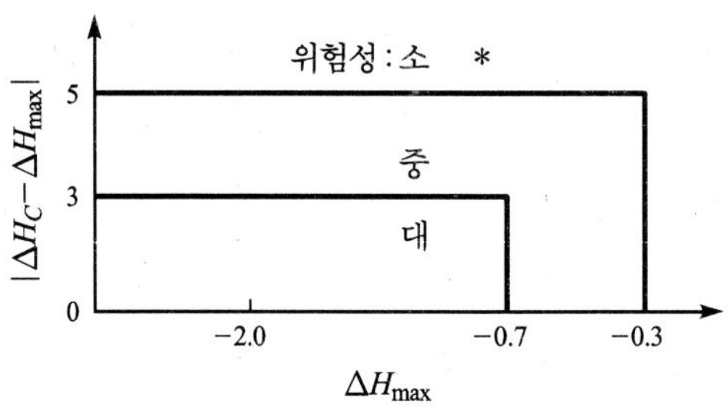

BPO는 폭발사고를 많이 일으키고 있는 위험한 물질이다. 이것도 CHETAH의 방법으로서 예지할 수 없는 예외적 물질이다. BPO의 $|\Delta H_C-\Delta H_{max}|$는 위험성 중과 소의 경계 부근에 있다. 이와 같은 경우에는 실험에 의해 위험성을 확인할 필요가 있다.

예제 5 **5-CT에 대하여 CHETAH의 방법으로 위험성을 평가하라.**

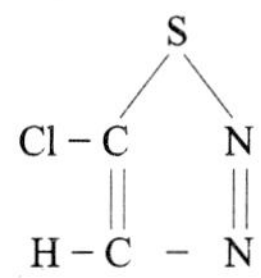

ΔH_f^O(l) = 82.0 Kcal/mol

(1) ΔH_f^O =82.0 Kcal/mol

(2) 분해식 5CT(C_2HN_2SCl) → HCl + S + 2C + N_2 + Q_1

82.0 22.1 O O O

(3) Q_1= 22.1-(-82.0) =104.1 Kcal/mol

분자량 M=120.5

(4) 최대 분해열 ΔH_{max} = $-Q_1$/M=-104.1/120.5=-0.86 Kcal/g

(5) $HClSC_2N_2+3O_2$ → $HCl+SO_2+2CO_2+N_2+Q_2$

(6) Q_2 =22.1+70.9+2×94.1-(-82) = 363.2 Kcal/mol

(7) 연소열 : ΔH_C=$-Q_2$/M=-3.01 Kcal/g

(8) $|\Delta H_C - \Delta H_{max}|$ = 2.15 Kcal/g

(9) 판정 : 폭발위험성 대

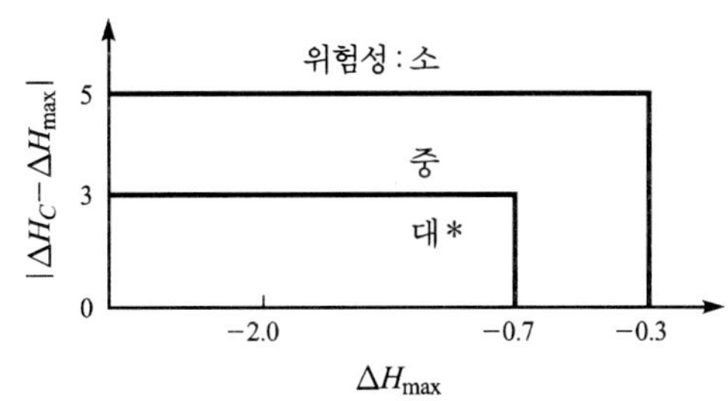

5-CT는 과거 몇 번의 폭발사고를 일으키고 있는 물질로서, 연소에서 폭굉으로 전이하는 성질을 가지고 급속 외부가열 등에 의한 분해로 격렬하여 비교적 저온에서 자기가 열분해를 일으킨다. 따라서 아주 위험성이 높은 물질이나, 예를 들면 DTA, DSC, BAM식 축열저장시험 및 낙추감도시험이라고 하는 일반적 시험법에서는 위험성을 예측할 수 없으며 법규제도 되어있지 않았다.

2.5.5 혼합위험의 예측

혼합위험이란 2종 또는 그 이상의 물질이 혼합·혼촉에 의해 보다 위험한 상태로 되는 것이다. 영어로서 동의어를 찾는다는 것은 곤란하나, Hazardous Chemical Reactions (위험화학반응), Reactive Chemical Hazards(반응성위험물질), Chemical Reactivity Hazards(화학반응성위험), Hypergolic Ignition(자연성 발화, 混融發火). Incompatibility (비공존성) 등이 같은 것으로서의 표현에 사용되어지는 것이다.

물질의 혼합에 의한 위험한 상태를 분류하면 다음과 같다.

(1) 혼합하자마자 발화나 폭발을 일으킨다.
(2) 인화성·폭발성의 물질을 방출하고, 그의 연소·폭발에 의해 피해를 준다.
(3) 급속하게 가스를 방출하고, 그 가스압력에 의하여 피해를 준다.
(4) 유해·유독 또는 부식성의 물질을 생성한다.
(5) 약간 시간이 경과한 후에 발화나 폭발을 일으킨다.
(6) 보다 불안정한 화합물 또는 혼합물을 생성한다.

발열반응이 일어날 수 있는 계(系)에서는 예기치 못한 때에 급속한 반응이 일어나 화재나 폭발에 이를 가능성이 있다. 이 위험성은 발열량을 추정하는 것에 의하여 어느 정도 예측이 가능하다.

혼합위험반응은 2종류 이상의 물질이 혼합하여 일어남으로써 지진이 발생했을 때, 수송 중, 폐기처리 중 등에서 많이 일어나고 있다. 혼합위험의 조합의 예는 [화학약품의 안전(대성출판 1982)]이나 [위험물 Handbook]을 참고하기 바란다.

특정의 물질 또는 혼합물의 분해열 또는 반응열을 추정하기 위하여는 여러 가지의 방법을 사용할 수 있다. 혼합위험의 가능성은 먼저 혼합물의 반응열에서 예측할 수 있다.

예를 들면, 1mol의 메탄올과 1mol의 100% 질산이 혼합되었다고 한다. 폭발열의 계산과 동일한 가정 하에서 처리하면 다음과 같은 생성물을 만든다(여기서 l: liguid, g: gas, s: solid).

$$CH_3OH(l)+HNO_3(l) \rightarrow 5/2H_2O(l)+3/4CO_2(g)+1/4C(s)+1/2N_2(g)$$

	CH_3OH	HNO_3	H_2O	CO_2	C	N_2
$-\Delta H_f^O$ (Kcal/mol)	78.3	41.4	68.4	94.1	0	0

반응열 = 5/2 × 68.4+3/4 × 94.1−(41.4+78.3)

= 121.9 Kcal/CH_3OH1mol

= 1.28 Kcal/혼합물 1g

그러나 이 혼합비가 최대의 반응열을 준다고 해석해서는 안 된다. 최대의 반응열은 다음과 같은 비율로서 반응했을 때에 얻어진다.

$CH_3OH(l)+1.2HNO_3(l) \rightarrow 2.6H_2O(l)+CO_2(g)+0.6N_2(g)$

반응열 $2.6 \times 68.4+94.1-(1.2\times 41.4+78.3)$

$= 144$ Kcal/CH_3OHl 1mol

$= 1.34$ Kcal/혼합물 g

이와 같이 하여 혼합물의 최대 발열량을 계산으로 구할 수 있다. 2성분계 혼합물의 최대 발열량과 그것을 나타내는 조성을 계산으로 구하는 것은 1종류의 조합에 대하여만 행할 경우에는 그리 큰일은 아니다. 그러나 다수의 조합에 대하여 계산하는 것은 상당한 시간과 노력을 필요로 한다. 다수의 물질 또는 물질의 조합에 대한 에너지 방출량을 추정하기 위하여는 계산기의 이용이 현실적이다.

계산기 프로그램 REITP2의 개요와 혼합위험예측에 사용한 출력 예와 시험결과와의 상관은 [화학약품의 안전]이란 책속에 설명되어져 있다. 여기에서는 거기에 포함되어 있지 않은 적용 예를 설명한다.

그림 2.5에는 각종의 산화제($KClO_4$, $KClO_3$, $K_2Cr_2O_7$, $KMnO_4$, KNO_3, NH_4NO_3)와 가연물(유황, ethylene glycol, phenol, aniline)의 각각의 조합에 대하여 SC-DSCY 발열량($Q_{sc}-D_{sc}$)과 REITP2로써 계산한 최대 발열량 Q_{RETP2}의 관계를 Plot 했다.

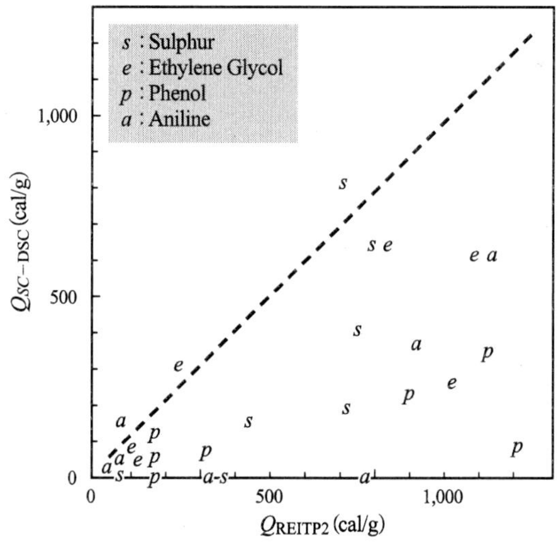

그림 2.5 각종 산화제-가연성 혼합물의 SC-DSC 발열량(QSC-DSC)과 Q^{max}_{REITP2} 의 관계

Q_{sc-DSC}와 Q_{REITP2}와의 사이에는 양호한 상관이 있다고는 할 수 없으나, 대부분의 경우 Q_{REITP2}의 편이 크게 되는 것을 알 수 있다. 이것은 SC-DSC에서는 상온에서 450°C까지의 승온 사이의 발열량을 측정하고 있기 때문에 그것보다 높은 영역에서 예상되어지고 있는 발열반응에 의한 발열량이 Q_{sc-DSC}에 포함되어져 있지 않는 것 등이 이유로서 생각되어진다. 따라서 Q_{REITP2}는 SC-DSC에서 발생하여 얻은 최대 발열량의 예측이 가능하다고 하는 점에서 의미가 있다고 할 수 있다.

표 2.5 REITP 2의 예상생성물과 생성 순위

생성 순서	생성물	생성열($-\Delta H_f^O$) [Kcal/g]	[Kcal/mol]	생성 순서	생성물	생성열($-\Delta H_f^O$) [Kcal/g]	[Kcal/mol]
1	BeO	5.837	146.0	36	CrF_3	2.440	266.0
2	LiF	.649	146.3	37	Al,S_3O_{12}	.404	822.38
3	BeO_2H_2	.032	216.5	38	Na_2SO_4	.334	331.52
4	BeF_2	4.330	227.0	39	KF	.315	134.5
5	Li_2O	.769	142.5	40	SrF_2	.311	227.0
6	Be_2SiO_4	.665	513.7	41	$LiCl$	.304	97.7
7	$Al_6Si_2O_3$	.467	1903	42	$MgCro_4$	.289	321.1
8	B_2O_3	.339	302.0	43	$CaCro_4$	.184	340.9
9	MgF_2	.230	263.5	44			
10	BF_3	3.914	265.4	45	MnF_3	.127	238.0
11	AlO_3H_3	.910	305.0	46	ZrO_2	.096	258.2
12	$H_2O(l)$	.794	68.3	47	V_2O_4	.075	344.0
13	MgO_2H_2	.788	220.97	48	Na_2Cro_4	1.981	320.8
14	Al_2O_3	.773	384.8	49	SF_6	.979	289
15	CaF_2	.717	290.3	50	K_2SO_4	.972	343.69
16	AlF_3	.702	311.0	51	$BeMoO_4$	.941	328
17	Mg_2SiO_4	.693	519.6	52	$SrSo_4$	.891	347.3
18	MgO	.568	143.8	53	Y_2O_3	.882	425.0
19	SiF_4	.554	370.0	54	CF_4	.847	162.5
20	$BeCO_3$	.550	245	55	$CaMoO_4$	.842	368.4
21	$B_3O_3H_3$	.463	289	56	$MgMoO_4$	.817	334.81
22	SiO_2	.418	205.4	57	FeF_2	.791	168.0
23	NaF	.283	136.0	58	Cr_2O_3	.774	269.7
24	$H_2O(g)$	.211	57.8	59	AsF_3	.719	226.8
25	HF	.210	64.2	60	$CaCl_2$	.710	190.0
26	Sc_2O_3	2.971	410.0	61	$CaCO_3$	2.883	288.5
27				62	Na_2MoO_4	1.704	350.89
28	$BeSO_4$	.741	288.05	63	$MnSO_4$	.686	254.60
29	TiO_2	.728	218.0	64	$NaCl$	.679	98.2
30	CaO	.708	151.9	65	Na_2MnO_4	.643	271
31	ZrF_4	.661	445.0	66	Na_2CO_3	2.551	270.4
32	P_2O_5	.606	370.0	67	BaF_2	1.637	286.9
33	$MgSO_4$	.551	307.1	68	NiF_2	.634	158.0
34				69	$MgCl_2$	.610	153.4
35	$CaSO_4$	.518	342.76	70	Na_2O	.603	99.4

생성 순서	생성물	생성열($-\Delta H_f^O$) [Kcal/g]	[Kcal/mol]	생성 순서	생성물	생성열($-\Delta H_f^O$) [Kcal/g]	[Kcal/mol]
71	CaS	.598	115.3	107	$LaCl_3$	1.074	263.6
72	ThP_4	.549	477.0	108	UO_3	.056	302.0
73	$Fe_2S_3O_{12}$	.543	617.0	109	$CeCl_3$	.056	260.3
74	CeO_2	.511	260.0	110	$PrCl_3$	.042	257.8
75	$BaSO_4$	.509	3521	111	ZnO	.022	83.2
76	K_2MoO_4	.504	358.2	112	K_2S	.022	112.7
77	$SrMoO_4$	.495	370	113	$NdCl_3$	.014	254.3
78	Mn_20_3	.471	232.1	114	$ZrCl_3$	.012	200.0
79	MgS	.467	82.7	115	$BaCl_2$	0.987	205.6
80	UF_5	.465	488.0	116	$SmCl_2$	.972	249.8
81	$ZnSO_4$	.455	234.9	117	LiBr	.964	83.7
82	$ScCl_3$	.419	215.0	118	$EuCl_3$	.956	247.1
83	KCl	1.395	104.1	119	K_2O	.919	86.4
84	K_2CO_3	.993	275.1	120	As_2O_5	.951	218.6
85	SO_3	.380	110.5	121	$GdCl_3$	.931	245.5
86	Ga_2O_3	.374	277.5	122	SnO_2	.921	138.8
87	BeS	.363	56.0	123	$MnCl_2$	.916	115.3
88	SrO	.362	141.1	124	$TbCl_3$	.910	241.6
89	CO_2	2.136	94.0	125	ReF_6	0.909	273.0
90	TeF_6	1.304	315.0	126	SrS	.905	108.3
91	SeF_6	.275	246.0	127	$SiCl_4$	.899	153.0
92	HfO_2	.264	266.0	128	BaO_2	.889	150.5
93	RbF	.256	131.3	129	VCl_2	.886	108.0
94	$SrCl_2$	.248	198.0	130	$DyCl_3$	.884	237.8
95	$AlCl_3$	.245	166.2	131	WO_3	.862	200.0
96	$BaMoO_4$	.245	370	132	BCl_3	.853	100.0
97	MoO_3	.238	178.2	133	RbCl	.850	102.9
98	GeO_2	.233	129.0	134	$CrCl_3$	.849	134.6
99	Fe_2O_3	.231	196.5	135	$ErCl_3$	.847	231.8
100	SbF_3	.215	217.2	136	NaBr	.836	86.0
101	YCl_3	.191	232.7	137	CsF	.835	126.9
102	Na_2S	.157	90.3	138	$LuCl_3$	.810	227.9
103	Al_2S_3	.152	173	139	$CaBr_2$	.807	161.3
104	Ta_2O_5	.132	499.9	140	In_2O_3	.798	221.5
105	$TiCl_3$	.101	170.0	141	BiF_3	.797	212.0
106	CaF_2	.096	164.9	142	KBr	.787	93.7

생성 순서	생성물	생성열($-\Delta H_f^O$) [Kcal/g]	[Kcal/mol]	생성 순서	생성물	생성열($-\Delta H_f^O$) [Kcal/g]	[Kcal/mol]
143	RbF_4	0.785	222.3	179	KI	0.472	78.3
144	NiO	.782	58.4	180	CuO	.469	37.1
145	$HfCl_4$	.780	250.0	181	NaI	.459	68.8
146	CoO	.764	57.2	182	PCl_5	.458	95.4
147	$ThCl_4$	.761	284.5	183	$TiBr_2$	.453	94.0
148	$ZnCl_2$	.729	99.4	184	CsBr	.443	94.3
149	CuF	.727	60.4	185	$AsCl_3$	.442	80.2
150	$GaCl_3$	.709	125.0	186	CaI_2	.435	127.8
151	$SrBr_2$	.692	171.0	187	HgF	.433	95.0
152	Sb_2O_5	.664	215.0	188	MnS	.430	51.2
153	UCl_4	.661	251.2	189	I_2O_5	.427	45.0
154	BaS	.649	110	190	Rb_2S	.425	86.2
155	$FeCl_2$	.643	81.5	191	$MnBr_2$	.419	90.0
156	CsC_7	.615	103.5	192	$Thbr_4$	.412	227.0
157	Re_2O_7	.614	297.5	193	ClF_3	.400	37.0
158	$BaBr_2$	.607	180.4	194	$SbCl_3$	.400	91.3
159	$GeCl_4$	.606	130.0	195	SrI_2	.397	135.5
160	HCl	.605	22.1	196	RuO_2	.394	52.5
161	$CoCl_2$	.599	77.8	197	NF_3	.383	27.2
162	InCl	.599	90.0	198	RbI	.370	78.5
163	$ScBr_3$	.597	170.0	199	BaI_2	.368	144.0
164	$BeCl_2$	.574	112.0	200	OsO_4	.367	93.4
165	AgF_2	.569	83.0	201	$CuCl_2$	.366	49.2
166	RbBr	.562	93.0	202	UBr_3	.356	170.1
167	Rb_2O_4	.537	126.2	203	FeS_2	.355	42.6
168	SiS_2	.537	49.5	204	MoS_2	.351	56.2
169	$ZrBr_3$	.526	174.0	205	$ZnBr_2$	.347	78.8
170	$BeBr_2$	.524	88.4	206	$MoCl_5$	.332	90.8
171	$CdCl_2$	.507	93.0	207	GeS_2	.331	45.3
172	ZnS	.505	49.23	208	$FeBr_3$	.324	95.7
173	$SnCl_2$	.500	13.3	209	LaI_3	0.322	167.4
174	B_2S_3	.488	57.5	210	CeI_5	.316	164.4
175	TeO_2	.487	77.7	211	In_2S_3	.313	102.0
176	LiI	.484	64.8	212	PrI_3	.311	162.0
177	CdO	.474	60.9	213	CsI	.310	80.5
178	$AlBr_3$	.472	125.8	214	$PbCl_2$	.309	85.9

생성 순서	생성물	생성열($-\Delta H_f^O$)		생성 순서	생성물	생성열($-\Delta H_f^O$)	
		[Kcal/g]	[Kcal/mol]			[Kcal/g]	[Kcal/mol]
215	Yi_3	0.305	143.2	251	Ws_2	0.202	50.0
216	NdI_3	.303	158.9	252	$GeBr_4$	.201	79.0
217	$GaBr_3$	.299	92.4	253	ThI_4	.197	146.0
218	Bi_2O_3	.296	137.9	254	MnI_2	.188	58.0
219	SmI_3	.289	153.4	255	$PtCl_4$	.187	62.9
220	$BiCl_3$	.278	90.6	256	UI_3	.185	114.7
221	$TeCl_4$	.286	77.2	257	TI_2O_3	.185	84.5
222	RuS_2	.285	47	258	$PbBr_2$	.180	66.2
223	PbO_2	.276	66.1	259	Re_2S_7	.179	107
224	$CdBr_2$	.276	75.2	260	CuBr	.175	25.1
225	$SiBr_4$	.274	95.1	261	$SbBr_3$	.172	62.1
226	GdI_3	.273	147.6	262	$IrCl_3$	.167	50.0
227	$InBr_3$	.272	96.5	263	PdO	.167	20.4
228	$ThCl_3$	.270	83.9	264	As_2S_3	.164	40.0
229	$RhCl_3$	.269	68.3	265	SnS	.159	24
230	CdS	.268	38.7	266	ZrI_2	.157	50.0
231	$RhCl_3$	.267	56.0	267	PBr_5	.153	66.0
232	DyI_3	.266	144.5	268	$AsBr_3$	.148	46.6
233	$PdCl_2$	.256	45.4	269	TlBr	.145	41.2
234	ErI_3	.255	140.0	270	OsS_2	.137	34.9
235	$CoBr_2$	.254	55.5	271	CuS_2	.133	12.7
236	S_5Cl_2	.254	58.7	272	$BiBr_3$	.131	59.0
237	$NiBr_2$	.248	54.2	273	CdI_2	.131	48.0
238	WCl_6	.244	97.0	274	PdS	.130	48.0
239	LuI_3	.240	133.2	275	IrS_2	.129	33.0
240	$SnBr_2$	.228	63.6	276	AgBr	.127	23.8
241	$RuCl_3$	.222	46.0	277	CrI_2	.124	37.8
242	Ni_7S_6	.221	133.5	278	BeI_2	0.121	50.6
243	CoS	.218	19.8	279	$HgBr_2$	.112	40.5
244	ZrI_4	.217	130.0	280	$TeBr_4$	.111	4938
245	CCl_4	.216	33.3	281	HBr	.107	8.66
246	AgCl	.212	30.4	282	HgO	.100	21.7
247	BBr_3	.211	52.8	283	PbS	.100	24.0
248	$SeCl_4$	.204	45.0	284	PtS_2	.100	26.0
249	$HgCl_2$	.203	55.0	285	PbI_2	.099	41.9
250	TiI_2	.202	61.0	286	$AuCl_3$	.093	28.3

생성순서	생성물	생성열($-\Delta H_f^O$) [Kcal/g]	[Kcal/mol]	생성순서	생성물	생성열($-\Delta H_f^O$) [Kcal/g]	[Kcal/mol]
287	ICl_3	0.090	21.1	296	GeI_4	0.053	31.0
288	TiI	.090	29.7	297	Tl_2S_3	.053	23.2
289	CuI	.085	16.2	298	IrI_2	.045	20.0
290	CoI_2	.078	24.4	299	BiI_3	.041	24.0
291	$IrBr_2$	.077	27.0	300	Ag_2O	.031	7.3
292	Bi_2S_2	.067	34.2	301	Ag_2S	.031	7.79
293	AgI	.063	14.9	302	AsI_3	.030	13.7
294	HgS	.060	13.9	303	$AuBr_3$	.030	13.0
295	HgI_2	.055	25.2	304	S_2Br_2	.013	3

표 2.5.1 C, H를 가지는 group값($\Delta H_f^O(298)$)

group	기체	액체	고체	group	기체	액체	고체
$C-(H)_3(C)$	−10.20	−11.58	−11.92	$C-(C_d)(C)_2(H)$	−1.48	−1.09	
$C-(H)_2(C)_2$	−4.93	−6.11	−6.33	$C-(C_t)(C)_2(H)$	−1.72		
$C-(H)(C)_3$	−1.90	−2.28		$C-(C_B)(C)_2(H)$	−0.98		
$C-(C)_4$	0.50	−1.33					
				$C-(C_d)(C)_3$	1.68	1.91	
$C_d-(H)_2$	6.26	4.94		$C-(C_B)(C)_3$	2.81	4.93	
$C_d-(H)(C)$	8.59	7.00					
$C_d-(C)_2$	10.34	8.40		$(C_t)-(H)$	26.93	26.48	
$C_d-(C_d)(H)$	6.78	5.48		$(C_t)-(C)$	27.55	20.01	
$C_d-(C_d)(C)$	8.88	7.56		$(C_t)-(C_d)$	29.20	25.00	
$C_d-(C_B)(H)$	6.78	6.09		$(C_t)-(C_B)$	29.20	25.00	1.56
$C_d-(C_B)(C)$	8.64	13.39					
$C_d-(C_t)(H)$	6.78	7.28		$(C_B)-(H)$	3.30	1.95	
$C_d-(C_B)_2$	8.0	8.77		$(C_B)-(C)$	5.51	3.14	
$C_d-(C_d)_2$	4.6			$(C_B)-(C_d)$	5.68	4.00	
				$(C_B)-(C_t)$	5.68	6.45	
$C-(C_B)(H)_3$	−9.98	−10.00		$(C_B)-(C_B)$	4.96	2.24	
$C-(C_d)(H)_3$	−9.97	−11.26					
$C-(C_t)(H)_3$	−10.09	−5.84		C (allene)	34.20	32.54	
$C-(C_d)(C)(H)_2$	−4.76	−5.48					
$C-(C_d)_2(H)_2$	−4.29			$C_{BF}-(C_B)_2(C_{BF})$	4.8		3.1
$C-(C_d)(C_B)(H)_2$	−4.29			$C_{BF}-(C_B)(C_{BF})_2$	3.7		2.99
$C-(C_t)(C)(H)_2$	−4.73	−1.00		$C_{BF}-(C_{BF})_3$	1.5		−0.28
$C-(C_B)(C)(H)_2$	−4.86	−4.28					

주) C_d : 이중결합(double bond)을 가진 탄소　　C_t : 삼충결합(triple bond)을 가진 탄소

C_B: 방향족탄소　　C_{BF}: 다환계탄소

표 2.5.2 환상화합물에 대한 보정치

화합물	기체	액체	화합물	기체	액체
Cyclopropane	27.6	30.67	Cycloctatriene-1, 3, 5	8.9	
Cyclopropene	53.7		Cycloctatetraene	17.1	16.99
Cyclobutane	26.2	25.33	Cyclononane	12.8	
Cyclobutene	29.8		cis-Cyclononane	9.9	
Cyclopentane	6.3	5.26	trans-Cyclononane	12.8	
Cyclopentene	5.9	4.59	Cyclodecane	12.6	
Cyclopentadiene	6.0		Cyclododecane	4.4	
Cyclohexane	0	-0.73	Spiropentane	63.5	63.44
Cyclohexen	1.4	-4.49	Bicycloheptadiene	31.6	
Cyclohexadiene-1, 3	4.8		Biphenylene	58.8	
Cyclohexadiene-1, 4	0.5		Bicycloheptane(2, 2, 1)	16.2	
Cycloheptane	6.4	-5.35	Bicyclo-(1, 1, 0)-butane	67.0	
Cycloheptene	5.4		Bicyclo-(2, 1, 0)-pentane	55.3	
Cycloheptadiene-1, 3	6.6		Bicyclo-(3, 1, 0)-hexane	32.7	30.24
Cycloheptatriene-1,3,5	4.7		Bicyclo-(4, 1, 0)-heptane	28.9	26.31
Cyclooctane	9.9		Bicyclo-(5, 1, 0)-octane	29.6	
cis-Cyclononane	6.0		Bicyclo-(6, 1, 0)-nonane	31.1	
trans-Cyclononane	15.3		Methylene cyclopropane	41	

표 2.5.3 C, H, O를 가지는 group값(ΔH_f^O(298))

group	기체	액체	고체	group	기체	액체	고체
O-(H)$_2$	-57.8			CO-(O)$_2$	-29.9	-87.50	
O-(H)(C)	-37.9	-30.0		CO-(O)(CO)	-29.3	-47.6	
O-(H)(C$_B$)	-37.9	-29.20					
O-(H)(C)	-16.3	-11.48		C-(H)$_3$(O)	-10.08	-27.01	
O-(H)(CO)	-58.1	-51.60		C-(H)$_2$(O)(C)	-8.1	-24.84	
				C-(H)$_2$(O)(C$_d$)	-6.5	-40.90	
O-(C)$_2$	-23.3	6.09		C-(H)$_2$(O)(C$_B$)	-8.1	-18.16	
O-(C)(C$_d$)	-30.5	-3.56		C-(H)$_2$(O)(C$_t$)	-6.5		
O-(C)(C$_B$)	-23.0	18.56		C-(H)$_2$(O)(CO)			
O-(C)(O)	-4.5	10.04		C-(H)$_2$(O)$_2$	-16.1	-24.78	
O-(C)(CO)	-43.1	-14.17		C-(H)(O)(C)$_2$	-7.2	-22.86	
				C-(H)(O)$_2$(C)	-16.3	-58.0	-15.51
O-(C$_d$)$_2$	-33.0	-9.53		C-(H)(C$_B$)(C)(O)			
O-(C$_B$)$_2$	-21.1	16.90					
O-(C$_d$)(CO)	-45.2			C-(O)(C)$_3$	-6.6-	-21.12	
O-(C$_B$)(CO)	-36.7	-25.64		C-(O)$_2$(C)$_2$	18.6	-31.74	
O-(O)(CO)	-19.0	-4.19		C-(H)$_3$(CO)	-10.08	-10.00	
O-(CO)$_2$	-46.5	-20.70		C-(H)$_2$(CO)(C)	-5.2	-5.48	
O-(O)$_2$	19.0			C-(H)$_2$(CO)(C$_d$)	-3.8		
				C-(H)$_2$(CO)(C$_B$)	-5.4	0.05	
O-(H)$_2$	-26.0			C-(H)$_2$(CO)(C$_t$)	-5.4	-8.54	
O-(H)(C)	-29.1	-35.88		C-(H)$_2$(CO)$_2$	-7.6	2.81	
O-(H)(C$_B$)	-29.1	-10.00		C-(H)(CO)(C)$_2$	-1.7	-0.75	
O-(H)(C$_d$)	-29.1	-18.00					
O-(H)(C$_t$)	-29.1			C-(CO)(C)$_3$	1.4	5.45	
O-(H)(CO)	-25.3			C$_d$-(O)(H)	8.6	-4.94	
O-(H)(O)	-32.1	-50.00		C$_d$-(O)(C)	10.3		
O-(C)$_2$	-31.4	-38.24		C$_d$-(O)(C$_d$)	8.9		
O-(C)(C$_B$)	-30.9	-13.47		C$_d$-(O)(CO)	11.6		
O-(C$_B$)$_2$	-25.8	-12.97		C$_d$-(H)(CO)	5.0	-10.87	
O-(C)(O)	-35.1	-54.15		C$_d$-(CO)(C)	7.5		
O-(C)(CO)	-29.2	-38.73		C$_B$-(O)	-0.9	-20.00	
O-(C$_d$)(O)	-32.0	-33.0		C$_B$-(CO)	3.7	-20.35	
O-(C$_B$)(O)	-36.6	-29.79		C$_B$-(OH)			-47.25
O-(C$_B$)(CO)	-26.8						

표 2.5.4 C, H, O, N을 가지는 group값($\Delta H_f^O(298)$)

group	기체	액체	고체	group	기체	액체	고체
$C-(N)(H)_3$	-10.08	-10.27		$N-(CO)_2(C_B)$	-0.5		
$C-(N)(C)(H)_2$	-6.6	-5.10		$N-(CO)(C)(C_B)$			1.13
$C-(N)(C)_2(H)$	-5.2	-2.64		$N-(C_B)_2(NO)$			36.80
$C-(N)(C)_3$	-3.2	-0.23		$N-(C_B)_2(CO)$			12.90
				$N-(C_B)(N)(CO)$			5.49
$C-(C)(N)(H)_2$		7.93		$N-(H)_2(CN)$			14.05
				$N-(H)(C)(NO_2)$			-7.75
$N-(C)(H)_2$	4.8	-1.03		$N-(C)_2(NO_2)$		7.94	
$N-(C)_2(H)$	15.4	9.27		$N-(C)(CO)(NO_2)$			10.23
$N-(C)_3$	24.4	19.07		$N-(C)(C_B)(NO_2)$			25.00
$N-(N)(H)_2$	11.4	6.65					
$N-(N)(C)(H)$	20.9	16.57		$C-(N_A)(C)(H)_2$	-6.0		
$N-(N)(C)_2$	29.2	25.56		$C-(N_A)(C)_2(H)$	-3.4	-2.50	
$N-(N)(C_B)(H)$	22.1	26.43		$C-(N_A)(C)$	-3.0		
$N_1-(H)$	16.3	26.23		$C-(CN)(C)(H)_2$	22.5	16.31	
$N_1-(C)$	21.3			$C-(CN)(C)_2(H)$	25.8	20.25	
$N_1-(C_B)$	16.7			$C-(CN)(C)_2$	29.0		
$N_1-(H)$	25.1			$C-(CN)_2(C)_2$			
$N_1-(C)$	27	30.96		$C-(NCO)$	-10.2		
$N_1-(C_B)$			32.99	$C-(NO_2)(C)(H)_2$	-15.1	-28.99	
				$C-(NO_2)(C)_2(H)$	-15.8	-17.18	
$N-(C_d)(C)(H)$	15.4			$C-(NO_2)(C)_3$			-20.02
$N-(C_d)(C)(N)$	30			$C-(NO_2)_2(C)(H)$	-14.9		
$N-(N_1)(C)(H)$	21			$C-(C)_2(N)(CN)$			20.89
$N-(C_d)(H)_2$	4.8			$C-(C)_2(N_A)(CN)$			19.55
$N-(C_d)(C)$	24.4			$C-(H)_2(CN)_2$		44.56	
$N-(C_d)(H)(N)$	21.5	-1.27		$C-(C)(CN)_3$		95.48	
$N-(C_B)(H)_2$	4.8	8.93		$C-(C)_2(N)_3(H)$		59.58	
$N-(C_B)(C)(H)$	14.9			$C-(CO)(C)(N)(H)$			-14.43
$N-(C_B)(C)_2$	26.2			$C-(CO)(H)_2(NO_2)$		-15.58	
$N-(C_B)_2(H)$	16.3	21.57	6.8				
$N-(C_B)_2(C)$		27.49		$C_d-(CN)(H)$	37.4	31.16	
$N-(C)_2(C_t)$				$C_d-(CN)_2$	34.1		74.55
$N_A-(N)$	23.0			$C_d-(NO_2)(H)$			
$C_B-(N)$	-0.5	-1.00					
				$C_t-(C)(=C_t-(C))$		20.01	
$CO-(N)(H)$	-29.6	-40.02		$C_t-(CN)$	63.8	59.80	
$CO-(N)(C)$	-32.8		-41.42				
$CO-(N)(O)$		-39.26		$C_B-(CN)$	35.8	29.25	

group	기체	액체	고체	group	기체	액체	고체
CO-(N)(CO)			-41.60	C_B-(NO_2)	-1.19	-5.95	-6.77
CO-$(N)_2$	-28.9	-39.73		C_B-(N_A)(=C_B-(N))		-1.10	
CO-$(CN)_2$	59.1	50.05					
N-(CO)$(H)_2$	-14.9	-20.00		O-(NO)(C)	-5.9		
N-(CO)(C)(H)	-4.4	-1.61		O-(NO_2)(C)	-19.4	-9.08	
N-(CO)$(C)_2$		-6.85		O-(C)(CN)	2.0		
N-(CO)(CB)(H)	0.4		-24.92	O-(C_d)(CN)	7.5		
N-$(CO)_2$(H)	-18.5			O-(C_B)(CN)	7.0		
N-$(CO)_2$(C)	-5.0			O-(C_B)(NH_4)			-66.40

(주) N_A : 아조결합에 있는 질소, N_I : imine 결합에 있는 질소

표 2.5.5 C, H, O, N, S를 가지는 group값($\Delta H_f^O(298)$)

group	기체	액체	고체	group	기체	액체	고체
C-(H)(S)	-10.08	-27.01		C-$(H)_2$(C_d)(SO_2)	-7.14	-6.38	
C-$(H)_2$(C)(S)	-5.65	-21.87		C-$(H)_2$(C_B)(SO_2)	-5.54		-4.03
C-(H)$(C)_2$(S)	-2.64	-17.98		C-$(H)_2$(C_t)(SO_2)			9.64
C-$(C)_3$(S)	-0.55	-14.69		C-(H)(C)(SO_2)	-2.62	0.23	
C-$(H)_2$(C_B)(S)	-4.73	-18.24		C-$(C)_3$(SO_2)	-0.61	-0.56	
C-$(H)_2$(C_d)(S)	-6.45	-22.05		C-$(C)_2$$(SO_2)_2$			4.70
C-$(H)_2$(C)	-6.0			C-(H)(SO_2)	12.5	-10.87	
				C-(C)(SO_2)	14.5		-8.57
C_B-(S)	-1.8	-20.00		C-(SO_2)	2.3	-20.35	
C_d-(H)(S)	8.56	-4.94					
C_d-(C)(S)	10.93			SO_2-(H)(C_d)		-84.22	
				SO_2-(C_d)(C_B)	-68.6	-33.84	
S-(H)(C)	4.62	15.92		SO_2-$(C_d)_2$	-73.6	-37.62	
S-(H)(C_B)	11.96	25.55		SO_2-$(C)_2$	-69.74		-87.51
S-$(C)_2$	11.51	38.47		SO_2-(C)(C_B)	-72.29		-61.89
S-(C)(C_d)	9.97			SO_2-$(C_B)_2$	-68.58		-32.51
S-$(C_d)_2$	-4.54			SO_2-(C_B)(SO_2)	-76.25		-66.20
S-(C)(CB)	19.16	48.76		SO_2-$(O)_2$		-92.87	
S-$(C_B)_2$	25.90	19.62		SO_2-$(N)_2$	-31.56		
S-(C)(S)	7.05	19.60					
S-(C_B)(S)	14.5		10.03	CO-(C)(S)	-31.56	-54.15	
S-$(S)_2$	3.01			SO-(H)(CO)	-1.41	12.09	
				S-(C)(CO)		33.59	
C-$(H)_3$(SO)	-10.08	-10.00		S-(C_B)(CO)		45.24	
C-$(H)_2$(C)(SO)	-7.72	-6.04		S-(N)(S)	-4.90	10.04	
C-$(H)_2$(C_d)(SO)	-7.35	-7.42		CS-$(N)_2$	-31.56		-39.73

group	기체	액체	고체	group	기체	액체	고체
C-(C)$_3$(SO)	-3.05		-20.35	N-(H)$_2$(CS)	12.78		8.79
C$_B$-(SO)	2.3			N-(C)$_2$(SO)	16.0	8.77	
			27.50	N-(C)$_2$(S)	29.9		
SO-(C)$_2$	-14.41	-28.73		N-(C)$_2$(SO$_2$)	-20.4		
SO-(C$_B$)$_2$	-12.0			N-(H)(CS)(N)			30.79
SO-(O)$_2$		-42.71					
SO-(N)$_2$	-31.56		-7.08	O-(C)(SO)		-14.17	
				O-(C)(SO$_2$)		-14.17	
C-(H)$_3$(SO$_2$)	-10.08	-10.00		O-(H)(SO$_2$)		-61.24	
C-(H)$_2$(C)(SO$_2$)	-7.68						

표 2.5.6 C, H, O, N, X를 가지는 group값($\Delta H_f^O(298)$)

group	기체	액체	고체	group	기체	액체	고체
C-(H)$_2$(C)(F)	-58.40	-19.60		C-(C)$_3$(Cl)	-13.10	-15.84	
C-(H)$_2$(C)(Cl)	-15.35	-20.69	-20.7	C-(C)$_3$(Br)	-1.28	-4.56	
C-(H)$_2$(C$_B$)(Cl)	-17.51	-9.46		C-(C)$_3$(I)	13.20	8.84	
C-(H)$_2$(C)(Br)	-4.53	-8.94					
C-(H)$_2$(C$_d$)(Br)	-3.95	-7.29	-0.10	C$_d$-(H)(F)	-38.35		
C-(H)$_2$(C$_B$)(Br)	-5.11	1.98		C$_d$-(H)(Br)	12.45		
C-(H)$_2$(C)(I)	7.75	1.96		C$_d$-(F)$_2$	-78.95		
C-(H)$_2$(C$_d$)(I)	7.95	0.91		C$_d$-(F)(Cl)	-46.05		
C-(H)$_2$(C$_B$)(I)	3.09			C$_d$-(Cl)$_2$	-1.35	-6.10	
C-(H)(C)(F)$_2$	-108.60						
C-(H)(C)(Cl)$_2$	-20.45	-26.42		C$_B$-(F)	-44.26	-45.78	
C-(H)(C)(Cl)(Br)	-4.40			C$_B$(Cl)	-4.29	-7.17	
C-(C)(F)3	-160.65			C$_B$(Br)	8.70	4.75	
C-(C$_B$)(F)3	-163.80	-163.67		C$_B$-(I)	22.60	17.95	
C-(C)(F)$_2$(Cl)	-157.60	-110.40					
C-(C)(F)(Cl)$_2$	-16.40	-70.60		C-(H)$_2$(Cl)(CO)			-16.35
C-(C)(F)(Cl)(Br)				C-(H)(CO)(Cl)		-7.67	
C-(C)(F)$_2$(Br)				C-(CO)(F)$_3$		-149.65	
C-(C)(F)(Br)$_2$	-94.50			C-(CO)(Cl)$_3$	-8.28	-10.80	-14.65
C-(C)(Cl)3	-16.85	-20.70	-24.8				
				CO(C)(F)	-96.32	-102.40	
C-(H)(C)$_2$(F)	-49.00			CO-(C)(Cl)	-48.32	-55.60	
C-(H)(C)$_2$(Cl)	-13.10	-15.97		CO-(C$_B$)(Cl)	-46.30	-28.57	
C-(H)(C)$_2$(Br)	-2.27	-7.54		CO-(C)(Br)	-35.52	-43.50	
C-(H)(C)$_2$(I)	10.95	5.26		CO-(C$_B$)(Br)	-31.80	-14.98	
C-(C)$_2$(F)$_2$	-105.70			CO-(C)(I)	-20.02	-29.30	
C-(C)$_2$(Cl)$_2$	-21.00	-26.04		CO-(C$_B$)(I)	-17.70	-1.71	
C-(C)$_2$(O)(Cl)	-12.15	-30.02					

2.6 위험물의 취급

위험물을 저장·취급 시에 화기의 접근, 충격·마찰, 가열, 이물질과의 접촉 및 기타 불안전한 취급 등에 의해 화재·폭발 등의 재해를 일으키는 경우가 많다. 이를 방지하기 위하여 산업안전보건법 및 소방법에서는 위험물의 취급 시에 지켜야 할 최소한의 사항을 명시하고 있다. 여기에서는 산업안전보건법 중 산업안전에 관한 규칙 제4편 제1장 위험물의 취급 등에 관련되는 조항들을 수록하고, 소방법의 관련 조항은 생략하므로 별도로 참고하기 바란다.

제254조 (위험물질 등의 제조 등 작업시의 조치) 사업주는 별표 1의 위험물질(이하 "위험물"이라 한다)을 제조 또는 취급하는 때에는 폭발, 화재 및 누출을 방지하기 위한 적절한 방호조치를 취하지 아니하고서는 다음 각 호의 행위를 하여서는 아니 된다.

1. 폭발성 물질(별표 1 제1호에 정하는 것을 말한다. 이와 같다)을 화기 기타 점화원이 될 우려가 있는 것에 접근시키거나 가열하거나 마찰시키거나 충격을 가하는 행위
2. 발화성 물질(별표 1 제2호에 정하는 것을 말한다. 이하 같다)을 각각 그 특성에 따라 화기 기타 점화원이 될 우려가 있는 것에 접근시키거나 산화를 촉진하는 물질 또는 물에 접촉시키거나 가열하거나 충격을 가하는 행위
3. 산화성물질(별표 1 제3호에 정하는 것을 말한다, 이하 같다)을 분해가 촉진될 우려가 있는 물질에 접촉시키거나 가열하거나 마찰시키거나 충격을 가하는 행위
4. 인화성물질(별표 1 제4호에 정하는 것을 말한다. 이하 같다)을 화기 기타 점화원이 될 우려가 있는 것에 접근시키거나 주입 또는 가열하거나 증발시키는 행위
5. 가연성가스(별표 1 제5호에 정하는 것을 말한다. 이하 같다)를 화기 기타 점화원이 될 우려가 있는 것에 접근시키거나 압축·가열 또는 주입하는 행위
6. 부식성물질(별표 1 제6호에 정하는 것을 말한다. 이하 같다.) 또는 독성물질 (별표1 제 7호에 정하는 것을 말한다. 이하 같다)을 누출시키는 등으로 인하여 인체에 접촉시키는 행위
7. 위험물을 제조하거나 취급하는 설비가 있는 장소에 가연성 가스 또는 산화성물질을 방치하는 행위

제255조 (호스 등을 사용한 인화성 물질 등의 주입) 사업주는 인화성물질 또는 가연성 가스를 액상의 상태에서 호스 또는 배관 등을 사용하여 별표 3의 화학설비·탱크로리·드럼 등에 주입 하는 작업을 하는 때에는 당해 호스 또는 배관 등의 결합부를 확실히 체결하고 누출이 없는 것을 확인한 후에 당해 작업을 하여야 한다.

제256조 (가솔린이 남아 있는 설비에의 등유 등의 주입) 사업주는 별표 3의 화학설비로서 가솔린이 남아 있는 화학설비(위험물을 저장하는 것에 한한다. 이하 이 조와 제257에서 같다). 탱크로리-드럼 등에 등유나 경유를 주입하는 작업을 하는 때에는 미리 그 내부를 세정하고 가솔린의 증기를 불활성 가스로 바꾸는 등 안전한 상태로 되어 있는 것을 확인한 후에 당해 작업을 하여야 한다.

제257조 (산화에틸렌 등의 취급)

① 사업주는 산화에틸렌·아세트알데히드 또는 산화프로필렌을 별표 3의 화학설비·탱크로리·드럼 등에 주입하는 작업을 하는 때에는 미리 그 내부의 불활성가스 외의 가스나 증기를 불활성가스로 바꾸는 등 안전한 상태로 되어 있는 것을 확인한 후에 당해 작업을 하여야 한다.

② 사업주는 산화에틸렌, 아세트알데히드 또는 산화프로필렌을 별표 3의 화학설비, 탱크로리·드럼 등에 저장하는 때에는 항상 그 내부의 불활성가스 외의 가스나 증기를 불활성가스로 바꾸어 놓는 상태에서 저장하여야 한다.

제258조 (통풍 등에 의한 폭발 또는 화재의 예방) 사업주는 인화성 물질의 증기, 가연성 가스 또는 가연성 분진이 존재하여 폭발 또는 화재가 발생할 우려가 있는 장소에서는 당해 증기·가스 또는 분진에 의한 폭발 또는 화재를 예방하기 위하여 통풍, 환기 및 제진 등의 조치를 하여야 한다.

제259조 (환기가 불충분한 장소에서의 가스용접 등의 작업) 사업주는 통풍 또는 환기가 불충분한 장소에서 가연성 가스 또는 산소(이하 "가스 등"이라 한다)를 사용하여 금속의 용접 용단 또는 가열작업을 하는 때에는 가스 등의 누출 또는 방출로 인한 폭발·화재 또는 화상을 예방하기 위하여 다음 각 호의 사항을 준수하여야 한다.

1. 가스 등의 호스와 취관은 손상·마모 등에 의해 가스 등이 누출할 우려가 없는 것을 사용할 것
2. 가스 등의 취관 및 호스의 상호접촉부분온 호스밴드, 호스크립 등 조임기구를 사용하여 견고하게 조일 것
3. 가스 등의 호스에 가스 등을 공급하는 때에는 미리 당해 호스로부터 가스등이 방출되지 아니하도록 필요한 조치를 할 것
4. 사용 중인 가스 등을 공급하는 공급구의 밸브 또는 코크에는 당해 밸브 또는 코크에 접속된 가스 등의 호스를 사용하는 자의 명찰을 부착하는 등 가스 등의 공급에 대한 오조작을 방지하기 위한 표시를 할 것
5. 용단작업을 하는 때에는 취관으로부터 산소의 과잉방출로 인한 화상을 예방하기 위하여 충분한 환기를 할 것
6. 작업을 중단하거나 종료하고 작업장소를 떠날 때에는 가스 등의 공급구의 밸브 또는 코크를 잠그고 가스 등의 호스를 당해 가스 등의 공급구로부터 해체하거나 당해 호스를 자연통풍 또는 자연환기가 충분히 되는 장소로 이동시킬 것

제260조 (가스 등의 용기) 사업주는 금속의 용접·용단 또는 가열에 사용되는 가스 등의 용기를 취급하는 때에는 다음 각 호의 사항을 준수하여야 한다.

1. 다음 각목의 1에 해당하는 장소에서 사용하거나 당해 장소에 설치·저장 또는 방치하지 아니하도록 할 것
   가. 통풍 또는 환기가 불충분한 장소
   나. 화기를 사용하는 장소 및 그 부근
   다. 위험물·화약류 또는 제262조의 규정에 의한 가연성 물질을 취급하는 장소 및 그 부근
2. 용기의 온도를 섭씨 40도 이하로 유지할 것
3. 전도의 위험이 없도록 할 것
4. 충격을 가하지 아니 하도록 할 것
5. 운반할 때에는 캡을 씌울 것

6. 사용할 때에는 용기의 마개에 부착되어 있는 유류 및 먼지를 제거할 것
7. 밸브의 개폐는 서서히 할 것
8. 사용 전 또는 사용 중인 용기와 그 외의 용기를 명확히 구별하여 보관할 것
9. 용해 아세틸렌의 용기는 세워둘 것
10. 용기의 부식·마모 또는 변형상태를 점검한 후 사용할 것

제261조 (서로 다른 물질의 접촉에 의한 발화 등의 방지) 사업주는 서로 다른 물질끼리 접촉함으로 인하여 당해 물질이 발화하거나 폭발할 위험이 있는 때에는 당해 물질을 근접하여 저장하거나 동일한 운반기에 적재하여서는 아니 된다. 다만, 접촉방지를 위한 조치를 한 때에는 그러하지 아니한다.

제262조 (화재의 위험이 있는 작업의 장소 등) 사업주는 합성섬유·면·양모·천조각·톱밥·짚·종이류 기타 가연성 물질을 다량으로 취급하는 작업을 행하는 장소-설비 등은 화재 예방을 위하여 적절한 배치 구조로 하여야 한다.

제263조 (자연발화의 방지) 사업주는 질화면, 알킬알루미늄 등 자연발화의 위험이 있는 물질을 쌓아두는 때에는 위험한 온도로 상승하지 못하도록 화재예방을 위한 조치를 하여야 한다.

제264조 (유류 등이 묻어있는 걸레 등의 처리) 사업주는 기름 또는 인쇄용 잉크류 등이 묻은 천 조각이나 휴지 등은 뚜껑이 있는 불연성 용기에 담아두는 등 화재예방을 위한 조치를 하여야 한다.

제265조 (안전 담당자의 직무) 사업주는 위험물을 제조하거나 취급하는 작업을 하는 때에는 법 제14조 제1항의 규정에 의한 안전담당자를 당해 작업의 지휘자로 지정하여 당해 작업을 지휘하도록 하고 다음 각 호의 사항을 이행하도록 하여야 한다.

1. 위험물을 제조하거나 취급하는 설비 및 당해설비의 부속설비가 있는 장소의 온도, 습도, 차광 및 환기상태 등을 수시로 점검하고 이상을 발견한 때에는 즉시 필요한 조치를 하는 일
2. 제1호의 규정에 의하여 행한 조치를 기록·보관하는 일

제2장 화기 등의 관리

제266조 (위험물 등이 있는 장소의 화기 등의 사용금지) 사업주는 위험물, 위험물 외의 가연성 분진-화약류 또는 제262조에 규정된 가연성 물질이 존재하여 폭발 또는 화재가 발생할 우려가 있는 장소에서는 불꽃 또는 아아크를 발생하거나 고온으로 될 우려가 있는 화기 또는 기계-기구 및 공구 등을 사용하여서는 아니 된다.

제267조 (유류 등이 존재하는 배관 또는 용기의 용접 등) 사업주는 위험물, 위험물 외의 인화 유류 또는 가연성 분진이 존재할 우려가 있는 배관·탱크 또는 드럼 등의 용기에 대하여 미리 위험물 외의 인화성 유류-가연성 분진 또는 위험물을 제거하는 등 폭발이나 화재의 예방을 위한 조치를 한 후가 아니면 용접-용단 기타 화기를 사용하는 작업 또는 불꽃을 발생시킬 위험한 작업을 시켜서는 아니 된다.

제268조 (통풍 등이 불충분한 장소에서의 용접 등) 사업주는 통풍이나 환기가 불충분한 장소에서 용접·용단 및 금속의 가열 등 화기를 사용하는 작업 또는 연삭숫돌에 의한 건식연마 작업 등 기타 불꽃이 튈 우려가 있는 작업 등을 하는 때에는 통풍 또는 환기를 위하여 산소를 사용하여서는 아니 된다.

제269조 (출입금지 등) 사업주는 화재 또는 폭발의 위험이 있는 장소에는 화기의 사용을 금지하는 표시를 하고 관계자외의 자는 출입을 금지시켜야 한다.

제270조 (소화설비)

① 사업주는 건축물, 별표 3의 화학설비 또는 제5장의 위험물 건조설비가 있는 장소, 기타 위험물외의 인화성 유류 등 폭발 또는 화재의 원인이 될 우려가 있는 물질을 취급하는 장소(이하 이 조에서 "건축물 등"이라 한다)에는 적절한 장소에 소화설비를 설치하여야 한다.

② 제1항의 소화설비는 건축물 등의 규모-넓이 및 취급하는 물질의 종류 등에 따라 예상되는 폭발 또는 화재를 예방하는데 적합하여야 한다.

제271조 (방화조치) 사업주는 화로·가열로·가열장치·소각로·철제굴뚝 기타 화재를 일으킬 위험이 있는 설비와 건축물 기타 가연성 물체와의 사이에는 방화에 필요한 안전거리를 유지하거나 불연성 물체를 차열재료로 하여 방호하여야 한다.

제272조 (화기사용 장소의 화재방지)

① 사업주는 흡연 장소 및 난로 등 화기를 사용하는 장소에는 화재예방에 필요한 설비를 하여야 한다.

② 화기를 사용한 자는 불티가 남지 아니하도록 확실하게 뒤처리를 하여야 한다.

제273조 (소각장) 사업주는 소각장을 설치하는 때에는 화재가 번질 위험이 없는 위치에 설치하거나 불연성의 재료로 설치하여야 한다.

또한, 위험약품의 저장 및 취급방법의 일반적 사항을 표 2.6에 나타낸다.

표 2.6 위험약품의 저장 및 취급방법

위험성 구분	저장 취급방법
발화성	공기에 접촉하지 않게 밀봉하고 다른 위험약품과 격리하여 저장한다. 물과 접촉하는 것을 피하지 않으면 안 되는 것도 있다. 취급할 때 기구를 사용하고 직접 피부에 접촉하지 않도록 한다.
인화성	착화원이 있으면 상온에서 용이하게 인화함으로서, 저장취급 중에는 가까운 곳에서의 화기 사용을 금한다. 인화된 경우에 즉시 사용할 수 있도록 소화용 설비를 갖춘다. 저장 중에는 항상 밀봉하여, 가스나 증기가 새지 않도록 한다. 가스폭발의 위험성이 있으므로 방폭형 이외의 가정용 전기냉장고에 저장하여서는 안 된다. 다량의 폐액을 배수구에 버려서는 안 된다.
가연성	30°C 미만의 온도에서 인화하지 않는다. 그러나 섬유 등에 가연성 액체가 스며있을 때는 인화점 미만의 온도에서도 용이하게 착화하여 화재가 발생한다. 인화점 이상의 온도에 있어서는 위의 인화성의 약품과 동일한 정도의 위험성을 가진다. 화기의 사용을 금하고 소화설비를 갖춘다. 저장 중에는 항상 밀봉하여 증기의 누설이 없도록 한다. 다량의 폐액을 배수구에 버려서는 안 된다.
폭발성	강한 충격과 마찰을 주지 않도록 하고, 화기를 금한다. 필요 이상으로 많은 양의 저장이나 취급을 금한다.
산화성	환원성이 강한 물질 또는 모든 유기물과의 접촉이나 혼합을 피한다. 이 혼합물은 충격, 마찰 또는 가열에 의하여 격렬히 폭발을 일으키기 쉽다. 또 산화성염류는 강산과의 혼합을 피한다.

위험성 구분	저장 취급방법
금수성	습기를 가하든지 또는 물과 접촉하는 것을 금한다. 물과의 반응성이 강하여 발열하고 어떤 때는 가연성가스를 발생하여 발화하든지 또는 유해가스를 발생한다. 취급할 때는 피부에 직접 접촉하지 않도록 하여야 한다.
강산성	강산성이므로 금속과 기타 재료를 부식한다. 또한 가연성의 수소를 발생하는 경우가 있다. 인체에 접촉하면 피부 점막을 부식한다. 물과 접촉하면 대부분의 경우 발열한다. 산화성의 염류와 접촉하면, 산화성이 강한 산을 유리하여 폭발의 위험을 갖는다.
부식성	눈에 들어가면 아주 큰 통증을 느끼며 실명하게 되는 경우도 있으므로 취급할 때는 꼭 보호안경을 착용해야 한다. 만약 눈에 들어간 경우는 즉시 다량의 흐르는 물에 적어도 15분간 씻고 의사의 치료를 받는다. 피부에 직접 접촉하지 않도록 한다. 의복에 묻었을 때는 즉시 옷을 갈아입어야 한다.
유독성	가스나 증기를 흡입하여서는 안 된다. 대량을 취급한때는 국소환기장치를 설비한다. 피부에서 흡수되어 중독되는 경우도 있으므로 직접 피부에 닿지 않도록 한다. 손을 잘 씻고 약품이 입에 들어가지 않도록 한다.
유해성	흡입과 피부에 접촉하는 것을 피한다. 입안에 들어가지 않도록 한다.
방사성	필요 이상의 대량으로 저장 또는 취급을 금한다. 입안에 들어가지 않도록 분말을 흡입한다든지 피부에 접촉되지 않도록 한다.

Chapter 03

발화의 형식과 발화원

어떠한 경우에 있어서도 화재의 직접원인이 가연성물질의 발화에 있으므로 발화현상의 분류와 기구를 알아야만 화재를 예방할 수 있을 것이다. 이 장(章)에서는 여러 종류의 발화의 형식과 그 구성에 대하여 물리적 의미를 파악하고자 한다.

발화라고 하는 현상은 기본적으로 미연소(未燃燒)의 상태에서 연소라고 하는 일종의 정상상태로 불연속적으로 전이하는 과도현상(過渡現象)이다. 따라서 발화는 항상 비정상적인 문제이고, 이와 같은 전이가 일어나기 위해서는 물질과 에너지에 관한 특정의 조건이 만족되어져야 한다. 일반적으로 이들을 발화의 한계조건이라고 부르며, 물질조건으로는 가연한계(또는 폭발한계라고도 한다), 에너지조건으로는 발화온도와 발화에너지가 편리한 지표로 사용되어지고 있다. 또한 물질조건을 만족하는 혼합계는 가연성혼합기체라고 하며, 이것에는 처음부터 양자가 혼합되어 있는 사전혼합형과 발화직전에 혼합하는 확산형이 있다. 가연성의 액체, 고체의 발화는 확산형의 예에 해당하며, 또 이 경우에는 관계하는 상(相)이 2개에 걸쳐있는 불균일계의 발화로 됨으로써 그 구성은 복잡하게 된다.

3.1 발화의 형식

발화의 형식을 크게 나누면 자연발화(spontaneous ignition)와 착화원에 의한 발화(pilot ignition)의 두 가지로 나누어진다. 자연발화는 가연성 혼합기체에 열 등의 형태로 에너지를 주었을 때 스스로 연소하기 시작하는 현상을 말하며, 착화원에 의한 발화는 에너지조건을 만족하는 불씨(착화원)의 존재에 의해 연소하기 시작하는 현상을 나타낸다. 전자는 단지 발화라고도 하며, 후자는 인화라고도 말한다. 발화와 인화의 차이는 위의 정의에서 알 수 있는 바와 같이 형식적으로는 불씨(착화원)의 유·무, 물리적으로는 발화가 물질농도와 에너지 외 2가지 조건의 만족을 필요로 하는데 대하여, 인화는 물질농도에 관한 조건만으로 좋다고 하는 점이다. 따라서 일반적으로 필요조건에서 인화의 편이 발화보다 일어날 가능성이 크며 실제적으로도 인화에 의한 화재원인의 경우가 훨씬 많다. 또 현상적으로 자연발화는 가연성 혼합계를 외부에서 가열 하는 밀폐된 계 내의 문제인데 비하여, 인화는 국소적인 열원에 의한 발화현상이기 때문에 열린계의 문제로서 이 경우에는 발화에 이어 계속적인 화염의 전파를 수반하게 된다.

인화를 위한 불씨를 착화원이라고도 부르며 여러 가지의 열원이 존재하나 이들을 정리하면 다음의 3가지, 즉 전기불꽃(electric spark), 열면(hot surface), 고온가스(hot gas)로 된다. 전기불꽃에는 전기기기에 관계를 가진 불꽃과 정전기불꽃이 있고, 열면에는 고온고체의 표면, 고체불꽃, 무염 연소(無炎燃燒) 등이 있으며, 고온가스의 열원에는 화염 등이 포함되어진다. 그러나 고체의 가연성 물질에 대한 열방사와 가연성 혼합기체에 대한 충격, 마찰과 같은 열원은 본질적으로 발화를 위한 국소열원으로는 되지 않으므로 인화의 착화원(불씨)이라고 말하기 어렵고, 이것들은 오히려 자연발화의 범주에 넣는 편이 좋다고 생각된다.

그림 3.1에는 화재의 직접 원인을 구성하는 물질과 에너지원을 크게 분류하여 양자의 상호관련을 연결한 것이다. 내용은 완전한 것은 아니나 이 그림에서 어떤 물질이 어떤 에너지원으로 발화하는가를 파악할 수 있다. 선이 많이 나와 있는 물질과 에너지원일수록 발화의 위험성이 크다. 이 그림에서 열원의 분류가 열적(熱的), 기계적(機械的), 화학적(化學的), 전기적(電氣的) 등으로도 나누어져 있으나 이렇게 분류하면 자연발화의 열원과 인화에 필요한 불씨를 충분히 분리할 수 없으므로 주의를 기울여야 한다.

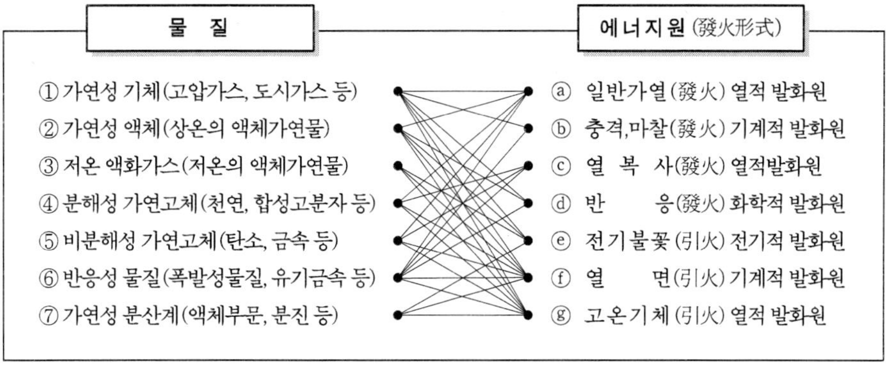

그림 3.1 화재의 직접 원인

3.2 자연발화의 구성

가연성 혼합기체나 공기를 함유하는 고체, 분체 등을 외부에서 가열하면 혼합계 내의 산화, 분해 등의 화학반응에 의해 발생하는 열이 내부에 축적하는 경우에는 계의 온도가 올라간다. 이 결과는 반응의 가속을 가져와 더욱 내부온도를 상승시켜 계내 온도의 현저한 상승이 일어나고 결국에는 발화가 일어난다. 이것이 자연발화의 구성이다.

자연발화의 특징은 한마디로 말하면 축열(蓄熱)과정에 있는 것으로 내부에서의 방열(放熱)과 발열(發熱)의 속도 balance가 문제로 된다. 방열이 큰 조건하에서는 대응하는 발열을 얻기 위하여 가열온도가 높지 않으면 안 되고, 역으로 방열이 작게 되면 낮은 온도에서도 발화가 일어난다. 가연성 혼합기체를 용기에 넣어 고온으로 가열하면 발화하여 폭발이 일어나는 것은 전자에 해당하고, 목분(木粉)이나 원면(原綿)의 다량 퇴적이 상온보다 조금 높은 온도에서 자연적으로 발화하는 것은 후자의 예이다. 후자의 경우 퇴적의 중심부에서는 방열이 나쁘므로 여기에 열이 모여 장시간 후에는 온도가 상승하여 발화한다. 이와 같이 장시간 열의 축적을 필요로 하는 발화를 좁은 의미에서 자연발화 또는 저온출화(低溫出火) 등으로 부르기도 하나, 자연발화라고 하는 현상은 본래, 가열온도나 발화에 이르는 시간경과의 고저, 장단에는 관계가 없는 것으로서, 이 두 가지 형식의 차이는 발화시에 있어서 계 내의 온도분포의 차이뿐일 것이다. 즉, 가열온도가 낮은 경우의 자연발화는 위에서 설명한 바와 같이 열이 중심에 모이므로 온도분포의 최대치는 중심에서 얻어지는데, 그 반면에 가열온도가 높은 경우에는 큰 발열반응이 외부에 가까운 부분에서 순차적으로 일어나므로, 온도의 최대치는 가열온도가 높을수록 중심에서 바깥쪽으로 벗어나게 된다. 그림 3.2는 이에 대한 설명도를 나타낸다.

일반적으로 자연발화에 대한 이와 같은 생각은 발열과 방열의 관계를 바탕으로 현상을 설명함으로써, 열발화(熱發火, thermal ignition) 또는 열폭발(熱爆發, thermal explosion)이라고 부른다. 발화에 대한 생각은 이 외에 연쇄반응에 있어서 연쇄전달체(連鎖傳達體)의 증감(增減)을 중심으로 물질면에서 현상을 논하는 연쇄분기발화(連鎖分岐發火, branched chain ignition)가 있다. 그러나 이와 같은 생각은 화재의 발생과 같이 압력이 1기압 이상으로서 더구나 화학적인 기구의 해명을 필요로 하지 않는 경우에는 그다지 중요하지 않다.

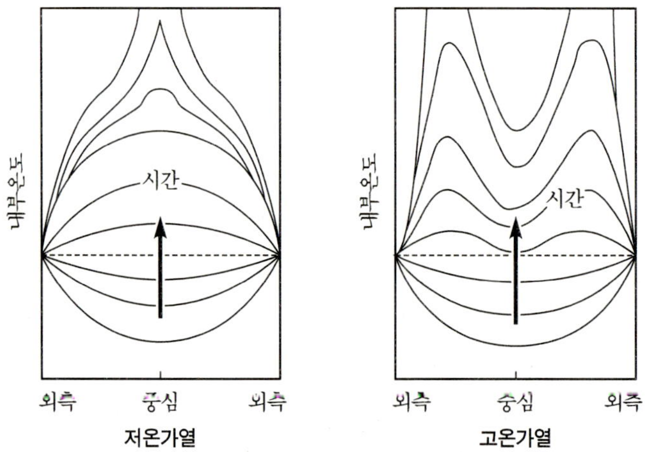

그림 3.2 가열온도에 의한 내부 온도의 변화

3.3 열발화 이론

3.3.1 Semenov의 이론

자연발화의 구성을 어느 정도 정량적으로 고려하기 위해서는 어떤 임의의 형상의 가연성 혼합계를 외부에서 가열했을 때 계내 온도 상승의 거동을 살펴보는 것이 좋다. 잘 알고 있는 바와 같이 온도 상승은 화학반응에 의한 발열의 속도와 계외로의 방열의 속도의 차이에 의해서 일어나므로 반응속도의 온도 의존은 Arrhenius형, 방열은 Newton의 냉각법칙에 따르는 것으로 하고, 또한 간단하게 하기 위해 계내의 온도는 동일하다고 가정하면 다음 식이 얻어진다.

$$c\rho V(dT/dt) = QC_0^m k_0 V\exp(-E/RT) - aS(T - T_a) \qquad (3.1)$$

여기서, c, ρ및 V는 각각 혼합계의 비열, 밀도 및 용적, T는 계내의 평균온도, t는 시간, C_0^n는 반응물질의 농도(n은 반응 차수), Q는 발열량, k_0와 E는 각각 반응 전 지수인자와 활성화에너지, R은 기체상수, a는 표면에 있어서 열전달율, S는 표면적, 그리고 T_a는 외부가열(加熱)온도를 나타낸다.

이 식은 T에 대하여 비선형방정식이므로 해석적으로는 풀 수 없으나, 가열은 정온으로 하고 그 온도만을 변화시켜서 수치적으로 풀었다고 하면 그 결과는 정성적으로 그림 3.3과 같이 된다. 즉, 가열온도가 T_a^I과 같이 낮을 때, 혼합계의 온도는 초기온도 T_0에서 점차적으로 상승하여 가열온도를 넘으나 차차 일정한 값에 가까워진다. 이것에 대하여 가열온도가 T_a^{II}과 같이 높게 되면 내부온도는 상승을 계속하여 발화가 일어난다.

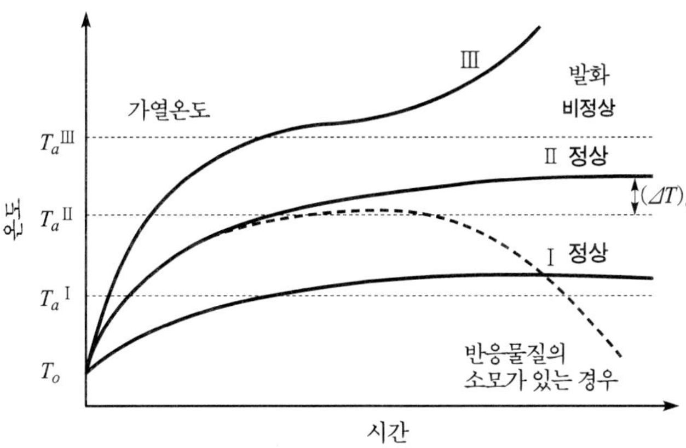

그림 3.3 자연발화에 있어서 내부온도의 시간 변화

따라서 가열온도가 어느 값보다도 높게 되면 혼합계의 내부온도는 정상치(正常値)를 갖지 못하고 발화에 이르는 것을 알 수 있으나, 이것은 발화의 성립여부가 온도에 대한 정상상태(正常狀態)의 존재에 의하여 특징되는 것을 의미한다. 그러므로 발화의 한계조건을 알기 위하여는 식(3.1)의 우변을 0으로 둔 정상의 식을 검토하면 좋고, 그것은 다음과 같이 행한다.

먼저 식(3.1)의 우변의 제1항(발열항)과 제2항(방열항)의 온도의존을 앞에서와 같이 가열온도만을 변화시켜 도시하여 보면, 제1항은 지수곡선(指數曲線), 제2항은 직선으로서 그림 3.4와 같이 된다. 가열온도가 T_a^{II}과 같이 높을 때는 발열속도는 온도에 관계없이 방열속도를 상회하고 있으므로 이때는 반드시 발화가 일어나며, 가열온도가 T_a^I와 같이 낮을 때에는 직선과 곡선은 A점에서 교차된다.

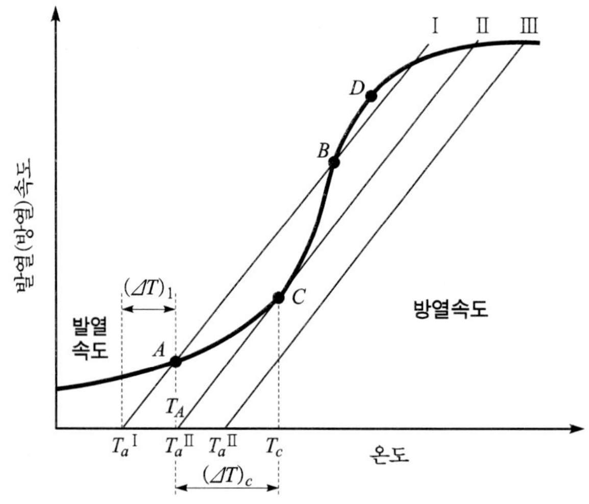

그림 3.4 자연발화에 있어서 발열과 방열의 관계

이것은 내부온도가 T_a^I을 넘었을 때, A점까지는 발열속도가 방열속도보다 크므로 혼합계의 온도는 상승하나 A를 넘으면 양자의 관계는 반대로 되어서, 더 이상 온도는 상승하지 않고 일정한 값에 머무는 것을 나타낸다. 바꾸어 말하면, A점에 상당하는 T_A와 가열온도 T_a^I와의 차$(\Delta T)_1 = T_A - T_a^I$가 그림 3.4의 $(\Delta T)_1$에 상당하여 이때 온도는 정상치를 유지하므로 발화는 일어나지 않는다. 당연히 발화가 일어나는 한계는 곡선과 직선이 접하는 경우로 되고, 이때 내부온도는 $(\Delta T)_c = T_c - T_a^{II}$만큼 상승하여 멈춘다. 이 상승온도는 발화가 일어나지 않는, 결국 정상상태가 얻어질 수 있는 최대치로서 이것을 구하기 위하여는 식(3.1)의 정상식(正常式)에서 접선(接線)의 조건을 사용하여

$$\left[QC_0^m k_0 V \exp(-E/RT)\right]_c = \left[aS(T-T_a)\right]_c \tag{3.2}$$

$$\left[\frac{d}{dT}(QC_0^m k_0 V e^{-E/RT})\right]_c = \left[\frac{d}{dT}\{aS(T-T_a)\}\right]_c \tag{3.3}$$

를 계산하면 된다. 이의 결과는

$$T_c^2 = (E/R)T_c + (E/R)T_a = 0 \tag{3.4}$$

로 되고, 이것으로부터 다음의 식이 구해진다.

$$T_c = (E/2R)\left[1 \pm \left(1 - \frac{4RT_a}{E}\right)^{\frac{1}{2}}\right] \simeq T_a + \frac{RT_a^2}{E} \tag{3.5}$$

$$(\Delta T)_c \cong T_c - T_a \simeq (RT_a^2/E) \tag{3.6}$$

단, 식(3.5) 중의 (+)기호는 그림 3.4 중의 D점에 있어서의 접선에 대응하나 이 발열곡선의 변곡점 이상의 고온은 현재로 보아 의미가 없는 영역에 해당함으로써 버린다(동일한 생각에서 곡선과 직선의 고온측의 교점도 문제치 않아도 좋다).

이와 같이 취급하는 것을 Semenov의 이론이라고 부르고, 이 결과에 의하면 일반적으로 발화가 일어나지 않는 최대의 온도 상승(일반적으로는 20°K 정도)은 대체로 (RT_a^2/E)으로 된다. 또한 그림 3.4에 있어서 가열 온도가 T_a^I의 경우에 또 다른 한 개의 교점 B는 그곳을 중심으로 온도를 근소하게 변화시켜보면 알 수 있는 바와 같이 불안정하여 물리적으로 실제 나타나지 않으므로 생각하지 않아도 좋다.

그런데, 지금까지의 고찰에서는 설명을 간단하게 하기 위해 발열항에 포함되어있는 반응물질(反應物質)의 농도 C_0^n을 일정하다고 보았다. 이것은 반응차수(反應次數)가 0인 경우, 즉 0차반응(零大反應) 또는 발화가 일어날 때까지 소모되는 물질량이 처음의 물질량에 비하여 무시할 수 있을 정도로 작은 경우에만 적용되므로 그 외의 경우에는 여기에서 설명한 바와 같은 방법을 사용할 수 없다. 이것은 반응물질의 소모가 있으면 그림 3.3에서 파선으로 나타낸 바와 같이 온도는 시간과 더불어 극대치(極大値)를 거쳐 강하하여 정상치가 얻어지지 않는 것을 생각하면 쉽게 알 수 있다. 그러므로 이 경우에는 다른 발화기준을 필요로 하게 된다.

3.3.2 Frank. Kamenetskii의 이론

비슷한 이론이 혼합계 내의 온도분포를 고려하여 구성될 수 있다. 이때의 현상을 지배하는 방정식은 형상을 무한평판(無限平版), 무한원통(無限圓筒)과 구와 같은 대칭1차원, 또 열정수(熱定數)는 온도나 장소에 의존하지 않는다고 하면,

$$c\rho\frac{\partial T}{\partial t}=\lambda\left(\frac{\partial^2 T}{\partial r^2}+\frac{j}{r}\frac{T}{\partial r}\right)+QC_0^n K_0\exp\left(-\frac{E}{RT}\right) \tag{3.7}$$

로 쓸 수 있다.

여기서 λ는 열전도율, j는 형상을 나타내는 parameter(무한평판:0, 무한원통=1, 3구=2), r는 좌표를 나타내고 다른 것은 앞 식의 경우와 같다.

한편, 경계조건은 일반적으로 원통과 구의 반경과 얇은 판의 두께의 반을 a로 하여 다음의 형태로 주어진다.

$$\left[\lambda\frac{dT}{dr}-a(T-T_z)\right]_{r=0}=0 \tag{3.8}$$

이 식은 만약 열전달계수 a를 무한대로 하면

$$(T)_{r=0}=T_a \tag{3.9}$$

로 되고 이것은 혼합계의 표면온도를 나타내는 가장 간단한 경우로 된다. 보통 기체로서 가열할 때는 표면열전달을 고려하지 않으면 안 되므로 식(3.8)을 사용하고, 액체 등으로 가열할 때는 식(3.9)를 사용한다.

방정식 (3.7)에 의하여 열 발화의 문제를 검토하는데 있어서는 이 식의 반응항(反應項)은 복잡하므로 다음과 같은 근사식을 사용하는 경우가 많다.

$$\begin{aligned}
\mathrm{cxp}\left(-\frac{E}{RT}\right) &= \exp\left(\frac{E}{R}\cdot\frac{1}{T_a+T-T_a}\right)\\
&=\exp\left(-\frac{E}{RT_a}\cdot\frac{1}{1+(T-T_a)/T_a}\right)\\
&\simeq\exp\left\{\left(-\frac{E}{RT_a}\right)\left(1-\frac{T-T_a}{T_a}+\frac{(T-T_a)^2}{T_a^2}-\cdots\right)\right\}\\
&\simeq\exp\left\{\left(-\frac{E}{RT_a}\right)\cdot\exp\left\{\frac{E}{RT_a^2}(T-T_a)\cdot\left(1+\frac{T-T_a}{T_a}\right)\right\}\right\}
\end{aligned} \tag{3.10}$$

$$\simeq\exp\left(-\frac{E}{RT_a}\right)\cdot\exp\left\{\frac{E}{RT_a^2}(T-T_a)\right\} \quad \text{(제2항까지)} \tag{3.11}$$

이것은 Frank-Kamenetskii 근사식(F-K근사식)이라고 불리며, 내부온도의 상승치가 가열온도에 비하여 작고, 결국 $(T-T_a)\ll T_a$의 때에는 완전히 성립하며, 특히 식(3.11)은 해석적(解析的)으로 취급할 때에는 잘 사용된다.

그래서 F-K근사식을 사용하여 다시 다음과 같이 무차원변환(無次元變換)을 하면

$$\theta \equiv \left(E/RT_a^2\right)\left(T - T_a\right) \text{ (무차원온도)} \tag{3.12}$$

$$\tau \equiv \left(\lambda/c\rho a^2\right)t \text{ (무차원시간)} \tag{3.13}$$

$$\xi \equiv r/a, \ (0 \leqq \xi \leqq 1) \text{ (무차원좌표)} \tag{3.14}$$

$$\delta \equiv \left(Qk_0/\lambda\right)a^2 C_0^m \left(E/RT_a^2\right)\exp\left(-E/RT_a\right) \text{ (무차원반응속도)} \tag{3.15}$$

방정식 (3.7) 및 경계조건 식(3.8), 식(3.9)는

$$\frac{\partial\theta}{\partial\tau} = \frac{\partial^2\theta}{\partial\xi^2} + \frac{j}{\xi}\frac{\partial\theta}{\partial\xi} + \delta\exp(-\theta) \tag{3.16}$$

$$\left(\frac{\partial\theta}{\partial\xi} + h\theta\right)_{\xi=1} = 0, \text{ 또는 } (\theta)_{\xi=1} = 0 \tag{3.17}$$

로 된다. 여기서 h는 $\xi a/\lambda$로서 정의되는 Biot수이고, 또 식(3.16)을 유도할 때는 식(3.11)의 근사식을 사용했다[근사식 (3.10)을 사용하면 우변의 반응항(제3항)은 $\exp\{-\theta/(1+\beta\theta)\}$, $\beta \equiv RT_a/E$로 된다].

이러한 기초 식을 바탕으로 발화의 한계조건(限界條件)을 구하기 위해서는 앞에서와 똑같이 생각하여 식(3.16)의 정상해가 존재하는 조건을 검토하면 된다. 중간을 생략하고 결과만을 나타내면, 일반적으로 이 식은 반응물질의 소모를 고려하지 않아도 좋은 경우(0차반응), 형상과 경계조건에 관계없이 반응속도에 대한 parameter δ가 어떤 특정한 값보다 작지 않으면 온도의 정상치(正常値)는 얻어지지 않는다. 따라서 발화는 $\delta > \delta_c$(δ_c는 δ의 한계치)일 때 일어나는 것으로 된다. 이것은 가열온도, 혼합계의 치수, 열정수, 발열량 등을 포함하는 반응속도 parameter δ가 크지 않으면 발화는 일어나지 않는다는 것을 의미하므로 쉽게 이해할 수 있는 결과이긴 하나, 가끔 이 δ는 Frank-Kamenetskil의 parameter라고 불리기도 하고, 또 δ의 한계치(限界値) δ_c는 많은 사람들의 연구에 의하여 Biot수 h의 함수로서 그림 3.5에 나타낸 바와 같이 된다는 것이 알려져 있다. 어느 것이나 Biot수가 증가함에 따라 크게 되어 점차로 일정치에 가까워지고, $h \to \infty$, 결국 표면온도를 나타내는 식 (3.17)의 뒷부분의 경계조건에서는 다음과 같은 값을 취한다.

무한평판(j=0)	$\delta_c = 0.88$
무한원통(j=1)	$\delta_c = 2.00$
구 (j=2)	$\delta_c = 3.32$

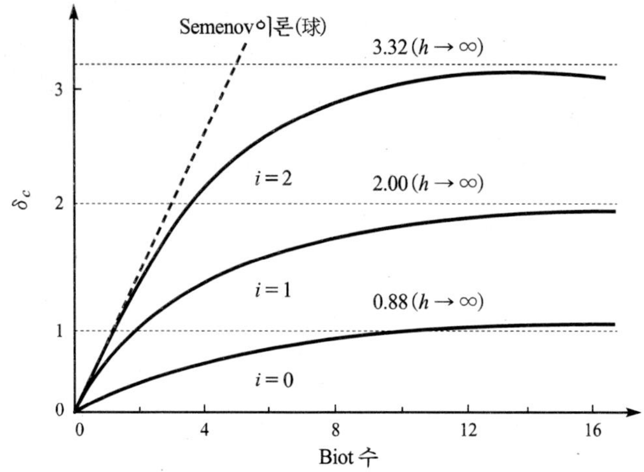

그림 3.5 한계 Frank-Kamenetskii parameter δ_c 와 Biot수 h의 관계(Thomas)

이렇게 하여, Frank-Kamenetski parameter δ를 계산하고, 이것이 δ_c보다 크게 되면 발화에 이르는 시간은 별도로 하고, 언젠가는 발화가 일어난다고 생각하는 것이 가능하며, 또 이 이론에 의하면 발화의 한계에 있어서 최대온도 상승도 정해진다. 이것을 θ_c라고 하면 θ_c와 Biot수의 관계는 그림 3.6에 나타내는 바와 같이 되고 h가 무한대일 때의 값은 평판, 원통, 구의 순으로 θ_c=1.20, 1.38, 1.60이 된다.

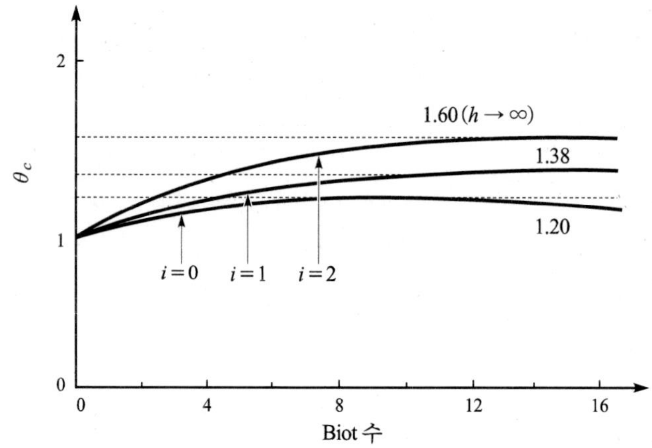

그림 3.6 한계무차원 온도상승 θ_c 와 Biot수 h의 관계(Thomas)

이상이 일반적으로 Frank-Kamenetskii의 이론이라고 불리는 온도분포를 고려한 0차 반응(零次反應)의 열발화이론의 개요이다. 그러나 이와 같은 유형(類型)의 이론은 상당히 이상화(理想化)된 model에 바탕을 두고 있으므로, 실제에 적용하고자 할 때는 0차 이외의 반응을 포함하고 있어 취급에 주의가 필요하며, 물리적 의미나 가정을 이해하지 못하고 형식적으로 사용하는 것은 바람직하지 못하다. 이들에 대한 주의는 다음에 정리하여 설명하기로 하고 여기서는 앞에서의 Semenov의 이론과 Frank-Kamenetskii이론의 관계를 정리하여 본다.

그러기 위해서는, 먼저 식(3.1)을 식(3.12)~(3.15)의 무차원변수(無次元變數)로 나타내어보면

$$\frac{d\theta}{d\tau}= \delta \exp(\theta)= \frac{Sa}{V} \cdot h\theta \tag{3.18}$$

로 된다. 여기서 앞에서와 동일한 방법에 의해 발화의 한계조건을 구하면,

$$[\delta e^{\theta}]_c = [(Sa/V)h\theta]_c, \ \left[\frac{d}{d\theta}(\delta e^{\theta})\right]_c = \left[\frac{d}{d\theta}\left(\frac{Sa}{V} \cdot h\theta\right)\right]_c \tag{3.19}$$

여기에서 다음의 식이 구해진다.

$$\delta_c = \frac{Sa}{V} \cdot \frac{h}{e} \equiv (j+1)h/e, \ \theta_c = 1, (j = 0, 1\text{과 } 2) \tag{3.20}$$

이 결과는 한계의 Frank-Kamenetskii paramete δ_c와 Biot수 h의 관계가 그림 3.5와는 달라서 직선이 얻어지며, Semenov의 이론이 Biot수의 아주 작은 영역 외에서는 완전히 적합하지 않다는 것을 나타낸다. 그림 3.5 중에는 비교하기 위해 구의 경우에 대한 직선도 그려져 있다. 이러한 점으로 보아 표면온도를 나타내는 경계조건($h \to \infty$)에서는 이 이론을 사용하기가 어렵게 된다. 그러나 한계온도상승 θ_c는 1.2~1.6에 대하여 1로 되므로 그렇게 큰 차이는 없다.

3.3.3 열발화 이론에서 고려해야 할 문제점

열발화의 이론은 형식적으로 화려한 구성을 가지고 있음에도 반응의 형식만 알면, 그의 상세한 기구(機構)를 몰라도 발화현상을 논하는 것이 가능하게 되는 특징이 있다. 이 때문에 많은 사람들이 이용하고 있으며 앞에서 설명한 이론은 가장 간단한 경우이고 model 자체도 실제의 현상과 일치되지 않는 점이 많이 존재한다. 여기서는 그의 중요한 부분을 열거하여 문제점을 설명한다.

(1) 반응물질 소모(消耗)의 영향

이미 설명한 바와 같이 반응이 0차반응이 아닌 경우에는 반응에 따라 감소하므로 식(3.1) 또는 식(3.7) 중의 C_0^n는 시간의 함수로 되고 이들의 식은 시간이 무한대로 되어도 온도의 정상치는 얻어지지 않는다. 그러므로 이때는 발화의 한계조건을 정상해의 존재로부터 구하는 것이 불가능하다. 이것에 대신하는 발화의 기준으로는 온도와 시간 또는 좌표의 곡선(曲線)의 변곡점(變曲點)을 사용하는 것 등을 고려할 수 있으나 어떻게 하더라도 이 경우에는 δ_c를 다음과 같은 형태로 정리하는 것이 보통이다.

$$\delta_c(\theta, n) \simeq \delta_c(\infty)\left\{1+\gamma(n/B)^{\frac{2}{3}}\right\} \tag{3.21}$$

여기서, $\delta_c(\theta, n)$는 반응차수 n일 때의 한계 Frank-Kamenetski parameter, $\delta_c(\infty)$는 n=0일 때의 δ_c, B는 다음의 식으로 정의되는 무차원 단열온도 상승, γ는 2.85(Thomas)~2.70(Frank-Kamenetskii)의 수치를 가지는 상수이다.

$$B \equiv \left(E/RT_a^2\right)\left(QC_0/c\rho\right) \tag{3.22}$$

이때의 지배방정식은 Smenov이론에 대응하는 경우, 무차원 농도 $\varphi \equiv C/C_0$를 사용하여 다음과 같이 정리되므로 참고로 적어둔다.

$$\frac{d\theta}{d\tau} = \delta\varphi^n \exp(\theta) - h\theta \tag{3.23}$$

$$\frac{d\varphi}{d\tau} = -\frac{\delta}{B}\varphi^n \exp(\theta) \tag{3.24}$$

(2) 형상의 영향

앞에서 설명한 이론은 대칭(對稱)1차원에 한정되어 있다. 이외의 형상인 경우는 간단하게 해석할 수 없으나, 여러 가지 연구에 의해 다른 종류의 형상의 혼합계에 대한 발화의 한계 parameter δ_c가 구해져 있다. 0차반응에 대한 결과의 것을 표 3.1에 나타낸다. 이와 같은 기하학적인 형상에서는 모두 무한평판과 구와의 사이에 들어있는 것과 같이 보인다.

표 3.1 각종의 형상에 대한 발화의 한계 parameter(Gray, Lee]

형상	무한평판	무한원통	구	무한정각주	무한팔각주	입방체	팔각추*	지원주	직방체**
δ_c	0.88	2.00	3.32	1.69	1.89	2.51	2.70	2.77	2.94

* 반경과 높이는 같다. ** 높이는 밑변의 2배

(3) 대류의 영향

혼합계의 반응물질과 생성물이 모두 고체인 경우에는 문제가 없으나, 기체가 관계하면 대류의 영향을 고려하지 않으면 안 된다. 그러나 열발화이론은 본래 계내의 에너지 보존법칙에만 기초를 두고 있으므로 반응에 관계하는 물질의 이동을 고려하지 않았기 때문에 이 문제는 어느 정도의 기체의 운동까지가 허용될 것인가에 귀착하게 된다. 몇 가지 방법이 있으나, 일반적으로 Grashof수 G_r나 Rayleigh수 R_a가 어느 한도 이내라면 대류의 영향은 무시된다고 볼 수 있다. 다음의 값은 그의 대표적인 예이다.

$$G_r = (ga^3/\nu^2)\Delta T \sim (ga^3/\nu^2)(\Delta T/T_a) \sim \frac{ga^3}{\nu^2} \cdot \frac{RT_a}{E} \cdot \theta < 10^4 \tag{3.25}$$

$$R_a \equiv G_r \cdot P_r \sim (ga^3\beta\Delta T/\nu^2)(\nu/k) \sim \frac{ga^3}{\nu k} \cdot \frac{\Delta T}{T_a} < 10^2 \tag{3.26}$$

단, g는 중력가속도, β는 기체의 팽창계수($\sim 1/T_a$), ν는 동점성계수(動粘性係數), P_r는 Prandtl수, k는 열확산률(熱擴散率)($\equiv \lambda/C p\rho$)이다.

(4) 기체 확산의 영향

앞에서 설명한 열발화의 이론은 계내에 충분한 산화제를 갖고 있든가, 전혀 공기 없이도 발열을 하는 그러한 혼합계의 것에만 적용된다. 따라서 고상·기상반응(固相·氣相反應)을 위시하여 기체가 발열에 관계하는 경우에는 이 이론은 사용할 수 없다. 이와 같은 상황에서는 기체는 확산에 의하여 계내를 이동함으로써, 이 경우에 그의 이론을 적용하기 위하여는 별도로 확산에 관한 방정식을 만들어서 양자를 연립하여 해석할 필요가 있다. 지배방정식은 혼합계 내의 온도와 반응물질(또는 酸化劑)의 분포를 고려하여 용이하게 구할 수 있으나, 아래에는 Semenov이론에 대응하는 n차반응의 경우의 식을 무차원 형식으로서 나타낸다.

$$\frac{d\theta}{d\tau} = -h\theta + \delta\varphi^n \exp(\theta), \quad h \equiv (j+1)\frac{\alpha a}{\lambda} \tag{3.27}$$

$$\frac{d\varphi}{d\tau} = (m/\omega)(1-\varphi) - \frac{\delta}{B}\varphi^n \exp(\theta), \quad m \equiv (j+1)\frac{Ma}{D} \tag{3.28}$$

식(3.27)은 앞의 식(3.23)과 동일한 식이며, 식(3.28)의 m은 $(j+1)\frac{Ma}{D}$ (m은 물질이동계수, D는 확산정수)로서 정의되는 무차원의 물질전달계수, $\omega(\equiv k/D)$는 고체의 열확산율과 기체의 확산정수의 비로써 주어지는 무차원수이다.

그래서 이들의 식을 필요한 조건을 바탕으로 적절한 발화의 기준을 채용하여 수치적으로 해석하면 발화한계를 나타내는 parameter δ_c를 B, ω, n 등의 함수로 하여 얻을 수 있다. 복잡하게 되는 것은 어쩔 수 없으나 탄소와 금속의 자연발열을 시작으로 하여 많은 분체(粉體)의 비교적 낮은 가열온도에 의한 발화는 이와 같은 형태의 취급에 의존하지 않으면 안 되는 경우가 많다.

이외에도 비대칭가열(非對稱加熱)이라든지, 가열온도가 일정하지 않고 시간과 더불어 변하는 경우 등의 조건의 변화는 많으며, 각각의 경우에 따라서 다룰 필요가 있다. 그러나 이 이상의 것은 너무 전문적인 것이기 때문에 생략한다.

3.4 열방사와 고온기류에 의한 고체의 발화

지금까지 설명한 발화의 이론은 닫힌계의 가연성혼합계에 대한 것이다. 그러므로 목재나 플라스틱의 발화와 같이 고체물질의 열분해에 의하여 생성된 가연성가스가 대기중의 산소와 혼합되어 일어나는 경우에는 적용할 수 없다. 그러나 이와 같은 발화 형식은 현실적으로 많이 발생하기 때문에 여기서는 열방사(熱放射)와 고온기류에 의해 가연성 고체가 가열되는 경우에 대하여 발화의 구성을 설명한다.

3.4.1 열방사에 의한 발화

설명을 간결하게 하기 위해 그림 3.7에서 나타내는 1차원의 model을 고려한다. 열방사가 기체를 통하여 고체표면에 도달하면 그곳의 온도가 올라간다. 열은 고체 내를 전도하여 내부에 이르고, 이때 온도가 높으면 고체는 분해하여 가연성가스를 기상측에 방출한다. 그리하여 분해가스는 공기가 혼합되어 화학반응을 일으켜 연소하기 시작한다. 이것이 열방사에 의한 고체 발화의 아주 미흡한 공정(工程)이다. 이 경과에 있어서 고상 내와 기상 내의 온도분포는 그림에 나타낸 바와 같은 형태를 취하면서 시간적으로 변화하나, 만약 외부에서 열방사의 강도가 작으면 고체 표면과 내부의 온도가 올라가지 아니하고 분해가 진행되지 않음으로서 분해가스의 발생이 일어나지 않음과 동시에 기체의 온도가

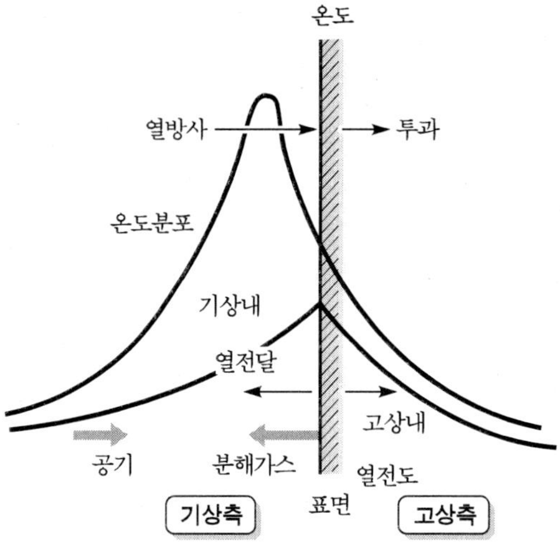

그림 3.7 열방사에 의한 고체의 발화 Model

낮아서 화학반응도 지연되어 발화에 도달하지 못한다. 그와 같은 의미에서 열방사에 의한 발화에는 한계 방사강도가 존재한다. 이 발화의 한계치는 방사가열(放射加熱)의 면적, 고체표면의 상대, 공기의 움직임 등에 의하여 상당히 변화하나 목재의 경우에는 대개 $2 \sim 3cal/cm^2 \cdot sec$ 정도이다. 이 경우 발화의 최종적인 과정은 생성가스와 공기 중의 산소의 반응이며, 온도가 가장 높은 곳이 고체표면이기 때문에 일반적으로는 공기와 혼합한 가연성가스는 고체표면 부근에서 반응하여 거기서 발화가 일어난다고 예상된다. 실제에 있어서도 이와 같은 생각은 방사강도가 작을 때는 성립한다. 결국 방사강도가 작은 경우에는 고체의 온도 상승에 필요한 시간에 비하여 혼합과 반응에 필요한 시간이 훨씬 짧으므로 발화는 열적과정(熱的過程)으로서 지배되며, 화염은 고체표면의 아주 가까운 곳에서 생성된다고 생각되어진다. 이와 반대로 방사강도가 크게 되면 고체의 온도상승은 급격하게 행하여지고, 역으로 혼합과 반응의 과정이 전체를 지배하게 되어 발화는 표면에서 멀리 떨어진 기체 중에서 일어나는 것으로 된다. 그래서 열방사에 의한 목재와 플라스틱 발화의 구성은 두 가지의 영역으로 나누어지게 되어, 각각에 따라서 발화의 거동과 지배인자(支配因子)가 변화하게 된다.

열방사에 의한 고체의 발화를 정량적으로 취급하는 것에는 앞에서 설명한 process를 model화하여 수식화하면 좋은데, 여기에는 3가지의 방식이 있다.

(1) 단순고상(單純固相)model: 현상을 모두 고체 내의 전열(傳熱)의 문제로 생각하고 발화는 고체표면의 온도가 일정치에 도달하였을 때 일어나는 것으로 한다. 이미 알

고 있는 바와 같이, 이 model로서는 분해에 의하여 생성된 가연성가스의 방출, 공기와의 혼합, 반응 등은 급속하게 일어나는 것으로 무시할 수 있으므로 방사 강도가 작은 영역밖에 적용할 수 없으나, 간단한 점이 편리하다.

해석해야만 할 방정식은 앞의 그림에서와 같이 1차원, 반무한고체로 하면

$$\frac{\partial T}{\partial t} = k\frac{\partial^2 T}{\partial x^2} + \frac{(1-\gamma)}{c\rho}\mu e^{-\mu x} \tag{3.29}$$

경계조건은 표면을 거리 x=0으로 하여

$$\left[\lambda\frac{dT}{dx} + I - a(T - T_a)\right]_{x=0} = 0 \tag{3.30}$$

$$(T)_{t=0} = T_a \tag{3.31}$$

로 된다. 단, 식 중의 $k(\equiv\lambda/c\rho)$는 고체의 열확산율(熱擴散率), I는 열방사의 강도, γ는 표면의 반사율, μ는 방사의 흡수계수, T_a는 외부온도이며, 다른 것은 열발화에서 사용했던 기호와 같다. 식의 유도에 있어서는 고체 내의 분해에 따른 열의 출입은 무시하였으며, 고체 중에 빛의 침입을 고려하여 거리와 함께 Beer의 법칙에 따라 감쇠(減則)하는 것으로 하였다. 식(3.29)의 우변 제2항이 이것을 나타내며, 만약 고체가 목재와 같은 불투명체이면 이 항은 없어진다.

이렇게 하여 이들 식을 풀면 되나 화재 원인과 같은 경우에는 가연물은 불투명체가 많으므로 간단히 하기 위해 내부흡수는 고려하지 않는 것으로 하여 풀면

$$\begin{aligned} T = T_a + (I/a)[1 - erf(x/2\sqrt{kt}) \\ - \exp\left(\frac{a}{\lambda}x + \frac{a^2}{\lambda^2}kt\right)\left\{1 - erf\left(\frac{x}{2\sqrt{kt}} + \frac{a}{\lambda}\sqrt{kt}\right)\right\}] \end{aligned} \tag{3.32}$$

로 되고, 또한 표면온도 T_s는

$$T_s = T_a + (I/a)\{1 - \exp(\beta^2)(1 - erf(\beta))\},\ \beta \equiv (\alpha/\lambda)\sqrt{kt} \tag{3.33}$$

로 주어진다.

그런데, 앞에서 설명한 바와 같이 발화는 표면온도가 고체에 특유한 일정치 T_s^*에 도달했을 때 일어나므로, $\beta \ll 10^{-1}$을 가정하면 발화시간 T_c^*는 다음과 같이 구해진다.

$$T_c^* \simeq \pi c\rho\lambda\{(T_-^* T_a)/2I\}^2 \tag{3.34}$$

이 결과에서 방사강도가 작은 경우에는 발화시간과 방사강도의 사이에 $I\sqrt{t_c^*}\sim$ 일정하다고 하는 관계가 있는 것을 알 수 있다. 더욱이 이 model에 사용되었던 특정의 표면온도에서 발화가 일어난다고 하는 가정이 어느 정도로 실제현상에 맞을 것인가를 측정한 결과를 표 3.2에 나타낸다. 이 가운데 직접측정은 화염에서 광을 제거하고 발화시의 표면온도를 광학적으로 측정한 결과이며, 간접 측정은 실측(實測)의 발화시간을 사용하여, 예를 들면 식(3.34)에서 표면온도를 계산한 결과이다. 다소의 편차는 있으나 측정결과는 거의 일치하고 있는 것으로 보아도 좋으며, 이 표에서 목재의 경우를 보면 발화는 표면온도가 500°C 부근이 되지 않으면 일어나지 않는다는 것을 알 수 있다. 그리고 고체의 내부흡수를 고려한 경우의 발화시간은 식(3.34)에 내부흡수의 항을 첨가하여 다음과 같이 된다.

$$t_c^* \simeq (\pi c\rho\lambda)\{(T^* - T_a)/2I(1-\gamma)\}^2 + \mu^{-1}\{c\rho(T^* - T_a)/(1-\gamma)I\} \quad (3.35)$$

표 3.2 열방사에 의한 고체발화 시의 표면온도

측정법	간접 측정				직접 측정				
물질명	목재	목재	목재	셀루로오스	셀루로오스	목재	목재	고무	폴리우레탄
표면온도 (°C)	343	545	493	600	600~650	402	488	653	378
측정자	Fons	Simms	Akita	Martire	Alvares	Kochyar	Smith	Smith	Smith

(2) 수정고상(修正固相)model: 앞의 단순고상model에 의하면 기상의 상태는 관계가 없으므로, 예를 들면 전압(全壓)의 변화 등이 있어도 결과는 동일할 뿐이다. 그러나 실험에 의하면 방사강도가 크게 되면 이에 영향이 나타난다. 그래서 이 문제를 해결하기 위하여 기상 중에서의 반응의 지체시간을 고려하여, 발화시간(t^*)이 열전도에 필요한 시간과 반응시간의 합계에 의존한다고 하는 것이 수정고상model이다. 이 경우, 반응시간 t_r^*는 일반적으로

$$t_r^* \simeq f(C_{0x}, C_f)(RT^2/AQE)\exp(E/RT) \quad (3.36)$$

로 나타내어짐으로 발화시간은 이것에 식(3.34)을 더하여 $t^* = T_c^* + T_r^*$로 된다. 여기서 C_{0x}, C_f는 각각 산소와 연료가스의 농도, R는 기체상수, A와 E는 반응의 빈도인자와 활성화에너지, Q는 반응열이다.

그러나 이 model은 본래 독립적이 아닌 고체 내의 열전도와 기상 중의 발화에

이르는 화학반응을 별도로 생각하고 있는 점에서 완전하다고는 할 수 없다.

(3) 일반 model: 방사강도가 큰 범위까지 적용 가능한 model을 만들기 위하여는 고상에서 기상에 이르는 현상을 설명하지 않으면 안 된다. 이렇게 하기 위해서는 일반적으로 기상측의 운동량, 에너지, 화학물질의 각 보존과 고상측의 에너지보존에 관한 식을 연립시키지 않으면 안 된다. 더구나, 이 경우 에너지 식과 물질이동의 식에는 반응이 들어가고 경계조건에서도 가스방출이 더해진다. 이와 같은 방정식을 여기에 나타내는 것은 너무 전문적인 것이기 때문에 피하도록 하였고, 최근 computer의 발달로 이와 같이 복잡한 방정식을 수치적으로 해석하는 것을 가능하게 하고 있으며, 이런 종류의 일반화 model에 의한 열방사 발화의 연구도 행해지고 있다. 그림 3.8에는 이와 같은 방법에 의한 온도분포의 계산결과 중에서 일부를 나타낸다. 방사강도의 대소에 따라 온도분포의 최대치가 발생하는 위치가 앞에서 설명한 바와 같이 변화한다는 것이 이 그림에 잘 나타나 있다. 이러한 점이 일반model이 복잡하기는 하지만 꼭 필요한 것이라는 것을 나타낸다. 그러나 해석은 어디까지나 온도와 농도의 연속적인 변화를 나타낼 뿐이므로, 발화라고 하는 특정의 사건에 대응하는 절차가 포함되어져있지 않으므로 발화시간을 바로 구할 수 없으며 발화의 판단기준(cretenon)을 별도로 주지 않으면 안 된다.

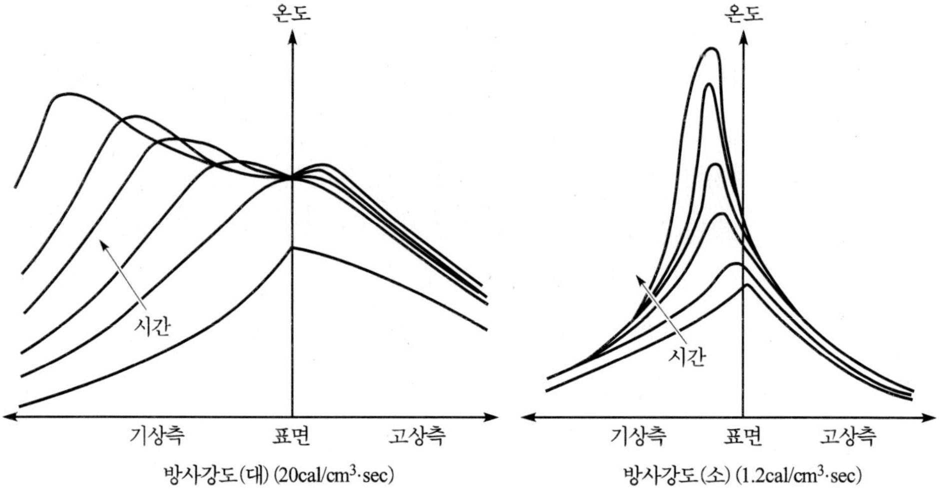

그림 3.8 Plastics의 열방사 발화시에 있어서 온도분포의 계산[Kashiwagi]

3.4.2 고온기류(高溫氣流)에 의한 발화

화염을 위시하여, 고온의 기체에 의해서 가연성고체가 발화하는 사실은 잘 알려져 있으나, 이 구성은 열방사에 의한 발화와 아주 유사하다. 주된 차이점은 고체를 가열하기 위한 전열형식이 방사에서 대류로 바뀐다는 것과 기체의 흐름이 있는 것 등으로 다른 것은 거의 변화가 없다. 따라서 이 경우에도 기류의 온도가 높을수록 발화에 필요로 하는 시간은 짧고, 가열온도가 어느 한계치 이하에서는 상당한 시간을 주어도 발화는 일어나지 않는다. 또 발화 시의 표면온도도 가열온도가 낮게 될수록 일정한 값에 가까이 간다. 한편, 기체의 유속의 영향은 유속이 빠르게 되면 고체와의 열 교환이 나빠지기 때문에 발화하는 데는 높은 기류온도가 필요로 하게 되고 발화한계온도도 상승한다.

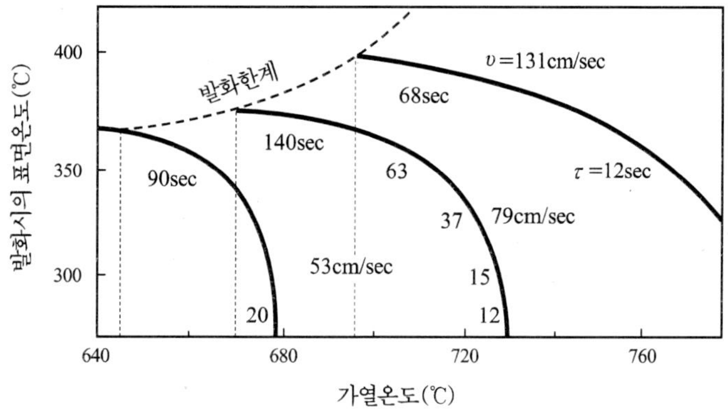

그림 3.9 Polymethylmethacrylate PMMA의 고온 공기류에 의한 발화

그림 3.9에는 이 경향을 나타내기 위해 polymethylmethacrylate(PMMA)를 고온의 공기류로써 가열했을 때의 실험결과의 한 예를 나타낸다. 그림에 있는 v는 유속, τ는 발화에 필요한 시간을 나타낸다.

고온기류에 의한 고체발화의 정량적인 검토에는 열방사일 때와 같이 가열온도가 낮으면 표면온도가 물질에 따라 정해지는 값에 도달했을 때 발화가 일어난다고 하는 기준을 사용할 수 있다. 예를 들면, 정지(靜止)기체 중에 있어서 반무한고체에 대하여는 다음의 식이 얻어진다.

$$(T^{*} - T_0)/(T_a - T_0) = 1 - \exp(\alpha^2 k t^{*}/\lambda^2) erf \alpha (k t^{*})^{\frac{1}{2}}/\lambda \qquad (3.37)$$

여기서 T_a와 T_0는 각각 고온가스의 온도와 고체의 초기온도, α는 표면열전달율을 나타내고 다른 것은 모두 앞의 경우와 같다. 또한 이 관계를 이용하여 목재의 발화에 관한 실험결과를 정리한 것을 그림 3.10에 나타낸다. 그러나 고온가스의 온도가 높게 된다든지 흐르고 있는 경우에는 열방사의 일반 model과 같이 기상, 고상에 걸쳐있는 운동에너지, 물질이동 등에 관한 연립방정식을 풀지 않으면 안 된다.

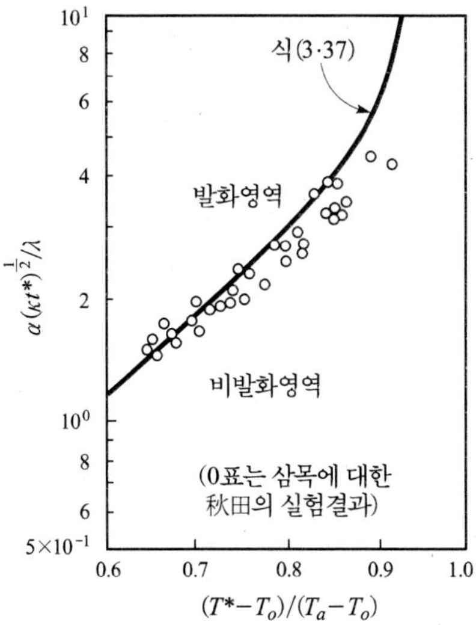

그림 3.10 정지한 고온공기 중에 있어서 목재의 대류(對流)발화에 관한 계산과 실측의 비교(Kanury]

3.5 발화원(착화원)

화재 또는 폭발재해를 예방하기 위해서는 위험성 물질의 관리와 동시에 발화원에 대하여 적정한 관리를 실시하는 것이 중요하다. 앞의 3.1에서는 발화원을 전기불꽃, 열면, 고온가스의 3종류로 묶었으나, 여기서 발화원을 더욱 세분해보면 충격 마찰, 나화(裸火), 고온표면, 자연발열, 단열 압축, 전기불꽃, 정전기 및 광선열선의 8종류로 된다. 화재 또는 폭발화재의 원인조사 또는 예방대책을 행할 경우에는 항상 8종류의 발화원에 대하여 음미(吟味)하면 충분할 것이다.

3.5.1 최소발화 energy(최소착화 energy, 최소점화 energy)

폭발범위 내에 있는 가연성가스 혼합물 중에 전기불꽃을 주었을 때, 그것을 발화시키는데 필요한 최소의 에너지를 최소발화 에너지라고 한다. 이에 측정은 혼합기체로 가득 찬 구형용기의 중심에 콘덴서(condenser) 불꽃을 주어, 발화가 일어났을 때 콘덴서용량 C와 콘덴서 단자전압 V의 값을 사용하여 다음의 식으로부터 발화에너지량(일반적으로 mJ로서 나타낸다)을 구하여 그 최소치를 최소발화 에너지(minimum ignition energy)라고 한다.

$$W = \frac{1}{2} CV^2 [\mathrm{J}] \tag{3.38}$$

여기서, C : 콘덴서 용량(Faraday), V : 단자전압(Volt)

이 값은 물질의 종류, 혼합기체의 온도, 압력, 조성 등의 조건에 따라 변화하나 이들 조건을 고정시키면 결정되는 물리정수로서, 일반적으로 연소속도가 큰 혼합체일수록 작고 열전도율과 화염온도가 낮은 것일수록 작다. 그리고 가연성가스와 공기의 혼합물의 최소발화 에너지는 $10^{-1} mJ$ 정도이다. 바꾸어 말하면, 공기와 가연성가스의 혼합물 중에 불꽃을 주어도 이 불꽃의 에너지가 최소발화에너지 이하일 때는 발화가 일어나지 않는다. 계측기기(計測機器)나 제어기기(制御機器)의 안전대책으로 사용되는 본질안전(intrinsic safety)에는 이 원리를 응용한 것도 있다. 일반적으로 산소분압이 올라가면 최소발화 에너지 값은 급속하게 저하하여 $10^{-3} mJ$ 정도로 되는 수가 많다. 각종의 가연성가스–공기의 혼합기체의 최소발화 에너지를 표 3.3에, 압력에 의한 최소발화 energy의 변화를 그림 3.11에, 프로판–공기 혼합기체의 최소발화 에너지에 대한 온도의 영향을 그림 3.12에, 그리고 연료(燃料)의 최소발화압력을 표 3.4에 나타낸다. 또한 그림 3.13에는 혼합기체의 조성(組成)에 따른 최소발화 에너지의 변화를 프로판의 경우에 대해 나타냈다.

표 3.3 가연성가스–공기의 혼합기체의 최소발화 에너지[Fristom, westenberg]

가연성 가스	최소발화 에너지[10^{-5}J]	소염거리[cm]
수소	2.0	0.0098
이황화탄소	1.5	0.0078
메탄	33	0.039
에탄	42	0.035
프로판	30	0.031
헥산	95	0.055
에틸렌	9.6	0.019
메탄올	21	0.028
벤젠	76	0.043
아세틸렌	3	0.011

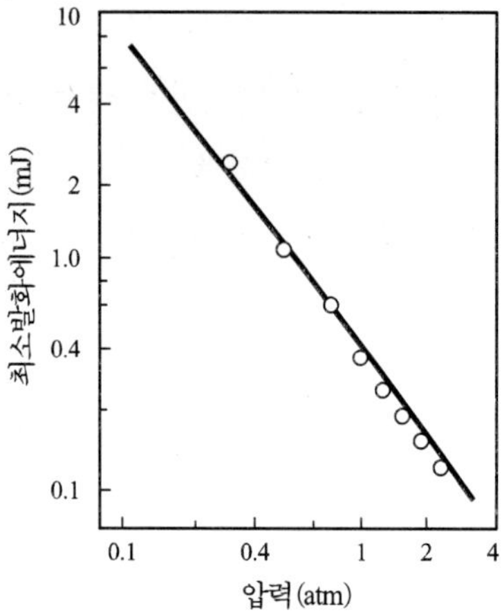

그림 3.11 최초발화에너지의 압력에 따른 변화 (프로판–공기혼합기체, 23℃)

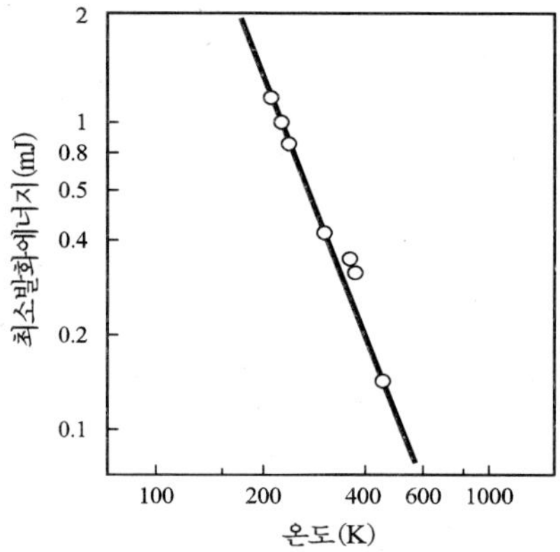

그림 3.12 프로판–공기혼합기체의 최소발화에너지에 대한 온도의 영향(1atm)

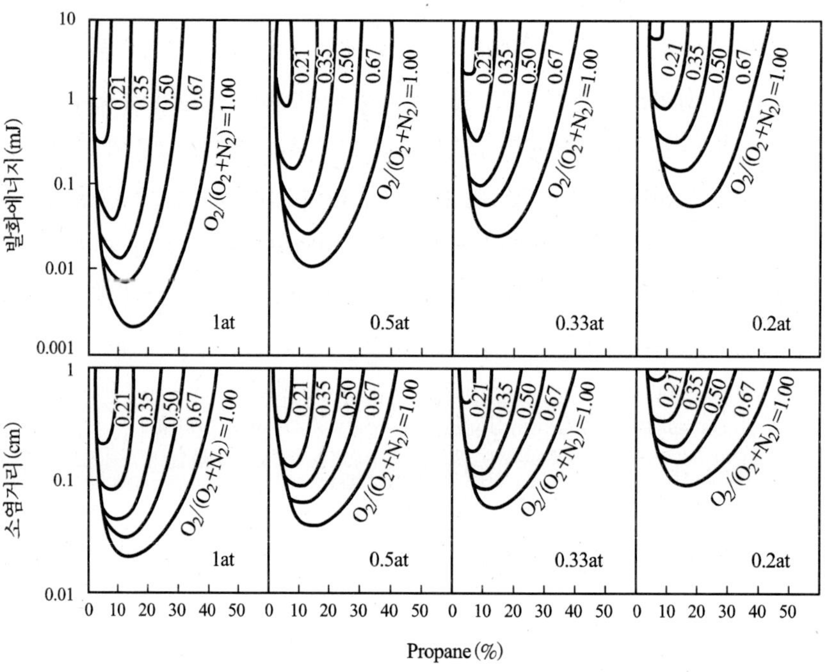

그림 3.13 최소발화 에너지와 소염거리의 혼합기체 조성에 따른 변화(프로판)

표 3.4 연료의 최소발화압력

연료	최소발화압력(mmHg)
수소	11.5
메탄	19.0
1.3-부타디엔	21.0
2-부텐	29.0
n-부탄	29.0
이소부탄	29.0
벤젠	28.0

1기압, 상온에 있어서 탄화수소의 최소발화에너지는 약 $10^{-1} mJ$ 정도이며, 이 값은 gasoline engine 등의 점화전(點火栓)에 사용되고 있는 불꽃에너지의 약 1/1000 정도이다. 일반적으로 이들의 최소에너지는 저급탄화수소의 경우는 화학양론(化學量論) 혼합조성에서 얻어지나 이것은 항상 성립하는 것이 아니고 탄소수의 증가에 따라서 극소치는 연료 과잉쪽으로 옮겨진다. 그림 3.14에는 이러한 경향을 나타냈다. 여기서 당량비(當量比) ϕ라고 하는 것은 가연성 가스농도를 이론농도로써 나눈 값이며, 1보다 크면 가연성 가스가 과잉이 되고 1보다 작으면 희박한 상태이다. 최소발화에너지의 수치표를 사용할 때에는 그것이 참된 최소치를 나타내고 있는지, 당량비가 1일 때의 값인지를 판별해보는 것이 꼭 필요하다.

한편 전기불꽃에 의한 인화일 경우의 전극간극(電極間隙)의 영향을 그림 3.15에 나타냈다. 이것에 의하면 최소발화 에너지가 전극간 거리가 짧게 되면 처음에는 저하하나 어느 값에 도달하면 갑자기 무한대로 되고, 그 거리 이하에서는 어떠한 큰 에너지를 주어도 인화하지 않게 된다. 이와 같은 현상이 일어나는 이유는 전극간극이 좁게 되면 전극을 통한 방열의 균형이 취해질 수 없기 때문이다. 이와 같이 인화가 일어나지 않게 되는

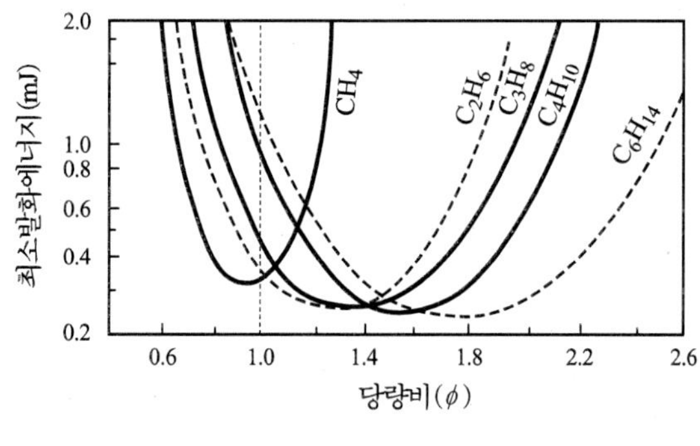

그림 3.14 최소발화 에너지와 혼합기체 조성의 관계[Lewis, Von Elbe]

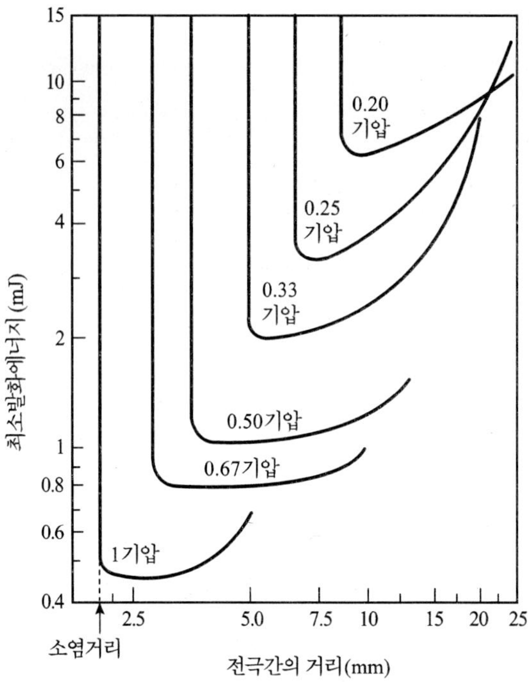

그림 3.15 최소발화 에너지의 전극간 거리에 따른 변화(메탄–공기당량혼합기체)[Lewis, Von Elbe]

최대의 거리를 소염거리(quenching distance)라고 부른다. 소염거리가 생기는 것은 전기불꽃과 같은 단시간 가열에 있어서도 방열이 발화에 중요한 역할을 한다는 것을 나타내는 하나의 증거가 되며, 혼합기체의 조성과 압력이 소염거리에 미치는 영향은 최소발화 에너지와 거의 동일한 경향을 나타낸다. 표 3.3과 그림 3.13에 소염거리의 값을 나타냈다. 이러한 소염거리가 안전공학에서는 가연성 혼합기체의 하나의 특성치(特性値)로 되어있다. 이 특성치는 가는 관중의 화염전파를 저지하는데 필요한 관경, 즉 소염직경(quenching diameter)과도 관계가 있으며, 그림 3.17에 이 관계를 나타냈다. 일반적으로 소염거리의 값은 소염 직경의 값의 약 0.66배 정도이다. 이들 양자의 값은 화염방지기(flame arrester), 방폭(防爆) 전기기기의 안전간극(safety gap) 등의 설계에 많이 이용된다.

화염이 일주를 일으키는 최소간극 또는 화염의 일주를 일으키지 않는 최대거리를 화염 일주한계(火炎逸走限界)라 하며, 이는 배압(背壓)이 있는 상태에서 좁은 틈새를 통하여 폭발성 혼합가스 중을 화염이 한쪽 편에서 다른 쪽 방향으로 전파할 것인가 여부의 한계치수를 나타내는 특성치로서 모든 폭발성 혼합가스에 대하여 측정하는 것이 가능하며 방폭전기기기의 방폭 구조에 이용된다.

실험장치의 내부와 외부에 특정의 폭발성 혼합가스를 채워서 내부에 점화한 경우 틈새 W(또는 G)가 어느 치수 이상이 되면 폭발화염의 일부는 틈새에서 일주하여 외부의 가스폭발을 유발하나, G가 그보다 작으면 외부로의 점화파급은 없다. 이와 같은 한계틈새 G를 그 폭발성 혼합성가스의 화염일주한계라 한다.

그림 3.16에서와 같이 한계 틈새 값을 갖고 있는 flange부의 틈새의 깊이 L을 기초로 mm 또는 in 단위로 나타낸다. 이 틈새의 깊이 25.4mm(1inch)때의 틈새를 화염일주한계라고 부른다. 이 좁은 틈새 때문에 화염면은 설상(舌狀)으로 되고 화염의 열손실도 증가하며 틈새 통과 후의 와류운동(渦流運動) 때문에 발화지연의 시간에 도달하기 전에 혼합물 중에 열이 흡수되어 화염의 전파가 저지된다.

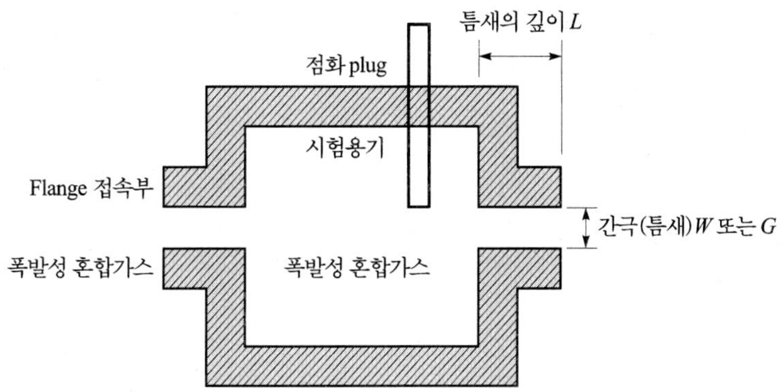

그림 3.16 화염 일주한계의 실험 예

또한 일정한 조건하에서 동일한 간극에 대해 여러 번 시험하는 사이에 한 번도 화염일주를 일으키지 않는 최대틈새를 영국에서는 Maximum Experimental Safe Gap(M.E.S.G)이라 하여 이용하고 있다.

가연성 가스의 위험도에 따른 방폭전기기기용의 분류로써 폭발등급이 있다. 가연성 가스의 용기를 틈새의 깊이 25.4mm의 좁은 간극으로서 2개의 부분으로 격리했을 때, 한쪽의 혼합가스에 착화하였을 때에 화염이 이 틈새를 통과하여 일주하고 다른 쪽의 혼합가스에 착화시킬 수 있는 최소의 틈새가 0.6mm 이상의 경우에는 1급으로 하고, 0.6~0.4mm의 틈새를 가지는 것을 2급, 0.4mm 이하의 경우를 3등급으로 한다.

발화도는 발화점이 450°C 이상의 가스를 G_1으로 하고, 300~450°C의 것을 G_2, 200~300°C의 것을 G_3 135~200°C의 것을 G_4 100~135°C의 것을 G_5로 하고 있다. 이와 같이 화염 일주한계와 발화온도로부터 물질의 위험성을 구분하면 표 3.5와 같다.

표 3.5 가연성 가스 및 증기의 위험성 구분

발화온도 일주한계	G_1 〉450℃	G_2 〉450~300℃	G_3 〉300~200℃	G_4 〉200~135℃	G_5 〉135~100℃
I 〉0.6mm	메탄, 에탄, 프로판, 벤젠, 톨루엔, 메탄올, 아세톤, 초산, 초산에틸, 일산화탄소, 암모니아	부탄, 에틸알코올, 1-부탄올, 초산이소펜틸, 무수초산	n-헥산, 가솔린	아세트알데히드, 디에틸에테르	
II 0.4~0.6mm	석탄가스	에틸렌, 에틸렌옥사이드			
III 〈0.4mm	수소, 수성가스	아세틸렌			이황화탄소

불활성가스의 최소발화 에너지에 대한 영향에 대하여는 그림 3.13과 그림 3.18에서도 알 수 있는 바와 같이 불활성가스의 첨가는 발화에너지를 크게 하며, 극소점의 위치를 연료 과잉쪽으로 옮기게 하는 것은 그림 3.14와 동일하다. 첨가물질로서는 아르곤, 질소와 헬륨 등으로 헬륨의 경우가 발화에너지를 크게 하고, 다음은 질소인데 이것은 헬륨이 열전도도가 가장 높고, 그 다음이 질소이며 아르곤이 가장 낮은 것에도 연유된다. 또한 산소와 수소의 혼합기체에 탄산가스, 헬륨, 아르곤을 가했을 때 최소발화 에너지의 영향을 그림 3.18에 나타냈으나, 탄산가스는 열전도율이 작음에도 불구하고 최소발화 에너지를 상승시키는 것은 탄산가스의 특성으로서 흥미 있는 것이다.

지금까지는 혼합기체의 유동(流動)은 생각하지 않았으나 흐름이 있으면 최소발화 에너지는 유속(流速)과 함께 증가한다. 이것은 유동에 의해 전극 간에 형성된 화염이 하류측

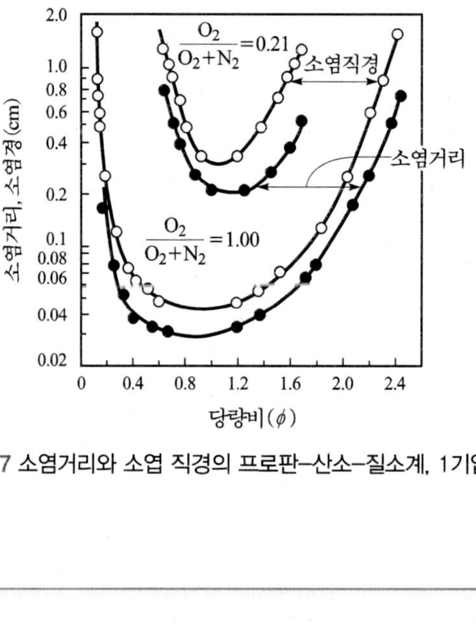

그림 3.17 소염거리와 소엽 직경의 프로판–산소–질소계, 1기압, 상온

으로 뻗어서 방열이 증가하기 때문이라고 생각되어지며, 그림 3.19에 이것에 관한 실험 결과의 한 예를 나타냈다. 또한 혼합기체의 유동의 영향은 동일한 유속에서도 난류(亂流)의 정도에 따라 다르며, 그림 3.20에 나타낸 바와 같이 교란의 강도가 크게 되면 최소발화 에너지는 증가하는 경향이 있다.

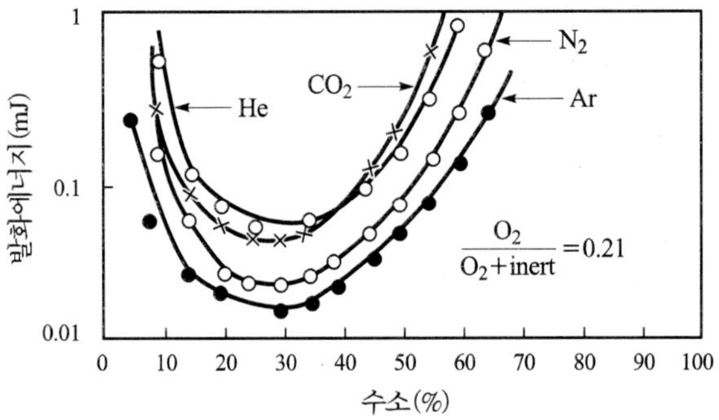

그림 3.18 수소–산소혼합기체의 발화에너지에 대한 불활성 가스의 첨가 효과

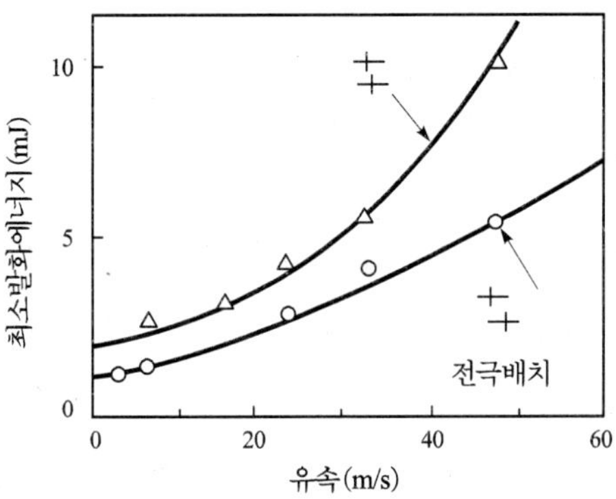

그림 3.19 혼합기체 유속과 최소발화 에너지의 관계(프로판–공기 혼합, ϕ=1.04)

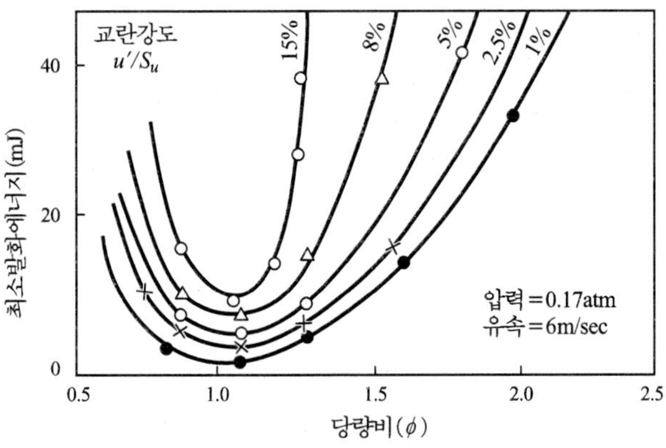

그림 3.20 교란의 강도와 최소발화에너지의 관계(프로판–공기혼합기체)

전기불꽃에 의한 가연성 혼합기체의 발화를 정량적으로 다루기 위해서는 다음과 같이 생각한다. 지금 1차원에서 정상적으로 전파하는 층류화염(層流火炎)을 생각하면, 이때 화염속으로 들어오는 미연(未然)가스의 속도는 연소속도 S_u에 따라서 이것이 화염 중에서 얻는 에너지는 미연가스의 밀도를 ρ_u, 화염의 단위 질량당의 에너지의 증가를 Δh로 하면, $\rho_u S_u(\Delta h)$로서 나타내어진다. 한편 이 에너지가 화염의 고온부에서의 열전도로서 공급된다고 한다면 화염 온도를 T_f, 미연가스의 온도를 T_u,화염 폭을 δ, 화염의 평균열전도율을 λ로 할 때 근사적으로 $\lambda(T_f - T_u)/\delta$로 나타내어진다. 따라서 정상상태에서는 다음 식이 성립한다.

$$\rho_u S_u(\Delta h) = \lambda(T_f - T_u)/\delta \tag{3.39}$$

또한, 화염면 전체에 대하여 얻어지는 에너지 H_c는 화염면적을 A라고 하면

$$H_c = A\rho_u \int_0^{\delta} (\Delta h)dx = A\rho_u(\Delta h)\delta \tag{3.40}$$

로 되므로 이 식에 식(3.39)를 대입하여 다음 식을 얻는다.

$$H_c = (A\lambda / S_u)(T_f - T_u) \tag{3.41}$$

이 식은 화염이 정상적으로 전파되기 위해서는 H_c만큼의 에너지가 필요하다는 것을 나타내므로, 이것을 화염 이외의 다른 열원으로 공급한다면 발화가 일어나게 된다는 것을 의미한다. 불꽃발화의 경우, 화염이 성립하는 한계는 소염거리 d_c로 생각할 수 있으므로 위 식 중에 A를 d_c^2으로 치환하면, 결국 최소발화 energy는 근사적으로 다음 식과 같이 나타내어진다.

$$H_c \simeq d_c^2 \lambda(T_f - T_u)/S_u \tag{3.42}$$

이 식에서 최소발화 에너지는 소염거리와 화염온도에 비례하고, 연소속도에 반비례하는 것을 알 수 있다. 또한 d_c의 다음에 나오는 식(3.44)를 사용하면 연소속도 S_u는 압력 P에 대해서 반응차수(反應次數)를 n으로 했을 때 $S_u \propto P^{(n/2)-1}$의 관계가 있으므로, 만약 $n=2$로 취힌다고 하면 $\rho_u \sim P$, $\lambda \sim P^o$에서 H_c의 압력의존은

$$H_c \propto P^{-2} \tag{3.43}$$

로 나타내어진다. 그림 3.11의 결과는 거의 이 관계를 만족시키고 있다.

그런데 식(3.42)에 포함되어있는 소염거리를 예측하는 방법은 몇 가지가 있으나, 가장 간단하게 생각할 수 있는 것은 이것이 화염 폭에 비례하는 것으로 하여 $d_c \propto a\delta_f$를 가정하는 것이다. 이렇게 하면 화염 전파에 관한 간단한 열이론에서 화염 폭 δ_f는 비열이 C_p일 때 $\delta_f \simeq \lambda / C_p \rho_u S_u$로써 나타내어지는 것을 알 수 있으므로 소염거리 d_c는 다음 식으로서 표현된다.

$$d_c \simeq a\lambda / (C_p \rho_u S_u) \tag{3.44}$$

이 식을 (3.42) 식에 대입하면, 최소발화 에너지는

$$H_c \simeq a^2 \lambda^3 / (c_p^2 \rho_u^2 s_u^2)(T_f - T_u) \tag{3.45}$$

라고 쓸 수 있다. 여기서 a는 비례상수로서 2~10 정도가 적당하다고 생각되어진다. 유동의 영향에 대하여도 여러 가지 제안이 있으나 다음과 같은 형식으로 정리된 것이 많다.

$$d_c \simeq a\lambda / (C_p \rho_u S_u) \left\{1 + aR_e (u'/S_u)^{1/2}\right\} \tag{3.46}$$

여기서, a는 정수, $R_e (= uL/\nu)$는 Reynolds수(u는 유속, L는 교란의 크기를 나타내는 혼합거리, ν는 동점도), u'는 속도 변동을 나타낸다.

3.5.2 충격(衝擊)과 마찰(摩擦)

방적공장의 타면기(打綿機)에 있어서, 원면 중에 혼입되어 있던 못(釘)이나 돌 등의 마찰로 인해 면의 섬유에 착화하여 공장 화재를 일으키는 경우가 종종 있다. 또한 창고, 선창(船艙) 등에 쌓아둔 포장되어있는 면이 화재를 일으키는 경우가 있는데, 이것은 포장용의 철대(鐵帶)와 다른 철대와의 사이의 마찰열에 의해서 면화가 착화하는 것이라고 할 수 있다.

석회질소 제조공장 등에 있어서 폭발사고를 보면, 카아바이드의 저장탱크에는 카아바이드의 흡습(吸濕)으로 인해 아세틸렌이 발생하는 경우가 많은데, 탱크 상부의 투입구에서 카아바이드를 투입하는 작업 도중 충격에 의해서 아세틸렌에 착화되어 탱크의 폭발을 일으킨 사고가 여러 번 있었다. 근래에는 탱크내부의 공기를 질소로서 치환하든가 또는 탱크 내의 아세틸렌 농도를 하한계 이하로 유지하도록 관리하고 있음으로써 이와 같은 사고는 적어졌다. 그러나 카아바이드의 드럼관은 운반 도중이나 하물취급 중에 난폭한 취급으로 인하여 발생하는 충격에 의해 관내의 아세틸렌에 착화하여 폭발사고를 일으키는

경우가 있다.

고압가스를 배관을 통하여 압송(壓送)할 때에 배관 내면의 scale이 기류와 함께 유동하여 관 벽과 마찰하여 고온의 입자(粒子)가 되어 가스의 착화원이 되는 경우가 있다.

또 배기 fan의 금속날개가 편심(偏心)이나 파괴로 인해 가연성 가스를 함유하는 배기(排氣)가 폭발하는 수도 있고, 산소가스 압축기의 blower날개가 내벽에 접촉하여 고압산소 중에서 금속제 날개가 타버리게 되는 경우도 있다.

동력으로 구동(驅動)하는 장치, 기계류는 에너지가 크기 때문에 기계적인 고장이나 파손이 운전 중에 발생하면 과열되어 고온으로 되는 것이 있다. 특히 가연성 고체나 분체를 취급하는 동력계에서는 이와 같은 현상이 일어나기 쉽다.

화약류 또는 연화제조공장에서 원료의 혼합, 교반, 압착(壓搾) 등의 작업 중이나 제품의 운반 도중에 생기는 폭발사고 중에는 마찰 또는 충격이 원인으로 되는 경우가 많다. 성냥상자도 저장 중에나 운반기계의 진동에 의해 발화되는 경우도 있었다는 보고가 있다.

폐쇄 장소(閉塞場所, pit, manhole 등)의 내부에 산소가스가 가득 차있을 때는 공구(工具) 등의 충격에 의하여 용이하게 작업부 등에 인화되는 수가 있어, 이로 인한 화상사망 등의 사고가 생기는 수도 있다.

철제(鐵製)공구에 의한 충격은 일반적으로 발화원이 되기 쉬운 것이다. 인화성액체의 증기가 정체하기 쉬운 작업장에서는 철제공구류의 사용을 피하고, 또 철병(鐵鋲)이 있는 구두 등의 사용을 금하여야만 한다. 철제공구류 대신에 베릴륨 동합금제의 망치, 렌치, 스패너, 펜치 등이 방폭용 공구류로서 제작되고 있다. 베릴륨 동합금은 2.3%의 베릴륨과 0.35~0.65%의 코발트를 함유한 동합금으로서 다른 동합금보다 강도가 아주 크며, 경도(硬度)가 높다.

가연성 증기(蒸氣)중에서도 발화온도가 낮은 것은 이황화탄소, ether, acetaldehyde, gasoline, cyclohexane, furfural, acetylene 등이며, 이들을 취급할 때는 특히 충격이나 마찰을 피하도록 주의를 기울이지 않으면 안 된다.

그런데, 아직도 충격·마찰에 의한 착화의 본질에 대하여 는 명확치 못한 점이 많이 남아 있다. 충격과 마찰에 의한 발화의 본질적인 기구(機構)에 대한 Bowden의 연구에 의해 밝혀진 몇 가지의 흥미 있는 점을 소개한다.

고체의 표면은 일반적으로 미세한 요철이 있으며, 다수의 소돌기(小突起)를 형성하고 있다. 따라서 2개의 고체표면이 서로 접촉할 때는 가장 높은 동기부의 정점에서 접촉하게 됨으로서 실제적으로 접촉면적은 아주 작다. 이 2개의 고체가 서로 마찰할 때는 마찰에너지가 접촉점에 집중하여 이것이 열에너지로 변화되므로 접촉점에 있는 고체표면은 국부적으로 대단히 고온으로 된다. 이런 의미에서 이것은 열면(heat surface)에 의한 발화의 범주에 들어간다.

유리판을 수평으로 회전하면서 판 표면에 강주(鋼柱)의 선단을 접촉시켜 마찰하면 마찰의 궤도상에 미세한 적색의 광점이 반짝이는 것을 볼 수 있다. 그리고 강주의 하중(荷重)을 증가시키든가 유리판의 회전속도를 증대하면 광점의 색이 백색으로 되며 광휘(光輝)가 증가한다. 즉, 유리관의 표면에 마찰에 의하여 가열점이 생기는 것을 볼 수 있고 이것을 사진으로 촬영하는 것도 가능하다. 이 광점의 직경은 10^{-2}~10^{-4}cm 정도이며, 빛이 인정되는 최저온도는 520~570°C 정도라고 한다.

유리판 대신에 금속판을 사용하여, 이 금속과 다른 종류의 금속으로 만든 봉(棒)의 선단으로서 마찰하면 2종의 금속은 열전대를 형성함으로서 접촉점의 온도를 직접 측정할 수 있다. 물론 접촉점의 온도는 변동이 심하므로 음극선 oscillograph를 사용하지 않으면 관측이 불가능하나, 동판과 constantan봉과의 마찰에서는 가열점의 온도는 순간적으로 1000°C에 도달하게 되고 그 지속시간은 수 만분의 1초 정도이다.

여러 가지 금속 중에서 열전도도가 작은 것일수록 동일한 하중과 마찰속도로서 접촉점의 온도는 높게 된다. 유리와 같은 비금속고체에서는 열전도도가 작으므로 접촉점은 용이하게 높은 온도로 된다.

또한 마찰물체의 융점이 마찰면에 있어서 가열점의 최고 온도를 정하는데 중요한 역할을 하고 있으며, 융점 이상에서는 접촉점의 온도는 상승하지 않는다.

물체의 경도(硬度)는 접촉점의 최고온도와는 관계가 없으나 물체의 경도가 너무 작으면 고체표면의 돌기점(突起點)은 마찰을 행할 때 용이하게 변형하여 에너지가 국부적으로 집중하지 않기 때문에 경도가 높은 물체의 편이 마찰로 인한 온도 상승에는 유리하다. 그러나 경도가 크더라도 그 물질의 융점이 낮으면 접촉점의 온도는 그 융점을 초과할 수 없다.

4질산펜타에리스릿드의 분말을 금속상(金屬床) 위에 놓고 여기에 일정한 하중(1600kg)을 주어 마찰한 경우와 일정한 하중(2kg)의 추를 떨어뜨려 충격을 가한 경우의 발화횟수(%)를 표 3.5에 나타내었다. 만약 4질산펜타에리스릿드 분말 중에 여러 가지 고체입상물(固體粒狀物)을 첨가하여 두면 기폭(起爆)의 감도(感度)가 높게 된다. 그러나 첨가물의 융점이 400°C 이하일 때는 마찰에 의한 발화는 일어나지 않는다. 표 3.6에 의하면 4질산펜타에리스릿드의 기폭에는 국부적으로 적어도 430°C 이상의 가열점이 필요하다는 것을 알 수 있다.

4질산펜타에리스릿드의 발화점은 215°C나 적어도 430°C 이상의 가열이 필요하다고 하는 것은 마찰 또는 충격할 때 가열점의 크기가 대단히 작으며, 또 가열시간이 아주 짧은 것에 기인한다고 생각된다.

그런데 4질산펜타에리스릿드와 같은 폭약류에 첨가물을 가하지 않고 평활한 면을 가진 낙추에 의해 충격을 가한 경우를 생각해보면, 우선 분체는 충격에 의해 용융하여 유체로 되어 낙추와 금속판 사이의 간격을 통하여 빠른 속도로 유출할 것이다. 이때 액체의 점성저항에 저항을 하는 일량이 열에너지로 변하여 온도가 상승한다. 그러나 이 온도가 발화점에 도달하기 위해서는 아주 강력한 충격에너지를 필요로 한다. 한편 폭약이 용융하여 유체로 되면, 그 내부에는 반드시 공기포를 포함하고 있으므로 다음에서 설명하는 바와 같이 단열압축(斷熱壓縮)에 의한 기포의 국부적 가열이 일어나 폭약은 더욱 용이하게 기록하게 될 것이다.

표 3.6 4질산펜타에리스릿드의 마찰 및 충격감도에 미치는 첨가물의 영향(Bowden–Joffe)

첨가물	모오스 경도	용접[℃]	마찰에 의한 발화 횟수[1%]	충격에 의한 발화 횟수[S]
4질산펜타에리스릿드 (첨가물 없음)	1.8	141	0	2
질산암모늄	2~3	169	0	3
질산은	2~3	212	0	2
초산나트륨	1~5	324	0	0
질산칼륨	2~3	334	0	0
중크롬산칼륨	2~3	398	0	0
브롬화은	2~3	434	50	6
염화납	2~3	501	60	27
요오드화은	2~3	550	100	–
붕사	3~4	560	100	30
유리	7	800	100	100
방연광	2.5~2.7	1114	100	60
방해석	3	1339	100	43

이에 내하여 실화연(窒化鉛), 뇌홍 등의 기폭약(起爆藥)은 앞에서의 예와는 달리 발화점이 융점보다 낮다. 따라서 충격 시, 먼저 기폭약의 결정간의 마찰에 의하여 결정면상(結晶面上)에 가열점이 생겨 그 온도가 발화점에 도달함으로써 충격만에 의해서 용이하게 발화하게 되는 것이다.

3.5.3 단열압축(斷熱壓縮)

단열압축에 의한 발화현상은 디젤 엔진에 의해 실용화되게 되었다. 디젤 엔진에 있어서는 압축비 13~14로서 압축행정(壓縮行程)의 마지막 사점(死點)에 있어서 압축압력은 35~37kg/cm^{2}에 도달하고 기통 내의 온도는 단열압축에 의해 500°C 전·후로 상승한다. 이 온도는 경유의 발화점보다 훨씬 높은 온도이므로 기통 내에 분사된 경유를 착화하는데 충분하다.

열역학에 의하면 체적 V_1의 이상기체를 V_2로, 단열적으로 압축했을 때(압축비 V_1/V_2), 압력이 P_1에서 P_2로, 온도가 T_1에서 T_2로 상승했다고 하면 그들 사이에 다음과 같은 관계가 성립한다.

$$P_2/P_1=(V_1/V_2)^{\gamma},\ T_2/T_1=(V_1/V_2)^{\gamma-1},\ (T_2/T_1)^{\gamma}=(P_1/P_2)^{1-\gamma} \quad (3.47)$$

여기서, γ는 기체의 비열비 Cp/Cv이다.

공기를 예를 들면 공기의 γ는 1.40이므로 최초의 압력과 온도를 각각 P_1=1atm, T_1=293K(20°C)로 하고 여러 가지 압축비(V_1/V_2)에 대한 상승압력 P_2 및 상승 온도 T_2를 계산하면 표 3.7과 같다.

표 3.7 공기의 단열 압축에 의한 압력과 온도의 상승(P_1=1atm, T_1=20℃)

V_1/V_2	P_2[atm]	T_2[℃]
1	1.0	20
2	2.6	120
3	4.7	181
5	9.5	283
10	25.0	462
15	44.2	594
20	66.0	697

Bowden은 이것에 관련하여 매우 흥미 있는 실험을 행했다. 평활한 금속판상에 한 방울의 nitroglycerine을 놓고 이것을 평활한 금속 추로써 타격한다. 이 nitroglycerine 방울 중에 전혀 기포를 함유하지 않을 때는 10^5~10^6g·cm의 충격에너지가 필요하다. 만약 방울 속에 아주 작은 기포(직경 5×10−^{2}mm 정도)가 존재할 때는 4×10^{2}g·cm의 에너지, 즉 중량 40g의 낙추를 10cm의 높이에서 낙하시킨 경우에 100%의 확률로서 이것을 발화시키는 것이 되었다. 또 낙추의 아랫면을 평활하게 하지 않고 직경 1mm 정도의 요부(凹部)를 만들어

두면 20g·cm의 에너지, 즉 40g의 낙추로서 불과 0.5cm의 높이에서 발화가 일어났다.

이러한 사실은 nitroglycerine방울 속에 포함된 기포가 낙추의 충격에 의하여 단열압축을 받아 순간적으로 온도가 올라가고 nitroglycerre방울의 국부가 발화점 이상으로 가열되어져 폭발하는 것을 나타내고 있다. 이때의 압축비는 20:1정도 되고 기포의 온도는 적어도 480°C 이상에 도달할 것이라고 추정된다.

이것과 같은 상태는 nitroglycerine 외에 nitroglyol, diglycoldinitrate, 질산메틸, 질산에틸, 니트로에탄 등의 액상의 폭발성물질을 비롯하여 메탄올과 과산화수소의 혼합물, toluene과 tetranitromethanesl 혼합물 등에서도 인정되었다. 또한 교질폭약(膠質爆藥)과 용융상대의 trinitrotoluene, picric acid, trinitroanisole, tetryl 등의 폭약에 있어서도 동일한 결과가 확인되었다.

고체의 4질산펜타에리스릿드를 금속상 위에 윤형(輪形)으로 쌓아서 타격을 가하면 이것을 똑같은 모양의 층상(層狀)으로 펼쳐놓았을 때에 비하여, 기포를 함유하기 때문에 충격감도가 증대하였다.

이상의 사실로 보아 폭발성 물질의 취급 중에 그 속에 함유되어있는 미소한 기포가 단열압축을 받음으로써 예측하지 못한 폭발사고가 발생할 가능성이 있음을 알 수 있다. 어느 레이온(rayon)공장에서 대량의 viscose를 높은 곳에서 반응용기에 넣을 때에 가끔 용기의 내부에 정체해있던 이황화탄소의 증기에 의한 폭발사고가 일어났던 일이 있다. 이것은 점조한 viscose액의 내부에 함유되어 있던 공기포가 투입 시의 충격에 의해 단열압축을 받아 그것이 착화원으로 되었던 것으로 추정된다. 이황화탄소의 발화점은 약 100°C로서 표 3.5에 의하면 불과 2~3의 압축비로서 이 발화점에 도달하는 것을 알 수 있다.

고압가스 배관의 밸브를 급하게 여는 것에 의해 단열압축의 원인으로 사고가 발생하는 경우가 있다. 그림 3.21은 그 실험장치로서 내경 15mm, 외경 22mm의 동관에 2개의 밸브(송기밸브와 스톱밸브), blow valve를 장치하고 모든 밸브를 닫아둔다.

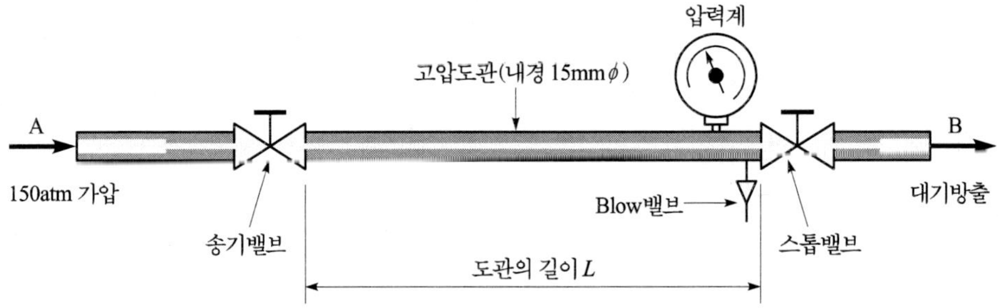

그림 3.21 단열압축 실험장치

송기밸브와 스톱밸브의 사이에는 상압(P_1)의 공기가 들어있으며, 송기밸브의 좌측에는 150atm의 산소가스가 보내어지고 있다. 지금 송기밸브를 급하게 열면 150atm의 산소가 들어가고 송기밸브와 스톱밸브 사이의 공기는 단열압축(P_2)을 받게 되어, 처음의 가스온도(T_1)을 20°C로 하면 이론적으로는 953°C(T_2)로 상승하게 되어 스톱밸브의 바로 앞에 고온가스의 괴(塊)가 생성한다. 이 관계는 다음의 식으로 계산된다.

$$T_2 = T_1(P_2/P_1)^{(\gamma-1)/\gamma}$$

$$V_1/V_2 = (P_2/P_1)^{1/\gamma}$$

이때 압축비 $V_1/V_2 = 36$으로 되므로, 송기밸브와 스톱밸브 사이의 거리를 500mm로 하면 송기밸브와 스톱밸브 사이의 공기는 스톱밸브의 바로 앞의 약 14mm의 길이로 압축되어 그 온도는 수 백도에 도달하게 된다. 스톱밸브에는 불소수지를 gasket으로 사용하였는데, 이 불소수지는 212°C에서 용융하고 320~350°C에서 분해한다. 따라서 송기밸브를 급하게 여는 순간 스톱밸브의 gasket는 분해 휘산하고, 여기에서 산소가스가 분출하는 것이 실험적으로 확인되었다.

3.5.4 정전기(static electrocty)

2종류의 물질이 접촉한 후에 박리 또는 분리시킬 때 정전기가 발생하는 것은 예부터 알려져 왔으며, 일상생활에서도 자주 정전현상을 볼 수 있다(전하의 분포가 시간적으로 변화하지 않거나, 변화하여도 그때의 전류에 의한 Joule열이나 자기작용이 문제가 되지 않을 정도로 변화가 완만한 현상을 정전현상이라고 한다). 이때의 대전발생의 기구에 관하여는 여러 방면에서 추구하고 있으나 정전기의 본질에 대해서 완전히 해명되지 못한 점도 많고 대상물질의 종류, 재질을 비롯하여 물리적 성질과 온도, 분위기, 전계조건 등의 주위 조건 및 접촉, 박리(剝離)의 형식과 시간 등의 역학적 인자에 의해 복잡한 양상을 나타내므로 대전량(帶電量)을 정확하게 아는 것은 쉽지가 않다.

정전기는 마찰전기(摩擦電氣)라고도 부르며, 실제로는 2종류의 물질이 접촉한 다음 이것이 서로 떨어지면 반드시 정전기가 생기는 것이나 그렇다고 반드시 마찰이 필요한 것은 아니다. 다만 밀접한 접촉이 있으면 되는 것이다. 마찰은 접촉을 밀접하게 하는 수단에 불과한 것이다. 강하게 마찰하여도 그 마찰에너지가 직접 정전에너지로 변하는 것은 아니며, 마찰에너지의 대부분은 열로 되어 잃어버리게 되는 것이다.

예를 들면, 유리판에 붙여둔 접착테이프를 떼더라도 대전현상이 생기며, 벨트의 대전현상은 운전 중에 pully와 접촉한 후 떨어지기 때문에 생기는 것으로 반드시 벨트의 미끄러짐 때문이라고는 할 수 없다. 액체는 관 벽을 적시는 성질이 있으며, 이때 가장 밀접한 접촉이 관 벽과 액체와의 사이에 행하여지고 있어서 액체가 흘러내려 관 벽에서 떨어질 때 대전현상이 발생하며 흘러내린 액체와 관 벽이 서로 반대하전을 띠게 되는 것으로 된다.

2종류의 물질이 접촉한 다음 떨어지면 대전현상이 발생하는 이유는 다음과 같이 설명할 수 있다.

일반적으로 물질 내부의 전자 1개를 그 표면으로부터 외부로 떼어내는데 필요한 에너지를 일함수(work function)라 하며, volt단위로 표시한다. 2종류의 다른 물질을 서로 접촉시키면 접촉면에서 2종류의 물질의 일함수의 차이로서 접촉전위차(contact potential)가 생긴다.

예를 들면, 2매의 다른 종류의 금속판 A와 B를 각각 정전전압계의 양극에 연결하고, 2매의 금속판의 표면을 서로 밀착시키면 A표면에서 B표면으로 전자의 이동이 일어나서 그 결과 A는 정, B는 부로 대전하여 접촉면에 전기적 이중층이 형성된다.

이때 나타나는 접촉전위차 V는 금속 A와 B의 일함수를 각각 ϕ_A와 ϕ_B라고 할 때

$$V=\phi_B-\phi_A \tag{3.48}$$

된다. A에서 B로 이동한 전기량을 Q[coulomb], 양금속의 표면간의 전기용량을 C [Faraday]라고 하면

$$A = VC \text{ 또는 } V = QC \tag{3.49}$$

로 된다.

많은 금속에 대하여 일함수 ϕ의 값이 측정되어져 있으나, 금속표면에서의 산화, 흡착, 그밖에 표면상태의 변화에 따라서 다소 다른 값을 나타내는 수도 있다. 일합수의 측정치[단위 volt]를 나타내면, Mg 3.65~3.78, Zn 4.24, Cu 4.46, Hg 4.53, Ag 4.47~4.79, C 4.60, W 4.67, Au 4.90, Ni 4.96, Pd 4.97, Pt 5.42 등이며, 이들 상호 간의 차이로서 나타내어지는 접촉 전위차의 값은 대체로 0.1~1V 정도이다.

접촉되어 있는 2매의 금속판을 전기절연성의 핸들을 사용하여 서로 떨어지게 하면 양극 간의 전기용량 C는 그 거리에 반비례하므로, 위 식에서 Q는 불변이고 C가 감소하므로 V는 증대한다. 이와 같이 하여 용이하게 1,000~10,000V 정도의 정전전압이 생긴다. 이때 정전에너지로 변하는 것은 정·부(正·負)로 대전한 2매의 금속관을 그들 사이의 Coulomb인력에 반항하여 당겨 떨어뜨리는 일에너지(work energy) 밖에 없다.

금속에 대하여는 위에서 설명한 바와 같이 고유의 작용함수의 값을 측정할 수 있으나 각종 고분자물질에는 전기절연성의 것이 많기 때문에 이들 물질의 일함수는 측정할 수 없다. 또한 각종 액체에 대하여도 작용함수는 알려져 있지 않다.

그러나 금속의 경우와 같이 고분자물질과 같은 절연체와 절연성의 액체류에 대하여도 서로 다른 종류의 물질이 접촉하면 접촉면에 접촉전위차가 나타나는 것은 동일하다.

각종의 고분자물질을 서로 마찰시켰을 때 나타나는 대전의 정부(正負)를 조사하여 이들 물질을 한 줄의 대전서열로 만들 수 있다. 그림 3.21은 기다카와 교수가 자기 실험실에서 얻은 대전서열의 측정결과를 나타냈다.

그림 3.22에서 위쪽에 있는 물질은 그보다 아래쪽의 것에 비해 전자를 잃어버리기 쉽고(일함수가 작다), 서로 마찰을 시켰을 때 위쪽의 것이 정, 아래쪽의 것은 부로 대전한다. 그리고 서열이 서로 떨어져있는 것일수록 접촉전위차가 크므로 정전기가 발생하기 쉽다. 예를 들어, 나일론 천(布)으로 염화비닐 막을 마찰시키면 용이하게 정전대전이 일어나고, 나일론은 정, 염화비닐은 부로 대전한다.

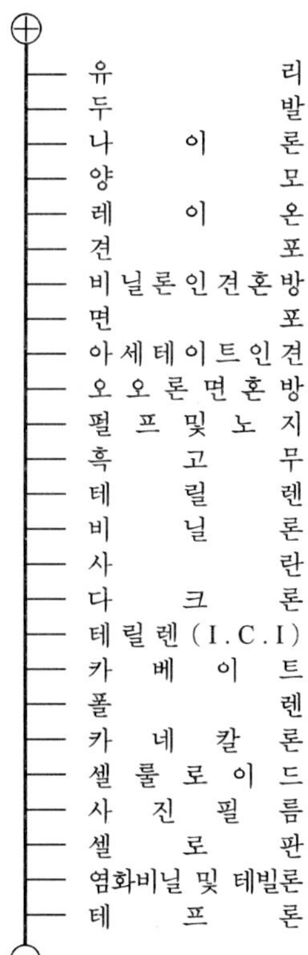

그림 3.22 고분자물질의 대전서열

이와 같이 많은 금속, 고분자물질 및 절연성 액체류를 일렬의 대전서열로 만들 수가 있다. 이것에 의해 2종류의 물질이 접촉했을 때 대전하는 정·부의 구별을 예측할 수 있다.

최근 정전기가 원인이 되어 발생한 화재를 정전기화재라고 부른다. 정전기가 물체에 축적되어 있는 대전상태에서는 어떠한 화재의 위험도 없으나 대전한 정전기가 공기 중에서 방전하여 불꽃을 발생했을 때에 비로소 다른 가연물에 착화의 위험이 생긴다.

대전체가 방전할 때 그 불꽃에너지(are energy) E(Joule)는 다음 식으로 나타내어 진다.

$$E = \frac{1}{2}QV = \frac{1}{2}CV^2 \tag{3.50}$$

대전량 Q가 동일하여도 방전에너지 E의 값은 대전전압 V가 높을수록 크게 된다.

앞에서 설명한 바와 같이 가연성가스의 공기 중에서의 최소발화 에너지는 2×10^{-4}Joule 정도이므로, 예를 들어 용량 200μF의 것이 전압 1500V로 대전하면 방전에너지는 2.3×10^{-4} Joule로 되기 때문에 폭발성 혼합가스에 대한 착화능력을 충분히 갖고 있다는 것을 알 수 있다.

정전기에 관한 상세한 내용을 제4장에서 다시 설명토록 한다.

3.5.5 고온표면(高溫表面)

전열(電熱)이나 고온의 액체(예를 들면 Dowtherm) 혹은 가열공기나 가열증기로서 가열된 고체표면도 작업현장에 존재하는 착화원으로 중요한 것이다. 예를 들면, 표면이 적열(赤熱)되어 있지 않아도 물질의 발화온도에 도달해있는 경우가 있으므로, 이들의 고온물체는 발화 위험성이 존재하는 물질과 관련하여 취급하는 조건을 검토해두지 않으면 생각지도 못한 화재 폭발사고가 된다.

3.5.6 복사열(輻射熱)

대형의 발열체(發熱体)로서의 복사열에 대하여는 그 방사강도가 큰 것은 당연히 단시간에 가연물을 발화시키나, 물질에 따라서는 비교적 약한 복사열의 장시간 방사에서도 발화한다. 예를 들면, 퇴적분(堆積粉)이나 분해성의 물질, 발화성의 물질 등이다(그림 3.23a).

또한 일광 그밖에 광선에 의하여 유리 등이 렌즈(lenz) 효과를 가진 경우에 그의 초점

(焦点)부의 고열(高熱)에 의한 발화(그림 3.23) 등도 착화원의 중요한 위치를 차지하고 있다.

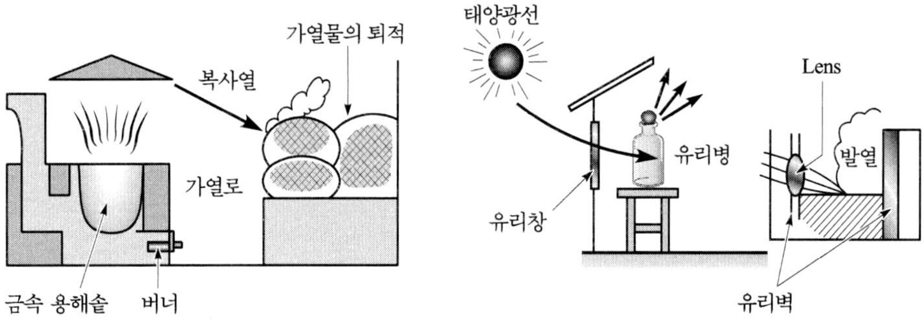

(a) 복사열 (b) 태양광선

그림 3.23 복사열에 의한 착화원

Chapter 04

정전기

4.1 정전기의 발생

정전기의 발생은 주로 2개 물체의 접촉, 분리 등 역학적 운동에 따라 본래 전기적으로 중성 상태인 물체에서 정(正, +) 혹은 부(負, -)의 어느 것이 한쪽의 극성 전하가 다른 쪽보다 과잉으로 되는 현상이며, 이 과잉 전하(過剩電荷)의 것을 정전기라 하고, 발생한 정전기가 물체상에 축적되는 것을 정전기 대전이라 한다.

4.1.1 정전기의 발생기구

정전기의 발생기구의 주된 것은 다음과 같다.

(1) 접촉 분리에 의한 발생

2개의 물체가 접촉하면 그림 4.1에 나타낸 바와 같이 경계면에서 전하의 이동이 일어나(그림 a) 정 또는 부의 전하가 상대측 방향으로 나란히 전기이중층이 형성된다(그림 b). 그 후 물체의 분리에 의해 전기이중층의 전하분리가 일어나(그림 c) 2개의 물체에 각각 극성이 다른 같은 양의 정전기가 발생한다. 정전기는 이 경우에 경계면이 고체와 고체, 고체와 액체, 액체와 액체, 액체와 기체의 어느 경우에서도 발생한다. 고체와 분체의 마찰·박리·충돌 및 액체의 유동에 의한 정전기는 이러한 기구에 의한다.

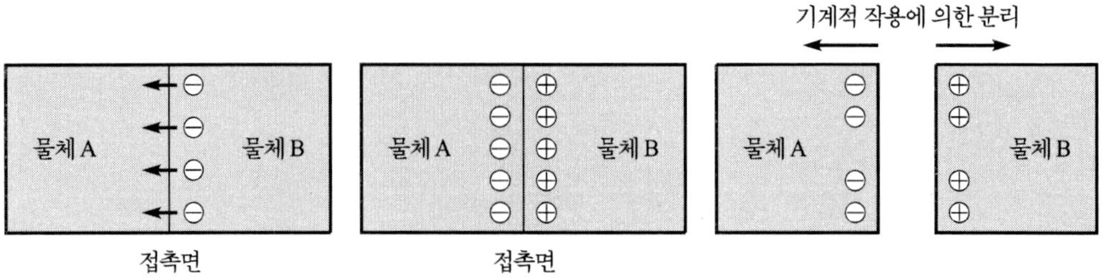

(a) 접촉에 의한 전하의 이동 (b) 전기이중층의 형성 (c) 분리에 의한 정전기의 발생

그림 4.1 접촉 분리에 의한 정전기의 발생

(2) 파괴에 의한 발생

물체가 파괴되면 일반적으로 그림 4.2에 나타낸 바와 같이 파괴 후의 물체에서 정 및 부의 전하의 불균형이 생겨서 정전기가 발생한다. 전하의 불균일 분포는 파괴 시에 마찰 등에 의해서 일어나는 것 외에, 파괴 전에 이미 일어나있는 경우가 있다. 예를 들면, 물과 같은 극성기를 가진 액체는 물과 공기와의 유전율의 차에 의해 표면과 내부에서 다른 전하 분포가 생기고, 이것이 분열하는 것에 의해 물방울에 정전기가 발생한다. 파괴에 의한 정전기 발생에서는 일반적으로 정전하를 갖는 입자와 부전하를 갖는 입자의 양쪽이 발생한다. 고체의 분쇄, 및 액체의 분열에 의한 정전기 발생은 이러한 기구에 의한다.

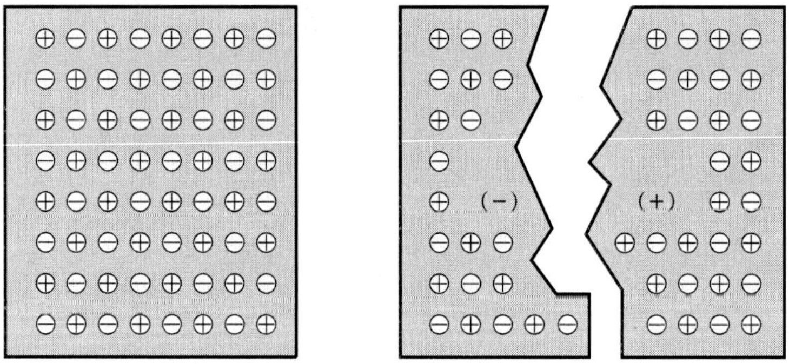

(a) (+) (−) 전하의 균형(파괴전) (b) (+) (−) 전하의 균형(파괴후)

그림 4.2 물체의 파괴에 의한 정전기의 발생

(3) 정전유도에 의한 발생

대전 물체의 근처에 절연된 도체가 있으면 이것이 정전유도(靜電誘導)를 받아 도체상에서 전하의 불균일 분포가 생겨 그 전위가 상승하고 대전한 것과 등가로 된다. 부도체의 대전 물체를 담아둔 금속제 용기의 대전은 이 기구에 의한 대전 예이다.

(4) 그 외의 발생

대전한 입자, 공기 이온 등이 물체에 부착하면 물체에 과잉 전하가 축적되어 정전기가 발생한 것과 등가로 된다. 또, 물체가 고전압 혹은 대전 물체의 근처에 있어서 이들과의 사이에 방전이 발생하면 방전 전류에 의해 물체에 과잉 전하가 축적되어 정전기가 발생한 것과 등가로 된다.

정전기 발생의 실례와 정전기 발생을 불필요하게 높이는 실례를 그림 4.3과 4.4에 각각 나타낸다.

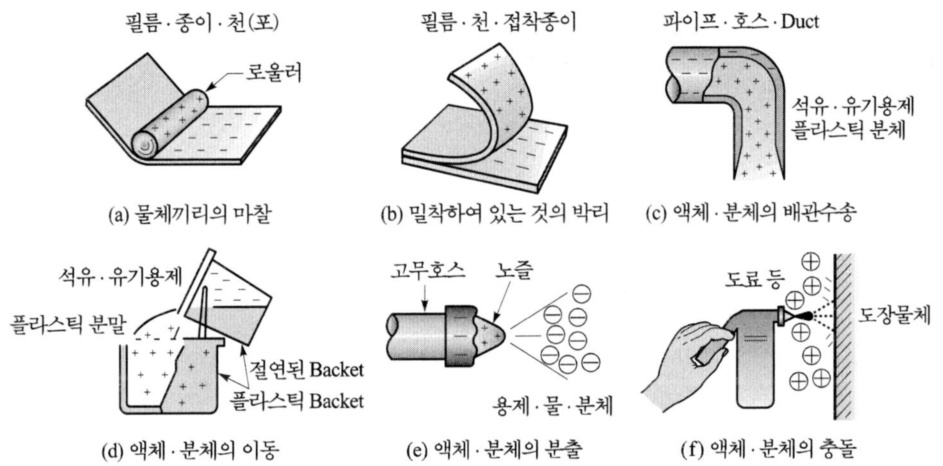

그림 4.3 정전기 발생의 실례(實例)

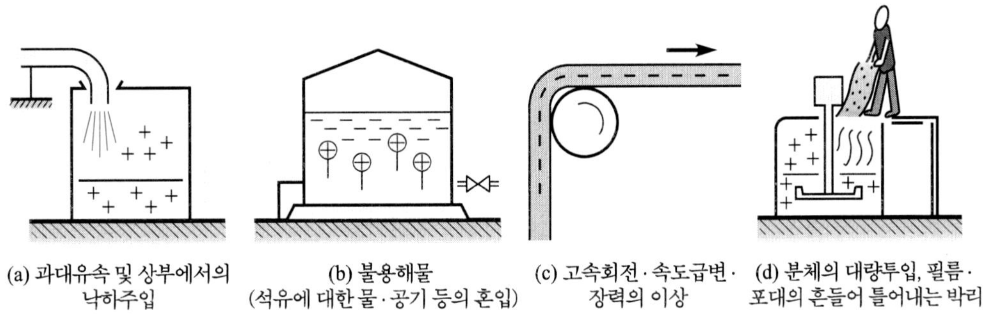

그림 4.4 정전기 발생을 불필요하게 높이는 실례(實例)

4.1.2 정전기의 발생에 영향을 주는 요인

정전기의 발생량 및 발생하는 전하의 극성은 다음 요인에 의해 영향을 받는다.

① 물체의 특성
② 물체의 표면 상태
③ 물체의 이력
④ 접촉 면적 및 그 압력
⑤ 분리 속도
⑥ 이물질·불순물

(1) 물체의 특성

물체의 특성은 정전기의 발생에 다음과 같은 영향을 미친다.

① 정전기의 발생은 접촉, 분리하는 2개의 물체 상호 특성에 의해서 정해지고 한쪽 물체만의 특성으로 정해지지 않는다.

② 정전기의 발생은 일반적으로 접촉, 분리하는 2개의 물체가 표 4.1에 표시한 대전 서열 중에서 가까운 위치에 있으면 작고, 떨어져있으면 큰 영향이 있다.

표 4.1 대전 서열의 예

금속	섬유	천연물질	합성수지
(+)	(+)	(+)	(+)
		Asbestos	
		사람의 털, 모피	
		유리	
		운모	
	양모		
	Nylon		
	Rayon		
납			
	비단		
	목면	면	
	마	목재	
		사람의 피부	
	유리섬유		
아연	Acetate		

금속	섬유	천연물질	합성수지
알루미늄			
		종이	
크롬			
			Ebonite
철			
동			
닉켈			
금		고무	Polystylene
	Vinylon		
쇠붙이			Polypropylene
	Polyester		
	아크릴		
			Polyetylene
	폴리염화 비닐리덴	Celluloid	
		Cellopane	
			염화 비닐
			포리테트라를로르
			에칠렌
(-)	(-)	(-)	(-)

주 ① 대전 서열 중의 2가지의 물질을 마찰 또는 박리했을 때 위쪽의 물질이 (+)로 대전하고, 아래쪽의 물질이 (-)로 대전한다. 그 대전량은 대전서열 중의 위치가 떨어져있을수록 크게 되는 경향이 있다.
② 표 중에 대전 서열은 종류별로 나타내어져 있으나, 종류를 초월하여 2개의 물질 간에 상·하의 위치관계에 의해 비교할 수 있도록 나열하였다.

(2) 물체의 표면상태

물체의 표면상태는 정전기 발생에 다음과 같은 영향을 준다.

① 물체 표면이 거칠면 정전기 발생에 영향을 주고, 일반적으로 표면이 매끄러우면 발생은 작아지는 경향이 있다.

② 물체의 표면이 수분, 기름 등에 의해 오염되어 있거나 산화(부식)하여 있으면 이것이 정전기 발생에 영향을 주고, 일반적으로 표면이 오염되었거나 산화하여 있으면 발생이 크게 되는 경향이 있다.

(3) 물체의 이력(履歷)

물체의 이력은 정전기 발생에 다음과 같은 영향을 준다.

① 정전기 발생은 일반적으로 처음 접촉, 분리가 일어날 때 최고로 크고, 접촉 분리가 반복되어지는 것에 따라 서서히 작게 되는 경향이 있다.
② 일반적으로 정전기 발생은 물체가 이미 대전된 이력이 있으면 작게 되는 경향이 있다.

(4) 접촉면적, 접촉압력

① 접촉면적은 정전기 발생에 큰 영향을 주고, 접촉면적이 클수록 정전기의 발생량도 크게 되는 경향이 있다.
② 접촉압력은 이것이 증가하면 접촉면적도 증가하기 때문에 일반적으로는 접촉압력이 크면 정전기의 발생도 크게 되는 경향이 있다.

(5) 분리속도

분리속도는 분리과정에서의 전하의 완화에 관계하기 때문에 결과적으로는 정전기 발생에 영향을 주고, 일반적으로는 이것이 크면 전하분리에 주어지는 에너지가 크게 되어서 발생이 크게 되는 경향이 있다.

(6) 이물질-불순물

물체에 이물질이나 불순물이 섞여있으면 정전기 발생이 크게 되는 경향이 있다. 단, 이물질, 불순물의 혼입에 의해 물체의 유전율이 높게 되는 경우는 정전기가 누설되기 쉽기 때문에 일반적으로 대전량은 감소한다.

4.2 정전기의 완화와 방전

정전기의 완화는 물체상에 발생한 정전기가 잃어버려지는 현상, 즉 정전하와 부전하의 균형이 회복하는 현상으로 주로 방전 혹은 도전(導電, 전기전도)에 의해 완화가 일어난다.

4.2.1 방전에 의한 완화

방전에 의한 완화는 주로 물체의 분리 시에 발생하는 기중방전(氣中放電) 혹은 대전물체의 전위가 높게 된 경우에 발생하는 기중방전에 의해서 일어난다. 대전물체의 최대 대전량은 이 방전에 의해 제한되어지고, 일반적으로 표면전하 밀도의 최댓값 약 3×10^{-5}C/m^2로 된다. 부도체의 대전방지를 위해서 사용되는 도전성 섬유는 낮은 전위에서도 방전이 발생해서 완화가 일어나기 쉬운 성질을 이용하고 있다.

4.2.2 도전에 의한 완화

도전에 의한 완화는 주로 대전물체와 대지(大地) 간의 전기전도에 의해 이루어진다. 대전물체가 도체이면 대전전하량 Q[C]는 시간 t[s]와 함께 변화한다.

$$Q = Q_0 \exp(-t/R_tC)$$

여기서 $R_t[\Omega]$는 도체와 대지 간의 전기저항(누설저항), C[F]는 도체의 대지에 대한 정전용량, Q_0는 대전전하량의 초기 값이다. R_t와 C와의 곱은 완화시간이라 부르고, 이 값이 클수록 완화가 늦어져 대전하기 쉽다. 반대로 접지된 금속물체는 누설저항이 극히 적어서 완화가 빠르기 때문에 정전기가 발생해도 축적하지 않고 대전하지 않는다. 또 완화시간은 물체의 체적저항율과 유전율과의 곱으로 표현된다. 따라서 부도체의 대전 방지를 위해서는 체적저항율(혹은 표면저항율)을 적게 하는 것이 일반적이다.

4.2.3 정전기 대전

정전기 대전은 정전기 완화가 늦어 정진기가 물체에 축적하는 현상으로, 이것에 의해 4.3에서 나타내는 각종 정전기 현상이 나타난다.

4.2.4 대전물체

정전기가 대전하는 물체는 접지되어있지 않는 물체, 접지가 불완전하여 누설저항이 큰 도체 및 저항율이 큰 부도체이다. 예를 들면, 공기 중에 부유한 상태의 물방울(水滴), 금속분(金屬粉) 등은 도제이나 공기에 의하여 절연되기 때문에 대전물체로 된다.

4.3 정전기 대전현상

4.3.1 마찰대전

(1) 마찰대전은 물체가 마찰을 일으킬 때 마찰에 의해서 접촉의 위치가 이동하고 전하분리가 일어나서 정전기가 발생하는 현상을 말한다.

(2) 마찰대전은 접촉, 분리하는 과정에서 정전기가 발생하는 대표적인 예이다. 고체, 액체류 또는 분체류에 정전기가 발생하는 것은 주로 이것에 기인하고 있다. 예를 들면, 벨트와 로울러, 분체와 슈트(shoot)의 경우이다.

4.3.2 박리대전

(1) 박리대전은 상호 밀착해있는 물체가 벗겨질 때 전하분리가 일어나서 정전기가 발생하는 현상을 말한다.

(2) 박리대전은 접착면의 밀착력, 벗김 속도 등에 의해서 정전기의 발생량이 변화하고 일반적으로는 마찰대전보다도 큰 정전기가 발생한다.

(3) 예를 들면, 종이, 필름, 시트 등의 얇은 물질은 밀착하기 쉽기 때문에 박리대전을 일으키기 쉽다. 특히 점착제(粘着劑)가 붙은 종이, 필름 등의 박리 및 플라스틱 성형후의 분리 시에는 박리대전에 의해 아주 큰 대전이 발생한다.

4.3.3 유동대전

(1) 유동대전은 액체류를 파이프 등으로 수송할 때 이것에 정전기가 발생하는 현상을 말한다.

(2) 유동대전은 그림 4.5에 나타내는 것과 같이 액체류가 파이프 등 고체와 접촉하면 액체류와 고체와의 경계에 전기 2중층(二重層)이 형성되고, 이 전기 2중층을 형성하는 전하의 일부가 액체류의 유동과 같이 흐르기 때문에 정전기가 발생하는 현상으로 액체류의 유동속도가 정전기 발생에 크게 영향을 준다.

(3) 배관 중심 축방향에 확산한 이온의 일부는 액체의 유동에 따라서 액체와 함께 운반되며, 그 결과로 액체와 배관의 쌍방에 정전기가 발생한다. 일반적으로 탄화수소계 액체에서는 도전율이 아주 낮아 유동대전의 문제가 발생하기 쉽다.

(4) 액체를 여과기에서 여과할 때의 대전도 유동대전의 일종으로서, 특히 투과 공경(孔徑)의 작은 microfilter의 경우는 액체가 여재와 접촉 분리하는 면적 및 속도가 모두 크기 때문에 대전량이 아주 크게 된다.

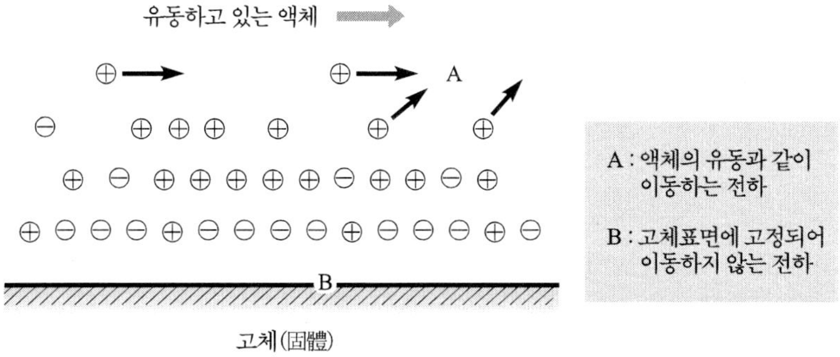

그림 4.5 액체류 유동에 의한 정전기의 발생

4.3.4 분출대전

(1) 분출대전은 분체류, 액체류, 기체류가 단면적인 작은 개구부(노즐, 균열 등)에서 분출할 때 이것과의 사이에 마찰이 일어나서 정전기가 발생하는 현상을 말한다.
(2) 분출대전에서는 분출물과 개구부와의 마찰 및 유동에 의해 또는 분출하는 입자 상호 간의 충돌에 의해 또는 분출물체의 분열에 의한 mist의 생성에 의해 정전기가 발생한다.
(3) mist의 생성에 의한 대전은 파괴에 의한 정전기발생 현상의 일종으로 대전한 mist는 공기 중에 널리 분포하여, 소위 전하운(電荷雲)을 형성하는 경우가 많다. 공기 중에 부유한 입자는 공기에 절연되기 때문에 물, 유극성용제 등 도전성이 큰 물질에 있어서도 분출대전이 문제로 된다.

4.3.5 충돌대전

충돌대전은 분체류에 의한 입자끼리 또는 입자와 고체(예 : 용기벽)와의 충돌에 의해서 재빠르게 접촉, 분리가 일어나기 때문에 정전기가 발생하는 현상을 말한다.

4.3.6 유도대전

(1) 유도대전은 대전물체의 부근에 전열된 도체가 있을 때 이것이 정전유도(靜電誘導)를 받아 전하의 분포가 불균일하게 되어 대전한 것과 등가(等價)로 되는 현상이다.
(2) 유도대전에서는 정전유도를 받는 도체의 형상 및 대전물체에서의 거리에 따라 큰 유도 전위가 발생한다.
(3) 대전물체를 담은 금속제 용기의 대전 및 대전한 석유류의 액면에 접근하는 금속제 시료채취 용기의 대전은 유도대전의 예이며, 이와 같은 유도대전의 가능성이 있는 도체도 접지를 빠뜨리지 않고 실시할 필요가 있다.

4.3.7 비말대전

(1) 비말대전은 공간에 분출한 액체류가 미세하게 비산되어 분리하고, 크고 작은 방울로 될 때 새로운 표면을 형성하기 때문에 정전기가 발생하는 현상을 말한다.
(2) 비말대전은 적하대전과 같이 파괴에 의한 대전의 일종이며, 액체의 분열에 의해 정전기가 발생한다.
(3) 액적으로 되면 공기에 의해 절연되기 때문에 물, 알코올류 등 비교적 도전율이 높은 물질에 있어서도 비말대전이 일어난다. 따라서 비말대전이 발생하기 쉬운 물, 수증기의 고압분출, 가연성액체의 Splash loading 등은 가연성가스나 증기 등이 발생할 우려가 있는 장소에서는 제한할 필요가 있다.

4.3.8 적하대전

(1) 적하대전은 기벽 등의 고체표면에 부착해 있는 액체류가 성장하고 이것이 자중으로 액적, 물방울로 되어 떨어질 때 전하분리가 일어나서 정전기가 발생하는 현상을 말한다.
(2) 적하대전에서는 액체와 공기와의 유전율의 차이에 의해 불균일한 전하분포를 일으키고 있는 액체가 액적형성 시에 파괴되는 것에 의해 정전기가 발생한다.

4.3.9 기타의 대전

기타 대전에는 다음과 같은 것이 있다.

(1) 액체 중에 이것과 비중이 다른 액상물, 고체, 기포 등이 분산 혼입해있다면, 이것이 침전 또는 부상할 때 액체류와의 경계면에서 전기이중층(電氣二中層)이 생성되고 정전기가 발생한다. 이것을 침강(沈降) 또는 부상대전(浮上帶電)이라 말한다.

(2) 극성을 가진 물 등의 액체류가 동결하고 이것이 파손하면 그림 4.6과 같이 정과 부의 전하가 균형을 잃어 정전기가 발생한다. 이것을 동결대전(凍結帶電)이라 말한다.

(a) 동결에 의한 전하 이동

(b) 동결 완료에 의한 전하 분리

(c) 얼음의 파손에 의한 정·부 전하의 분리

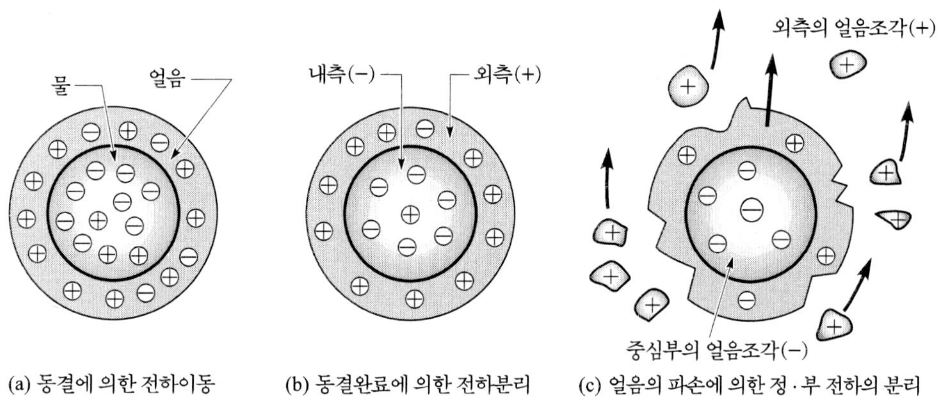

그림 4.6 물 등의 동결에 의한 정전기의 발생

(3) 물체의 근처에 전자 또는 전리된 이온이 존재해있거나 다른 대전물체가 존재하면 다음과 같은 현상이 일어나서 물체에 정전기가 발생한다.

① 물체에 전자 또는 이온이 부착하기 때문에 물체의 전하만 과잉으로 된다.

② 물체 간 대전물체에 의해서 정전유도를 받기 때문에 물체의 표면에는 전하분리가 일어나고 물체의 표면에 미관상 정 혹은 부의 전하가 과잉으로 된다.

4.4 정전기 방전현상

정전기의 방전은 정전기의 전기적 작용에 의해 일어나는 전리작용(電離作用)으로, 일반적으로 대전물체에 의해 정전계(靜電界)가 공기의 전열파괴 전계강도(약 30KV/cm)에 달한 경우에 일어나는 기체의 전리 현상이다. 정전기 방전이 일어나면 대전물체에 축적되어있는 정전기 에너지가 방전에너지로서 방전공간에 방출되어 열, 파괴음, 발광, 전자파 등으로 되어 소비된다. 이 방전에너지가 크면 가연성물질의 착화 등을 일으켜 정전기 장해, 재해의 원인으로 된다. 대전물체로부터 발생하는 재해·장해의 원인이 되기 쉬운 정전기 방전은 주로 대기 중에 발생하는 기중방전(氣中放電)과 대전물체의 표면을 따라 발생하는 연면방전의 두 종류로 대별한다.

대전물체로부터 발생하는 기중방전은 주로 다음 4종류의 방전 형태로 대별한다.

(1) Corona 방전

(2) Streamer 방전

(3) 불꽃 방전

(4) 연면방전(沿面放電)

4.4.1 Corona 방전

(1) Corona 방전은 일반적으로 대기 중에서 발생하기 쉬운 방전으로 다음과 같은 방전을 말한다.

(가) 방전물체에 돌기 부분 혹은 날카로운 부분이 있는 경우, 이 끝 부근에서 미약한 발광이 일어나는 방전

(나) 대전물체 부근에 침과 같은 돌기상태 혹은 날카로운 접지체가 있을 때, 그 선단 부근에서 미약한 발광이 보이는 방전

(2) Corona 방전은 그림 4.7과 같은 일반적으로 "쉿"하는 소리와 함께 미약한 발광이 일어나는 부분 혹은 날카로운 부분의 선단 부근에 표시되는 시간적으로는 순간적으로 지속되는 방전이다.

(3) Corona 방전은 일반적으로 방전에너지 밀도가 적은 방전으로 재해 원인이 되는 확률이 비교적 적다.

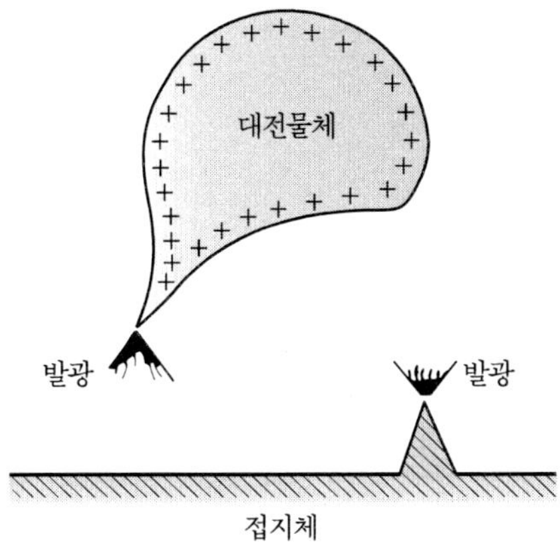

그림 4.7 Corona 방전

(4) 섬유상의 도체에서 발생하는 Corona 방전은 가연성물질의 착화원으로 되는 확률이 작기 때문에 자기방전식 제전기(自己放電式除電器), 도전성 섬유를 넣은 대전방지용품 등에서는 이 방전을 대전방지를 위해 이용하고 있다.

4.4.2 Streamer 방전(Brush 방전)

(1) Streamer 방전은 일반적으로 비교적 강한 파괴음과 발광을 동반하는 다음과 같은 방전을 말한다.

(가) 대전량이 큰 대전물체(일반적으로 부도체)와 이로부터 수cm 이상 떨어진 비교적 평활한 형상을 가진 접지도체와의 사이에서 그림 4.8과 같은 방전이 발생

(나) 약한 Corona 방전에서 전리가 공기 중에서 더욱 진전했을 때 발생하는 경우도 있다.

(2) 종이, 플라스틱, 액체·분체 등에서 발생하는 Streamer 방전은 가연성가스·증기와 공기와의 혼합기체의 착화원으로 될 확률이 비교적 높다.

(3) Streamer 방전은 Corona 방전에 비교하면 방전에너지 밀도가 높기 때문에 착화원으로 될 확률이 높다.

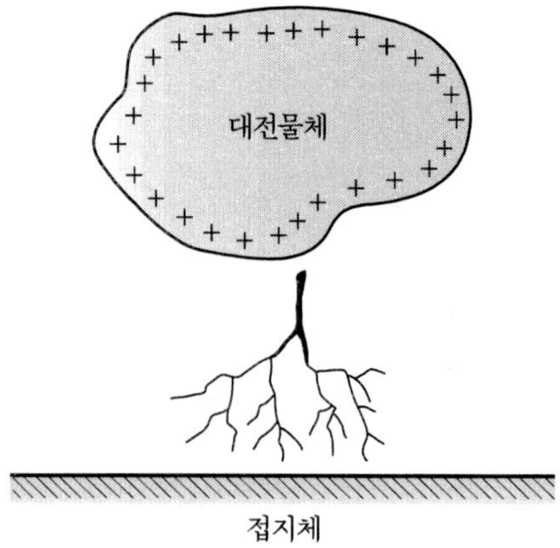

그림 4.8 Streamer 방전

4.4.3 불꽃 방전

(1) 불꽃 방전은 대전물체와 접지도체의 형태가 비교적 평활하고 간격이 적은 경우에 그것의 공간에서 돌연 발생하는 강한 발광, 파괴음을 가진 방전으로 그림 4.9에 표시되어있는 것과 같다.

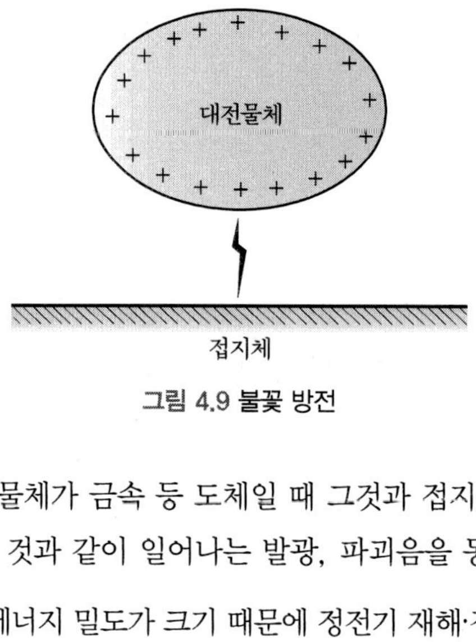

그림 4.9 불꽃 방전

(2) 불꽃 방전은 대전물체가 금속 등 도체일 때 그것과 접지체와의 사이에서 발생하기 쉬운 실을 당기는 것과 같이 일어나는 발광, 파괴음을 동반한 방전이다.

(3) 불꽃 방전은 방전에너지 밀도가 크기 때문에 정전기 재해·장해의 원인으로 되기 쉽다.

(4) 접지불량 등의 원인으로 절연상태로 된 대전한 금속물체, 인체 등 도체에서 발생하는 불꽃 방전은 가연성 가스나 증기뿐 아니라 가연성분체의 착화원으로 될 확률도 높다.

4.4.4 연면방전

(1) 연면방전은 정전기가 대전되어있는 부도체에 접지체가 접근할 때 대전물체와 접지체와의 사이에서 발생하는 방전과 동시에 부도체의 표면을 따라 발생하는 방전이다.

(2) 연면방전은 그림 4.10의 (a)에서 나타내는 바와 같이 대전물체의 표면에 접지도체가 접근했을 때 일어나는 기중방전(氣中放電)이 계기가 되어 이와 거의 동시에 발생하는 경우가 많고, 연면방전이 일어나면 그림 4.10(b)와 같은 나뭇가지상의 starch-mark라고 하는 방전 흔적을 남긴다.

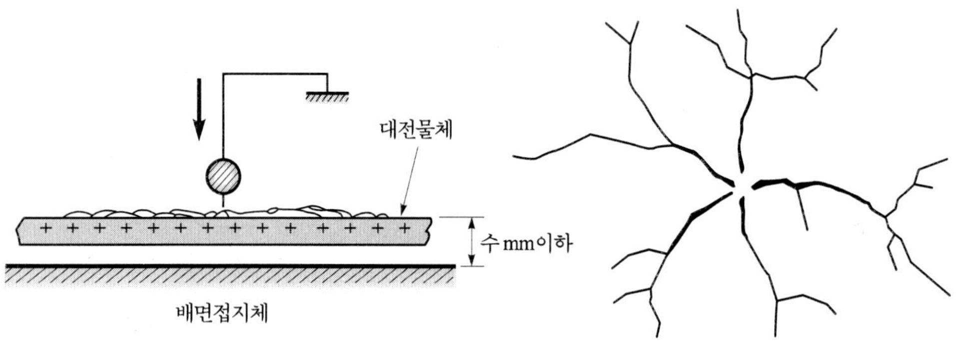

(a) 접지도체의 접근에 의한 연면방전의 발생

(b) Starch-Mark

그림 4.10 연면방전

(3) 연면방전은 부도체의 표면을 따라서 발생하는 방전으로 다음과 같은 조건일 때 발생하기 쉽다.

(가) 부도체의 대전량이 대단히 클 때

(나) 대전된 부도체의 표면 가까이에 접지체가 있을 때

(4) 연면방전은 방전에너지가 큰 방전으로 불꽃 방전과 같은 착화원으로 될 확률이 높다.

(5) 연면방전은 금속에 라이닝 된 부도체의 대전 또는 박리대전에 의하여도 발생한다.

4.5 정전기대전의 물리현상

4.5.1 역학현상

정전기의 역학현상은 정전기의 전기적 작용인 Coulomb력에 의해 그림 4.11에 나타낸 바와 같이 대전물체의 근처에 있는 가벼운 물체가 대전물체에 흡인되거나 반발하는 운동 현상 또는 가벼운 대전물체가 중력, 풍력 등의 작용과는 다른 운동을 하는 현상이다. 정전기의 역학현상은 일반적으로 대전물체의 표면전하에 의해 작용하기 때문에 무게에 비해서 표면적이 큰 종이, 필름, 시트, 헝겊, 섬유, 분체, 미세입자 등이 역학현상을 받기 쉬워서 각종 생산 장애의 원인이 된다.

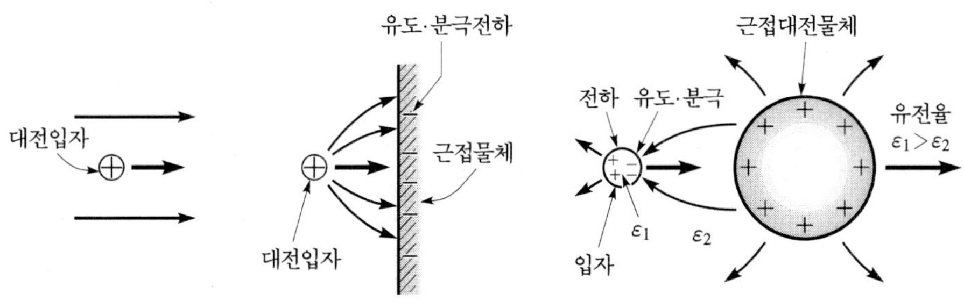

그림 4.11 정전기에 의한 역학현상

4.5.2 정전유도현상

정전유도현상은 대전물체의 근처에 절연된 도체가 있는 경우 그림 4.12에 나타낸 바와 같이 정전계에 의해 대전물체에 가까운 도체 표면상에 대전물체의 전하와 반대극성의 과잉전하가 나타나 이것과 극성이 다른 같은 양의 과잉 전하가 대전물체로부터 먼 표면상에 나타나는 현상이다. 물체(절연된 도체) 전체로는 정(+)전하량과 부(-)전하량은 같지만 전하의 불균일 분포에 기인하여 물체의 전위가 상승해서 대전한 것과 등가로 된다. 정전유도의 크기는 전체의 크기에 비례하기 때문에 정전유도에 의한 전위상승, 즉 유도전위의 크기는 정전유도를 받는 도체의 형상 및 대전물체로부터의 거리에 관계하고, 거리가 가까울수록 대전물체의 전위가 높게 된다. 정전유도현상은 유도대전을 일으켜서 정전기 재해, 장해의 원인이 되지만, 한편 대전전위의 추정, Faraday-gauge를 이용한 전하의 측정 등의 측정원리로서 이용되기도 한다.

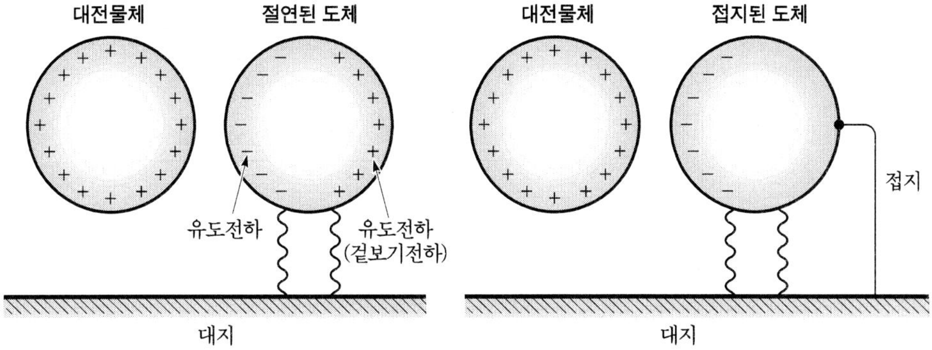

(a) 정전유도에 의한 걸보기대전　(b) 접지에 의한 유도대전의 방지

그림 4.12 정전유도현상

4.6 정전기의 안전대책

4.6.1 정전기에 의한 폭발 · 화재의 방지

(1) 폭발 · 화재의 방지대책

정전기는 제어(制御)하는 것이 곤란하여, 예기치 못한 사고나 재해를 초래하는 경우가 있으므로, 정전기 재해, 장해(폭발, 화재, 전격, 생산 장애 등)를 방지하기 위해 다중화(多重化)한 안전장치가 필요하다. 특히 화재·폭발을 방지하기 위해 좁은 의미의 정전기 대책에 한정하지 않고, 다음과 같은 일반적인 안전대책을 광범위하게 검토하지 않으면 안 된다.

(가) 착화원의 제거, 격리

(나) 공기·산소 등 지연성가스의 제거

(다) 가연성물질을 밀폐계 내에서 조작, 취급

(라) 분위기를 폭발범위에 들어가지 않도록 환기시스템 설치

(마) 가연성물질의 불활성가스에 의한 치환·sealing

(바) 가연성물질의 공급정지·차단

(사) 가연성물질의 강제냉각, 강제배출

(아) 위 사항들을 포함한 그 밖의 안전대책

(2) 폭발 · 화재요인의 파악

정전기에 의한 화재·폭발을 방지하기 위해서는 다음에 열거하는 사항을 파악하지 않으면 안 된다.

(가) 취급물질에 관한 사항

취급 물질에 관하여는 다음의 사항을 파악한다.

① 순수물질 및 혼합물의 비점, 인화점 등

② 취급조건과 폭발한계의 관계

③ 도전율(導電率)

④ 대전량(帶電量)

⑤ 착화에너지

⑥ 온도와 증기압의 관계

⑦ 불활성화(不活性化)의 방법

⑧ 친수성, 소수성(疏水性), 금수성 등의 유·무

⑨ 기타, 취급물질에 관한 필요사항

(나) process에 관한 사항

process에 관하여는 다음의 사항을 파악한다.

① 조작·취급조건 등(온도, 압력, 취급량 등)의 변화와 그의 범위

② process의 진전에 따른 대전량의 변화

③ 긴급차단, 비상정지의 파급효과

④ 이상 시에 있어서의 위험요인

⑤ 작업자의 개재(介在)와 오조작 발생의 유·무

⑥ 기타, process에 관한 필요사항

(다) 설비에 관한 사항

설비에 관하여는 다음의 사항을 파악한다.

① 설비의 입지(立地), 배치, 위치에 관한 위험요인

② 위험도가 높은 설비가 다른 설비에 미치는 영향

③ 설비의 고장 시에 발생하는 위험요인

④ 설비의 점검 시에 발생하는 위험요인

⑤ 설비조작을 위한 통로, 공간에 존재하는 위험요인

⑥ 기타, 설비의 입지·배치에 관한 필요사항

(3) 안전상의 고려사항 및 피해의 국한화(局限化)

정전기에 의한 폭발·화재를 방지하기 위해 시설, 설비, process 등에 있어서 필요로 하는 안전상의 고려사항 및 피해의 국한화에 관한 사항을 다음에 나타낸다.

(가) 시설에 대한 안전상의 고려사항

시설에 관하여는 다음의 사항에 대하여 고려한다.

① 시설에는 위험성에 대응하는 강도를 갖도록 한다.

② 누설하기 쉬운 가연성가스를 취급하는 시설에 있어서, 가스·증기에는 환기구, 환기시설을, 액체에 대하여는 집액구(集液溝), pit를 설치한다.

③ 2층 이상의 건물에는 피난계단을 설치한다.

④ 계단, 작업대 등에는 보호난간 등을 설치한다.

⑤ 계기실 등은 가능한 한 안전한 장소에 설치한다.

⑥ 가연성물질을 취급하는 시설에는 가스경보검지기, 화재경보검지기 등을 설치함과 동시에 소화설비를 설치한다.

⑦ 가연성분체를 취급하는 건물의 바닥면·벽면·천정부분은 분진이 퇴적하지 않는 구조로 한다.

(나) 설비에 대한 안전상의 고려사항

설비에 관하여는 다음의 사항에 대하여 고려한다.

① 설비에는 내화성이 우수한 재료를 사용한다.

② 설비재료가 부도체인 경우는 대전이 적은 재료를 선정한다.

③ 설비의 재료 등은 내식성(耐蝕性), 내후성(耐候性)을 고려한다.

④ 설비류에는 다음과 같은 접지(接地)를 실시한다.

㉮ 설비류의 대전방지를 위한 접지

㉯ 전기설비의 접지

㉰ 계장(計裝)설비의 접지

㉱ 피뇌(避雷)설비의 접지

⑤ 배관 등에는 적절한 방법으로 bonding을 실시한다.

⑥ 가연성액체의 배관밸브는 필요에 따라서 역지변(逆止弁)을 사용한다.

⑦ 위험성에 따라서 예비동력원을 설치한다.

(다) process에 대한 안전상의 고려사항

process에 관하여는 다음 사항에 대하여 고려한다.

① 취급조작은 안전작업기준에 따라서 실시한다.

② 조작취급에 사용하는 도구류는 도전성의 것을 사용하고 접지한다.

③ 위험성이 높은 process에는 안전을 위한 interlock장치 등을 설치한다.

④ 조작기구, 밸브, 스위치류 등의 오조작을 방지한다. 비정상조작, 신규의 취급 조작 등에 대하여는 새로 발생할 위험성을 파악한다.

⑤ 가연성가스 증기가 누설할 우려가 있는 경우는 불활성가스로서 희석한다.

⑥ process의 중요 부분을 계장화(計裝化)하고, 안전에 필요한 data의 입수 및 이상(異常)의 신속한 검출을 기한다.

⑦ 이상사태(異常事態)에 대응하여 신속하게 조치할 수 있도록 배려한다.

(라) 피해의 국한화에 대하여는 다음의 사항을 배려한다.

① 위험성이 높은 설비는 옥외에 설치함을 원칙으로 한다. 어쩔 수 없이 옥내에 설치하지 않으면 안 되는 경우는 건물의 최상부 또는 외벽에 가까운 위치에 설치한다.

② 위험성이 높은 설비의 주변에는 이상검출장치를 배치하고, 설비의 긴급정시 또는 격리·차단이 가능하도록 조치한다.

③ process의 규모, 내용에 따른 소화설비를 배치한다.

④ 긴급연락통보설비를 될 수 있는 한 많이 설치한다.

⑤ 가연성물질을 취급하는 건물에는 폭발방산설비(爆發放散設備)를 설치한다.

⑥ 인화성이 높은 가스, 증기를 취급하는 설비는 기밀(機密)구조로 함과 동시에, 이 설비에 인화방지장치를 설치한다.

⑦ 가연성물질을 취급하는 설비에는 화염 전파방지장치를 설치한다.

⑧ 설비를 구획화(區劃化)한다.

(4) 취급물질의 안전화

정전기에 의한 화재·폭발을 방지하기 위하여 취급하는 물질은 다음과 같은 안전화를 도모한다.

(가) 연소조건의 억제

물질의 연소조건을 억제하기 위하여 다음의 사항들을 배려한다.

① 가연성물질은 인화점이 높은 것, 폭발한계가 좁은 것, 착화에너지가 큰 것 등을 선정하도록 노력한다.

② 가연성 물질은 일반적으로 온도, 압력을 될 수 있는 한 낮게 하여 취급한다.

③ 가연성물질은 폭발범위에 들지 않도록 조작하든지 또는 불활성가스로서 희석한다.

④ 가연성물질은 대전을 억제함과 동시에 대전이 큰 물질과의 공존(共存)을 피하도록 한다.

⑤ 가연성물질은 연소를 조장 확대하는 재료, 불순물 등과 같이 존재하지 않도록 한다.

(나) 액체의 안전화

액체의 안전화를 위하여 다음의 사항들을 고려한다.

① 가연성액체는 밀폐화하든지 또는 인화점 이하의 온도에서 취급하도록 노력한다.

② 가연성액체를 개방상태에서 취급하는 경우는 환기한다.

③ 가연성액체는 공기와의 접촉이 작은 방법으로 하여 취급한다.

④ 폭발 한계 내에 있는 액체를 취급하는 경우는 불활성가스로서 희석하도록 노력한다.

⑤ 폭발한계에 달하여 있는 액체증기를 배출하는 경우는 질소, 공기 등을 사용한다.

⑥ 휘발성이 높은 가연성 액체증기가 존재하는 탱크 등에 휘발성이 낮은 액체를 충전하는 경우는 대전을 억제한다.

⑦ 폭발한계 산소농도가 아주 작은 액체는 소화가 곤란하므로 누설되어서는 안 된다.

⑧ 가연성액체를 혼합하면 그의 성상이 변화하여 일반적으로 위험성이 높게 되는 것에 주의하여야 한다.

⑨ 가연성액체는 대전이 억제되는 방법을 강구하여 취급한다.

⑩ 도전율이 낮은 가연성액체는 도전율이 높은 액체를 혼입하여 도전율을 높이도록 노력한다.

⑪ 가연성 액체는 그 도전율에 관계없이 누설, 분출 등을 조기에 검출되도록 한다.

(다) 분체의 안전화

분체의 안전화를 위하여 다음의 사항들을 고려한다.

① 가연성분체의 안전화는 기본적으로 액체의 안전화에서 예시한 가연성액체의 안전화와 마찬가지이다.

② 폭발범위에 도달한 분체의 취급에 있어서는 불활성가스로서 희석하도록 노력한다.

③ 가연성분체는 입경(粒徑)이 작을수록 위험성이 높게 되기 때문에 가능한 큰 입경으로 취급한다.

④ 가연성분체는 그 가스화온도 이하의 온도에서 취급하도록 노력한다.

⑤ 가연성분체의 취급량, 규모는 가능한 한 작게 한다.

⑥ 취급량, 규모가 큰 경우는 대전에 고려한다.

⑦ 분진운(粉塵雲)의 규모가 커지면 착화 위험성이 높게 되기 때문에 큰 기상 공간(氣象空間)에서의 취급조작을 가능한 한 피한다.

⑧ 가연성가스·증기·액체를 함유·혼재하는 분체는 가스, 증기와 같은 정도의 착화 위험성이 높기 때문에 가스, 증기 등을 가능한 한 제거해서 취급한다.

⑨ 물 또는 공기 중의 수분에 접촉해서 가연성가스를 발생하는 분체는 물 등과의 접촉을 피한다.

(라) 기체의 안전화

기체의 안전화를 위한 고려사항은 액체의 안전화에서 예시한 가연성 액체증기의 안전화와 같게 한다.

(마) 고체의 안전화

일반의 고체에 대하여는 정전기에 의한 폭발·화재의 방지대책을 특별히 필요로 하지 않다. 단, 가연성가스 증기를 발생·함유하는 것은 (4)에 예시한 것과 같이 고려가 필요하다.

4.6.2 정전기 대책

(1) 정전기 대책의 개요

정전기에 의한 폭발·화재를 방지하기 위한 기본적인 정전기 대책의 개요는 다음에 설명하는 바와 같다.

이것들의 정전기 대책은 현장의 상황에 따라 적절하게 조합하여 실시하고, 안전확보에 노력하는 것이 바람직하다.

(가) 정전기의 발생방지 대책

정전기 발생의 방지 및 억제는 재료의 특성·성능 및 공정상의 제약들 때문에 현실에는 곤란한 경우가 많지만, 다음의 사항을 고려하여 설비의 설계와 물질의 취급에 연구를 계속하여야 한다.

① 접촉면적, 접촉압력을 작게 한다.

② 접촉회수를 줄인다.

③ 접촉분리속도를 작게 함과 동시에 속도는 서서히 변화시킨다.

④ 접촉상태에 있는 것을 갑작스럽게 떼어내지 않는다.

⑤ 표면의 상태를 청결하고 원활하게 유지시킨다.

⑥ 불순물 등 이물의 혼입을 피한다.

⑦ 정전기 발생이 작은 재료의 것을 선정한다.

(나) 도체의 대전방지 대책

도체는 다음과 같이 접지에 의해 대전을 방지한다.

① 누설저항이 1,000Ω을 초과하는 제조설비, 장치 등을 접지한다.

② 부도체의 대전물체에 장착되어 있든가 또는 그 근처에 있어서 정전유도 등에 의해 대전할 것이라고 생각되는 금속물체 등을 접지한다.

③ 고전압의 근처에 있는 설비·장치 등을 접지한다.

④ 이동물체 또는 운반 가능한 물체에 도전성재료를 이용하여 그 누설저항을 $10^8\Omega$ 이하로 저하시킨다.

(다) 부도체의 대전방지 대책

일반적으로 부도체에 대해서는 접지와 같은 정전기를 대지(大地)에 누설시키는 직접적인 대책을 실시하지 않고, 간접적인 대책으로 행한다. 이 대전방지 대책에 대해서는 효과의 확인이 중요하고, 사전 검토와 사후 확인이 필요하다. 부도체는 다음과 같은 방법으로 대전을 방지한다.

① 설비·장치 등을 도전성 재료의 것으로 사용하든가 또는 대전방지처리, 가공 등을 행한 대전방지 용품으로 바꾼다.

② 유체, 분체 등에 대전방지제를 첨가하고 또는 표면에 도포하고, 물질전체 또는 표면의 대전성을 저하시킨다. 단, 대전방지제의 사용에 대해서는 유해성, 혼합 위험성 등에 대한 검토와 확인을 행하고, 아울러 대전방지 효과의 지속성을 확인한다.

③ 금속분말, 카본분말, 도전성 섬유 등 도전성물질을 혼합 또는 혼방한다.

④ 가습(加濕), 가수(加水), 취급물질의 수중조작(水中操作) 등에 의해 대전방지를 꾀한다. 단, 이것들의 대책의 실시가능성 및 유효성은 취급하는 부도체물질의 물성·제조·가공방법 등에 의존하기 때문에 사전검사와 사후확인을 행한다.

⑤ 취급물질의 유속 등을 저하시키고 정전기 발생량을 저하시키기도 하고, 정치 시간

(靜置時間)을 길게 잡고 전하를 완화시키는 등 조작조건을 완화하게 하는 것에 의해서 대전방지를 도모한다.

⑥ 제전기(除電器)를 사용하여 대전전하를 제거한다. 단, 작업장의 분위기 중에 있어서의 가연성 가스·증기·분진의 혼합농도가 폭발한계농도의 1/4~1/3 이상으로 될 우려가 있는 장소에서 제전기를 사용하는 경우는 작업장의 실태에 맞게 방폭구조의 제전기를 사용하는 등 안전이 확보될 수 있도록 연구한다.

(라) 작업자의 대전방지 대책

인체는 정전기적 관점에서는 도체로 볼 수 있으므로 접지하면 대전을 방지할 수 있다. 그러나 일반적으로 작업자는 일정의 장소에서 멈추지 않고 보행, 작업동작 등에 의해 계속적으로 대전하기도 하고 정전유도에 의해서 또는 대전한 입자의 부착 등에 의해서 대전하기 때문에 간단한 접지로서가 아니고, 다음과 같은 방법으로 대전을 방지한다.

① 대전방지 작업화(정전화) 등 도전성 신발과 도전성 바닥, 건물을 병용해서 인체의 누설저항을 저하시켜 대전을 방지한다.

② 책상 위의 작업과 같이 작업자가 거의 일정 위치에 멈춰서 작업하는 경우에 list strap 등을 사용하여 직접 접지한다. 이 경우는 만일 배전선 등에 닿았을 때 감전 위험의 방지를 고려할 필요가 있다.

③ 작업복 등 의복과 착용품 등의 대전이 문제가 되는 경우는 대전방지처리·가공을 실시한 대전방지 작업복 등을 착용한다.

(마) 방전방지대책

정전기의 방전방지대책은 정전기의 발생방지 및 대전방지가 곤란한 경우에 착화에 이어지기 쉬운 위험한 정전기 발생을 방지하는 대책으로 다음과 같이 실시한다.

① 가연성가스, 증기, 분진이 존재하여 정전기 방전에 의한 착화폭발의 위험성이 있다고 판단되는 장소에서는, 예를 들면 밀착되어있는 물체의 박리(剝離)와 같은 경우에 착화원으로 될 확률이 높은 연면방전(沿面放電)이 발생하기 쉬운 작업, 공정 등을 피한다.

② 착화원으로 될 확률이 높은 뇌상(雷狀)방전을 발생하기 쉬운 대규모의 내전 분진-mist 등에 의한 공간전하 운(雲)이 형성될 수 있는 설비, 공정 등을 피한다.

③ 대전물체의 면적, 체적이 크면 착화원으로 될 확률이 높은 brush 방전이 발생하기 쉬우므로 취급의 규모를 축소한다든지, 정전차폐(靜電遮蔽) 효과를 이용하여 대전

물체를 정전기적으로 작은 면적, 작은 체적으로 구획화한다.

④ 도전성 섬유 등을 대전물체에 혼입-접근시켜 위험한 방전이 발생하기 전에 착화원으로 될 확률이 아주 낮은 corona 방전을 발생시켜서 안전화한다.

(2) 액체의 취급에 있어서 정전기대책

도전율이 10^{-8}S/m 이하의 가연성 액체의 취급에 있어서 정전기에 의한 착화위험성이 있는 경우 정전기 대책을 다음에 나타낸다. 단, 분출(噴出)을 동반하는 경우는 도전율의 대소에 관계없이 대책을 실시한다.

(가) 공통대책

가연성액체의 취급에 있어서 공통적인 정전기대책은 다음과 같다.

① 폭발성 분위기의 형성, 확산의 방지

가연성액체를 밀폐된 상태로 취급하거나 환기 등에 의하여 폭발성 분위기의 형성·확산을 방지한다.

② 접지

탱크, 용기, 배관, nozzle 등은 될 수 있는 한 금속도체 또는 도전성 재료의 것을 사용하고 이들의 도체부분을 접지한다.

③ 작업자의 대전방지

가연성액체의 취급에 종사하는 작업자 및 그의 작업부 등을 대전 방지한다.

(나) 배관이송 · 충전

배관이송·충전에 있어서는 다음과 같은 대책을 실시한다.

① 액체의 비산(飛散)방지

가연성액체의 충전 중에 탱크 내부 등에서 액체증기 및 mist의 발생에 의해 폭발성 분위기가 형성될 우려가 있을 경우에는 mist의 발생에 동반하는 정전기 발생 및 방전을 방지하기 위하여 다음의 어느 한 가지 방법에 의해 액체의 비산을 방지한다.

㉮ 탱크 밑면에 가까운 옆벽에 설치된 충전nozzle로부터 수평으로 충전한다. 이 경우 충전nozzle에는 액체의 비산(府散)을 방지하기 위한 deflector(變流板)를 설치하는 것이 바람직하다.

㉯ 탱크로리와 같이 탱크상부에서 충전하는 경우는 탱크 밑부분 가까이까지 수직으로 도달하는 drop pipe를 사용한다. 이 경우에 drop pipe의 끝은 액체가 비산하기

어려운 형상으로 하는 것이 바람직하다.

㉰ ㉯의 drop pipe를 사용하지 않고 위로부터 pipe로서 충전하는 경우는 액체를 옆벽을 타고 흐르도록 하여 서서히 충전한다.

② 초기유속제한(初期流速制限)

가연성액체의 충전의 초기에 탱크 내부 등에서 mist의 발생 등에 의해 폭발성 분위기가 형성될 우려가 있을 경우는 mist의 발생 등에 동반하는 정전기 발생 및 방전을 방지하기 위하여 다음에 나타내는 충전 초기에 있어서는 충전파이프 내의 유속을 약 1 m/s로 제한한다.

㉮ drop pipe를 사용해서 충전하는 경우는 그 선단개구부(先端開口部)가 완전히 액체 속에 잠길 때까지

㉯ 탱크 옆면으로부터 충전하는 경우는 액이 충전 nozzle 상단부에서 nozzle의 직경을 더한 높이 이상에 도달할 때까지

㉰ 부상식(浮上式) 탱크의 경우는 지붕이 완전히 액체의 수면 위로 부상할 때까지

㉱ 배관 내의 액체 중에 물, 공기 등 불용성물질이 혼입하는 경우는 불용성 물질이 완전히 배관으로부터 배출될 때까지

③ 최대유속제한(最大流速制限)

가연성액체의 충전에 있어서 탱크 내의 액면 근처에 폭발성 분위기가 형성될 우려가 있을 경우는 정전기 발생의 억제 및 방전방지를 위하여 다음과 같이 충전파이프 내의 최대유속을 제한한다.

㉮ 도전율이 10^{-10}S/m 이하의 가연성액체에 대한 최대유속의 제한치는 다음 식에 의해서 산출한다.

$$vd = 0.25\sqrt{\sigma, L}$$

여기서, v[m/s]는 최대유속 제한치, d[m]는 충전용 배관의 직경, σ[pS/m]는 액체의 도전율, L[m]은 탱크수평횡단면의 대각선 길이이다. 단, 최대라도 7m/s 이하로 한다. 또한, L이 2.9m 이하의 경우는 L을 2.9m라고 하고, L이 7.2m를 넘을 경우는 L을 7.2m라고 하고 산출한다. 더욱이 도전율에 대해서는 실험 등으로 확인되지 않는 한 σ를 0.8ps/m로 한다. 표 4.2는 이 경우의 계산 예이다.

㉯ 설비가 항상 일정한 조건 범위 안에서 사용되고 장기간에 걸쳐서 안전의 실적이 있으면 경험에 기초하여 최대유속을 결정하는 일이 가능하다. 단, 유속은 최대라도 10m/s 이하로 제한한다.

표 4.2 최대유속의 제한치

배관 내경mm	L≤2.9m에 대한 유속 m/s	L≥7.2m에 대한 유속 m/s
80	4.8	
100	3.8	6.0
150	2.5	4.0
200	1.9	3.0
250		2.4

또한, 유전율이 $10-^{10}$S/m 이상의 액체의 최대유속도 10m/s 이하로 제한한다.

㉰ 대전방지제를 첨가하는 것에 의해서 도전율이 항상 10^{-10}S/m 이상으로 되어있는 것을 확인할 수 있는 경우는 ㉯에서와 같이 하는 것이 가능하다.

④ 수분 등의 혼입방지

가연성액체 중에 수분, 공기 등이 함유되어 있으면 배관 내에서의 대전증가 및 탱크 내의 침강대전(沈降m電), 부상대전이 일어나기 때문에 다음과 같이 이들의 혼입을 최대한 방지(防止)한다.

㉮ 배관 내의 수분, 공기 등을 액체의 이송 전에 가능한 한 배제(排除)한다.

㉯ 저장탱크의 바닥에 고인 물을 가능한 한 자주 배제(排除)한다.

㉰ 펌프로 이송할 때 부압(負壓)부분에서 공기 등을 흡입하지 않도록 한다.

⑤ microfilter

microfilter(공칭 투과공경이 30μm 이하)를 사용하고, 도전율이 10^{-10}S/m 이하의 가연성액체를 충전할 때 탱크 안의 액면 부근에 폭발성 분위기가 형성되는 경우는 microfilter 통과시의 아주 큰 정전기 발생에 의한 방전 및 착화를 방지하기 위하여 다음과 같은 대책을 실시한다.

㉮ microfilter는 가능한 한 배관의 상류부(上流部)에 설치하고 그 후(하류)의 배관에 의해 대전전하를 완화시키도록 한다. 이 경우에 필요한 microfilter 하류부의 배관길이의 최소치는 다음 식에 의해 산출한다.

$$z = 3v\varepsilon/K$$

여기서, v[m/s]는 배관 내 유속, ε[F/m]는 액체의 유전율, K[S/m]는 액체의 도전율이 된다. 이 길이가 실현되지 않는 경우는 액체의 배관 내 체류시간(z/v와 같다)을 30초 이하로 한다.

㉯ ㉮에서 나타내고 있는 것과 같은 길이의 배관을 설치할 수 없는 경우는 microfilter보다 하류부에서 대전 완화를 목적으로 한 직경이 큰 배관(완화pipe)을 설치한다. 이 경우에 필요한 완화pipe 길이의 최소치는 ㉮에서 기술한 배관을 완화 pipe라고 그대로 적용해서 산출한다.

㉰ ㉮ 및 ㉯의 대책을 어느 것이라도 실시하지 않을 경우는 충전탱크 등 불활성가스에 의해서 seal 하는 등의 폭발성 분위기의 형성 방지대책을 실시한다.

⑥ 정치시간(靜置時間)

가연성액체의 충전에 의해 탱크 내에 폭발성 분위기가 형성되는 탱크 등에 있어서 시료채취, 검량측정 등을 실시하는 경우는 대전한 액면으로부터 위험한 정전기방전이 일어나지 않을 정도까지 액체의 대전을 완화시키기 위하여 충전 후 다음과 같은 일정한 정치시간을 경과한 후에 실시토록 한다. 더욱이 정치시간에 의한 대책은 정전기의 발생방지 대책 등 기타의 정전기 대책과 함께 실시하도록 하고 단독의 안전대책으로 하는 것은 바람직하지 않다.

㉮ 대전량이 정치시간에 대해서 대개 지수함수적으로 감쇠(減衰)한다고 생각되는 경우는 물체의 완화시간이 정치시간의 참고가 되지만, 실제로 전하의 감쇠는 도전율 및 대전물체의 용적에 의해서 복잡한 현상으로 되기 때문에 일반적으로 표 4.3에서 나타내는 것과 같은 정치시간을 채택한다.

표 4.3 정치시간의 추천치 단위 : [분]

대전물체의 도전율 [S/m]	대전물체의 용적 [m^3]			
	10 이하	10~50	50~5000	5000 이상
10^{-8} 이상	1 이상	1 이상	1 이상	2 이상
10^{-12}~10^{-8}	2 이상	3 이상	10 이상	30 이상
10^{-14}~10^{-12}	4 이상	5 이상	60 이상	120 이상
10^{-14} 이하	10 이상	10 이상	120 이상	240 이상

㉯ 탱크 등에 gauge well을 설치하고, 이것을 이용해서 시료채취, 검량 등을 실시하는

경우의 정치시간은 표 4.3에 있어서 대전물체의 용적을 $10m^3$ 이하라고 한 값으로 한다.

㉰ 내면이 코팅되어있는 탱크 등에 있어서 정치시간은 코팅재료의 도전율이 가연성액체의 도전율보다 큰 경우는 표 4.3과 같게 하고, 액체의 도전율보다 낮은 경우는 표 4.3의 약 3배라고 한다.

㉱ 가연성액체 중에 분리(分離) 수분 등이 포함되어있는 경우는 정치시간을 표 4.3의 약 3배로 한다.

㉲ 위의 정치시간은 적절한 실험데이터가 얻어지게 되면, 어느 정도 완화시킬 수 있다. 또 설비가 항상 일정한 조건범위 내에서 사용되고 장기간에 걸쳐서 안전(安全)의 실적이 있으면 경험에 기초하여 정치시간을 결정할 수 있다.

(다) 혼합 · 교반에 있어서의 대책

비교적 순수한 액체만을 혼합·교반하는 경우는 대전량은 문제가 될 정도로 크게 되지 않지만, 공기·가스·수분·불순물 등이 혼입되면, 이것들이 교반에 의해서 분산상을 형성하기 때문에 대전이 크게 된다. 특히 물방울, 분체 등 액체·고체의 미세입자가 존재하는 액체를 혼합·교반하면 아주 큰 대전으로 될 우려가 있다. 따라서 가연성액체의 혼합·교반에 있어서 교반 용기 내 등에 폭발성 분위기가 형성되는 경우는 다음과 같은 대책을 실시한다.

① 가연성액체의 저장탱크 등에서는 공기, 가스를 사용하는 믹서(mixer), 젯트식 믹서, 고속프로펠라믹서를 사용하지 않는다.

② 고체입자, 수분 등을 분산하는 액체, emulsion, colloid상의 액체를 혼합·교반하는 경우는 도전율이 높은 액체의 사용 등에 의해 액체(bulk)의 도전율을 10^{-10}S/m 이상으로 하거나 또는 고반용기 등을 불활성가스에 의해 치환, seal 한다.

(라) 세정(洗淨)에 있어서의 대책

액체가 nozzle 등으로부터 분출하면, 액체의 도전율 대소에 불구하고 액적(液滴)· mist 등에 다량의 정전기가 발생하고 착화성 방전을 일으킬 공간전하운(雲)을 형성하는 위험이 있으므로 액체의 분출을 동반하는 세정 등은 아래와 같이 실시한다.

① 젯트(jet)세정

㉮ nozzle에서 고압의 세정수를 분사시키는 세정(고압세정)에서는 분출 압력을 $10kg/cm^2$ 이하로 하고, 탱크 등의 용적이 $100m^3$ 이하인 경우에만 실시한다. 단, 최소

발화에너지가 0.1mJ 이하의 폭발성 분위기가 형성되는 장소에서는 고압세정을 해서는 안 된다.

㈏ ㉮에 의한 이외의 분사를 수반하는 세정은 탱크 등을 불활성가스에 의해 치환, seal해서 실시한다.

② steam 세정·purge

수증기에 의해 탱크 안 등의 세정 또는 가연성가스 증기의 purge를 행하는 경우는 내부가 수증기로 약 65% 이상 채워질 때까지는 소량씩 수증기를 보내놓고 그 후 점차로 수증기의 방출량을 증가한다.

③ 용세에 의한 세성

용제를 사용하여 탱크 등을 세정하는 경우는 용제를 용기 벽에 따라 흘리면서 세정한다.

(3) 분체의 취급에 있어서의 정전기 대책

도전율이 10^{-8}S/m 이하의 가연성분체의 여러 가지 취급에 있어서 정전기에 의한 착화 위험성이 있는 경우에 있어서의 정전기 대책을 다음에 나타낸다. 단, 분체가 공기 중에 부유하는 경우는 도전율의 대소에 불구하고 대책을 실시한다.

(가) 공동대책

가연성분체의 취급에 있어서 공통적인 정전기 대책은 다음과 같다.

① 폭발성 분위기의 형성·확산의 방지

가연성분체의 밀폐취급, 환기 등에 의해 폭발성 분위기의 형성·확산을 방지한다.

② 접지

가연성분체의 취급설비·장치 등은 가능한 한 금속도체 또는 도전성 재료의 것을 사용하고 이들의 도체부분을 접지한다.

③ 작업자의 대전 방지

가연성분체의 취급에 종사하는 작업자 및 그 작업복 등을 대전 방지한다.

(나) 분체의 취급에 관한 일반적 대책

가연성분체의 취급에 관한 일반적인 대책은 다음과 같다.

① 분체 입자경의 선정

분체의 입경이 가늘수록 정전기가 발생하기 쉽고, 또 정전기 방전에 의해 착화하고 분진폭발을 일으키기 쉬우므로 가연성분체는 가능한 한 큰 입경(粒徑)으로 취급하는 것이 바람직하다.

② 분체의 파괴 방지

분체가 파괴되어 미세한 분진이 발생하면 다량의 정전기가 발생하기 쉽고, 또 정전기방전에 의해 착화하여 분진폭발을 일으키기 쉬우므로 가연성분체는 가능한 한 다음과 같은 방법으로 취급한다.

㉮ 파괴되기 어려운 재료·형상의 분체를 선정한다.

㉯ 분체의 파괴를 일으키기 어려운 설비를 사용한다.

㉰ 취급규모, 속도 등을 제한한다.

③ 분체의 체류·퇴적의 방지

분체가 이송경로 등에 의해 체류·퇴적하면, 분체가 박리될 때에 용기 벽 등과의 마찰, 박리, 분체상호의 충돌 등에 의해서 정전기가 발생하고, 또 정전기방전에 의해 분진을 일으킬 우려가 있으므로, 다음과 같이 가능한 한 가연성분체의 체류·퇴적을 방지한다.

㉮ 분체가 체류·퇴적되기 어려운 구조의 설비로 한다.

㉯ 분체가 체류·퇴적되기 어려운 조건으로 취급한다.

㉰ 용기 벽 등에 체류·퇴적한 분체는 그 양이 많아지지 않도록 정기적으로 털어내고, 청소 등을 실시한다.

㉱ 체류·퇴적한 분체의 청소용에 진공흡인식의 전기청소기 등을 사용하는 경우는 사용전에 분체를 솔 등을 사용하여 할 수 있는 데까지 제거한다. 더욱이, 흡인nozzle은 플라스틱제보다 금속제(필히 접지한다)를 사용한다. 단, 금속분과 같이 착화성이 아주 높은 분체에 대해서는 흡인nozzle에 의한 청소는 실시하지 않는 편이 좋다.

㉲ 포(布), 필름, 시트(seat) 등에 부착된 분체를 제거할 경우는 강하게 흔들어 틀거나 때려서 트는 방법은 피하고, 소량씩 서서히 떨어지도록 한다.

④ 규모의 제한

가연성 분체의 취급규모가 크게 되면, 분체 상호간의 충돌 등에 의해서 정전기가 많이 발생함과 동시에 대규모의 분진이 형성되어 뇌상(雷狀)방전과 연면(沿面)방전에 의한 분진폭발이 일어나기 쉽게 되므로 가능한 한 취급 규모를 제한한다.

⑤ 설비의 구획화

가연성분체의 설비가 개방되어 있다든지, 배관 등으로 다른 설비와 연결되어있어서 이 사이의 분체의 운동이 자유로우면 분진이 발생하기 쉽고, 또한 재해가 확대하기 쉬우므로 이것을 방지하기 위해 분체의 출입구에 로타리밸브 등을 설치함과 동시에 배관, duct의 도중에는 check valve 등을 설치한다.

⑥ 돌기물(突起物)의 제거

공간전하운(雲)이 발생할 우려가 있는 경우는 silo의 내부에 앵글 등 금속 구조물이 있으면 공간전하운(雲)에서 이들의 돌기부분에 대하여 정전기방전이 일어나기 쉬우므로, 불필요한 돌기물은 될 수 있는 한 제거한다.

⑦ 포(布)제품의 대전 방지

가연성분체를 취급하는 백 필터(bag filter), 포대(布袋)·포제(布製)·shoot 등 포제품은 도전성 섬유를 혼입한 것을 사용한다. 이것을 사용하면 가연성분체의 착화원으로 되지 않는 corona방전에 의해 포(布)의 대전방지뿐만 아니라 분체의 대전 방지 효과가 있는 것과 동시에 도전성 섬유가 차폐도체로 되어 위험한 대전이나 방전을 방지하는 효과도 기대된다.

(다) 공기수송에 있어서의 대책

가연성분체의 공기수송은 다음과 같이 행한다.

① 배관은 가능한 한 금속배관을 사용하고 굽힘을 작게, 또한 내벽을 매끈하게 표면을 마무리한다.
② 분체가 용기 벽 등에 퇴적·체류하지 않을 정도의 속도를 유지한다.
③ 분체의 수송속도는 위의 ②를 만족시킨 뒤에 될 수 있는 한 낮게 한다.

(라) Silo에 있어서의 대책

직경 1.5m 이상의 Silo에 입경이 약 10μm 이하의 미세분진이 충만하고, 공간전하운(雲) 및 폭발성 분위기가 형성될 우려가 있는 경우는 Silo를 불활성가스에 의해서 치환·seal 한다.

(마) 자루에 담을 때의 대책

500kg 이상의 가연성분체를 자루에 담을 경우에는 대전방지처리·가공된 자루를 이용한다.

(바) 분쇄(粉碎), 분급(分級)에 의한 대책

가연성분체의 분쇄·분급에 의한 정전기 대책은 다음과 같다.

① 분쇄·분급된 분체가 배출되는 공간의 용적을 직경(또는 폭, 깊이, 높이 중 어느 것이나)을 1.5 m 이하로 할 수 없는 경우는 설비 내를 불활성가스에 의하여 치환·seal하는 것이 바람직하다.

② 접속에 이용하는 포(布)·담아내는 자루, 배기(排氣)에 사용되는 자루 등은 도전성 섬유를 혼입한 포제(布製)로 한다.

(사) 집진(集塵) · 유동건조(流動乾燥)

bag filter를 사용하는 가연성 분체의 집진·유동건조에 있어서의 정전기 대책은 다음과 같다.

① bag filter의 포(布)는 도전성 섬유를 사용해서 대전방지처리·가공된 것을 사용한다.

② bag filter의 분체부착량이 많게 되지 않도록 자동적으로 떨어지는 기구를 설치한다.

③ 가연성가스·증기가 존재하는 경우는 그 농도 등을 관리하고 운전제어 등을 행한다.

(4) 성형품, film 등의 취급에 있어서 정전기 대책

표면저항율이 $10^{10}\Omega$ 이상의 성형품(고무, 플라스틱, 나무 등 비교적 두꺼운 것)·film 등(종이, 플라스틱fim, 포 등)의 여러 종류의 취급에 있어서 정전기에 의한 착화 위험성이 있는 경우에는 다음과 같이 정전기 대책을 세운다.

(가) 공동대책

성형품, film 등의 취급에 있어 공동적인 정전기 대책은 다음과 같다.

① 폭발성 분위기의 형성·확산의 방지

가연성가스·액체·분체의 밀폐취급, 환기 등에 의해 가능한 한 폭발성 분위기의 형성·확산을 방지한다.

② 접지

성형품, film 등의 취급설비·장치 등은 가능한 한 금속도체 또는 도전성 재료의 것을 사용하고 이들의 도체부분을 접지한다.

③ 작업자의 대전 방지

성형품, film 등의 취급에 종사하는 작업자 및 그 작업복 등을 대전 방지한다.

(나) 성형품, film 등의 취급에 관한 일반적 대책

성형품, film 등의 취급에 관한 일반적 대책은 다음과 같다.

① 성형품, film 등의 재료의 선정

성형품, film 등의 재료는 대전성이 가능한 한 작은 것을 선정한다.

② 성형품, film 등의 대전 방지

성형품, film 등은 다음과 같은 방법으로 재해 등의 원인이 되지 않을 정도까지 대전 방지한다.

㉮ 가습, 가수(加水)

㉯ 도전성 재료의 사용

㉰ 대전 방지제의 사용

㉱ 제전기(除電器)의 사용

③ 성형품, film 등의 대전면적의 제한

성형품·film 등의 대전면적이 작은 경우 또는 차폐(遮蔽)에 의해서 표면적이 작고 구획화되어져 있는 경우는 정전기방전이 발생하기 어렵고, 또한 발생하였더라도 방전 에너지가 제한되어 위험성이 저하함으로서 이들의 면적을 가능한 한 적게 한다.

(다) film 등의 roll공정에 있어서의 대책

종이, 플라스틱 film, 포(布) 등의 권취(卷取)·권려(卷戾), 도공(塗工), 인쇄(印刷) 등 roll공정에 있어서는 다음에 따라 정전기 발생을 방지함과 동시에 폭발성 분위기가 형성될 우려가 있는 경우는 환기 등 폭발성 분위기의 형성 방지대책을 실시한다.

① 정전기가 발생하기 어려운 재료를 선정한다.

② 주행속도를 낮추고 급격한 변화를 피한다.

③ roll 압력 및 장력을 낮게 하고 균일하게 유지한다.

④ 가습(加濕), 제전기(除電器)의 사용 등 대전방지 대책을 병용한다.

(라) 성형품, film 등의 반죽 · 박리(剝離)에 의한 대책

성형품, film 등의 다음과 같은 취급작업·공정에서는 정전기의 발생이 크고 그 방지가 곤란하기 때문에 폭발성 분위기가 형성되지 않게 하는 대책을 실시한 뒤에 작업 등을 행한다.

① 고무, 플라스틱 등의 반죽

② 성형품, film 등의 박리(剝離)·겹쳐 붙임, 성형품의 형틀에서의 들어냄

③ 성형품, film 등의 절단·연마·마른걸레질

(5) 기체의 취급에 있어서의 정전기 대책

불순물을 포함하지 않는 순수한 기체는 대전하지 않지만 실제로는 기체 중에 mist·hume·응축물·먼지 등 액체·고체의 입자가 포함되어 있고 유동, 마찰 등에 의해서 이들이 대전하므로 기체가 대전한 것 같이 보인다. 가연성기체의 여러 가지 취급에 있어서 정전기에 의한 착화위험성이 있는 경우에 있어서의 정전기 대책은 다음과 같다.

(가) 공통대책

가연성기체의 취급에 있어 공통적인 정전기 대책은 다음과 같다.

① 폭발성 분위기의 형성·확산의 방지

가연성가스, 액화가스 등의 누설방지에 의해 폭발성 분위기의 형성·확산을 방지한다.

② 접지

가연성가스, 액화가스 등의 취급설비·장치 등은 가능한 한 금속도체 또는 도전성 것을 사용하고 이들의 도체부분을 접지한다.

③ 작업자의 대전 방지

가연성가스, 액화가스 등의 재료의 취급에 종사하는 작업자 및 그 작업복 등을 대전 방지한다.

(나) 가연성기체의 취급에 관한 일반적 대책

① 가연성 가스·액화가스 등의 선정

가연성 가스, 액화가스 등은 가능한 한 착화위험성이 작은 것을 선정한다.

② 불순물의 제거

기체의 대전은 기체 중에 포함한 mist·hume·응축물·먼지 등 액체·고체의 입자에 의존하기 때문에 배관, 용기, nozzle, flange 등은 세정·청소 등을 계획적으로 행하여 불순물을 제거한다.

③ 가압(加壓)가스의 분출(噴出)방지

고압가스, 액화가스 등 가압가스가 분출(噴出)하면 정전기가 발생하고 그 방전에 의해서 가연성가스·증기의 착화가 일어날 위험성이 높기 때문에 이들의 분출을 최선을 다해 방지한다.

(다) 수송에 대한 대책

배관, 용기에 의한 가연성기체의 수송에 있어서 정전기 대책은 다음과 같다.

① 수증기, 가연성액체증기 등의 보관·수송에는 온도 저하에 의한 mist가 생성할 수 있기 때문에 그 생성과 대전에 대해 고려한다.

② 공기와의 혼합에 의해서 폭발성 분위기를 형성하는 것과 마찬가지로 기체의 수송에서는 공기의 혼입을 최대한 방지하고, 특히 폐가스 duct를 통하는 경우와 같이 착화위험성이 높은 경우는 폭발하한계 이하가 되도록 불활성가스·공기로서 희석해서 수송하는 것이 바람직하다.

③ 산화 ethylene, acetylene 등 폭발상한계 농도가 100%에 가까운 기체 또는 폭발성 분위기로 되어있는 기체의 수송에 사용한 용기·배관은 그 내부에서 위험한 공간전하운(雲)을 형성하지 않도록 용적·직경이 가능한 한 작은 것으로 한다.

(라) 배출–분출에 있어서의 대책

가연성기체의 nozzle 등으로부터 배출 및 누설에 의한 분출에 있어서의 정전기 대책은 다음과 같다.

① 기체배출용의 nozzle에는 dust, mist 등을 trap하기 위해 filter, 집진금망(集塵金網) 등을 설치하는 것이 바람직하다.

② 배출속도를 가능한 한 낮게 한다.

③ 가연성기체는 scrubber 등에 의해서 회수하는 것이 바람직하다.

④ 기체를 대기 중에 방출하는 경우는 착화위험성이 없는 통풍이 좋은 옥외로 방출한다. 안전변(安全弁) 등에서 배출하는 기체도 배관 등을 사용해서 같은 장소로 유도하여 대기 중에 방출한다. 또한 기체를 방출한 방향은 mist 등의 부착, 충돌에 의한 대전을 방지하기 위해 장애물이 존재하지 않는 방향으로 한다.

⑤ 용기, 배관 등에서 가연성기체가 누설 분출하는 경우는 불활성가스 또는 건조 수증기를 $10kg/cm^2$ 이하의 분출압력에서 불어넣어서 기체를 확산시키는 것이 바람직하다. 단, 불활성 가스나 수증기 중에 녹(청) 등이 포함하지 않도록 관리한다.

⑥ 만일, 누설 분출 등에 의해 배출한 기체가 연소하는 경우는 기체의 유출이 계속되고 있는 경우에 잘못 소화(消火)하면 재착화해서 큰 재해에 이르는 수가 있기 때문에 우선 기체의 흐름을 차단한 후 소화활동(消火活動)을 한다.

4.7 정전기에 의한 사고사례

정전기 방전은 비선형 현상으로 그 발생 요인은 아주 복잡하다. 따라서 정전기 방전에 기인하는 재·장해(災障害)를 예측하는 것도 일반적으로는 곤란하다. 이를 테면, 정전기 방전에 기인해서 발생하는 가연성가스·증기 또는 분진의 폭발·재해는 정전기 방전의 에너지에 의해 그들 가연성 물질의 온도 상승이 일어나 이것에 의해 연소 반응이 일어나면 발생한다. 이것은 말할 필요도 없이 정전기의 방전에너지가 가연성 물질의 연소 반응에 필요한 에너지 이상이었기 때문이다. 그러나 이 연소 반응에 필요한 에너지를 방전이 발생하기 전에 예측하는 일은 반드시 용이한 일은 아니다.

그 주된 이유는

(1) 정전기는 재현성(再現性)이 부족하고, 방전을 일으키는 물체의 대전상태(대전량, 전위 등)가 약간의 조건 변동에 의해서도 변화하는 일이 있다.

(2) 방전은 확률현상(確率現象)으로 확정할 수 없고, 더구나 정전기 방전은 일반적으로 정상상태보다도 예기하지 않은 상태·환경 변동에 수반하는 전위의 시간변화 등이 일어났을 때 발생할 확률이 높다.

(3) 방전은 대전 물체에만 의하지 않고, 대전 물체와 다른 물체와의 상호작용이므로 방전이 발생하기 이전에 문제가 되는 방전(에너지가 큰 방전)이 대전 물체로부터 발생하는지 어떤지에 대해서 대전 물체만으로 착안할 수 없다. 특히 대전 물체가 절연물인 경우에는 더욱 곤란하다.

(4) 방전 발생으로부터 착화 폭발 등 재·장해가 발생하기까지의 시간이 극히 단기간이며 방전을 제어할 기술이 아직 확립되어있지 않다.

이렇게 정전기 방전에 기인하는 재·장해(災障害)는 방전이 발생하기 전의 대전물체에 착안해도, 또한 방전에 착안했다고 해도 그것을 정확히 발생을 예측하고 억제·제어를 하는 일은 아직 이론으로서도 기술로서도 확립되어있지 않아 아주 곤란한 일이다. 그러나 그렇다고 해서 재·장해의 방지에 있어서 기본현상을 알지 못하고는 올바른 대책을 수립하고 실행할 수 없다. 따라서 현 단계에서 정전기 재·장해를 방지하려면 정전기 재·장해 현상 및 재·장해의 요인을 숙지한 후에 예지, 제어가 곤란한 부분은 무엇인가에 의해 보충해야만 한다.

정전기 재해는 「정전기가 원인이다」라고 하는 것을 확인하는 것이 어렵다. 그 때문에 상환판단-추가시험 등의 간접 수단에 의해 「정전기가 原因이다」라고 추정할 수밖에 없다. 따라서 「정전기가 원인이었던 것은 아닐까?」라고 하는 의혹이 있어도 상당히 확실한 상황파악이 되지 않는 한 원인불명으로 관계자는 처리할 수밖에 없다. 감독관청이나 기업 등의 안전관계자들 사이에서는 정전기 재해에 높은 관심을 가지고 있으나 그에 비해서 정전기 재해의 사례로서 공개된 자료(資料)가 적다고 하는 것은「원인과 대책」의 구명이 어렵기 때문이다.

그러나 「사고는 재발되지 않도록 하기 위한 유익한 자료로 활용할 수 있다. 그러므로 사고(事故)로부터 안전(安全)을 배우자」라고 하는 의미에서 정전기 사고 사례를 연구하는데 도움을 주고자 한다.

4.7.1 일반적 사례

문헌에 의하면 고유저항이 $10^{12}\Omega\cdot$cm보다 큰 액체에서는 반드시 대전현상이 일어나고 $10^{9}\Omega\cdot$cm보다 작은 액체에서는 거의 일어나지 않는 것으로 나타나 있다.

이전부터 벤젠, 가솔린, 이황화탄소, 건조한 에텔, 초산비닐 모노머(vinylacetate monomer) 등의 인화성 액체에 대하여는 정전기로 인한 인화의 실례가 많이 있다. 이것은 이들 액체의 전기 저항이 아주 크기 때문이다.

北川 徹三 교수의 실험에 의하면, 절연된 유리병에 mineral spirit 5ℓ를 넣어 이것을 유리관을 통하여 유출시켜 절연된 수기(受器)에 받았을 때 처음 mineral spirit가 들어 있던 용기는 부(負)로, 수기는 정(正)으로 대전하고 이들 대전 전압은 액의 유량과 함께 증가하였다.

동일 량의 액체를 동일 시간에 유하시킬 때에는 관경이 작은 쪽이 대전하기 쉽고 액체의 여과포를 사용하여 여과했을 때는 여과포를 1, 2, 3, 4판으로 겹침에 따라서 여과포의 대전압은 그의 판수에 비례하여 높아진다. 또한 여과포의 결이 가는 것일수록 여과할 때에 대전이 심하다. 이러한 사실에서 액체의 유동에 의한 대전은 일정시간 내 액체와 고체가 접촉하는 면적이 클수록 크다는 결론을 내릴 수 있다.

대전 전압은 그의 정전 용량에 반비례하므로 용량이 작은 것일수록 높은 전압을 나타낸다. 예를 들면, 배관 중을 액이 가득 차서 흐를 때보다도 액의 흐름이 그친 최후의 순간에 전기용량이 급격히 감소하기 때문에 이때 급격한 대전 전압의 상승이 나타난다. 이와 같은 발화를 일으킬 위험이 실제로 많은 것이다.

인화성 액체의 취급 중에 정전기가 발생하여 그것이 방전할 때 생기는 불꽃(arc)때문에 착화하여 가스 폭발이나 유류화재를 일으킨 사례가 많이 있다. 예를 들면, 화학실험실에서 녹슬지 않는 강제의 여두에 여과지를 접어서 벤젠을 여과하는 도중에 발화한다든지, dry cleaning공장에서 세탁기를 회전시키는 도중에 gasoline에 인화한다던가, 주유소에서 염화비닐제 호스를 사용하여 드럼관에서 지하탱크에 gasoline을 넣을 때에 발화하여 화재가 일어난다던가, vinylacetate monomer를 드럼관에 충전 중에 인화한다든지 하는 사고는 모두 그들 액체의 유동에 의해 발생한 정전기가 방전할 때의 불꽃으로 인화성 액체증기에 착화한 것이다.

tank-lorry의 폭발사고도 정전기가 원인이 되어 발생하는 경우가 많다. 특히 gasoline을 수송하고 비어 있는 tank-lorry에 등유를 실을 때에는 빈 탱크에 충만되어 있는 gasoline증기가 등유 중에 빨리 용해되어 들어가고 탱크 내에 공기를 빨아들여 폭발성 혼합가스를 만든다. 등유가 송유관을 흘러가는 사이에 대전하여 탱크 내의 액면부근에 정전하가 축적된다. tank-lorry 위에서 작업원이 금속제의 검량봉을 넣어 액면을 측정할 때 하전이 모여 이것이 탱크 벽에서 방전하여 불꽃을 발생시켜 탱크 내의 폭발성 혼합가스에 인화하여 가스폭발이 일어난다. tank-lorry에 충전하는 도중에 검량을 행하는 것을 금지하지 않으면 안 된다. 또한 충전용의 송유관에 고무호스를 사용할 때는 대전을 심하게 한다.

정유공장의 출하장에서 gasoline을 싣는 도중 소형 tanker의 hatch에서 발화하여 화재를 일으킨 예가 있다. 충전 중에는 항상 선체는 육지에 bonding cable로서 접속하여 earth가 되도록 되어있으나 송유호스를 통하여 탱크 내에 보내지는 gasoline은 대전하여 있으므로 탱크 내의 유면의 정전기의 축적은 피할 수 없다. 그래서 유면의 중심부가 가장 높은 전위를 나타내고 가끔 수만 volt를 기록하는 경우도 있다. 탱크의 중앙부에 man hole이 있으면 열려 있던 이 입구에 공기가 들어가서 일부에 폭발성 혼합가스를 생성한다. man hole의 하부에 있는 beam의 절단부분이 아주 예리하게 튀어나온 그대로 남아있었는데 기름이 가득 차게 되면서 유면이 첨예한 부분에 가까워졌을 때 유면의 파두가 방전하여 탱크 내에 발화가 일어난 것으로 추정된다.

제1차 대전 중에 독일에서 수소봄베로부터 기구(氣球)에 수소를 충전 중에 원인불명의 화재사고가 일어나서 다수의 기구를 태워버린 적이 있었다. Pothmann은 1922년 그 원인을 조사하여 정전기가 원인이었다는 것을 실험에 의해 확증했다.

수소가스 용기의 안전밸브가 파손되었을 때 분출한 수소에 자연히 착화하는 경우가 있는 것도 용기 내부의 철 등의 분말이 분출가스와 함께 동반되어 용기 벽에 부딪치면서 급속하게 유출할 때 대전하기 때문이다.

이전에 고층 기상대의 저장고에 있던 수백 개의 수소 가스용기 중 한 개로부터 가스가 분출하여 정전기 때문에 발화하여 차례로 용기를 가열하여 전체 용기의 수소가 타버렸던 경우가 있었다. 이것과 같은 사고는 용해아세틸렌 용기에서도 경험되고 있다.

용해아세틸렌용기에서 가스가 급격하게 분출했을 때 대전에 의해 착화하는 상황이 실험적으로 확증되었다. 용해아세틸렌용기를 아크릴판의 절연대 위에 올려놓고 밸브를 열어 아세틸렌을 분출시킨다. 이 기류속에 전극을 두고 한쪽의 전극은 접지될 수 있도록 한다. 밸브를 급속히 열어 가스를 분출시키면 용기는 부(負)로 대전하고 그 전위는 수천에서 수만 volt로 올라간다. 분출가스는 정(正)으로 대전하고 분출구와 전극과의 기리기 약 40cm일 때에 전극의 한쪽을 접지하면 반드시 방전이 일어나서 분출가스가 착화한다. 전극 간격을 1mm로 하면 전극을 접지시키지 않아도 착화한다. 그러나 분출가스가 아세톤(acetone)의 무적(霧滴)을 동반할 경우에 한하여 정전기의 발생이 인정되고 아세톤의 무적(霧適)을 동반하지 않을 때는 대전되지 않는다. 또한 용기를 접지하면 용기의 전위는 올라가지 않으나 분출가스의 대전은 막을 수 없다.

수소가스 용기에 대해서는 산화철의 미분 약 0.5g을 넣고 용기밸브를 급속하게 열어 수소가스를 분출시키면 산화철분의 대전에 의해 방전전극에 불꽃이 생기며 수소기류에 자연착화하는 것이 확증되었다.

식염전해 공장 등에서 과잉수소를 대기 중에 버릴 경우 가끔 폐기 수소가 자연착화하는 수가 있다. 뇌우(雷雨) 시에는 공전(空電)에 의한 자연착화도 있으나 눈 또는 진눈깨비가 내리는 일기일 때 많이 볼 수 있다. 山木皐에 의하면 일본의 일부지방에서 1950~1965년 사이에 17회의 폐기 수소의 착화가 있었다고 보고하고 있다. 착화 위치는 지상 약 10m의 방기통(放棄筒)의 출구이다. 그 중 5회는 공전때문이었으나 나머지는 공전때문이 아니었다. 모두 겨울의 눈이나 진눈깨비가 내리고 바람이 부는 날씨였다. 실험의 결과, 기온 0°C 전·후의 습한 설편(雪片)은 상당히 큰 전하를 가지며, 또 설편은 정·부(正負) 어느 것으로도 대전하여 있어서 설편사이의 방전에너지에 의하여 충분히 폐기 수소에 착화할 수 있다는 것을 알았다. 방기구(放棄口)에서 착화 중에 정전이 되면 전해조로 역화하여 폭발할 위험성이 있으므로 수소가스의 방출구를 2개소 설치하고 밸브조작으로 착화 시에 대체할 수 있는 대책이 필요하다.

수술대의 염화비닐제 시트 위에 펴놓은 모포(毛布)를 급하게 걷어내면 수술대는 약 5,000V로 대전한다고 하는 보고도 있다. 이런 것으로 마취용 ether흡입 중의 환자가 방전불꽃에 의한 가스 폭발로 치명상을 입은 사고가 보고된 바 있다.

택시 운전자가 지상에 내린 손님에게 잔돈을 주기 위해 좌측의 운전석에서 우측의 창구로 몸을 움직였을 때 의복과 의자와의 마찰에 의해서 대전하여 손님의 손과의 사이에 전기불꽃이 생기는 경우도 있다. 자동차가 새것이고, polyethylene 시트가 되어있는 경우에 일어나기 쉽다.

4.7.2 bag filter에서 발생한 화재사례

(1) 사고의 개요

dynamic dryer에 아스피린 알루미늄이 주성분인 약품의 과립을 투입한 직·후에 폭발하여, 문이 급하게 열리면서 문 잠금에 사용한 빗장이 비산하여서 2명의 부상자가 발생했다. 상자형 건조기로서 예비 건조된 과립 중의 무수 알코올을 건조시키기 위해 dynamic dryer의 하부에서 50°C의 온풍(溫風)을 강제 송풍하여 마무리 건소를 행하는 것이 목적인 장치로써 분체의 비산방지를 위해 bag filter가 설치되어 있었다.

(2) 추정원인

dynamic dryer에 채워지는 과립 중의 알코올은 약 1.7~2.0%로써 온풍은 하부에서 송풍된다. 따라서 초기 건조에는 알코올 증기가 가득 찰 가능성이 높다. 사용한 bag filter는 제전용 금속선을 넣어 짠 nylon제의 것이나, 도통(道通)불량 때문에 접지 불충분으로 된 것에는 상당한 정전기가 인정되고 filter의 외부에는 과립의 미세한 분말이 부유하고 있다. 그러므로 정전기의 방전에 의해 분진 폭발이 발생한 것으로 생각된다.

4.7.3 Filter 세정작업에서의 발화사고

(1) 사고의 개요

다음 그림 4.13에서 나타낸 바와 같이 도료를 여과(濾過)한 후, 여과기 내에 장착된 필터(polyprophylene제, 50μ)를 세정하기 위해 석유통에 toluene 약 10kg을 1m의 위치로부터 5kg 정도를 필터로 주입할 때 필터 내에서 펑하는 소리와 함께 오렌지색의 화염이 치솟았다. 화재는 곧 소화되었지만 필터의 외면(약 375cm^2)이 녹았다. 더욱이 작업자는 정전안전화를 착용하고, 작업면은 콘크리트로 되어있어 누설저항(漏泄抵抗)은 $10^6\Omega$이었다. 사고 시 필터는 외부 망과 함께 그림 4.14에 표시한 바와 같이 여과기 내에 장착되어 있었다. 그러나 외부 망은 teflon제의 O-ring으로 취부되어 있어 콘크리트와는 절연상태에 있었다.

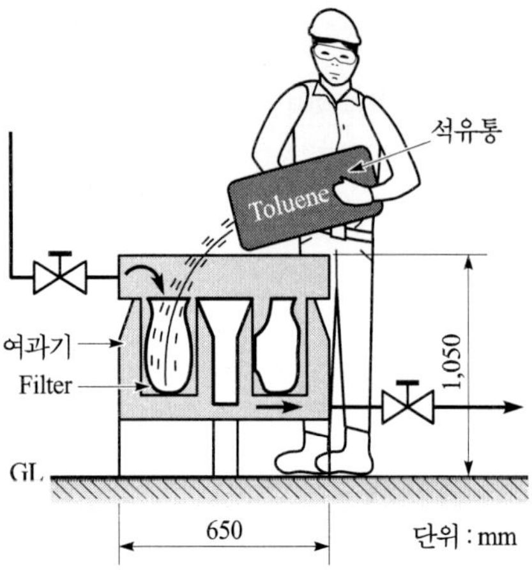

그림 4.13 발화사고를 일으킨 필터의 세정 작업

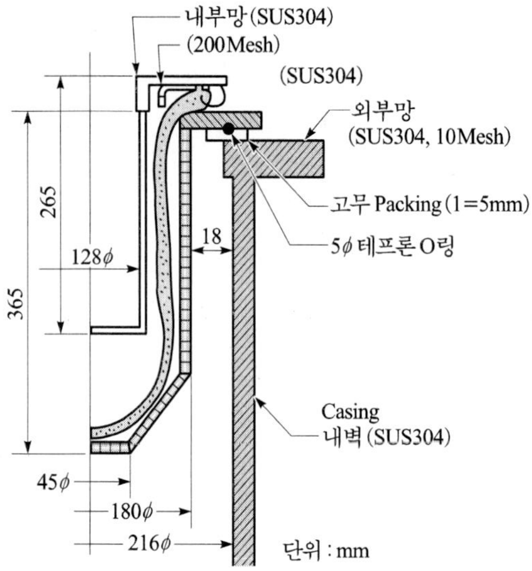

그림 4.14 여과기의 내부 구조

(2) 사고원인

그림 4.15에 나타낸 바와 같이 사고품과 동일한 filter를 설치한 외부 망(網)을 3각 스탠드로 세우고 클램프로 잡고 있다. 또 스탠드의 다리에 teflon(5mm 두께)을 깔고, 외부 망을 절연했다. 다음에 공업용 toluene 5kg을 석유통에 담고 필터 내에 투입해서 외부 망에서 발생하는 정전전압을 정전전압계(靜電電壓計)로 측정하고 외부 망의 대전에너지 W을 식 $1/2CV^2$으로 산출했다. 여기서 C는 외부망의 정전용량으로 그림 4.15의 위치에서 정전용량계로서 실측해보니 C=52[pF]였다. 실제 사용한 toluene은 사고 시와 동일한 것으로 그 물성은 표 4.4에 나타나 있다. 또한 실험중의 온도는 19°C, 상대습도는 70%로 사고 시와 동일한 조건이었다.

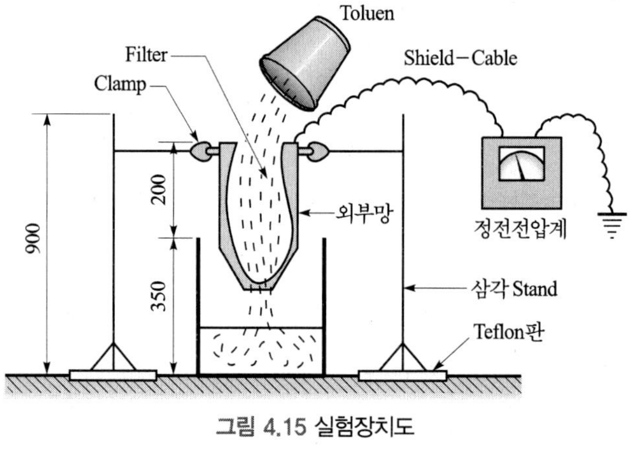

그림 4.15 실험장치도

표 4.5에 외부망의 정전전압 측정결과와 대전 에너지의 산출 결과를 표시했다. 표 4.5에 의해 본 사고의 원인은 toluene과 필터 및 외망의 마찰에 의해 정전기가 teflon제의 O-ring에 의해 절연상태로 된 외망에 대전해서 그 대전 에너지가 toluene의 최소발화 energy(0.2mJ)를 초과했기 때문에 외부 망으로부터 여과기 본체 케이싱으로 방전이 발생해서 toluene vapour에 착화한 것으로 추정된다.

표 4.4 공업용 Toluene의 조성과 물성표

조성 (Wt %)	Toluene	99.85
	비방향족 탄화수소	0.05
비중 (15/4℃)		0.875
인화점		6°C
도전율		5×10^{-12} S/m

표 4.5 외부망의 대전전압과 대전에너지

번 호	외부망의 대전전압(KV)	외부망의 대전에너지(mJ)
1	3.8	0.38
2	3.6	0.34
3	5 이상	0.65 이상
4	5 이상	0.65 이상

4.7.4 스펀지에 의한 용제 닦아내기 중의 화재

(1) 사고의 개요

pit의 작업면에 쏟아진 용제를 목재봉(木材棒) 끝에 스펀지를 감아서 닦아내고 이것을 포리바켈 위에 취부한 플라스틱제로 된 그릇에 눌러 짜면서 용제를 회수 중 pit 속에서 폭발 화재가 발생해서 화상을 입었다. 원인은 봉 끝에 스펀지 혹은 포리바켈 위에 플라스틱제 그릇을 취부하기 위해 쓰여진 철사가 유도대전해서 이것과 pit의 벽면과의 사이에서 발생한 방전으로 추정되었다. 유사한 재해로, 프로덕트 탱크를 세정하는 톨루엔을 나일론 로프로 매어단 바켓으로 퍼올리고 있을 때 cabin에서 화재가 발생, 작업자가 화상을 입은 재해가 있었는데 원인은 바켓에 취부한 나일론 로프로부터 용제를 훑듯이 짜내서 이것이 접지되어있지 않은 바켓에 모아져 바켓이 고전위로 된 것으로 추정되고 있다(그림 4.16 참조).

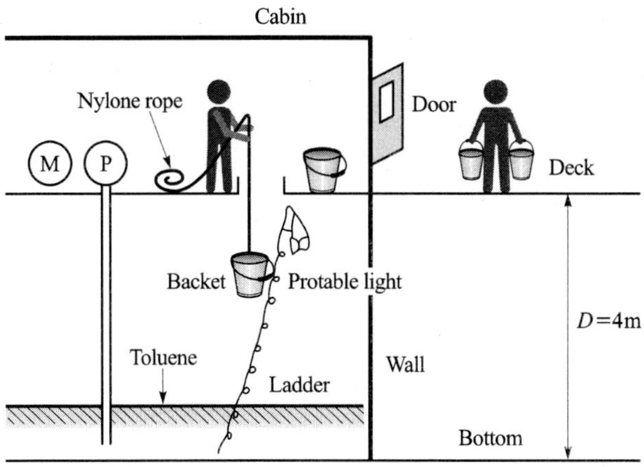

그림 4.16 바켓의 접지 불비에 의한 대전

(2) 사고의 대책

용제만으로는 설령 폭발한계에 달하지 않아도 용제를 머금은 스펀지, 분체 등은 방전 불꽃 등의 착화원이 큰 정전기(10^{-6}C/m^3 정도)로 대전하는 일이 있다. 또 대전한 스펀지, 용제, 포리바켓 등의 근방에 접지되어있지 않은 철사가 있다면 대전물체로부터 정전유도(靜電誘導)를 받아 철사는 정전용량이 작기 때문에(이 경우의 정전용량은 약 20pF) 높은 전위로 되어 방전이 발생하기 쉽다. 철사와 같은 도체가 아니고 절연성의 끈을 사용했어야 했다. 혹은 철사를 접지해야 했었다.

4.7.5 가구제작소의 정전 도장실의 화재(인체의 대전 사례)

(1) 사고의 개요

도료를 바꾸기 위해 runner를 세척 중 runner에 인화되어 도장실(塗裝室) 50m^2 완전히 태웠다.

(2) 추정원인

작업자가 바닥이 고무로 된 운동화를 신고 작업을 하였기 때문에 작업자가 대전하고, 기계에 접촉을 했을 때 인체와 기계와의 사이에 방전이 일어나서 runner의 용제증기에 착화했다고 생각된다.

4.7.6 실험실에서 벤젠을 여과할 때 발화(인체의 대전 사례)

(1) 사고의 개요

benzene 20ℓ를 여과지로서 여과한 후 손을 로-트에 가까이 가져가는 순간 발화했다. 여과는 다음과 같이 행했다. 목이 가는 유리제 플라스크를 콘크리트 바닥에 두고 스테인레스 로-트에 여과지를 놓고 벤젠을 여과지로써 여과하고 작업종료 후 플라스크를 한쪽 손으로 잡고 다른 손을 로-트에 가져갔다.

(2) 추정 원인

유리제 플라스크가 절연물이기 때문에 여과된 benzene 및 스테인레스 로-트에 반대 극성으로 대전했다. 이것을 양손으로서 접속하는 동작을 취했기 때문에 정전기 방전이 발생했다고 생각된다.

4.7.7 수지공장의 교반조(攪拌槽)에서의 발화

(1) 사고의 개요

300ℓ의 감압 Kneader중에 mineral spirit, 수지(樹脂), 백염화(白虎華)를 투입하여 교반을 시작한 후, 약 2시간을 경과했을 때 Kneader shaft부분이 적색상(赤色狀)으로 되었다. 이어서 폭발에 의해 뚜껑이 개방되고 약 30m의 화염을 발생시켰다.

(2) 추정원인

교반조에 투입된 수지는 미리 roller에서 roller반죽을 시킨 것으로, roller반죽 종료 직후, 교반조에 투입직전에 약 40~60kV로 대전하여 있었다.

교반작업 중의 대전상태로서는 교반조 벽에서 약 20kV, 중앙부에서는 약 60kV가 측정되어졌다.

정전기 외의 착화원으로서는 마찰과 누전을 생각할 수 있으나 전원earth, shaft bearing에는 이상이 없었으므로, 재실험을 했을 때 동일한 화재사고가 발생했다. 그러므로 원인은 정전기 불꽃으로 추정된다.

4.7.8 발포(發泡) Styrene paper공장의 사출(射出)nozzle에서의 발화

(1) 사고의 개요

styrene paper는 다음과 같은 공정으로 제조된다. 원료 polystyrene을 200°C로 가열하면서 발포제로서 n-butane을 주입하여, 압출기에서 압출하고 기름으로 냉각하면서 nozzle에서 사출, 냉각한 원통상의 발포styrene을 칼(knife)로서 잘라서 판상(板狀)으로 한다.

사출 nozzle에 이물질(異物質)이 혼입하여 균열눈금이 발생하였으므로 이것을 제거하고 다시 작업으로 들어갔으나, 작업이 원만하게 진행되지 않았으므로 사출되어 연화(軟化)한 styrene을 손으로써 찢어서 들어낼 때 발화했다.

(2) 추정원인

사출성형 시에 발생하는 정전기와 손으로서 styrene paper를 들어낼 때 발생하는 정전기에 의해 방전이 발생하여 발포제로 사용하는 n-butane에 착화한 것으로 생각된다.

4.7.9 석유 정제공장의 pump yard에서의 화재

(1) 사고의 개요

plant의 일부를 정기 보수하기 위해 운전을 중지하고, 계내(系內) 잔류물을 slop oil tank에 옮기고, 그 후 스팀을 불어넣어 탑 하부의 pump의 drain 제거 밸브를 개폐시켜 steaming의 drain을 마치고, 그 밖의 작업 진척상황을 점검 중에 pump yard에서 폭발이 발생했다. 작업자 2명이 중상을 입고 약 10분 후에 소화되었다.

사고현장에서는 drain을 마칠 때에 나오는 계내의 잔류 가스(C_3~C_5)의 혼합기체가 pump yard에 체류해 있었다.

(2) 추정원인

황화물(黄化物)의 자연발화, 고온물과의 접촉, 정전기 방전의 3가지가 착화원으로 생각될 수 있으나, 그때의 상황을 판단하면 정전기 방전이 가장 유력한 착화원으로 생각된다. pump yard에 체류하는 가스를 확산시키기 위하여 12kg/cm 압력의 스팀을 고무호스로서 분출시켰다. 호스 끝에서 발생하는 정전기는 pump yard의 상황에 따라서 불꽃방전을 발생시키는 것이 실험적으로 증명되었다.

4.7.10 유기합성공장의 butanol 합성장치에서의 화재

(1) 사고의 개요

butanol합성(축합 탈수에 의해 크로톤 알데히드를 만들고 그것에 수소 첨가하여 butanol화 한다)장치를 점검수리 후, 조작을 개시했을 때 화재가 발생했다. 수리개소는 decanter에 들어가기 전의 plate식 열교환기의 유입측 밸브류에서 밸브를 열기 시작했을 때, 공기 제거용 vent valve에서 알데히드가 누설하여 인화되어 화재가 발생했다.

(2) 추정 원인

밸브판이 불완전하였기 때문에 알데히드가 누설하였다고 생각된다. 누설개소 부근에서는 화기를 취급하는 설비가 없었으므로 누설가스의 분출대전이 원인이라고 생각된다.

4.7.11 고압 폴리에틸렌 제조공장의 폭발

(1) 사고의 개요

compressor실(ethylene gas를 압축하여 중합관에 보내는 장치)의 제3단 압축기의 토출측 filter valve, check valve, valve stand의 바닥 위에 있는 밸브의 flange간극에서 고압 ethylene gas가 분출하여 compressor실의 바닥으로 흘러나와 에틸렌과 공기와의 폭발성 혼합가스가 생성되어 폭발했다.

(2) 추정원인

반감기(半減期)가 긴 불순물(중합용 촉매)이 미반응의 회수 에틸렌과 함께 재순환되고, compressor에서 압축되는 장치이다. 때때로 사고 직전에 전원의 전압이 강화되고 high power compressor가 정지했으므로 토출측의 배관 내에 있었던 에틸렌가스가 중합반응을 일으켜 반응열에 의해 토출측이 고온으로 되어있었다고 생각된다.

그 후 전원이 복원되어 compressor가 재구동하면 압축 에틸렌 가스가 보내어지는 배관 내의 고온의 압축 에틸렌 가스가 자기분해발열 반응을 일으켜 밸브, 배관류를 내부에서 가열하였다고 생각된다. 그 후 보다 저온의 에틸렌 가스가 보내어져 배관, 밸브류가 냉각되어 flange에 누설 개소를 발생시켰다고 생각된다. 누설은 고압가스이기 때문에 분출 대전을 발생시켜 정전기 불꽃이 발생하였다고 생각된다.

4.7.12 Corn roof tark에서 sampling시의 화재

(1) 사고의 개요

Corn roof tank(benzene 10,000kl)의 roof에 있는 8B의 검량계측구를 열어 sampling 작업을 하던 중에 발화하여 14시간 30분간 연소했다. 화재 시의 상황은 다음과 같다.

검량계측구에서 길이 30cm의 steel tape자를 사용하여 계측하고, 그 후 sample채취 flask(황동제로서 크롬 도금된 직경 70mm, 길이 350mm의 것으로 추를 단 것)로서 기름면 아래의 2m의 위치에서 sample을 채취하여 flask 중의 벤젠 약 200cc를 탱크에 다시 부었다. 그 다음 제 2회째의 sampling을 행하기 위하여 감아올리는 핸들에 손을 갖다 대었을 때 발화하여 화염이 약 1m 발생했다. 그 후 검량계측구의 뚜껑을 닫았을 때 "꽝"하는 폭음과 함께 폭발했다.

(2) 추정원인

사고 직전에 다른 탱크에서 6B pipe로서 벤젠을 이송한 것으로서, 이동거리는 110m, 유속은 1.3m/s였다. 이송에 의해 대전한 벤젠을 sample채취플라스크로서 교반하였기 때문에 채취플라스크가 대전되었다. 채취플라스크는 절연성의 면(綿) 로우프로써 들어올려졌으므로 검량계측구 또는 검량작업자의 손(고무장갑 착용)과 채취플라스크와의 사이에서 접촉 시에 방전이 발생하여 연소범위에 있던 벤젠증기에 인화한 것으로 생각된다.

4.7.13 Toluene 저장소 탱크에서의 발화

(1) 사고의 개요

용량 500kl의 저장탱크에 제조 장치로부터 toluene 470kl를 파이프 이송 후 1시간을 경과했을 때, sampling용 man hole을 얻고, sampling용기(brass제로서 하부에 납으로 된 받침이 있다)를 넣었을 때 발화했다.

(2) 추정원인

toluene을 tank에 이송했을 때는 수천 volt의 정전기를 발생함으로써 탱크는 3개의 earth선으로 제전(除電)하도록 되어있었다. 그러나 정전기가 발생하여 있었으므로 sampling 용기가 탱크에 접촉하여 방전했을 때의 불꽃이 man hole개방에 의해서 공기가 탱크 내에 유입하고, 폭발한계에 도달한 가스를 착화시켰다고 생각된다.

Chapter

05

연소 및 폭발이론

5.1 연소의 전파

5.1.1 연소형식의 분류

일반적으로 가연성의 기체, 액체 또는 고체가 공기 중에서 연소할 경우에는 확산연소(擴散燃燒), 증발연소(蒸發燃燒), 분해연소(分解燃燒) 및 표면연소(表面燃燒)의 4종류의 연소형식 중 어느 것인가에 해당하게 된다.

(1) 확산연소

수소, 아세틸렌 등과 같은 가연성가스가 관 출입구에서 공기 중에 유출하여 연소하는 경우와 같이 가연성가스 분자와 공기 분자가 서로 확산에 의해 혼합되면서 연소범위 농도에 이르게 되어, 화염을 형성하면서 연소를 계속하여 가는 것으로 혼합연소와 동일한 연소 기구를 나타낸다. 이 확산연소의 경우에는 산소가 반응대에 들어간 부분만으로 반응이 진행하게 되는 것으로 불완전 연소에 기인하는 그을음(soot)이 자주 발생한다. 이에 비하여 혼합연소는 가연성 기체가 미리 산소와 혼합된 상태에서 연소하는 것으로 반응은 빨리 진행되고 온도도 높으며 화염의 전파속도도 빠르며 일반적인 폭발반응이 여기에 속한다.

(2) 증발연소

알코올, 에테르 등의 인화성액체의 연소에서 볼 수 있는 바와 같이 액체의 증발에 의하여 발생된 증기가 착화하여 화염을 생성하고, 이 화염의 온도에 의해서 다시 액체의 표면이 가열되어 액체의 증발을 촉진하면서 연소를 계속하여 가는 것이다. 연소반응 자체는 기체의 연소와 같이 취급할 수 있다. 나프탈렌, 유황과 같이 상온에서는 고체이지만 이들이 가열에 의해 승화하든가 또는 용융하여 증발하든가 하여 생성되는 증기가 연소하면 동일하게 증발연소를 행한다.

(3) 분해연소

목재, 석탄, 종이 등의 고체가연물 또는 유지와 같은 고비점의 액체가연물이 연소하는 경우와 같이 물질의 열분해를 동반하는 것이다. 예를 들면, 목재를 공기 중에서 가열하면 먼저 수분을 잃어서 건조되고, 다음으로 열분해를 일으켜서 가연성가스를 방출하고 이 가스에 착화하여 화염을 만든다. 이 화염온도에 의하여 더욱 목재의 열분해가 진행하여 연소를 계속하게 된다. 저융점의 고체파라핀, 밀랍 등도 분해연소를 일으킨다.

(4) 표면연소

예를 들면, 목재의 연소에서와 같이 열분해의 결과 탄화작용이 일어나는 경우 생성한 무정형 탄소의 고체표면에 있어서 공기와 접촉하는 부분에서 착화하여 "빨갛게 핀 숯불"을 만들어 연소가 계속된다. 박상(箔狀) 또는 분상(粉狀)의 금속, 예를 들면 Al-foil, Mg-ribbon 등의 연소도 여기에 속한다. 고체의 표면이 착화원에 의해 가열되어도 증발이나 분해를 일으키지 않고 표면만이 산화되어 고온으로 되는 경우가 있다. 이 경우는 화염을 내지 않고 조용히 탄다. 목탄의 연소에 있어서 고온의 경우에는 CO_2가스가 목탄의 탄소성분에 의해 환원되어 CO가스로 되고 이것이 연소하여 푸른 불꽃을 내는 경우를 볼 수 있다. 이와 같은 현상을 혼성연소(분해연소와 표면연소)라 한다.

이들의 연소형식을 그림으로 나타내면 그림 5.1과 같다.

위에서 설명한 (1), (2) 및 (3)의 연소의 경우에는 가연물이 기체, 액체, 고체로서 그것이 유출, 증발, 승화, 분해 등의 과정을 거쳐, 결국은 가연성의 기체 또는 증기의 연소에 속하는 것이다. 그러므로 이들 경우에는 언제나 화염(flame)이 형성된다. 그러나 (4)는 고체가 연소에 관여하는 것으로서 화염을 만들지 않는다. 액체는 용융한 금속의 표면연소와 같은 특수한 경우를 제외하고는 일반적으로 직접적으로 연소에 관여하는 것은 아니다.

그런데 가연성 물질이 연소하는 경우에는 가연성 물질과 연소를 지속시키는 공기 또는 산소와 접촉할 필요가 있고, 이 접촉의 방법으로 물질의 계면에서의 확산에 의해서 서로 혼합하는 경우와 처음부터 양물질이 혼합되어져 있는 경우가 있다.

위의 (1), (2) 및 (3)의 연소형식은 어느 것이나 확산에 의존하는 것으로서 이 경우의 화염은 모두 확산염(diffusion flame)이라고 한다. 이 경우의 연소의 전파속도는 양 물질의 확산속도에 지배를 받는다.

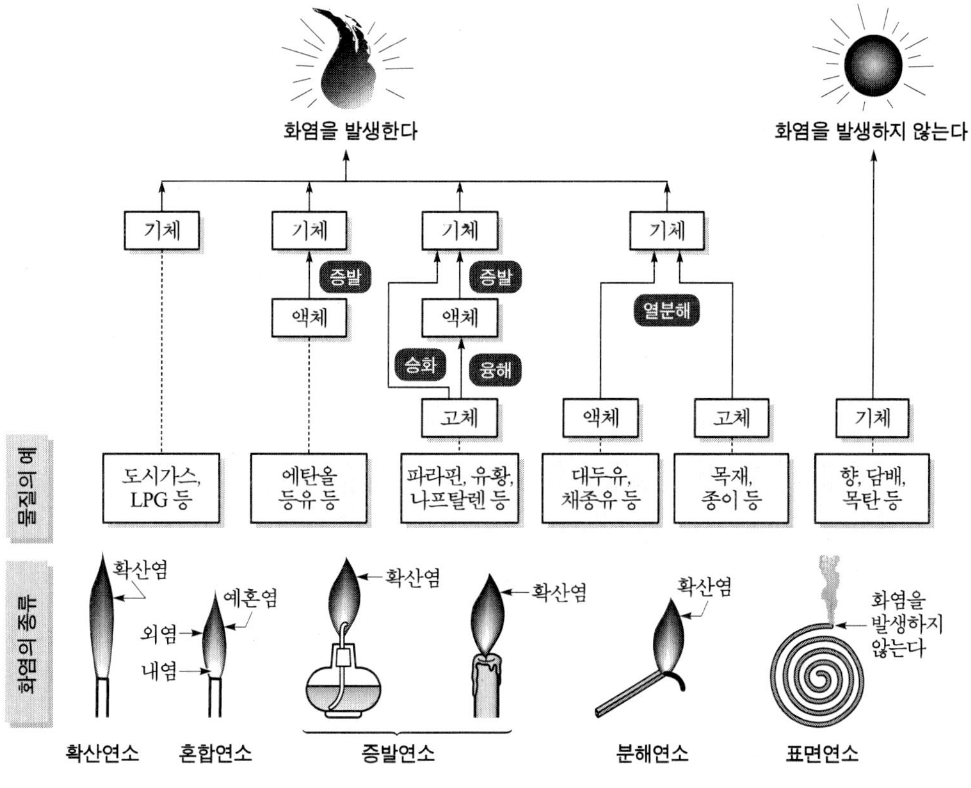

그림 5.1 연소의 형식

5.1.2 연소파(燃燒波)와 폭굉파(爆轟波)

가연성 가스에 적당한 공기를 미리 혼합하여, 그 농도를 폭발범위 내로 한 것은 확산의 과정이 생략되어진 것으로 전파속도는 매우 빠르다. 이러한 혼합가스에 착화하면 착화원에 있어서 국한된 반응영역이 형성되고 이것이 혼합가스 중을 전파되어간다.

그 진행속도는 가스 조성에 따라 다르나 대체로 0.1~10m/sec 정도이다. 이 반응영역을 연소파(combustion wave)라고 한다. 예를 들면, Jahn의 측정에 의하면 메탄·공기 혼합가스의 최대연소속도(CH_4 약 10%)는 0.35m/sec, 수소·공기 혼합가스(H_2 약 43%)에서는 2.7m/sec이다. 수소·산소 혼합가스(H_2 약 70%)에서는 약 9m/sec로 된다.

지금, 이 혼합가스를 관 출구에서 유출시켜 그 유속을 관내의 연소전파속도보다 크게 할 때는 관 출구에 정상적인 연소파가 형성된다. 예를 들면, bunsen등(灯)의 속불꽃이 이에 상당하고 속불꽃은 석탄가스와 공기와의 폭발성 혼합가스가 만드는 연소파 밖에 되지 않는다. 만약 가스의 유속이 연소전파속도보다 작게 되면 bunsen은 역화(逆化)를 일으켜서 연소파는 관내로 진행하게 된다.

이것에 대하여 bunsen등의 외부 불꽃은 속불꽃에 의해서 생성된 연소가스가 산소 부족으로 인해 그대로 가연성 가스(CO, H_2 등)를 함유하고 이것이 공기 중에서 다시 확산염을 만들어 연소하고 있는 것이다.

수소, 아세틸렌, 프로판 등의 가연성 공기 또는 산소와의 혼합가스는 착화하면 위에서 말한 연소파가 전파함으로서 가스혼합물은 아주 단시간에 연소하게 된다. 만약 이 혼합가스가 밀폐용기 속 또는 폐쇄된 곳에 존재할 때는 발생된 연소열 때문에 연소가스는 팽창하여 약 7~8kg/cm^{2}의 고압을 발생하여 기물(器物) 또는 건물을 파괴하게 된다. 이것이 소위 가스폭발이다.

다음으로 관내의 혼합가스의 한 지점에서 착화했을 때 연소파가 어떤 거리를 진행한 후 돌발적으로 연소전파속도를 증가하여 차례로 그 속도가 1,000~3,500m/sec에 도달하는 경우가 있다. 이와 같은 현상을 폭굉현상(爆轟現象, detonation phenomenon)이라고 한다. 이때 국한된 반응영역을 폭굉파(爆轟波, detonation wave)라고 하며, 폭굉파의 전파속도는 음속을 넘고 있는 것으로서 그 진행방면에는 충격파(shock wave)가 형성된다. 여러 가지 혼합가스에 대한 폭굉속도를 표 5.1에 나타낸다.

표 5.1 혼합가스의 폭굉속도(Laffitte)

가연성가스	혼합비(vol%)	공기 또는 산소	폭굉속도(m/sec)
C_2H_5OH	6.2	공기	1,690
C_2H_4	9.1	〃	1,734
CO	66.7	산소	1,264
CS_2	25.0	〃	1,800
CH_4	33.3	〃	2,146
C_6H_6	11.8	〃	2,206
C_2H_5OH	25.0	〃	2,356
C_3H_8	25.0	〃	2,600
C_2H_2	40.0	〃	2,716
H_2	66.7	〃	2,821

표 5.2 각종 기체의 폭발(연소) 한계 및 폭굉한계(25℃, 1기압)

가연성가스	폭발(연소)한계(%)				폭굉한계(%)			
	공기 중		산소 중		공기 중		산소 중	
	하한계	상한계	하한계	상한계	하한계	상한계	하한계	상한계
H_2	4.0	75	3.9	96	18.3	59	15	90
C_2H_2	2.5	100	2.3	95	4.2	50	3.5	92
CH_4	5.0	15.0	5.1	61	6.5	12	6.3	53
C_3H_8	2.1	9.5	2.3	52	–	–	3.2	37
C_2H_4	2.7	36	2.9	–	–	–	–	–
CO(습윤)	12.5	74.0	15.5	94	15	70	38	90
$C_2H_5OC_2H_5$	1.9	36	2.1	82	2.	4.5	2.6	40
NH_3	15	28	13.5	79	–	–	25.4	75

폭굉현상은 가연성 가스가 어떤 조성범위일 때 나타나고, 이것에는 하한계와 상한계가 있다. 표 5.2에서 나타내는 바와 같이 폭굉한계의 농도는 뒤에서 설명할 폭발한계의 안에 존재한다.

폭굉현상은 혼합물질에만 한정되는 것이 아니고 순수 물질에 있어서도 그의 분해열이 정으로 나타나면 폭굉을 일으키는 경우가 있다. 예를 들면 O_3, NO, hydrazine, azomethane, 고압하의 acetylene 등이 해당하며 표 5.3에 고압하의 acetylene의 폭굉속도를 나타낸다.

액체 또는 고체에 있어서도 분자 내에 충분한 산소량을 함유하는 것, 예를 들면 nitroglycerine, nitroglycol, trinitrotoluene, picric acid, hexanitrodiphenylamine 등과 같은 폭약류는 처음에 충분한 기폭작용을 주면 폭굉을 일으킨다. 또한 뇌홍(雷汞), 질화연(窒化鉛)과 같은 기폭제는 분자 내에 연소에 사용되는 산소를 함유하지 않으나, 부(負)의 생성열을 가지고 있으므로 근소한 충격을 주어도 폭굉을 일으켜 분해한다. 표 5.4에는 폭약류의 폭굉속도를 나타내고 있다.

표 5.3 고압하에서의 Acetylene의 폭굉속도(Berthelot–Le Chatelier)(C_2H_2 순도 98%)

압력[kg/cm^2]	폭굉속도[m/sec]
5	1,050
10	1,100
15	1,320
20	1,500
25	1,600

표 5.4 폭약류의 폭굉 속도(Stettbacher)

폭약 및 기폭제	폭굉 속도[m/sec]
질화연	5,300
뇌홍	5,400
trinitrotoluene	6,870
picric acid	7,260
nitroglycerine	8,625

앞에서 설명한 바와 같이 폭굉파는 언제나 충격파를 동반하고 있으나 충격파는 음파와는 달리 극히 파장이 짧은 단일압축파로 되어있으므로 식진하는 성질이 있다. 또한 충격파는 그의 진행방향에 고속유동층(高速流動層)이 존재하고 있기 때문에 이것이 물체에 충돌하면 아주 단시간이긴 하지만 강력한 충동적(衝動的) 압력을 미치게 하여 기계적인 파괴작용을 일으킨다. 예를 들면, 폭굉파의 음속이 3,000m/sec일 때 충동압은 최고 $1,000kg/cm^2$에 달한다고 한다. 폭발사고의 현장에서 멀리 떨어진 建物의 유리창이 파괴되는 것은 바로 이 効果에 의한 충격파의 직진작용 때문에 전신주, 나무 등에 차단되어 가려진 곳에서는 가려진 부분에만 파괴를 면할 수 있다.

연소파와 폭굉파에 대하여는 그의 전파속도가 이론적으로 연구되고 있다. 연소파의 전파속도식은 Mollard 및 Le Chatelier에 의하여 연구되었으며, 폭굉파의 이론에 대하여는 Chapman, Jouguet, Becker, Neumann, Daring, 後藤, 疋田 등에 의해 발전되었다. 이들의 이론에 대하여는 방화공학이나 방폭공학에서 상세히 알 수 있다.

여기서 연소와 폭발반응의 특징을 살펴보면 ① 일정한 방향으로 향하여 진행하여 가는 한정된 반응영역이 형성된다는 것, ② 한번 발화하면 그 반응은 자동적으로 계속되는 것, ③ 이 반응이 성립하려면 온도, 압력, 조성, 발화에너지 등에 한계치가 존재하는 것 등을 열거할 수 있다.

5.2 폭발한계(연소한계)

폭발(연소)이 산화반응인 이상, 가연성 물질과 산화제인 지연성 가스와의 조합조성(組合組成)이 하나의 중요한 인자가 된다. 이것이 폭발한계(燃燒限界)라고 불리워지는 것으로 가연성의 기체 또는 액체의 증기와 공기와의 혼합물에 점화했을 때 화염이 전체에 전파하여 폭발을 일으키는 가스의 농도한계로서 정의된다. 즉, 수소 또는 메탄과 같은 가연성가스와 공기를 혼합했을 때 가연성가스의 농도가 어떤 한계 이하일 때는 아무리 강력한 에너지를 주어도 발화하거나 폭발(연소)하지 않는다.

다시 말하면, 가연성 가스의 농도가 너무 낮아도 너무 높아도 화염의 전파가 일어나지 않게 되는 농도한계가 나타난다. 농도의 낮은 쪽을 폭발하한계(爆發下限界), 높은 쪽을 폭발상한계(爆發上限界)라 부르며, 그 사이를 폭발범위(한계, explosive limits), 연소한계 또는 가연한계라 한다. 일반적으로 균일계(均一系)의 경우 부피 %, 불균일제(不均一系)의 경우에는 mg/l(또는 g/m^3)로서 나타낸다.

이와 같은 한계가 존재하는 이유로서는 반응계 중에 있는 가연성 가스의 분자와 산소분자의 수가 상대적으로 한쪽이 과잉으로 되면 유효충돌수(有効衝突數)가 감소하고 비록 충돌하여도 그 충돌에너지는 주위에 흡수 또는 방산되기 때문에 반응의 진행이 방해를 받게 되기 때문이다.

한편, 가연성액체가 증발하여 기체로 된 경우도 동일한 한계농도(限界濃度)가 존재한다. 가연성의 기체와 공기 중의 산소가 완전히 과부족 없이 연소반응을 완결시킬 수 있는 농도를 화학양론농도(化學量論濃度, stoichiometric concentration)라고 하나 가연성기체의 혼합농도가 이 부근의 농도이면 연소나 폭발이 가장 일어나기 쉽고, 또 폭발의 격렬한 정도도 크다. 그래서 혼합농도가 한계농도에 가까이 감에 따라서 연소·폭발이 일어나기 어렵게 되고 격렬함도 작아져서 마침내는 어두운 장소에서 조금 보일정도의 약한 화염이 천천히 혼합기체 중을 이동한다. 왜 이와 같이 약할까 하는 것은 한계농도 부근의 산화반응에서는 발열량이 작아 방산(放散)열량에 가깝기 때문에 온도가 올라가지 않고 반응은 빨리 진행되지 않기 때문이다. 화학양론농도 부근에서는 발열량과 발열속도가 아주 큰 반면 방산열량이 그 정도로 크지 않기 때문에 기체의 온도가 급상승하고 격렬한 연소로 되며, 경우에 따라서는 폭발에까지 이른다. 폭발하한계 농도가 작은 것과 폭발범위가 넓은 것은 쉽게 연소조성을 만들기 때문에 위험성이 크다고 할 수 있다.

앞의 표 5.2에 대표적인 몇 종류의 물질의 폭발(연소)한계를 나타냈으며, 이것은 측정자, 측정법에 따라 다소 차이가 있으나, 혼합계의 상태가 주어지면 정해지는 값으로 일종의 물리정수이다.

산화반응은 계의 온도와 압력에 의존하는 정도가 강하기 때문에 폭발범위 또는 연소한계라고 하는 수치를 사용할 때는 이와 같은 조건의 의존성을 인식한 후에 사용하지 않으면 안 된다.

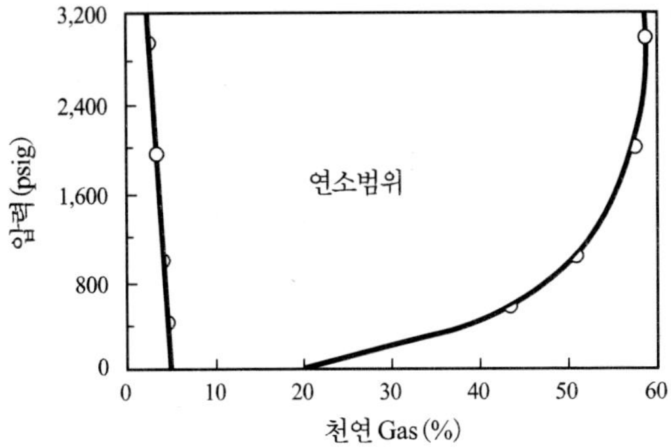

그림 5.2 천연gas–공기 혼합기체의 폭발(연소)한계(대기압 이상)

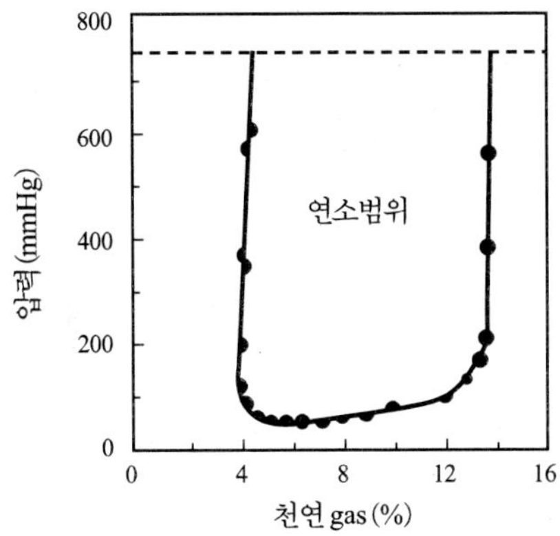

그림 5.3 천연gas–공기혼합기체의 폭발(연소)한계(대기압이하)

압력의 폭발한계에 미치는 영향은 그림 5.2와 그림 5.3에 천연가스(주성분은 메탄)와 공기의 혼합물에 대한 실측결과를 나타냈다. 여기에서 알 수 있는 바와 같이 소수의 예외를 제외하고는 압력의 증가에 따라 상한계는 현저히 증가하나, 하한계는 큰 변화가 없는 것이 보통이다. 그리고 압력이 저하하면 폭발범위는 좁게 되어 결국에는 양 한계가 일치하게 된다. 이 일치점이 압력한계로서 탄화수소–공기 혼합물의 경우는 약 30mmHg 부근이다.

한편 온도의 영향에 대하여는 메탄과 공기 혼합물에 대한 실측결과를 그림 5.4에 나타냈으며, 이 경우에도 온도의 상승과 함께 폭발(연소)범위는 넓게 되는 경향이 있고 직선에 가깝게 변화하고 있는 것은 주목해야할 것이다. 이와 같이 온도에 의한 변화를 정성적으로 표현하면 다음 식과 같이 나타낼 수 있다.

$$C_{\ell t} = C_{\ell} \times \{1 - 721(\mathrm{t} - 25°\mathrm{C})/10^6\} \quad (5.1)$$

$$C_{ut} = C_{u} \times \{1 + 721(\mathrm{t} - 25°\mathrm{C})/10^6\} \quad (5.2)$$

여기서, $C_{\ell t}$, C_{ut} : t°C에 있어서 폭발하한계 및 상한계

C_{ℓ}, C_{u} : 25°C에 있어서 폭발하한계 및 상한계

또한 혼합가스 중 지연성 가스로 공기 대신 산소를 사용했을 때의 영향을 보면 앞의 표 5.2에서 알 수 있는 바와 같이 산소 중에서는 폭발범위가 넓어지며, 극단의 경우에는 공기 중에서는 연소하지 않으나 산소 중에서는 폭발적으로 연소하는 경우가 있다.

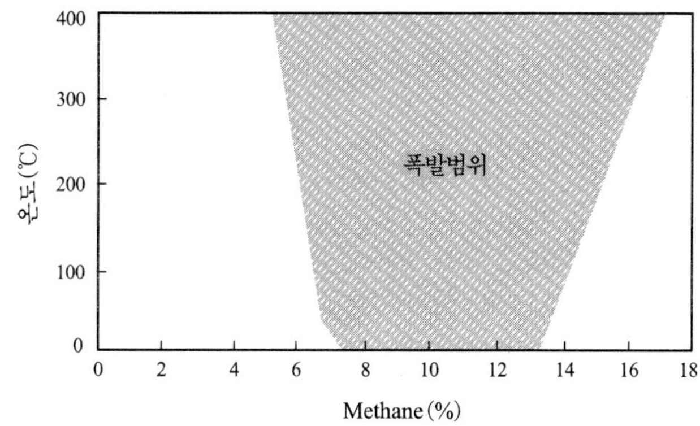

그림 5.4 연소한계에 대한 온도의 영향

5.2.1 연쇄반응 이론에 의한 폭발하한계의 설명

일반적으로 연소반응은 화학동력학적으로 보면 연쇄반응(chain reaction)의 형식으로 진행하는 것이라고 생각된다. 이 연쇄의 하나의 반응을 소반응(elementary reaction)이라고 한다.

지금 혼합가스 중을 진행하고 있는 연소파를 생각하면 연소반응이 연쇄적으로 진행하고 있고 파면(波面) 자신은 앞쪽으로 이동하여 간다. 이 파면상의 소반응은 다음의 일반식으로 표현된다.

$$A + B \rightarrow C + D + Q \tag{5.3}$$

여기서 A와 B는 반응물질, C와 D는 생성물질, Q는 반응열(Kcal/mol)이다. A, B, C 및 D는 반드시 안정한 분자로만 있는 것은 아니고, 원자 또는 유리의 라디칼(radical)로 존재하는 경우도 있다. 이 소반응의 반응 전·후에 있어서의 에너지 수준은 그림 5.5와 같이 생각할 수 있다. 그림에서 I는 반응계($A+B$)이며 이것에 어떤 활성화 에너지 E(Kcal/mol]가 주어져서 활성화상태 II로 되고 반응을 마치면 III의 생성계($C+D$)로 된다. 이때 방출되는 에너지를 W[Kcal/mol]라 하면 식 (5.3)의 반응열 Q는

$$Q = W - E \text{ 또는 } W = Q + E \tag{5.4}$$

로 되고, 연소파의 파면에 있어서 소반응(素反應)의 밀도를 n이라 하면, 단위체적당 방출에너지는 nW로 된다.

연소파가 지속하기 위해서는 이 방출에너지를 사용하여 다음의 새로운 소반응에 활성화에너지를 주지 않으면 안 된다. 이 활성화는 어떤 확률을 가지고 행하여지는 것으로서,

활성화의 확률을 $\alpha(\alpha \geq 1)$로 하면 단위체적당에 2차적으로 활성화되어 얻는 소반응의 수는 αnW/E이다.

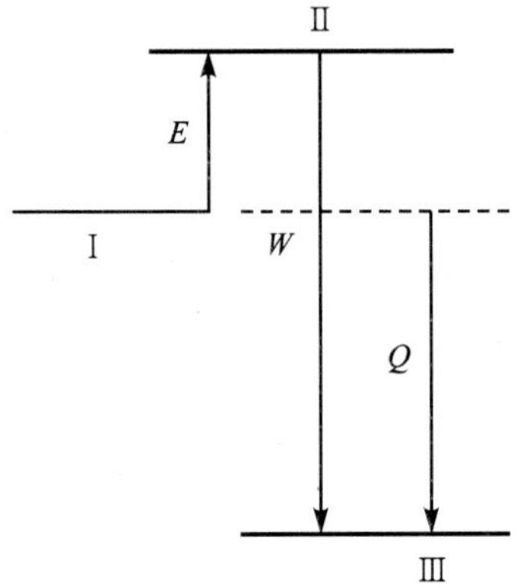

그림 5.5 소반응의 energy 변화

이 2차반응의 결과 다시 방출되는 에너지는 αnW^2/E로 된다.

따라서 1차와 2차의 반응에 의한 방출에너지의 비를 β로 하면

$$\beta = \alpha n\, W^2/E/n\, W/E = \alpha\, W/E = \alpha(1+Q/E) \tag{5.5}$$

를 얻는다. 그런데 연소파가 자동적으로 계속되기 위하여는 $\beta \geq 1$인 조건을 만족하지 않으면 안 된다. 따라서 연소파의 자속(自續)의 한계조건은 β=1이다. 즉,

$$\alpha(1+Q/E)=1 \tag{5.6}$$

다음으로 폭발하한계에 있어서 가연성 가스의 농도를, x(vol %)라 하면, 활성화의 확률 α는 x에 정비례하는 것으로 가정할 수 있으므로

$$\alpha = kx \tag{5.7}$$

로 되고, 여기서 k는 상수이다. 그러므로 다음 식을 얻을 수 있다.

$$1/x = k(1+Q/E) \tag{5.8}$$

$$\fallingdotseq kQ/E$$

이것이 폭발하한을 나타내는 식으로 하한 x는 반응열 Q와 활성화에너지 E와의 관계를 가지고 있는 것을 알 수 있다.

만약 활성화에너지 E가 대체로 같은 값을 갖고 있는 가연성가스 사이에서는 근사적으로 다음 식이 성립한다.

$$x \cdot Q = \text{constant} \tag{5.9}$$

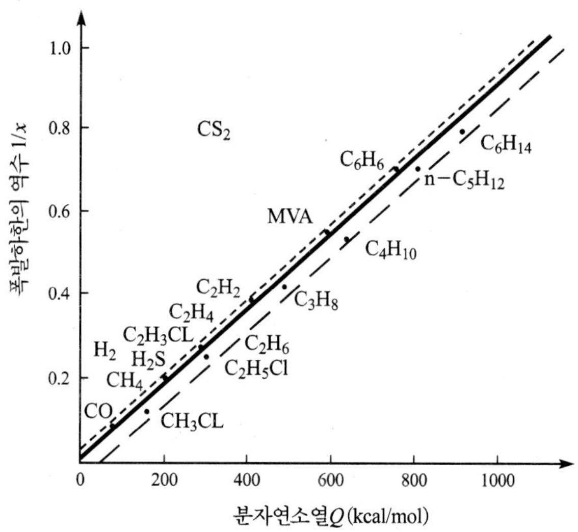

그림 5.6 분자연소열과 폭발하한계의 관계

표 5.5 포화탄화수소의 폭발한계

물질 명	화학식	분자량	비중 (공기=1)	C_{st}	ΔH_c (Kcal/mol)	공기 중의 폭발하한계			공기 중의 폭발상한계			$\Delta H_c L_{25}$	$4.8\sqrt{C_{st}}$
						L_{25} (vol%)	L_{25}/C_{st}	L (mg/l)	U_{25} (vol%)	U_{25}/C_{st}	U (mg/l)		
methane	CH_4	16.4	0.55	9.48	191.8	5.0	0.53	38	15.0	1.6	126	959	14.7
ethane	C_2H_6	30.07	1.04	5.65	341.3	3.0	0.53	41	12.4	2.2	190	1024	11.4
propane	C_3H_8	44.09	1.52	4.02	488.5	2.1	0.52	42	9.5	2.4	210	1025	9.6
butane	C_4H_{10}	58.12	2.01	3.12	6354	1.8	0.58	48	8.4	2.7	240	1144	8.49
pentane	C_5H_{12}	72.15	2.49	2.55	782.0	1.4	0.55	46	7.8	3.1	270	1094	7.63
hexane	C_6H_{14}	86.7	2.98	2.16	928.9	1.2	0.56	47	7.4	3.4	310	1114	7.05
heptane	C_7H_{16}	100.20	3.46	1.87	1075.8	1.02	0.56	47	6.7	3.6	320	1129	6.57
octane	C_8H_{18}	114.23	3.94	1.65	1222.8	0.95	0.58	49			1161	6.57	
nonane	C_9H_{20}	128.25	4.43	1.47	1369.7	0.85[1)]	0.58	49			1164		
decane	$C_{10}H_{22}$	142.28	4.91	1.33	1516.6	0.75[2)]	0.56	48			1137		
dodecane	$C_{12}H_{26}$	170.33	5.88	1.12	1810.5	0.60	0.54	46			1086		
tetradecane	$C_{14}H_{30}$	198.38	6.85	0.97	2104.3	0.50	0.52	44			1052		

C_{st}는 공기 중의 화학량론농도(x_o), ΔH_c는 발열량(분자연소열, Q), L은 연소하한계(x_1), U는 연소상한계(x_2)

주) 1) : t = 43℃, 2) : L = 53℃

이 식에서 하한 x는 가연성가스의 분자연소열 Q와 근사적으로 반비례하고 있는 결과로 된다. 바꾸어 말하면 분자연소열이 큰 것일수록 하한계가 낮다.

실제에 있어 탄화수소류의 연소반응에 있어서는 대체로 활성화에너지 E의 값이 공통적으로 된다고 볼 수 있고, 그림 5.6에 나타낸 바와 같이 분자연소열 Q와 하한의 역수(逆數) $1/x$과의 사이에는 거의 직선에 가까운 관계가 있다는 것이 확인되어졌다.

실제적으로 탄화수소류에 있어서 $x \cdot Q/100 \fallingdotseq 11{,}000$cal로 되고, 이 값은 하한계의 폭발성 혼합가스 22.4ℓ(S.T.P)가 갖는 연소열에 상당한다.

식(5.8)의 관계를 서로 아주 유사한 탄화수소계의 가스에서 적용시킬 때 이를 Burgess-Wheeler의 법칙이라고도 하며, 연소의 하한계는 화염이 전파하여 얻는 최저농도이므로 화염의 온도도 이때는 최저치로 된다. 이 최저의 화염온도는 가스의 연소열에 관계가 있고 서로 유사한 탄화수소계의 가스에서는 폭발하한계의 농도(vol %) x와 그의 연소열(Keal/mol) Q의 곱은 거의 일정하게 된다는 것이다. 이와 같은 관계로 포화탄화수소에 대한 연소열을 알면 연소하한계가 계산에 의해 추정될 수 있다.

표 5.5에 paraffin계 탄화수소에 대한 $x \cdot Q$를 계산한 값을 나타내었다.

5.2.2 Le Chatelier 법칙의 설명

두 종류 이상의 가연성가스 또는 증기의 혼합물의 폭발한계를 실측에 의하지 않고, 계산에 의하여 구하는 방법에는 Le Chatelier의 법칙이 사용되어지고 있다.

이 법칙에 의하면 가연성 가스 또는 증기의 종류를 A, B라 하고 그들의 단독가스의 폭발하한을 각각 $x_a, x_b, \cdots$ [%]라 하면, 이들 혼합 가연성가스의 폭발하한 x_m[%]는 다음 식으로 나타내어진다.

$$x_m = \frac{1}{n_a/x_a + n_b/x_b + \cdots} \tag{5.10}$$

여기서 $n_a, n_b, \cdots$는 각각 $A, B, \cdots$의 혼합 mol비로서

$$n_a + n_b + \cdots\cdots = \sum n_i = 1 \tag{5.11}$$

이다.

동일한 방법으로 단독가스의 폭발상한을 각각 $x_a', x_b', \cdots$[%]라 하면 혼합 가연성가스의 폭발상한 x_m'[%]는

$$x_m{}' = \frac{1}{n_a/x_a{}' + n_a/x_b{}' + \cdots} \quad (5.12)$$

로서 나타내어진다. 그러나 상한의 계산치는 그다지 정확하지 못하다.

예제 1

ethylether와 ethylalcohol과의 3:1의 혼합증기의 폭발한계를 구하는 방법으로는 n_a = 0.75, n_b = 0.25로 두고, 단일 물질의 폭발한계치로부터 x_a = 1.9%, x_b = 4.3% 및 $x_a{}'$ = 48%, $x_b{}'$ = 19%를 찾아서 위 식에 대입하여 다음과 같이 x_m과 $x_m{}'$가 구해진다.

$$x_m = \frac{1}{0.75/1.9 + 0.25/4.3} = 2.2\ \%$$

$$x_m{}' = \frac{1}{0.75/48 + 0.25/19} = 34.7\%$$

이 Le Chatelier의 법칙은 실험식이나 이것을 앞에서 기술한 폭발한계를 나타내는 이론식 (5.8)을 사용하여 증명하여 보자.

여기서 식 (5.16)을 다시 쓰면

$$1/x_m = n_a/x_a + n_b/x_b + \cdots\cdots = \sum n_i/x_i \quad (5.13)$$

로 된다.

혼합 가연성가스 및 그 성분가스에 대하여 각각 식(5.8)이 적합하다고 생각하면 식 (5.13)의 좌변 및 우변은 각각 다음과 같이 쓸 수 있다.

$$1/x_m = k_m(1 + Q_m/E_m) \quad (5.14)$$

$$\sum n_i/x_i = \sum n_i k_i(1 + Q_i/E_i) \quad (5.15)$$

여기서, k_m, Q_m, E_m 및 k_i, Q_i,=E_i는 각각 혼합 가연성가스 및 그의 성분가스에 대한 비례상수, 분자연소열, 활성화에너지를 나타낸다.

그런데, $\sum n_i$=1, $\sum n_i Q_i = Q_m$ 이므로 만약 각 성분가스에 있어 k_i와 E_i가 공통적으로 같고, 각각 k_m과 E_m와 동일한 값을 가진다고 가정하면 식 (5.15)는 식 (5.14)와 완전히 동일한 식으로 된다. 이것은 Le Chatelier의 법칙에 어긋나지 않는다.

바꾸어 말하면, Le Chatelier의 법칙은 어떠한 가연성가스 또는 증기라도 동일하게 적용되어지는 것이 아니고, 단지 활성화에너지 E와 활성화확률의 비례상수 k가 같은 가스성분으로 되는 혼합물에 대하여만 적용된다는 것을 알 수 있다. 예를 들면, 종래부터 Le Chatelier의 법칙은 탄화수소의 혼합물에 대하여는 아주 적합하고, 수소 등을 함유하는 혼합물의 경우에는 적합하지 못한 것은 이 때문이다.

또한 Burgess.Wheeler의 법칙에 잘 따르는 물질은 Le Chatalier의 식에 잘 따른다.

5.2.3 폭발한계와 연소열과의 관계

앞에서 근사식으로 $1/x \fallingdotseq kQ/E$를 얻었다. 여기서 x는 가연성가스의 폭발하한을 vol% 단위로서 나타낸 것이나, 여기에서 y를 사용하여 폭발하한을 mg/l 단위로 나타내고, 양자의 관계를 구하면 20°C에 있어서 다음 식과 같이 된다.

$$\begin{aligned} \mathrm{y} &= \frac{x}{100} \times 1000\mathrm{M} \times \frac{1}{22.4 \times \dfrac{273+20}{273}} \\ &= x \cdot M/2.4 \end{aligned} \tag{5.16}$$

여기서, M은 가연성가스의 분자량이다.

이 식을 역수로 하여 위의 식(5.8)을 대입하면,

$$1/\mathrm{y} \fallingdotseq 2.4k \cdot Q/ME$$

이 되고, Q는 분자연소열이며 M은 분자량이므로

$$Q/M = \mathrm{q} \tag{5.17}$$

q는 가연성 가스 1g당의 연소열에 해당한다. 결과적으로 $2.4k = k'$ 두면 위 식은

$$1/\mathrm{y} \fallingdotseq k' \cdot \mathrm{q}/E \tag{5.18}$$

로 된다. 이 식은 앞의 식(5.8)과 완전히 같은 형이다.

식(5.8)에 있어서 Q는 분자연소열(Kcal/mol]이었으나, 식(5.18)에 있어서 q는 물질 1g당의 발열량(Kcal/g]을 나타내고 있다. 탄화수소류를 예로 들면 이들의 분자연소열 Q는 탄화수소의 결합 chain의 길이에 따라서 다른 값을 가지나, 한편으론 1g당의 연소열 q는 대체적으로 같은 값을 가진다. 즉, 연소열을 발열량으로 표시하면 q = 10~11Kcal/g로서 거의 일정하다.

그러므로 만약 이들 탄화수소류에 있어서 활성화에너지 E도 공통의 값을 가진다고 가정하면 식(5.18)의 우변은 일정한 값을 갖게 되고, mg/l 단위로 나타낸 이들의 폭발하한계치 y는 모두 동일하지 않으면 안 된다.

실제적으로 가연성 물질의 폭발한계표를 보면 지방족 탄화수소와 방향족 탄화수소에 있어서 mg/l의 단위로 나타낸 이들의 폭발하한치 y는 모두 아주 가까운 값을 나타내고, 대체적으로

$$y = 40\sim45\text{mg}/l$$

의 사이에 있다. 이것은 기억하여 두는 것이 아주 편리할 때가 많다.

분진폭발(粉塵爆發)에 있어서도 똑같은 관계가 성립하고, 일반적으로 분체(粉體)의 폭발하한계(g/m^3의 단위)가 대체로 이것과 같은 값을 가지는 것도 분진 폭발한계표를 보면 알 수 있다.

다음으로 식 (5.16)을 식 (5.9)에 대입하면

$$y \cdot q = \text{constant} \tag{5.19}$$

을 얻는다. 여기서 y・q는 하한계 농도를 가지는 폭발성 혼합가스 1m^3당의 발열량을 나타낸다. 식 (5.19)는 앞에서의 y 및 q의 값을 대입하면

$$y \cdot q = 400\sim500\ \text{Kcal/m}^2$$

를 얻는다. 바꾸어 말하면 폭발하한계라고 하는 것은 혼합가스의 단위 체적당의 발열량이 일정한 한계치에 도달하는데 필요한 가연성가스의 농도라고 할 수 있다.

일반적으로 가연성가스 또는 증기의 폭발하한계의 값은 실측에 의하면 그것이 공기중에 있어서나 산소 중에 있어서 거의 차이가 없다. 또한 공기의 일부를 점차 질소로 희석하여 가도 그중에 산소농도가 일정의 한계치 이하로 될 때까지는 폭발하한계의 값에는 거의 변화가 없다. 연소하한계(lower explosion limit)에 있어서 산소는 연소하는데 과잉으로 존재한다. 건조공기는 질소를 79.05% 함유하므로 질소와 공기는 열전도도, 열용량, 분자량 등이 비슷하다. 그러므로 질소가 약간의 공기로 치환되어지더라도 화학양론 조건에 도달될 때까지 연소하한계(L.E.L)에서의 발열량은 일정하다. 즉, y・q = constant가 화학양론 조건까지 지속된다. 예를 들면, 아세틸렌은 혼합가스 중에 산소농도가 8% 이상 있으면 산소농도에 관계없이 항상 하한계는 약 2.5%로서 변하지 않는다. 이 사실은 식 (5.19)에서 용이하게 유도하여 얻어지는 결론이다.

폭발한계의 온도의 영향에 대하여는 그림 5.3에서 나타내고 있으나 폭발한계의 측정방법에 따라 다르고, 화재의 상방전파의 경우에는 그다지 영향이 없고 하방전파의 경우에는 심한 영향을 받는다. 후자에 있어서는 일반적으로 온도가 상승함에 따라서 하한계는 저하하고 상한제는 상승하여 결국 폭발범위는 확대된다.

5.3 인화점의 이론

인화점이란 가연성 액체의 액면(液面)가까이에서 인화하는데 충분한 농도의 증기를 발산하는 최저온도를 말한다. 따라서 인화점은 혼합가스의 폭발하한과 밀접한 관계를 가지고 있다.

일반적으로 가연성 액체는 그 온도에 상당하는 일정한 증기압을 가지고 있으므로 액면부근에서는 증기압에 상당하는 증기농도가 존재한다. 액체를 가열하여 갈 때에 액면부근의 증기농도가 바로 그 증기의 폭발하한에 도달하였을 때의 온도가 인화점이다.

金原壽郎에 의하면 인화성액체를 넣은 접시를 점차 냉각하면서 연면연소(沿面燃燒)의 연소속도를 측정했을 때 온도와 연면연소의 연소속도와의 곡선에서 외삽법에 의하여 연소속도가 0이 되는 온도를 구하여 이것을 그 액체의 인화점으로 했다. 이 측정치는 표 5.6에서 나타내는 바와 같이 종래의 밀폐식의 인화점 시험기에 의한 실측치와 대체로 일치한다.

따라서 액체의 증기압곡선과 증기의 폭발하한이 주어져 있으면 인화점은 이들의 값에서 계산에 의해 구할 수 있다.

가연성 액체의 증기압을 P, 절대온도를 T라 하면 일반적으로

$$dl_nP/dT = \lambda_T/RT^2 \tag{5.20}$$

라고 하는 관계가 있다.

여기서, λ_T는 온도 T에 있어서 액체의 분자증발열이다. 이것을 적분하면 비교적 좁은 온도 범위에 있어서는

$$l_nP = A - \lambda_T/RT \tag{5.21}$$

또는

$$\log P = \mathrm{a} - \mathrm{b}/T \tag{5.22}$$

가 성립한다. 여기서 A, a, b는 모두 정수이다. 따라서 증기압 P의 대수와 절대온도 T의 역수와는 서로 직선적 관계가 있다.

그림 5.7과 그림 5.8은 여러 가지 인화성 액체의 증기압의 대수를 횡축에, 절대온도의 역수를 편의상 섭씨온도 눈금으로 하여 종축에 취하여 나타낸 증기압곡선이며, 각각 거의 직선이다.

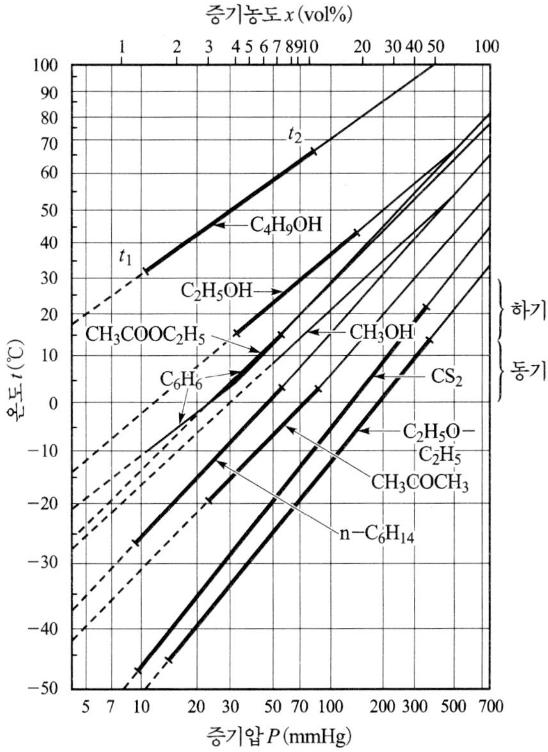

그림 5.7 인화성 액체의 증기압 곡선과 인화점

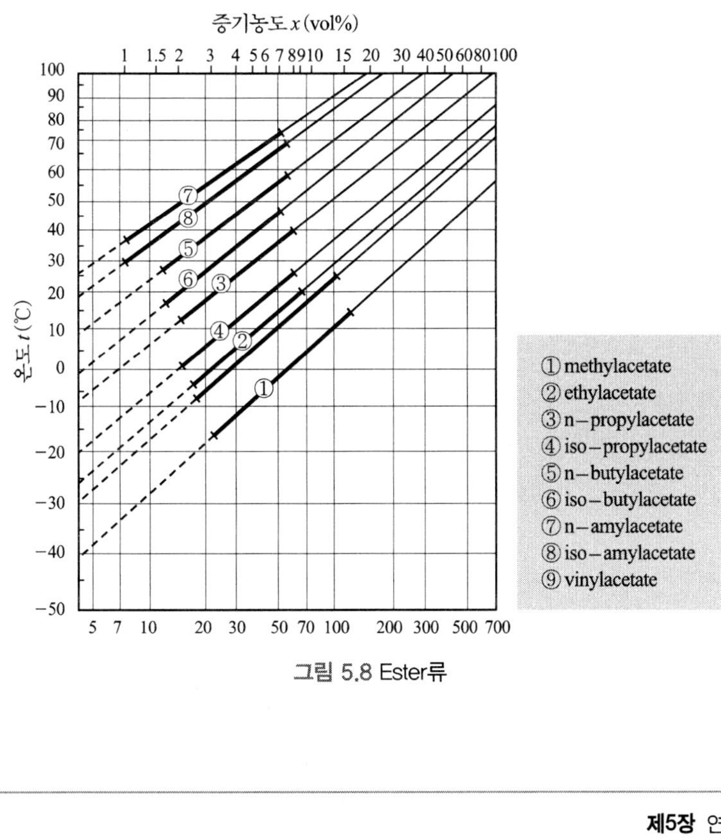

그림 5.8 Ester류

그림의 증기압을 나타내는 직선에서 각 가연성 액체의 인화점을 구할 수 있다. 예를 들어, 에틸알코올의 인화점을 그림을 이용하여 구하여 보자. 에틸알코올 증기의 공기 중에 있어서의 폭발하한은 x=4.3%이다. 이 농도에 상당하는 증기의 분압 P[mmHg]는 일반적으로

$$P=7.6x\,(\because x=P/760\times100) \tag{5.23}$$

로 주어지므로 P=32.6mmHg로 된다. 그림 5.7에서 이 증기압에 상당하는 온도를 구하면 t=14℃를 얻는다.

에틸알코올의 밀폐식 시험기에 의한 인화점의 측정치는 표 5.6에서 13°C이고 이 계산치에 가깝다. 그림 5.7의 각 곡선상의 t_1은 이와 같이 하여 구한 인화점이다.

인화성 액체가 예를 들면, 저장탱크, 드럼관, 석유관 등의 밀폐용기 내에 저장되어져 있는 경우에는 용기 내의 공간부분은 액체의 증기압에 상당하는 농도의 증기와 공기와의 혼합가스에 의해 채워져 있다. 용기의 온도가 낮아 액체의 인화점 이하의 경우는 용기 내부의 혼합가스는 하한 이하의 농도이므로 인화의 위험은 없다.

그 후 용기의 온도가 인화점 이상에 이르면 용기 내부의 혼합가스의 농도는 폭발 범위 내에 들어간다. 따라서 만약 용기 뚜껑의 구멍이나 저장탱크의 통기공 등에서 인화되면 연소파는 용기 내부로 전파하여 격렬한 가스폭발을 일으키고, 용기는 파열되고, 착화된 액은 사방으로 흩어져 큰 사고를 일으키게 된다. 종래 ethyl alcohol, benzene, 도료 thinner 등의 용기에 이와 같은 폭발재해를 일으킨 사례가 많았다.

용기의 온도가 더욱 상승하여 내부의 혼합가스 농도가 폭발상한을 초과한 경우에는 용기 밖으로 누설된 혼합가스는 인화되어 화염을 내면서 연소하나 연소파가 용기 내에 들어가 가스폭발을 일으키지는 않는다. 즉, 용기내부의 가스폭발에 대하여는 여기에 다시 안전한 한계온도가 존재한다.

이 온도는 실측하는 것은 곤란하나 앞의 방법에 따라, 증기의 폭발상한의 값에서 그림 5.7의 증기압곡선을 사용하여 산출할 수 있다. 에틸알코올에서는 상한이 x=19.0%이므로, P=144.4mmHg이며, 그림 5.7에서 이것에 상당하는 온도는 t=42°C로 된다. 이 온도를 임시로 상부인화점이라고 부르자.

그림 5.7의 증기압곡선에 나타난 t_2는 각각 액체의 상부인화점으로서 이들의 수치는 표 5.6에 나타낸다.

표 5.6 인화성 액체의 인화점의 계산치와 실측치의 비교

인화성액체	인화점[℃]			상부인화점 t_2[℃]	비점[℃]
	밀폐식시험기에 의한 측정치	증기압곡선에 의한 측정치	연면연소법에 의한 측정치	증기압곡선에 의한 계산치	
n-butanol	28	31		65	117.5
ethlyalcohol	13	14	11	42	78.3
methanol	11	12	10	43	64.6
etylacetate	-4	-4		21	77.2
benzene	-11	-12	-11	14	80.2
acetone	-18	-18	-21	5	56.1
n-hexane	-26	-27		5	68.7
CS_2	-30	-47		23	46.3
acetaldehyde	-38	-41		7	20.2
ethyl ether	-45	-46		16	34.5

결국에 ethyl alcohol을 저장하고 있는 밀폐용기는 인화점 14°C와 상부인화점 42°C의 중간에서 아주 위험한 폭발성 혼합가스를 형성하여 있는 것이다. 이 중에서 가장 발열량이 큰 완전연소의 농도에 상당하는 온도는 약 22°C에 해당한다.

일반적으로 각종의 인화성 액체에 대하여 인화점 t_1과 상부인화점 t_2와의 사이의 온도를 위험 온도범위라고 한다.

이들의 인화성 액체 중에 여름철에 특히 위험 온도범위에 들어가는 것은 에틸알코올, 메틸알코올 등이 있고, 반대로 겨울철에 위험 온도범위에 들어가는 것은 벤젠, 초산에틸, 에틸에테르 등이 있다. 부탄올(butanol)은 인화점이 상온보다 높고 또한 hexane과 acetone은 상부인화점이 상온보다 낮으므로 언제나 밀폐용기 내에서는 도리어 안전하다고 할 수 있다.

표 5.6에는 여러 가지 인화성 액체의 인화점 t_1, 상부인화점 t_2 및 비점을 나타낸다. 인화점은 밀폐식 시험기에 의한 실측치와 그림 5.7로부터 계산한 계산치와 연면연소법(沿面燃燒法)에 의하여 구한 값들을 나타냈으나 어느 것이나 서로 잘 일치하고 있다.

표 5.7은 각종의 초산 ester류에 대하여 그 증기의 폭발하한치 및 상한치로부터 계산에 의해서 구한 인화점과 상부인화점이다. 인화점 중에서 밀폐식 시험기에 의한 실측치가 있는 것은 그것을 사용했다. 이것을 그림으로 나타낸 것이 그림 5.8이다. 그림에서 0으로 나타낸 지점은 당량농도(當量濃度)로서 가장 발열량이 높고 만약 발화가 일어난다면 가장 격렬한 폭발을 일으키는 지점이다.

표 5.7 ester류의 위험 온도범위

No	물질 명	분자식	인화점[℃]	상부인화점[℃]	폭발한계[1%]	
					하한선	상한선
①	methyl acetate	$C_3H_6O_2$	−16	15	3.1	16
②	ethyl acetate	$C_4H_8O_2$	−4.4	21	2.5	9
③	n-propyl 〃	$C_5H_{10}O_2$	14.4	40	2.0	8
④	iso- 〃 〃	$C_5H_{10}O_2$	4.4	27	2.0	8
⑤	n-butyl 〃	$C_6H_{12}O_2$	22.2	59	1.7	7.6
⑥	iso- 〃 〃	$C_6H_{12}O_2$	17.8	(49)	1.7	(7.6)
⑦	n-amyl 〃	$C_7H_{14}O_2$	36	(75)	1.1	(7.6)
⑧	iso- 〃 〃	$C_7H_{14}O_2$	30	69	1.0	7.5
⑨	vinyl 〃	$C_4H_6O_2$	−8	25	2.6	13.4

일반적으로 표 5.6과 표 5.7에서 알 수 있는 바와 같이 상부인화점과 하부인화점과의 차는 대략 30°C 전·후의 값을 나타내고 있다. 그러므로 인화점표에서 이들의 수치에 대략 30°C를 더한 것이 상부인화점에 가까운 값을 나타낸다고 생각하면 된다. 상온에서 위험온도 범위에 들어가는 가연성 액체를 취급 또는 저장할 때에는 항상 가스폭발의 위험이 있다는 것을 잊어서는 안 된다.

가연성액체의 위험온도 범위는 앞에서와 같이 산출할 수 있으나 그림 5.9의 장치에 의해 실측할 수 있다. 그림의 a와 b는 직경 2.5cm, 길이 약 30m의 경질 유리제 원통으로

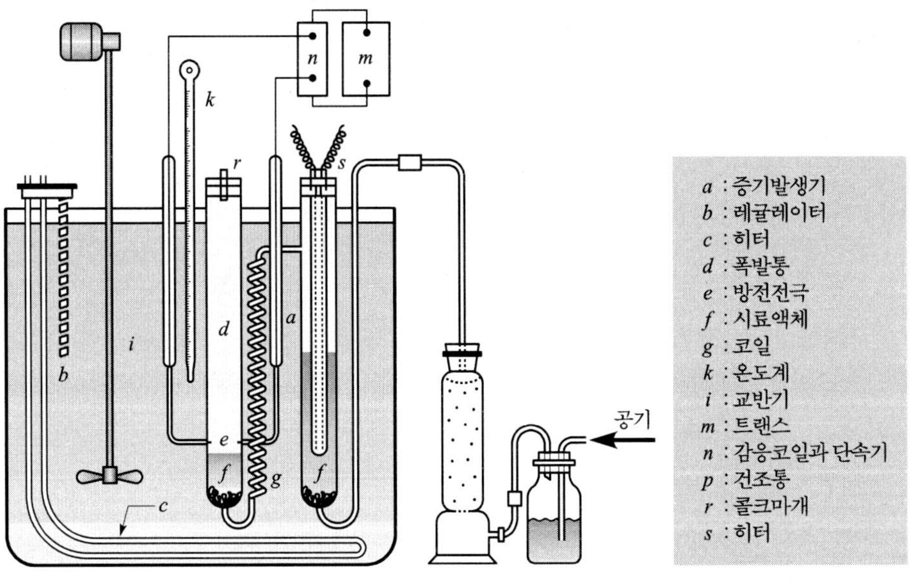

그림 5.9 미국광산국의 가연성액체 인화점 측정장치

바닥에 유리구슬을 넣는다. 시료액체를 a의 바닥에 넣고 건조공기를 3ℓ/hr의 속도로 도입하고 항온조의 온도에 해당하는 포화증기를 함유하는 공기를 d에 보내고 상단에 있는 코르크마개의 작은 구멍을 통해 나가게 한다. 조성이 균일하게 되었을 때 공기의 도입을 중지하고 전국 e에서 전기불꽃을 튀게 하여 착화한다. 가스폭발이 일어나면 상단의 코르크마개가 튀어 나가게 된다. 이와 같이 하여 액체의 인화점을 알 수 있을 뿐 아니라 그 상부인화점의 측정도 가능하게 된다.

5.4 폭발하한계와 상한계의 계산

5.4.1 폭발하한계의 계산방법

혼합가스 또는 증기의 폭발하한계를 직접적으로 측정하는 것이 아니고 다른 data를 이용하여 계산에 의해 구하는 것에는 다음과 같은 방법이 있다.

그 중의 한 가지는 앞에서 설명한 바와 같이 가연성액체의 인화점과 그 증기압 곡선을 알 때 인화점에 있어서의 증기압의 값에서 공기 중의 하한농도를 구하는 방법이다. 그러나 이 방법은 액체의 증기밖에 적용할 수 없다.

다른 방법으로는 가연성 가스의 공기 중에 있어서의 완전연소식에서 화학양론농도 x_o [%]를 구하여 다음의 근사식으로부터 폭발하한계의 다음의 농도 x_1[%]를 계산한다.

$$x_1 ≒ 0.55x_o \tag{5.24}$$

이 관계식은 paraffin계 탄화수소를 비롯하여 거의 모든 유기가연성가스에 적용되며 표 5.5에 계산치를 나타내었다. 그러나 무기가연성가스에는 적용되지 않는다.

여기서 화학량론농도를 구하기 위해서는 다음과 같이 한다. 일반적으로 가연성가스를 $C_aH_\beta O_\gamma$로 표시하고 그 1 mol을 연소시키는데 필요한 산소의 mol수를 n로 나타내면,

연소반응식

$$C_aH_\beta O_\gamma + nO_2 \rightarrow \text{생성가스} \tag{5.25}$$

를 얻는다.

공기속의 산소 농도를 20.9%로 하고 공기 속에 포함되어있는 가연성가스 농도 x라

하면, 일반적으로 다음 식과 같이 된다.

$$x = \frac{1}{1+n.0.209} \times 100 = \frac{20.9}{0.209+n} \tag{5.26}$$

다음으로 산소 중에 있어서 가연성 가스 농도를 X[%]로 하면

$$X = \frac{100}{1+n} \tag{5.27}$$

로 된다.

위 식을 이용하여 x 또는 X와 n 또는 $2n$과의 관계를 구해 나타낸 것이 표 5.8이다. 완전연소의 경우에는 식 (5.25)는

$$C_aH_\beta O_\gamma + \mathrm{n}O_2 \rightarrow aCO_2 + \frac{1}{2}\beta \mathrm{H_2O} \tag{5.28}$$

로 되고, 여기서

표 5.8 가연성가스 농도와 필요산소량과의 관계

		가연성가스농도[%]	
산소분자 수 n	산소원자 수 $2n$	공기 중 $x = \frac{20.9}{0.209+n}$	산소 중 $X = \frac{100}{1+n}$
1	0.5	45.5	80.0
	1.0	29.5	66.7
	1.5	21.8	57.2
	2.0	17.3	50.0
2	2.5	14.3	44.5
	3.0	12.2	40.0
	3.5	10.7	36.4
	4.0	9.5	33.3
3	4.5	8.5	30.8
	5.0	7.7	28.6
	5.5	7.1	26.7
	6.0	6.5	25.0
4	6.5	6.1	23.5
	7.0	5.6	22.2
	7.5	5.3	21.1
	8.0	5.0	20.0
5	8.5	4.7	19.0
	9.0	4.5	18.2
	9.5	4.2	17.4
	10.0	4.0	16.7

$$2n_0 = 2a + \frac{1}{2}\beta - \gamma \tag{5.29}$$

이다.

paraffin계 탄화수소에 있어서는 $\beta = 2a + 2$, $\gamma = 0$이므로

$$2n_0 = 3a + 1 \tag{5.30}$$

로 되며, 이 $2n_0$를 사용하여 표 5.8에서 직접 공기 중에 있어서 화학양론농도 x_0를 구할 수 있다.

표 5.9에는 paraffin계 탄화수소에 대하여 화학양론농도 x_0, 하한계의 실측치 x_1(obs)과 계산치 x_1(calc)을 비교하여 나타내었다.

5.4.2 폭발상한계의 계산방법

앞에서 설명한 바와 같이 가연성액체의 상부인화점과 그 증기압곡선(蒸氣壓曲)에서 공기 중의 상한계농도를 구할 수 있었으나 실제적으로 상부인화점을 실측하는 것은 곤란하므로 이 방법을 사용하기는 어렵다.

다른 방법으로서 Spakowski는 상압, 25°C의 paraffin계 탄화수소의 공기 중에서의 폭발상한계 x_2는 하한계 x_1과 다음의 관계가 성립한다고 제안했다.

$$x_2 = 2.7 x_1^{0.56} \tag{5.31}$$

또한 Zabetakis는 상한계 부근에서 냉염(冷炎)을 동반하지 않는 경우에는 다음의 식이 적용된다고 제안했다.

$$x_2 = 6.5\sqrt{x_1} \tag{5.32}$$

식 (5.32)에 식 (5.24)을 대입하면

$$x_2 = 4.8\sqrt{x_0} \tag{5.33}$$

으로 되는 관계식을 얻는다.

北川徹三은 유기 가연성가스의 분자내 탄소 원자수 α와 가연성가스의 상한계치 x_2를 표 5.9에 적용하여 얻은 필요산소원자수 $2n$과의 사이에 그림 5.10과 같이 일정한 직선적 관계가 각 동족체 사이에 성립하는 것을 인정하고 상한계의 계산식을 구했다.

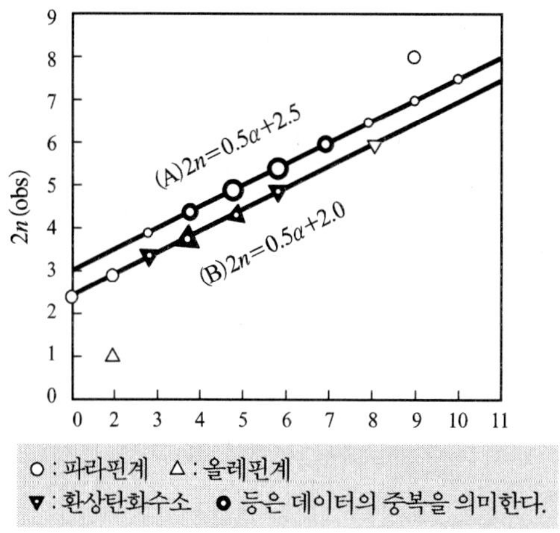

그림 5.10 공기 중 상한계에 있어서 지방족탄화수소의 분자 내 탄화수 α와 필요산소원자수 $2n$(obs)와의 관계

Paraffin계 탄화수소를 예를 들어 설명하면 표 5.9의 상한계의 측정치 x_2(obs)는 Coward-Jones, Zabetakis, Nabert-Schön, 柳生 등의 표에서 취한 것이다. 이들의 x_2의 값에 상당하는 $2n$값을 표 5.8에서 구하고, $2n$와 a와의 사이의 관계를 그림으로 그리면 그림 5.10과 같이 바람직하게 놓여 있다. 이들의 직선의 방정식은 다음과 같이 주어진다.

$$2n=0.5\alpha+2.0, \quad \alpha=1,2 \tag{5.34}$$

$$2n=0.5\alpha+2.5, \quad \alpha\geqq3 \tag{5.35}$$

이들 직선에서 얻어진 $2n$의 값을 표 5.9에 나타낸다.

따라서 임의의 paraffin계 단화수소 $C_\alpha H_{2\alpha+2}$의 α를 식 (5.34)이나 식 (5.35)에 대입하여 $2n$의 값을 구하고 이 값으로 표 5.8을 사용하여 상한계 x_2를 구하여 얻는다. 이렇게 하여 구한 상한계의 값을 x_2(calc)로 나타냈다. 표 5.9에서 x_2(obs)와 x_2(calc)와는 충분히 잘 일치하고 있는 것을 나타낸다.

그 외의 olefin계 탄화수소, 지방족 환상탄화수소계, ketone, 염소화탄화수소, amine, 유기산, ester, alcohol 등에 대하여는 표 5.10에 나타낸 바와 같은 계산식이 얻어졌다.

표 5.9 Paraffin계 탄화수소의 화학양론농도, 하한계와 상한계의 계산치(calc)와 실측치(obs)의 비교

No.	가연성 가스	분자식	α	화학양론농도		하한계		상한계		
				$2n_0$	x_0(Cale) [%]	x_1(obs) [%]	x_1(calc) [%]	x_2(obs) [%]	$2n$	x_2(calc) [%]
1	methane	CH_4	1	4	9.5	5.0	5.2	14.0	2.5	14.3
2	ethane	C_2H_8	2	7	5.6	3.0	3.1	12.5	3.0	12.2
3	propane	C_3H_8	3	10	4.0	2.1	2.2	9.5	4.0	9.5
4	butane	C_4H_{10}	4	13	3.1	1.8	1.7	8.5	4.5	8.5
5	isobutane	C_4H_{10}	4	13	3.1	–	1.7	8.4	4.5	8.5
6	pentane	C_5H_{12}	5	16	2.5	1.4	1.4	7.8	5.0	7.7
7	isopentane	C_5H_{12}	5	16	2.5	–	1.4	7.6	5.0	7.7
8	dimethyl propane	C_5H_{12}	5	16	2.5	–	1.4	7.5	5.0	7.7
9	hexane	C_6H_{14}	6	19	2.2	1.2	1.2	7.5	5.5	7.1
10	dimethylbutane	C_6H_{14}	6	19	2.2	–	1.2	7.0	5.5	7.1
11	methylpentane	C_6H_{14}	6	19	2.2	–	1.2	7.0	5.5	7.1
12	heptane	C_7H_{16}	7	22	1.9	1.05	1.0	6.7	6.0	6.5
13	dimethylheptane	C_7H_{16}	7	22	1.9	–	1.0	6.7	6.0	6.5
14	octane	C_8H_{18}	8	25	1.6	0.95	0.9	6.0	6.5	6.1
15	isooctane	C_8H_{18}	8	25	1.6	–	0.9	6.0	6.5	6.1
16	nonane	$C_{10}H_{20}$	9	28	1.5	0.85	0.8	5.6	7.0	5.6
17	tetramethlpentane	$C_{10}H_{20}$	9	28	1.5	–	0.8	4.9	7.0	5.6
18	diethylpentane	C_9H_{20}	9	28	1.5	–	0.8	5.7	7.0	5.6
19	decane	$C_{10}H$	10	31	1.3	0.75	0.7	5.4	7.5	5.3

표 5.10 유기 가연성가스의 상한계에 대한 산소원자 수

$2n$의 계산식(α : 분자 내 탄소원자 수)

<table>
<tr><th>분위기</th><th>$2n = a\alpha + b$</th><th>유기 가연성가스</th></tr>
<tr><td rowspan="5">공기 중</td><td>$2n = 0.5\alpha + 2.5$</td><td>paraffin계 탄화수소($\alpha \geqq 3$)</td></tr>
<tr><td>$2n = 0.5\alpha + 2.0$</td><td>paraffin계 탄화수소(α)
olefin계 탄화수소
지방족 환상탄화수소
방향족 탄화수소
ketone
1치환 염소화탄화수소($\alpha \geqq 3$)</td></tr>
<tr><td>$2n = 0.5\alpha + 1.5$</td><td>amine
1치환 염소화탄화수소(α=1, 2)</td></tr>
<tr><td>$2n = \alpha$</td><td>유기산</td></tr>
<tr><td>$2n = \alpha - 0.5$</td><td>ester, alcohol</td></tr>
<tr><td rowspan="2"></td><td>$2n = 0.5\alpha$</td><td>paraffin계 탄화수소</td></tr>
<tr><td>$2n = 0.5\alpha - 0.5$</td><td>olefin계 탄화수소
지방족 환상탄화수소</td></tr>
</table>

5.5 불활성가스 첨가에 의한 폭발한계산소농도

최근 가스 폭발의 예방대책으로 불활성 가스의 첨가가 각 분야에서 광범위하게 이용되고 있다. 이 경우 불활성 가스의 효용은 혼합가스중의 산소를 줄이는 것이며 산소농도를 어느 한계치이하로 유지하면, 폭발의 발생을 예방할 수 있다는 원리에 바탕을 둔 것이다. 이 한계의 산소 농도를 폭발한계산소농도라고 부른다.

안전공학이 상당히 보급된 오늘날, 질소첨가시의 폭발한계산소농도가 수소, 아세틸렌 등의 극히 일부의 물질에 대하여 는 약 5%, 그 외의 대부분의 유기화합물에 대하여는 약 10%라는 것을 많은 사람들이 알고 있다. 따라서 폭발 방지를 위한 실제적인 면에서는 혼합가스중의 산소농도를 이 한계농도의 절반정도로 유지하면, 충분히 안전성을 확보한다고 할 수 있다

그러므로 화재·폭발의 위험성을 지니고 있는 산업분야의 종사자가 폭발한계 산소농도에 관한 지식을 충분히 갖추어 활용해 주길 바라면서 이에 대하여 설명한다.

5.5.1 불활성가스 첨가에 의한 가스폭발의 예방

(1) 폭발예방의 원리

일반적으로 가스폭발의 예방대책에는 가스조성을 폭발범위 밖으로 하는 것과 착화원을 주지 않는 것의 2가지가 있으나, 착화원 제거의 대책은 완전한 실행이 기대되기 어렵기 때문에, 대개 가스조성의 관리가 우선된다. 이 가스조성 관리에도 상황에 따라 여러가지 방법이 있다.

예를 들면, 가연성성분(가스·증기)과 지연성성분(보통은 공기)의 2성분계의 경우에는 가연성성분의 농도를 이 혼합계의 폭발하한계 이하로 하는 방법과 폭발상한계 이상으로 하는 방법의 2가지가 있다. 폭발하한계라고 하는 것은 연소(화염전파)를 유지할 수 있는 가연성성분의 최저농도를 의미하고, 폭발상한계는 연소를 지속할 수 있는 산소의 최저농도를 의미하고 있다. 따라서 상한계의 조성을 산소농도로써 나타내면, 혼합가스중의 산소농도를 이 값 이하로 유지하는 것에 의해 폭발예방의 목적을 달성할 수 있다. 이 상한계에 있어서의 산소농도가 원칙적으로 폭발한계 산소농도라고 불리어지는 것이다.

이와 같은 2성분계의 경우, 조성(組成)의 이동을 비교적 자유롭게 실시할 수 있으면 조성을 폭발범위에서 밖으로 하는 것은 간단하나, 실제로는 조성이 폭발 범위 내에 고정

되어 있어 이동할 수 없는 경우가 많다. 또한, 가연성성분이 다성분인 경우에는 가연성성분 농도의 분석과 폭발한계의 설정 등이 어렵게 되는 경우도 있다. 이와 같은 경우에 불활성가스 첨가에 의한 방법이 큰 효과를 발휘한다.

가연성성분-공기의 2성분계에 제 3성분으로서 불활성 가스를 첨가한 경우의 조성변화를 나타내기 위해서는 그림 5.11과 같은 삼각도를 사용하면, 편리하다. 그림 5.11에서 최초의 혼합가스 P에 불활성가스를 첨가하여 가면, 조성은 직선 PQC위를 따라 C점을 향해 이동한다. 따라서 Q점을 초과하는 조성이 될 때까지 불활성가스를 첨가하면 3성분 혼합가스는 비폭발성(非爆發性)으로 되어 폭발예방의 목적을 달성할 수 있다.

(2) 폭발한계 산소농도의 정의

그림 5.11에서 P조성의 폭발한계 산소농도는 Q점에서 결정되나, 만약 P의 위치가 폭발범위 L_1, L_2내에서 변동하면, 폭발한계산소농도는 폭발한계선 $L_1L_3L_2$ 위에서 그의 경우에 따라 변화하는 것으로 된다. 그러므로 가스조성 관리의 실제적인 면에서는 그림 5.12에서 나타내는 바와 같이 AC변에 평행하면서 폭발상한계선 L_2L_3에 접하는 직선 EF를 긋고, 3성분중의 산소농도를 이 EF선상의 농도(일정치)이하로 유지하는 방법을 취하는 것이 편리하다. 이 방법에 의하면 가연성성분의 증감(增減)에 관계없이 확실하게 가스조성을 비폭발성의 영역 AEFC내에 유지할 수 있고 이것이 불활성가스 첨가에 의한 가스폭발 예방의 원리이다. EF선상의 이 산소농도는 정확하게 표현하면 최소폭발한계산소농도라고 하여야 하나, 일반적으로 이것을 폭발한계산소농도(이후로는 한계산소농도라고 한다)라고 부르고 있다. 이 값을 삼각도상에서 구하기 위해서는, EF선 상의 한 점(예를 들면 L_3점)의 공기농도가 공기(%)=100%-{가연성성분(%)+불활성 가스(%)}로서 나타내어지므로,

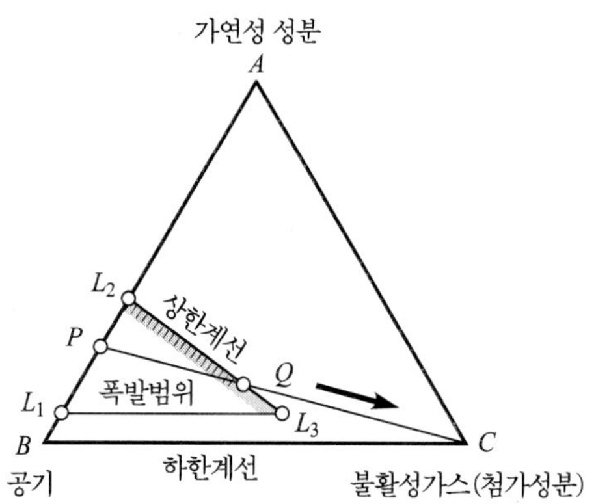

그림 5.11 불활성가스첨가에 의한 조성변화

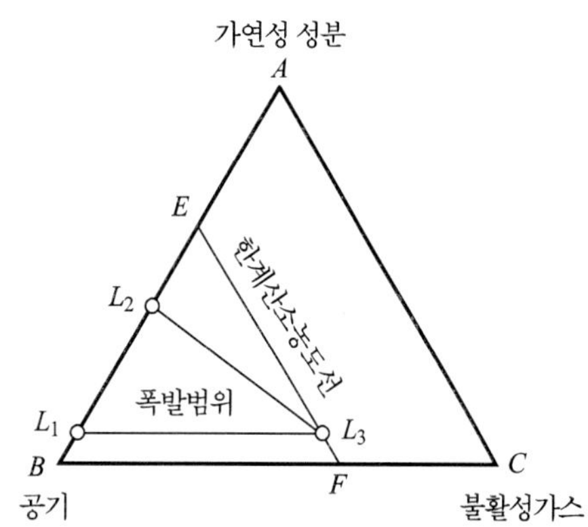

그림 5.12 폭발한계 산소농도의 결정

여기에 0.209를 곱하면 된다. 더욱이 EF선과 같이 AC변에 평행한 직선은 그 선상의 산소농도가 일정하기 때문에 이것을 등산소농도선(等酸素濃度線)이라 한다.

또한, 그림 5.12 중의 L_3는 하한계선 L_1L_3와 상한계선 L_2L_3가 만나는 점으로 이것을 폭발임계점(임계점이라 한다)라고 부르며, 이 위치에 있어서의 산소농도를 폭발임계산소농도(이후로는 임계산소농도라 한다)라 한다. EF선은 대개의 경우에 그림 5.12에서 나타내는 바와 같이 폭발한계선과 L_3점에서 접하므로, 이 경우는 한계산소농도와 임계산소농도가 같은 값이다. 따라서 한계산소농도를 임계산소농도로 부르는 경우도 있다.

그러나 상한계 L_2의 값이 아주 높은 경우, 혹은 다(多)halogene화 탄화수소와 같은 연소억제작용이 강한 불활성 가스를 사용하는 경우 등에는 EF선이 L_2선의 위치에서 폭발한계선과 접하는 것으로 된다. 더욱이 드물긴 하지만 상한계선이 중간에서 바깥쪽으로 튀어나와 있기 때문에 EF선이 이 부분에서 접하는 경우도 있다. 이와 같이 EF선이 임계점에 접하지 않는 예를 그림 5.13에 나타내었다. 그러므로 이들의 경우에 있어서 EF선을 설정할 때는 상한계선의 변화의 동향을 충분히 검토한 후에 신중하게 행할 필요가 있다.

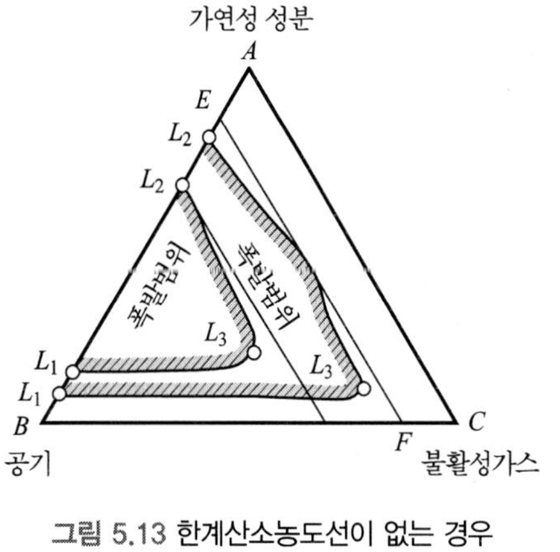

그림 5.13 한계산소농도선이 없는 경우

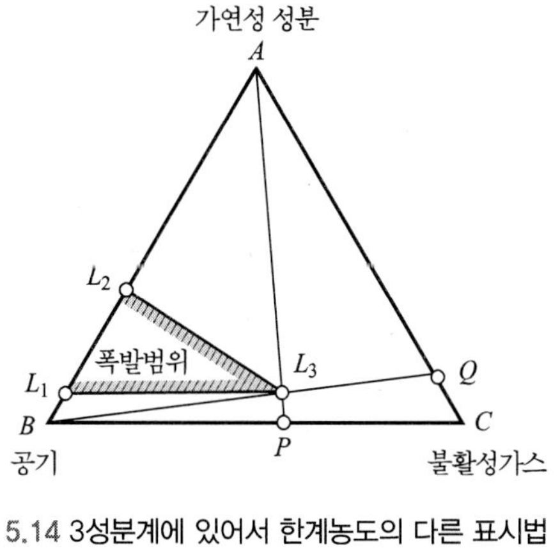

그림 5.14 3성분계에 있어서 한계농도의 다른 표시법

(3) 한계농도의 다른 표시법

앞에서 설명한 바와 같이 한계산소농도는 폭발성을 유지하기 위한 최소의 산소농도로써, 일반적으로 3성분중의 산소농도로서 나타낸다. 이 표시법을 사용하면 가연성성분과 불활성 가스의 농도를 알 필요가 없이, 분석이 비교적 쉬운 혼합가스중의 산소농도만을 check하면 되므로 실제 사용하기 편리하다. 그러나 3성분계에 있어서 폭발성의 소실을 나타내는 한계농도의 표시법은 다른 방법도 있으므로 이를 설명한다.

그림 5.14에서, 임계점 L_3를 지나는 직선 AL_3P를 그으면 BC변에 있는 P점은 공기-불

활성 가스 2성분계에 있어서 폭발성 소실의 한계조성을 나타내고 있다. 즉, PC간의 조성의 분위기 중에 임의의 가연성성분을 첨가하여도 폭발성의 혼합가스를 형성하는 경우는 없다. P점의 조성을 나타내는 데는 2성분중의 불활성 가스농도를 사용하는 경우와 산소농도를 사용하는 경우가 있다. 산소농도를 사용하는 경우는 이것도 일종의 한계산소농도이므로, 앞 (2)에서의 3성분중의 한계산소농도와 명확하게 구별할 필요가 있다.

또한 임계점 L_3를 통하는 직선 BL_3Q를 그으면 AC변 위에 있는 Q점은 가연성성분-불활성가스 2성분계에 있어서 폭발성 소실의 한계조성을 나타내고 있다. 즉, QC간의 조성의 혼합가스 중에 임의의 공기를 첨가하여도 폭발성의 혼합가스를 형성하는 경우는 없다. Q점의 조성을 나타내는 데는 2성분중의 불활성가스 농도를 사용하는 경우가 많다.

이상의 P점과 Q점의 위치의 표시는 3성분중의 한계산소농도와 함께 폭발예방대책을 위해 이용된다. 예를 들면 P점은 공기로서 채워져 있는 용기 중에 가연성 가스를 도입하는 경우(운전 개시 시 등)에, Q점은 반대로 가연성가스로서 채워져 있는 용기 중에 공기를 도입하는 경우(운전 정지 시 등)에 실시되는 불활성가스치환법(置換法)에 유효하다.

5.5.2 불활성가스의 종류에 따른 폭발범위의 차이

가스폭발 예방용으로 사용되는 불활성가스 중 가장 일반적인 것은 질소이며, 그 다음으로는 탄산가스와 수증기이다. 불활성가스에는 이 3종류 외에도 많이 있고, 그 물질 자신이 공기 중에서 폭발조성 영역을 가지지 않고, 특히 공기 중의 가연성성분에 대하여 지연성을 가지지 않는다면 가연성성분-공기계에 대하여 불활성성분으로 된다고 생각하여도 좋다. 그러나 공업적으로 이용의 가능성이 있는 것은 freon, halon 등으로 불리는 소수의 다(多) halogene화 탄화수소 정도이다.

지연성성분인 공기에 불활성가스를 첨가하여 가면 지연성은 점차 억제된다. 이때 가연성 성분의 폭발범위가 차차로 축소되어 마침내는 양한계(兩限界)가 합치(合致)되고 더욱 불활성가스를 많이 함유하는 분위기 중에서는 화염전파가 불가능하게 된다. 폭발범위를 좁혀가는 이와 같은 효과의 대소를 정량적으로 나타내는 데는 가연성성분을 가연성에서 불연성으로 변화시키는 한계의 분위기(앞의 그림 5.14의 P점)중의 불활성가스 농도를 사용한다.

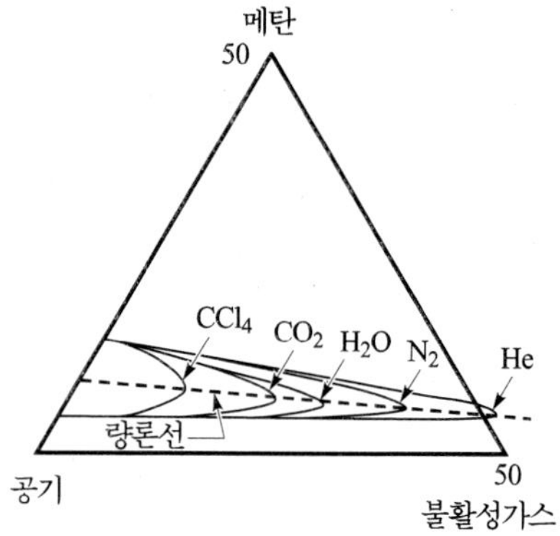

그림 5.15 불활성기스 종류에 따른 폭발범위의 변화

그러므로 이 농도가 작을수록 불활성가스의 첨가량이 적어도 좋으므로 희석효과가 강하다고 한다. 일정한 가연계(可燃系)에 대한 이 효과는 불활성 가스의 종류에 따라서 현저히 다르다. 또한 가연성성분의 종류가 다르면 일정한 불활성가스의 희석효과도 변화하나, 이 값은 대개의 유기화합물에 대하여는 일반적으로 큰 변동을 나타내지 않는다.

대표적인 불활성가스로서 He, N_2, 수증기, CO_2 및 4염화탄소증기의 희석효과를 비교하여 보면, 이 순서대로 효과가 크게 된다. 그리고 이 경향은 어떠한 가연계에 대하여도 동일하다. methane에 대한 추정 예를 그림 5.15에 나타내었다. 불활성가스의 종류에 따라서 희석효과에 이와 같은 차이를 발생시키는 이유는, 주로 불활성가스의 비열의 차이에 의한다. 즉, 비열이 큰 불활성가스 일수록 열량의 흡수가 크므로 폭발한계선상에 있어서 거의 일정한 최저화염 온도를 유지하기 위하여는 조성이 필요하므로, 그 결과로서 폭발범위는 축소된다. 가스의 비열의 대소는 분자중의 원자 수에 따라서 대략 구분이 되고, 1원자분자인 희가스(Ar, He), 2원자분자(N_2, HCl), 3원자분자(CO_2, H_2O, SO_2 등)의 순서로 희석효과가 증대한다. 또한 다 halogene화 탄화수소류는 일반적으로 희석효과가 아주 강하나 이들의 물질은 질소나 탄산가스가 갖는 희석효과(소위 질식효과와 냉각효과)에 더하여 연소반응에 대한 부촉매(負觸媒)작용의 존재에 원인이 있다. 따라서 소량의 첨가로써 가연계를 불연성으로 할 수 있고, 이 효과는 소화제에 이용된다. 탄화수소류를 불연성으로 하기 위한 공기 중에 불환성가스 첨가량은 탄산가스가 30% 부근, 4염화탄소 증기가 10% 부근이나, 취소(臭素), 염소, 불소에 의한 메탄, 에탄의 다치환체의 가운데는 5% 전·후의 것도 많이 있다.

5.5.3 폭발한계 산소농도의 측정

실온에서 측정 가능한 물질은 가스류 및 저비점액체의 증기에 한정된다. 액체의 비점이 점점 높게 되면 온도를 올리지 않으면 증기의 폭발한계가 측정될 수 없으므로 그와 같은 조건 아래서의 측정에는 거의 보이지 않는다. 한계산소농도의 낮은 물질인 수소, 일산화탄소, 이황화탄소, 아세틸렌, 실란, 실란의 일부 유도체 등이다. 또한 산화에틸렌과 같은 분해폭발성이 있는 물질은 산소가 존재하지 않는 상태에서 폭발영역을 가지므로 한계산소농도는 0이다. 한편 탄화수소를 위시하여 대부분의 유기화합물의 한계산소농도는 질소첨가 시에 10~12%, 탄산가스 첨가 시에는 13~15%이다. 수증기의 경우는 탄산가스에 비하면 같은 3원자 분자이면서도 비열이 약간 작고, 더욱이 첨가 시에 온도가 높게 됨으로써 한계산소농도는 다소 낮은 값으로 된다.

한계산소농도에 미치는 온도의 영향에 대하여는 일반적으로 온도의 상승에 의하여 하한계는 저하하고 상한계는 상승하여 폭발범위가 확대됨으로써 임계점의 위치는 오른쪽으로 이동한다. 따라서 한계산소농도 값이 작게 된다. 반대로 온도가 저하하면 폭발범위가 축소되어 임계점은 좌측으로 이동함으로써 한계산소농도의 값은 크게 된다.

압력의 영향에 대하여는 온도의 영향보다도 일반적으로 복잡하며, 그 원인은 압력변동에 의한 폭발한계의 거동이 아주 복잡하기 때문이다. 일반적으로 압력상승에 의하여 폭발범위가 확대되므로 한계산소농도는 작게 된다고 생각하면 된다. 이 경우 어느 압력범위가 일시적으로 축소되는 경우가 있으므로 이 조건에서는 한계산소농도도 일시적으로 크게 된다. 수소 등에 이와 같은 경향이 현저하게 인정되고 있다. 또한 압력 상승에서는 하한계보다 상한계가 큰 영향을 받기 때문에 상한계가 상당히 높게 되면 한계산소농도가 임계점에 있어서의 산소농도가 아니고 상한계선상의 값을 채용하지 않으면 안 되는 경우가 있으므로 주의를 요한다.

압력저하의 영향에 대해 상압에서 100mmHg abs. 정도까지의 감압하에서는 일반적으로 폭발범위의 변동이 적으므로 한계산소농도도 변화하지 않는다고 생각하여도 좋다.

5.5.4 질소 첨가시의 폭발한계산소농도의 추산

(1) 추산의 기초로 되는 폭발범위에 관한 경험적 사실

불활성가스로서 가장 널리 이용되는 것은 질소이므로, 질소 첨가시의 폭발범위의 거동을 알아두는 것은 아주 중요하다. 따라서 여기서는 불활성가스로서 질소에 한정하여 생각하기로 한다.

지금까지 실측에 의해 얻어진 가연성 성분-공기-질소 3성분계의 폭발범위는 가연성 물질 전체에서 보면 한정된 수이나 이들의 3각도(三角圖)를 주의 깊게 관찰하면 거의 모든 계에 공통적인 비교적 단순한 여러 가지의 경험적 사실이 존재한다는 것을 알 수 있다. 이를 열거하면 다음과 같다.

(가) 그림 5.16에 나타내는 폭발범위도에 있어서 폭발범위의 형상은 삼각형이다. 따라서 3개의 꼭짓점, 즉 공기 중의 하한계 L_1, 공기중의 상한계 L_2 및 임계점 L_3가 결정되면 폭발범위는 결정된다.

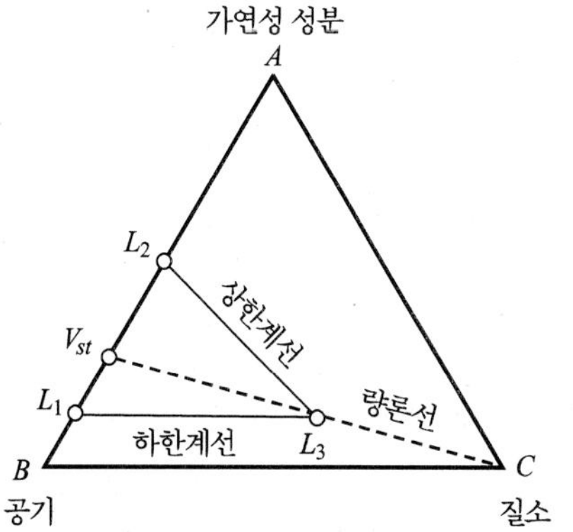

그림 5.16 가연성성분-공기-질소 3성분계의 폭발범위도

(나) 하한계선 L_1L_3는 BC변에 거의 평행한 직선이다.

이 사실은 산소와 질소의 비열-열전도도 등의 열적 성질이 아주 비슷하다는 것을 생각하면 이해할 수 있다. 즉, 연소에 소비되지 않은 여분의 산소를 질소로써 치환하여도 일정한 가연성성분 농도에서 일정한 한계화염온도가 유지될 수 있다는 것을 의미하고 있다.

(다) 임계점 L_3는 거의 화학양론조성선 VstC선상에 존재한다. 이 사실은 3성분계의 발열량의 변화를 생각하면 이해할 수 있다. 그림 5.17의 발열량을 나타내는 입체 model에 있어서 발열량은 밑변 AB상의 양론조성 Vst에서 최대치가 있으며, 이곳을 꼭짓점 D로 하여 발열량이 0인 A, B, C 각 꼭짓점으로 향해서 저하한다. 즉, 양론선 DC는 발열량을 나타내는 산(山)의 등성이에 상당하고, DBC면과 DCA면을 형성하고 있다. 폭발을 일으키기 위하여는 어느 한계치 이상의 발열량을 갖는 조성을 필요로 하나 하한계 L_1'의 높이에 있는 밑변과 평행한 평면 $L_1' L_3' L_2'$ 내의 조성영역이 그것에 상당한다. 이때 L_3'는 DC선상에 위치하는 것이 명확하다. 따라서 밑변

ABC 상에 있어서 L_3' 의 투영점이 L_3로써, 양론선 VstC선상에 존재하는 것으로 된다. 더욱이 양론선보다 가연성성분 농도의 낮은 조성영역에서는 언제나 완전연소하므로 DBC면은 평면으로 보인다.

여기에서 화학양론조성 Vst란 가연성기체가 공기 중에서 완전연소하는 경우에 그 화학반응식의 반응계(反應系) 중에 있어서의 가연성기체의 농도를 말한다. 가연성기체의 분자식을 $C_aH_bO_cN_dS_eF_f$ (F는 할로겐)으로 나타내면, 그 물질의 Vst는 다음 식으로 구해진다.

$$Vst(\%) = \frac{100}{1 + 4.773\left(a + e + \frac{b - 2c - f}{4}\right)}$$

(라) 임계점 L_3는 하한계선과 화학양론선의 두 선상에 존재하므로, 이 두 직선의 교점(交點)에서 구해진다.

(마) 상한계선 L_2L_3는 등산소농도선보다도 항상 경사각(傾斜角)이 작다. 이 사실은 AB 2성분계의 발열량의 변화를 생각하면 이해할 수 있다. 즉, Vst의 위치는 일반적으로 아주 B점쪽으로 치우쳐 있으며, 더구나 상한계측의 발열량은 불완전연소 때문에 급격하게 굽으면서 저하하는 경향을 가지고 있기 때문이다. 그 결과로서 질소농도는 감소하고, 가연성성분 농도가 증가할수록 가연성성분 자신에 의한 연소억제효과가 작용하는 것으로 된다. 상한계선의 경사각이 등산소농도선에 거의 같게 되든지 또는 그것을 초과할 가능성이 있는 것은 수소, 일산화탄소 등 일부의 무기물을 제외하고는 분해폭발성을 잠재하고 있는 물질, 냉염(冷炎)을 발생하는 물질 또는 고온, 고압의 조건 등 공기 중의 상한계가 극도로 높은 값을 나타내는 특수한 경우에 한정된다.

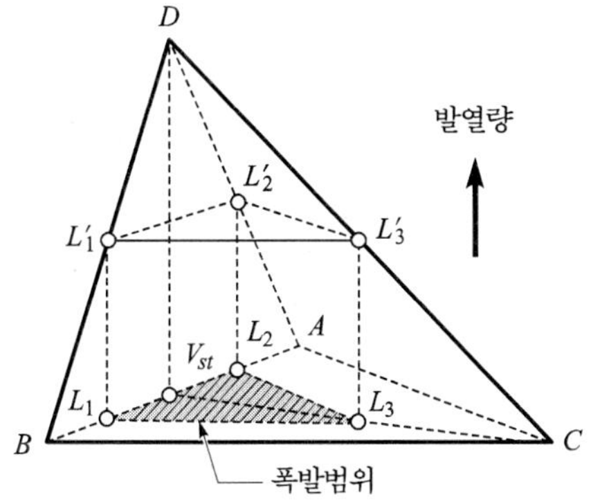

그림 5.17 가연성성분–공기–질소 3성분계의 발열량과 폭발범위의 관계

(바) (마)의 결과로부터 한계산소농도는 일반적으로 임계산소농도와 같다. 따라서 임계점 L_3의 위치의 결정이 바로 한계산소농도의 결정으로 된다.

(사) 임계점 L_3는 수소, 일산화탄소, 아세틸렌 등 소수의 예외를 제외하고, 대부분의 유기화합물에서는 BC사이의 중앙부근에 위치한다. 이 사실은 일반적으로 $L_1/Vst ≒ 0.5$의 관계가 성립하기 때문이다.

(2) 추산법(推算法)

앞에서 밝혀진 폭발범위에 관한 몇 가지의 경험적 사실을 이용하면, 질소 첨가시의 한계산소농도의 추산이 가능하게 되므로 이 방법에 대하여 설명한다.

(가) 하한계선은 BC변에 평행한 직선으로 간주한다.

(나) 임계점은 양론선상에 존재한다고 간주한다.

(다) 임계점에 있어서 산소농도를 한계산소농도로 간주한다.

이상의 3가지 조건을 사용하는 것으로부터 추산을 시작한다. 다라서 한계산소농도를 구하기 위하여는 임계점의 위치를 결정하면 되고, 임계점은 하한계선과 양론선의 교점으로부터 구하면 된다. 이를 위해 삼각도(三角圖)를 사용하는 작도법도 좋으나 실용상에 있어서는 직교좌표(直交座標)에 의한 계산법이 편리하다. 더욱이, 이 직교 좌표는 원점(原點)을 공기성분으로 하는 직각삼각도를 사용하여 나타낸다.

그림 5.18에 나타내는 XY좌표에 있어 하한계선은 $L_1(0,\ b)$를 통과하는 X축에 평행한 직선이며, 양론선은 $Vst(0, a)$와 $C(100,\ 0)$의 두 점을 통과하는 직선이므로 이들 방정식은 각각 다음과 같이 된다.

$$y = b \tag{5.36}$$

$$y = -\frac{a}{100}x + a \tag{5.37}$$

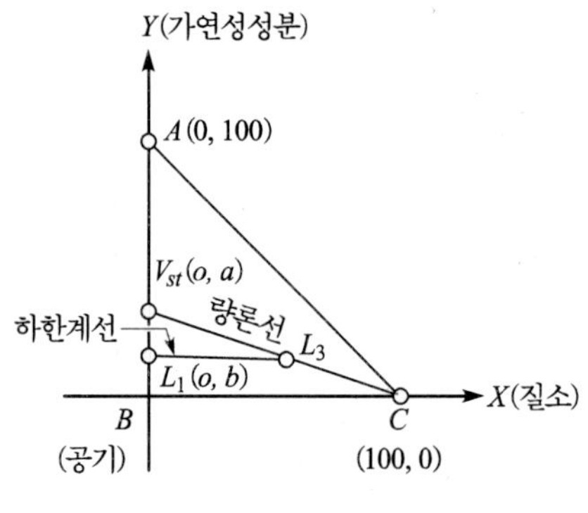

그림 5.18 3성분계 폭발범위의 직교좌표에 의한 표시

이 두 직선의 교점의 좌표는 연립방정식을 풀면 얻어지며 식(5.36), (5.37)로부터

$$x = (1 - b/a) \times 100$$

즉, 임계점 L_3의 좌표는 [x = (1−b/a) × 100, b]로 된다.

이와 같이 L_3의 X좌표는 b/a의 값으로 결정되는 것을 알 수 있다. 일반적으로 유기 화합물에서는 b/a≒0.5의 관계가 경험적으로 알려져 있으므로, 이 경우의 임계점의 좌표는 (50, b)로 된다. 삼각도 중의 임계점이 BC사이의 중앙부근에 위치하는 것을 이것으로부터 이해할 수 있다. 또한 L_3에 있어서 3성분중의 산소농도는

공기(%)=100%−[가연성성분(%)+질소(%)]

으로부터

$$\text{3성분 중의 산소(\%)} = [100 - \{b + (1 - b/a) \times 100\}] \times 0.209 \tag{5.38}$$

으로 구할 수 있다.

한계산소농도를 공기−질소 2성분 중의 농도로서 표시하는 것은 그림 5.19에 있어서 A(0,100)와 L_3[(1−b/a)×100, b]의 두 점을 통과하는 직선과 X축의 교점인 P점의 좌표를 구하면 된다.

$$y = \frac{-(100 - b)}{\left(1 - \dfrac{b}{a}\right) \times 100} x + 100 \tag{5.39}$$

$$y = 0 \tag{5.40}$$

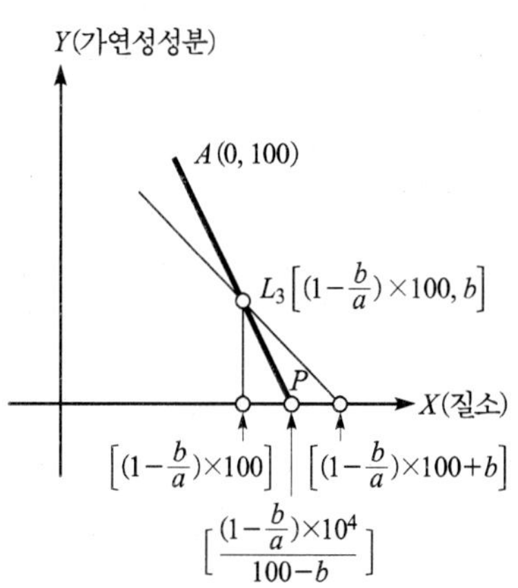

그림 5.19 두 가지의 한계산소농도의 관계

식 (5.39), (5,40)으로부터

$$x = \frac{\left(1 - \dfrac{b}{a}\right) \times 10^4}{100 - b}$$

따라서 P점의 산소농도는

$$100 - \frac{\left(1 - \dfrac{b}{a}\right) \times 10^4}{100 - b} \times 0.209 = 2\text{성분 중의 산소}[\%] \tag{5.41}$$

로써 구해진다.

식 (5.38)과 식 (5.41)의 계산치를 비교하면 하한계 b의 값이 높을 수록 양자의 차가 크나, 하한계치가 비교적 작은 유기화합물에서는 일반적으로 무시할 수 있는 정도의 차이다.

예를 들면, propane에 대한 계산 예를 나타내면, a=4.02, b=2.2이므로 X좌표는 (1−2.2/4.02)×100=45.3%이다. 따라서 식 (5.38) 식에서는 11%, 식 (5.41)에서는 11.2%로 된다. 이와 같이 하한계가 양론조성의 1/2부근에 있는 한, 한계산소농도는 10% 부근이다. 한계산소농도는 원칙적으로 상한계와 관련하는 특성치이나 그 최소치로서의 임계산소농도가 하한계에 의하여 결정된다는 것에 특히 주의할 필요가 있다.

또한 불활성가스가 탄산가스 또는 수증기의 경우에는 그 한계산소농도의 값이 질소의 경우보다 약간 높으므로 질소로서 구한 값을 채용하면 충분히 안전하다.

(3) 추산법에 의한 계산치가 오차(誤差)를 발생시키는 원인

추산법에 의한 한계산소농도의 추산치가 실측치와의 사이에 오차를 발생시킨다면 그 것은 다음과 같은 사실에 기인한다.

그림 5.20은 실측한 하한계선을 확대한 눈금의 종축(種軸)을 사용한 직각삼각도로써 나타낸 것이다. 이와 같이 일반적으로 실제의 하한계선은 반드시 X축에 평행한 직선이 아니고 질소 첨가율의 증가에 따라 조금 상승하며, 임계점에서는 둥근형을 한 곡선으로 되어 상한계선과 접속한다. 더욱이 실제의 임계점 L'_3는 양론선상에 있는 것이 아니라 예외 없이 약간 높은 위치에 있다. 한편 추산법에 의한 임계점은 L_3이다. 따라서 이 L_3와 L'_3의 위치의 차이가 오차를 발생시키는 원인으로 된다. 그러나 L_3와 L'_3에 있어서 각각의 한계산소농도선을 그었을 경우에 탄화수소류에서는 그림에서 알 수 있는 바와 같이 L_3의 쪽이 다소 우측으로 기울어 있어 낮은 산소농도를 주는 경향이 있다. 즉, 계산치가

실측보다도 안전측(安全側)에 있는 다소 낮은 값이라는 것이 기대된다.

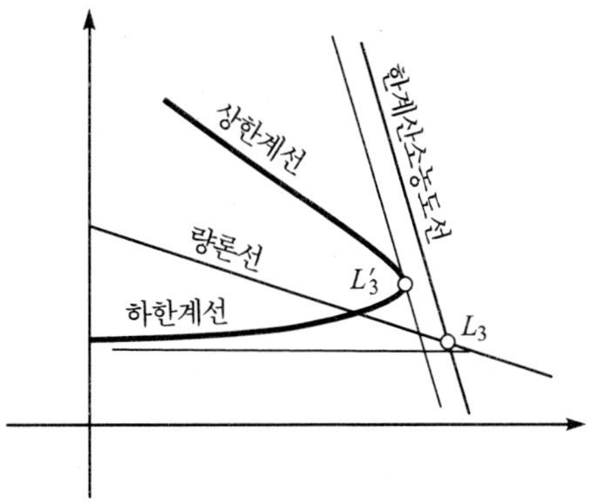

그림 5.20 실측과 추산에 의한 임계점의 차이

4) 다성분 혼합계의 추산법의 적용

공업적으로 취급하는 혼합가스에는 가연성물질이 여러 가지 성분(多成分)인 경우 또는 불활성가스도 질소와 탄산가스의 두 가지를 같이 함유하는 경우가 많다. 이와 같은 다성분 혼합가스의 한계산소농도를 구하는 경우도, 앞의 추산법을 응용하면 가능하다.

연소반응의 입장에서 보면 모든 가스 및 증기는 가연성성분, 지연성성분 및 불연성성분의 3종류의 어느 쪽으로 분류할 수 있다. 그러므로 다성분 혼합가스의 각 성분율이 3그룹으로 나누어, 각각을 한 성분으로 보고 3각도에 의해 폭발범위를 나타낼 수 있다. 예를 들면 가연성성분이 [CH_4+C_2H_6+C_3H_8], 지연성성분이 공기, 불활성성분이 [N_2+CO_2]인 경우의 폭발범위를 작성한다. 이 경우 혼합 가연성성분의 공기중의 하한계 b는 Le Chatelier의 식으로 계산한다.

Le Chatalier의 식은 다음과 같이 나타내어진다.

$$L = \frac{100}{\frac{v_1}{L_1} + \frac{v_2}{L_2} + \frac{v_3}{L_3} + \cdots\cdots}$$

여기서, L: 혼합물의 폭발한계

L_1, L_2, $L_3\cdots$: 혼합물중의 각 단독 성분의 폭발한계(%)

v_1, v_2, $v_3\cdots$: 혼합물중의 각 단위 성분의 비율(%)

즉, $v_1 + v_2 + v_3 + \cdots\cdots = 100$

또한 화학양론조성 a도 Le Chatalier의 식과 동일한 형태의 식에서 계산할 수 있다. 이와 같이 하여 a와 b가 구해지면 불활성가스는 전부를 질소로 보는 것에 의해 폭발임계점의 위치를 하한계선과 양론선의 교점(交點)으로부터 3각도상에서 또는 계산식에 의해 구할 수 있다. 또한 혼합가스 중에 탄산가스를 함유하는 경우, 이것을 질소로 봄으로써 구해진 한계산소농도는 실제보다도 다소 낮은 값으로 되는 경향이 있다.

이상의 계산법으로부터 단독성분의 한계산소농도가 10% 부근이면 이들을 다수 혼합하여도 10% 부근인 것을 알 수 있다. 단, 수소 등과 같이 단독계에서 추산법이 적합하지 않는 물질을 함유하는 경우에는 혼합계에도 완전한 적용을 기대할 수 없으므로 주의가 필요하다.

5.5.5 폭발한계 산소농도에서 본 물질의 위험성구분

지금까지의 실측치와 추산법에 의한 계산치를 비교하여 검토하면 질소 첨가시의 한계산소농도에서 본 가연성 물질의 위험성을 구분할 수 있다. 표 5.11에 그 결과를 나타낸다. 이 표에 있어서 b/a≒0.5의 관계가 성립하는 대부분의 유기화합물은 구분 4에 속한다고 생각된다. 이 경우에 증기의 한계산소농도의 값은 저비점(低沸點) 액체에서는 10% 부근이나, 고비점(高沸點)액체에서는 폭발조성의 증기농도를 얻는 것에 고온을 필요로 하므로 b/a=0.5~0.4로 되어 10.8%로 저하한다고 예상된다.

표 5.12에는 b/a의 값과 한계산소농도의 사이의 관계를 나타냈다. 표에서 한계산소농도의 값은 그것을 구한 계산식에서 알 수 있는 바와 같이 b의 크기에 의해서도 다르므로 하나의 지표가 될 뿐이다.

표 5.11 가연성 가스의 위험성구분

구분	한계산소농도[%] (N_2첨가, 상압)	산소관리농도의 목표[%]	물 질
1	0	0	분해폭발성물질(산화에틸렌 등), Silane
2	0~4	〈1	Si-H결합을 가진 Silane유도체
3	4~8	〈2.5	H_2, CO, CS_2, H_2S, C_2H_2를 다량으로 함유하는 혼합gas
4	8~12	〈5	소수의 예외를 제외하고 대다수의 유기화합물 유기성분진
5	〉12	〈8	NH_3, 일부의 halogene화 유기화합물

표 5.12 유기화합물의 b/a의 값과 한계산소농도의 관계

$\frac{a}{b}$	임계점에 있어서 N_2[%]	한계산소농도[%]
0.6	40	12부근
0.55	45	11″
0.5	50	10″
0.45	55	9″
0.4	60	8″

최근 반도체공업에서 사용되는 diborane, phosfin, arsin, german 등의 무기 수소화물의 한계산소농도는 측정되지 않고 있으나 silane과 같이 아주 낮을 가능성이 있다. chlorosilane류, methylsilane류 methylchlorosilane류 등의 silane유도체에 대하여는 Si-H결합을 갖고 있는 것, 예를 들면 $SiHCl_3$, $SiH_2(CH_3)_2$ 등은 한계산소농도가 이상하게 낮은 값을 나타내어 위험성구분 2로 하였다. 더욱이 silane 및 methylsilane류는 다 halogene화 methane류(예를 들면 소화제로 사용되는 CF_3Br 등)와 폭발성혼합기체를 형성하는 경우가 있다. 즉, 일반적인 가연성물질에 대하여 강력한 연소억제제인 halogene화물이, silane류에 대하여는 지연성 성분으로 되므로 대단히 주의할 필요가 있다.

Chapter 06

화재의 발생방지 및 소화

6.1 화재의 발생방지

어떠한 재해에도 그 경과를 생각하여 보면 먼저 원인이 있어서, 이 원인에 의해 재해사건(災害事件)이 발생 확대하고 그것에 수반되는 작용, 효과가 사람과 물건에 나쁜 영향을 미쳐서 피해를 준다. 이것은 원인계, 현상계, 결과계로 나누어질 수 있다. 그러므로 재해를 방지하기 위한 대책으로는 이들 중 어느 하나의 과정을 저지하면 되고, 현상계(現象系)중의 발생방지를 예방(prevention), 확대방지를 억제(suppression), 작용, 효과의 방지를 방호(protection)라고 한다. 또한 원인계의 사전대책으로는 위험평가, 예방진단, 안전관리 등이 있으며, 결과계의 사후대책은 보상이 있다.

화재의 발생방지의 목적은 물질, 에너지, 조작 등에 포함되어 있는 많은 화재 발생에 대한 잠재위험(潛在危險)의 현재화(顯在化)를 방지하는 것이므로 그 내용은 발화라고 하는 물적사건의 예방을 중심으로, 그것에 관계되는 인적, 물적인 원인을 제거하는 것에 있다. 더구나 화재의 발생에는 그 후의 연소의 확대나 효과와는 달리 인적인 요소가 중요한 역할을 한다. 이 때문에 예방대책의 전반적인 것은 광범위하나 여기에서는 인적원인에 대하여는 생략하고 가장 직접적인 물적 원인의 대책에 대하여 설명한다.

6.1.1 발화의 물질조건에 바탕을 둔 예방대책

발화가 일어나기 위하여는 물질과 에너지에 조건을 만족하지 않으면 안 된다. 따라서 화재의 직접원인으로서의 발화를 예방하기 위하여는 그중 어느 것이라도 만족치 못하도록 하면 된다. 여기서 먼저 물질조건에 대한 방법부터 생각하여 본다.

두말할 것도 없이 발화에는 가연성물질과 산화제가 있다. 가연성물질이라는 것은 산화될 때에 발열 속도가 큰 물질이기 때문에 가연성물질을 불연성 내지 발열속도가 작은 물질로 치환하는 것이 제일의 방법이다. 목조건축을 콘크리트건물로의 전환, 타기 쉬운 재료의 난연화, 가연성용제를 불연성용제로의 대체 등은 이의 대표적인 예이다. 이 방법은 가장 기본적인 예방대책으로서, 이것이 가능한 경우에는, 설령 치환에 필요한 비용이 다소 많이 들더라도 이것에 계속되는 억제, 방호대책이 필요 없으므로 거기에 드는 비용을 상쇄하는 것이 가능한 경우도 있다.

그러나 이 방법이 항상 성립한다고는 할 수 없다. 그러한 경우에 유효한 것이 가연성물질과 산화제의 조성을 변화시키는 제2의 방법이 있다. 한 가지는 가연성물질과 산화제의 가연범위를 이용하여, 이 범위 밖으로 혼합조성을 유지하는 것으로 대개는 가연성물질의 비율을 하한계 이하로 하고 있으나, 역으로 혼합조성을 상한계 이상으로 하는 수도 있다. 통풍과 환기에 의한 방법은 전자, 휘발유의 밀폐저장 등은 후자의 예에 해당한다. 또 다른 한 가지 방법은 가연성물질과 산화제의 혼합계에 제3의 물질을 첨가하여 3성분계로 하여 조성을 3성분계의 가연 범위 밖으로 유지하여 방지하는 방법이다. purge 내지는 불활성화라고 불리는 이 방법은 첨가하는 물질의 종류에 따라 다시 2분하여 놓는 것이 편리하다. 최초는 단지 불활성 물질을 혼입하는 것으로써 이산화탄소, 수증기, 질소 등의 기체첨가제가 그 예이다. 다음의 방법은 연소반응에 특수한 억제작용을 가지는 연소억제제(然燒抑制劑)를 혼입하는 방식으로서 halogen화 탄화수소 등의 첨가가 그 대표적인 것이다. 첨가하는 양은 어느 것이나 3성분계의 연소의 상한계와 하한계가 일치하는 peak치 이상으로 할 필요가 있으나 그림 6.1에서는 메탄-공기계에 각종 물질을 가했을 경우의 가연범위를 나타냈다. 사염화탄소와 브롬화메탄은 연소억제제의 예이며, 이 결과에서 이러한 종류의 물질에서는 단순한 불활성물질보다 가연한계의 peak치가 현저히 낮게 되는 것이 판명되었다. 이 이유는 이산화탄소 등에서는 단지 혼합기체를 물리적으로 희석하는 작용밖에 없는데 반해, 브롬화메탄(CH_3Br) 등을 함유하는 halogen 원소가 연소의 화학반응에 직접 관여하여 OH 그 외의 활성이 있는 연쇄전달체(連鎖傳達體)를 포착하여 연쇄를 절단하는 작용을 갖고 있기 때문이다. 이러한 의미로서 이것들은 라디칼포착제(radical scavenger)라고 불리우며, 그 메카니즘(mechanism)은 다음과 같다.

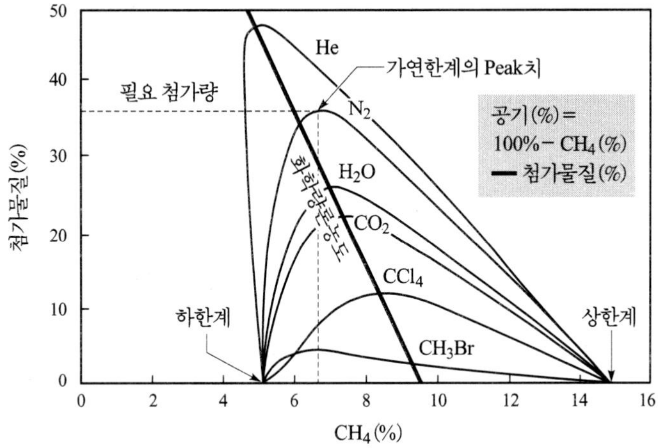

그림 6.1 CH_4–공기–첨가물질혼합기체의 연소한계[Zabetakis]

(1) $OH+H_2 \rightarrow H_2O+H$ 발열전파반응

(2) $H+O_2 \rightarrow OH+O$ 연쇄분기 반응

(3) $OH+HX \rightarrow H_2O+X$ 억제반응

(4) $X+RH \rightarrow HX+R$ 재생반응(R는 alkyl기)

즉, (1), (2)의 연쇄분기반응에 의하여 생성된 활성 radical OH가 halogen산 HX와 반응하여 불활성물질 H_2O와 halogen X로 변화하여 연소반응을 억제함과 동시에 생성된 halogen원소가 수소를 함유하는 화학물질 RH와 반응하여 halogen산을 재생한다. 그리하여 (3), (4)의 억제 Cycle이 형성되기 때문에 halogen화 탄화수소 등에 억제제를 소량 첨가하는 것은 큰 효과를 올리는 것이라고 할 수 있다.

이와 같이 제3성분의 첨가에 의한 발화방지는 질소가스나 연소배기가스의 봉입의 형태로 석유류와 용제 등의 가연성액체의 저장과 수송에 많이 사용되어지고 있을 뿐 아니라 가연성기체 저장조의 안전충진에도 이용되고 있다. 더욱이 이와 같은 방법을 사용하여 불연화를 도모하는 경우에 가연한계의 peak치가 명확하지 못할 때는 그 값에 대응하는 혼합기체 중의 산소농도를 기준으로 사용하는 것이 가능하다. 이것을 연소의 한계산소량이라고 부르며 (표 6.1)에 나타낸 바와 같이 여러 종류의 물질이나 첨가제에는 관계없이 거의 12~14%의 값을 갖는다.

표 6.1 각종 가연성물질-공기-첨가제계의 한계산소량(Vol%,1기압, 상온)[Lewis, Von Elbe]

가연성물질		CH_4	C_2H_6	C_3H_8	C_4H_{10}	C_5H_{12}	C_6H_{14}	gasoline	C_2H_4
첨가제	이산화탄소	14.6	13.4	14.3	14.5	14.4	14.5	14.4	11.7
	질소	12.1	11.0	11.4	12.1	12.1	11.9	11.6	11.0
가연성물질		C_3H_6	cyclopropane	천연가스	butadiene	benzene	수소	일산화탄소	
첨가제	이산화탄소	14.1	13.9	14.4	13.9	13.9	5.9	5.9	
	질소	11.5	11.7	12.0	10.0	11.2	5.0	5.6	

6.1.2 발화에너지 조건에 바탕을 둔 예방대책

에너지 조건에 바탕을 두고 발화를 방지하는 것에는 자연발화의 경우, 가열 또는 주위의 환경온도를 발화온도 이하로 유지하고, 착화에 의한 발화에서는 착화원을 제거하고 만약 제거가 될 수 없을 때는 에너지의 한계치이하로 하면 된다. 단, 전자의 경우에 문제로 되는 발화온도는 앞에서 설명한 바와 같이 물질에 따른 고유 정수는 아니며 조건에 따라서 상당히 달라지므로 주의를 요한다. 자연발화가 일어나기 위하여는 내부에 있어서의 발열과 방열의 평형이 필요하다고 하는 관점에서 생각하면 방열이 나쁜 조건아래서는 열의 축적이 일어나서 낮은 환경온도에서도 발화한다. 석탄, 톱밥, 원면(原綿), 마른 나무와 건초(乾草), 그 외의 유기물의 퇴적 등에 대하여는 열의 방산이 잘 되도록 하는 것이 유효한 대책이다. 공업적으로 사용되는 특수한 물질 중에는 황인, 알킬알루미늄(alkylaluminium) 등과 같이 상온에서 공기와 접촉하는 것만으로도 발화하는 것도 있으며, 이들에 대하여 일반적으로 설명하는 것은 어렵고, 각 물질의 발화특성을 미리 조사하든지 또는 소량을 사용하여 시험을 행하여 보는 것이 필요하다. 더욱이 저장조나 창고 등에서는 평상시에는 대기의 온도와 같으나 여름철의 직사광선을 받으면 50℃ 정도까지 온도가 상승할 가능성이 있으므로 냉각과 환기가 꼭 필요하다. 또한 발화에 대하여 수증기의 영향이 큰 물질도 많으며, 수증기가 있으면 발화온도가 내려가는 경우도 있다.

이것에 대하여 인화의 착화원은 이것을 완전히 제거하면 가장 좋으나 그것은 어렵다. 앞에서 말한 3가지의 착화원(전기불꽃, 열면, 고온가스) 중 고온가스에 속하는 나화(裸化)는 인적요인이 많음으로서 관리에 의하여 제거될 수 있으나, 전기불꽃과 열면은 그렇지 않다. 이들은 기계설비나 동력 장치에서 없앨 수 없는 것이기 때문이다. 전기회로에 기인하는 불꽃을 착화원으로 되지 않게 하는 방법에는 불꽃에너지를 회로설계상에서 가연성 혼합기체의 최소발화에너지 이하로 하는 방식과 전기불꽃이 생겨도 그 공간을 가연성 가스가 존재하는 공간과 격리된 구조로 기기(機器)를 개선하는 방법 등이 있다. 전자는 착상을 본질 방폭전기기기(防爆電氣機器)로 알려져 있다. 후자에는 switch류와 같이 기름(oil)에 담기게 하는 방법이나 motor의 경우처럼 cover를 씌운 것이 있으나, 밀폐형의 격리를 하면 내부에서 마찰 등에 의한 발열 때문에 온도상승을 일으키고 압력차를 발생시킨다. 이를 방지하기 위하여 방폭기기에 설치하는 화염을 통과시키지 않는 작은 간극을 설치하는데 이것을 안전간극(safe gap)이라고 부른다. 안전간극(safe gap)의 치수는 소염거리(消炎距離) 또는 화염의 전파를 저지할 수 있는 관경(管徑), 결국 소염직경(消炎直徑)을 기준으로 설계하나, 이 값은 연소속도가 큰 혼합기체, 예를 들면 수소, 아세틸렌, 이황화탄소 등에서는 탄화수소에 비하여 작다.

한편, 동일한 전기불꽃에서도 정전기의 경우는 에너지가 확실하지 않다. 그러므로 이 경우에는 에너지 제어는 어려우므로 정전기의 발생, 축적을 방지하는 것이 유일한 대책이 된다. 기체의 유동대전은 액체나 고체의 미립자를 함유하는 2상류가 아니면 발생하기 어렵고, 액체의 경우는 물질에 따른 차이도 크나 유속이 중요하며 보통 대전량은 유속의 1.75승에 비례하며(Shon.Bustin의 관계라고 한다), 고체의 유동과 마찰대전은 기체나 액체보다도 용이하게 된다.

마지막으로 열면에 의한 발화방지를 위하여는 발화 가능한 온도의 열면을 만들지 않도록 하는 방법이외는 없다. 담뱃불이나 연마기의 불꽃 등을 제거하는 것은 관리와 그 시스템의 문제이고, 노(爐)나 연도(煙道)는 설계상의 문제에 귀착하게 된다. 예방상 중요한 것은 열면의 크기와 가연성 혼합기체의 유속의 2가지 점이다. 다만 이것은 발화하는 매체(媒體)가 기체인 경우이며, 만약 열면이 가연성의 고체나 분체와 접촉하는 경우에는 설령 그것이 작아도 발화하게 된다. 예를 들면, 성냥의 타다 남은 것 등이 마른 나무나 풀 위에 떨어지면 열분해는 내부로 진행되고 몇 시간 후에 발화가 일어나는 경우도 있다.

이상에서 화재의 발생 방지 방법을 가장 기본적인 가연성기체의 발화방지를 중심으로 설명하였으나 이들의 대책은 액체나 고체의 가연성 물질과 산화제의 혼합계에도 적용될 수 있는 것이 많다. 특히 고체 가연물에 불활성의 분말을 혼입 한다든지, 가연성의 액체에 물이나 그 밖의 용해 가능한 불연성물질을 첨가하여 희석하여 불연화를 도모하는 물질조건에 바탕을 둔 방법은 확실성이 높으므로 유효한 것이다. 열과 충격, 마찰에 민감한 폭발성물질에 불활성분말을 넣어서 둔감화(鈍感化)를 도모하는 것은 좋은 예이고, 액체의 경우는 물 등을 혼입하면 인화점을 상당히 상승시키는 것이 된다. 연소성이나 폭발성을 갖는 물질은 기체, 액체, 고체의 어느 것 일지라도 그의 취급, 저장, 수송, 그 외에도 적당한 물질의 혼입으로 불연화 내지 난연화를 도모할 수 없을까를 한번 생각하여 보는 것은 뜻있는 것이라고 할 수 있다.

6.2 소화

근년에 화학공업을 주로 하여 화재위험을 동반하는 각종 공업이 발달하고, 안전에 관한 여러 가지 시책이 보급되어 화재를 미연에 방지하는데 많은 노력을 기울이고 있다. 더욱이 공업규모가 아주 대형화되고, 그 공정도 복잡하게 되어, 화재에 의한 인적 및 물적 재해도 아주 크게 되어왔기 때문에 소화에 대한 인식도 높고 연구도 많은 진척을 보이고 있다. 화학공장에서의 화재는 주로 가연성가스 또는 가연성액체의 누설과 분출에 의한 것이다. 따라서 소화라고 하는 것은 연소를 중지시킬 뿐 아니라, 정상적인 상태로 복원시키는 수단으로 생각하여 가연성가스 또는 액체의 누설과 분출을 재빨리 중지시키는 것이 소화의 첫걸음이다. 소화설비는 실제의 화재 시에 작동하는 것으로서 그때에 방출시키는 소화제와 화재를 탐지하여 소화설비를 작동시키는 경보기(警報器) 또는 감지(感知器), 검지기(檢知器) 등이 일체로 되어 기능을 발휘하는 것이다.

6.2.1 소화의 원칙

소화의 원칙은 「연소의 3요소」, 즉 가연물, 산화제 및 열원 중에서 어느 하나를 제거시키는 것으로, 최근에는 여기에 연소반응의 계속 진행에 필요한 연쇄반응의 조건을 첨가한 소화법이 고안되어 실용화되어 지고 있다.

화재가 발생했을 때에는 즉시 불길을 제압하는 것이 소화의 첫걸음이며, 그 다음으로 연소반응의 종결을 위한 조건을 만족시키는 수단을 강구하는 것이 필요하다. 화학공장 화재의 경우에도 불길의 제압과 화재의 고립화를 최우선적으로 행하고 그 다음에 그 현장에 적합한 화원의 진압대책을 취해야 하며, 일반 도시 화재의 경우처럼 단순히 물을 뿌려 소화작업을 행하는 것은 오히려 위험물질의 확산을 동반할 위험을 증가시키는 경우가 많다.

6.2.2 소화방법의 분류

소화작용면에서 소화방법을 대별하여 보면 물리적 작용에 의한 것과 화학적 작용에 의한 것이 있다. 물리적 작용을 이용하는 것은 열, 화재의 흐름 등의 물리량의 변화를 이용하여 연소반응을 중단시켜 소화시키는 것이며, 화학적 작용을 이용하는 것은 화염 중에 있어서의 원자나 원자단(radical)의 반응을 저지하는 것에 의해 소화시키는 것이다.

물리적 소화방법으로는 냉각소화, 희석소화, 화염의 불안정화에 의한 소화가 있고, 화학적 소화방법으로는 연소억제에 의한 소화가 있는데 이것은 연쇄중단반응(連鎖中斷反應)에 의한 소화라고도 한다.

(1) 냉각소화

화재는 연소반응이 계속하여 진행하고 있는 것으로 이 경우 반응열이 차차 주위의 가연물질에 주어지게 되며, 이때 화염 중에 흡열량이 큰 물질을 가하는 것에 의해서 반응열을 제거하면 연소반응의 속도가 완만하게 되면서 정지한다. 이것이 냉각소화의 원리이다.

냉각의 수단으로는 액체의 증발잠열을 이용하는 방법 외에 열용량이 큰 고체를 사용하는 방법 등을 생각할 수 있으나 가장 이용하기 쉬운 것은 액체의 증발잠열을 이용하는 방법으로서 특히 증발열이 크고, 값이 싼 물이 가장 많이 사용한다. 이외에 액체로서 각종의 halogen화 탄화수소도 고려되어 지고 있으나 이들의 증발잠열이나 열용량은 물에 비하면 비교가 안 될 정도로 적음으로 냉각소화의 효과는 기대할 수 없다. 이들을 소화제로 사용할 경우의 소화작용은 희석 또는 연소억제에 의한 소화라고 생각한다.

(2) 희석소화

연소반응의 계내의 가연물이나 산화제의 농도를 낮추어서 이들 사이의 반응을 억제시키는 것을 이용한 방법이 회석소화이다. 실제로는 가연물을 희석하는 경우와 공기 중의 산소농도를 감소시키든지 또는 공기를 차단시키는 등 여러 가지 방법이 있다. 이 중에서 가장 유효한 방법은 반응계 전체를 불활성 기체로서 희석하는 방법으로서 액화탄산, 탄산가스에 의한 소화법이 여기에 해당된다.

일반적으로 연소의 반응속도 V는 계내의 각 성분의 농도의 함수로서 나타내어진다.

$$V = k \cdot [O_2]^m \cdot [\text{combustible vapor}]^n \tag{6.1}$$

여기에서 n은 1에 가까운 값이나, m의 값은 1보다 상당히 큰 것이 보통이므로 산소농도의 감소가 연소의 억제에 아주 효과적이다. 물 뿌림에 의한 소화의 경우도 발생하는 수증기에 의해 산소농도가 저하되고 이것이 냉각효과에 가산되어지고 있다. 산소농도를 저하시키는 소화를 질식소화라고도 부르며 포(泡)에 의한 소화는 그 예이다.

(3) 화염의 불안정화에 의한 소화

burner에서 분출되고 있는 가연성 혼합기체에 점화하면 burner tip부근의 화염면에서는 혼합기체의 유속 U와 연소속도 Su와의 사이에는 균형을 이루고 있고 화염의 반정각(半頂角)을 θ로 하면 다음의 근사식이 성립한다.

$$Su = U \cdot \sin\theta \tag{6.2}$$

따라서 혼합기체의 유속을 증가하면 연소속도는 일정하게 있음으로써 화염의 길이는 점차로 길게 되고 결국 위 식의 관계를 만족할 수 없고 불이 꺼지게 된다. 이 현상을 이용하여 소화시키는 방법을 화염의 불안정화에 의한 소화라고 부른다. 성냥불을 불어서 꺼지게 하는 것도 이 원리에 바탕을 두고 있으며, 실제로 유정(油井)의 화염을 폭풍으로서 끄는 시험이 행해졌던 경우도 있다. 그러나 지표면이나 건물구조물에 요철이 있는 경우에는 그 음각진 곳에 닿는 불이 완전히 꺼지지 않는 경우가 많은 것과 폭풍에 의한 피해도 생각하지 않으면 안 되므로 현재 그다지 사용되지 않고 있다.

(4) 연소억제에 의한 소화

화염을 계속해 일으키는 연소반응은 이른바 유리기 반응(free radical reaction)이 주역으로서 이 계내에 halogen이나 알카리금속을 첨가하면 연소를 계속 진행시키는 주역의 역할을 하는 유리기와 반응하여 불활성화시킨다. 이 작용을 이용한 소화법이 연소억제에 의한 소화라고 불리워진다. 이것은 형식적으로는 희석소화와 유사하나, 이 경우에는 첨가물이 단지 물리적으로 연소혼합계의 조성을 변화시키는 것보다도 화학반응에 의한 연소의 억제가 주체이므로 근본적으로 다르다. 이 억제작용은 halogen은 불소(F)〈염소(Cl)〈브롬(Br)〈요오드(I)의 순으로 강해지고(소화제로 하여 가하는 측의 안정성에 대하여는 그 반대이다), 알카리금속에서는 리튬(Li)〈나트륨(Na)〈칼륨(K)〈루비디움(Lu)〈세시움(Ce)의 순으로 증대한다.

현재 실용화되고 있는 halogen화 탄화수소를 주성분으로 한 증발성 액체소화제나 중조(중탄산소오다), 중탄산칼륨을 주성분으로 한 분말소화제(dry chemicals)의 소화작용은 주로 이 원리에 근거를 두고 있는데, 분말소화제의 경우에는 불에서부터의 열복사 저지의 효과와 고체입자에 의한 화염의 냉각효과도 지니고 있다. 그러나 중탄산염의 분해로 발생하는 흡열과 탄산가스에 의한 희석효과는 화염 중에서의 중탄산염의 분해 비율이 적으므로 그에 의한 효과는 기대할 수 없다.

halogen화 탄화수소의 억제작용에 관한 상세한 반응기구에 대하여는 크게 나누어 3종류가 있다. halogen화 탄화수소는 연소를 계속하는데 필요한 OH, O 및 H 등의 활성라디칼이나 원자와 반응하여 연소를 억제시킨다는 설이 가장 많은 현상을 설명하고 있으며,

이외에 첨가물질의 전기적 성질을 고려한 전자부착(electron attachment)의 경향으로부터 억제작용을 해명하려는 시도도 있으며, 또 억제제의 첨가에 의한 화염온도의 저하로써 설명하려는 시도도 있다. 실제로 소화제로는 메탄, 에탄 등의 halogen화물이 사용되며, 특히 브롬(臭素)을 함유하는 저비점의 것이 많이 사용되어지고 있다.

알카리금속의 억제작용은 사용원료가 분말로서 입경, 입도분포, 비표면적 등의 영향이 혼재되어 있음으로 그 작용기구에 대한 상세한 것은 명확하지 않으나 halogen화 탄화수소의 경우와 같이 금속원자가 OH〈H〈O 등의 활성라디칼을 불활성화시킨다고 하는 설은 메탄의 공기확산염 중에 알카리금속의 증기를 넣어도 억제효과가 적다고 하는 현상을 설명할 수 없음으로써, 알카리금속은 금속원자의 형태가 아닌 수산화물의 형태로서 연소의 억제에 효과가 있다고 생각하는 것이 타당하다. 어떻던 알카리금속 산화물은 화염의 반응영역 중에서 금속원자 또는 그것을 함유하는 화학물질이 생성하는 것이 필요하므로 이와 같은 변화를 받기 쉬운 화합물을 사용하는 것이 필요하다. 이 때문에 금속의 종류를 선정하는 외에도 입자경, 표면상태 등을 고려할 필요가 있으며, 실제로는 중탄산염이 많이 사용되어 지고 있다.

인산 제2수소암모늄($NH_4H_2PO_4$)을 주성분으로 하는 분말소화제의 작용에 관하여는 인(P) 자체가 halogen이나 알카리금속과 동일한 작용을 가진 다고 생각할 수 있으나 이외에 이들 물질의 열분해성성물이 연소면을 둘러싸는 작용도 있다.

(5) 제거소화

가연물을 반응계에서 제거하든가 또는 반응계로의 공급을 정지시키면 화재는 끝난다. 이것을 제거소화라 하고, 이런 조치가 기체 또는 액체의 대형화재의 경우에는 유일한 소화법이 되는 경우가 많다. 구체적으로 설명하면 분출하는 기체의 화재는 주밸브(man valve)를 닫아서 연료공급을 차단하여 반응계로의 유입을 막음으로서 소화한다. 또는 연료탱크를 냉각하여 가연성가스의 발생속도를 작게 하여 연소를 억제시키든가, 밸브의 교환에 의해 안전한 탱크에 이송시키는 등의 수단을 강구하여 소화한다. 일반적으로 화재가 대규모인 경우에는 소화제로서 소화하는 것은 불가능하게 되므로, 이 경우에는 제거소화가 효과적이다.

6.3 소화제

화재가 발생하는데 필요한 연소의 3요소 중에서 가연물의 종류와 성상에 따라 화재의 종류별 급수를 정하고 있으며, 우리나라는 미국, 일본 등과 같이 화재의 급수를 A, B, C, D, E급으로 분류하고 있으나 소화제의 사용과 관련된 실용상의 목적에 따라 일반적으로 A, B, C급으로 분류하고 있다 (표 6.2)는 화재발생시 연소하는 가연물질의 종류에 따른 국가별 화재급수에 대한 비교분류를 한 것이다.

a. A급화재 : 연소 후에 재(灰))를 남기는 종류의 화재로서, 목재, 종이, 섬유 등의 일반 화재가 여기에 속한다. A급화재에서는 다량의 물 또는 물을 다량으로 함유하는 용액으로서 행하는 소화가 효과적이다.

b, B급 화재 : 연소 후에 거의 재(灰)를 남기지 않은 가연성액체, 반고체 유지(半固體油脂) 등의 화재이다.

c. C급화재 : 전기기기의 화재로서 전기절연성을 가진 소화제를 사용하는 경우이다.

표 6.2 국가별 화재의 급수

국명 / 화재별 급수	한국	미국	일본	독일
A급	목재, 종이, 섬유듀 등의 일반 가연물	목새, 종이, 섬유류 등의 가연물	목재, 종이, 섬유류 등의 가연물	목재, 종이, 섬유류 등의 작열할 수 있는 가연물
B급	유류 (가연성 액체 포함)	유류 (가연성 액체 포함)	유류 (가연성 액체 포함)	유류 (가연성 액체 포함)
C급	전기	전기	전기	가스(압축, 액화)
D급	금속	금속	금속	금속
E급	가스(압축, 액화)	가스(압축, 액화)	가스(압축, 액화)	전기

현재 사용되고 있는 소화제와 그의 특성을 표 6.3에 나타낸다.

표 6.3 消化劑 一覽表

분류	소화제	성 분	주요 소화 작용	특 색
물	호스 방수	봉상의 물	냉각	다량의 물을 원거리까지 방향을 정해 방사한다.
	강화액	물+염류	연소억제	염류에 따라 연소를 늦춘다.
	누수	물+계면활성제	냉각	불연성 분위기를 만든다.
	스프링쿨러	물방울	〃	면화의 소화에 적합하다
	분무수	분무, 수증기	냉각, 희석	수막을 형성하여 초기소화에 적합하다. 불연성 분위기를 만든다.
포	화학기포	$NaHCO_3$+$Al_2(SO_4)_3$	질식(희석)	소형소화기로 사용, 소량으로 큰 면적을 덮는다.
	air foam	단백가수분해액	질식	
	고발포 air foam	계면활성제	〃	기름화재, 대형화재에 유효, 화학차의 주요 약제
		요소수지,		
	solid foam	우레탄수지	〃	갱내, 턴넬, 빌딩화재에 유효, 최근 개발 중 화재를 일부에 국한시킨다. 최근 개발 중
불연성기체	탄산가스	CO_2	희석	한정된 방 또는 표면에 유효, 오염이 없음.
	질소가스	N_2	〃	이용이 적으나 액체질소는 주목할 만하다.
	배기가스	N_2+CO_2	〃	빌딩화재에 적합, CO를 함유하고 있어 이용에는 많은 검토가 필요, 실험 중 소화설비로 사용되는 것은 적고, 응급용
	수증기	H_2O	〃	
증발성액체	사염화탄소	CCl_4	연소억제(희석)	속효성으로 소형소화기에 포스겐의 발생 때문에 CB로 대체되고 있다.
	할론1011(CB)	Br · CH_2Cl	〃	CCl_4보다 독성이 적다. 소형으로 차량, 한정된 표면화재에 특히 유효
	할론1301	Br · CF_3	〃	컴퓨터실, 박물관 및 항공기의 화재에 유효하나, 고가이며 독성이 적다.
	할론2402 (FM-2)	F_2 · C(Br) · C(Br)F_2	〃	
분말	소오다베이스 드라이케미칼	$NaHCO_3$	질식(냉각)	속효성이 크다. 금속화재 및 금수성 물질의 화재에 유효
	칼륨베이스 드라이케미칼	$KHCO_3$	〃	드라이케미컬보다 효력이 크다.
	암석	–	〃	탄가루 폭발의 방지용
	모래	–	〃	특수화재(금수, 금속, 고온)에 유효
특수	TMB	trimethoxy-boroxin	차단(냉각)	특히 금속화재에 유효
	TEC	공융염화물	〃	특히 금속화재, 고온화재에 유효
	물슬러리	–	〃	특히 삼림화재에 유효
	라이트워터	불소계면활성제	〃	기름화재용으로 주목

6.3.1 물

물은 일반화재에 유효한 소화제로서 옛날부터 널리 사용되고 있다. 실제로 물은 비열, 증발잠열이 모두 다른 물질에 비하여 아주 크기 때문에 냉각효과가 우수할 뿐 아니라 풍부하게 존재하고 있으므로 경제적이다

물을 소화에 사용하는 경우에는 봉상주수, 적상주수 및 분무주수(噴霧注水)의 3종류로 구분할 수 있다 봉상주수도 어떤 거리를 초과하면 적상(滴狀)으로 되며, 일반적으로 순서에 따라 물방울(水滴)의 크기가 작게 됨과 동시에 표면적이 증가하므로 증발의 속도도 크게 되어 냉각효과도 크게 되기 때문에 무상(霧狀)추수가 효과적이긴 하나 도달거리가 짧고 화점에 도달하기 전에 기화하여 목적을 달성할 수 없는 경우가 있다. 일반적으로 화염면 속에서 완전하게 증발이 끝나는 물방울 직경(水滴徑)의 개략치에 대하여는 물의 증발속도와 일반적인 A급화재에 있어서의 연소온도에서 계산하면 5~10μ의 값이 얻어진다. 그러나 실제에 있어서는 물 분사에 의해 화염의 전부를 덮어서 불길을 진압하는데는 400~500μ정도의 직경을 갖는 물방울이 필요하다. 분무에 의한 냉각은 그 때의 물의 온도이하로 저하시킬 수 없음으로, 인화점이 낮은 gasoline, benzene 등의 화재를 소화하기 위해서는 희석소화 또는 질식소화의 작용에 의하지 않으면 안 된다. 그러므로 이와 같은 경우에는 화점에의 도달거리를 무시하고 물방울의 직경을 작게 하여 평균 200~300μ 정도의 것이 사용되어진다.

분무주수는 다른 주수방법에 비하여 전도성이 좋지 않기 때문에 C급화재에도 유효한데 이때에는 표 6.4에서 나타내는 거리를 확보하는 것이 감전을 방지하기 위하여 필요하다. 그러나 사용 후 전기설비의 절연불량을 일으킬 염려가 있으므로 일시적인 응급처치에 한하는 것이 좋다. B급 화재에는 물을 단독으로 사용하는 경우는 적고 대부분의 경우 다음에 설명하는 포말을 이용한다. 물은 용융금속에 사용해서는 안 된다. 왜냐하면 이 경우에는 수증기 폭발을 일으키는 경우가 있기 때문이다.

물의 효력을 증강시키는 방법의 하나로 염류를 가하여, 이 염류의 연소억제효과를 기대하는 방법이다. 강화액(loaded stream)이라고 불리는 것은 알카리금속염의 수용액이다. 이 강화액(強化液)은 봉상(棒狀) 또는 분무상으로 물과 같이 A급 화재에 쓰이는 경우에는 용해되어 있는 약제에 의한 연소억제효과 외에 연소면의 피복에 의한 질식효과를 나타내어 재연의 위험이 적다. 이러한 연소억제 효과 때문에 B급 화재에도 사용된다. 상당히 진한수용액(40~50%)으로 비중도 크고 빙점도 낮음으로서 한랭지(寒冷地)에서도 동결할 염려가 없으나 PH값이 12이상으로 사용 후에 세정을 충분히 하지 않으면 부식을 진

행시킨다. 약제로서는 탄산칼륨(K_2CO_3)이 많이 사용되며 이외에 크롬산칼륨 (K_2CrO_4), 인산칼륨(K_3PO_4)등이 사용되어 지며, 최근에는 유기산의 알카리금속염도 사용되어지고 있다.

표 6.4 감전방지를 위해 필요한 거리

對大地전압[V]	nozzle과의 거리[cm]
7,500 이하	20
7,500~15,000	37
15,000~25,000	53
25,000~37,000	74
37,000~50,000	98
50,000~73,000	135
73,000~88,000	159
88,000~110,000	196
110,000~132,000	235
132,000~154,000	272
154,000~187,000	324
187,000~220,000	378

계면활성제(界面活性劑)를 물에 가하여 물의 소화에 대한 효력을 증대시키는 방법이 있다. 이 경우 계면활성제의 작용은 ① 발포제로서, ② 표면장력저하제로서, ③ 유화제로서의 3가지의 작용이 있다. 발포제로서의 작용은 다음의 포(沫)의 항에서 설명하게 되며 계면활성제에 의한 표면장력의 저하작용은 분무할 때 미립자화(微粒子化)가 용이하게 되며, 더욱이 침투성을 부여하는 것으로서 원면, 종이, 목재 등의 화재에 효과가 있다. 유화작용을 이용하여 계면활성제의 수용액을 분무하여 중유의 화재를 진압할 수 있다. 이것은 분무에 의해 중유의 표면에 emulsion을 형성시켜 물분무의 냉각효과와 함께 기름의 증발을 억제시켜 소화의 효과를 높이는 것이다.

6.3.2 포(포말, Foam)

포(沫)소화제의 원리는 포중의 함유수분에 의한 냉각효과와 연소면의 포층에 의한 산소차단효과에 있다. 포말화는 B급화재에 대하여 가장 적합하다. 포소화제는 그의 발포기구에 따라 화학포제(foamite, chemical foam)와 공기포제(機械泡劑)(air foam, mechanical foam)로 나눈다.

화학포제는 주성분인 중탄산나트륨(重曹)과 황산알루미늄과의 사이에 다음과 같은 화학반응에 의하여 발생하는 탄산가스를 수산화알루미늄의 얇은 막으로 둘러싼 포가 형성되는 것으로써 1900년경에 고안되었으며 그 후 포의 안정제와 발포장치가 많이 연구되어져왔다.

$$6NaHCO_3+Al_2(SO_4)_3.18H_2O = 6CO_2+2Al(OH)_3+3Na_2SO_4+18H_2O$$

공기포는 가수분해 단백질을 주성분으로 하고 여기에 saponin, 합성계면활성제 등을 함유한 수용액(泡原液)을 공기 또는 가압시킨 탄산가스와 혼합시켜 포를 형성시킴과 동시에 화재에 분사하는 것이다. 이것은 1930년경에 고안되어 1945년경부터 널리 일반에게 보급되었으며 B급화재에 사용되어지고 있다.

포소화제의 성능을 나타내는 기본적인 물리량 중에 중요한 것은 발포능력에 관계하는 팽창율과 포의 안정성, 즉 포의 수명에 관계되는 환액시간(drainage time)이다. 포수용액의 용적을 V_1이라 하고, 이것을 완전히 발포시킨 경우의 발포액의 용적을 V_2라 하면 다음식의 관계를 얻는다.

$$E=\frac{V_2}{V_1} \tag{6.3}$$

여기서 얻어진 값 E를 포수(foam number) 또는 팽창율(expansion ratio)이라고 한다. 포수용액의 비중은 물의 비중과 거의 같으므로 $\frac{1}{E}$은 포의 비중이 된다. 이 포에서 V_3만큼을 처음의 포수용액에 되돌려 보냈을 때 V_3만큼 drainage 했다고 하고 $(V_3/V_1)\times100=50$ 또는 25로 되는 시간을 50% 또는 25% 환액시간(drange time)이라고 부른다. 일반적으로 발포력(발포력은 발포방법에 따라 크게 변하므로 일정한 발포방법에 의한 상대치밖에 알 수 없다. 공기포로서는 표준의 포nozzle에서 일정한 용기에 포를 수집하여 중량법으로 결정하고 포의 수명과는 무관계하다. 생성된 포는 비중이 작고, 점착력이 있으며, 상당한 유동성을 가지며 고열에 대하여 안정한 것 등의 성질이 요구된다. 이것은 소화에 대하여 냉각효과와 질식효과를 기대하고 있기 때문이다. formite, air foam 모두 B급 화염 중에서 알코올, 아세톤 등의 수용성의 가연물의 화재에는 포가 아주 불안정하게 됨으로서 효과가 적다. 이 경우에는 내알코올성포제(alcofoam)가 개발되어 실용화되고 있다.

(1) 화학포제 (foamite)

포제는 보통 A , B제의 2종으로 나누어지며 여기에 포안정제가 첨가되어져 있다. A제는 주성분이 중탄산나트륨(중조, 순도 98%이상)이며, 안정제로 황산 또는 슬폰산계의 합성물이나 교질, saponine, 감초, 그 외 식물에서의 추출물 등을 첨가한다. B제는 황산알루미늄이 주성분이다.

대규모 화재용으로 연속발포를 가능하게 하기 위하여 A, B의 두 수용액을 별도로 대량 저장하여 사용할 때에 혼합할 수 있도록 한 형식을 습식형이라고 부른다. 건식법은 A, B 두 약제를 분말의 형태로 각각 별도로 분리 저장하는 2약제식(dual powder type)과 두 가지 약제를 건조상태에서 미리 혼합하여 만든 단일약제식(single powder type)이 있다. 이들 건식의 foamite 소화제를 사용할 때는 2약제식의 것은 2본의 배관의 도중에서 수유 중에 각각 별도로 용해하여 이 두 종류의 용액을 한 지점에서 혼합하는 기구가 필요하고, 단일약제식의 것은 1본의 배관의 도중에서 수류(水流)에 용해시켜 바로 화재지점을 향하여 방사시키도록 되어 있다. 건식의 단일 약제식은 습기에 접하면 부분적인 반응에 의하여 caking현상을 일으켜 고화하고 효과가 감소되는 결점이 있다. 형성되는 포는 약제(安定劑를 포함하여)의 혼합비에 의하여 유동성이 좋은 포에서 유동성이 좋지 못한 포까지 여러 가지로 조성이 가능하나 보통 효과적인 유동성, 점착력 및 배열성이 좋은 포는 사용하는 물량의 10배 정도의 팽창율을 나타낸다.

foamite포의 고체표면에의 점착성은 공기포보다 우수하므로 입체적인 가연물과 함께 $(1.5\times1.5)m^2$정도의 기름화재용에 적당하다. 이것은 대규모 면적의 화염에 대하여는 공기포에 비하여 화학포의 유동성이 적기 때문에 소화성능이 나쁘게 된다.

(2) 공기포제(air foam)

공기포제의 주성분은 가수분해 단백질로서 이 단백질원은 고래의 혈액, 어분 등의 동물단백질, 대두 등의 식물단백질, 그 외 젤라틴, 잡곡류의 단백질이 원료로 사용된다. 이들을 수산화나트륨, 석회유(수산화칼슘) 등의 알카리 또는 단백질 분해 효소를 사용하여 수용성으로 될 정도(含有질소분의 35 % 이상이 펩톤으로 존재할 정도)까지 가수분해한 것을 무기산(황산 또는 염산), 유기산(maleic acid)으로 중화(pH6~7.5) 한 후, 황산제일철 또는 염화제일철, saponin 등의 안정제와 방부제(2,4,6-trichlorophenol이 쓰여지는 경우가 많다)를 혼합한 것이 원액으로 사용된다. 이 원액은 그 성분의 성질상 3~5년 이상 저장하면 내열성이 저하하는 경우가 있으므로 1~2년마다 검사할 필요가 있다. 공기포제의 포는 아주 내열성이 우수하며, 포에 화염을 방사하면 포의 표면이 굳는데, 이것은 단백질 막이 열과 공기에 의해 변성하여 응고하기 때문이다.

공기포제는 발생포의 팽창율에 따라서 저발포형(팽창률 4~20배), 고발포형(팽창률 80~1,000배)으로 나누어진다. 현재 가연성액체의 화재에는 저발포형이 사용되고 있다. 저발포형의 원액은 그것에 물을 가했을 때의 농도에 의해 6%형(6% Compound라고도 부른다)과 3%형으로 나누어지며, 또 각각 일반용과 냉한지용(한냉지용, −15°C 또는 −30°C의 저온에 견딘다)이 있다. 고발포형은 광산갱도 화재용으로 개발된 것으로 계면활성제를 주제로 한 것이며 이것에 소량의 가수분해 단백질을 첨가한 것도 있다 고발포형의 소화원리는 냉각효과보다도 아주 다량의 포의 발생에 의한 질식효과가 주된 것으로 도시의 지하가와 같은 폐쇄구역의 화염에는 유효하나 옥외에 설치되어있는 설비의 화재에는 부적당하다.

실제로는 air foam원액은 proportioner라고 하는 비례배합장치(比例配合裝置)에 의해, pump로부터 보내지는 유수(流水)중에 3% 또는 6%의 농도로 회석시킨 후 목적지 까지 연결된 foam−maker에서 공기와 교반, 혼합되어 포를 만들어 foam chamber를 통하여 포가 방사되기 때문에 약간 시간이 걸리기 때문에 신속초기 소화라고 하는 점에서는 나쁘나 기름탱크의 화재에는 효과가 있다. 분말소화제와 단백질포제와의 병용은 포를 소멸시키므로 피하지 않으면 안 된다.

(3) 내알코올성포

화학공업의 발달에 따라 증가한 알코올류와 케톤류의 화재에 air foam을 사용하면 포가 단시간에 사라져 소화효과가 아주 나쁘다. 이와 같은 화재에 맞는 포소화제로 내알코올성포(alcofoam)가 개발되었다. 이 내알코올성포는 air foam의 외측에 알코올류에 불용성의 막을 형성하도록 한 것으로서, 단백질의 가수분해물질에 알루미늄 등의 금속비누를 수 종류의 계면활성제에 의하여 유화분산시킨 것이다. 이 내알코올성포의 포원액을 사용할 때에 물로서 3~6% 정도를 회석하면 액 중에 함유되어 있는 금속염은 용해도가 감소되어 물이나 알코올에 불용성의 염으로 석출한다. 이 불용성의 염이 포의 표면에 배열하여 알코올에 대해서 포가 파괴되지 않도록 보호하는 역할을 하는 것이다. 이 내알코올포의 사용대상은 알코올류중 물에 대한 용해도가 10%이상의 것에 사용되고, 그 이하의 용해도를 가지는 알코올류(탄소수 10 이상의 알코올은 물에 난용성이다)의 화염에는 air foam의 편이 더 효과가 있다고 한다.

이외에 단백질의 대신에 요소계수지와 같은 타기 어려운 합성고분자제의 것을 사용한 내알코올용포(solid foam이라고도 부른다)도 개발되고 있다.

6.3.3 불연성기체

불연성기체 소화제의 소화효과는 희석효과와 질식 효과이다. 사용되는 불연성 가스는 질소, 탄산가스, 알곤이며, 질소와 알곤은 탄산가스에 비하여 액화하기 어렵고 고가이며 소화효과도 나쁨으로서 특별한 경우에만 사용되고 일반적인 것은 못된다. 이들의 불연성기체는 압축하여 봄베에 넣어 보존하여 만일의 경우에 대비하고 있으므로 그 내용물에 비하여 용기값이 비싼 결점이 있으나, cock의 조작만으로 간단히 취급할 수 있으며 사용 후에도 주위가 깨끗한 장점이 있다. 그러나 불연성가스를 사용할 때에는 그 부근의 산소분압이 저하함으로써 인체의 영향을 잊지 않고 고려하여야만 한다(탄산가스의 허용농도는 0.5%이며, 산소농도가 16%이하로 되면 나타나는 산소결핍증에 대한 배려도 잊어서는 안 된다).

탄산가스(이산화탄소)는 비교적 순수한 것이 싼 가격으로도 용이하게 구입할 수 있고, 액화하는 것도 용이하며 안전하게 저장할 수 있다. 탄산가스는 B급 화재에 효과가 있고 전기절연성도 좋기 때문에 전기설비에도 사용할 수 있는 이점이 있다. 그러나 A급화재에는 그다지 효과가 없고 금속화재에는 사용할 수 없는 경우도 있고 또 사용하여도 큰 효과는 기대할 수 없다. 탄산가스는 액화된 상태로서 저장되며, 그 용기 중에서는 액체와 기체의 2층으로 나누어져 있다. 임계온도를 넘으면 용기의 파열 사고가 일어나므로 직사광선을 피하고 저온에서 저장하여야 한다.

탄산가스(이산화탄소)를 소화에 사용할 때는 그 비중이 공기의 1.5배 정도이므로 연소물의 표면의 화염을 덮어서 소화하는 질식효과의 외에 봄베에서 방사시켰을 때에 기화잠열 때문에 기온보다도 저온으로 되므로 이의 냉각효과도 생각할 수 있으나 극히 미미한 것으로 기대할 정도는 못된다. 원래 화재의 경우 공기 중의 산소농도 연소물의 한계산소량(최대허용량)까지 저하시키면 소화의 목적이 달성 되어 지는 것이다. 이 한계산소량을 표 6.5에 질소와 비교하여 탄산가스의 값을 나타냈으나 이 표에서도 질소의 경우보다도 값이 크므로 질소보다 탄산가스의 편이 소량의 방사로서 만족한 것으로 된다. [연소속도가 빠른 수소나 특수한 반응성을 갖는 일산화탄소의 경우를 제외하고 탄산가스의 경우에는 14~15%, 질소의 경우에는 11~12%가 한계산소량(minimum safe percentage of oxygen)인데, 이 차이는 화염중의 탄소와 탄산가스에 의한 일산화탄소 생성반응(흡열)에 의한 것으로 생각된다. 이 한계산소량은 모두 16% 이하이므로 이러한 분위기에서는 인간은 산소결핍증 중독을 일으킨다]

탄산가스 소화기의 방사시의 성능은 일반적으로 방사시간, 사정거리가 모두 작으므로 고정 배관에 의한 대규모 소화설비 이외의 경우에는 화점에 접근하여 방사하여 단시간에 진압시킬 필요가 있다. 물을 사용한 경우와는 달라서 냉각효과는 거의 기대할 수 없으므로, 일단 소화시켜도 고온의 물체, 예를 들면 금속편(金屬片)이 남아 있는 경우에는 다시 연소할 가능성이 있다. 최근 액체의 상태로 LPG 등의 화재에 사용하는 것도 연구중에 있다.

표 6.5 가연물의 한계산소량

가연물의 종류	최대 허용 산소량(%)	
	탄산가스	질소
벤젠	13.9	11.2
일산화탄소	5.9	5.6
메탄	14.6	11.4
에탄	13.4	11.0
프로판	14.3	11.4
헥산	14.5	11.9
가솔린	14.4	11.6
천연가스	14.4	12.0
수소	5.9	5.0
에테르	13.0	
에틸렌	11.7	11.0
프로필렌	14.7	11.5

다음으로 알코올을 비롯한 0족원소는 일반적으로 화합물을 만들지 않음으로써 소화제로 사용할 때에 희석효과는 충분히 있으나 아주 고가이므로 방사성 동위원소가 있는 장소에서 다른 소화제가 방사능을 띨 가능성이 있는 곳에만 이용되고 있다.

이외에 불연성기체로서 수증기를 들 수 있다. 수증기는 각종의 공장에서 널리 이용되고 있음으로 완전한 설계가 된다면 소화설비로 사용가능한데, 실제로 Jet engine의 배기를 이용하여 수증기와 탄산가스 및 질소의 혼합가스에 의한 소화의 연구도 행하여지고 있다.

6.3.4 증발성 액체

소화제로 이용되고 있는 증발성 액체는 halogen화 탄화수소이며, 이는 증발잠열에 의한 냉각효과와 증발한 후에는 불연성기체로서의 희석 효과도 다소 있어 A급화재에도 어느 정도의 효과는 기대할 수 있으나, 주로 B급 및 C급 화재에 사용되며, 소화효과는 연소억제효과에 의한 것이다. 또한 금속화재에는 할로겐이 금속과 반응함으로써 사용할 수 없다. 불순물로 수분이 존재할 때는 금속용기의 부식을 촉진함으로 흡습에 주의하여야 한다. 이 증발성 액체는 탄산가스에 비하면 우수한 소화효력을 갖고 있음에도 불구하고 널리 이용되지 않는 것은 이들 할로겐화탄화수소의 거의 대부분이 다소라도 인체에 대한 독성을 가지고 있을 뿐만 아니라 사용할 때에는 사염화탄소의 예에서 볼 수 있는 바와 같이 열분해에 의한 포스겐(phosgen, 허용농도 0.1ppm)의 독성가스를 일부 발생하는 경우가 있기 때문이다. amine계의 첨가제를 가하여 유독가스의 발생을 저하시키는 방법도 있으나 사용할 때에 충분한 지식을 가지고 주의하여 사용하면 이것의 우수한 효과를 충분히 발휘시킬 수 있다.

소화제로 사용되는 증발성 액체로는 사염화탄소(CCl_4), 일염화일브롬화메탄($Cl \cdot CH_2 \cdot Br$), 요오드화메탄(CH_3I), 일브롬화삼불화메탄($Br \cdot C \cdot F_3$), 이브롬화사불화에탄($Br_2 \cdot C_2 \cdot F_4$) 등이 있다. 현재 주로 사용되어지고 있는 것은 CCl_4, $Cl \cdot CH_2 \cdot Br$, $Br_2 \cdot C_2 \cdot F_4$ 등이며 최근 $B \cdot C \cdot F_3$이 소화효과의 우수성과 인체에 대한 독성이 작으며 금속에 대한 부식성이 적은 특성이 있어 주목되고 있다. 소화제로서의 할로겐화 탄화수소는 halon번호로서 부른다. 이 번호의 맨 앞의 것은 분자내의 탄소수를, 그 다음의 숫자는 불소, 염소, 브롬(臭素)의 수를 나타내며 이들에 대한 성질을 표 6.6에 나타냈다.

표 6.6 주요한 halon류의 성질

물질 명	분자식	halon번호	비점(℃)	융점(℃)
4염화탄소	CCl_4	1040	76.8	−22.8
1염화 1취화 메탄	$C \cdot H_2 \cdot Cl \cdot Br$	1011	68	−89
1취하 3불화 메탄	$C \cdot F_3 \cdot Br$	1301	−57.8	−168
1염화 1취화 2불화 메탄	$C \cdot F_2 \cdot Cl \cdot Br$	1211	−4	−160
2취화 2불화 메탄	$C \cdot F_2 \cdot Br_2$	1202	24.5	−80
2취화 4불화 에탄	$C_2 \cdot F_4 \cdot Br_2$	2402	47.3	−110

할로겐화탄화수소의 메탄의 연소화염에 대한 억제효과는 $CF_2Br_2 > CF_3Br > CF_3Cl > CHFCl_2 > CH_3Cl$의 순이다. 할로겐 원자가 연료의 C−H결합에서 수소를 빼앗든지, 화염 중의 수산기를 감소시키는 억제효과는 I〉Br〉Cl〉F의 순이다. 한편, C−F의 결합은 아주 강하여 화염 중에서는 절단되기 어려우며 C−Br의 결합은 C−Cl의 결합에 비하여 약하므로 브롬화물의 편이 염화물보다 효과가 크다. 따라서 화염 중에서 적당하게 열분해하여

유효한 할로겐 원자를 방출하는 점으로 우수성을 나타내고 있다. 이 유효한 할로겐 원자를 방출한 후의 나머지 부분은 불연성에 가까운 것이 바람직하다. 이러한 점에서 불소와 취소(브롬)의 화합물이 효과적이다[불소와 요오드의 화합물이 가장 효과적이긴 하지만 저장안정성이 우수한 것을 찾아볼 수 없으므로 실용적인 것은 아니다].

6.3.5 분말소화제(Dry chemicals)

분말소화제로 사용하는 분체는 입경이 작아야 하며 유동성을 나타내어야 한다. 일반적으로 고체를 미분으로 하면 흡습성이 높게 되든지, 고화하는 성질을 띠게 되므로, 이러한 현상을 방지하기 위하여 분말인 주성분에 여러 가지 첨가제를 가한다. 분말소화제의 소화효과는 주로 연소억제작용에 의한 것이며, 입자의 크기도 소화효과에 영향을 미친다. 너무 입자가 미세하면 바람에 날린다든지, 공기의 저항으로 인해 목표에 도달하기 어렵게 되므로, 실제에 사용되는 분말은 극도로 미세한 분말이어서는 안 된다.

분말소화제로 사용되는 물질은 나트륨과 칼륨의 중탄산염이며 고화방지를 위한 첨가제는 발수성과 유동성을 부여할 목적으로 각종의 것이 고안되어지고 있으며, 분말소화제의 조성의 한 가지 예를 표 6.7에 나타내었다. 그리고 나트륨염과 칼륨염의 소화효과를 비교 실험한 결과를 표 6.8에 나타냈으며, 이 표에서 보면 칼륨염이 약간 우수하다.

표 6.7 분말소화제의 조성 예

성분	분자식	함량[%]
중탄산나트륨(重曹)	$NaHCO_3$	97.0
스테아린산마그네슘	$Mg(C_{17}H_{35}COO)_2$	1.5
탄산마그네슘	$MgCO_3$	1.0
인산칼슘	$Ca_3(PO_4)_2$	0.5

표 6.8 여러 가지 면적의 가솔린화염에 대한 중탄산염의 소화성능

분말의 종류	화제의 크기[ft×ft]	실험의 회수	소화에 필요한 평균중량(g)
중탄산나트륨(重曹)	7×7	1	2437
	8×8	3	소화 못 시킴
중탄산 칼륨 $KHCO_3$	7×7	3	1915
	8×8	2	2008
	9×9	3	2105
	10×10	5	2559
	11×11	2	소화 못 시킴

화염 중에 투입된 이들의 중탄산염의 흡열분해에 의한 냉각효과와 분해하여 발생하는 탄산가스의 희석효과도 고려할 수 없는 것은 아니나 그 기여율은 낮다. 이들 분말소화제는 전기시설의 화재에도 사용된다. 이 외에 인산2수소암모늄($NH_4 \cdot H_2PO_4$)을 주성분으로 하는 분말소화제(ABC분말)가 있으며 이것은 A, B, C 각급의 화재에 효과가 있어 용도가 넓다. 그 조성의 일례를 표 6.9에 나타냈다. 화재에 분산시킨 인산2수소암모늄은 열분해하여 메타인산으로 되고 이것이 용융하여 glass 상의 피막으로 되어서 연소를 방해하며 인산 자신의 연소억제작용과 상승작용을 하여 소화효과를 올린다. 이외에도 다른 염료로서 적혈염, 황혈염, 수산암모늄 등의 분말도 소화에 효과가 있는 것으로 알려져 있다.

표 6.9 인산염 소화제의 예

성분	분자식	함량[%]
인산2수소암모늄	$NH_4 \cdot H_2PO_4$	63
황산암모늄	$(NH_4)_2SO_4$	22
황산바륨	$BaSO_4$	13
인산칼슘+디메틸시록산(1 : 1)	$Ca(PO_4)_2 + [(CH_3)_2SiO]_n$	2

6.3.6 특수소화제

(1) T.M.B(Trimethoxyboroxyn)

1957년에 미국의 해군연구소에서 개발한 것으로 금속화재(金屬火災)에 대하여 효과가 있는 액체의 소화제로서 구조식은 그림 6.2와 같으며 표 6.10에는 물성치를 나타낸다. 이것을 분사시킬 때에는 용해성의 면에서 건조된 질소 또는 공기가 사용되어진다. 금속화재에 사용할 때는 이것 자신이 타서 잔사로서 산화붕소의 glass상의 피막을 형성시켜 산소와의 접촉을 차단하여 소화시키고 물과 반응성이 있는 금속을 피복함으로서, 이것을 사용한 후에 물이나 포소화제의 사용도 가능하게 된다.

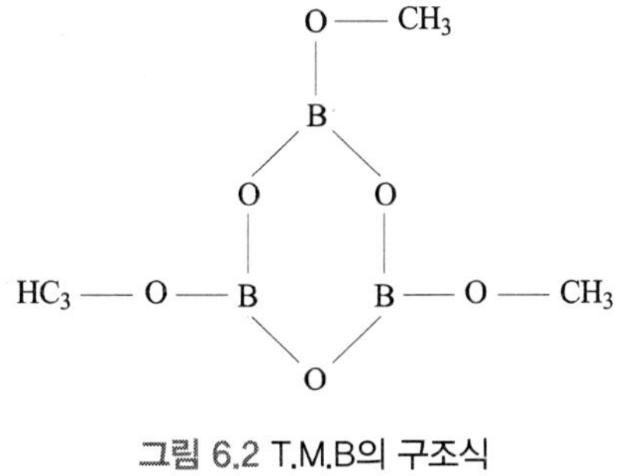

그림 6.2 T.M.B의 구조식

표 6.10 Trimethoxyboroxyn의 성질

비중(20°C/20°C)	1.2125
표면장력(25°C)	24.4(dyn/cm)
굴절률 n_D^{25}	1.3977
비점	120±5°C
점도(25°C)	13.18cSt
유동점	-30°C
인화점(closed cup)	14~18°C
비열	0.35(cal/g · deg)
광투과율(물과 비교하여)	97~98%
B_2O_3함유량(분석치)	58.7%
증기압	93~103(mmHg)

(2) T.E.C

알카리금속의 화재에 대하여 영국에서 개발한 것으로 나트륨, 칼륨, 리튬, 바륨의 염화물의 혼합물인 분말소화제로서 융점은 545°C이다. 알맞게 점조하게 붙는 작용을 나타내어 공기 차단과 화염의 억제작용으로 소화하는 것이다. 사용할 때에는 항상 염화바륨의 독성에 주의해야 한다.

표 6.11 TEC의 조성

성분	분자식	함량(%)
염화바륨	$BaCl_2$	51
염화칼륨	KCl	29
염화나트륨	NaCl	20

이상의 100에 $Mg(C_{17}H_{35}COO)_2$ 2.5%를 가한다.

(3) 물 슬러리(water slurry)

삼림화재 전용이라고 할 정도의 것으로 물과 모래를 혼합하여 화점에 뿌리는 것으로 그 후에 남는 고체의 성상에 의해 공기차단효과가 발휘되는 것으로 물에 의한 냉각효과와 동시에 효과를 나타낸다. 미국에서는 "Fire Brake"라고도 부르며 표 6.12에 그 성분의 예를 나타냈다.

표 6.12 Fire Brake성분의 예

B_2O_3	32.4%
CaO	17.2
Na_2O	5.4
free H_2O	0.3
Crystallization H_2O	27.4
Colloidal adjurants & inert	17.3

(4) Light Water

미국에서 가연성액체의 화재용으로 개발한 것으로 불소화탄화수소계의 계면활성제의 수용액에 산화에틸렌 중합체 등의 첨가제를 가한 혼합수용액이다. 이것을 17배로 묽게 하여 발포시켜 사용하면 이 포가 공기포제 보다도 빨리 연소유면에 넓게 퍼져 소화시키고, 거품이 없어진 뒤에도 유면상에 불용성의 피막이 남아 재착화를 방지할 수 있으며, 중탄산나트륨을 주제로 하는 분말소화제와 병용하여 사용할 수 있는 것이 특징이다. 원액은 산성이고 또 아주 비싸기 때문에 항공기의 추락사고, 함정 내의 화재사고 등의 긴급한 구조 활동을 필요로 하는 특수한 경우를 제외하고는 현재로서 잘 사용되어지지 않고 있으나 공기포제와 달라서 부패성이 없는 것은 큰 장점이다.

6.3.7 소화제의 적용

소화에 있어서는 유효한 소화제를 유효한 양만큼 유효한 속도로 유효한 장소에 사용하지 않으면 안 된다. 화재의 종류와 그에 유효한 소화제의 관계를 표 6.13에 나타낸다.

표 6.13 화재의 종류에 따른 소화제의 적성

소화제 \ 화재의 종류		목재 등 일반화재	가연성 액체화재		전기화재	금속화재
			비수용성	수용성		
기체	불연성기체	×	○	○	○	×
액체	증발성액체	△	○	○	○	×
	물(봉상)	○	×	×	×	×
	물(분무상)	○	△	○	○	△
	산알칼리제	○	×	×	×	×
	수용액 (봉상)	○	×	×	×	×
	수용액(분무상)	○	○	○	×	×

소화제 \ 화재의 종류		목재 등 일반화재	가연성 액체화재		전기화재	금속화재
			비수용성	수용성		
	물+계면활성제	○	△	△	×	×
	물+증점제(增粘劑)	○	×	×	×	×
	물 슬러리	○	×	×	×	×
	화학포	○	○	○	×	×
	포 공기포	○	○		×	×
	내알코올성포	○	×	○	×	×
	특수약제(TMB, TEC)	△	×	×	△	○
고체	탄산수소나트륨분말	×	○	○	○	×
	탄산수소칼륨분말	×	○	○	○	×
	인산2수소암모늄분말	△	○	○	○	×
	특수고체	×	×	×	×	○

(O ; 적당 △ ; 보통 △: 부적당)

단일 종류의 소화제의 사용도 물론 유효하지만, 2종 또는 그 이상의 적합한 소화제를 병용하면 효과를 현저히 높일 수 있다 수용액은 이미 물과 용질(염류)의 병용이 단일화된 것이고, 탄산가스나 halon류와 물과의 병용, 분말과 light water의 병용 등은 이러한 좋은 예이다.

소화제를 뿌릴 장소로는 일반적으로 연소억제작용을 이용하는 약제는 화염을 근원지에서 떼어낼 수 있도록 방출시키고, 고체의 표면연소에 대하여는 직접 그 표면에 뿌리고, 열을 받아 착화의 위험이 있는 주위의 부분에도 뿌려서 냉각을 시키지 않으면 안 된다. 또한 포는 연소하고 있는 유면에 조용히 뿌려질 수 있는 한 연료로서 오염되지 않도록 할 필요가 있다. 석유탱크화재에는 탱크의 상부에서의 액면주입법(液面注入法)이 광범위하게 사용되어 지고 있으나, 화재 시에 효과를 발휘하지 못할 경우도 고려하여 저면포주입법(底面泡注入法)과 액면직하주입법(液面直下注入法)이 시도되어 지고 있다.

소화제의 필요량과 필요공급 속도도 중요한데, 이에 대한 일반적인 관계를 그림 6.3에 나타낸다. 여기서 공급율이라고 하는 것은 단위 연소량, 단위시간당에 방사되는 소화제의 량이다. 개방상태의 화재에 있어서는 어느 공급율 이하에서는 아무리 장시간 방사하여도 소화되지 않는다. 이 경계가 한계공급율로서 이것의 약 2배의 지점에 소화제의 최소량이 있다. 그렇지만 공급율의 변동 등을 고려하면 보통 최소필요량에 해당하는 공급율의 2배, 즉 한계공급율의 4배 정도를 목표로 하여 공급율, 비축량을 고려하는 것이 좋다. 약제(소화제)의 한계공급율은 소화대상물의 성질과 공급방법에 따라 영향을 받는다.

그러므로 약제(소화제) 그것만의 한계치는 실제로는 별 의미가 없고 소화제와 장치를 항상 일체화하여 고려할 필요가 있다. 구체적으로 설계할 때에는 소화 대상물의 용적, 면적 그 외의 조건을 고려해야 하고 법령이 정하는 바에 따라야 한다.

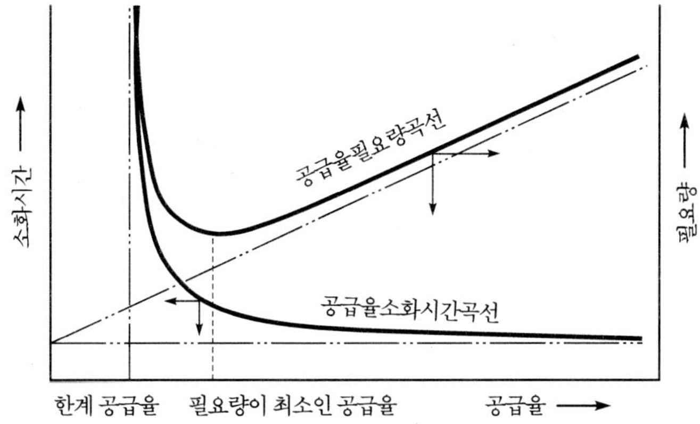

그림 6.3 단위 면적당의 공급율과 소화시간 및 필요량의 관계

6.4 화재의 탐지

화재가 발생했을 때 그 발생을 지체 없이 알리는 것에 의해 그의 피해를 최소로 되게 할 필요가 있으며, 이를 위해 자동화재탐지설비(自動火災探知設備)를 설치한다. 이 설비는 주로 화원에서 상승하는 열 또는 연기에 의하여 작동하는 감지기와 이것에 의해 주어지는 신호를 수신기에 보내는 발신기 및 이 신호로서 화재의 발생을 알리는 수신기가 주된 구성요소이다. 감지기는 불이 났을 때 자동적으로 화재의 발생을 전기배선을 통하여 수신기에 알리는 것으로 화재에 의하여 발생한 열, 즉 주로 상승기류를 이용한 것이다. 따라서 전기접점을 변화시켜 내장음향기기로서 경보를 울리게 하는 것이나 화재 발생 시의 복사, 연소생성물 등으로 작동하는 것은 감지기(感知器)라고 부르지 않고 검지기(檢知器)라고 부르는 것이 보통이다.

감지기에는 기능상으로 분류하여 정온식(定溫式), 차동식(差動式) 및 보상식(補償式)의 3종류가 있으며, 이외에 같은 기능을 가진 것으로 복사검지기, 연기검지기가 있다.

이들은 화재가 발생한 경우 초기 소화가 가능하다는 것과 거주자가 안전하게 피난할 수 있다는 것과 2차적인 폭발이나 유해물질의 대량 발생을 방지하는 것을 목표로 하기 때문에 그 감도의 하한은 그 목표로써 결정된다. 그리고 그의 상한은 오보가 발생하지 않도록 정하면 된다.

6.4.1 정온식감지기

정온식감지기는 그 주위의 온도가 일정하게 정해 둔 온도에 도달되었을 때에 작동하도록 되어 있으며 그의 작동온도는 60~150°C의 범위이다. 온도의 검출에는 시간 정수가 적은 것, 미소한 에너지로서 충분히 접점을 작동시킬 수 있는 것 등의 조건을 가진 것으로, 액체, 기체, 고체의 팽창, 액체의 증기압의 변화, 열전효과, 고체의 용융을 자기변태점(磁氣變態點), 도전율(導電率)의 변화, 반도체의 저항 또는 내부전위차의 변화 등이 이용되어지고 있다

정온식감지기의 작동온도를 θ, 실온을 θ_0, 외기로부터 감지기로의 열의 흐름을 q, 외기와 감지기의 열용량을 C라 하고, 작동될 때까지의 시간을 t, 감지기를 실온보다도 Ⓗ도 만큼 높은 기류중에 투입했다고 하면 다음 식과 같은 관제가 성립한다.

$$q = \frac{(\theta_0 + Ⓗ) - \theta}{R} = C\frac{d\theta}{dt} \tag{6.4}$$

RC = 시간정수 = τ이고, $t =$ 에서 $\theta = \theta_0$이므로 다음 식이 성립한다.

$$\theta = \theta_0 + Ⓗ\left(1 - e^{-t/\tau}\right) \tag{6.5}$$

따라서 감지기의 작동온도는 이 식으로부터 설정하는 것이 가능하며, 주의해야 할 것은 실온에 따라 변동하기 때문에 감지능력은 여름에는 민감하고 겨울에는 둔감하다는 것이다.

6.4.2 차동식 감지기

차동식 감지기는 이계아이 변화차가 일정치를 넘었을 때, 즉 그 주위의 온도가 정해진 비율 이상으로 크게 되었을 때 작동하는 것이다. 따라서 4계절을 통하여 일정한 감도를 유지하는 이점은 있으나 온도상승이 완만한 훈소화재에는 효과가 적다. 대표적인 차동식 감지기로서 공기의 팽창을 이용한 것의 구조를 그림 6.4에 나타낸다. 이 원리는 온도가 완만하게 상승할 때는 기체실 A내의 공기는 서서히 leak 구멍 (L)에서 기체실 B로 옮

겨서 감압막(황동제 또는 인청동)D가 접점 E를 닫게 하지 못한다. 그러나 온도가 급상승하면 A중의 공기의 급팽창에 의하여 E가 닫혀져 경보를 울리게 된다.

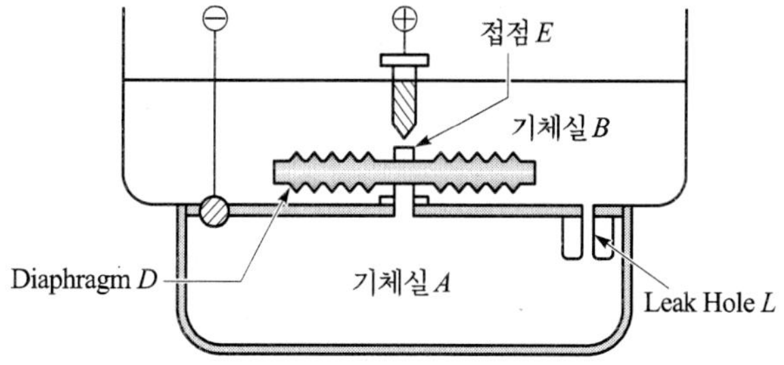

그림 6.4 공기팽창을 이용한 스폿트형 감지기의 구조 예

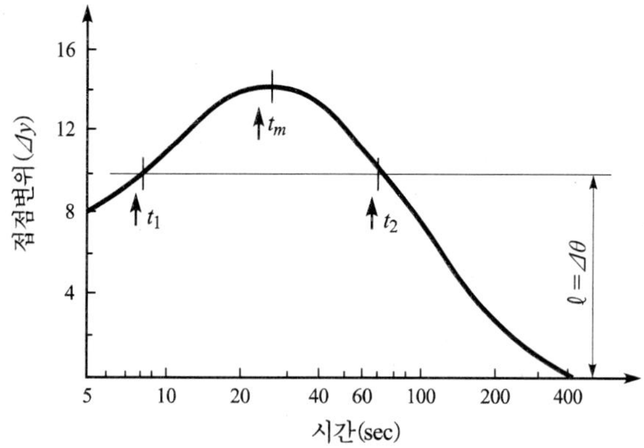

그림 6.5 온도의 급상승시의 차동식 감지기의 변화

A, B 양실의 시간정수를 각각 τ_a, τ_b라 하고 감지기를 실온보다 Ⓗ도 높은 분위기 중에 투입하여 급속한 온도변화를 주면 식(6.5)와 같은 형태로 다음 식(6.6)이 된다.

$$\Delta\theta = \text{Ⓗ}\left(e^{-t/\tau_b} - e^{-t/\tau_a}\right) \tag{6.6}$$

여기서 온도상승에 의한 접점의 변위를 Δy라 하면 $\Delta y \propto \Delta\theta$가 되므로 그림 6.5에 나타내는 바와 같이 변화된다. 따라서 접점의 간격을 l로 설정하면 작동은 t_1에서 시작되고 t_m에서 최대변위를 나타내며 t_2에서 동작이 중지되는 상태로 되돌아가게 된다. 일반적으로 t_1은 30초 이하로 t_2는 60초 이상으로 되어있다. 차동식 감지기는 실온이 너무 높지 않으며 그 변화가 크지 않는 보통의 건물용에 널리 사용되어지고 있다.

6.4.3 보상식감지기

차동식감지기의 결점인 온도의 완만한 상승에 의한 작동불능을 해소하기 위하여 정온식과 차동식을 하나로 조합한 형식이 보상식 감지기로서 그의 구조를 그림 6.6에 나타낸다. 따라서 이 형식은 완만한 온도상승의 경우에도 급격한 온도상승의 경우에도 작동하고 외기온도의 영향을 거의 받지 않는다.

그림 6.7은 위에서 설명한 3가지 종류의 감지기의 작동시간과 온도의 관계를 나타낸 것이다.

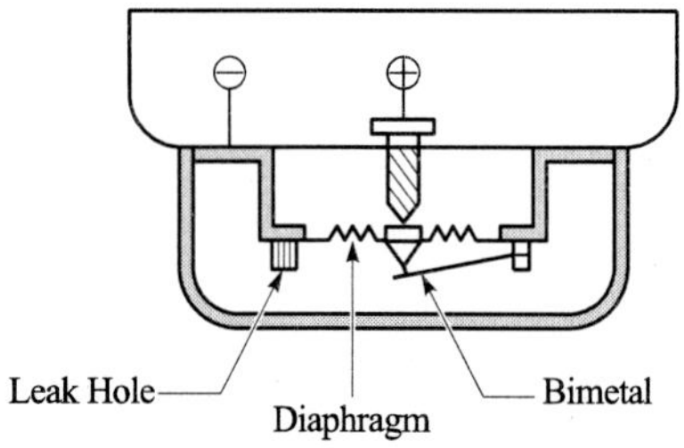

그림 6.6 보상식 감지기의 구조 예

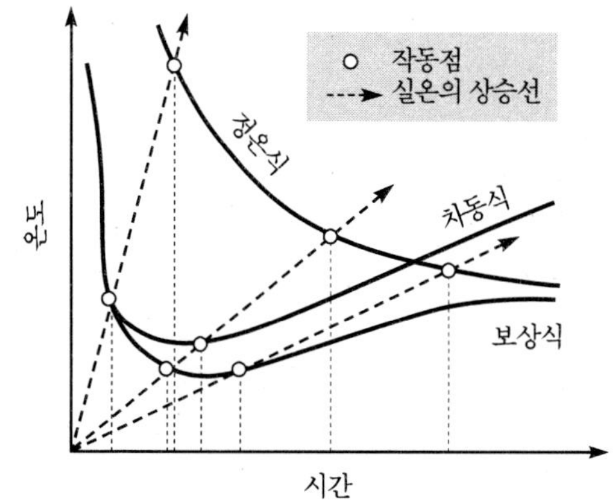

그림 6.7 작동시간과 온도의 관계

6.4.4 복사검지기

일정량의 복사열량을 받았을 때 또는 화염의 불꽃을 포착하였을 때에 작동하는 것이 복사검지기로서 일정량의 복사열량을 받아 작동하는 것은 오동작방지의 입장에서 적외선의 복사를 검지하는 것이다. 이는 터널화재나 항공기 엔진의 감시용으로 사용되고 있다. 적외선 이외에 화염에서의 자외선을 포착하는 형식도 있으나 훈소화재(燻燒火災)에는 적당하지 않다. 화염의 불꽃으로 작동되도록 고안된 것은 검출소자(檢出素子)로서 auto transistor가 사용되고 있다.

6.4.5 연기검지기

화재에 의해 생성되는 연기의 입자에 의해 빛의 흡수에 산란을 일으키는 것을 이용하여 검출하는 광전식(光電式)과 α선에 의하여 이온화되어 있는 공기 중에 연기가 들어

가면 이온전류가 감소하는 성질을 이용한 이온화식이 있는데, 그 방사원으로는 라듐(Ra), 아메리듐(Am) 등이 사용되고 있다. 이들 연기검지기는 고가이므로 선창 (船倉), 기록보관소(記錄保管所) 등에 사용되어 지고 있다. 최근에 와서 컴퓨터의 이용이 일반화되어 지고 있으며 컴퓨터실의 화재에 대하여는 연기검지기에 의한 halon 1301 같은 것이 소화효과가 우수하여 사용되어 지고 있으며 특히 인체에 대한 독성이 적은 증발성 액체의 이용이 고려되어져야 한다.

이외에 화재의 검지기로서 화재시의 저밀도의 열기류(熱氣流)를 초음파의 반사에 의하여 포착하는 형식도 있다.

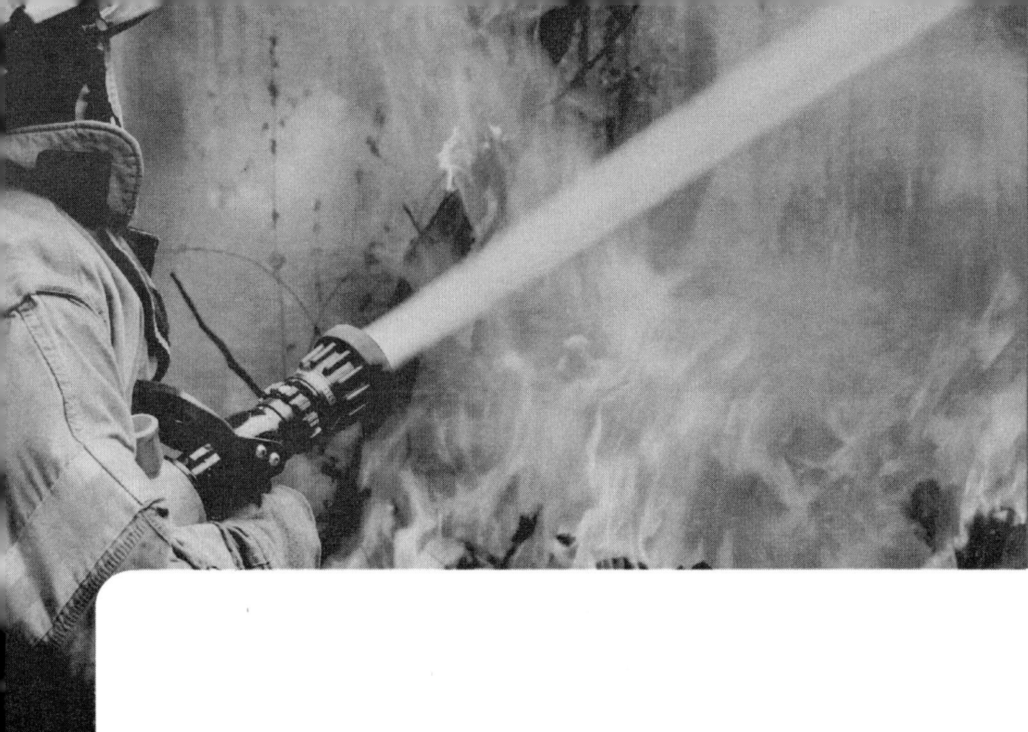

Chapter

07

폭발

7.1 폭발의 종류와 형식

폭발은 대부분의 경우 돌발적으로 발생하여 소리를 동반하는 파괴나 화재를 동반하는 예기치 못한 현상을 가리키는 일반적인 용어이나 과학적으로 명확하게 정의하는 것은 어렵다. 일반적으로 정의하고 있는 것을 보면 Webster사전에서는 「압력의 급격한 발생 또는 해방의 결과로 격렬한 소리를 내면서 파열한다든지, 팽창한다든지 하는 것」으로, 疋田은 「폭음을 동반한 연소 또는 파열의 현상」으로 北川은 「폭발은 화학변화를 동반하여 일어나는 압력의 급격한 상승 현상」으로, 千谷은 「기체의 발생을 동반하는 연소를 빠른 속도로 행했을 때의 현상」으로 이화학사전에서는 「압력의 급격한 발생 또는 해방의 결과, 용기가 파열된다든지 또는 기체가 급격하게 팽창하여 폭발음과 파괴 작용을 동반하는 현상」 등으로 설명하고 있다.

폭발을 공정별로 분류하면 핵폭발(원자핵의 분열 또는 융합에 동반하여 일어나는 강렬한 에너지의 방출에 유래하는 것), 물리적 폭발(물리변화를 주제로 한 것으로 고압용기의 파열, 탱크의 감압파손, 폭발적 증발 등), 화학적 폭발(어떤 화학반응이 관여하고 있는 것으로 폭발적인 연소, 중축합(重縮合), 분해, 반응폭주 등에 의하여 발생하는 폭발) 및 물리적 폭발과 화학적 폭발의 병립에 의한 폭발 등으로 분류하고 있으며, 대부분의 경우 폭발이 발생할 때의 원인물질의 물리적 상태에 따라서 기상폭발(氣相爆發)과 응상폭발(凝相爆發)로 분류하고 있다. 여기서 응상이란 고상과 액상의 총칭이며, 응상은 기상에 비하여 그 밀도가 10^2~10^3배이므로 응상폭발과 기상폭발과는 그의 양상에 큰 차이가 있는 것이 보통이다.

7.1.1 기상폭발

기상폭발에는 가스폭발(혼합가스폭발), 분무폭빌(mist explosion), 분진폭발, 가스의 분해 폭발(가스의 폭발적 분해) 등이 포함된다.

수소, 일산화탄소, 메탄, 프로판, 아세틸렌 등의 가연성 가스와 지연성 가스(대부분의 경우, 공기 또는 산소)와의 혼합기체에서 발생하는 가스폭발이 기상폭발에 속하는 것은 쉽게 이해되나, 공기 중에 분출된 가연성 액체의 미세한 액적(液滴)이 무상(霧相)으로 되어 공기 중에 부유하고 있을 때에 발생하는 분무폭발(噴霧爆發)이나, 미분탄(微粉炭), 소맥분, 플라스틱의 분말 같은 가연성의 고체가 미분말로 되어 공기 중에 현탁하여 있을 대 발생하는 분진폭발도 기상폭발의 일종으로 나타낸 것은 이상하게 생각할지도 모른다. 그러나 이들의 미세한 액적 또는 미분이 공기 중에 부유 또는 현탁하여 있을 때에 폭발하는 것은 착화원에서의 착화에너지에 의하여 액적(液滴)또는 미분(微粉)이 기화, 증발, 열분해, 건류(乾溜) 등의 물리적, 화학적 작용을 받아 이들로부터 가연성 가스가 발생하여 이 가연성 가스와 공기의 혼합기체가 폭발하는 것이므로 기상폭발로서 취급하고 있다.

이 기상폭발은 화학적으로는 가연성가스의 연소의 한 형태로서 연소반응, 열역학 및 기체역학과의 상관관계에 의하여 지배되는 현상으로서 당연히 지연성가스와 연소를 개시시키는 착화에너지가 필요하며, 화염의 발생을 동반한다(가스의 분해 폭발에서는 발열을 동반하는 분해반응이 주체로서 특수한 분해화염이 발생한다).

가스폭발은 옛날부터 폭발사고의 주류라고 생각되어지고 있는 것으로 가연성가스와 지연성가스(사고 폭발을 대상으로 하는 경우는 공기로 생각해도 좋다)와의 혼합기체가 존재한 때에 항상 폭발이 발생하는 것은 아니고 다음의 2가지 조건이 동시에 만족될 때에 발생하는 것이다.

제1의 조건은 조성조건(농도조건)이라고 불리는 것으로 혼합기체중의 가연성가스의 농도(정확하게 분압으로서 표현되어져야만 하나 폭발사고를 일으킬 때의 혼합기체의 분압은 대기압이므로 퍼센트 농도가 사용된다)가 어떤 농도범위(가연성가스의 종류와 혼합기체의 온도에 의해 정해진 농도범위)내에 있을 것이 필요하다. 이 농도범위를 폭발범위라 하고 폭발범위내의 혼합기체를 가연성 혼합기체(폭발성 혼합기체) 또는 폭명기라고 부른다. 그리하여 가연성 가스의 저 농도측의 한계를 폭발하한계, 고농도측의 한계를 폭발상한계라 하나, 가스폭발은 연소의 한 형태이므로 폭발범위, 폭발하한계, 폭발상한계를 각각 연소범위, 연소하한계, 연소상한계라고도 한다. 이들의 값은 가연성혼합기체의 온도, 압력이 일정한 경우에는 물리 정수로서 취급한다.

제2의 조건은 발화원의 존재로서 이것을 에너지조건이라고 한다. 가연성 혼합기체는 그대로의 상태로서는 폭발하지 않고 여기에 어떤 외부에너지가 주어지면 그 부분에서 연소반응이 개시되어 화염이 발생하고 미연소의 혼합기체중을 진행하여 간다. 이때에 가해지는 에너지를 가연성 혼합기체의 전체를 가열하는 것에 의해 주어지는 경우와 부분적으로 가열하여 이것을 나타내는 경우가 있다. 양자의 사이에 본질적인 차이는 없으나 전자의 경우는 에너지 척도로 온도가 사용되어지며 발화온도로서 표시된다. 그러나 발화온도는 「계내의 열 발생속도와 열 방산속도가 균형을 취하는 점」으로 생각됨으로서 측정방법에 따라 상당히 차가 생기는 것은 어찌할 수 없다. 폭발을 미연에 방지하는 입장에서 발화온도를 생각할 때는 이 점을 잊어서는 안 된다. 후자의 경우에는 에너지 척도로서는 에너지량이 바로 사용되며 전기에너지의 형태로 나타내고, mJ이 단위로 사용되어 진다. 여하튼, 가연성 혼합기체의 조성, 온도, 압력에 의하여 정해지는 어떤 큰 에너지가 주어지면 가연성 혼합기체가 발화하여 폭발과 화재로 발전한다.

발화원으로는 ① 전기 불꽃, ② 정전기불꽃, ③ 불씨, ④ 고온물질표면, ⑤ 자연발화, ⑥ 열복사, ⑦ 충격 및 마찰, ⑧ 단열압축 등을 들 수 있다.

그런데 가연성가스와 공기와의 혼합물에 위의 2가지 조건이 만족되면 연소반응이 개시되고 화염이 발생하여 미연소의 가연성 혼합기체의 종류와 조건에 따라 정해지는 속도로 그 중을 전파하여 간다. 이러한 현상을 화염전파라고 부르나 이것은 파동으로 전파되기 때문에 연소파라고 부르며 그 파면을 화염면이라 한다. 화염의 전파속도, 즉 화염면이 진행하는 속도를 화염속도(화염전파속도라고도 한다)라 한다. 화염이 전파할 때는 화염면이 전방에 있는 미연소의 가연성 혼합기체는 연소가스의 팽창에 의해 전방으로 이동하고 있음으로서 화염속도에는 연소의 진행속도에 이의 이동속도가 가산되어져 있다. 이 이동속도는 미연소의 가연성 혼합기체의 조성, 온도, 압력을 비롯하여 용기의 재질, 형상 그 외의 많은 조건에 의해 변동함으로서 화염속도는 본질적으로 물리정수라고 하기가 어렵다. 그러므로 본질적인 양으로는 미연소가스에 대한 화염면의 상대적 속도로서 미연소가스가 화염면에 직각으로 들어오는 속도를 생각할 수 있고 이것을 연소속도라고 부른다. 이 연소속도는 연소반응의 속도에 관계하는 양으로 가연성 혼합가스의 조성, 압력, 온도에 의하여 정해지는 물리정수이다.

일반적으로 화학반응의 속도는 반응기의 온도, 압력에 강하게 의존하고, 가스폭발도 연소반응인 이상 예외일 수는 없다. 그리고 연소반응은 상당히 큰 발열을 동반하는 반응으로서 반응생성가스(주로 이산화탄소와 수증기)의 온도상승과 그것에 동반하는 체적팽창에 의하여 화염면에 접근하는 미연소(未燃燒)의 가연성 혼합기체의 온도와 압력이 상승하므로서 연소속도가 빠르게 되고 시간의 경과와 더불어 화염속도는 지수함수적(指數函數的)으로 빠르게 된다. 특히 화염이 가속되면 그 전방에 있는 미연소의 가연성 혼합기체중에 압축파를 내보내면서 진행한다. 가스폭발이 완전히 폐쇄된 공간에서 일어났을 때는 주위의 벽면에 압력상승을 가져 와서 그 압력이 벽면의 강도이상으로 되면 파괴가 일어나고 압력은 대기 중으로 방출된다. 벽면이 아주 강고할 때는 내부의 압력이 아주 높게 되며 처음의 압력의 7~8배로 된다. 그러나 일반적인 폭발사고에서는 창문과 출입구 등을 가진 실내나 안전변, 폭발 relief valve 등이 있는 용기 내에서 가스폭발이 발생하는 경우가 많은데 이때는 앞에서 말한 구조적으로 약한 부분이 화염 면의 전방을 진행하는 압축파에 의해 파괴되어 개구부가 생긴다. 화염과 압축파의 전파는 개구부가 생길 때 까지는 완전밀폐공간 내에서 폭발이 일어난 경우와 동일하나 개구부가 생기면 화염의 전방에 있는 미연소의 가연성 혼합기체는 그 상태의 조성으로서 개구부에서 대기 중으로 유출하므로 당연히 화염도 미연소가스의 흐름에 따라 전파된다. 이 화염 전파의 양상은 개구부의 형상, 상태에 따라 변동하고 화염면에 교란이 생기며 때로는 2개 이상의 폭발압력의 peak치가 나타나는 수도 있어 예측하기가 어렵다.

다량의 가연성가스 또는 기화하기 쉬운 가연성 액체가 지표면에 유출되어 다량의 가연성 혼합기체가 형성되어 폭발이 일어난 경우(이때의 가스폭발을 증기운(蒸氣雲)폭발 이라고 부르기도 한다)에는 앞에서의 폐쇄공간의 경우와는 달라서 가연성가스의 농도분포가 아주 복잡하게 되어 있는 가연성 혼합기체중을 화염이 전파하고, 여기에 미연가스의 교란의 영향이 가해져서 fire ball이 형성된다든지 아주 드물긴 하지만 폭굉(爆轟)으로 옮겨지는 경우가 있어 아주 큰 피해를 준다. 가스폭발 시에는 화염은 그 전방에 압축파를 내보내면서 진행하나 이 화염이 차례로 가속되고 조건이 갖추어지면 충격파가 형성된다. 이때에는 충격파와 화염면 사이에는 분리되어 있으나 이 양자의 사이에 존재하는 미연소의 가연성 혼합기체가 충격파간의 간섭과 자연발화에 의해 발화하면 충격파와 화염 면은 일체로 되어 폭굉파(爆轟波)가 형성된다. 이 폭굉파의 파면은 깎은 듯이 서있어 파 자신의 특성에 의한 큰 파괴효과를 미친다. 그러나 보통의 가스폭발에서는 규모가 아주 크고 강력한 착화에너지가 주어지는 외는, 특히 화염의 가속에 유효한 조건이 갖추어지지 않는 한, 폭굉이 발생할 확률은 낮다.

분무폭발은 고압의 유압설비의 일부가 파손되어 내부의 가연성액체(油)가 공기 중에 분출되어 이것이 미세한 액적으로 되어 무상(霧相)으로 공기 중에 현탁하여 존재할 때에 어떤 원인으로 인해 착화에너지가 주어지면 발생한다. 원인으로 되는 가연성액체의 온도가 그 인화점 이상으로 있는 경우에는 액적의 주위에 가연성 혼합기체가 형성되어 이것이 가스폭발로 발전한다는 것은 쉽게 이해되나, 분출한 가연성액체의 온도가 인화점 이하로 존재하여도 무상으로 분출된 경우에 폭발하는 경우가 있다. 이것은 착화에너지에 의하여 일부의 액적이 가열되어 그의 표면부분에 가연성의 혼합기체가 형성되어 이것이 연소하기 시작하여 이 연소열에 의하여 부근의 액적 주위에도 가연성 혼합기체가 형성되고 차례로 연소반응이 진행되어 이것이 가속화되어 폭발이 발생하는 것이다.

압력유, 윤활유 등은 유기물로서 가연성이나 인화점이 상당히 높아 보통의 상태에서는 연소하기 어려우나 공기 중에 분무된 때에는 mist폭발을 일으키는 경우가 있다는 것을 잊어서는 안 된다.

이 분무폭발과 비슷한 현상으로서 박막폭굉(薄膜爆轟, film detonation)이라는 것이 있다. 고압의 공기 배관이나 산소배관 중에 윤활유가 박막상(薄膜狀)으로 존재할 때에 박막(薄膜)의 온도가 부착된 윤활유의 인화점이하 일지라도 어떤 원인으로 여기에 높은 에너지를 가진 충격파를 보내면 관 벽에 부착하여 있던 윤활유가 무화(霧化)하여 폭굉으로 되는 현상으로서 최근에 와서 연구가 시작된 현상이다.

분진폭발은 가연성고체의 미분이 공기 중에 부유하고 있을 때에 어떤 착화원에 의해 에너지가 주어지면 폭발하는 현상으로서 탄갱에 있어서의 분진폭발이 그 전형적인 예이다. 개방공간에서 이와 같은 분산계가 형성될 가능성은 작으나 소맥분, 전분, 사료분 등의 농산가공품, 유황, carbon, 규화석회 등의 무기약품, 무수프탈산, 각종 의약품 등의 유기화학약품, 목분, 코르크분, 지분(紙粉) 등의 섬유류를 비롯하여 정전기 착화가 일어나기 쉬운 플라스틱분말, 산화반응열이 큰 금속, 예를 들면 알루미늄, 마그네슘 등의 분말을 취급하는 건물과 배관 내에서 발생하고 있다. 분진폭발이 한번 발생하면 단위용적당의 발열량이 크기 때문에 역학적 파괴 효과는 가스폭발 이상으로 되는 것도 있고 분진폭발에서는 연소가 불완전하게 되므로 일산화탄소와 같은 유독물의 발생이 상당히 많다는 것도 잊어서는 안 된다.

공기 중에 분산 현탁하여 있는 분진을 부유분진(분진운이라고도 부른다)이라고 하며 이 부유분진이 있는 장소에서는 바닥면에 분진이 퇴적하여 있는 것이 보통이며 이것을 퇴적분진이라고 한다(층상분진이라고 부르는 경우도 있다). 이 퇴적분진을 오랫동안 그대로 방치하면 가끔 자연발화(가연물이 공기 중에 방치되어 있을 때에 산화, 분해 또는 수화 등의 발열반응이 일어나기 쉽고 처음에는 그의 반응속도가 그렇게 크지 않음으로 발생하는 반응열은 근소하나 반응열의 방산상태가 충분치 못할 때는 가연물의 온도가 상승한다. 이것을 자연발화라 부르고 있다)에 의해 훈소상태(燻燒狀態, 잘 타지 않고 연기가 나는 상태)로 되기 쉽다. 이 상태에 있는 퇴적분진이 어떤 원인에 의해 그중의 일부라도 공기 중으로 날려 가면, 일부에 착화되어 있는 분진운(粉塵雲)이 형성되어 여기서 분진폭발이 발생한다. 이때에는 폭발에 의하여 방출되는 에너지폭이 아주 크므로 상상을 초월하는 큰 피해를 주는 것이 보통이다.

분진폭발의 특징은 연소에 앞서서 미세한 가연성고체로부터 가연성가스의 발생이 불가결한 요소이며, 이 때문에 미분체의 크기, 형상, 표면상태, 수분함유폭 또는 열분해나 건류에 의하여 발생하는 가연성가스의 종류, 양 및 발생상태 등의 많은 인자가 관여 하게 되는 것이다. 이 외에 분진운의 일부에서 발생한 가연성가스의 연소에 동반하여 발생된 화염에서의 열복사가 분진폭발에 중요한 역할을 한다는 것을 잊어서는 안 된다.

분진폭발의 해석과 발생의 사전방지방법이 복잡하고, 공업적으로 실시하기에 효과가 있도록 하는 것이 어려운 이유는 분진의 부유상태가 항상 비정상적이며 불균일하기 때문이다.

분진폭발의 방시는 가스 폭발의 경우와 마찬가지로 조성조건을 충속시키지 못하도록 하는 방책이 유효적절하나 공학적 견지에서는 어려운 문제이다. 분진운(粉塵雲) 중의 분진의 함유량을 저하시키는 것은 공학적으로 특별히 어려운 것은 아니며, 최종적으로는 분진은 집진공정으로 잘 포집하여 이것을 유효하게 활용하지 않으면 안 된다.

이 포집공정에서는 분진운중의 분진의 함유량이 언젠가는 분진운의 폭발하한농도 이상으로 되는 것을 피할 수 없으므로 항상 하한계 이상의 농도로 되지 않도록 주의하여야 한다. 가연성가스의 경우에는 가연성 혼합기체를 개방상태 또는 그것에 가까운 상태로 가져가면 자연적으로 확산하여 희석되고, 폭발의 위험성이 격감하나 분진의 경우에는 이 같은 생각은 통하지 않는다. 따라서 조성조건의 면에서 행하는 폭발방지책은 동일한 부유, 유동특성을 가지고 연소반응에 관계치 않는 불활성물질을 첨가하는 것에 의하여 달성할 수 있으나, 이것은 목적하는 분체에 이물질이 혼입되는 것으로서 실제로 적합하다고 하기는 어렵다. 따라서 분진폭발의 미연방지를 조성조건의 면에서 생각할 때는 분진이 존재하는 매체(공기)를 질소, 이산화탄소 등으로 완전히 치환(置換) 시키든가, 완전치환이 곤란한 경우에는 산소농도를 약 5% 이하로 하는 이외의 방책은 없다.

다음으로 기상폭발의 다른 한가지의 미연 방지책인 착화원의 제거를 가연성의 분체를 취급하는 장소에서 철저히 행하는 것이 중요하다. 그러나 분체를 수송하는 기기나 장치의 회전부분이나 이동부분에서 분체와 이들의 기기, 장치의 벽면사이에 발생하는 마찰로 인한 정전기의 방전불꽃의 제거는 공학적으로 해결한다는 것이 어려우며, 더욱이 퇴적분진에서의 자연발열, 훈소(燻燒)의 발생은 퇴적상태에 의하여 강한 영향을 받음으로 신중하게 대처할 필요가 있다

결국, 분진폭발의 방지에 대하여 엄격히 말하면 완전한 보편적인 방법은 존재하지 않고 각각의 분체의 취급 장소, 장치, 조업조건 등을 감안한 개별적 대책을 고려하지 않으면 안 된다. 부유분진이 발화하여 발생한 화염면의 가속은 가스폭발의 경우에 비하면 완만하게 행하여지므로 폭발압력 억제장치나 폭발 vent 같은 폭발에 의한 피해의 국한화 대책(局限化對策)이 강구되고 있다

더욱이 유기물의 분진폭발에서는 불완전 연소에 의한 일산화탄소의 발생량은 비교적 많고, 청산 등의 독성이 강한 가스가 발생하기 쉽다. 또한 금속분진폭발의 경우에는 산소농도의 저하와 강력한 복사열의 영향을 고려할 필요가 있다.

분진폭발의 사전 방지를 위하여는 가연성 분체가 폭발위험성을 갖고 있다는 인식하에 분체 취급 현장의 청소관리를 철저히 행하는 것이 기본이다. 이것이 되지 않으면 폭발의 사전 방지는 물론 피해의 국한화도 효과가 없다는 것을 잊어서는 안 된다.

분해 폭발은 분해할 때에 발열하는 가스[가연성 가스의 대부분은 분해할 때에 흡열하는 것이 보통이며 분해할 때에 발열하는 것, 즉 생성열이 (−)로 되어있는 것은 각별히 많지는 않다], 예를 들면 석유화학공업에서 다량으로 취급하고 있는 에틸렌, 산화에틸렌이나 금속의 용접, 용단(溶斷)에 널리 사용되고 있는 아세틸렌 등이 어떤 조건하에서 분해하는 경우가 있고 이때에는 상당히 큰 발열을 동반하므로 분해에 의해 생성된 가스가 열팽창하며 이것에 의해 발생하는 압력의 급상승과 그의 해방에 의해 일어나는 폭발로서 지연성 가스의 존재는 전혀 필요치 않다. 폭발할 때에는 분해화염이라고 하는 특수한 화염의 발생과 그의 전파가 관찰되어지며, 이 상태는 가스폭발의 경우와 아주 유사하다. 분해폭발은 고압하에서 발생하는 경우가 가끔 있어 고압가스 특유의 성질로 생각되어지는 경우도 있으나 분해 화염의 전파가 중단하는 압력, 즉 한계압력치가 항상 대기압이상으로 있다는 것에는 한정되지 않는 것으로 판단되어져서 분해폭발은 꼭 고압가스 특유의 성질에 유래하는 것이 아니라고 판명되고 있다 분해폭발을 일으키는 가스를 분해폭발성 가스라고 부르고 있으나 대부분이 가연성가스로서 공기가 혼재할 때는 가스폭발의

위험도 겸하여 갖고 있다. 그러므로 분해폭발은 가스폭발의 특수한 경우로 취급되고 있다. 예를 들면 아세틸렌, 에틸렌, 산화에틸렌, 히드라진, 메틸아세틸렌, 모노비닐아세틸렌 등 분해 폭발성 가스의 폭발상한계 농도는 100%이다.

7.1.2 응상폭발

폭발사고로서 대표적인 응상폭발은 수증기폭발이다. 용융한 금속이나 slug 같은 고온물질이 물속에 투입되었을 때에, 그 고온물질이 가지는 열이 저온의 물에 짧은 시간에 이행하면 일시적으로 물은 과열상태(過熱狀態)로 되고 조건에 따라서는 순간적인 짧은 시간에 급격하게 비등하고, 이러한 상변화(액상 → 기상)에 따른 폭발현상이 나타나게 된다. 또한 보일러의 관체가 어떤 사고에 의하여 일부분이라도 파손되면, 대기압에서의 비점이상으로 과열되어 평형상태에 있던 물(액상)이 순간적으로 대기압으로 방출되므로, 평형상태가 파괴되고 이때에 발생하는 상변화도 폭발현상을 나타내는 경우가 있다. 이러한 현상을 수증기폭발이라 한다. 이와 같은 급격한 상변화를 일으키는 것은 물에만 한정되는 것이 아니고, 저온액화가스(LPG, LNG 등)가 사고로 인해 물위에 분출되었을 때에는 조건에 따라서는 급격한 기화에 동반하는 비등현상을 나타내는 것으로 액상에서 기상으로의 급격한 상변화에 의한 폭발현상을 수증기폭발도 포함시켜 증기폭발이라고 부른다. 이 증기폭발은 단순한 상변화에 의한 것으로서 폭발의 발생과정에 착화를 필요로 하지 않으므로 화염의 발생은 없다. 따라서 액상의 물질이 가연성이거나 불연성이건 간에 전혀 관계가 없으나 증기폭발에 의하여 공기 중에 기화한 가스가 가연성인 경우에는 증기 폭발에 이어서 가스폭발이 발생한 위험성이 있다.

증기폭발은 액상과 기상간의 상변화가 급격히 일어난 때의 현상이나 고체인 무정형(無定形) 안티몬이 동일한 고상의 안티몬으로 전이(轉移)할 때에 발열함으로서, 이 때문에 주위의 공기가 팽창하여 폭발현상을 나타내는 경우가 있다. 이것은 고상간의 전이에 의한 폭발이라고 불리워진다. 고상에서 급격히 액상을 거쳐 기상으로 전이할 때에도 폭발현상이 나타나는 것으로 전선폭발(電線爆發)이 있다. 이것은 알루미늄제 전선에 한계이상의 대전류가 흘러 순식간에 전선이 가열되고 용융(熔融)과 기화가 급속하게 진행되어 폭풍을 일으켜 피해를 주는 경우도 있다.

화약류나 어떤 종류의 유기과산화물을 비롯한 소위 불안정 물질이라고 부르는 고체는 근소한 충격과 가열에 의하여 발열분해를 일으켜 다량의 고온가스를 발생하고 강열한 폭발을 일으킴으로서 위험성이 높아 취급에 신중을 기하지 않으면 안 된다.

이들의 물질은 폭발을 이용하기 위하여 제조된 것과 그것이 갖는 불안정성을 활용하기 위하여 만들어진 것이 있으며 특정의 물질에 한정되어 있으므로 간단하게 설명할 수 없다. 이들 중에는 지진이나 그 외의 이유로서 사람들이 의도하는 바와는 반대로 2종류 또는 그 이상의 약품이 혼합하여 위험한 상태를 나타내는 경우가 있다. 이것을 혼합위험(혼촉위험이라고도 부른다)이라고 부른다. 이 혼합위험은 혼합에 따른 화학반응에 의하여 발열, 발화가 일어나고 화염, 폭발의 원인으로 되며 때로는 유해가스가 발생하는 경우가 있어 최근에 주목되어 지고 있다.

특이한 폭발현상으로 고도의 감압상태에 있는 용기의 일부가 파괴되면 고압용기의 파열과는 달라서 외기가 급속히 유입되고 이때는 큰 폭음과 함께 파편이 주위로 비산하여 피해를 주는 경우가 있으므로 감압하에 있는 용기라도 취급에는 주의가 필요하다.

7.1.3 폭발한계 측정장치

폭발한계를 측정하는 장치는 다음의 두 가지 방법으로 대별된다.

(1) 전파법(傳播法)

(2) burner법

이 중에서 (1)은 원통형 또는 구형의 용기 내에 혼합가스를 넣어서 일부분에서 점화하여 화염이 전체에 퍼지는 한계의 조성을 결정하는 방법이며, (2)는 burner위에 안정한 화염이 되는 혼합기체 조성의 한계치를 결정하는 방법이다.

안전의 목적에 사용되는 방법은 주로 (1)의 방법으로 대기압하에서의 측정에는 Bureau of Mines의 장치가 기준으로 되어 있다. 이것은 직경 5cm, 길이 125~150cm의 수직 유리관 내에 혼합가스를 넣어 교반한 후, 하부에서 1~25mJ의 에너지의 스파크로써 점화하여 화염이 밑에서 위로 전파되었을 때 폭발범위 내에 있는 것으로 하여 한계치를 구하는 방법이다. 그림 7.1에 표준폭발한계 측정 장치를 나타냈다.

이 방법은 현재에도 표준적인 측정방법으로 되어져 있으나 그 후의 연구에서 이 측정법의 문제점으로, 사용한 불꽃방전은 모든 경우에 충분한 점화원이 되지 못하고 물질에 따라서는 보다 큰 점화에너지가 필요하다는 것, 직경 5cm의 관에서는 파라핀계 탄화수소 등에서는 적당하나 물질에 따라서는 보다 큰 용기를 사용하는 것이 필요한 것으로 밝혀졌다.

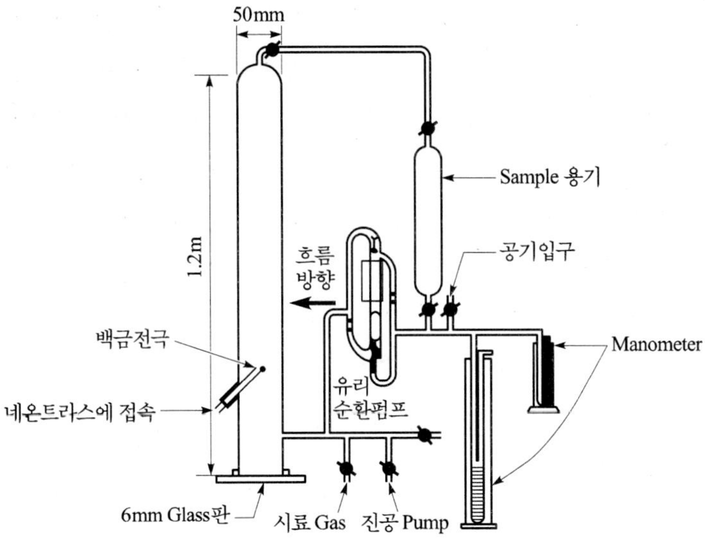

그림 7.1 표준폭발한계 측정장치

7.2 분해폭발

아세틸렌이 공업적으로 이용되기 시작한 약 80년 이전에 용기에 아세틸렌을 압축 액화하여 사용하던 중 많은 폭발재해를 경험했으며, 이에 관한 연구의 결과, 아세틸렌은 산소가 존재하지 않아도 2atm 이상으로 압축하여 점화하면 폭발이 일어난다는 것을 알게 되었다. 그 후 일반적으로 분해반응이 발열 반응을 나타내는 가스는 이와 같은 성질이 있다는 것이 명확하게 되었다. 분해폭발성가스에는 acetylene, vinylacetylene, methylacetylene, ethylene oxide, ethylene, tetrafloroethylene, propadiene, hydrazine, ozone, N_2O, NO 등이 있다.

7.2.1 아세틸렌(Acetylene)

밀폐된 유리관 내에 공기를 배기시킨 후, 아세틸렌가스를 압입하여 그의 한쪽 끝에서 점화하면 밝은 황색의 화염이 발생하여 관중을 전파한다. 아세틸렌의 압력을 상승시키면 화염의 속도는 빠르게 되고 발생하는 압력도 크게 되어 장치를 파괴하게 된다. 이와 같은 현상이 분해폭발이다. 아세틸렌의 분해반응은 다음 식과 같이 되어 고체의 탄소(그을음)와 수소로 된다. 발열량이 크므로 열손실이 없다고 하면

$$C_2H_2 = 2C(s) + H_2 \qquad -\Delta H = 54\text{Kcal/mol} \tag{7.1}$$

화염 온도는 3100°C로 된다. 밀폐용기 내에서 분해폭발이 발생하면 초압(初壓)의 9~10배로 된다. 배관 중에서 아세틸렌의 분해 폭발이 발생하면 화염은 가속되어 폭굉으로 되기 쉽다. 폭굉의 경우 발생하는 압력이 초압의 20~50배로 되며 파괴력이 크다.

분해폭발은 화염, 스파크, 가열 등의 열원에 의해 발생하는 경우가 많으나, 밸브의 개폐에 따르는 단열압축으로써 발화하는 경우도 있다. 또한 아세틸렌은 동(銅), 은(銀) 등의 금속과 반응하여 폭발성 acetylide를 생성한다. 이것은 미미한 충격으로 폭발하여 아세틸렌을 발화시키므로, 아세틸렌을 취급하는 장치에 동이나 동합유량이 많은 합금을 사용하여서는 안 된다. 은(Ag)은 동(Cu)보다도 강한 폭발력이 있는 acetylide를 만들므로 은합금 등을 사용해서는 안 된다. 수은(Hg)은 금속상의 것은 아세틸렌과 반응하지 않으므로 안전하다.

아세틸렌의 분해폭발을 발생시키기 위해서는 압력이 낮을 때는 큰 에너지가 필요하나 압력이 높게 되면 미소한 에너지로 발화하게 된다. 아세틸렌의 압력과 최소발화에너지의 관계를 그림 7.2에 나타내었다.

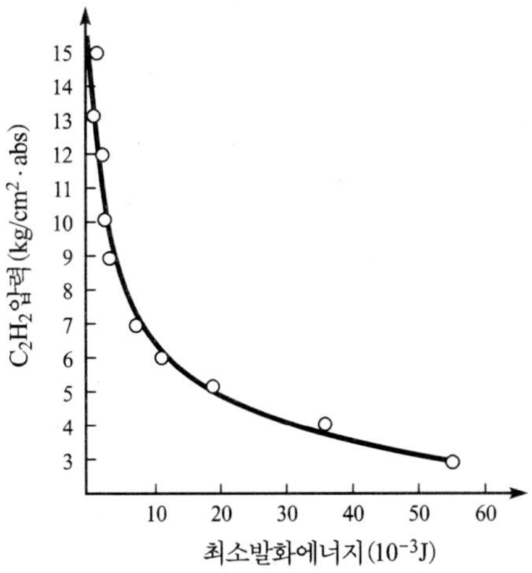

그림 7.2 C_2H_2의 분해폭발에 있어서 압력과 최소발화에너지의 관계

고압으로 되면 미소한 에너지로서도 발화할 위험성이 있으므로 아세틸렌을 25kg/cm^{2}를 초과하는 압력으로 할 때는 질소 등의 불활성가스를 첨가하여 분해폭발을 발생하지

않도록 해야 한다.

압력을 떨어뜨려 가면 발화에 필요한 에너지는 점차 크게 되고 어느 압력 이하에서는 화염이 전파하지 않게 된다. 이 압력을 분해폭발의 한계압력이라고 한다. 아세틸렌의 한계압력은 1930년경 독일에서 많은 연구가 행해져 그 결과 1.4atm($0.4kg/cm^2$)으로 밝혀졌으며 그 이하에서는 안전하다고 생각했다. 이 값은 널리 믿어져 왔으나 그 후 독일에서 대기압보다 약간 높은 압력의 아세틸렌 배관이 1mile에 걸쳐 폭발하는 사고가 발생했다. 그 이유를 검토한 결과 큰 에너지의 발화원으로는 대기압에서도 아세틸렌의 분해폭발이 발생한다는 것이 밝혀졌으며 1.4atm이라고 하는 한계압력은 잘못되었다는 것을 알았다. 그리고 대기압(1atm)의 공기 중의 폭발범위도 2.5~100%로 정정되었다.

아세틸렌계 화합물도 같은 모양으로 분해폭발성이 있는 것이 알려지고 있다.

1) monovinylacetylene : 직경 1, 2, 4in의 관중에서 한계압력이 측정되어져 775~1,000mmHg를 나타낸다.
2) methylacetylene: 직경 2 in, 길이 7 in의 관중에서 측정된 한계압력은 20°C에서 $4.4kg/cm^2abs$, 120°C에서 $3.1kg/cm^2abs$이다.

7.2.2 산화에틸렌(etylene oxide)

산화에틸렌은 비점이 10.7°C의 가연성 액체이다. 이 증기를 유리관 속에 넣어, 가는 백금선을 전기로에서 용단하는 방법으로 점화하면, 대기압, 상온에서 무색의 분해화염이 전파된다. 이때의 반응은 다음과 같다.

$$C_2H_4O = CH_4 + CO \qquad -\Delta H = 32.11Kcal/mol \tag{7.2}$$

$$2C_2H_4O = C_2H_4 + 2CO + 2H_2 \qquad -\Delta H = 7.89Kcal/mol \tag{7.3}$$

발화에 필요한 최소에너지에 관한 자료는 작으나, 압력 1.5atm에서 1J 정도이다. 전기스파크로서는 발화하기가 어렵다. Spark를 점화원으로 하여 폭발한계를 측정하면 3.0~80vol%로 된다. 이 값을 인용하여 사용하기도 하나, 충분한 에너지를 주면 대기압에서도 화염이 전파하는 것이 밝혀졌으므로 공기 중의 폭발한계는 3.0~100vol%가 정확한 것이다.

위 식(7.2), (7.3)의 2가지의 분해 반응이 동시에 진행하여 분해 폭발을 일으킨다. 한계압력이 300mmHg라고 하는 낮은 압력인 것에 안전관리상 주의를 기울여야만 한다.

상온상압의 분해폭발에서는 69%의 산화에틸렌이 식(7.2)에 따라 분해하고, 31%는 식

(7.3)에 따라 분해한다. 초기 압력이 증가하면 생성하는 메탄(CH_4)이 증가하고 에틸렌(C_2H_4)은 감소한다. 식(7.3)의 발열량은 7.89Kcal/mol이므로 초기 압력의 증가는 전체의 발열량을 증가시킴으로서 폭발시의 압력도 높게 되는 것으로 생각된다.

밀폐용기 중에서 산화에틸렌의 분해폭발의 압력을 100°C의 조건으로서 측정한 결과를 그림 7.3에 나타낸다. 여기서 발생압력은 측정압력의 최고치를 초기압력으로서 나눈 폭발압력비로써 나타내고 있다. 분해반응은 1mol보다 2mol의 생성물이 생성되는 체적 증가의 반응이지만 분해폭발은 격렬한 것이 아니고 초기압력의 10배 이상은 되지 않는다. 또한 산화에틸렌의 분해 폭발에서는 폭굉의 발생 사례가 없다.

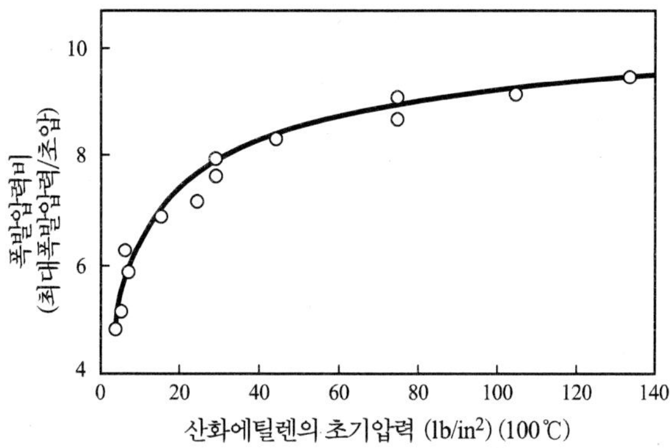

그림 7.3 산화에틸렌의 분해폭발에 있어서 폭발 압력비와 초기압력과의 관계

7.2.3 에틸렌(ethylene)

에틸렌의 분해폭발은 아세틸렌 등에 비하여 비교적 큰 발화에너지가 필요하므로 저압에서의 사고 예는 없으나, 고압법 폴리에틸렌의 제조공정에 있어서 2,000kg/cm^2 이상의 압력에서는 분해폭발의 사고도 종종 발생하고 있다.

Zabetakis의 실험에 의하면 발화원으로 nitrocellulose 1g을 사용하여 에틸렌의 분해폭발을 21°C, 59atm으로 발생시키면 에틸렌은 다음 식의 mole수의 생성물로 분해한다.

$$C_2H_4 \rightarrow 1.02C + 0.95CH_4 + 0.02C_2H_2 + 0.17H_2 \tag{7.4}$$

분해열은 mole당 약 29kcal, 발생하는 압력은 초기 압력의 6.3배이다. 이와 같이 에틸렌은 100kg/cm^2 이하의 압력에서는 아주 큰 발화에너지가 아니면 분해폭발을 일으키지 않으나 고온고압으로 되면 일반의 가연성 혼합가스의 발화에 필요한 에너지와 같은 정도의 에너지의 발화원으로서 분해폭발을 일으키는 것으로 된다. 그림 7.4에 에틸렌의 압력과 최소발화에너지의 관계를 나타냈다. 반응기중의 온도가 높은 조건에서는 발화는 보다 용이하게 된다.

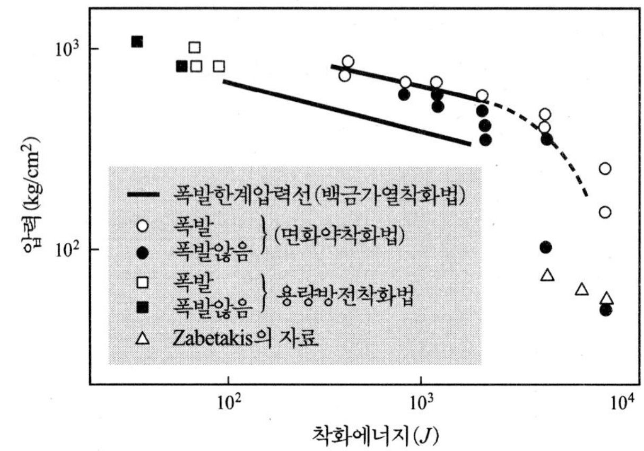

그림 7.4 분해 폭발 한계압력과 착화에너지의 관계

7.2.4 질소산화물

질소산화물로서는 아산화질소(N_2O), 산화질소(NO), 이산화질소(NO_2)가 중요하다. 다음의 분해반응이 예상된다.

$$N_2O = N_2 + \frac{1}{2}O_2 \qquad -\Delta H_{25} = 19.5\mathrm{Kcal/mol} \tag{7.5}$$

$$NO = \frac{1}{2}N_2 + \frac{1}{2}O_2 \qquad -\Delta H_{25} = 21.6\mathrm{Kcal/mol} \tag{7.6}$$

$$NO_2 = \frac{1}{2}N_2 + O_2 \qquad -\Delta H_{25} = 8\mathrm{Kcal/mol} \tag{7.7}$$

실험결과 N_2O는 한계 압력 2.5kg/cm^{2}abs, NO는 15kg/cm^{2}abs 이상으로서 항상 N_2와 O_2로 90% 이상 분해되고 폭발압력은 초기의 압력에 따라 변화하나 10배 이상이다. 이 경우도 압력이 낮을 때는 큰 발화에너지가 필요하나 높은 압력에서는 미소한 에너지로도 분해폭발을 일으킨다.

7.3 분진폭발

7.3.1 분진폭발의 특수성

분진은 일상생활이나 생산 활동을 하는데 없을 수 없는 것으로부터 먼지나 매연같이 불필요한 것까지 넓은 범위에 걸쳐 있다. 이것들은 항상 우리들의 주위에 존재하고 있으며 언제나 어떤 곳에서라도 폭발할 위험성이 있는 것이 아니고 어떤 조건이 갖추어져야 비로소 위험한 상태로 되는 것이다.

분진의 연소폭발 위험성을 생각하면, 공기 중에 부유(浮遊)하는 경우와 구조물 위에 퇴적하는 경우로 나누어지고, 어느 경우라도 가연성이다. 즉, 공기 중의 산소와 반응하여 발열하고 있는 성질을 가지고 있는 물질을 대상으로 한다. 분진은 가연성 고체를 미분화한 것으로 생각할 수 있으며 대단히 작은 입자, 예를 들어 직경이 10^{-5}cm 이하로 되면 aerosol상태로 되어 공기 중에 분산하여 현탁상태로 된다. 이들은 액체의 미립자, 즉 mist의 상태와 거의 동일하여 침강하지 않는다. 이와 같이 되면 가연성가스와 동일한 위험성이 있다고 생각하여도 좋으나, 실제로는 우리들이 직면하게 되는 분진은 더욱이 입자가 커서 대체로 10^{-3}cm정도이상의 입자이며 부유현상은 영구적인 것이 아니다. 또 분진은 생성의 과정에서 균일한 입도의 것은 거의 없고, aerosol 같은 미세한 것에서부터 상당히 큰 알맹이 정도로 확실히 확인할 수 있는 것까지 입도가 다른 것이 혼합되어 있는 것이 보통이다.

이와 같은 분진의 폭발은 공기와 잘 혼합되어 있는 부유상태를 형성하고 있어야 한다. 큰 입자는 간단하게 부유되지 않고, 일단 부유하여도 바로 침하함으로서 폭발 위험성이 적게 된다. 그러므로 폭발을 일으키기 위해서는 어느 정도 크기의 미립자로서 외부에서 어떤 기계적인 이동작용을 분진에 가하여 일정시간 분진운(粉塵雲)을 생성시키지 않으면 안 된다. 왜냐하면 침강(沈降)하는 분진은 그 자신으로서는 가스나 증기처럼 확산성을 가지지 않기 때문이다. 확산성(擴散性)을 가지지 않는 분진은 방치하면 침강하여 퇴적된다. 퇴적된 분진은 공기를 다량으로 함유한 gel로 되고 이를 aerogel이라고 부른다. 이것도 역시 발화위험이 존재한다.

이와 같은 발화폭발위험이 있는 분진의 생성조건은 가연성 고체덩어리의 분쇄, 이송, sieving, 교반 등 외부에서 기계적인 작용을 가하는 공정이나 분체물질의 건조, 혼합, 분급, 계량 등을 행하는 공정에 존재할 가능성이 많다.

분진의 발화폭발도 물질 자신이 상온에서 산화 발열하는 일부의 금속류를 제외하면 점화원의 존재가 필요하다.

따라서 분진이 발화폭발하기 위한 조건으로서는

(1) 가연성

(2) 미분상태

(3) 지연성가스(공기) 중에서의 교반과 유동

(4) 점화원의 존재

라고 하는 각종의 조건이 필요하다. 또한 분진이 장시간 가열을 받아 건류가스가 발생하면 폭발의 위험이 분진폭발의 원인으로 된다.

7.3.2 분진폭발의 의의

(1) 가연성분진의 착화 폭발기구

분진의 폭발은 분진 입자의 표면에서 산소와 반응이 일어나는 것으로, 가스폭발처럼 산화제(공기)와 가연물이 균일하게 혼합되어 반응하는 것이 아니고 어떤 굳어져 있는 가연물의 주위에 산화제가 존재하는 불균일한 상태로 반응이 일어나므로 마치 가스폭발과 화약폭발의 중간에 있다고 생각되며, 폭발에 의해 방출되는 에너지는 최고치 에너지로서 비교하면 가스폭발의 수배에 달한다.

그러나 분진폭발은 가스폭발이나 화약폭발과는 달라서 발화에 필요로 하는 에너지가 훨씬 크다. 이것은 분진폭발의 과정이 그림 7.5에 나타내는 바와 같이 다음의 순서로 되기 때문이다.

(가) 입자표면에 열에너지가 주어져서 표면온도가 상승한다.

(나) 입자표면의 분자가 열분해 또는 건류작용을 일으켜서 기체로 되어 입자의 주위에 방출된다.

(다) 이 기체가 공기와 혼합하여 폭발성 혼합 기체를 생성하여 발화하여 화염을 발생시킨다.

(라) 이 화염에 의해 생성된 열은 다시 분말의 분해를 촉진시켜 차례로 기상에 가연성 기체를 방출시켜 공기와 혼합하여 발화 전파한다.

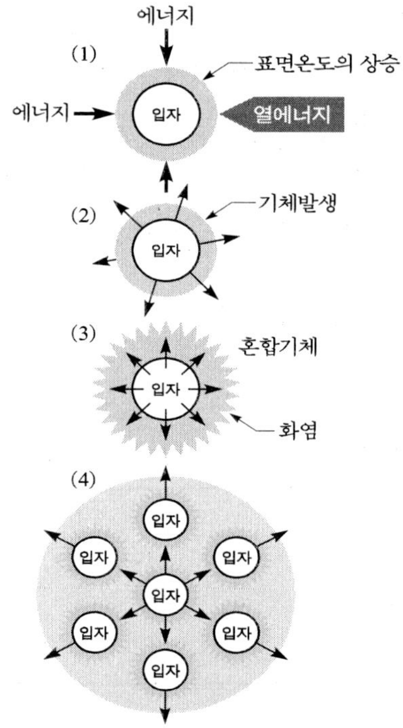

그림 7.5 분진의 폭발과정

따라서 분진폭발도 결국은 본질적으로 가스폭발로서 분진자체에 가연성가스가 저장되어 있는 것으로 생각하여도 좋다. 단, 이와 같은 폭발의 과정에서 앞에서 설명한 (가)의 과정은 입자표면 온도를 상승시키는 요인이 열전도만이 아니고 복사열도 큰 역할을 점하고 있다는 것이 가스폭발과 다른 점이다.

(2) 화염전파의 상황

가연성 가스와 공기의 혼합가스를 일정한 직경을 가진 관중을 흐르게 하여 한 지점에서 착화시킨 경우, 미연소 혼합가스는 착화 직전에서 예열대(豫熱帶)를 거쳐 연소대(反應帶)에 이르고, 고온 연소가스로 되어 이동한다. 이때 예열대와 연소대의 합계 길이는 통상 1mm정도의 짧은 것으로, 이 경우 화염면의 전파속도는 Mallard-Le Chatlier의 식으로 나타내어진다. 단, 열에너지의 공급은 열전도만으로 생각한다.

$$V = \frac{\lambda(T_b - T_Z)}{\rho C b(T_z - T_u)} \tag{7.8}$$

여기서 V : 전파속도(m/hr)

b : 연소대의 길이(m)

λ: 미연소 혼합가스의 열전도율(Kcal/m・hr・K)

ρ: 미연소 혼합가스의 밀도(kg/m^3)

C: 미연소혼합가스의 평균비열(Kcal/kg・K)

T_u, T_z, T_b: 각 영역의 경계온도(K)

그러나 분진운의 경우 열에너지의 공급은 열전도 외에 복사전열이 가하여지기 때문에 화염전파의 모양이 그림 7.6과 같이 나타내어진다.

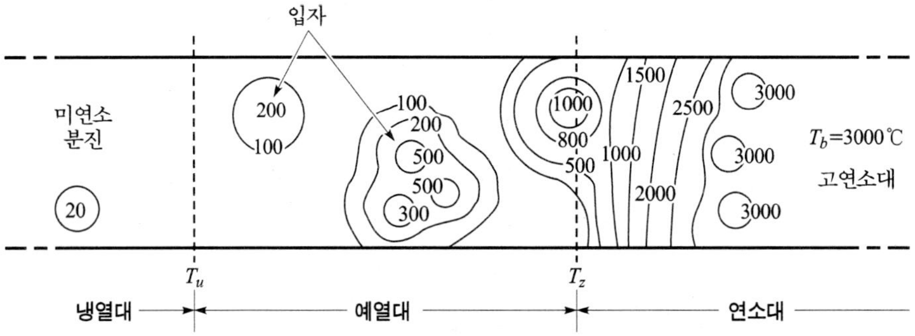

그림 7.6 분진폭발의 화염전파 상황

이와 같이 연소대의 길이가 가스의 경우에 비하여 훨씬 길게 된다. 또 입자는 연소 시 발생하는 분출가스 때문에 여러 방향으로 비산되고, 입자 자체도 파열비산(破裂飛散)함으로서 이것도 또 하나의 화염 전파속도를 형성하는 것으로 되어 있다. 이 화염전파속도를 Cassel은 복사열을 고려하여 (7.8)식을 수정하여 다음의 (7.9)식을 유도했다.

$$V_{st} = \frac{\dfrac{\lambda(T_b - T_z)}{b} + \dfrac{bw\sigma aF(T_b^4 - T_c^4)}{\rho_{st}\gamma}}{(C\rho + C_{st}w)(T_z - T_u)} \tag{7.9}$$

여기서, V_{st} : 화염의 전파속도

w : 분진농도

σ : 복사능

a : 보정계수

F : 기하학적 인자

γ : 분진의 평균반경

ρ_{st} : 분진밀도

C_{st} : 분진의 평균비열

이 식에서의 λ, ρ, c는 각각 분진공기의 미연소혼합물의 열전도도, 밀도, 평균비열이다. 이와 같이 분진의 연소기구는 가스에 비하여 복잡하고, 많은 요인이 관계하므로 폭발특성도 정량적인 수치로 명확히 정하는 것은 곤란하며, 오히려 상대적인 비교치로서 위험성을 설명하는 경우가 많다.

화염전파에는 몇 가지 현상의 모양이 명확하게 되어져 있고 화염의 전파방향에 좌우된다. 그것은 관이나 공간을 화염이 통과하는 경우의 개방단이나 밀폐단에 관련되어진다. 개방단(開放端)보다 밀폐단(密閉端)에의 화염전파는 일반적으로 온화하며 전파속도는 상당히 일정하다.

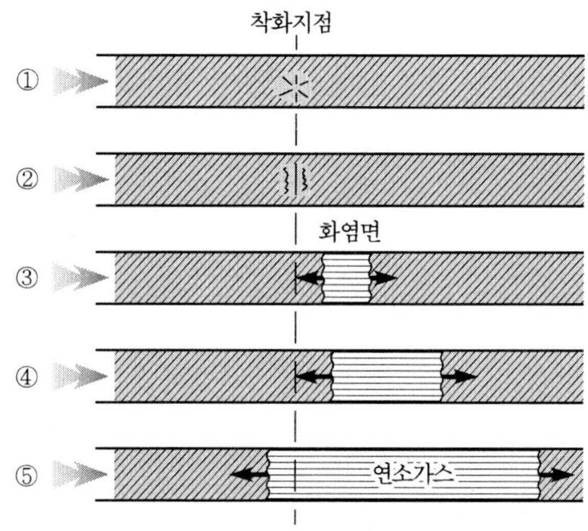

그림 7.7 배관 내의 유동분진의 화염전파 상황

한편, 밀폐단보다 개방단으로의 화염 전파에 있어서는 화염속도가 급격하게 가속된다. 만약 관의 중앙에서 착화하면 2방향으로의 화염이 형성되고 서로 멀어지는 형태로 이동한다. 이것이 기류를 타고 분진이 흐르고 있는 관중에서는 그림 7.7에 나타내는 현상으로 된다. 이것에 따르면 최초의 화살표 방향으로 분진운(粉塵雲)이 이동하면 화염도 같은 방향으로 퍼진다. 2개의 화염면의 사이에 고온가스의 마개(띠)가 생기고 이 마개가 아주 크면 기류를 잡아당기는 fan에 대하여 대단히 큰 저항이 생겨 점도가 크게 되고 fan에 대한 기류의 폐쇄라고 하는 현상에 도달하여 상류측에서도 화염이 전파된다. 밀폐단 점화에서 개방단으로의 화염이 전파되면 화염속도가 1.500m/s에도 이르는 수가 있다고 한다.

(3) 분진폭발의 특징

(가) 연소의 속도나 폭발의 압력은 가스폭발에 비교하여 작으나 연소시간이 길고, 발생에너지가 크기 때문에 파괴력과 타는 정도가 크다. 발생에너지는 최고치로서 비교한 경우, 가스폭발의 수 배 정도이고 온도는 2000~3000°C 정도까지 올라간다고 한다. 이것은 단위 체적당의 탄화수소의 양이 많기 때문이다. 분진폭발은 먼저 폭발압력이 나타나고, 1/10~2/10초 늦게 화염이 온다. 화염의 파급속도는 상온상압하에서 초기에는 2~3m/s 정도로서, 그 속도는 연소한 분진의 팽창으로 인해 압력이 상승함에 따라 가속도적으로 빠르게 된다. 또한 폭발염에 의한 압력속도는 300m/s정도이며 화염온도가 상승함에 따라 압력의 속도도 상승한다. 어떻든 간에 화염속도보다 압력속도가 훨씬 빠르다. 이것을 이용하여 폭발억제장치가 고안되어지고 있다.

(나) 폭발 시에 입자가 연소하면서 비산하므로 이것이 부딪치는 가연물은 국부적으로 심한 탄화를 일으키며, 특히 인체에 닿으면 심한 화상을 입는다.

(다) 최초의 부분적인 폭발에 의해 폭풍이 주위의 분진을 날리게 하여 2차, 3차의 폭발로 파급됨에 따라 피해가 크게 된다. 분진폭발의 발생 순서를 그림 7.8에 나타낸다.

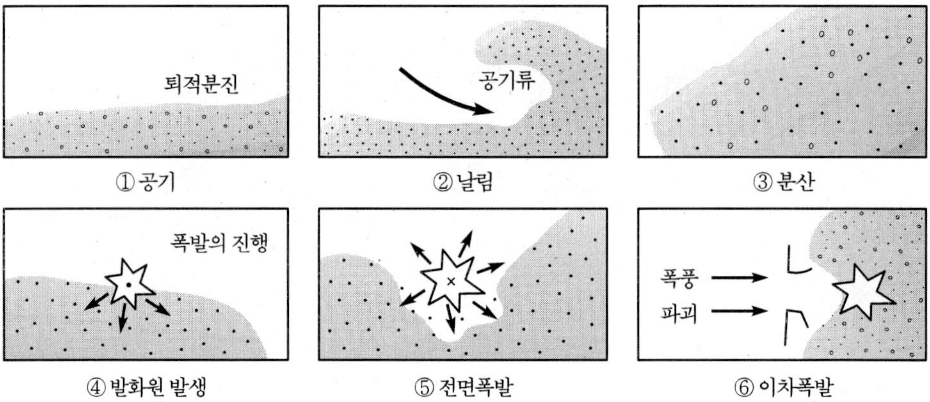

그림 7.8 분진폭발의 발생순서

(라) 가스에 비하여 불완전 연소를 일으키기 쉬우므로 탄소가 타서 없어지지 않고, 연소후의 가스상에 일산화탄소가 다량으로 존재하는 경우가 있어, 가스에 의한 중독의 위험이 있다.

7.3.3 분진의 폭발성에 영향을 미치는 인자

분진의 폭발에서 폭발의 격렬함, 착화의 난이성 등은 가스폭발의 경우와 같이 개개의 분진의 종류에 따라 아주 다르나, 특히 분진의 경우에는 그 물리적 화학적 성상이 크게 관계하므로 이들 인자를 완전히 알아둘 필요가 있다.

(1) 분진의 화학적 성질과 조성

분진의 폭발성에 관한 인자로서, 분진 자신의 화학적인 구조나 반응성은 대단히 중요한 의미를 가진다. 발열량이 큰 것일수록 폭발성이 크며, 표 7.1에는 가연성 유기고체의 발열량의 개략치를 나타냈다.

표 7.1 가연성 유기고체의 발열량

물질명	발열량(kcal/kg)
탄화수소류	〉10,000
합성품(고분자)	3,000~11,000
석탄	7,000~9,000
목재	3,500~5,000

탄미분(탄진)과 그 밖의 분진에서 휘발성분(VM)의 함유량의 대소가 폭발성에 큰 영향을 미치고, VM이 많을수록 폭발하기 쉽다.

탄진에서는 휘발분이 11%이상이면 폭발하기 쉽고, 폭발의 전파가 용이하여 폭발성 탄진이라고 한다. 한편 분진중의 회분함유량의 대소가 폭발성에 영향을 미치는데, 15~ 30%의 회분을 함유하는 역청탄으로 40%이상의 회분을 갖는 것은 폭발하지 않는다고 한다. 분진 자체의 열분해의 용이함이나 탄화수소계 기체의 발생속도 등도 관계가 있다. 그림 7.9는 회분과 휘발성 물질을 함유한 각종의 탄진의 공기 중에서의 농도와 화염속도의 관계를 나타낸 것이다.

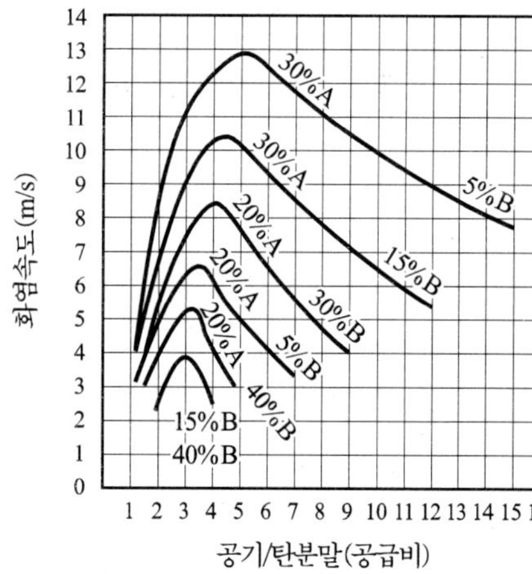

그림 7.9 제트혼합의 공기-탄분말계의 연소속도와 석탄 중의 휘발분과 회분의 함유량의 관계 (A: 휘발분, B: 회분)

(2) 입도와 입도분포

분진폭발의 용이성은 분진의 입도(粒度)나 입도분포에 크게 좌우된다. 분진의 연소기구에서 설명한 바와 같이 입자표면에서 반응하기 때문에 표면적이 입자체적에 비교하여 커지면 열의 발생속도가 방산속도를 상회하게 된다. 예를 들면 표 7.2에서 나타내는 바와 같이 한 변이 1cm인 정4각 입방체의 표면적은 $6cm^2$에 지나지 않으나 이것을 분해하여 1μ의 입방체로 만들면 총 표면적의 합은 $6m^2$에 달한다.

표 7.2 잘게 분쇄한 경우의 표면적의 증가 경향
「표면적 $6cm^2$, 한 변의 길이 1cm인 입방체의 입자 1개를 분쇄한 경우」

분쇄하여 만든 입방체적	한 변의 길이	표면적[㎡]
1,000개	1mm	0.006
10,000개	100μ	0.06
100,000 개	10μ	0.6
1,000,000개	1μ	6.0

일정한 중량을 가진 분진의 표면적을 나타내는 경우, 비표면적이라는 표현을 한다. 이것은 다음과 같은 관계식으로 나타내어진다.

$$S = \frac{N \times c_s d^2}{N \times \rho \times k_v d^3} = \frac{\phi}{\rho d} \tag{7.10}$$

여기서, S : 비표면적 (cm^2/g)

$\phi = k_s / k_v$

d : 평균입자경(cm)

N: 입자 수

ρ: 분진의 밀도(g/cm^3)

k_s/k_v: 형상계수, 구상 입자에서는 $k_s = \pi$, $k_v = \frac{\pi}{6}$

따라서 평균입자경이 작고 밀도가 작은 것일수록 비표면적은 크게 되고 표면에너지도 크게 된다.

분진의 입도가 각종의 폭발parameter에 큰 영향을 미치는 것에 대하여는 여러 가지의 연구보고가 있으나 그림 7.10은 그의 한 예를 나타내는 것이다.

입도가 아무리 작게 되어도 분진의 종류에 따라서는 서로 잡아당겨 분산이 불량하게 되고 그로 인해 폭발성이 감소하는 것도 있고 입자의 전기적 성질도 관계되어진다. 입자의 크기는 일반적으로 미크론(μ) 또는 통과하는 표준 체(sieve)의 번호로서 나타낸다. 입자의 평균경과 통과 체(sieve)의 번호와의 관계는 표 7.3과 같게 된다.

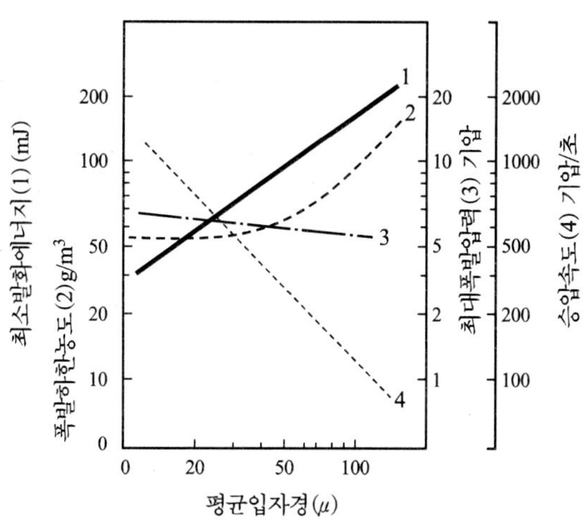

그림 7.10 분무상 알루미늄의 평균입자경과 폭발 parameter의 관계

표 7.3 Sieve번호와 통과한 미크론(μ)의 관계

Sieve No.	Size μ	Sieve No.	Size μ
20	840	270	53
100	149	325	44
140	105	400	27
200	74		

분진의 입도를 나타내는 경우, 200mesh 전부 통과 또는 100~150mesh라고 하는 표현을 사용하나, 이것은 대상으로 되는 분진의 완전한 입자의 크기를 나타내지 못한다. 동일한 Sieve를 통과하였다 하더라도 통과한 입자의 입도는 상당히 다른 경우가 있으므로 통과한 분진의 입도분포를 알 필요가 있다. 단, 입도분포의 차이에 의한 폭발 특성의 변화에 대하여는 상세히 알 수는 없으나 보다 작은 입경의 입자를 함유하는 분진이 폭발성이 높다고 생각하여도 좋다.

(3) 입자의 형상과 표면의 상태

평균입경(平均粒徑)이 동일한 분진이라도 형상이나 표면의 상태도 폭발성에 큰 영향을 미친다. 식(6.9)에서 비표면적은 형상계수가 큰 인자로서 나타내어져 있으며, 구상(球狀)입자에서는 ϕ=6으로 가장 작고, 침상(針狀)으로 되면 ϕ〉6으로 되고, 편평상(偏平狀)에서는 ϕ〉50 정도에 달한다.

예를 들면, 어떤 종류의 합성수지는 표 7.4에서 나타내는 바와 같이 폭발지수가 형상에 따라 상당히 다른 것을 알 수 있다. 입자표면이 공기(산소)에 대하여 활성이 있는 경우, 예를 들면 신선한 표면을 갖고 있고 폭로시간이 짧은 경우에 있어서는 폭발성은 높게 된다. 표 7.5는 몇 가지 금속의 공기 중의 폭로시간과 발화에너지의 관계를 나타낸 것이다. 이것은 산화피막을 바로 생성하는 금속분에 공통적인 것으로서, 알루미늄 분말의 경우에도 stearic acid의 피복을 한다든지 지방(脂肪)을 함유하고 있는 편이 폭발하기 쉽다. 또한 석탄분진 등도 신선한 쪽이 위험성이 크므로 마쇄(摩碎)와 분쇄(粉碎)라고 하는 작업공정에서 생기는 분진은 활성이 높고 위험성도 크다고 할 수 있다.

표 7.4 분진의 폭발과 입자의 형상의 관계

시료분진	폭발지수	
	구상	부정형
메타크릴산메틸 성형콤파운드	6.1	〉10
메타크릴산메틸, 아크릴산 공중합체	7.2	〉10
석탄산 수지	〈0.1	〉10
석탄산수지 비(非)가열 반응물	2.3	〉10
석탄산수지 유도체	5.8	〉10

표 7.5 공기에 폭로된 효과와 발화에너지의 관계

금속시료	운상		층상	
	폭로 전	폭로 6주간 후	폭로 전	폭로 6주간 후
티탄(Ti)	15mJ	25mJ	8×10^{-6}J	8×10^{-6}J
티탄(Ti)(피복)	10	15	2×10^{-4}J	8×10^{-5}J
지르코니움(Zr)(피복)	5	15	1×10^{-6}J	1×10^{-6}J
지르코니움(Zr)	15	①	3×10^{-5}J	1×10^{-5}J

단, ①은 125mJ로서 발화하지 않음.

(4) 수분

분진 속에 존재하는 수분은 폭발성에 영향을 미친다. 즉, 분진의 부유성(浮遊性)을 억제한다. 단, 소수성(疎水性) 분진에 있어서는 부유성에 그다지 영향을 받지 않으나 수분의 증발로 점화에 필요한 에너지가 감소하거나 증발한 수증기가 불활성가스의 역할을 하는 것과 대전성을 감소시키는 효과가 있다. 반면에 마그네슘, 알루미늄 등은 물과 반응하여 수소를 발생하고 그로 인해 위험성을 더 높이는 것도 있다.

7.3.4 분진의 폭발특성

(1) 폭발한계

분진폭발은 분진이 공기 중에 분산하여 있는 경우에 발생되는데, 입자 자신도 불균일한 크기나 형상을 띠며, 공기 중에 떠 있어도 보다 가는 입자는 천천히 낙하하고 큰 입자는 바로 낙하한다. 그러므로 공기 중에 그대로 정지하여 있지 않기 때문에, 폭발도 작은 입자는 잘 반응하여 연소반응이 완결된다고 예상되고, 큰 입자는 표면만이 눋는 정도로 낙하하여 소화되어 버린다.

따라서 일정한 농도조건의 폭발한계는 거의 얻어지지 않고 하한계 농도에서도 불완전연소로 된다. 결과적으로 분진의 폭발한계농도는 일정한 시험법에 의해 일정한 약속의 조건하에서 얻어진 data라고 할 수 있다. 또한 농도가 높은 상한계는 분산이 불가능하기 때문에 일반적으로 알려져 있지 않다.

분진의 분산방식의 차이나 판정에 따라 다르므로 물성으로 하여 얻어질 수가 없으며 편차가 있기 때문에 폭발확률이라는 용어를 사용하든지 또는 한계농도가 그의 x%일 때라고 하는 표현을 사용한다.

폭발한계에 있어서는 분진의 종류에 따라 큰 변화가 있으며, 산화반응 시에 대량의 가스를 급속하게 방출하는 물질은 한계농도가 낮으며, 또한 할로겐 등을 함유하는 것은 난연(難燃)이다.

그림 7.11에 폭발확률과 분진농도의 관계에 관하여 여러 종류의 분진이 폭발하한계에 의하여 나타냈다. 폭발한계는 입자의 크기, 입도분포, 산소농도, 함유수분, 가연성가스의 혼입 등에 의해 같은 물질의 분진에서도 완전히 다르다. 이러한 관계에 대하여는 그림 7.11~7.19까지의 각 그림에서 나타나 있다.

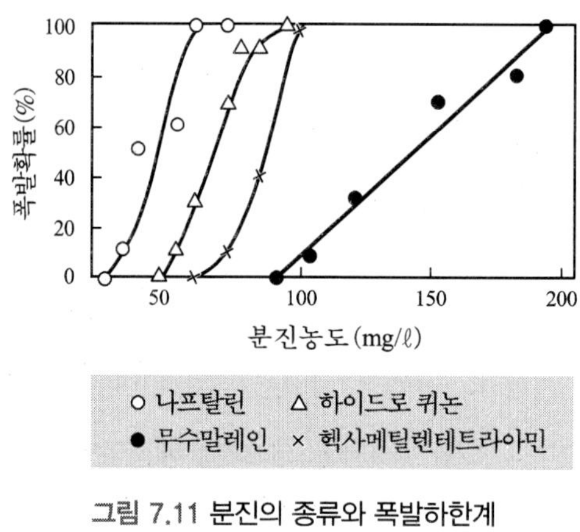

그림 7.11 분진의 종류와 폭발하한계

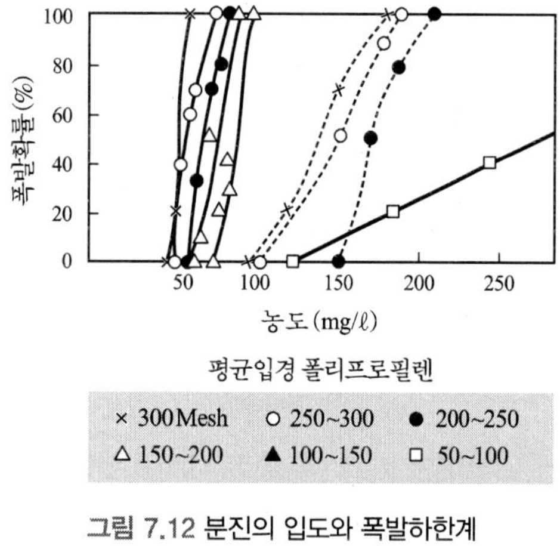

그림 7.12 분진의 입도와 폭발하한계

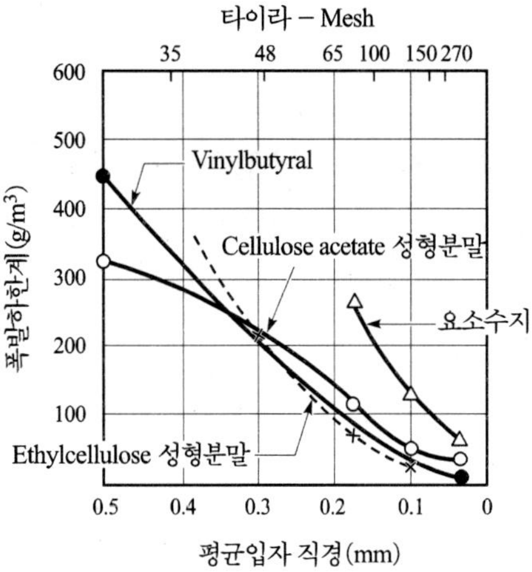

그림 7.13 플라스틱 분진의 평균입자 직경과 폭발하한계의 관계

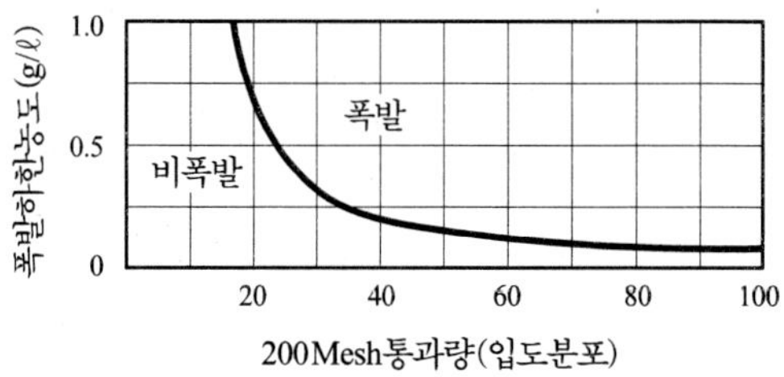

그림 7.14 탄진의 폭발하한농도와 입도분포의 관계

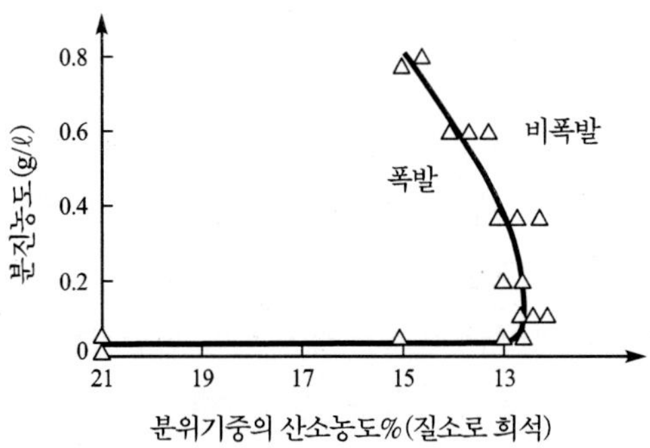

그림 7.15 테레프탈산 분진의 폭발범위와 분위기 중의 산소농도의 관계

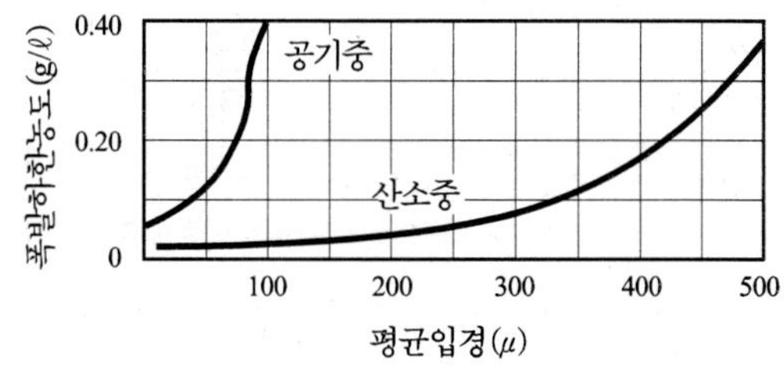

그림 7.16 입도와 공기 중 및 산소 중에 있어서 폭발하한 농도의 관계(핏츠버그탄 분진)

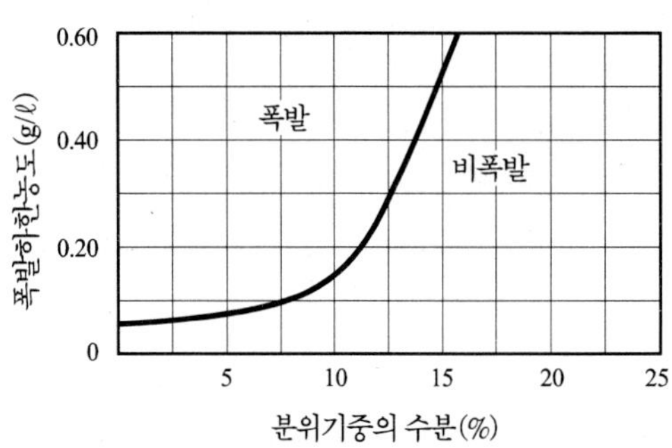

그림 7.17 폭발하한농도와 분위기 중의 수분의 관계(200매시 통과 탄분진)

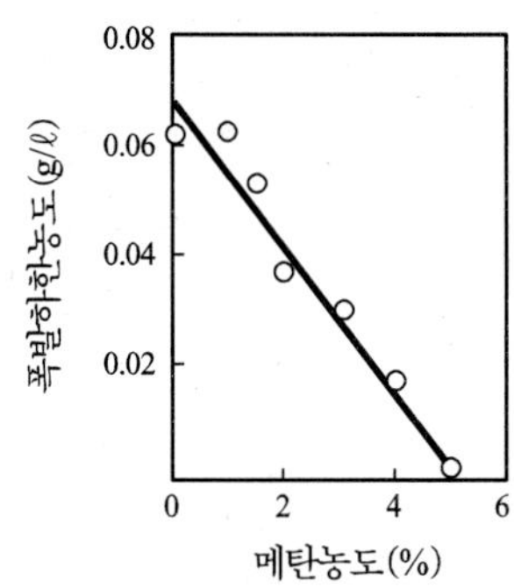

그림 7.18 메탄–공기 혼합 중에 있어서 탄분진의 폭발하한농도

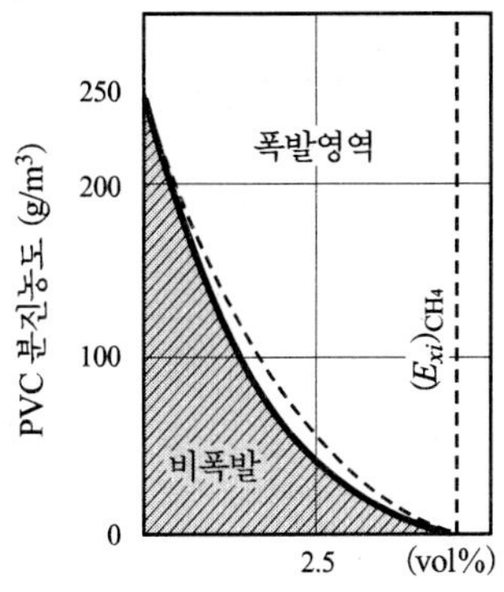

$$(E_{xj})\text{pvc}-\text{hybrid}=\frac{(E_{xi})\text{pvc}}{(E_{xi})^2_{CH4}}[C_{CH4}-(E_{xj})_{CH4}]^2$$

그림 7.19 PVC분진의 폭발 한계에 있어서 메탄의 영향

위에서 나타낸 data는 주로 정적인 실험에 의하여 얻어진 것이나 분체의 유체수송이나 집진 duct 등과 같이 동적으로 이동하는 경우에는 그의 유속에 의해 크게 영향을 받는다. 또한 그의 배관의 직경이나 형상에 의해서도 아주 다른 결과가 얻어진다. 그림 7.20과 그림 7.21에는 이들의 관계를 나타내고 있다.

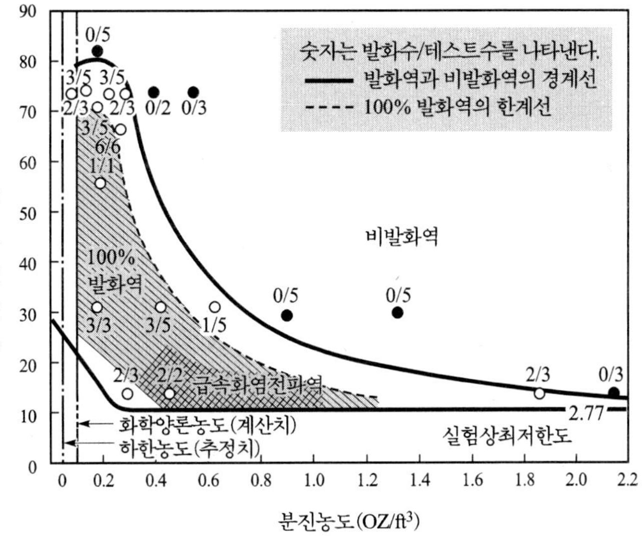

그림 7.20 분진농도와 유속에 따른 소염의 현상

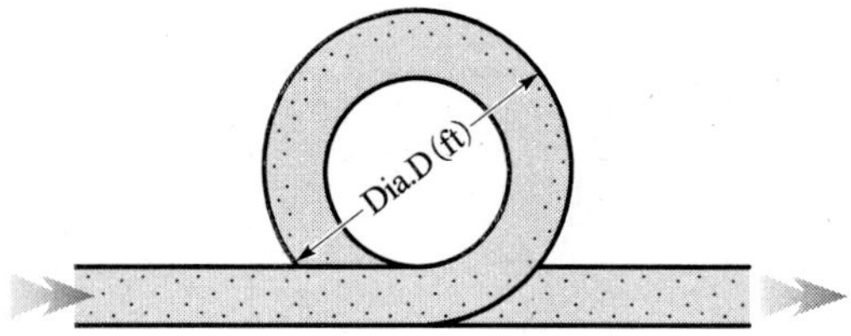

2″경의 배관의 Roof에 의한 탄분진화염의 소화 Roof 경

$D > 10'$ – 화염전파
$1' < D < 10'$ – 소화
$D < 1'$ – 화염전파

그림 7.21 roof관에 의한 소염 효과

(2) 최소발화에너지

대부분의 분진은 정전기대전을 한다. 특히 공장과 그 밖의 장소에서 분진을 취급할 때는 대량으로 분진운이 전기를 띠어 축적하고 있으므로 방전(放電)할 때는 불꽃을 발생한다고 알려져 있다. 이 불꽃은 가스폭발을 일으키는데 충분한 에너지를 갖고 있으나 분진 자체가 이것으로 착화할 것인가 하는 것은 그다지 잘 알려져 있지 않다. 그러나 분진의 착화에너지는 전기불꽃에 의해 측정함으로서 알 수 있으나, 측정법이나 실험조건에 따라 절대적인 값은 얻어질 수 없으며, 반면에 상대치나 물질 상호간의 위험성 비교치로서는 이점이 있다. 다만 정전기와 관련지어 결론을 내린다는 것은 무리이다.

분진운의 최소발화에너지의 측정은 분진운의 생성조건, 실험방법 등이 곤란하기 때문에 측정치의 신뢰성에 문제가 있으나, 퇴적된 분진층에서의 발화 유무를 확인하는 것은 비교적 용이하므로 운상분진의 측정 대신에 사용하면 유리하다. 또한 이것은 집진장치 등에 사용되는 여포에서 발화할 것인가 어떻게 될 것인가 하는 것은 제전대책상 확인하는 것이 바람직하므로 분진층의 최소발화에너지의 측정결과는 그대로 이용할 수 있다고 생각된다.

일본의 산업안전연구소에서는 이 점에 착안하여 분진층의 최소발화에너지의 측정을 행하였으며 그 장치는 그림 7.22와 같다.

또한 그림 7.23은 전극에 있어서 방전파형을 나타내고 있다. 이 외에 전극간의 거리도 영향을 미치며 대체로 0.2cm 부근이 최저치를 나타낸다. 또 입자경이 작을수록 작게 된다.

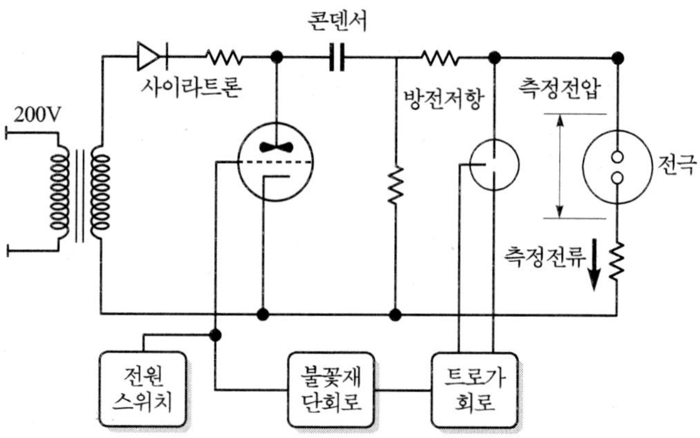

(a) 방전불꽃발생

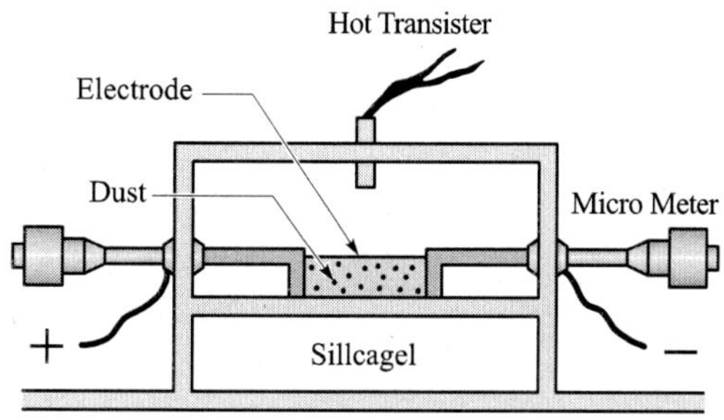

(b) dust층 발화장치

그림 7.22 실험장치

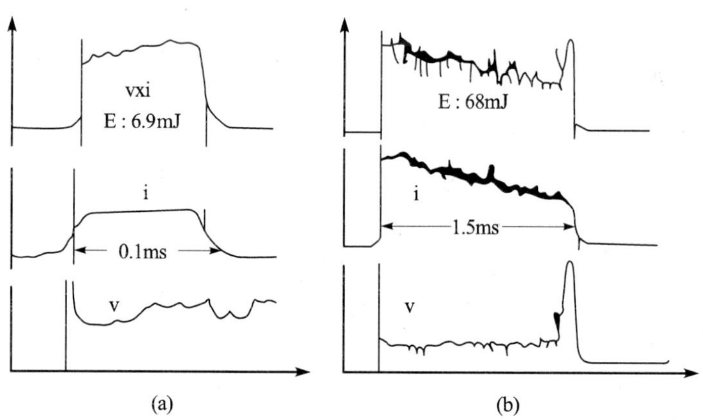

그림 7.23 파형 및 적분용 처리파형의 예

(3) 발화온도

분진의 최저발화온도는 운상(雲狀)과 층상(層狀)에 따라 상당한 차이가 있으며, 측정법에 따라 큰 차이가 생기므로 최소발화에너지와 같이 절대치는 존재하지 않는 다는 것을 전제로 생각하지 않으면 안 된다.

발화온도도 입도, 휘발분의 함유량, 분위기중의 산소농도 등의 인자에 의해 많이 좌우된다.

일반적으로 분진운의 발화온도는 분진층의 발화온도의 약 2배로 보면 된다. 즉, 분진층의 경우가 250°C라면 분진운에서는 500°C로 된다. 그러므로 퇴적분진의 발화온도를 측정하는 것이 중요하나 층의 두께에 따라 큰 온도차가 발생한다. 예를 들면 표 7.6 및 그림 7.24에 나타낸 바와 같다, data로서는 보통 5mm두께의 것을 사용한다. 그런데 가열 중에 용융・탄화승화하는 물질은 운상(雲狀)의 발화온도를 채택한다.

표 7.6 분진층의 두께와 관계되는 착화온도

분진의 종류	층의 두께(mm)						
	3	5	6	10	20	50	500
유연탄〈70μ	270	234	230	210	195	171	
빈석탄〈70μ	340	288	280	265	245		
코르크분말	360		320	297	280	222	약 200

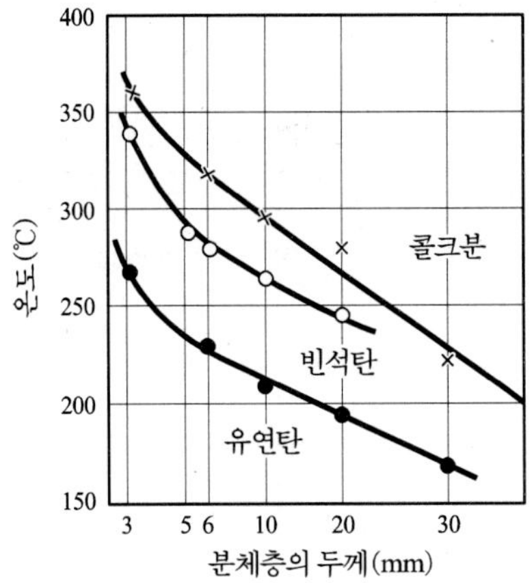

그림 7.24 층상분체의 발화온도(연기가 나는 온도)와 두께의 관계

(4) 폭발압력과 압력상승속도

분진의 폭발재해를 방지하는데 중요한 것은 폭발의 격렬한 정도를 아는 것이다. 즉, 분진농도를 하한계 이하로 제어하는 것은 가스나 증기와는 다르므로 불가능하며, 또 점화원의 완전제거도 되지 않는다. 분위기중의 산소농도를 연소가 불가능한 영역까지 감소시키는 것이 가장 좋은 수단이긴 하지만 이것은 간단한 문제가 아니다. 그러나 폭발의 격렬함에 대응하는 대책은 가능하다.

이와 같은 관점에서 가장 많이 채택되는 방호대책은 피해의 확대방지에 있다. 다시 말하면 장치나 배관내의 폭발을 피할 수 없는 경우에 이들의 파괴에 의한 피해의 확대를 방지하기 위하여 적절한 폭발압력 방산설비의 설계와 설치 및 관리는 가능하다. 이러한 의미에서 분진의 폭발압력과 압력상승속도에 대한 data의 파악은 아주 큰 의의가 있는 것이다.

폭발압력과 압력상승속도도 다른 여러 가지의 특성과 같이 많은 인자에 의해 영향을 받게 마련이며, 분진의 종류, 입도, 농도, 착화원의 종류, 시험용기의 크기, 송입압력, 초기압력, 공기흐름의 교란, 산소농도, 휘발이나 가연성가스의 농도, 불활성분진이나 회분의 함유량 등에 따라 크게 변화를 받기 때문에, 각각의 입자를 고려하여 폭발의 격렬한 정도를 확인할 필요가 있다.

다만 분진의 연소는 균일하지 않으므로 완전연소를 기대할 수 없으며, 입자가 기벽 등에 부착하는 경우가 있으므로 최고의 폭발압력을 나타내는 농도가 화학량론적 농도보다 상당히 큰 값을 나타낸 경향이 있다.

폭발압력이나 압력상승속도가 크고 격렬한 폭발성을 갖는 분진과 비교적 완만한 폭발성을 갖는 분진과는 연소 후 가스조성에 상당한 차이가 있다. 그림 7.25는 폭발성이 격렬한 경우를, 그림 7.26은 완만한 경우를 나타낸 것으로 격렬한 것일수록 폭발 후의 가스중에 일산화탄소의 성분이 많은 것이 특징이다. 종류가 다른 분진을 혼합한 경우에 그 혼합비율과 폭발압력이나 압력상승속도의 관계를 나타낸 것이 그림 7.27이다. 이 그림에서 압력은 거의 직선관계에 있으나, 압력상승속도는 격렬하지 않는 폭발성을 가진 분진이 소량 혼입된 것만으로 급격하게 하강하는 경향을 보인다. 이것과 아주 유사한 예로는 불활성분진을 혼입한 경우로서, 약 60%의 불활성분진을 혼입하면 폭발성을 완전하게 잃어버린다. 그림 7.28은 이 예를 나타낸 것으로서 폭발압력은 소폭의 불활성 분진의 혼입으로서는 저하하지 않으나 압력상승속도는 급격하게 저하하고 있다. 또한 분위기중의 산소를 질소로서 희석한 경우에는 소량의 산소의 감소로서도 압력상승속도에 영향을 미치고, 특히 분진농도가 큰 경우에는 현저하다. 폭발압력의 저하율은 그렇게 크지는 않으나 압력-시간의 관계에서 최대압력에 도달할 때까지의 시간이 길게 되고 완만한 연소가 진행된다. 따라서 압력방산 설비의 설계 등도 이와 같은 관계를 적용하면 압력상승 속도의 비교적 작은 조건으로써 용이하게 할 수 있다. 그림 7.29는 이들의 관계를 나타낸 것이다.

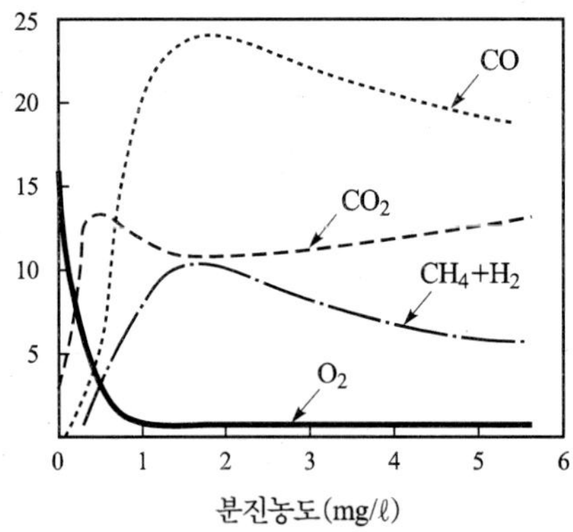

그림 7.25 Corn-starch의 연소 후 가스조성과 농도의 관계(폭발이 격렬한 경우)

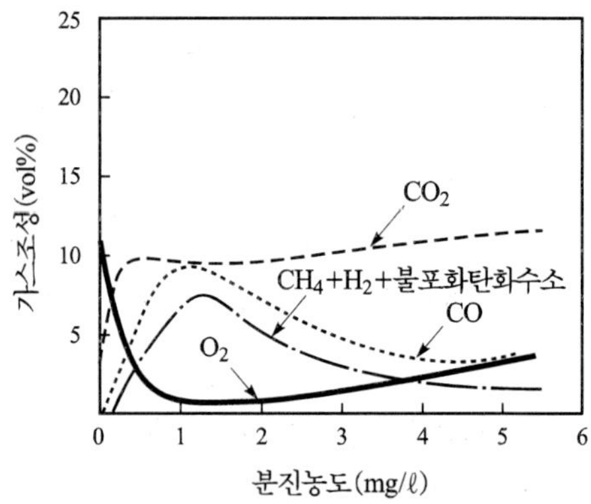

그림 7.26 diphenyl의 연소 후 가스조성과 농도의 관계(폭발이 완만한 경우)

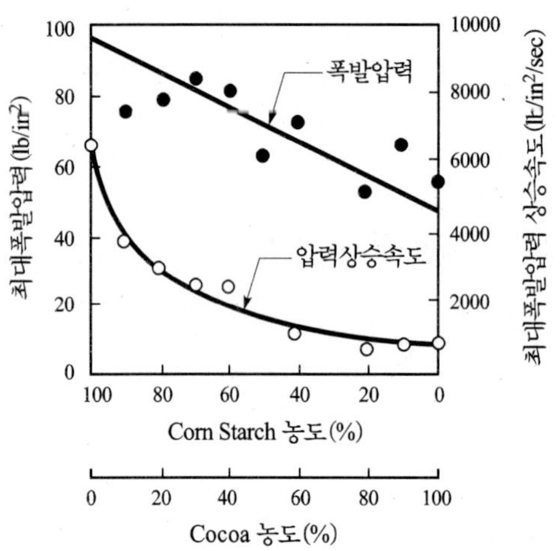

그림 7.27 Cocoa와 corn-starch 혼합부진의 최대폭발압력과 최대압력상승속도

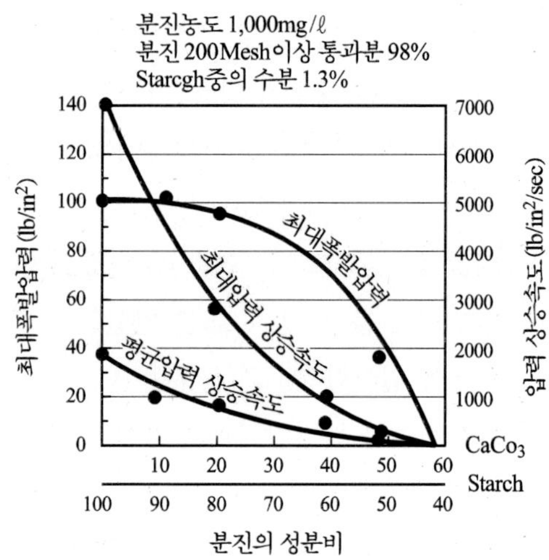

그림 7.28 불활성 분진의 혼입에 의한 폭발압력과 폭발압력상승속도에 대한 영향

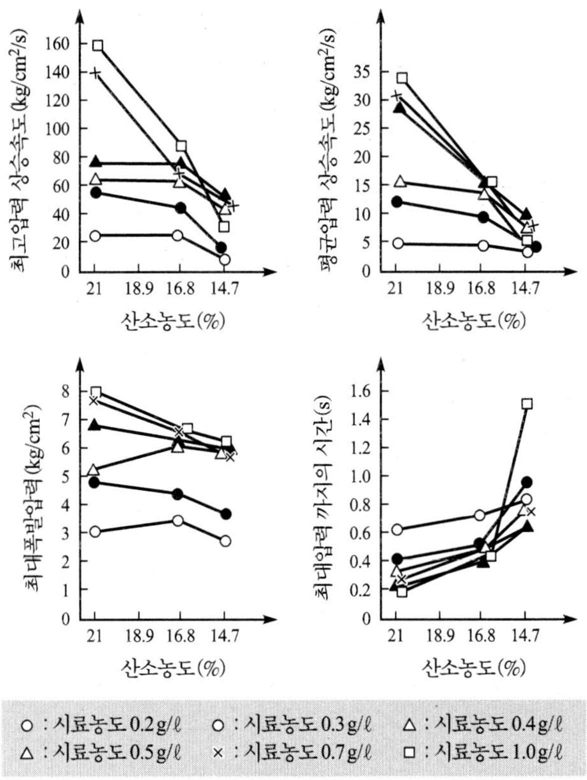

그림 7.29 산소농도와 폭발압력과 압력상승속도의 관계(나무분말)

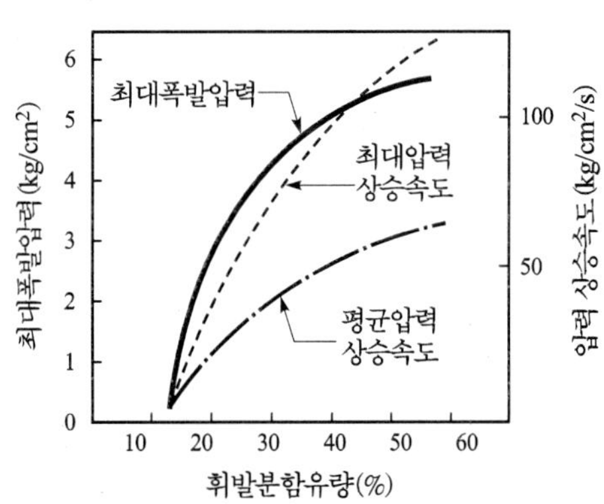

그림 7.30 휘발분함유량과 최대폭발압력, 평균입력상승속도, 최대압력상승속도의 관계(활성탄분진 농도 55g/m³)

활성탄분진 등이 악취 방지의 목적으로 유기가스의 흡수에 이용되고 있는데, 활성탄만으로는 폭발하지 않으나 어느 정도 이상의 유기가스를 흡수하면 이것이 휘발분으로 되어 격렬한 폭발을 일으키는 것으로 된다. 그림 7.30은 이 관계를 나타낸 것으로 중량비로서 십수 %이상의 흡착량에서 폭발성을 갖는 것으로 된다.

7.3.5 분체취급 공정의 폭발화재방지

분진폭발을 방지하기 위해서는 분진운의 생성방지, 점화원의 제거, 불활성 물질의 첨가 등이 제일 중요하다고 생각되나, 분진운의 생성방지는 분진을 취급하는 공정의 장치 내에서는 거의 불가능한데다 plant에 있어서 불활성물질의 첨가나 불활성 가스 purge도 조업 중에는 거의 불가능하다(경제성과 품질면에서), 그러므로 공정장치 내에 있어서 분진의 발화폭발의 일차적인 재해는 어느 정도 가능성을 인정하고, 이것에 의한 이차적인 큰 피해를 방지하는 것이 분진폭발 대책의 주안점으로 되어 있으므로 여기서는 간단하게 예방과 대책을 설명한다.

(1) 공장계획

분진이 불필요하게 분산되는 것을 적극적으로 억제시키고, 취급하는 입자는 될 수 있는 한 거친(굵은) 것으로 하며 불필요한 입도의 것으로 되지 않도록 한다. 미분화시키는 단계를 가능한 한 습식법으로 채택한다. 또는 함습제나 응집제를 혼입하는 것도 좋다. 분진을 발생시키기 쉬운 물질의 수송은 될 수 있는 한 belt conveyer를 이용한다. 분체를 혼합할 경우는 밀폐구조의 혼합기가 좋으며 연마나 절단의 경우도 동일하다.

작업자는 위험한 기계장치에서 멀리 떨어져 작업 하던지, 무인화 하던지, 격리된 방에서 작업할 수 있도록 하는 공장계획이 필요하다.

(2) 작업장의 표면조건

바닥면은 평활하고 이음새가 없으며 물로 청소하기에 용이한 구조를 갖도록 하며 강인한 재료나 피복재를 사용한다.

분진이 분산될 가능성이 있는 경우에는 바닥을 격자망으로 하고 그 아랫부분은 분진 때문에 요부로 한다. 벽면은 요철이 없이 평활하고 돌출부는 설치하지 않도록 하고, 설치할 때는 돌출부를 수평에 대하여 60° 이상의 경사를 준다. 천정은 평활하게 마무리하고 도장한다. 또한 beam 등에는 피막을 씌워서 분진의 퇴적을 방지한 다출입문이나 창문은 방의 내부에서 벽과 일직선이 되도록 하며 돌출부가 없도록 한다.

실 내부에 설치하는 설비로서 난방, 조명, 배관 등은 될 수 있는 한 제한한다. 실내 난방을 피하고 조명은 실외에 하는 것이 바람직하며 위험장소에서의 전기설비는 공장의 전기설비 방폭 지침(防爆指針)에 따라야 한다. 배관류도 노출 부분을 될 수 있는 한 적게 하고 벽 안에 넣어 설치하고 배관의 피복은 평활하게 불연재료 사용한다.

기계장치도 설치대수를 가능한 한 제한하고 가까운 별도의 실에서 구동하는 방법을 취한다. 또한 기계류는 cover를 하여 밀폐하고 분진이 들어가지 않도록 하며 cover는 60% 이상의 경사가 되게 한다.

(3) 분체의 흡인과 분리

제진기(除塵機)의 운전 개시 후에 기계본체를 시동하고 정지의 경우는 이것과 반대의 순서로 행하며, 이 순서는 Interlock 장치에 의해 오작동이 없도록 한다. 흡인용배관은 분진의 축적을 방지할 수 있는 구조로 충분한 공기속도를 적용시키지 않으면 안 된다. 이 경우 비중이 작은 분체에는 20m/s, 큰 분체에는 25~30m/s 정도로 한다.

분체분리기에서 blower는 청정공기측(淸淨空器側)에 설치하고, 밀어 넣는 형식은 바람직하지 못하며 분리기에는 적절한 압력 방산설비(防散設備)를 설치한다. 작업자가 있는 장소에 건식(乾式)의 분리기나 집진기를 설치하여서는 안 된다. 또한 집진기(集塵機)는 분진발생장치별로 설치하고, 집합장치로 하는 것은 피하여야 한다.

집진기내에서 자연발화가 발생하는 경우가 많으므로, 적절한 소화대책을 준비함과 동시에 공기의 역류를 방지하는 차단장치를 부착하는 것이 바람직하다.

전기집진기는 가연성분진에 대하여 사용할 수 없으며 습식의 집진기는 금속분(金屬粉)으로 물과 반응하는 것에는 사용할 수 없다.

분진분리용의 filter의 재질은 가능한 불연성의 것을 사용하고, 정전기의 발생이 높으므로 충분한 주의가 필요하다.

(4) 분체의 운반

분체를 운반하는 경우에는 분체 퇴적물 중에 묻혀 있는 것의 유무를 검사할 필요가 있으며 될 수 있는 한 얇은 층으로 공급할 필요가 있다.

bucket conveyer나 belt conveyer는 기계적 마찰이나 충격에 의해 고열부나 불꽃이 발생하므로 그다지 바람직하지 않다. 그러므로 이와 같은 결점을 가지지 않는 유체수송의 방법이 좋다. 그러나 시동 시와 정지 시에는 특별한 주의가 필요하다. 또한 정전기의 발생과 유체압축에 의한 온도상승도 발생하므로 주의하여야 한다.

(5) 불활성 가스에 의한 대책

분진의 폭발방지를 위한 불활성 가스의 첨가는 분위기중의 산소량을 감소시키는 우수한 안전대책이나 퇴적분진이 묻혀 있는 것을 줄이는 데는 상당히 곤란하다. 일반적으로는 이산화탄소, 질소가 사용되나 경금속류(輕金屬類)는 불활성가스와 반응하여 산화물을 생성하는 것이 있으므로 질소가 유효하고 유기물 분진에는 이산화탄소가 유효하다. 그러나 작업자가 산소결핍의 위험에 빠지지 않도록 주의하여야 한다. 폭발방지를 위한 산소의 농도는 앞에서 설명한 바와 같이 0%로 할 필요는 없으며 8~15%(CO_2), 6.13%(N_2) 정도로 충분하나 더욱 강력한 점화원, 예를 들면 백열표면, 폭발물, 용접버너 등에 대하여는 산소농도를 훨씬 작게 유지하여야 한다.

불활성 가스의 활용은 밀폐장치나 가스순환계의 경우에만 사용되고, 기밀이 충분히 유지된 경우에도 유효하다. 또한 불활성가스의 도입에 있어서는 소정의 산소 농도가 되도록 충분한 혼합이 이루어지지 않으면 안 된다. 이 경우에는 불활성가스의 도입이 정지되었을 때 자동적으로 운전이 정지되도록 interlock장치를 할 필요가 있다.

(6) 폭발압력 방산공

장치, 건물, 용기 내에 있어서 폭발을 피할 수 없는 경우, 폭발의 피해를 경감하기 위해, 어떤 부분의 강도를 전체보다도 적게 하여 두어 폭발압력이 약 $1lb/in^2$($0.079kg/cm^2$)정도 이내에서 파괴되고, 압력상승이 일어나지 않고 완전히 대기 중에 화염 및 미연소의 분진-공기혼합물을 방출하는 장치가 폭발vent이다.

폭발vent는 가스와 증기의 폭발 및 급격한 화학반응에 의한 압력의 급상승 시에도 안전장치로서 효과가 있으며, 그 기구(機構)의 설계나 강도의 계산은 대상물질의 연소특성, 즉 최대폭발압력이나, 최대폭압상승속도를 고려한 압력방산면적을 산출하지 않으면 안 된다.

장치의 형상이나 구조, 재료도 중요한 관계에 있다. 예를 들면 원통형의 duct는 평면으로 둘러싸인 것보다도 강도가 크며 만곡부는 평판보다도 견고하다. 또한 장치의 종류에 따라 강도가 다름으로서, 폭발vent를 부착시킬 장치는 cyclone, bag-filter, silo 등과 같이 공간이 넓고 비교적 강도가 작은 것에는 가능한 한 설치하는 것으로 한다.

폭발vent를 설치하는 경우에 고려해야 할 점은 폭발압력 상승속도의 크기로서 아주 큰 것에는 vent효과가 없으며, 3,300psi/s($241kg/cm^2/s$) 이상의 압력 상승속도(최대폭발압력 $7kg/cm^2$의 경우, 이것을 평균속도로 하면 최대압력에 도달할 때까지의 시간은 약 29ms이다)이면 거의 설계 불가능으로 된다. 그러므로 폭발vent를 설계할 때는 대상으로 하는 분진의 폭발특성을 잘 알지 못하면 안 된다.

방산공(放散孔)에는 다음과 같은 것이 유효하다.

① 고정되어 교환이 불가능한 파열면(강도를 아주 작게 한 벽이나 지붕)
② 고정되어 있어도 교환이 가능한 파열면(창문, 파열판)
③ 움직일 수 있는 방산공(회전창문, 통풍밸브, 폭발밸브)

분진폭발의 위험이 있는 작업장(알루미늄, 마그네슘분 등은 제외)에는 0.1기압의 내압력(耐壓力)을 필요로 한다. 또한 비개구단면적(比開口斷面積)은 $0.1m^2/m^3$($10m^3$당에)이 적당하며 방산문은 0.01 기압에서 작동되도록 한다. 알루미늄분말 등에 대하여는 비개구단면적은 $1.0m^2/m^3$이 필요하다

그리고 배관은 건물이나 장치와는 달라, 훨씬 격렬한 폭발이 일어날 수 있으므로 배관의 끝에 그의 개구단면적 전체가 개방될 수 있는 안전 박판(薄板)을 설치하는 경우와 폭파약을 폭발시켜서 강화glass 파열판을 파괴하는 방법, 또 폭발valve, 스프링식 가중폭발(加重爆發) valve 등이 사용된다.

7.4 증기폭발

7.4.1 고온용융물과 물과의 증기폭발

고온의 용융물과 물과의 접촉에 의한 수증기 폭발은 철강업과 비철금속공업에서 많이 발생하고 약 30% 이상을 차지하고 있으며 화학공업에서는 전기로를 사용하는 공장에서 많이 발생한다.

재해사례 중에는 캐나다, 네덜란드의 제철소의 사고가 대규모적이었으며 이것을 계기로 수증기폭발에 관한 기구해명을 위한 연구가 진행되게 되었다.

캐나다의 케밧크의 주조공장의 예를 들면 전기로를 비워서 부품교환의 작업을 하던 중 4ton의 용융강(熔融鋼, 1500°C)을 용기에 보관하여 두었다가 노(爐)로 다시 넣었을 때 대부분은 안전하게 다시 넣어졌으나, 약 45kg이 물에 떨어져 대폭발을 일으켜, 사망 1명과 다수의 부상자를 내었으며, 폭발의 충격에 의하여 두께 20″의 콘크리트바닥에 균열이 가고, 벽돌벽이 손상을 받고, 약 6000장의 유리가 깨어졌다.

이 사고의 규모는 화약의 충격력으로부터 추산하여 보면, 온도 1,560°C의 용융강 45kg이 100°C까지 냉각되는 사이에 방출하는 열에너지의 약 13%가 충격파에너지로 되었다고 추정하고 있다.

일본에서의 사고 예를 보면, 1970년 4월 23일 富山市교외의 합금철공장의 slug 주수냉각장에서 폭발사고가 발생하였는데, 이 폭발은 대규모적이었으며 폭발중심지에서 약 55km 떨어진 기상대에서 진도2의 지진이 기록되었다. 이때의 폭발음은 공장에서 20km 떨어진 高岡市에서도 들을 수 있었다. 또한 물적 피해는 반경 500m 범위의 건물의 유리창이 파손되었으며 slug냉각장 인접 건물의 스레이트벽과 지붕의 파손 및 날라간 고온 slug에 의한 화재도 발생했다.

펄프공장에서는 수산화나트륨 회수로에서 고온의 용융염 (smelt)과 물과의 접촉에 의한 폭발이 발생한다. 피해는 로가 팽창한다든지, 로의 바닥이 파손하는 정도로 대규모의 피해는 아니다. 이와 같은 사례에서 알 수 있는 바와 같이, 일반적으로 용융염과 물에 의한 증기폭발은 용융금속과 물의 접촉에 의한 증기폭발 정도로 격렬하지는 않다. 외국에서는 크라프트펄프(craft pulp) 제조공장의 수산화나트륨 회수로에서 일어난 사고를 계기로 1950년대의 중반부터 미국, 캐나다 등의 종이, pulp업계를 중심으로 연구가 행하여져 왔다. BLRBAC(Black Liquor Recovery Boiler Advisory Committee)에 의하면 1948~1972년 사이에 발생한 수산화나트륨 회수보일러의 총 사고 수 80건 중에서 smelt와 물의 접촉에 의한 폭발건수는 53건에 달하고 있다.

원자로에 있어서 수증기폭발이 문제로 된 것은 1961년의 미국 SL-1 군용 원자로의 사고이다. 이 사고는 정지 중에 있던 원자로의 보수작업 중에 작업자가 실수로 1개의 제어봉(制御棒)을 손으로 뽑아냈기 때문에 반응도(원자로 내의 중성자수의 증감을 나타내는 양)가 이상을 일으켜 반응도 사고가 발생한 것이다. 이 결과 약 133MJ의 에너지가 방출되어, 이것에 의해 노심은 파괴되고, 로심보다 상부의 물이 35기압의 발생증기압력에 의해 위쪽으로 가속되어 용기의 뚜껑에 충돌하여 거기서 약 700기압의 충격압력이 발생해서 압력용기까지 날아갔으며 그로 인해 작업자 3명은 모두 사망했다. 이 사고는 신중한 조사와 검토가 행해졌으며, 그 후의 실용 원자로 등의 반응도 사고에 대한 방호대책에 귀중한 경험을 주었다. 이 검토 결과의 하나로는 이 사고시의 파괴에너지의 주성분은 피복재의 알루미늄이 용융하여 물과 접촉하여 일어난 증기폭발에 의한 것이라고 생각되었다. 한편. 파괴의 기계적 에너지의 양을 추정하였을 때, 약 6MJ이라고 하는 값이 얻어졌으며, 이는 전체 방출에너지의 4~6%가 기계적인 파괴에너지로 되었을 뿐이다.

이와 같은 수증기폭발의 발생기구로서 최초로 생각되어진 것은, 물이 분해하여 수소가 발생하고, 이것이 또 산소와 반응하여 폭발을 일으킨다고 하는 기구이다.

그러나 철과 물과의 반응은 다음 식과 같이 흡열반응이므로 상온에서는 일어나지 않고, 아주 고온상태가 아니면 진행하지 않는다.

$$2Fe + 3H_2O = Fe_2O_3 + 3H_2 - 8.4kcal \quad (7.11)$$

더구나 고온상태로 되어도 약 1,600°C이상으로 되지 않으면 물은 수소와 산소로 분리되지 않고, 또 2,400°C에서도 5.9%밖에 해리하지 않는다고 한다. 나트륨과 칼륨 같은 반응성이 강한 금속은 물과 격렬하게 반응하여 수소를 발생하나 용융상태의 염화나트륨, 염화칼륨, 탄산나트륨, 규산염 등은 물과 접촉하여 수소를 발생시키는 화학반응은 일어나지 않는다.

그러나 이들의 염도 용융상태에 있을 때는 물과 접촉으로 폭발을 일으키는 경우가 있다.

또한 알루미늄의 경우 1,500°C 이상에서는 물과 반응하여 수소를 발생하나 1,200°C 이하에서는 수소를 발생하지 않는다. 그러나 760°C의 용융 알루미늄은 물과 접촉하면 조건에 따라서 폭발하는 경우가 있다.

그렇기 때문에 현재로는 이들의 현상이 물의 분해가 아니고 물이 고온용융물과 접촉하여 그 비점으로 과열되든가 또는 열이 급격하게 전달되어 격렬한 폭발적인 비등을 일으키는 "물리적인 폭발"로 설명되고 있다.

여기서 고찰하려고 하는 "증기 폭발"의 기구를 설명하기 전에 물과 액체의 열전달에 의한 비등현상(沸騰現象)의 기본적인 성질과 용어에 대하여 설명한다.

7.4.2 물과 액체의 비등현상

(1) 물의 열역학적 성질

물을 용기에 담아 표준대기압(1atm)에서 가열하면 100°C에서 비등을 시작하고 그 이상의 온도로 되지 않는다. 또한 압력을 감소시켜서 $0.1kg/cm^2$ · abs로 하면 45.5°C에서 비등한다.

이와 같이 압력에 따라 정해져서 비등을 시작하는 온도를 포화온도라 한다. 그때의 액체를 포화액체라 하고 포화온도에 대응하는 증기압력을 포화압력이라고 한다. 포화액체와 공존하여 평형에 있는 증기를 포화증기라 한다.

물은 1atm에서는 100°C에서 포화액체(水)로 되고 포화증기는 100°C에서 1atm의 압력에 있다. 포화증기중 물을 함유하지 않는 것을 "건포화증기"라고 한다.

액체가 기화하여 증기로 변하는 것을 증발이라 하나 가열이 강하면 증발은 액체 내부에서도 기포를 발생하여 일어난다. 이 현상을 비등이라 한다.

수증기는 공업적으로 광범위하게 이용되고 있으므로 그의 열역학적 성질은 상세하게 계산되어져 있으며 증기표(蒸氣表)가 작성 되어져 있다. 표 7.7에 그의 일부를 나타내었다. 이 표에서, 증기폭발 기구의 검토에 필요한 여러 항목이 구하여진다. 예를 들면,

(가) 대기압(1.03323kg/cm^2)하에서는 물은 100°C에서 비등하고, v''의 값으로부터 1kg의 물에서 100°C의, latm의 1.673m^{3}의 증기가 발생한다.

(나) 100°C의 물이 전부 증기로 변화했을 때의 체적 팽창은 v''/v'로 구해진다. 즉, 1,603배로 된다.

(다) 각 온도에 있어서 증발열 γ은 엔탈피의 차$(h''-h')$이다. 100°C에서 539.06Kcal/kg이다.

(라) 증발열 γ는 내부에너지를 u로 나타내면(u''는 포화증기, u'는 포화수)

$$\gamma = h'' - h' = u'' - u' + AP_s(v'' - v') \tag{7.12}$$

이다. $u''-u'$는 증발에 따르는 내부에너지의 증가이고, $AP_s(v''-v')$는 증발에 의해 외부에 전달되는 일의 열당량이다. 여기서 A는 일의 열당량으로서 1/427(Kcal/Kg.m]이며, P_s는 포화압력으로서 100°C의 수증기에서는 1.03323kg/cm^{2}이다.

100°C의 물 1kg을 전부 수증기로 변화시키는 데는 539.06Kcal(약 540Kcal)의 열이 필요하며, 그 중에서 수증기의 체적팽창으로 외부에 하는 일은 열에너지로 40.5Kcal인 것이 계산된다.

표 7.7 포화증기표(온도기준)

온도 (℃)t	포화압력 (kg/cm^2)P_s	비용적		엔탈피			엔트로피	
		포화수 v'	건포화증기 v''	포화수 h'	건포화증기 h''	증발열 γ	포화수 s'	건포화증기 s''
0	1.006228	0.00100022	206.305	−0.010	597.49	597.50	.0.00004	2.18729
10	0.012512	0.00100025	106.430	10.030	601.87	591.84	0.03606	2.12620
20	0.023820	0.00100172	57.8383	20.030	606.23	586.20	0.07077	2.07041
30	0.043251	0.00100431	32.9289	30.014	610.57	580.56	0.10426	2.01934
40	0.075204	0.00100781	19.5461	39.995	614.88	574.88	0.13665	1.97245
50	0.12878	0.00101211	12.0457	49.980	619.13	569.15	0.16803	1.92930
60	0.20313	0.00101714	7.67851	59.972	923.32	563.45	0.19848	1.88916
70	0.31776	0.00102285	5.04627	69.975	627.43	557.45	0.22805	1.85260

온도 (℃)t	포화압력 (kg/cm^2)P_s	비용적		엔탈피			엔트로피	
		포화수 v'	건포화증기 v''	포화수 h'	건포화증기 h''	증발열 γ	포화수 s'	건포화증기 s''
80	0.48291	0.00102919	3.40909	79.993	631.45	551.46	0.25682	1.81839
90	0.71491	0.00103614	2.36130	90.031	635.36	545.33	0.28483	1.78654
100	1.03323	0.00104371	1.67300	100.092	639.15	539.06	0.31214	1.75680
110	4.4609	0.00105187	1.20994	110.183	642.81	532.62	0.33880	1.72896
120	2.0246	0.00106063	0.891524	120.311	646.31	526.00	0.36486	1.70280
130	2.7546	0.00107002	0.668136	130.483	649.64	519.16	0.39036	1.67815
140	3.6850	0.00108006	0.508494	140.705	652.78	512.08	0.41535	1.65483
150	4.8538	0.0109078	0.392447	150.986	655.72	504.73	0.13987	1.63270
160	6.3025	0.00110222	0.306756	161.334	658.43	497.10	0.46395	1.61161
170	8.0764	0.00111445	0.242553	171.758	660.90	489.14	0.48764	1.59141
180	10.224	0.00112752	0.193800	182.297	663.10	480.83	0.51096	1.57206
190	12.799	0.00114150	0.156316	192.872	665.01	482.14	0.53396	1.55336
200	15.855	0.00115679	0.127160	203.585	666.60	463.02	0.55667	1.53525
210	19.454	0.00117260	0.104239	214.420	667.86	453.44	0.57912	1.51761
220	23.656	0.00118995	0.0860378	225.393	668.75	443.36	0.60136	1.50036
230	28.528	0.00120872	0.0714498	236.521	669.24	432.72	0.62343	4.48341
240	34.138	0.00122908	0.0596544	247.827	669.30	421.47	0.64536	1.46665
250	40.460	0.00125129	0.0500374	259.335	668.87	409.54	0.66721	1.44999
260	47.869	0.00127563	0.0421338	271.076	667.91	396.84	0.68903	1.43331
270	56.141	0.00130250	0.0355880	283.088	666.35	383.26	0.71089	1.41646
280	65.468	0.11033239	0.0301260	295.414	664.09	368.68	0.73285	1.39931
290	75.929	0.00136594	0.0255351	308.113	661.04	352.93	0.75501	1.37167
300	87.621	0.00140406	0.0216487	321.261	657.07	335.81	0.77748	1.36336
310	100.65	0.00144797	0.0183339	334.956	652.05	317.10	0.80042	1.34417
320	115.12	0.00149950	0.0154798	349.337	645.76	296.42	0.82402	1.32376
330	131.16	0.00156147	0.129891	364.603	637.76	273.15	0.81858	1.30117
340	18.93	0.00163871	0.0107801	381.072	627.25	246.18	0.87456	1.27609
350	168.61	0.00174112	0.0087991	399.337	613.27	213.91	0.90285	1.24622
360	190.43	0.0018959	0.0069398	421.37	539.64	172.27	0.93652	1.20857
370	214.69	0.0022136	0.0019727	451.47	559.56	108.09	0.98185	1.14990
374.15	225.56	0.0031700	0.0031700	503.34	503.34	0.00	1.06116	1.06116

(2) 액체의 과열

액체를 그 비점 이상의 온도로 가열하여도 액체로 존재하는 과열현상은 실험과 이론에 의해 옛날부터 알려져 있다. 실험의 일예를 나타내면, 비커 내에 silicon oil과 유동 paraffin 2층을 만들고, 그 중간에 물을 주입하여 액체로 유지된 수적(물방울)을 만든다. 그리고 온도를 올려가면 액-액 접촉으로서 비등핵이 없으므로 용이하게 200°C까지 과열된 후 물방울은 붕괴되어 간다. 이 현상에서는, (가) 물방울 표면의 어떤 장소에서 기포가 연속적으로 나온다. (나) 물방울이 작아져 결국 소멸한다. (다) 물방울이 파열음과 함께 순간적으로 소멸한다는 3종류가 있으며 이 중에 (다)가 대부분이다.

또한, 액체의 과열현상은 이론적으로 유체의 상대방정식으로 유도된다. 실제 유체에 적용되는 상대방정식에 VanDr Waals식이 있다. 유체 1mole에 대하여 압력을 P, 용적을 v, 온도를 T, R를 기체상수라 하면,

$$\left(P+\frac{a}{v^2}\right)(v-b)=RT \tag{7.13}$$

로 나타내어진다. a, b는 Van Der Waals상수로서 a는 분자간 인력에 관한 것이며, b는 분자의 용적에 의한 상수이다.

또한, 물질의 상태변화, 즉 기화·액화 등의 현상은 물질의 가열 또는 냉각에 의하여 일어나나, 만약에 물질의 온도를 일정하게 유지한 경우에는 압력을 변화시켜도 일어난다. 지금, 물을 예를 들어 그림 7.31에 나타낸 바와 같이 압력 P와 용적 v의 변화를 실험적으로 구했다 하자. 그림 7.31에서 $ABCD$는 온도가 일정할 때의 압력의 변화를 나타내고 D는 수증기의 상태이다. 만약 온도가 일정할 때 압력을 증가시키면 수증기의 용적은 감소하여 C의 방향을 향해 DC선상을 이동한다. C는 포화상태를 나타내는 점이다. 이 이상으로 압력을 증가시키면 포화상태에 있는 수증기의 일부는 액화하여 물로 되므로 체적은 감소하나 압력은 그 온도의 증기압에서 변하지 않는다. 이 상태는 그림의 CB사이의 수평선으로서 나타내 진다. 이 사이에서는 압력을 가하여도 증기의 액화가 진행할 뿐 압력은 일정하나, B점에서는 전부의 증기가 액화되어져서, 그 후 더욱 압력을 가하면 액체의 압축율은 기체에 비하여 현저히 작기 때문에, 미소한 용적변화에 대하여 압력의 상승도는 아주 높게 된다. 그림의 BA선이 그것을 나타낸다. 온도가 다르면 곡선은 동일한 경향으로 다른 경로를 가지며, 일반적으로 고온일수록 윗 쪽으로 옮겨가고, 이와 함께 수평부분의 기액공존 상태의 길이 CB가 짧아진다. 각 곡선의 CB점을 연결하면 그림 7.31의 점선과 같이 된다. 이 점선으로서 나타낸 곡선 BKC의 꼭짓점 K가 임계점

(critical point)이다. K를 통과하는 $AcKDc$곡선 이상의 온도에서는 아무리 압력을 증가시켜도 기체는 액화하지 않는다. 임계점에 있는 압력과 체적을 각각 임계압력(critical pressure), 임계체적(critical volume)이라고 하며, $AcKDc$곡선의 온도를 임계온도(critical temperature)라고 한다.

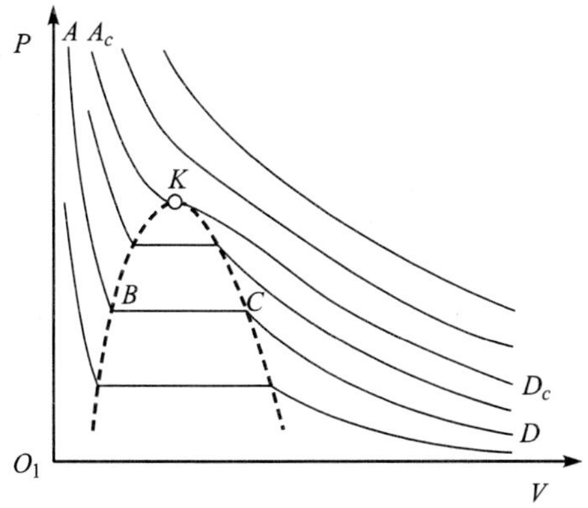

그림 7.31 기액 2상의 상태변화

그런데, Van der Waals 식에 따라 $P-V$선도를 그려보면 그림 7.32에 나타낸 바와 같이 기액공존을 나타내는 수평부분이 있고 그림 7.31의 BC부분의 대신에 $B \rightarrow G \rightarrow F \rightarrow E \rightarrow C$와 같이 기복이 생긴 부분을 포함하는 곡선으로 된다. 실제의 변화는 BC로 되는 수평부분에 부가되어 진행한다. BC인 수평선은 FCE와 BFG의 면적의 합이 0인, 즉 양면적의 크기가 같게 되도록 끌려져가고 있다.

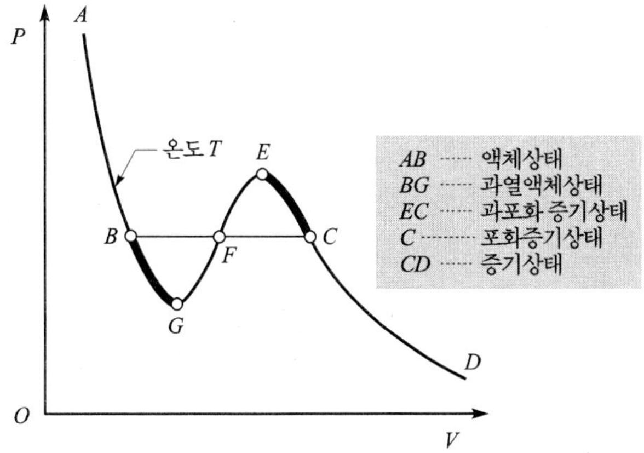

그림 7.32 Van der Walls의 상태변화와 실제의 상태변화와의 관계

지금 기체를 일정한 온도로서 아주 조용한 상태로 유지한 그대로 서서히 압축하여 가면 포화증기상태의 C점에서 $C \to B$의 방향으로 향하지 않고 DC를 연장한 $C \to E$로 향하는 것이 된다. 동일하게 A의 상태의 액체를 조용히 감압하여 가면 B에서 C의 방향으로 향하지 않고 AB의 연장의 $B \to G$를 향해 진행시키는 것이 된다. 즉, CE, BG로 되는 부분은 특별히 고려하지 않으면 실현가능한 상태이다.

그러나 동일 선도 중인 EFG의 부분에서는 체적의 감소에 따라 압력도 감소하는 것으로 되어 이것은 실제로 얻어질 수 없는 상태이다. 이 $E \to F \to G$ 경로도 성립하는 것으로 하여 $C \to E \to F \to G \to B \to F \to C$로 되는 사이클을 형성한다고 하면 이 사이클은 가역사이클이다.

그림 7.32에서 BG 부분은 과열액체상태이고, CE 부분은 과포화증기상태이다. 이들의 상태는 안정하게 존재할 수 없고 준안정상태로 실재한다.

그림 7.32에서 G점의 압력이 대기압으로 되는 온도를 Van der Waals식에 의해 구하면 물의 이론 과열한계온도 T_1이 얻어진다. 또한 물의 임계온도를 T_c로 하면 같은 식으로부터 $T_1/T_c = 0.84$가 구해진다.

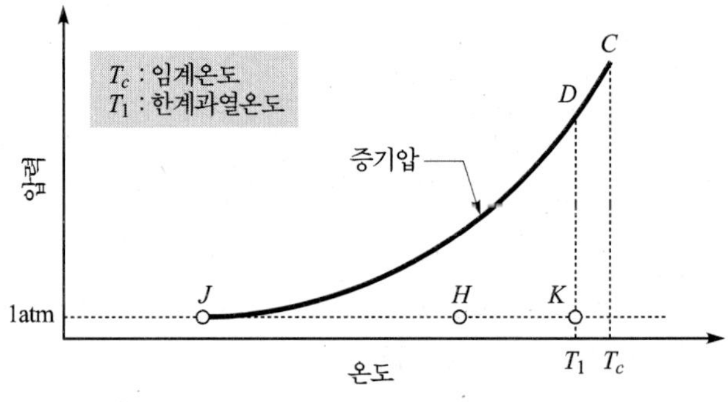

그림 7.33 임계과열온도의 액체가 기화할 때의 온도-압력관계
(T_c: 임계온도, T_1 : 한계과열온도)

또한 과열액체가 생성하여 그것이 폭발적으로 비등하여 안정한 상태로 되는 과정을 그림 7.33에 나타낸 온도-증기압곡선으로써 설명하면 다음과 같다. 이 액체의 대기압하에서의 비점은 J이다. 그것이 가열되면 $J \to H \to K$로 온도가 상승하나 증기압은 변하지 않는다. K점의 온도, 즉 한계과열온도로 되면 폭발적으로 비등하여 기화한다. 이 비등은 균일핵비등(homogeneous nucleation)이라고 불리어지는 형식으로서, 액내부에 균일하게 기포가 발생하여 기화하는 것으로 알려져 있다. 맨 처음 발생하는 증기는 온도 T_1에 있으며 압력은 D점의 압력이다. 계속해서 발생하는 증기는 그것보다도 온도,

압력이 저하하여 온도 J, 압력은 대기압에서 기포의 발생이 그친다. 이 폭발적 비등은 과열한계폭발(superheat-limit explosion)이라고 불리운다. 대기압하에서 269°C까지 과열하는 것이 가능하며 만약 269°C까지 과열된 물이 돌비하면 그때 발생하는 압력은 최고 56kg/cm^2(269°C의 물의 증기압)가 된다.

7.4.3 액체의 비등에 의한 열전달

비등 또는 응결을 동반하는 열전달은 상변화가 없는 또한 화학변화도 동반하지 않는 열전달에 비교하면 열전달이 아주 높으므로 일상생활에서부터 증기 plant, 원자력 산업에 이르기까지 실용상 널리 응용되어지고 있다. 한편 이러한 종류의 열전달은 그의 기구가 복잡하고 영향을 미치는 인자도 많으므로 그 해석은 어려워서 연구가 진행되지 않았다. 최근 약 10년간에 주로 원자력의 응용면에서 활발한 연구가 행하여지고 있으나 아직도 모르는 사항들이 많이 있다.

(1) 각종의 비등영역

물을 넣은 beaker내에 백금선을 넣고 적당한 세기의 전류로써 선을 가열하면 처음에는 백금선의 주위에 가열 수가 자연대류에 의하여 운동하고 있는 것이 보인다. 더욱 전류를 증대시키고, 수온도 올라가면 백금선의 표면에서 작은 기포가 발생을 시작하고, 기포가 전열면을 떨어져 나오면 순간적으로 급격하게 소멸하는 것을 볼 수 있다. 물이 포화온도에 도달하지 않는 범위에서는 이 상태가 계속된다. 이 영역의 비등을 sub-cool비등 또는 표면비등이라고 한다. 그림 7.34는 이러한 비등상황의 변화를 나타낸 것이다.

beaker중의 물이 포화온도나 그의 부근에 도달하면 발생한 기포는 전열면을 떨어져 나와도 소멸하지 않고 수면에 도달하며 비커 내에 격렬한 교반이 일어난다. 이와 같은 액의 포화온도에 있어서의 비등을 포화비등이라고 부른다. 이때 기포는 전열면상의 몇 개의 특정한 장소에서 연속적으로 발생하고 있다. 이와 같은 기포발생점을 가진 비등상태를 핵비등이라고 총칭한다.

일반적인 보일러, 원자력 또는 일상생활에 사용되어지고 있는 비등은 이 핵비등의 영역에 속하고 있다.

더욱 가열전류를 증가시켜 가면 기포발생점의 수가 증가함과 동시에 발생한 기포 전열면 전체를 덮어서 거대한 합체기포가 발생한다. 더욱 전류를 증가시키면 백금선의 일부가 백열됨과 동시에 그것이 퍼져서 전체를 덮는다. 이것은 핵비등이 상한에 도달에 있기 때문에 가열선의 온도가 상승 하여도 증기막이 열전달을 나쁘게 함으로서 백금선이 고온으로 되어 있으며, 만약 가열선으로 철선이나 동선(銅線) 등을 사용하면 가열 선은 타서 끊어진다. 이와 같이 타서 끊어지는 것을 burn-out점이라고 부른다.

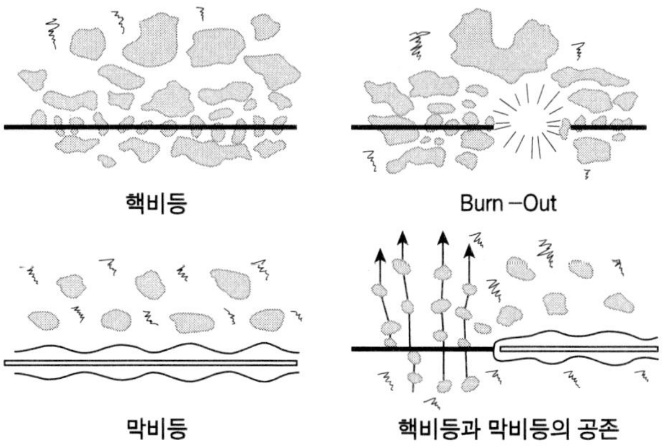

그림 7.34 전열선상의 비등상황의 변화모습

그런데 가열선이 백금선이나 carbon일 때는 burn-out점을 통과하여도 타서 끊어지지 않으므로 더욱 가열을 계속해 가면 적열(赤熱)된 그대로 주위를 증기막이 둘러싸서 막의 일부에서 규칙적으로 기포가 발생하는 상태로 된다. 이와 같이 가열면이 증기막으로 둘러싸인 비등의 상태를 막비등이라고 한다.

붉게 단 stove의 철표면에 소량의 물을 부으면 물은 수적(물방울)으로 되어 표면을 흐르는 것을 볼 수 있고, 이는 물방울과 철판과의 사이에 증기의 막이 생겨 물이 막비등을 행하고 있기 때문이다. 이 상태는 또 적열된 금속을 물속에 넣을 때(소입)에도 볼 수 있다. 이와 같은 현상을 Leidenfrost현상이라고 한다.

다음으로 이 막비등의 상태에서 백금선의 전류를 감소시켜 가면 잠시 동안 막비등의 상태가 계속되다가 어떤 열유속에 도달하면 일부분이 핵비등의 상태로 급격하게 이행하고 계속해서 전체가 핵비등의 상태로 된다. 이와 같이 막비등에는 하한점이 있고 그것을 Leidenfrost 점이라고 한다. 이 점에 있어서의 열유속(熱流束)을 막비등의 극소열유속이라고 부른다.

(2) 비등곡선

이상의 실험에서 전열면의 표면온도와 표면열유속과의 관계는 그림 7-35와 같이 N자 형태의 곡선으로서 나타내어진다. 이와 같이 온도차 ΔT와 비등열유속 q와의 관계를 나타내는 곡선을 비등곡선이라고 한다. 비등곡선 상에서 OP는 자연대류영역이고 P점에 이르면 기포발생이 개시됨으로써 비등개시점이라고 한다.

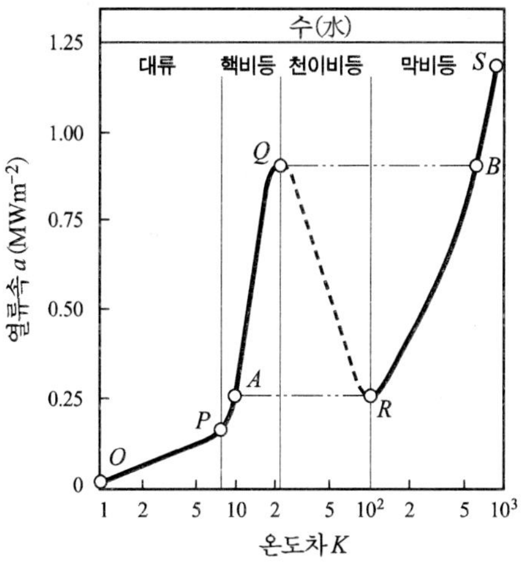

그림 7.35 대기압에서 물의 비등곡선

P점에서 burn-out점 Q까지가 핵비등 영역이며, 그 사이의 대부분은 q가 ΔT의 2.5~4승으로 표현되는 급경사 직선으로 되고 직선 위쪽방향에서의 열전달율은 OP부분의 수십 배가 된다. 비등곡선의 RS는 막비등영역으로 R점은 극소 열유속점이며 QR의 사이는 ΔT의 상승에 따라서 역으로 q가 감소하는 특성을 띠는 영역이다. 이 영역을 천이비등영역이라고 한다. 이 영역에서는 전기가열과 같이 전열량을 제어하는 것만으로는 벽온이 불안정하게 되어 임의의 한 점에 정지하게 되는 것은 어렵고 그 때문에 비등상황이 일단 Q점을 넘으면 천이비등영역으로 되지 않고 막비등영역으로 아주 급속하게 이행하여 burn-out된다. 예를 들면 q가 일정하면 Q점에서 B점으로 뛰어 넘어 간다. 또한 역으로 온도차가 작게 되는 경우 막비등영역에서 q가 작게 되어 Leidenfrost점 R을 넘으면 핵비등의 A점으로 뛰어 넘어간다. QR의 사이는 천이비등영역이라고 불리는 ΔT의 상승에 따라 역으로 q가 감소한다고 하는 다른 것에 유례가 없는 특이한 성질의 영역이다. 일반적인 가열원에서는 위에서 설명한 바와 같이 온도차가 증가하는 경우도, 감소하는 경우도 이 영역을 뛰어 넘어버림으로서 점선으로 나타낸다. 최근 표면온도를 제어할 수 있는 특수한 가열원으로서 천이비등영역의 비등현상을 고속 촬영하는데 성공했다. 이 영역에서는 핵비등과 막비등이 혼합하여 존재하고 기포의 생성과 과열 등이 짧은 주기로 반복되어 다른 영역보다도 심한 비등현상을 보이고 있다. 증기폭발의 기구에서는 뒤에서 설명하는 바와 같이 천이비등이 큰 역할을 차지하고 있다.

7.4.4 고온 용융물질에 의한 수증기폭발의 기구

용융금속이 물과의 접촉에 의한 증기폭발현상은 앞에서 언급한 사고를 계기로 활발한 연구가 행해졌다. 그리하여 이들 증기폭발의 발생압력은 수 ms 이내이고, 경우에 따라서는 0.1ms의 시간 scale로 된다는 것을 알았다[폭발의 시간 scale(time scale of explosion)은 폭발에 의해 발생한 압력이 상승하여 peak에 도달하였다가 하강할 때까지의 압력peak의 시간 폭을 말한다]. 이와 같이 빠른 속도의 증기폭발이 발생하기 위해서는 증기의 급격한 생성이 행하여질 필요가 있다. 그러기 위해서는 고온물질에서 저온물질로 급속하게 열이 이동하지 않으면 안 된다. 간단하게 하기 위해 양 액간의 전열속도를 Q(J/s), 양 액간의 온도차를 ΔT(K), 양 액의 접촉면적을 $A(\mathrm{m}^2)$, 열전달율 $h[\mathrm{W/(m^2 \cdot K)}]$로 하면 다음 식으로 나타내어진다.

$$Q = hA\ \Delta T \qquad (7.14)$$

Q를 증대시키기 위해서는 h, A, ΔT가 크지 않으면 안 된다. 그러나 ΔT가 너무 크면 막비등으로 되어 h가 극도로 작게 된다. 또한 h를 비등곡선의 q의 극대치로 하여도 수 ms 내의 폭발을 발생시키는 데는 너무 작다. 즉, 접촉면적의 확대가 필요하며 그렇게 되기 위해서는 양 액이 미세화되어 혼합될 필요가 있다고 생각되어 용융금속의 미립화(微粒化)의 기구가 연구의 중심으로 되었다.

용융금속의 수증기폭발에서 금속이 미립화하는 것은 실제로 확인되어져 있고, 若林에 의한 용융납의 실험결과에서도 폭발의 규모가 크게 됨에 따라 더욱 미립화가 행해지고 있다. 용융금속이 물과 접촉했을 때의 미립화의 기구에 대해서는 다음과 같은 제안들이 있다.

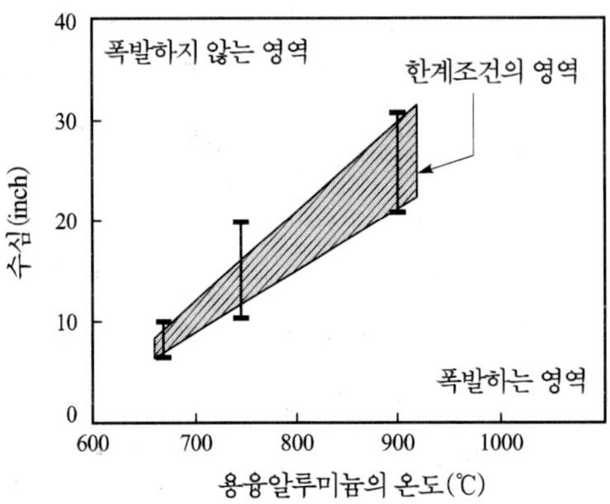

그림 7.36 용융 알루미늄을 물속에 낙하시킨 실험결과

(1) G. Long은 25kg의 용융 알루미늄을 용기속의 물에 낙하시키는 실험을 모두 880회 행했다. 용융 알루미늄의 온도와 물의 깊이를 변화시킨 실험결과에서 수심이 얕은 편이 폭발하기 쉽고, 또한 용융 알루미늄의 온도가 높게 되면 보다 깊은 수심에서도 폭발하는 것을 알았다. 그림 7.36은 폭발을 일으키는 알루미늄의 온도와 물의 깊이와의 관계를 나타낸다. 또한 물이 들어있는 용기의 위에 격자(格子)를 설치하여, 그 위에서 용융 알루미늄을 주입하는 것에 의해 물과 접촉할 때의 용융 알루미늄의 덩어리를 작게 하면 폭발이 일어나지 않았다. 또 물이 들어있는 용기의 바닥에 여러 종류의 그리스, 기름 및 도료를 바르면 폭발하지 않는 것을 알았다. 이들의 결과에서 알루미늄이 용융상태 그대로 어떤 크기의 덩어리로서 물속에 낙하시키면 용기의 바닥과의 사이에 막상으로 물이 둘러 싸여진 후 그 물이 급격하게 비등하여 팽창하면서 응용 알루미늄이 미세화(微細化)된다고 생각하였다. 또한 若林은 용융 납(Pb)과 물과의 접촉에 의한 폭발의 실험을 행하였다. 온도 400~700℃의 납 1kg을 물속에 투입했으며 물의 양은 2~70mℓ 사이로 변화시켰다. 폭발이 일어나는 납의 온도와 물의 양과의 사이에는 그림 7.37과 같은 관계를 나타내었다. 이 경우에도 그림 7.38과 같이 물이 둘러싸는 것과 그것에 계속하여 A부의 물의 비등으로서 납(연, Pb)이 세립화(細粒化)된다고 고찰했다. 측정된 폭발압력의 한 예는 그림 7.39에 나타낸 바와 같이 짧은 시간 scale의 충격압이었다. 이 실험에서 얻어졌던 압력의 최고는 27.8kg/cm^{2}이었다. 이와 같은 기구를 entrapment에 의한 폭발이라고 한다.

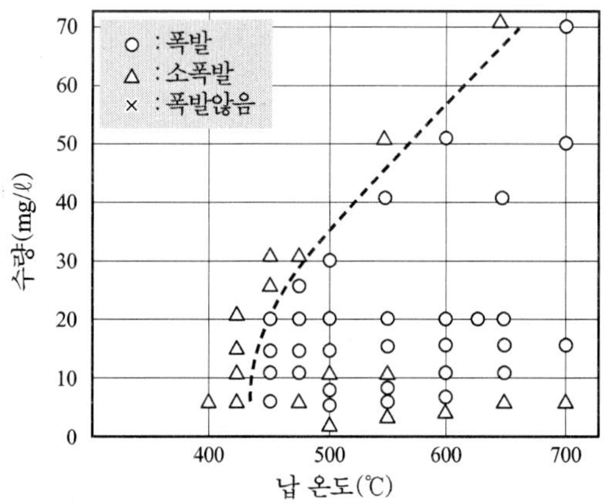

그림 7.37 폭발발생 조건

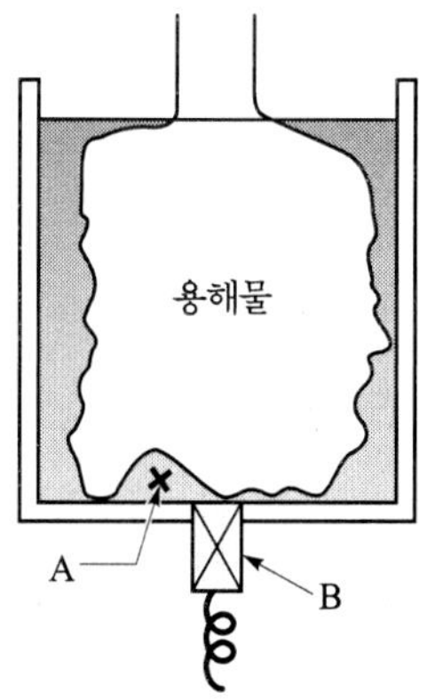

그림 7.38 물 밑에서 물의 에워쌈

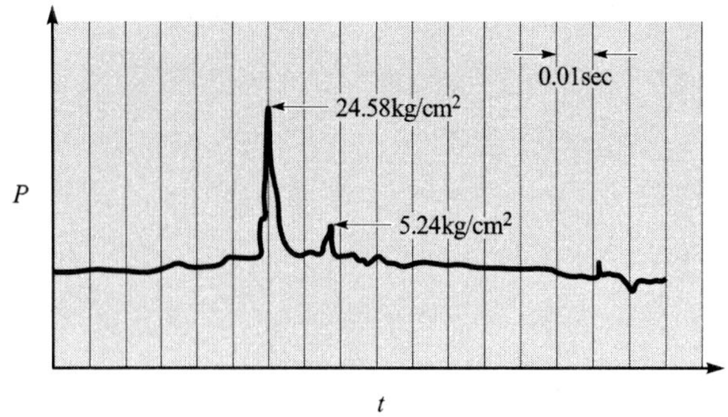

그림 7.39 용융 납을 물속에 투입한 경우의 폭발 시간곡선

(2) Swift는 용융금속과 물이 접촉하면 금속이 고온일 동안에는 막비등으로서 열이 전달되고 있으나, 온도가 저하하면 용융금속과 물이 접촉하는 천이 비등영역에 들어가고 거기서 격렬한 비등이 일어나므로 용융 금속이 미립화된다고 하는 기구를 제안했다. 이것은 금속이 용융하여 있는 높은 온도차로서 천이비등으로 될 것인가, 안될 것인가의 의문이 생긴다. 이 설의 지지자도 있으나 용융금속의 물속에서의 폭발을 고속 촬영한 결과에서는 이와 같이 격렬한 천이비등은 부정되고 있다. 이에 대하여 다음에 설명한다.

(3) Flory, Mesler 등은 납, 주석, 비스무스, 아연, 구리, 알루미늄, 수은, Wood 합금 등의 금속을 용융하여 물속에 낙하시켜 물과의 접촉의 상황을 고속카메라로써 촬영하여 세립화의 상태를 관찰했다. 그 결과 용융상태로서 물속을 낙하하여 오는 금속의 표면은 불안정하고 주위의 물을 소량 금속 내에 품어 넣어 버렸다. 그 다음에 물이 가열되어 급격하게 비등하여 금속을 미세화한다고 하는 기구를 제안했다. 이것을 동반(同伴, Entrainment)의 기구라고 한다.

(4) Bauer는 알루미늄과 납을 물속에 넣었을 때의 상태를 고속도 사진에 의해 해석하여 천이비등과 같은 격렬한 비등은 일어나지 않는 것을 확인하고 껍질생성설(Shell theory)을 제안했다. 이것은 먼저 용융 금속의 덩어리가 물과 접촉하면 급속한 열전달에 의해 금속표면이 고화하여 껍질이 생성된다. 다음에 내부가 차가워지면 그의 밀도가 증대하기 때문에 내부가 수축하여 껍질 내에 공간이 생긴다. 거기서 다공성 껍질을 통하여 물(냉매)이 빨려 들어간다. 물(냉매)이 기화하여 팽창하면 내부의 압력이 높게 되고 껍질의 약한 부분이 파괴되어 내부의 용융금속이 껍질 밖으로 밀려 나오기 때문에 미세화가 된다는 기구이다.

이밖에도 2,3의 기구가 제안되어지고 있으나 생략한다. 그러나 어느 것이나 용융금속은 용융상태에 있는 크기 이상의 용적으로서 물속에 들어가고 거기서 잘게 분산하여 표면적이 크게 되어 갖고 있던 열을 물에 전달한다. 이 때문에 물은 단시간에 100°C 이상의 고온으로 되고 과열상태를 거쳐 급속하게 기화하여 대량의 고온고압의 수증기로 된다. 그로 인해 물을 격렬하게 비산시키고, 공기 중에 폭풍을 발생하여 건물파괴 등의 재해로 된다고 생각되어진다.

7.4.5 용융염의 수증기폭발

회수보일러에 있어서 smelt(용융염)의 조성은 주성분이 Na_2CO_3로서 여기에 소량의 Na_2S, Na_2SO_4, NaOH, NaCl 등이 함유되어 있다. 小木曾는 약 900°C로 가열한 용융염을 수조 중에 낙하시켜 실험을 행하고, 다음과 같은 결과를 얻었다.

용융염을 물과 접촉시키면 그 후의 거동은 다음의 4가지 형으로 분류된다.

(1) 용기의 바닥에 가라앉아 폭발하지 않는 것
(2) 물속에서 폭발을 반복하여, 경우에 따라서는 큰 폭발을 일으키는 것
(3) 용기의 바닥에 가라앉은 후에 작은 폭발을 반복하며, 경우에 따라서는 큰 폭발을 유발시키는 것
(4) 접촉직·후에 폭발하는 것

용융염이 물과 접촉했을 때 이 중에서 어떤 형을 취한 것인가 하는 것은 그의 조성에 크게 영향을 받는다. 예를 들면 탄산나트륨의 단순용융염은 제1의 형으로 되고, 탄산나트륨에 10~20%의 염화나트륨이 가해진 용융염은 제2 또는 제3의 형으로 되며, 탄산나트륨에 20% 이상의 염화나트륨을 가한 용융염에서는 제4의 형으로 되었다. 탄산나트륨에 염화나트륨을 가하면 그의 용융염의 표면장력은 급격하게 감소하는 것이 명확히 되었다. 따라서 표면장력(表面張力)이 큰 것은 제1의 형으로 되고, 작은 것은 제4의 형으로 되며, 중간인 것은 제2 또는 제3의 형으로 된다.

표면장력이 큰 용융염은 낙하하여 물과 접촉했을 때의 충격에서는 미세화되지 않는다. 접촉한 후는 용융염과 물과의 온도차로 인해 막비등에 의해 열이 이동한다. 따라서 증기폭발은 발생하지 않는다. 이것이 제1의 형이다.

표면장력이 중간인 용융염은 낙하하여 물과 접촉했을 때의 충격에서는 미세화되지 않는다. 접촉 후에도 물속을 강하한다. 용융염의 앞의 끝부분이 용기의 바닥과의 사이에

물을 에워싸서 여기서 국부적인 작은 폭발이 발생하고 용융염이 물속으로 불려 올라가게 된다. 이 용융염은 물속을 부유하는 상태에서 열전달이 행하여진다. 한편, 용융염의 표면장력이 그다지 크지 않음으로써 표면이 불안정하고 물을 품기 쉽게 된다. 거기서 용융염이 물을 품으면 국부적으로 작은 미세화가 일어나서 작은 폭발로 된다. 이 작은 폭발에 의해 다른 용융염도 미세화가 진행되고 결국 큰 증기폭발로 된다. 이것이 제2의 형이다.

용융염의 앞부분의 끝이 용기의 바닥에 도달했을 때, 물을 에워싸지 않으면 뒤따르는 용융염도 바닥에 가라앉는다. 이 상태에서는 막비등이 일어나나 온도차가 감소하면 천이비등영역으로 되고 물이 과열된다. 이 과열수의 비등에 의해 용융염이 미세화되어서 증기폭발을 일으킨다. 이것이 제3의 형이다.

표면장력이 작은 용융염은 낙하하여 물과 접촉했을 때의 충격에 의해 용이하게 미세화되고 증기폭발을 일으킨다. 이것이 제4의 형이다. 이 형의 폭발은 물의 표면 가까이에서 일어나므로 폭발이 물속이나 또는 용기의 바닥에서 일어나는 제2, 제3의 형에 비하면 배출수량이 적다.

폭발압력을 측정한 결과 제2, 제3의 형처럼 유도기가 있는 폭발의 파형(波形)에는 큰 폭발을 나타내는 압력pulse의 직전에 작은 압력 변동이 있고 이 작은 폭발이 원인이 되어 큰 증기폭발을 일으키는 것이 명확하게 되었다. 이 유도기의 압력변동은 미세화의 기구를 뒷받침하고 있다. 유도기가 존재하지 않는 폭발의 경우에는 대기 중에 큰 폭발음을 발생하나 물속에서는 그다지 큰 충격압을 일으키지 않았다. 제2의 압력파형을 그림 7.40에 나타낸다. 용융염의 조성은 그림의 (I)과 (II)가 88%탄산나트륨+12%염화나트륨, (III)이 90% 탄산나트륨+10%염화나트륨이다. 이와 같이 용융염 이 물속에 낙하할 때의 증기폭발로서 물속에서 발생하는 압력은 용융염이 물과 접촉한 후 약 1초 후에 peak압력을 발생했다. 그 압력치는 최고치가 1.5~5.0kg/cm^{2}의 범위에 있고 용융금속의 경우보다도 낮으나 강한 압력이고, 또 압력의 시간 scale은 1ms이하로서 용융금속과 동일한 형태이다. 재해사례로서 용융금속의 사례보다 피해가 작은 것은 실험결과와 일치하고 있다.

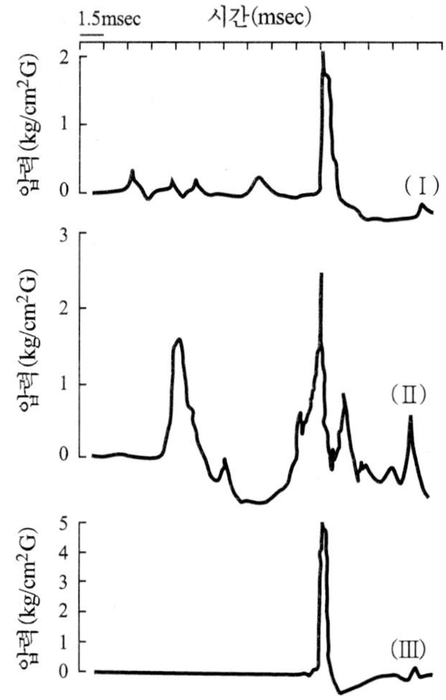

그림 7.40 용융염의 수증기폭발의 압력파형

7.4.6 수증기폭발의 예방대책

일반적으로 증기폭발은 착화원도 가연물도 필요로 하지 않는 상변화에 기인하는 폭발사고이므로, 그의 예방대책은 가스폭발의 예방대책과는 완전히 다르다. 일반적으로 위험성이 적다고 생각되고 있는 물이 어떤 조건에 의해서 폭발수라고 하는 위험물로 변하는 것이, 이 재해의 특징이다.

증기폭발이 일어나는 설비로서는 용광로, 용융로, 평로, 전기로, 회수로 등이 가장 많고, 도가니(crucible), 주형(鑄型), 가마(釜)등이 그 다음이다. 또 폐기물 수집 장소나 배수구, 수조 등에서도 발생하고 있다

수증기폭발의 예방대책의 기본은 물과 고열물과의 직접적인 접촉의 기회를 주지 않는 것이다. 그러기 위해서는 종래, 어떤 기회에, 고열 물이 물과 접촉하게 되었던가 하는 경과를 구체적으로 알아서, 이것을 참고로 하여 고려할 필요가 있다. 주요한 예방대책을 들면 다음과 같다.

(1) 로내로의 물의 침입방지

고온의 로내에 물이 들어갈 기회를 주지 않는 것이 가장 중요하다. 로내에 투입하는 재료가 수분을 함유하고 있는 경우도 있고, 전극의 냉각수가 로내에 들어가는 경우도 있

다. 또한 로벽의 보수작업을 마치고 벽이 마르지 않아 물을 함유하고 있는 사이에 용융 작업을 시작한다든지, 화재의 소화작업 중에 주수가 로내에 들어가는 경우에 증기폭발 사고가 일어나기 쉽다.

(2) 작업바닥의 건조

고온작업을 행하는 작업바닥은 건조하여 있지 않으면 안 된다. 공장이 저습지에 있어서 지하수가 솟아오른다든지, 빗물이 들어간다든지 하는 경우가 많으므로, 기초를 잘하여 빗물이 새어들어 오는 것을 방지하지 않으면 안 된다. 특히 고온작업의 장소는 물로서 젖어 있는 편이 안전하다는 잘못된 생각을 갖고 있는 사람이 있으나, 이 생각은 고치지 않으면 안 된다.

(3) 고온 폐기물의 처리

고온의 폐기물은 건조한 장소에 버리지 않으면 안 된다. 고온의 slug 등을 폐기하는 경우에 젖어 있는 장소에 버린다든지, 또 고온물을 하수구나 수조의 속으로 투입하는 것은 아주 위험하다. 역으로 건조한 장소에 버린 후에 냉각시키기 위해 산수(散水)하는 것은 안전하다.

(4) 주수 분쇄설비의 안전설계

고온물을 주수하여 급냉에 의하여 분쇄하는 경우는 특별한 배려가 필요하다. 고온의 slug나 smell 등에 물을 뿌려 급냉하여 분쇄하는 경우에는 물을 사용하므로 수증기폭발을 일으킬 우려가 있다. 이러한 경우는 물속에 고온물을 투입하는 것은 안 되며, 고온물이 밖으로 흘러나오지 않도록 하는 설비가 필요하고 또한 주수에 대한 배수를 잘 되도록 하고 물이 정체하여 있도록 해서는 안 된다.

7.5 고압가스의 폭발

기체를 공업적으로 이용하는 경우에 압축하면 여러 가지의 이점이 있다. 예를 들면 공업적으로 이용가치가 높은 저분자의 탄화수소는 압축하여 액화시키는 것에 의하여 상온에서도 액체로 저장, 수송할 수 있으며, 반응에 이용하는 경우에는 제어도 용이하게 된다.

또한 기체를 원료로 하는 제조공정에 있어서는 고압을 사용하는 것에 의해 반응속도를 촉진시키는 것이 가능하며, 때로는 상압하에서는 일어나지 않는 특수한 반응을 진행시킬 수도 있다. 따라서 고압을 이용하는 새로운 제조공정은 앞으로 화학공업에 있어서는 대단히 많이 증가할 것이다. 그러나 고압가스를 취급하는데 있어서는 그 성질상 용기와 수송관에서의 누설과 분출이 일어나기 쉽고, 취급하는 기체가 가연성인 경우에는 누설 또는 분출할 때는 가끔 정전기에 의한 착화가 일어나 대규모의 화재폭발사고가 발생한다.

일반적으로 실험실에서의 연구의 결과나 pilot plant에서의 data를 기초로 새로운 공정의 개발을 행할 때는 반응용기를 비롯하여 부속 기기의 재질에 관한 검토와 고찰을 행하여야 함은 물론 고압하에서의 반응열의 취급과 열 이동의 문제에 대하여도 충분히 검토하지 않으면 가끔 반응이 폭주하여 폭발(또는 폭굉)이 일어나 장치, 설비 등이 파손되고, 이 파열파편은 기체의 충격파와 같이 날아가 주위에 아주 큰 인적·물적 재해를 동반하는 경우가 많다. 이와 같이 고압하의 화학반응은 상압의 경우에 비하여 많은 위험성을 가지고 있으므로 특히 안전에 관한 올바른 지식과 사고를 방지하는 기술적 노력이 요망된다.

고압가스는 다음과 같이 3종류로 분류된다.

(1) 압축가스 : 상온보다 낮은 임계온도를 갖는 가스를 고압으로 압축한 것(예, 수소, 산소, 질소 등)
(2) 액화가스 : 상온보다 높은 임계온도를 갖는 가스를 고압으로 압축하여 고압용기 내에서 액화시켜 그 온도에 상당하는 증기압을 나타내는 것(예: 염소, 프로판, 탄산가스 등)
(3) 용해가스 : 고압용기 내에 다공질의 고체를 충전하고 용제를 주입하여 이것에 가스를 고압하에서 용해시킨 것(아세틸렌을 압축하면 폭발할 위험성이 높으므로 아세톤을 용제로 사용한다)

이들의 고압가스의 성질을 표 7.8에 나타냈다. 산소, 질소 등은 옛날부터 고압하에서 심냉액화한 후 상압하에서 액체로 이용하는 경우가 많고 오늘날에는 새로운 에너지원으로서 액화천연가스(LNG, liquified natural gas)가 있는데, 이것은 메탄을 주성분으로 하는 액화가스이다.

표 7.8 고압가스의 여러 성질

종류	명칭 ( )은 용기의 색*	분자식	임계온도 (℃)	임계압력 (atm)	비점 (℃)	융점 (℃)	기체비중 (공기 =1)	폭발범위 (vol%)	발화점 (℃)	허용농도 (ppm)	부식성	충진정수 **	용기시험압력 (kg/m²)
압축가스	아르곤	Ar	−122.4	48.0	−185.7	189.2	1.3799	12.5~74			무		온도 30℃에서의 최고충진 압력의 5/3배
	일산화탄소	CO	−139	34.5	−192.2	−205.0	0.976		609	100	무		
	크세논	Xe		58.0	−108.1	−112					무		
	공기		−140.9	37.2	−191.5	−213~225	1.000				무		
	크립톤	Kr	−63.8	54.3	−152.9	−157.2					무		
	산소(흑)	O_2	−118.4	50.1	−182.9	−218	1.1049				무		
	산화질소	NO	−93	64	−151	−163.7	1.27				무		
	수소(적)	H_2	−239.9	12.8	−252	−259	0.0695	4.0~75.6	585		무		
	질소	N_2	−147	33.5	−195.8	−210.0	0.9669				무		
	네온	Ne	−228.7	26.9	−245.9	−248.6					무		
	헬륨	He	−267.9	2.2	−268.9	−272.1	0.1380	5.0~15.0			무		
	메탄	CH_4	−82.1	45.8	−161.4	−182.7	0.554′		537		무		
액화가스	암모니아(백)	NH_3	132.3	11.3	−33.7	−77.7	0.58	15~28	651	100	유		37
	아산화질소	N_2O	36.6	71.7	−88.5	−90.9	1.529				무		200
	이산화황	SO_2	157.5	77.8	−10.0	−15.5	2.2629			5	유	0.80	15
	에탄	C_2H_6	32.3	48.2	−88.6	−172	1.035	3.0~125	515		무	2.80	
	에틸아민	$C_2H_5NH_2$	183	55.5	−16.7	−83.3	1.56	3.5~14.0	384	25	유		
	에틸렌	C_2H_4	9.2	50.0	−103.8	−169.5	0.975	2.7~36	450		무	3.50	
	염화에틸	C_2H_5Cl	187.2	52	13.1	−183.5	2.2200	3.8~15.4	519	1,000	유	1.25	225
	염화수소	HCl	51.4	81.5	−85	−112				5	유		
	염화붕소	BCl_3	178.8	38.2	12.5	−107	1.4338			1	유		
	염화비닐	C_2H_3CI	156.5	55.2	−13.9	−159.7	2.15	4.0~22.0	472	500	유	1.22	13
	포스겐	$COCI_2$	182	56	8.3	−104	1.392			1	유	0.80	
	부탄	C_4H_{10}	152.0	37.5	0.56	−135	2.01	1.8~8.5	405		무	2.05	11
	이소부탄	$(CH_3)_3CH$	134.9	36.0	−11.7	−145	2.068	1.8~8.4	462		무		
	1-부텐	C_4H_8	146.4	39.7	−6.3	−130	1.937	1.8~10	384		무		
	부타디엔	C_4H_6	152	42.7	−4.4	−113	1.87	2.0~12	429	1,000	무	1.85	
	부틸렌	C_4H_8	144.7	39.5	−6	−146	1.94	1.8~9.7	323		무		
	불화수소	HF	230.2		19.4	−92.3	0.988			3	유		
	불소	F_2	155	25.0	−188	−223				0.1	유		
	프레온-22	$CHCIF_2$	96.4	48.5	−40.8	−160	1.41				무	0.98	35
	프로판	C_3H_8	96.8	42.0	−42.8	−189.9	1.56	2.2~9.5	466		무	0.35	30
	프로필렌	C_3H_6	91.8	45.6	−47.7	−185.2	1.49	2.4~11	410		무		23
	메틸에테르	CH_3OCH_3	126.9	53	−24.9	−140	1.59	3.4~27	350		무	1.67	65
	화화수소	H_2S	100.4	88.9	−60.0	−82.9	1.175	4.0~44	260		유	1.47	20
	염화메틸	CH_3CI	143.1	65.9	239	−97.4	1.78	10.7~17.4	632	20	유	1.25	26
	염소(황)	CI_2	144.0	76.1	34.1	−100.9	1.557			100	유	0.80	
	이산화질소	NO_2	158.0	100	21.3	−9.3				1	유		12
	산화에틸렌	C_2H_4O	195.8	7.2	10.7	−111.3	1.52	3.6~80.0	429	5	무	1.30	6
	시안화수소	HCN	183.5	53	25.0	−13.4	0.96	5.6~40	537	50	무	1.57	
	브롬화수소	HBr	90.0	84.0	−67.0	−88.5	2.71			10	유		
	브롬화메틸	CH_3Br	194.0	51.6	4.4	−93	3.27	13.5~14.5	537	3		0.70	

종류	명칭 ( )은 용기의 색*	분자식	임계온도 (℃)	임계압력 (atm)	비점 (℃)	융점 (℃)	기체비중 (공기=1)	폭발범위 (vol%)	발화점 (℃)	허용농도 (ppm)	부식성	충진정수 **	용기시험압력 (kg/m²)
	브롬화비닐	C_2H_3Br		54.9	15.8	-137.8				20	유	1.22	
	싸이크로프로판	$(CH_2)_3$	124.6		34.4	-126.6	1.48	2.4~10.4	498		유		
	디메틸아민	$(CH_3)_2NH$	164.5	52.4	7.4	-96	1.55	2.8~14.4			유		
	탄산가스(녹)	CO_2	31.0	72.8		-78	1.156			5,000	무	1.34	200
	트리메틸아민	$N(CH_3)_3$	161.1	40.2	2.8	-124	2.03	2.0~11.6			유	1.76	8
	니켈가보닐	NiCO	200	31.6	43	25	1.378			0.001	무		
	6불화황	SF_6	45.5	37.1	승화	-50.7					무	0.91	200
	아세틸렌(갈)	C_2H_2	35.5	61.6		-81.8	0.90	2.8~80.5	299	1,000	무		

* 색을 나타낸 것 이외는 용기의 외면 전부를 회색으로 칠하고, 흰 글자로 가스의 명칭을 쓴다.

** 충진정수는 이를 C로 나타내고, G를 액화가스의 질량(kg), V를 용기내의 용적(l)으로 할 때, 다음 식으로 정하여지는 수치로서 용기에 안전하게 충진되는 액화가스의 양을 나타낸 것이다

$$G = V/C$$

고압하에서는 PV=nRT의 식이 적용되지 않으며 일반적인 상태식으로서 Van Der Waals식, Viral의 상대식 및 Benedict-Webb-Rubin의 식(B.W.R) 등이 있으나, 공업적으로는 고압하의 보정계수를 사용하여 $PV=ZRT$로서 표시하며, 여기서 Z는 압축계수라고 하고 Z선도를 이용하는 경우가 많다.

고압가스의 폭발한계는 소수의 예외(수소, 일산화탄소)를 제외하고는 상압에서의 경우보다도 넓게 되고 위험성은 증가한다. 그림 7.41에는 고압하에서의 폭발한계의 예를 나타냈다. 수소의 경우는 그림 7.42에서 나타내는 바와 같이 압력이 증가하면 하한계와 상한계 모두 폭발범위가 좁아지는 방향으로 이동하나 더욱 고압으로 되면 반대로 넓어지는 방향으로 이동한다.

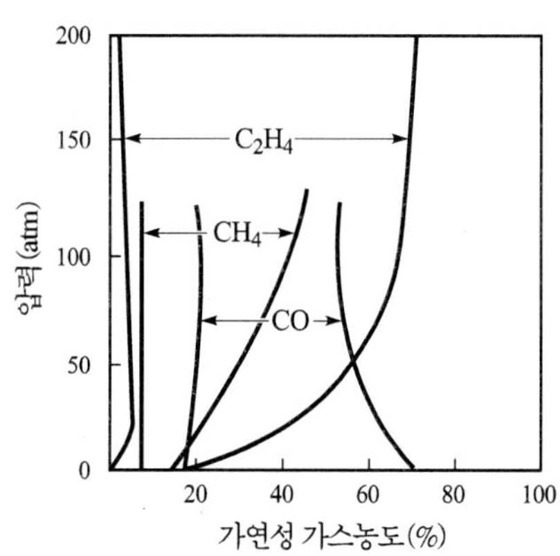

그림 7.41 고압하의 폭발한계(공기 중)

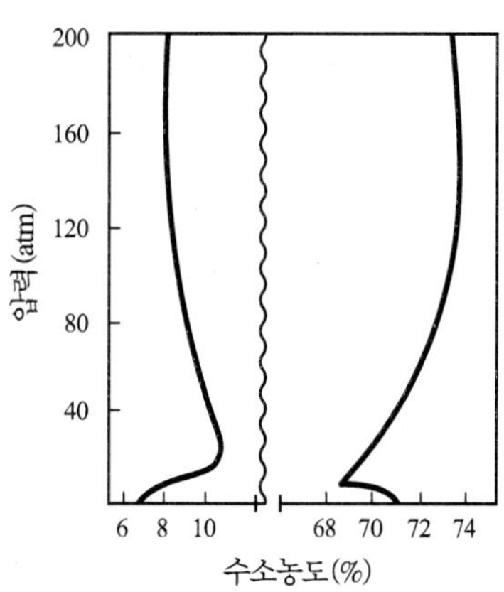

그림 7.42 고압하의 수소의 폭발한계

N. Anbratz에 의하면 파라핀, 올레핀과 산소계의 폭발상한계와 압력의 관계는 다음의 관계식으로 나타내어진다.

여기서 N은 용량%로 나타낸 폭발상한이며, P는 압력(atm), A, B 및 C는 표 7.9에서 나타낸 바와 같이 가스의 종류에 따른 정수이다.

표 7.9 Anbratz식의 정수

가스의 종류	상수 값		
	A	B	C
메탄	56.0	0.9	0.040
에탄	52.5	0.9	0.045
프로판	47.5	0.9	0.045
부탄	41.5	0.9	0.045
에틸렌	64.0	0.2	0.083
프로필렌	43.5	0.2	0.095
부틸렌	32.0	0.2	0.097

고압가스의 재해는 고압장치의 내부에서의 폭발에 의한 것 이외에 고압하의 부식에 의한 반응탑, 수송용기 등의 파열에 따른 재해도 많다. 가연성가스의 고압설비가 과열되면 다량의 가스가 단시간에 분출하여 이로 인해 넓은 지역이 급속하게 가연영역으로 되고 분출에너지에 의한 공기 중의 부유물의 대전과 방진에 의하여 쉽게 착화하고 직접적인 관계자에 대한 피해는 말할 것도 없고 제3자에게 큰 피해를 주는 경우가 많으므로 주의해야 한다. 특히 산소제조장치나 산소를 고압하에서 사용하는 설비에 있어서는 산소의 분압이 높기 때문에 공기 중에서는 일어나기 어렵던 산화반응이 진행하여 큰 사고를 일으키는 경우가 있다. 예를 들면, 철제 배관 중에 가연물(윤활유, 세정제, 철분 등과 같이 상압에서는 난연성의 것도 산소분압이 높을 때에는 이연성(易燃性)으로 된다)이 존재하여, 자연발화를 비롯하여 어떤 착화원에 의해서 일부에 연소가 일어나면 산소분압이 높기 때문에 단시간에 큰 연소열이 발생하고 화염의 온도는 높게 된다. 이 때문에 관벽의 일부는 용이하게 발화온도에 도달하여 연소함으로써 구멍이 생기고 다량의 가스가 분출한다(공기 중에서 철의 발화온도는 상압 산소 중에서 948°C, 35kg/cm^{2}의 압력하에서는 842°C이나 분상의 철로 되면 상압하에서 350°C 전후에서 발화하고, 가압하에서는 300°C전후에서 발화한다. 철의 융점은 1,500°C 전후로서, 산소중의 철의 발화는 용융상태를 그치지 않고 고체의 상태에서 시작하여 고체연소를 한다). 고압장치의 내벽의 세

정제로 사용되고 있는 사염화탄소도 고압산소하에서는 가연성으로 되므로, 세정제의 제거도 질소가스 등으로써 완전히 행하지 않으면 안 된다.

고압설비는 만일의 경우에 대비하여 설비는 될 수 있는 한 옥외에 설치하는 것이 바람직하나 건물 내에 넣는 경우에는 세 방향의 벽은 0.5~1.0m 정도의 철근콘크리트 구조로 하고 한 쪽의 벽은 슬레이트 판이나 얇은 철판 등의 가벼운 구조로 하며 지붕도 동일하게 가벼운 구조로 하여 장치의 파열시에 압력의 방산과 분출가스의 배출을 도모할 필요가 있다. 더욱이 고압장치의 안전valve가 작동했을 때 여기에서 배출되는 가스에 의해 2차적인 폭발이나 중독의 위험이 있으므로 안전밸브의 배출가스를 실외로 보내는 배관도 설치하고 이 배관의 배출구의 위치에 대하여도 2차 재해방지를 위한 세심한 주의가 필요하다.

7.6 혼합위험에 의한 폭발

혼합위험(混合危險, incompatibility)은 과학적으로 엄밀하게 정의될 수는 없으나, 2종류 이상의 물질, 주로 액체가 혼합된 경우에 양자 간에 확산, 상호용해 등의 물질이동에 의한 혼합열이 발생한다든지, 때로는 화학반응을 동반하여 발화폭발과 같은 위험성이 생긴다든지 하여 원래의 위험성이 증대하는 것이 혼합위험의 현상이다.

7.6.1 혼합위험의 분류

(1) 혼합에 의하여 즉시 반응이 일어나거나 또는 일정한 시간이 지나서 반응이 진행하는 것으로 다음과 같이 분류된다.

(가) 분해, 발열하여 연소 또는 폭발하는 것

(나) 폭발성 화합물을 생성하는 것

(나) 공기 또는 산소와 혼합하여, 분해 또는 폭발하는 혼합물을 만드는 물질을 생성하는 것

표 7.10 혼합위험의 분류

위험물	I	II	III	IV	V	VI
제1류 위험물(I 산화성 고체)	＼	×	×	×	×	○
제2류 위험물(II 가연성 고체)	×	＼	×	○	○[a]	×
제3류 위험물(III 자연발화성 및 금수성 물질)	×	×	＼	○[b]	×	×
제4류 위험물(IV 인화성 액체)	×	○	○[b]	＼	○[b]	×
제5류 위험물(V 자기 반응성 물질)	×	○[a]	×	○[b]	＼	×
제6류 위험물(VI 산화성 액체)	○	×	×	×	×	＼

(주) × : 혼합위험(혼재금지), ○ : 혼합위험 없음.
점자 a를 붙인 것은 혼합위험이 있다고 생각되고,
b를 붙인 것은 경우에 따라 혼합위험이 있는 것으로 생각함이 좋다.

(2) 분해발화까지에 이르지는 않으나, 혼합되는 것에 의하여 본래의 물질보다 발화하기 쉽게 되는 것

이상의 분류는 엄밀하지는 않고 편의상 나눈 것이나 안전공학의 입장에서는 위의 5종류 중 가장 중요한 것은 (1)의 (가)에 속하는 것으로 각 성분 단독으로는 위험성이 아주 적다고 생각되지만 혼합에 의하여 위험을 나타내는 경우이다.

혼합위험을 나타내는 분류의 하나로 표 7.10에서와 같은 방법이 있다.

미국의 U.S.Coast Guard가 대량으로 수상수송이 행하여지고 있는 157종의 화학제품의 혼합위험성에 대하여 규징한 것이 표 7.11이다.

표 7.11 U.S.C.G의 혼합위험의 분류

		4	3	2	1	0
4	농후한 무기산, 염유	○	○	○	○	○
3	유기산, NH_3, 아민류, 에폭사이드	○	○	○	×	×
2	알코올, 알데히드, 케톤, 페놀, 니트릴, 공역올레핀, 모노마	○	○	×	×	×
1	방향족탄화수소, 올레핀계 탄화수소, 에테르, 에스테르, 할로겐화알킬	○	×	×	×	×
0	포화탄화수소	○	×	×	×	×

(주) ○: 혼합위험이 없음
×: 혼합위험

7.6.2 혼합위험에 영향을 미치는 인자

혼합위험의 반응의 조합을 간단하게 도시(圖示)하면 다음과 같다.

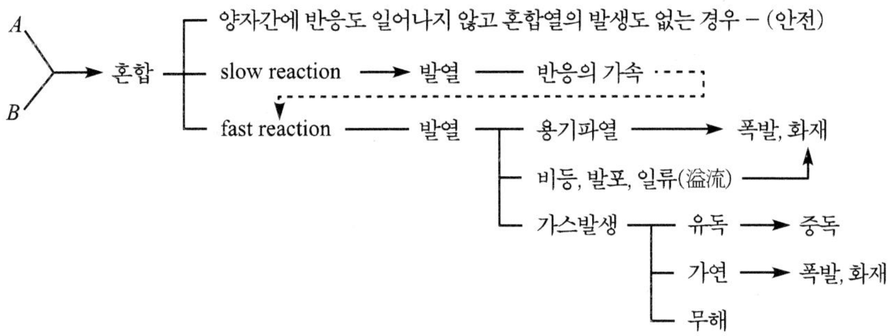

혼합위험은 화학반응에 의한 경우가 많으므로 온도, 압력, 혼합비, 혼합정도, 농도 등의 영향을 많이 받는다.

(1) 온도 : 혼합에 의한 발화위험은 발화온도와 발화지연에 밀접한 관계가 있으며, 어떤 조건에서 발화지연이 아주 짧은 경우에는 혼합하자마자 폭발하는 현상이 나타나는 것이 있다. 이것은 그때의 온도보다 발화온도가 낮기 때문이다. 발화온도와 발화지연의 관계는 지수함수형의 관계가 있으며 온도가 저하하면 가열온도에 관계없이 발화하지 않는 발화한계가 나타나는데, 이 발화한계의 온도가 실온부근의 것이 혼합에 의해 생성되는 경우에는 아주 위험하다. 로켓트에 관한 연구에서 질산과 furfuryl alcohol과의 혼합물의 예와 질산암모늄과 아연의 예를 그림 7.43에 나타내었다. 여기

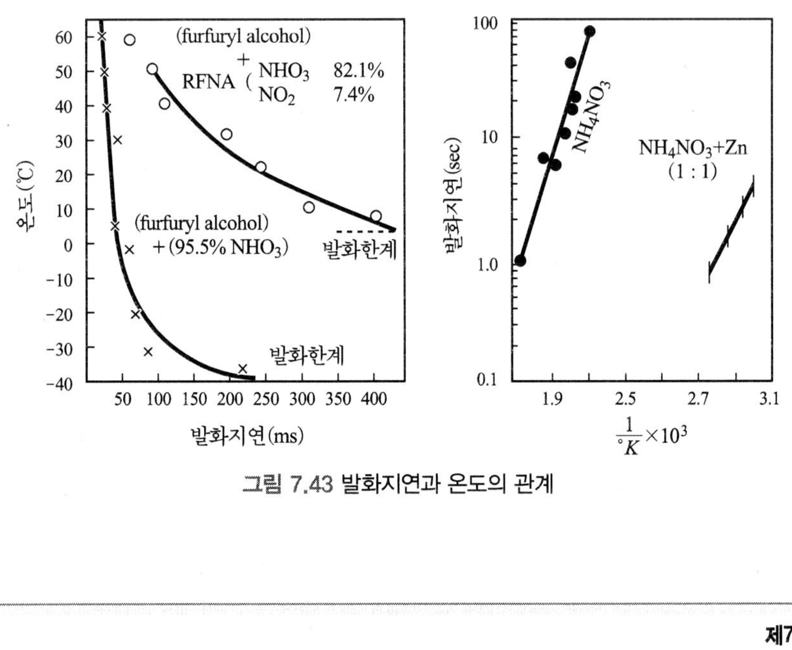

그림 7.43 발화지연과 온도의 관계

에서 furfuryl alcohol과 질산의 혼합물의 발화한계온도는 질산의 종류에 따라서 큰 차가 있는 것을 알 수 있고, 질산암모늄의 경우에는 발화지연이 1초 인 지점에서 300°C 정도가 되지만 이것에 아연을 등량혼합하면 84°C로 저하하여 아주 발화하기 쉽게 되는 것을 알 수 있다.

이 경우에 발화지연과 온도의 역수와의 사이에는 직선에 가까운 관계가 성립하는 경우도 있으나 항상 직선관계가 꼭 성립하는 것은 아니다.

(2) 압력 : 일반적으로 가압하에서는 발화지연이 짧으나 이것은 그 온도에 있어서 가스의 발생속도가 열의 확산속도보다 크게 되고 그것이 촉진효과를 나타내기 때문이다. 가압하의 발화지연 관계의 예를 그림 7.44에 나타내었다.

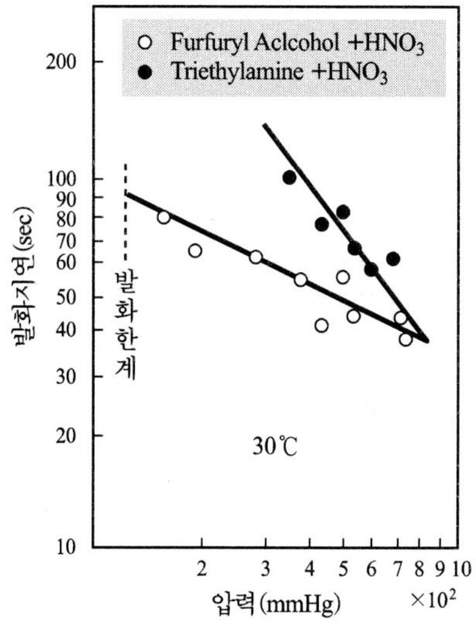

그림 7.44 압력과 발화지연의 관계

(3) 혼합정도 : 혼합위험의 경우에, 어느 한 쪽이 단일화합물이 아니고 혼합물일 때에는, 단일 화합물사이의 혼합의 경우보다 발화지연이 짧아지는 혼합비가 존재한다. 이것은 제3성분의 혼입에 의해 위험성이 증가하는 경우가 있다는 것을 나타낸다. 그림 7.45는 triethylanine, aniline, furfuryl alcohol의 2종류씩의 혼합물과 95.5% 질산과의 혼합물의 30°C에서의 발화지연의 시험결과이다. 그림 7.46은 furfuryl alcohol과 질산의 경우의 30°C에서의 질산의 농도의 영향(즉, 물을 가했을 때의 영향)의 실험결과이다.

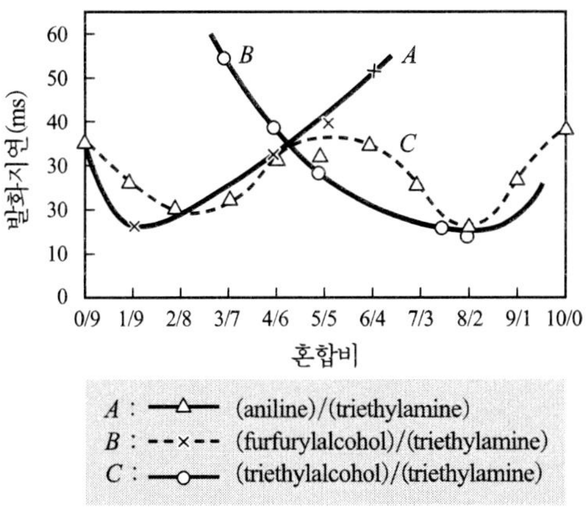

그림 7.45 혼합비와 발화지연의 관계

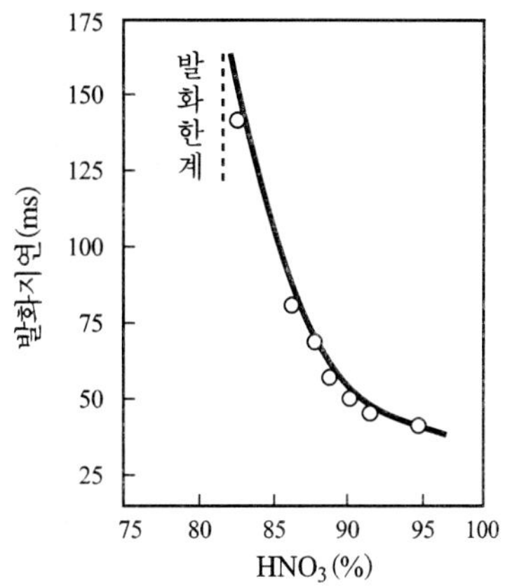

그림 7.46 각종 농도의 질산과 furfuryl alcohol의 혼합물의 발화지연

(4) 기타 : 혼합위험에 영향을 미치는 인자는 용기의 형상, 크기, 재질, 용량과 시료량과의 관계 등이 있으므로 혼합위험의 현상을 복잡하게 하고 있다. 광분해반응을 수반할 때에는 일광이나 그 외의 빛의 영향 혹은 촉매의 존재유무 등에도 영향을 받는다.

혼합위험은 단독으로 폭발성, 인화성, 발화성, 가연성, 금수성, 강산화성 등의 어느 하나의 성질을 갖고 있는 약품이 많은 부분을 차지하고 있다. 그러므로 이들의 성질을 갖는 물질의 취급을 아주 신중하게 행하면 혼합위험을 피할 수 있을 것이다. 그러나 화학공업의 발달에 따라 새로운 물질이 계속 합성되어 사용됨으로써, 새로운 물질과 기존의 물질과의 혼합위험 또는 새로운 물질사이의 혼합위험의 가능성도 증가되고 있다. 따라서 새로운 화합물을 공업적으로 이용할 때에는 그 화합물이 다른 여러 가지의 물질과 혼합되었을 때에 어떠한 반응을 일으키겠는가에 대해서 완전한 실험과 검토를 행하여 안전대책에 관한 방안을 강구하여야 한다. 혼합위험의 측정방법으로는 Rapp의 적하식 발화지연 시험장치, Pino의 낙하식 발화지연 시험장치 및 Henkin의 발화온도 측정장치 등이 사용되어지며, 이 결과에서 혼합위험의 가능성을 찾아내어 이것에 대한 대책을 수립하여 두는 것이 중요하다.

7.7 사고조사 자료의 활용

각종의 화학설비의 설계단계에서 모든 각도에서 검토 분석하여도 사고원인을 완전하게 찾지 못하는 것이 있고, 설계시점에서 생각이 미치지 못했던 의외의 사태가 발생하고 그 때문에 이상한 부하(負荷)가 생겨 누설, 파괴 등의 사고가 일어나는 경우도 있다. 이들의 요인은 실험 등으로 사전에 확인하는 것은 거의 불가능하나 실제 plant의 사고조사에 의하여 그 원인을 탐색하여 찾아낼 수 있으므로 그 조사자료의 활용이 효과적인 대책을 찾아내는 방법이다.

따라서 사고조사를 할 때에는 금후의 재해방지를 위하여 설계 외 부하 발생의 유무를 잘 조사하여 (1) 프로세스의 이상, (2) 용역이상, (3) 기기(機器)의 이상, (4) 계장(計裝)의 이상, (5) 안전기기 system의 이상 등의 항목마다에 어떠한 현상이 일어날 것인가, 예를 들면 이상승압, 이상반응, 분해, 중합 등이 일어나서 그 결과 설계 시에 예측치 못했던 부하가 발생할 것인가에 대해 중점을 두고 사고요소를 찾아내는 것이 꼭 필요하다. 이들의 재해방지대책 사항의 요소를 정리하면 표 7.12와 같이 된다. 재해방지의 대상에 따라 그것에 맞는 방지대책용 요소를 선택하여 그것을 조합시키는 것에 의하여 좋은 대책을 기획하는 것에 사용되며 또한 최적의 대책을 결정할 때의 check용으로 편리하다.

표 7.12 재해방지 대상과 방지계획 자료

	① 재해방지 계획의 대상		② 재해방지 계획용 자료
A	화학적 재해	a	물성 및 상태의 성질
	1. 화재, 폭발예방		1. 비중
	2. 화합, 중합, 분해의 이상방지		2. 증기밀도
	3. 자연발화방지		3. 비열
	4. 중독재해방지		4. 조성(농도)
	5. 질식, 산소결핍방지		5. 인화점
	6. 약품상해 재해방지		6. 발화온도
	7. 직업병방지		7. 자연발화성
	8. 부식방지		8. 최소발화에너지
	9. 그 외 화학적 재해방지		9. 소염거리
B	물리적 재해		10. 화염일주거리
	1. 누설, 분출방지		11. 한계산소농도
	2. 이상팽창방지		12. 폭발범위(연소범위)
	3. 가연성물질 누출, 확산방지		13. 폭굉범위
	4. 유해성물질 누출, 확산방지		14. 연소속도
	5. 화상 및 고온상해방지		15. 폭발속도

	① 재해방지 계획의 대상		② 재해방지 계획용 자료
B	6. 동상 및 저온상해방지 7. water hammer손상방지 8. 체적팽창 상해방지 (상변화, 감압팽창 등) 9. 침식방지 10. 진동, 공진방지 11. 과열, 과압상해방지 12. 돌비(과열-과냉)방지 13. 그 외 물리적 재해방지	a	16. 폭발피해 17. 폭풍압력 18. 연소, 화합, 중합, 열분해 19. 열방사 20. 기화, 융해, 융해열 21. 열이동 22. 기액평형, 상변화 23. 팽창, 수축 24. 부식, 침식 25. 내열성 26. 반응성 27. 유해성 28. 허용농도 29. 처리량(순환, 취급량) 30. 보유, 저장량 31. 착화원(정전기, 충격, 마찰, 폭주 반응 그 외) 32. 그 외
C	기계적 재해 1. 갈라짐, 균열, 파손, 절손, 절단방지 2. 변형, 파열, 파괴방지 3. 붕괴방지 4. 피로, 노화방지 5. Creep방지 6. 신축, 변위에 의한 사고방지 7. 진동, 풀림 방지 8. 박리, 탈락방지 9. 미끄러짐, 간격(엇갈림)의 방지 10. 부등침하, 낙하, 전도 등의 방지 11. 그 외의 기계적 재해방지		
D	전기적 재해 1. 전기불꽃에 의한 착화방지 2. 정전기에 의한 착화방지 3. 전기화재방지 4. 감전, 전기화상방지 5. 정전에 의한 사고방지 6. 그 외의 전기적 사고방지	b	안전장치, 시스템의 요소 1. 안전용의 기계류(안전변, 압력계 등) 2. 안전장치의 Unit 3. 안전 System(압력측정, 경보, 제어, 탈압 등의 일련의 기능을 갖춘 System)
		c	물리적 요소 1.물체 및 파편 비산 2. 화염 및 고온물체의 비산 3. 충돌, 타격, 마찰
E	계장제어적 재해 1. 계장System의 흐트림 방지 2. 계장System의 오작동 방지 3. 계장기기 등의 손상 단선방지 4. 기능상실 방지 5. 그 외의 계장제어적 재해방지	d	기계적 대책 1. 재료선정 등
		e	전기적(생략)
		f	계장제어(생략)
F	토목적 재해방지(생략)	g	시계열적 1. 계획 2. 설계 3. 제작 4. 시공 5. 검사 6. 운전 1) 잘못판단
G	작업행동 재해방지		

	① 재해방지 계획의 대상		② 재해방지 계획용 자료
		g	2) 착각 3) 잘못 조작 4)SOP불비 7. 보건
		h	교육(생략)
		i	관리(생략)

주) 1. 항목 ①의 A. B~G에, 항목 ②의 a, b~g가 대응하는 것이다.
2. 항목 ②의 h및 i는 항목 ①의 A, B~G의 전부에 대응하는 것이다.

그리고 모든 사고는 재해의 원인, 사고의 요인, 고장의 요소로 분해된다. 이 단계의 내용을 알면, 재해는 ① 어떠한 요소에 의해서, ② 어떠한 요인을 거쳐, ③ 어떠한 원인으로서 재해에 이르게 될 것인가에 경과가 명확하게 된다. 그래서 표 7.13과 같이 분석하여 원인, 요인, 요소의 관계를 조사하면 재해의 발생원인과 경과가 명확하게 된다. 이들의 자료를 분류, 정리, 축적하면 재해방지대책을 고안하는 귀중한 know-how를 얻을 수 있다.

표 7.13 재해의 원인 · 요인 · 요소의 관계

	사고 · 재해 현상	재해원인(일차원인)	사고요인(이차원인)	고장 요소(삼차원인)
1	폭발	이상 승온 · 승압	산소흡입	수봉기의 물 떨어짐
2	폭발	이상 승온 · 승압	원료의 배합비율의 어긋남	계장의 오작동
3	폭발	기기 밖으로 누설	사람의 착각과 오작동	설계배려 부족
4	기기의 용융 손상	원료혼합비율이 변동하여 부분적으로 이상온도 상승	혼합압력의 한쪽이 저하했다	원료압축기의 상태 불량
5	대량가스 방출사고	압축기 emergency Stop	이상음 발생	① 나사풀림 ② 이물부착 unbalance ③ drain의 혼입
6	도관에 의한 원료 공급정지	압축기 metal 연소손실	① metal 온도의 한계의 승온 ② 이색발생 ③ 이취발생	① 외부유 열화(劣化) ② 윤활유 pump불량 ③ 윤활유 온도 상승
7	고압용기의 파열	강도부족	부식에 의한 두께 감소	설계 시 재질 선정 잘못
8	독성가스 중독사	피부흡수에 의한 중독	피부흡수방지 내책 불비	여과공정 비완비
9	파이프의 파단	저온에 의한 수축	수축흡수기구의 불비	① 설계기술 경험부족 ② 사고자료 활용부족
10	탱크화재	정전기에 의한 착화	① 시료채취관의 위치·구조 ② 액간 earth 기구의 결합	① 설계기술 경험부족 ② 사고자료 활용부족

7.8 가스폭발의 효과

7.8.1 가스폭발의 효과

가스폭발(爆發)의 효과는 폭발할 때 방출된 에너지의 대소, 환경조건 등에 의해 다르나 일반적으로 폭발의 현상으로 충격파(衝擊波), 폭풍, 화염, 폭음 등을 발생하고 그 결과로서 용기의 파손, 파편의 비산, 화재 등의 효과를 발생시킨다.

또한 폭발의 효과를 생각하는 경우 그 형태로서 폭연(爆燃, deflagration), 폭굉(爆轟, detonation), 파열(破裂)의 3종류와 환경조건으로서는 폐쇄공간(閉鎖空間)의 폭발(confined explosion), 개방공간의 폭발(unconfined explosion)의 2가지로 구분할 수 있다.

이 장에서는 먼저 폭발의 효과의 근원이 되는 에너지에 관한 개념, 그 다음으로 폭발의 형태 각각에 대하여 설명하고 끝으로 폭발의 효과에 대한 상정(想定)과 폭발 후의 효과의 규모, 피해 상황 등에서부터 그 효과를 준 에너지의 평가에 대하여 설명하도록 한다.

7.8.2 폭발 에너지

(1) 에너지의 종류

폭발의 에너지원으로 여기서는 가연성가스 또는 증기와 산소와의 반응에 의하여 발생하는 화학에너지(chemical energy) 및 압축된 기체(압축가스)가 팽창할 때에 발생시키는 물리에너지(fluid expansion energy)에 대하여 설명하기로 하고, 수소와 폭발 등의 에너지에 대하여는 언급하지 않는다.

에너지의 종류에 따라서 폭발의 형태를 다음과 같이 나타낼 수 있다.

폭발(EXPLOSION)
- 화학에너지에 의한 폭발* ─┬ 폭연(deflagration)
                                           └ 폭 굉 (detonation)
- 물리에너지에 의한 폭발 ** ── 파열(bursting)

* 증기운 폭발 UVCE(Unconfined Vapour Cloud Explosion), 비등액 팽창 증기폭발 BLEVE(Boiling Liquid Expanding Vapour Explosion)을 추가하는 경우가 있다.

** 압축가스의 폭발 외에 전선(電線)폭발, 액화탄산가스폭발, acetylene폭발, 수증기폭발, 진공폭발 등이 있다.

(2) 화학에너지

화학반응에 의한 폭발의 효과를 발휘하는 에너지는 Helmholz의 자유에너지 변화(Helmholz free energy change) 또는 Gibbs의 자유에너지 변화(Gibbs free energy change)가 있으며, 이들은 다음의 관계가 있다.

$$\Delta A = \Delta E - T\Delta S = \Delta H - Pdv - T\Delta S \tag{7.16}$$

$$\Delta F = \Delta H - T\Delta S = \Delta E + Pdv - T\Delta S = \Delta A - Pdv$$

$$\Delta H = \Delta E + Pdv$$

여기서, ΔA : Helmholz free energy change
ΔE : Internal energy change
ΔS : Entropy change
T : Temperature(K)
ΔF : Gibbs free energy change

또는 $\Delta E = [\Delta E_f^o]_p - [\Delta E_f^o]_r$

$$\Delta S = S_p - S_r \tag{7.17}$$

$$S = S^o - R\ \ln P \tag{7.18}$$

여기서, 하첨자는 p는 products(반응생성물),
r은 reactants(반응물),
lnP의 P는 분압,
R은 기체상수(1.98719 cal/mol · K)

이들의 계산에 필요한 물성치는 화학편람에 나타내어져 있다. TNT의 분해를 예를 들어 계산에 필요한 열적 성질을 표 7.14에 나타낸다.

표 7.14 열적 성질

물질	상태	ΔH_f^o(Kcal/mol)	S^o(cal/mol · K)
C	결정	0	1.3712
CO	gas	−26.404	47.194
H_2	〃	0	31.192
N_2	〃	0	45.748
TNT	고체	−13	65

화학편람에는 ΔE_f^o의 데이터가 없으므로 그 대신 ΔH_f^o(생성열)을 사용하여 TNT에 대하여는 Lees의 값을 사용했다.

반응식 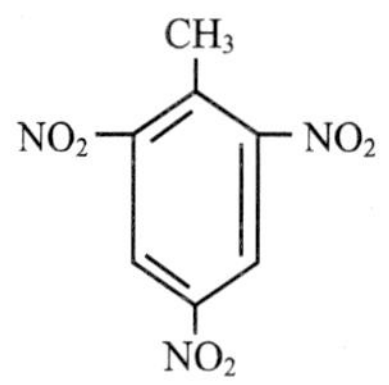 $\rightarrow$ $C+6CO+2.5H_2+1.5N_2$

식 (7.17)에서

$$\Delta E=[\Delta H_f^o]_p-[\Delta H_f^o]_r=[(1\times0)+\{6\times(-26.404)\}+(2.5\times0)+(1.5\times0)]$$
$$-[1\times(-13)]$$
$$=-145.424\ \text{Kcal/mol}$$

식 (7.18)에서

	S°	−R ln P	S
CO	47.194	−R ln 0.6 = 1.015	48.209
H_2	31.192	−R ln 0.25=2.755	33.947
N_2	45.748	−R ln 0.15 =3.770	49.518
TNT	65	R ln 1=0	65

$$\therefore \Delta S=[(1\times1.3712)+16\times48.2091+(2.5\times33.947)+(1.5\times49.518)]-[(1\times65)]$$
$$=384.77\text{cal/mol}\cdot\text{K}$$

식 (7.16)에서

$$\Delta A=\Delta E-T\Delta S=-145424-298\times384.77=-260085\ \text{cal/mol}$$

$$=-1146\ \text{Kcal/Kg}$$

이 에너지가 폭발했을 때 효과를 나타내는 에너지이다.

일반적으로 이 값을 1000 Kcal/Kg로 하여 TNT당량의 계산, 폭발효과의 평가 등에 사용하고 있다(물성치의 차이에서 계산치가 1155 cal/g로 되어져 있는 문헌도 있고, 또한 TNT당량을 1120Kcal/Kg로 하고 있는 문헌도 있다).

TNT를 천천히 연소시켰을 때의 발열량은 3800 Kcal/Kg이므로, TNT의 경우는 연소열량의 약 1/3이 폭발했을 때의 외부에 나타내는 일량(폭발의 효과)으로 되는 것을 알 수 있다.

(3) 물리에너지

파열에 의한 폭발의 효과는 기체의 체적팽창에 의한 일(W_e)이나, 이것을 등온변화(isothermal change)로 하면 다음 식과 같이 된다.

$$W_e = \int_2^1 P\,dv \cong T\Delta S = RT\ \ln\left(\frac{P_2}{P_1}\right) \qquad \text{(for 1 mol)}$$

여기서 1은 팽창 후, 2는 압축된 상태를 나타낸다. 그러나 이 식에서 산출되는 에너지는 실제로 효과를 나타내는 에너지의 반 정도밖에 안 되므로 단열 팽창에 바탕을 둔 계산식의 편이 실제에 가깝다고 되어져 있다.

7.8.3 폭연(爆燃 Deflagration)

(1) 폐쇄공간 폭연(Deflagration in Unvented Vessel, Confined Expos|on)

폭연은 폭발적인 현상이긴 하나 폭속이 음속(音速)이하의 것을 말하며 일반적으로는 30cm/s~10m/s이다.

음속은 이상기체의 경우, $a=\sqrt{\gamma RT}$ 로써 구한다. a는 음속 m/s, γ는 비열비 (C_p/C_v), T는 절대온도, R은 기체상수로서 8314.41kg · m^2/kmol · k · s^2이며, 0°C의 공기(평균분자량 28.96)의 경우 $a=\sqrt{1.4\times 8314.41\times 273.15/28.96} \fallingdotseq 331.3$m/s

폐쇄공간을 구형(球形)이라 하고, 그 중심에서 화염이 전파한다고 생각하면 최고 도달압력 및 순간에서의 압력 상승은 다음 식으로 구할 수 있다.

$$P_{2max} = P_1\frac{n_2T_2}{n_1T_1} = P_1\frac{M_2T_2}{M_1T_1} \tag{7.19}$$

$$P_2 = kP_1\frac{S_u^3t^3}{C} + P_1 \tag{7.20}$$

$$k = \frac{4}{3}\pi\left(\frac{n_2T_2}{n_1T_1}\right)^2\left(\frac{n_2T_2}{n_1T_1} - 1\right)\cdot\gamma$$

여기서, P: 절대 압력 (kg_f/cm^2), n: mole수(.), T: 절대온도(K)

V: 내용적 (ℓ), S_u: 연소속도(cm/s), M: 분자량(−)

k: 계수(−), t: 시간(ms), γ: 비열 비(C_p/C_v)

하첨자 1은 폭연 전, 2는 폭연 후의 상태를 나타냄

메탄의 폭연의 dP로부터 내용적 9ℓ의 용기에 대하여 계산하여 보자. 공기 중의 CH_4의 농도를 9.5%로 하여, 반응전후의 mole수에는 변화가 없으므로 폭연전의 상태 P_1=1 atm, T_1=298 K, 폭연 온도 2300 K, γ=1.4, 연소속도를 34.7cm/s로 한다.

$$CH_4 + 2O_2 + (2/0.21-2)N_2 \rightarrow CO_2 + 2H_2O + \{2/0.21-2\}N_2$$

$$\left.\begin{array}{l} n_1 = 1+2/0.21 \\ n_2 = 1+2/0.21 \end{array}\right] n_1 = n_2$$

식 (7.19)에서

$$P_{2max} = 1.033 \times 2300/298 = 7.97 Kg_f/cm^2 \cdot abs \qquad (7.21)$$

$$6.94 Kg_f/cm^2 \cdot g$$

식 (7.20)에서

$$P_2 - P_1 = \frac{4}{3}\pi\left(\frac{n_2 T_2}{n_1 T_1}\right)^2\left(\frac{n_2 T_2}{n_1 T_1} - 1\right) \cdot \gamma \cdot P_1 \frac{S_u^3 t^3}{V}$$

$$= \frac{4}{3}\pi\left(\frac{2300}{298}\right)^2\left(\frac{2300}{298} - 1\right) \times 1.4 \times \frac{(34.7/1000)^3}{9000} \cdot t^3 \cdot P_1$$

Kg_f/cm^2(순간적 압력상승) (7.22)

식 (7.21)의 값 및 식 (7.22)에 t의 값을 넣어 구한 값을 그림 7.47에 나타낸다. 또한 최고압력에 도달할 때까지의 최소경과시간(ms)은 파라핀계 탄화수소, gasoline과 같은 혼합물에서는 $246\sqrt[3]{V}$ (V: m^3)이다.

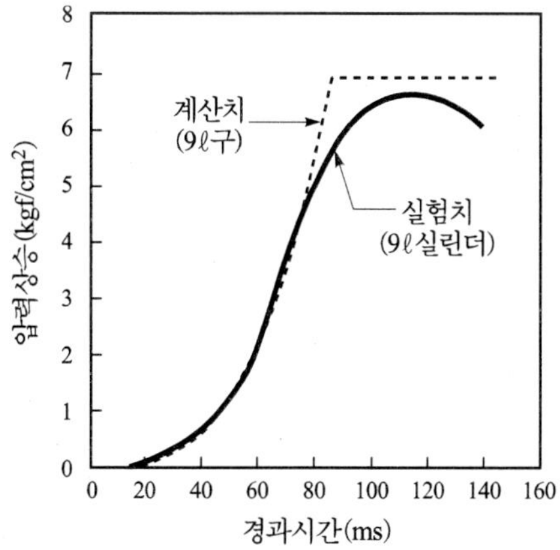

그림 7.47 실험치와 계산치

따라서 폭연이 발생할 때 용기가 크게 되면 최고압력에 도달하기까지는 비교적 시간이 걸리는 것으로 되나, 대형의 용기에 대한 실험치는 없으며 대량으로 되면 점차로 연소속도가 가속되어 폭굉으로 전이하는 경우도 생각되어지므로, 이 계산치대로는 되지 않는다.

일반적으로 압력용기는 과열압력에 대하여 4배의 안전율을 취하고 있으므로 폭연을 고려한 분출량을 가진 안전변을 설치하면 폭연에 의한 용기의 파열은 방지될 수 있다는 것을 알 수 있다. 폭굉의 경우에는 최고압력에 도달하는 시간이 10^{-6}s의 단위로 되기 때문에 안전변은 효과가 없다.

(2) 개방공간의 폭연

개방된 공간에 있어서 폭발이 폭굉으로 옮겨지지 않을 때는 폭풍의 효과는 작으나 그의 화염(확산의 효과를 고려할 필요가 있다)에 의해 보다 광범위하게 연소효과를 발휘한다.

Frank T. Bodurtha에 의하면 발생하는 화염(firehall, pool화재에서 상공으로 상승하여 발생하는 fire ball과는 다르다)의 크기는 다음 식에 의해 구하여진다.

$$D_f = 3.86W_f^{0.32}$$

여기서, D_f : 화염의 직경(m), W_f: 연소량(연료와 이온 산소량의 합)(Kg)

개방공간의 폭발은 점화원이 화약과 같은 강력한 것이 아닌 상태에서는 폭연을 일으키나 양이 많으면 연소속도가 점차 가속되어 폭풍압의 효과를 일으키는 경우가 있다. 화학공장에 있어서 가스의 폭발로서 최대라고 하는 1974년 6월 1일 발생한 영국의 Flixborough의 Nypro(社)의 폭발사고(cyclohexane의 증기운 폭발)는 폭굉이 발생하였다고 보고되고 있다.

7.8.4 폭굉(Detonation)

(1) 충격파와 폭굉파

(가) 충격파

가스의 상태를 유속 u, 비용적 v, 압력 P, 폭속 D, 내부에너지 E, 엔탈피 H로 나타내고 폭발 전을 첨자 1, 폭발 후를 첨자 2로 나타내면 다음의 식이 성립한다.

질량보존의 법칙에서

$$\frac{(D-u_1)}{v_1} = \frac{(D-u_2)}{v_2} \tag{7.23}$$

운동량보존의 법칙에서

$$\frac{(D-u_1)^2}{v_1} + P_1 = \frac{(D-u_2)^2}{v_2} + P_2 \tag{7.24}$$

에너지보존의 법칙에서

$$E_1 + \frac{(D-u_1)^2}{2} + P_1 v_1 = E_2 \frac{(D-u_2)^2}{2} + P_2 v_2 \tag{7.25}$$

또한 H = E+Pv이므로

$$H_1 + \frac{(D-u_1)^2}{2} = H_2 \frac{(D-u_2)^2}{2} \tag{7.26}$$

식 (7.23)과 (7.24)에서

$$(D-u_1)^2 = \frac{v_1^2(P_2-P_1)}{v_1-v_2} \tag{7.27}$$

$$(D-u_2)^2 = \frac{v_2^2(P_2-P_1)}{v_1-v_2} \tag{7.28}$$

식 (7.25), (7.27) 및 (7.28)에서

$$E_1 + \frac{1}{2}\left(\frac{v_1^2}{v_1-v_2}(P_2-P_1)\right) + P_1 v_1 = E_2 + \frac{1}{2}\left(\frac{v_2^2}{v_1-v_2}(P_2-P_1)\right) + P_2 v_2$$

$$E_2 - E_1 = \frac{1}{2}\left(\frac{v_1^2(P_2-P_1)}{v_1-v_2}\right) - \frac{1}{2}\left(\frac{v_2^2(P_2-P_1)}{v_1-v_2}\right) + P_1 v_1 - P_2 v_2$$

$$= \frac{1}{2}\frac{P_2-P_1}{v_1-v_2}(v_1^2 - v_2^2) + P_1 v_1 - P_2 v_2$$

$$= \frac{1}{2}\frac{P_2-P_1}{v_1-v_2}(v_1+v_2)(v_1-v_2) + P_1 v_1 - P_2 v_2$$

$$= \frac{1}{2}(P_2-P_1)(v_1+v_2) + P_1 v_1 - P_2 v_2$$

$$= \frac{1}{2}[P_2 v_1 + P_2 v_2 - P_1 v_1 - P_1 v_2 + 2P_1 v_1 - 2P_2 v_2]$$

$$= \frac{1}{2}[P_2v_1 - P_2v_2 + P_1v_1 - P_1v_2]$$

$$= \frac{1}{2}(P_2 + P_1)(v_1 - v_2)$$

$$E_2 - E_1 = \Delta E = \frac{1}{2}(P_2 + P_1)(v_1 - v_2) \quad (7.29)$$

또한 (7.26), (7.27) 및 (7.28) 식에서

$$H_2 - H_1 = \Delta H = \frac{1}{2}(P_2 - P_1)(v_1 + v_2) \quad (7.30)$$

식 (7.29) 및 식 (7.30)은 언제나 충격파로의 에너지변화를 나타내는 식으로 Rankine –Hugonio's relation 또는 R–H식이라 부른다.

(나) 폭굉파

폭굉파는 감쇠하는 충격파를 화학반응에 따른 연소열에 의해서 안정한 상태로(충격파와 폭굉파가 밀착하여 있는 경우를 말한다. 그것들이 밀착과 분리를 반복할 때는 spin폭굉파, 다두(多頭)폭굉파 등의 준안정상태로 되나 그것에 대하여는 문헌을 참조할 것) 유지하고 있는 파(波)이므로 다음과 같이 나타낼 수 있다.

(폭굉파) = (충격파) + (폭굉반응에 의한 연소열)

이 관계는 앞에서 설명한 R–H식에서 폭굉반응에 있어서의 연소열 Q를 가한 식으로 나타내어진다. 따라서 폭굉에 대한 R–H식은 다음 식으로 나타내어진다.

$$\Delta E = E_2 - E_1 = Q + \frac{1}{2}(P_2 + P_1)(v_1 - v_2)$$

$$\Delta H = H_2 - H_1 = Q + \frac{1}{2}(P_2 - P_1)(v_1 + v_2)$$

이들의 식을 가연성가스 N_1 mole에 대하여 나타내어 변형시키면 다음과 같다.

$$\Delta E = E_2 - E_1 = Q + \frac{P_1v_1}{2}\left(\frac{P_2}{P_1} + 1\right)\left(1 - \frac{v_2}{v_1}\right)$$

$$= Q + \frac{N_1RT_1}{2}\left(\frac{P_2}{P_1} + 1\right)\left(1 - \frac{v_2}{v_1}\right) \quad (7.31)$$

$$\Delta H = H_2 - H_1 = Q + \frac{N_1RT_1}{2}\left(\frac{P_2}{P_1} - 1\right)\left(1 + \frac{v_2}{v_1}\right) \tag{7.32}$$

또한 식 (7.27)과 식 (7.28)에서 u_1=0로 하면 D 및 u_2의 값이 구해진다.

식 (7.27)으로부터

$$D = \sqrt{\frac{v_1^2(P_2 - P_1)}{v_1 - v_2}} = \sqrt{P_1 v_1\left(\frac{P_2}{P_1} - 1\right)\left(1 - \frac{v_2}{v_1}\right)}$$

$$= \sqrt{\frac{N_1RT_1}{M}\left(\frac{P_2}{P_1} - 1\right)\left(1 - \frac{v_2}{v_1}\right)}^{*} \tag{7.33}$$

$$\left(\begin{array}{c} {}^{*}R = 8.31441 J/mol \cdot K,\ T_1 = 298 K, \text{수소 · 산소의 경우 } N_1 = 1.5, M = 18 \\ \frac{N_1RT_1}{M} = \frac{1.5 \times 8.31441 \times 298}{18} = 2.6475 m^2/s^2 \end{array}\right)$$

식 (7.28)으로부터

$$u_2 = \sqrt{\frac{v_1^2(P_2 - P_1)}{v_1 - v_2}} - \sqrt{\frac{v_2^2(P_2 - P_1)}{v_1 - v_2}}$$

$$= (v_1 - v_2)\sqrt{\frac{P_2 - P_1}{v_1 - v_2}}$$

(다) C-J점

폭굉파의 특성치를 알기 위하여는 C-J점(Chapman-Jouguet Point(7-34))을 구할 필요가 있다. 폭굉파의 특성치를 나타내는 식으로, 식(7.31) 또는 식(7.32), 식(7.33) 및 식(7.34)의 기초식과 폭굉 생성가스의 조성 및 열역학적 성질을 결정하는 다음의 방정식이 있다.

반응방정식 $N_2 = f(P_2, T_2)$ (7.35)

상태방정식 $N_2 = f(P_2, T_2)$ (7.36)

에너지상태방정식 $E_2 - E_1 = f(T_2)$ 또는 $H_2 - H_1 = f(T_2)$ (7.37)

여기서 N_2, P_2 및 v_2는 각각 폭굉점에 있어서의 전mole수, 전압(全壓) 및 비용적(比吓職)을 나타낸다. 연소개시전의 상태를 정하고 N_2, T_2 및 v_1/v_2를 가정하면, 그 가정조건에서 앞의 6개의 식 (7.31), (7.32), (7.33), (7.34), (7.35), (7.36), (7.37)을 만족하는

값을 얻을 수 있다. 그러나 어느 값이 안정폭굉파의 값인지를 알 수 없다. 이 경우 그 정점(定點)을 나타내는 것이 C-J점이다.

C-J점은 Chapman-Jouguet의 가설 (Chapman-Jouguet Hypothesis)에 의하여 구하여진다. 즉, 산출된 폭속치 중, 속도가 가장 작은 곳에 있는 조건(Chapman- Jeuguet Condition)이 가장 안정(안정폭굉파)하다고 하는 설이 있고, 오늘날 이 가설에 의해 각종 폭굉반응의 특성치가 구하여지고 있다.

(안정폭굉파 : 가스폭발의 효과를 주로 발휘하는 폭굉파)

(2) 폭굉계산

(가) 반응식

폭굉반응은 다음 식에 의해 나타내어진다.

$$\text{가연성 gas}+a_1O_2+a_2N_2+a_3\text{Air} \rightarrow n_1O_2+n_2O+n_3H+n_4OH+n_5H_2+n_6H_2O$$
$$+n_7CO+n_8CO_2+n_9N_2+n_{10}NO+n_{11}\text{Air} \qquad (7.38)$$

여기서 가연성 gas는 1 mole을 취하고 $a_1 \sim a_3$는 당량으로 되는 공기의 성분(순 산소의 경우에는 a_2, a_3, $n_9 \sim n_{11}$은 항상 0으로 된다)의 mole수 $n_1 \sim n_{11}$은 반응 후의 각각 화학 성분의 mole수이다.

폭굉의 계산에 필요한 여러 가지 인자를 표 7.15에 정리하여 나타낸다.

표 7.15 반응 전 · 후에 있어서 반응인자와 그 기호

상태 반응인자	반응 전	반응 후	비고
온도(K)	T_1	T_2	$T_1=298$
압력(atm)	P_1	P_2	$P_1=1$
비용적	v_1	v_2	$v_1/v_2=\mu$
mole수	N_1	N_2	$N_1=a_1+a_2+a_3+1$
			$N_2=\sum n_1=n_1+......+n_{11}$

(나) 특성치의 가정

폭굉 반응에 있어 특성치를 정하는 C-J점은 시행착오법에 의해 구하지 않으면 안 된다. 이 계산은 폭속의 값이 가장 작게 되는 점을 구하는 것으로서 먼저 어떤 범위내의 T_2에 대하여 적절히 분할하여 각각의 T_2에 대하여 μ 및 n_i를 가정하여 식(7.31)을 만족하는 값을 구하고 이 값에서 식(7.32)에 의해 D를 산출한다.

다음으로 T_2의 범위를 좁게 하여 D의 값이 최소로 되는 점 (C-J)을 구하면 된다.
다음에 구체적으로 수소-산소의 폭굉에 대한 계산 예를 나타낸다.
수소-산소의 폭굉반응의 경우는 식 (7.38)에서

$$H_2+0.5\ O_2 = n_1 O_2+n_2 O+n_3 H+n_4 OH+n_5 H_2+n_6 H_2O \tag{7.39}$$

따라서 N_1=1.5

$$N_2 = n_1+n_2+n_3+n_4+n_5+n_6 \tag{7.40}$$

또한 원소보존의 법칙에서

$$\text{O에 대하여 } 2n_1+n_2+n_4+n_6=1 \tag{7.41}$$

$$\text{H에 대하여 } n_3+n_4+2n_5+2n_6=2 \tag{7.42}$$

(다) 화학평형

식 (7.39)에 대하여 화학평형의 계산을 행한다. 반응생성물의 각각의 mole수를 n_i, 분압을 P_i로 나타낸다.

$$P_i = \frac{P_2}{N_2}n_i = \frac{P_2 v_2}{N_2 v_2}n_i = \frac{N_2 R T_2}{N_2 v_2}n_i = \frac{RT_2}{v_2}n_i$$

$\dfrac{RT_2}{v_2} = A^2$으로 나타내면, R = $\dfrac{P_1 v_1}{N_1 v_1}$이므로

$$A^2 = \frac{RT_2}{v_2} = \frac{v_1 T_2 P_1}{v_2 T_1 N_1} = \mu \cdot \frac{T_2}{298} \cdot \frac{1}{1.5} \tag{7.43}$$

또한

$$A^2 = \frac{RT_2}{v_2} = \frac{P_2 R T_2}{p_2 v_2} = \frac{P_2 R T_2}{N_2 R T_2} = \frac{P_2}{N_2}$$

따라서

$$\sqrt{\frac{P_2}{N_2}} = A \tag{7.44}$$

식 (7.39)에 나타내는 화학반응에 대하여 각각의 화학성분의 압력평형정수 K 및 하첨자 기호에 의해 표시하면 다음의 4가지의 식을 유도할 수 있다.

$$0.5\ O_2 \rightleftharpoons O_2 \quad K_O = \frac{n_2 \frac{P_2}{N_2}}{\sqrt{n_1}\sqrt{\frac{P_2}{N_2}}} = \frac{n_2}{\sqrt{n_1}}\sqrt{\frac{P_2}{N_2}} \tag{7.45}$$

$$0.5\ H_2 \rightleftharpoons H \quad K_H = \frac{n_3 \frac{P_2}{N_2}}{\sqrt{n_5}\sqrt{\frac{P_2}{N_2}}} = \frac{n_3}{\sqrt{n_5}}\sqrt{\frac{P_2}{N_2}} \tag{7.46}$$

$$0.5\ O_2 + 0.5H_2 \rightleftharpoons OH \quad K_{OH} \frac{n_4 \frac{P_2}{N_2}}{\sqrt{n_1}\sqrt{\frac{P_2}{N_2}}\sqrt{n_5}\sqrt{\frac{P_2}{N_2}}}$$

$$= \frac{n_4}{\sqrt{n_1}\sqrt{n_5}} \tag{7.47}$$

$$H_2 + 0.5\ O_2 \rightleftharpoons H_2O \quad K_{H2O} = \frac{n_6 \frac{P_2}{N_2}}{\sqrt{n_1}\sqrt{\frac{P_2}{N_2}} \cdot n_5 \cdot \frac{P_2}{N_2}}$$

$$= \frac{\frac{n_6}{\sqrt{n_1} \cdot n_5}}{\sqrt{\frac{P_2}{N_2}}} \tag{7.48}$$

여기에서 $n_1 \sim n_6$를 구하는 계산을 행할 때 편의상 $\sqrt{n_1} = X$, $\sqrt{n_5} = Y$로 하고 식(7.43)에서 $\sqrt{P_2/N_2}$ = A로 하여 식 (7.45)~(7.46)을 변형한다.

$$n_1 = X^2 \tag{7.49}$$

식 (7.45)에서

$$n_2 = \frac{K_O\sqrt{n_1}}{\sqrt{\frac{P_2}{N_2}}} = \frac{K_O X}{A} \tag{7.50}$$

식 (7.46)에서

$$n_3 = \frac{K_h \sqrt{n_5}}{\sqrt{\frac{P_2}{N_2}}} = \frac{K_H Y}{A} \tag{7.51}$$

식 (7.47)에서

$$n_4 = K_{OH} \sqrt{n_1} \sqrt{n_5} = K_{OH} X Y \tag{7.52}$$

$$n_5 Y^2 \tag{7.53}$$

식 (7.48)에서

$$n_6 = K_{H2O} \sqrt{n_1} \cdot n_5 \sqrt{P_2/N_2} = K_{H2O} \cdot X \cdot Y^2 \cdot A \tag{7.54}$$

다음에 Y의 값을 구한다.

식 (7.42)에서 $n_3 + n_4 + 2n_5 + 2n_6 = 2$이므로

$$\frac{\mathrm{K_O X}}{\mathrm{A}} + \frac{\mathrm{K_H Y}}{\mathrm{A}} + \mathrm{K_{OH} XY} + 2\mathrm{Y}^2 + 2\mathrm{K_{H2O} XY^2 A} = 0$$

$$2\mathrm{Y}^2(1 + \mathrm{K_{H2O}} \cdot \mathrm{XA}) + \mathrm{Y}(\mathrm{K_H/A} + \mathrm{K_{OH} X}) - 2 = 0$$

이 2차 방정식을 풀면

$$\mathrm{Y} = \frac{-(\mathrm{K_H/A} + \mathrm{K_{OH}X}) + \sqrt{(\mathrm{K_H/A} + \mathrm{K_{OH}X})^2 + 16(1 + \mathrm{K_{H2O}XA})}}{4(1 + \mathrm{K_{H2O}} \cdot \mathrm{XA})}$$

이 방정식은 (나)에서 가정한 μ와 T_2로부터 A의 값, 화학평형 정수 K_O, K_H, K_{OH}, 및 K_{H2O}에 대하여는 그림 7.48에서 가정한 T_2에 대응하는 각각의 값을 구하고, X를 가정하면 Y의 값이 구하여진다.

이들의 값을 사용하여 (7.49)~(7.54)식에서 $n_1 \sim n_6$의 값을 구할 수 있다. 다음으로 이 $n_1 \sim n_6$의 값이 식 (7.41)을 만족하는 가를 검산하고 만족하지 않으면 만족할 때까지 X의 값을 가정하여 행한다.

그림 7.48은 문헌(疋田 強, 연소개론)의 부표 2에 나타낸 값을 그림으로 나타낸 것이며 각각의 점을 직선으로 연결하여, 온도의 함수로서 전산처리를 하기 쉽게 하기 위해 그 관계를 식으로 표시한 것이다.

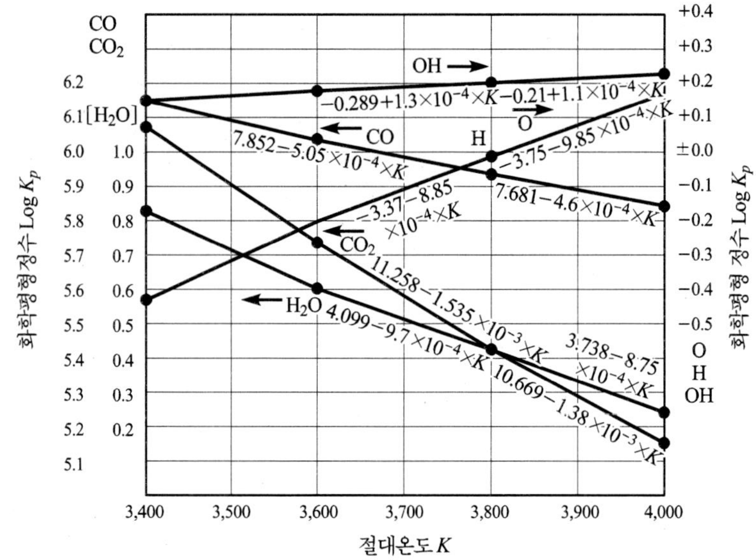

그림 7.48 화학평형정수

부표 2 (a) 평형정수 log K_P

온도(K)	H	OH	O	N	NO	CO	CO_2	H_2O	C(gas)
300	−40.3	−5.96	−40.3	−79.3	−15.1	23.9	68.7	39.8	−116.
500	−22.9	−3.24	−22.9	−46.3	−8.78	16.2	41.3	22.9	−67.
700	−15.4	−2.08	−15.4	−32.2	−6.09	12.9	29.5	15.6	−54.
900	−11.3	−1.44	−11.3	−24.3	−4.59	11.1	23.0	11.5	−33.
1100	−8.6	−1.037	−8.6	−19.3	−3.63	9.9	18.8	8.9	−25.
1300	−6.75	−0.760	−6.8	−15.8	−2.97	9.1	15.9	7.1	−20.
1500	−5.40	−0.559	−5.4	−13.2	−2.49	8.5	13.8	5.7	−16.7
1700	−4.35	−0.406	−4.35	−11.3	−2.116	8.0	12.2	4.7	−13.8
1900	−3.53	−0.286	−5.53	−9.7	−1.823	7.6	10.9	3.89	−11.5
2100	−2.860	−0.190	−2.86	−8.449	−1.586	7.32	9.86	3.23	−9.60
2200	−2.571	−0.149	−2.571	−7.905	−1.484	7.185	9.411	2.942	−8.779
2300	−2.307	−0.111	−2.307	−7.409	−1.391	7.061	9.001	2.682	−8.042
2400	−2.065	−0.077	−2.065	−6.954	−1.305	6.946	8.625	2.443	−7.367
2500	−1.842	−0.046	−1.842	−6.535	−1.227	6.840	8.280	2.224	−6.746
2600	−1.636	−0.017	−1.636	−6.149	−1.154	6.741	7.960	2.021	−6.173
2700	−1.446	−0.010	−1.446	−5.790	−1.087	6.649	7.664	1.833	−5.642
2800	−1.268	−0.034	−1.268	−5.457	−1.025	6.563	7.388	1.658	−5.150
2900	−1.103	−0.057	−1.103	−5.147	−0.967	6.483	7.132	1.495	−4.692
3000	−0.949	−0.078	−0.949	−4.858	−0.913	6.407	6.892	1.343	−4.265
3200	−0.670	−0.116	−0.670	−4.332	−0.815	6.269	6.458	1.067	−3.491
3400	−0.423	−0.150	−0.423	−3.868	−0.729	6.145	6.074	0.824	−2.809

온도(K)	H	OH	O	N	NO	CO	CO_2	H_2O	C(gas)
3600	−0.204	−1.179	−0.204	−3.455	−0.653	6.034	5.732	0.607	−2.204
3800	−0.007	−0.205	−0.007	−3.086	−0.585	5.933	5.425	0.413	−1.663
4000	+0.170	−0.227	+0.171	−2.752	−0.524	5.841	5.149	0.238	−1.176

부표 2 (b) 평형정수 log K_P

온도(K)	NH_3	NO_2	SO_2	S	Cl	HCl	O_3
300	−2.858	−8.94	52.3	−40.7	−18.3	16.6	−28.4
500	−0.487	−6.67	34.4	−21.7	−9.8	10.2	−18.5
700	−2.034	−5.714	22.3	−13.7	−6.16	7.4	−14.3
900	−2.937	−5.185	17.2	−9.3	−4.12	5.8	−11.9
1100	−3.532	−4.848	13.4	−7.0	−2.81	4.82	−10.4
1300	−3.951	−4.612	10.7	−5.4	−1.90	4.12	−9.3
1500	−4.263	−4.438	8.8	−4.3	−1.23	3.62	−8.55

(라) 각종 화학성분의 생성열 및 enthalpy

폭굉의 식 (7.32)을 해석하기 위하여는 각종 화학성분의 생성열 및 enthalpy를 알아야 한다. 생성열을 표 7.16에 나타낸다.

표 7.16 화학성분의 생성열(Kcal/mol)

H_2	O_2	O	H	OH	H_2O
0	0	59.56	52.12	9.1	−57.75

식 (7.32)의 반응열 Q와 생성열 ($\triangle H_f^0$)와의 관계는 다음과 같다.

Q = (반응생성물의 생성열의 합계)−(반응물의 생성열의 합계)

enthalpy에 대하여는 문헌(疋田 強, 연소개론)의 부표 1에 나타낸 값을 취해 직선으로 연결하여 온도의 함수로서 식을 나타내어 그림 7.49에 표시했다.

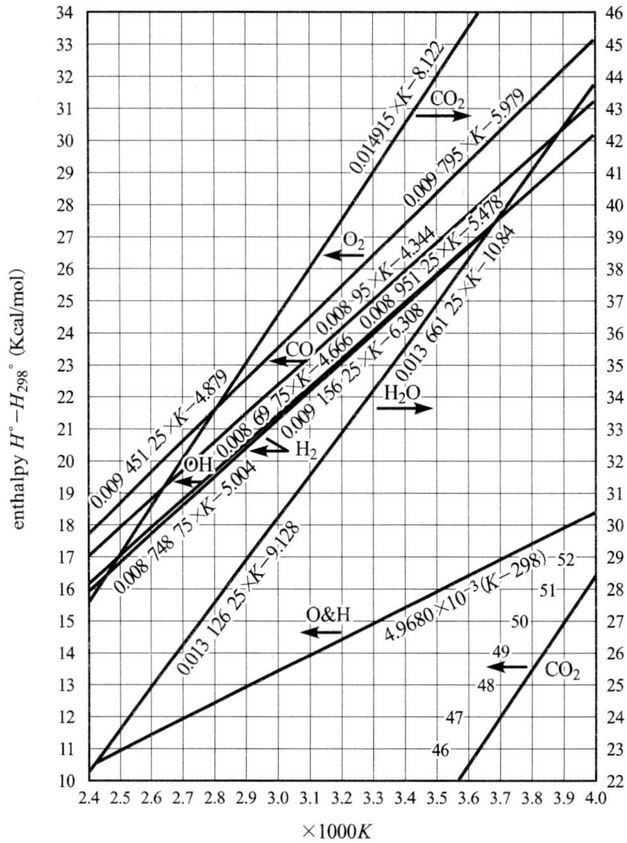

그림 7.49 가스의 Enthalpy

(다)에 있어서 $n_1 \sim n_6$의 값을 구했으나, 여기서는 이들의 값에 의해 계산된 생성열과 enthalpy의 값이 식 (7.32)을 만족하는지를 검산한다. 만족하지 않는 경우에는 μ값을 다시 가정하여 식 (7.31) 및 식 (7.32)을 만족할 때까지 반복한다. 만족하는 값이 얻어지면, 식 (7.44) 및 식 (7.40)에서 P_2/P_1의 값, v_2/v_1은 μ의 역수에 의해, 식 (7.33)에서 폭속 D를 구할 수 있다.

(3) 삼승근 법칙(Cubic-root scaling or Hopkinson scaling law)

3승근 법칙은 다음 식으로 나타내어진다.

$$\lambda = \frac{R_L}{\sqrt[3]{Q}} \qquad R_L = \lambda \sqrt[3]{Q} \tag{7.55}$$

여기서, λ: Scale화 거리 (ft/$\sqrt[3]{Q}$)

R_L : 폭심(爆)에서의 거리(ft)

Q : 화약의 양(ℓb)

이 식에 대하여 많은 검토와 실험이 행해지고 있으나 오늘날 일반적으로 사용되고 있는 것은 Kingery와 Pannill가 작성한 그림이며 Q에는 TNT의 양(ℓb), 폭풍압은 psi로 나타내어지고 있다. 이 값을 표로 나타낸 수치에서 meter법의 단위로 환산한 것이 그림 7.50이다.

이 그림에서도 계산의 편의를 도모하고자 수식을 표시해 놓고 있다. 이 수식은 곡선을 분할하여 직선으로 하여 있으므로 앞에서 말한 표의 수치와 다소의 오차는 있으나 원도(原圖)에서 읽어내면 정확하다.

그림 7.50에 의한 계산 예

예 1 TNT 100kg이 폭발했을 때, 100m의 거리에 있어서 폭풍압을 구하시오.

$$\lambda = \frac{100}{\sqrt[3]{100}}$$

$$\Delta P = 3.2333 \times \lambda^{-1.3210} = 3.233 \times \left(\frac{100}{\sqrt[3]{100}}\right)^{-1.3210}$$

$$\fallingdotseq 0.056\ Kg_f/cm^2$$

예 2 TNT 100kg이 폭발했을 때 폭풍압이 0.056 Kg_f/cm^2로 되는 거리를 구하시오.

$$\lambda = 2.4311 \times \triangle P^{-0.75698} = 2.4311 \times 0.056^{\triangle P-0.75698} = 21.542$$

$$R_L = 21.542 \times \frac{100}{\sqrt[3]{100}} \fallingdotseq 100m$$

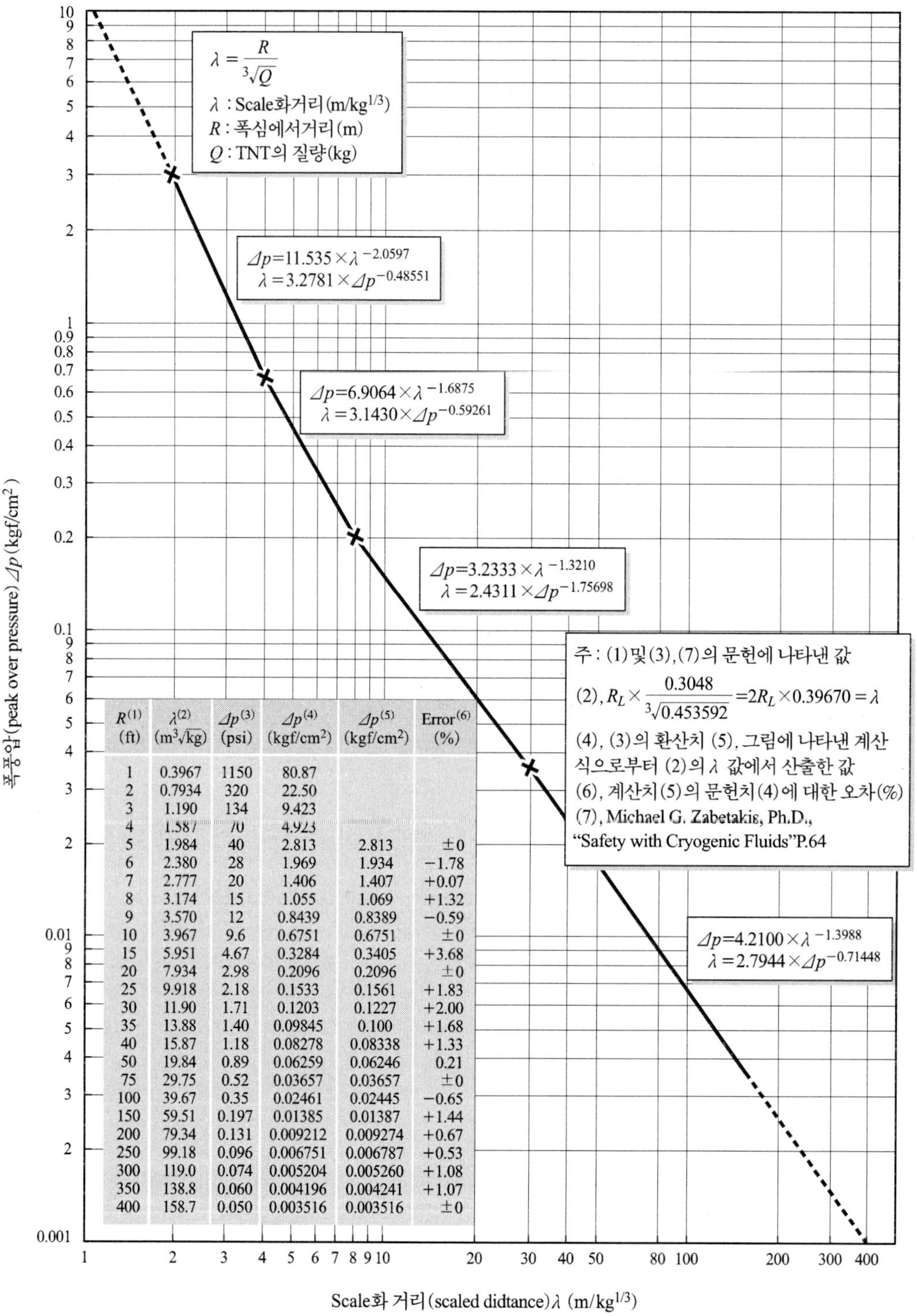

$R^{(1)}$ (ft)	$\lambda^{(2)}$ ($m^3\sqrt{kg}$)	$\Delta p^{(3)}$ (psi)	$\Delta p^{(4)}$ (kgf/cm^2)	$\Delta p^{(5)}$ (kgf/cm^2)	Error$^{(6)}$ (%)
1	0.3967	1150	80.87		
2	0.7934	320	22.50		
3	1.190	134	9.423		
4	1.587	70	4.923		
5	1.984	40	2.813	2.813	±0
6	2.380	28	1.969	1.934	−1.78
7	2.777	20	1.406	1.407	+0.07
8	3.174	15	1.055	1.069	+1.32
9	3.570	12	0.8439	0.8389	−0.59
10	3.967	9.6	0.6751	0.6751	±0
15	5.951	4.67	0.3284	0.3405	+3.68
20	7.934	2.98	0.2096	0.2096	±0
25	9.918	2.18	0.1533	0.1561	+1.83
30	11.90	1.71	0.1203	0.1227	+2.00
35	13.88	1.40	0.09845	0.100	+1.68
40	15.87	1.18	0.08278	0.08338	+1.33
50	19.84	0.89	0.06259	0.06246	0.21
75	29.75	0.52	0.03657	0.03657	±0
100	39.67	0.35	0.02461	0.02445	−0.65
150	59.51	0.197	0.01385	0.01387	+1.44
200	79.34	0.131	0.009212	0.009274	+0.67
250	99.18	0.096	0.006751	0.006787	+0.53
300	119.0	0.074	0.005204	0.005260	+1.08
350	138.8	0.060	0.004196	0.004241	+1.07
400	158.7	0.050	0.003516	0.003516	±0

그림 7.50 폭풍압의 peak압력

(4) 폭풍압과 impulse

폭발의 효과는 폭풍압의 효과에 더해져서, 그 폭풍압이 peak압에서 대기압까지 감쇄할 때까지의 시간도 크게 영향을 미친다.

그 폭풍압의 크기와 시간의 길이를 고려한 물리량이 impulse(力積)이며 일반적으로 1로 표시하고 단위는 $Kg_f \cdot ms/cm^2$이다, peak압 △P와 impulse I의 관계를 그림 7.51에 나타낸다.

impulse와 scale화 거리의 관계를 그림 7.52에 나타내었다. 또한, impulse의 효과가 고려되어져 있는 영국(英國)의 거리를 구하는 식을 meter법으로 환산하여 다음과 같이 나타낸다.

$$R_L = \frac{0.39670\ KQ^{1/3}}{\left[1 + \frac{1.0082 \times 10^7}{Q_2}\right]^{1/6}} \tag{7.56}$$

여기서, R : K의 값에 따라 나타낸 폭발의 효과를 주는 폭심에서의 거리(m)

Q: TNT의 양(kg)

K: K=9.5, 대부분의 구조물은 완전히 파괴

K=14, 벽돌구조의 외면이 50~75% 파손, 벽의 밑이 위험하여 헐어야 할 필요가 있게 됨

K=24, 거주불가능, 지붕이 부분적으로 또는 전부파손, 외벽의 1~2면의 부분적 파괴, 하중이 걸려있는 벽은 큰 손상을 받고 있으므로 교환할 필요가 있다.

K=70, 구조물에 약간의 손상을 받아, 칸막이 벽, 목재문은 고정 부분에서 틀어진다.

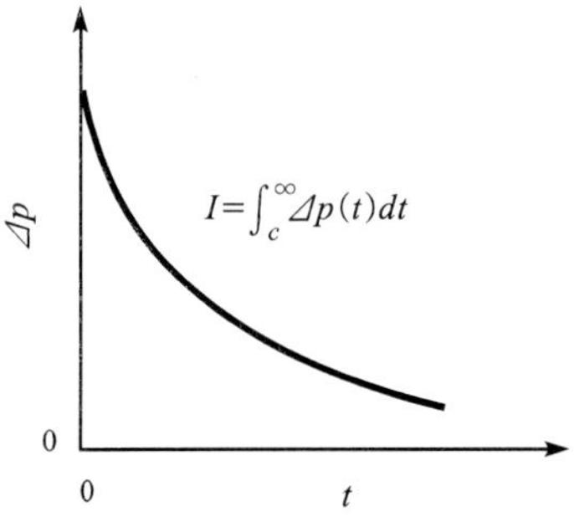

그림 7.51 peak압과 Impulse

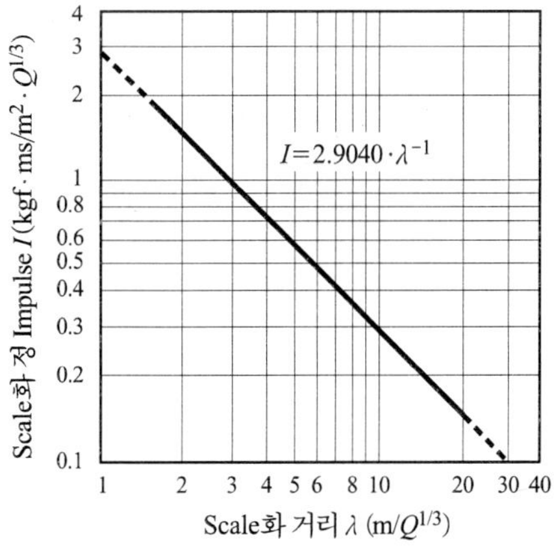

그림 7.52 Scale화 거리에 대응하는 Impulse

K=140, 수리하면 거주가능, 천정, 타일붙임에 약간의 피해, 10% 이상의 유리창이 파손

이 식은 식(7.55)와 그림 7.52에서 Q를 토대로 하여 각각 peak압과 impulse로 분할하여 나타낼 수 있으며, program에 의한 계산 결과를 그림 7.53에 나타내었다. (영국에 있어 폭발에 대한 보유거리 계산 program에는 표 PR.1에 타나낸다)

표 PR.1 영국의 폭발에 대한 보유거리 계산 예

```
10 REM =============
20 REM Prof. Choi J.W
30 REM 2018.03.01.
40 REM =============
50 INPUT "enter K:",K
60 INPUT "enter Q:",Q
70 R = .3967 * K * Q^(1/3)/(1+1.0082 * E7/Q^2)^(1/6)
80 L=R/Q^ (1/3)
90 1=2.904/L*Q^ (1/3)
100 IF L>29.75 GOTO 140
110 IF L>7.934 GOTO 150
120 IF L>3.967 GOTO 160
130 P = 11.535 * L^ (-2.0597)
140 P=4.21 * L^ (-1.3988)
150 P= 3.2333 * L^(-1,321 )
160 P=6.9064 *L^ (-1.6875)
170 PRINT "DELTA P IS EQUAL TO "; P
180 END
```

그림 7.53의 K의 값을 나타내는 열쇠형의 종선의 범위는 peak 압의 효과가 지배적으로 횡선의 범위는 impules의 효과가 지배적인 것을 나타내고 있다.

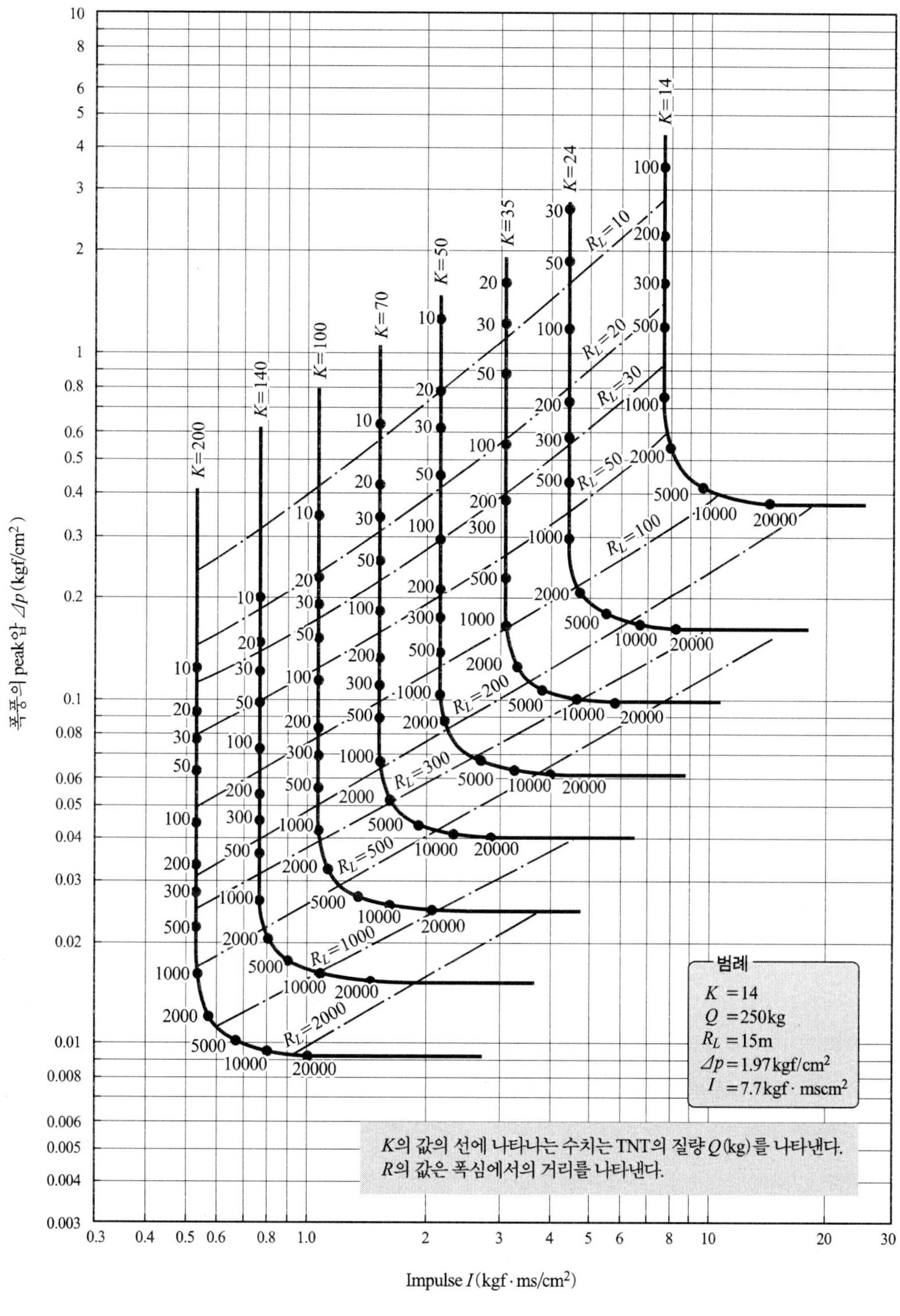

그림 7.53 K값에 따른 peak압과 Impulse

7.8.5 파열

(1) 파열에 대한 계산식

(가) 파열(破裂)에 대한 계산식의 비교

파열할 때에 방출하는 에너지를 구하는 식으로 다음의 3가지의 식이 있다.

$$E = \frac{P_1}{\gamma - 1}\left[\frac{P_2}{P_1} - \left(\frac{P_2}{P_1}\right)^{1-\gamma}\right] \cdot v_2 \quad \text{Baker의 식} \tag{7.57}$$

(단열팽창의 식과 동일하다)

$$E = NRT_2 \ln\left(\frac{P_2}{P_1}\right) \quad \text{Kinney의 식} \tag{7.58}$$

$$E = \frac{P_2 - P_1}{\gamma - 1} \cdot v_2 \quad \text{Brode의 식} \tag{7.59}$$

여기서, P : 압력 (Kg_f/m^2, abs)

v : 비용적 (m^3/Kmol)

γ : 비열비 C_P/C_V

N : mole수(−)

R : gas정수(847.837 $Kg_f \cdot m/Kmol \cdot K$)

T: gas의 온도 (K)

하첨자 1은 과열 후 대기압으로 된 상태. 하첨자 2는 파열전의 압력이 있을 때의 상태를 나타낸다.

이 3가지 식에 대한 R.A. Strehlow와 R.E. Ricker의 검토의 결과를 요약하면, 파열에 대한 식으로서는 식 (7.59)가 적절하며 식 (7.57)은 작게, 식 (7.58)은 크게 평가된다고 하고 있다.

더욱이, 그의 논문 중에 그 비교가 도시 되어져 있으므로 다음의 계산식으로서 계산한 결과를 그림 7.54에 나타낸다. 계산은 어떤 식에 대하여도 $T_1=T_2$, $\gamma=1.4$, N=1로 하여, 반경 r의 구형저장조가 파열되었을 때의 에너지(동판의 파열에 요하는 에너지는 무시)에 대하여 비교했다.

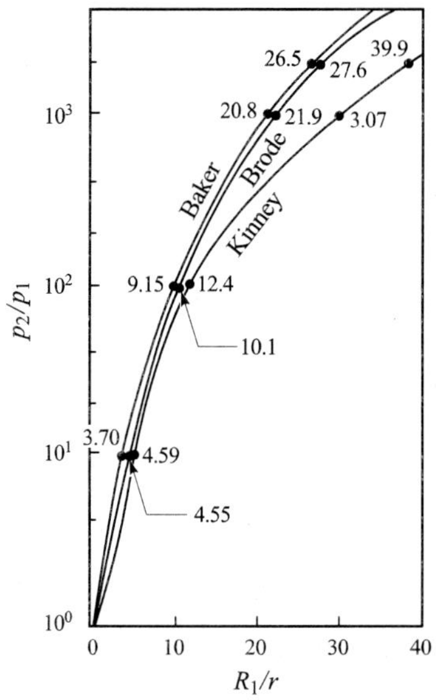

그림 7.54 파열식의 비교

식 (7.57) $E = \dfrac{P_1}{\gamma-1}\left[\dfrac{P_2}{P_1}-\left(\dfrac{P_2}{P_1}\right)^{\frac{1}{\gamma}}\right]\cdot v_2$

$$\left(\frac{E}{P_1}\right)^{1/3} = \left[\frac{1}{1.4-1}\left\{\frac{P_2}{P_1}-\left(\frac{P_2}{P_1}\right)^{1/1.4}\right\}\frac{4\pi}{3}\right]^{1/3}\cdot r = R_L \qquad (7.60)$$

$$\frac{R}{r}=\left[\frac{1}{0.4}\left\{\frac{P_2}{P_1}-\left(\frac{P_2}{P_1}\right)^{1/1.4}\right\}\frac{4\pi}{3}\right]^{1/3}$$

식 (7.58) $E = NRT_2\ \ln\left(\dfrac{P_2}{P_1}\right)$

$$\left(\frac{E}{P_1}\right)^{1/3} = \left[\frac{P_2}{P_1}\ln\left(\frac{P_2}{P_1}\right)\frac{4\pi}{3}\right]^{1/3}\cdot r = R_L \qquad (7.61)$$

$$\frac{R}{r}=\left[\frac{P_2}{P_1}\ln\left(\frac{P_2}{P_1}\right)\frac{4\pi}{3}\right]^{1/3}$$

식 (7.59) $E = \dfrac{P_2-P_1}{\gamma-1}\cdot v_2$

$$\left(\frac{E}{P_1}\right)^{1/3} = \left[\left(\frac{P_2}{P_1}-1\right)\cdot\frac{1}{1.4-1}\cdot\frac{4\pi}{3}\right]^{1/3}\cdot r = R_L \tag{7.62}$$

$$\frac{R_L}{r} = \left[\left(\frac{P_2}{P_1}-1\right)\frac{4\pi}{1.2}\right]^{1/3}$$

식 (7.60)~식 (7.62)에 P_2/P_1의 값을 대입하여 각각 산출된 R_L/r의 값을 그림으로 나타낸 것이 그림 7.54이다.

(나) 파열 에너지의 평가

파열 에너지는 식 (7.56)~식 (7.58)에 의해 $Kg_f \cdot m$의 단위로서 산출되나, 일반적으로 폭발에 의한 규모개념을 알기 쉽게 하기 위하여 TNT로 환산한 값으로 평가된다. TNT의 폭굉에너지를 1000 Kcal/Kg로 하면 $1Kcal_R$ 4.2686×10^2 $Kg_f \cdot m$이므로 TNT의 일량은 4.2686×10^5 $Kg_f \cdot m/Kg$로 되고, 1 $Kg_f \cdot m$는 $1/(4.2686 \times 10^5) = 2.3427 \times 10^{-6}$ Kg의 TNT에 상당하는 것으로 된다.

계산 예

내용적 $31m^3$, gauge압력 55 Kg_f/cm^2로 압축된 질소의 압력용기가 파열했을 때의 에너지를 TNT 당량으로 구하라.
대기압을 1Kg/㎠으로 하면 Pa = 56 Kg_f/cm^2, 공기 · 질소 다같이 γ= 1.4, 온도는 13℃로 한다.

$$\text{Baker's forula}\ E = \frac{P_1}{\gamma-1}\left[\frac{P_2}{P_1}-\left(\frac{P_2}{P_1}\right)^{1/\gamma}\right]\cdot v_2$$

$$= \frac{10,000}{1.4-1}\left[\frac{560,000}{10,000}-\left(\frac{560,000}{10,000}\right)^{1/1.4}\right]\cdot 31$$

$$= 2.9659 \times 10^7 Kg_f.m$$

TNT의 환산치 = $2.3427 \times 10^{-6} \times 2.9659 \times 10^7$ $(Kg/Kg_f \cdot m) \cdot Kg_f \cdot m$
= 69.482 Kg

(TNT 폭굉열량을 1150Kcal/Kg으로 하면 TNT 환산량은 62.420Kg_f로 된다.)

$$\text{Kinney's formula}\ E = NRT_2 \ln\left(\frac{P_2}{P_1}\right)$$

$$= \frac{31 \times 56 \times 273}{22.4 \times (273+13)} \times 847.84 \times (273+13) \ln\left(\frac{560,000}{10,000}\right)$$

$$= 7.2207 \times 10^7 \mathrm{Kg_f} \cdot \mathrm{m}$$

(단, R= 847.84 Kg_f · m/Kmol · K)

TNT의 환산치=2.3427 $\times 10^{-6} \times$ 7.2207 $\times 10^7$ = 169.16 Kg

Brode's formula $E = \frac{P_2 - P_1}{\gamma - 1} \cdot v_2$

$$= \frac{560,000 - 10,000}{1.4 - 1} \times 31$$

$$= 4.2625 \times 10^7 \mathrm{Kg_f} \cdot \mathrm{m}$$

TNT의 환산치 = 2.3427$\times 10^{-6} \times$ 4.2625$\times 10^7$= 99.858 Kg

(2) 구형(球形)저장조가 파열했을 때의 peak압과 Impulse

압축가스의 구형저장조가 파열(동체의 파열은 무시한다. bursting sphere)했을 때의 폭풍의 peak압과 impulse를 구하는 방법을 설명한다.

(가) 기호의 설명

P_1: 압축 gas의 압력(절대압력 Kg_f/m^2)

P_2 : 대기압(절대압력 Kg_f/m^2)

P_S: peak 압을 구하는 위치에 있어서 peak압(절대압력 Kg_f/m^2)

$\overline{P_S}$: 무차원화 peak압(-)

$\overline{P_{SO}}$: 파열 순간의 peak압(절대압력 Kg_f/m^2)

$\overline{P_{SO}}$: 파일순간의 $\overline{P_S}$

r_1: peak압 및 Impulse를 구하는 위치까지의 구체의 중심에서의 거리

r_2: 구체의 반경(m)

$\overline{R_1}$: r_1의 scale화 거리 $r_1/(E/P_1)^{1/3}$

$\overline{R_2}$: r_2의 scale화 거리 $r_2/(E/P_1)^{1/3}$

γ_1 : 공기의 비열비(γ_1=1.4)

γ_2 : gas의 비열비(C_P/C_V)

i : impulse(Kg_f.ms/m^2)

$\bar{i}$: scalett화 impulse[$ia_1/(P_1^{2/3}E^{1/3})$]

a_1 : 공기 중의 음속(m/s)

a_2 : gas 중의 음속(m/s)

(4) peak압을 구하는 방법

식 (7.59)에 나타내는 Brode의 식에서

$$E = \frac{P_2 - P_1}{\gamma_2 - 1} \cdot v_2 = \frac{P_2 - P_1}{\gamma_2 - 1} \cdot \frac{4\pi}{3} r_2^3$$

$$\left(\frac{E}{P_1}\right)^{1/3} = \left[\frac{4/3\pi r_2^3((P_2/P_1) - 1)}{\gamma_2 - 1}\right]^{1/3} \tag{7.63}$$

$$\frac{r_2}{\left(\frac{E}{P_1}\right)^{1/3}} = \overline{R_2} = \frac{r_2}{\left[\frac{4/3\pi r_2^3((P_2/P_1) - 1)^{1/3}}{\gamma_2 - 1}\right]^{1/3}} \tag{7.64}$$

$$= \frac{1}{\left[\frac{4/3\pi((P_2/P_1) - 1)}{\gamma_2 - 1}\right]^{1/3}}$$

$$\frac{P_2}{P_1} = \frac{P_{SO}}{P_1}\left[1 - \frac{(\gamma_2 - 1)(a_1/a_2)(P_{SO}/P_1 - 1)}{\sqrt{2\gamma_1}\sqrt{2\gamma_1} + (\gamma_1 + 1)(P_{SO}/P_1 - 1)}\right]^{-2\gamma_2(\gamma_2 - 1)} \tag{7.65}$$

식 (7.65)에 의해 P_{SO}에 $\overline{P_{SO}}$를 구하는 program을 표 PR.2에 나타내었다. 여기서 $\frac{P_{SO}}{P_1}$의 input는 0에 가깝게 되도록 try and error(시행오차법)를 행한다.

식 (7.64)에서 $\overline{R_2}$, 식 (7.65)에서 $\overline{P_{SO}}$의 값이 구하여 지면 그림 7.55에서 $\overline{R_2}$의 값을 $\overline{R}$, $\overline{P_{SO}}$의 값을 $\overline{P_S}$로 하여 그림 중에서 그의 교점을 구해 ②로 한다.

다음에, 다음의 식으로부터 구체에서 r_1의 거리에 있어서의 $\overline{R_1}$를 구한다.

$$\overline{R_1} = \frac{r_1}{r_2} \cdot \overline{R_2} \tag{7.66}$$

$\overline{R_1}$의 값을 $\overline{R}$로 하고, 그림 중에서 취한 교점 ②에서 부근의 곡선에 따라 곡선을 그려 그 곡선과 $\overline{R}$와의 교점을 ①로 하여 그 접에서 $\overline{P_S}$의 값을 읽는다.

구하고자 하는 peak압 △P는 $P_S - P_1$이므로 다음 식으로부터 구할 수 있다

$$\overline{P_S} = \frac{P_S - P_1}{P_1} \tag{7.67}$$

$$\Delta P = P_S - P_1 = \overline{P_S} P_1$$

표 PR.2 식 (7.65)에 대한 계산 예

```
10 =================
20 REM Prof. Choi.J.W.
30 REM 2018.03.01.
40 =================
50 INPUT "enter gamma2 value : ",D
60 INPUT "enter al/a2 value:", E
70 INPUT "enter p2/pl value:",F
80 INPUT "enter ps0/pl value: ",G
90 H= (-2* D/(D-1))
100 I=1-(D-1) *E* (G-1)/(2.8^.5)/((2.8+2.4*(G-1))^.5)
110 J=G*I^H-F
120 K=G-1
130 PRINT "ERROR IS EQUAL TO  ";J
140 PRINT "PSO BAR IS EQUAL TO ";K
150 END

OK
RUN
enter gamma2 value :1.4
enter al/a2 value :0.815
enter p2/pl value :30
enter ps0/pl value :5.081303
ERROR IS EQUAL TO -7.629395E-06
PSO BAR IS EQUAL TO 4.081303
OK
```

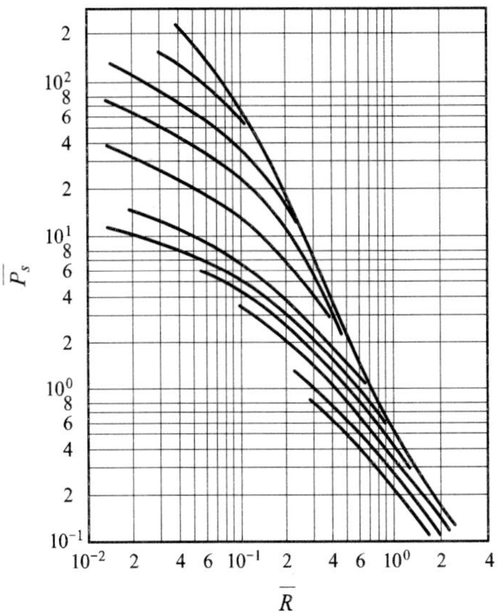

그림 7.55 $\overline{\mathrm{R}}:\overline{\mathrm{P_s}}$

(3) Impulse의 구하는 방법

그림 7.56 또는 그림 7.57의 $\overline{\mathrm{R}}$의 눈금에 식 (7.66)에서 구한 $\overline{\mathrm{R_1}}$의 값을 넣어서 곡선과의 교점을 구하고, 그 점에 있어서 $\bar{i}$의 값을 읽는다.

$$\bar{i} = \frac{ia_1}{\mathrm{P}_1^{2/3}\mathrm{E}^{1/3}} \text{이므로}$$

$$i = \frac{\mathrm{P}_1^{2/3}\mathrm{E}^{1/3}}{a_1}\bar{i} \tag{7.68}$$

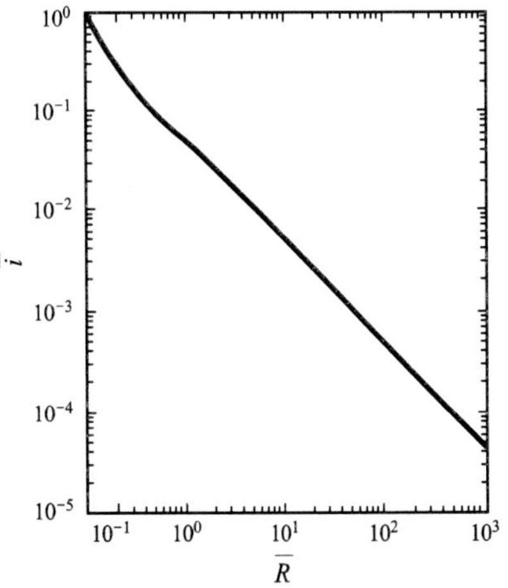

그림 7.56 $\bar{i}$: $\overline{\mathrm{R}}$

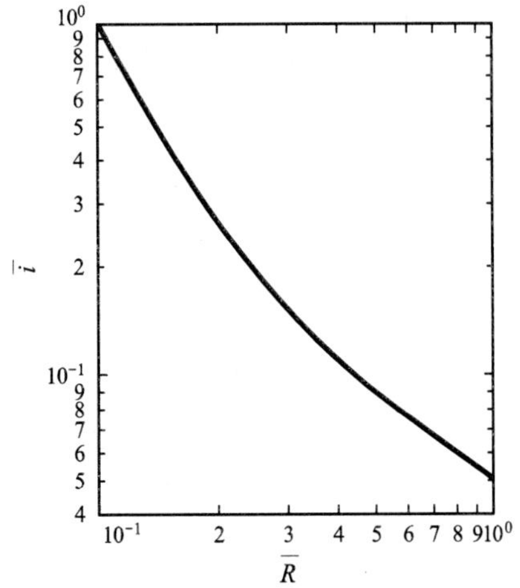

그림 7.57 $\bar{i}$: $\overline{\mathrm{R}}$($\overline{\mathrm{R}}$의 작은 값)

계산 예

1000m^3, gauge압력 30Kg$_f$/cm^2, 대기온도에서 압축공기의 구형 저장조가 파열했을 때, 그의 중심에서 50m 떨어진 거리에 있어서 peak압력과 impulse을 구하시오.

단, $r_1 = r_2$ = 1.4, $a_2 = a_1$, r_2= 6.2m, P_1= 1.033Kg$_f$/cm^{2}로 한다.

풀이 : 식 (7.64)로부터

$$\overline{R_2} = \frac{1}{\left[\dfrac{\frac{4\pi}{3}\left(\frac{P_2}{P_1}-1\right)}{\gamma_2 - 1}\right]^{\frac{1}{3}}} = \frac{1}{\left[\dfrac{\frac{4\pi}{3}\left(\frac{310,330}{10,330}-1\right)}{1.4-1}\right]^{\frac{1}{3}}} = 0.14870$$

식 (7.65)을 표 PR-2에 의해 계산하여

$\overline{P_{SO}}$ = 3.4426, $\overline{R_2}$와 $\overline{P_{SO}}$의 값과 $\overline{R_1}$ = 1.2에서

그림 7.55로부터 P_S=0.3이 얻어진다.

식 (7.67)에서

$$\triangle P = \overline{P_S} \cdot P_1 = 0.32 \times 1.033 \fallingdotseq 0.32 \text{Kg}_f/\text{cm}^2$$

다음으로 impulse를 구하면

식 (7.66)에서

$$\overline{R_1} = \frac{r_1}{r_2} \cdot \overline{R_2} = \frac{50}{6.2} \cdot 0.14870 = 1.2$$

그림 7.56에서 $\bar{i}$ = 0.047

식 (7.63)에서

$$E = \frac{P_2 - P_1}{\gamma_2 - 1} \cdot v_2 = \frac{310,000 - 10,330}{1.4 - 1} \cdot 1000 = 7.5 \times 10^8$$

식 (7.68) $i = \dfrac{P_1^{2/3} E^{1/3}}{a_1} \bar{i}$

$$= \frac{10,330^{\frac{2}{3}} \times \sqrt[3]{7.5 \times 10^8}}{340} \times 0.047 = 59.6 \text{Kg}_f \cdot \text{ms/m}^2$$

7.8.6 評價

(1) 사전평가

(가) 개방공간에 있어서의 폭발에 대한 사전평가

보유 또는 저장하는 가연성가스에 대하여 폭발했을 때의 피해(被害)를 미리 평가하는 경우에는 유출량을 시간적으로 가정하고, 확산을 고려하여 그 중에서 폭발에 기여하는 양을 가정할 필요가 있다. 가령 전량이 순간적으로 유출하였다 하여도 전량을 폭발시킬 만큼의 공기의 공급이 충분하지 못하다.

보유량이 많은 가연성 액화가스 또는 압축가스에 대하여 폭발의 효과를 사전에 평가하는 방법으로는 TNT당량을 구하는 것이 적절하다고 생각되며, 이는 고압가스에서 보유해야만 하는 거리를 산정하는 것으로부터 시작한다.

$$X = 0.480\sqrt[3]{KW} \tag{7.69}$$

여기서, X: 사업장의 부지로부터 보유해야만 하는 거리

K: 가스의 종류 및 상용의 온도의 구분에 따라서 표 7.17에 나타낸 값에 1000을 곱하여 구한 수치

W: 저장설비 또는 처리설비(반응탑, 열교환기 등)의 구분에 따라서 다음에 정하는 값

저장설비 : ① 액화 가스에 대하여는 저장능력(단위 톤)의 수치의 평방근의 수치(단위 돈, 1톤 미만은 그대로의 수치)

② 압축가스에 대하여는 그의 용적(단위 ms^3)에서 당해 가스의 상용온도 및 압력에 있어서의 질량(단위 톤)으로 환산한 수치의 평방근의 수치(단위 톤, 1톤 미만은 그대로의 수치)

처리설비 : 처리설비 내에 있는 가스의 양(단위 톤)의 수치

식 (7.69)의 생각을 해석하기 위해 다음 식과 같이 변형한다.

$$X = 12 \times 3\sqrt{\frac{1{,}000kW \times 0.064}{1{,}000}} \tag{7.70}$$

이 변형한 식은, 식 (7.55)에 있어서 $R_L = X$, $\lambda = 12$, $\dfrac{1{,}000kW \times 0.064}{1{,}000} = Q$ 로 치환한 것으로 된다.

표 7.17에 나타낸 k의 값은 다음 식으로 구해진다.

$$k = \epsilon H \alpha$$

여기서 ϵ : 폭발계수로서 표 7.18에 나타낸 수치

표 7.17 k의 값을 구하는 표

1	acrylonitrile	상용온도	100 미만	100 이상 130 미만	130 이상 160 미만	160 이상 190 미만	190 이상 220 미만	220 이상 250 미만	250 이상
		k	47	84	150	225	305	400	468
2	acrolein	상용온도	70 미만	70 이상 100 미만	100 이상 130 미만	130 이상 160 미만	160 이상 190 미만	190 이상 220 미만	220 이상
		k	51	72	130	192	270	371	510
42	butane 또는 butylene	상용온도	40 미만	40 이상 70 미만	70 이상 100 미만	100 이상 130 미만	130 이상		
		k	128	229	360	503	640		
45	propane 또는 propylene	상용온도	10 미만	10 이상 40 미만	40 이상 70 미만	70 이상 100 미만	100 이상		
		k	178	328	497	737	838		

표 7.18 폭발계수

분류	폭발계수	가스의 종류
1	0.15	acetylene, vinylacetylene, CS_2
2	0.10	ethylene, ethylene oxide, H_2, CO
3	0.08	ethane, propane, propylene, acrolein, acetaldehyde, butadiene, propylene oxide
4	0.06	methane, butane, butylene, hexane, heptane, acetone, cyclobexane, vinylchloride, naphtha
5	0.04	ammonia, methanol

이 표의 분류와 계수는 다음의 물성치를 계수화(係數化)하여 정한 것이다.

$$\varepsilon = \varepsilon_1 + \varepsilon_2 + \varepsilon_3 + \varepsilon_4$$

여기서, ε_1 : 지상확산의 정도를 가스의 분자량에 바탕을 두고 class구분한 수

ε_2 : 가스의 폭발한계의 상한치와 하한치의 폭(幅)의 크기를 class구분한 수

ε_3 : 발화에너지 또는 소염거리의 역수(逆數)를 class구분한 수

ε_4 : 발화온도(K)의 역수(逆數)를 class구분한 수

H : 가스의 진(眞) 발열량(kcal/kg)

α : 액화가스의 기화율(flash율)로서, 압축가스의 경우는 1.0, 액화가스의 경우는 다음 식으로부터 구할 수 있다.

$$\alpha = \frac{H_2 - H_1}{L}$$

여기서, H_2 : 유출 전 상태에 있어서 액의 enthalpy

H_1: 비점에 있어서 액의 enthalpy

L: 비점에 있어서 액의 증발잠열

식 (7.70)의 분자의 1000은 W의 톤 단위를 kg단위로 하는 계수, 분모의 1000은 가스의 발열량에서 TNT(1000kcal/kg)로의 변환계수, 분자의 0.064는 TNT수율로서 조금 높은 값이나 안전을 고려하고, 더욱이 계산식의 간소화를 도모하여 정수로서 $\sqrt[3]{\cdot}$ 의 밖으로 내기 위해서 취해진 값이다.

저장설비에 대하여는 그 보유량(保有量)의 평방근의 값을 취하여 저장량으로 나타내는 것은 양의 증대에 따라서 유출하는데 요하는 시간도 길게 되고 또한, 산소의 공급량도 불충분하게 되는 것을 고려한 것이다.

이렇게 하여 TNT당량이 구하여 지면, 그 양에 따른 효과를 구하는 방법은 impulse가 고려되어져 있는 식 (7.56)에 의한 것이 적절하다고 생각된다.

계산 예

액화프로판 1,000ton의 저장조에 대하여 식 (7.56)에 의한 K=140의 경우의 거리, peak 압력 및 impulse를 구하시요.

풀이

진발열량	11,060 kcal/kg
비점에서의 액의 enthalpy	−1.1328 kcal/kg
비점에서의 증발잠열	101.07 kcal/kg
온도를 40°C로 하고 40°C에서의 액의 enthalpy	52.459 kcal/kg
폭발계수	0.08
TNT의 폭발에너지	1,000 kcal/kg
TNT 수율	0.064

TNT로의 환산의 대상이 되는 저장량 $W = \sqrt{1{,}000} = 31.623\,\text{ton}$

TNT당량 $Q = 31.623 \times \frac{52.459 - (-1.1328)}{101.07} \times 0.08 \times 0.064 \times \frac{11{,}060}{1{,}000} = 949.52\text{kg}$

$$\text{거리 } R_L = \frac{0.39670 \times 140 \times 949.52^{\frac{1}{3}}}{\left[1 + \frac{1.0082 \times 10^7}{949.52^2}\right]^{\frac{1}{6}}} = 359.86\text{m}$$

impulse와 peak압을 계산하면

R_L= 359.86 ≒ 360m

I = 0.77959 ≒ 0.78Kg_{f} ms/cm^2

$\triangle P$ = 0.027357 ≒ 0.027Kg_{f}/cm^2

즉, 액화프로판 1,000ton 저장조에 의한 폭발의 효과를 사전에 평가하면, K의 값이 140에 상당하는 피해를 주는 거리는 약 360m로 된다.

(나) 폐쇄공간에 있어서의 폭발에 대한 사전평가

공장건물 내 또는 가옥 내와 같은 폐쇄공간 내에서의 폭발에 대하여 건물을 파괴하는 효과 및 그 후 옥내에 주는 효과 등에 대하여 정확한 자료가 없다. 그러나 자료는 없으나 많은 액화가스의 재해사례, 에틸렌의 폭발 실험의 결과에서 보면 개방공간의 폭발과는 달리 TNT수율은 아주 높다고 생각된다.

수율의 고저는 가스의 성질, 혼합의 상태, 착화원의 강도 등에 의해 변화하고 공간의 형상도 영향을 미치므로, 한 가지 결과로서 다른 경우의 추리는 할 수 없다. 그러나 편법으로 폐쇄공간이 당량의 가연성혼합가스로 채워져 있다고 하고, 표 7.18의 폭발계수의 값의 10배의 값을 폭발계수로 하고, TNT수율은 0.1~0.3으로 하는 것도 한가지의 방법이다.

(2) 사후평가(事後評價)

폭발의 효과에 대한 사후 평가는 그 피해 상황에서 그 폭발에 상당하는 TNT당량과 TNT수율에 의해 나타내어질 수 있다. 즉, TNT당량에 의해 폭발의 규모, 강도, TNT수율에 의해 그 폭발에 가세하여 연소한 가스의 양(폭발 시에 액체의 상태로서 체류해 있던 액체의 가스 및 폭발 후 유출이 계속되어 연소한 가스의 양은 포함되지 않는다)이 표현된다. 그러나 폭발의 효과를 평가하는 경우에는 폭발의 효과는 폭발한 장소의 환경, 지형 등에서 일반적으로 방향성도 있고, 피해상황의 정리방법, 폭풍압의 평가 방법 등에 의해 다르게 되므로 여러 가지 면에서 총합적인 판단이 필요하다.

폭발사고사례가 제시된 경우, 이 2가지의 parameter가 기록되어 있으면 단적으로 비교할 수 있으며, 더욱이 사상자수, 피해 가옥수, 유출액량 등이 명기(倂記)되면 그 규모는 대체로 기록으로 표현된다.

다음에 사후 평가에 대하여 사례를 통해 나타내어 본다.

(가) 개방공간에 있어서 폭발에 대한 사후평가

① 조(租)염화비닐 monomer의 폭발 : 이 사고에 있어서 피해상황의 평가는 유리 파괴의 피해율이 50%가 되었던 거리 900m를 취해서, 그 거리에 있어서의 peak압이 0.05psi(0.0035Kg_f/cm^2로 하여 TNT당량을 구한다. 그림 7.50에서 peak압이 0.0035Kg_f/cm^2인 경우의 λ의 값은 159(m/$kg^{1/3}$)이므로, 식 (7.55)에 의해 $Q = (R_L/\lambda)^3 = (900/159)^3 = 181.36 \fallingdotseq 200$kg TNT당량으로 된다.

TNT수율은 조염화비닐 monomer가 상공을 향하여 분출되었다는 것과 착화될 때까지 15분간이 경과하였다는 점에서 10%를 취한다. 그러면 TNT환산량은 2톤, TNT폭발열량을 1,000kcal/kg으로 하면 폭발에 가담된 조염화비닐 monomer의 량은

$$\frac{2{,}000 \times 1{,}000}{4{,}800} \fallingdotseq 420\text{kg}$$

따라서 이 사고는 전유출량 4ton 중, 약 40kg가 폭발하고 TNT수율이 0.1, TNT당량 200kg의 사고였다고 보고하고 있다.

② cyclohexane의 폭발: 영국 nypro社의 사고조사의 결론으로는 TNT당량은 30ton이었다고 한다. 이 결론은 약 5km의 범위에 대하여 피해상황 조사에 그 근거를 두고 있다.

TNT당량의 추정방법은 그림 7.58에 나타내었다. TNT수율에 대하여는 사고보고서에 기록되어져 있지 않으나, 증기운 중에 함유된 cyclohexane은 13.5ton이었다고 기록하고 있으므로 cyclohexane의 진발열량을 10460kcal/kg으로 하면 TNT환산량은

$$\frac{13500 \times 10460}{1000} = 141210\,\text{kg}$$

따라서 TNT수율은 $\frac{30}{141.21} \fallingdotseq 0.21$로 된다.

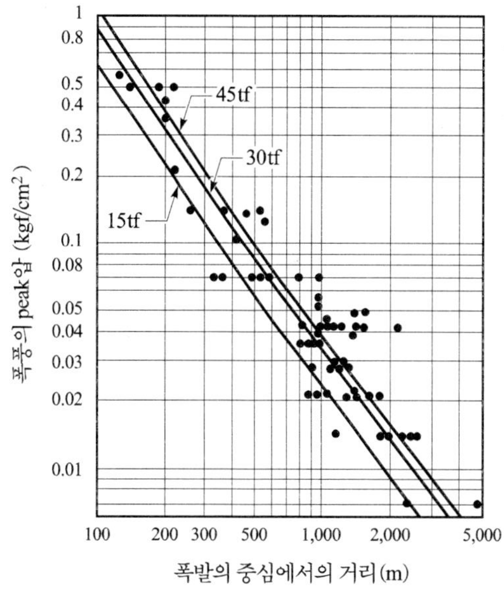

그림 7.58 cyclohexane 폭발사고에 있어서 거리와 폭풍의 peak 압의 관계

(나) 폐쇄공간에 있어서 폭발에 대한 사후 평가

① ethylene의 폭발시험 : R.A.Strehlow의 acident explosions의 실험보고서의 내용과 TNT곡선을 부가하여 그림 7.59에 나타내었다. 이 그림에서 가스폭발의 특성으로 폭풍압력은 가까운 거리에 있어서는 TNT보다도 낮으며, 이 그림의 범위에 있어서는 거리가 멀어지면 높게 되어 λ의 값이 2에서 같게 되고 있는 것을 알 수다. 이 점의 거리를 식 (7.55)에 의해 구하면 실험 No.1-1에서는 6.7m, 실험 No.2-2에서는 18.7m로 된다.

또한 각 실험에 있어서 ethylene의 발열량을 12060kcal/kg으로 하여 TNT(1,000kcal/kg)로 환산하면, 각각의 TNT상당량으로 된다. 여기서 말하는 당량은 앞에서 설명한 TNT환산량 및 TNT당량에 상당하므로 이 실험에 있어서는 TNT수율은 1.0(100%)이었다고 하는 것으로 된다.

그러나 이 실험은 미리 충분히 혼합되어져 있고, No.2-2실험에서는 벤토라이트 20g을 사용하여 폭발시킨 것으로서 일반적인 사고에 이 수율을 적용할 수는 없으나 폐쇄공간의 경우는 개방공간과는 달리 TNT수율이 높은 것을 나타내는 하나의 예라고 할 수 있다.

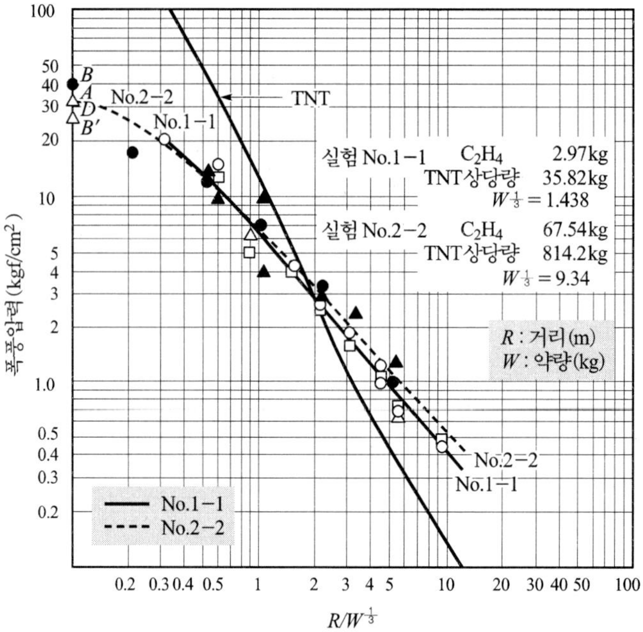

그림 7.59 ethylene 폭발실험치

② LPG폭발 : LPG에 의한 옥내폭발의 사례는 많으나 TNT당량을 구하는데 만족할 만한 기록은 없다. 가옥의 구조, 가옥의 밀집도, 파괴된 방향 등 조건이 복잡하므로 간단히 구할 수 없으나 한 가지 수단으로 butane폭발사례를 든다. 폭풍압의 평가는 표 7.19에 의하고 λ의 값은 그림 7.50, TNT당량식은 식 (7.55)에 의해 구했다.

거리(m)	피해 상황	추정폭풍압(Kg_f/cm^2)	λ	TNT당량(kg)
200	건물반파	0.06	20	1,000
500	창문의 유리가 거의 파손	0.018	50	1,000
1,000	역, 관청 등의 창문유리의 일부가 파손	0.007	96	1,130
2,000	초등학교의 창문유리가 8장 파손	0.0025	200	1,000 평균 약 1,000

TNT수율 0.2, 폭발계수 0.6, TNT의 폭발열량 1,000 kcal/kg으로 하고 butane의 발열량을 11,000ca/kg으로 하면 연소한 butane gas는

$$1{,}000 \times \frac{1{,}000}{0.2 \times 0.6 \times 11{,}000} = 757.56 ≒ 800\text{kg}$$

800kg의 butane은 실내체적에서 당량에 가까운 약 3%의 농도로 된다. 500kg들이

용기 4개 중 2개의 밸브가 열려 있었으므로 대체로 일치한다.

폐쇄공간에 대한 폭발에 대하여는 사전평가, 사후평가 모두 문제점이 많으므로 앞으로 많은 연구개발이 요구된다.

표 7.19 폭풍압과 그의 효과

폭풍압 ΔP (Kg_f/cm^2)	폭풍압과 그의 효과(피해)
0.002	휨이 있는 큰 유리창이 깨어진다
0.003	Jet기의 충격음(약 150 hone)
0.007	휨이 있는 작은 유리창이 깨어진다
0.01	유리창이 깨어진다
0.02	폭풍에 의한 파편비례의 한계
0.03	경미한 가옥의 손상
0.05	창틀이 밖으로 빠지고, 때로는 틀이 파괴된다
0.06	지붕에 손상을 받는다
0.08	나뭇가지가 부러지며, 수리하지 않는 집에서는 생활이 불가능
0.1	스레이트 벽 파괴, 지붕이 날리어 이동
0.15	지붕이 파괴, 나무가 30% 정도 넘어진다, 고막이 터진다
0.2	나무가 90% 정도 넘어진다. 철골조 기둥이 휜다
0.3	기름 탱크가 갈라진다, 철 기둥이 넘어지고, 나무 기둥이 잘린다
0.5	화차 전복·가옥이 전부 파괴·폐에 손상을 받는다
0.7	벽돌 벽이 전부 파괴
1.0	기름탱크가 찌그러짐

Chapter

08

화학설비

8.1 반응기

반응기는 화학반응을 위한 설비로서 최적조건에서 반응을 진행시켜 최대의 수율을 얻는 것이 가장 중요하다. 화학반응은 반응물질, 농도, 반응온도, 압력, 시간, 촉매 등에 의해 영향을 받으며 공업적 규모에 있어서는 물질이동 및 열이동에도 영향을 주는데 이들을 모두 만족시킬 수 있는 반응기를 선정하는 것이 매우 중요하며, 또한 반응기의 운전관리 및 보수유지에 만전을 기해야 한다. 특히 현대의 화학공업에서는 그 공정에 점점 극한적인 조업조건이 도입됨에 따라 더욱더 파열, 누설, 분출, 부식, 폭발, 화재 등의 위험이 발생할 확률이 높아져 가고 있으며 취급물질의 양은 급격한 증가에 의해 대형사고를 초래하므로 안전에 철저를 기해야만 한다.

그림 8.1에서와 같이 원료는 여러 가지 물리적 과정을 거쳐 화학 반응이 가능한 형태로 변환된 후 반응기로 공급된다. 반응에 의해 생성된 생성물은 분리나 정제 등의 물리적 처리과정을 거쳐야 비로소 최종적으로 희망하는 생성물이 얻어진다.

물리적 처리과정에 필요한 장치의 설계는 단위조작(單位操作, Unit Operation)에서 공부하게 되며 화학적처리 과정은 단위공정(單位工程, Unit Process)에서 고찰하게 된다. 반응기설계(Reactor Design)는 화학적처리 과정의 핵심부분으로서 표준화된 일이 아니며 한 가지 공정(工程)에 대해서 여러 가지 반응이 제안될 수도 있다. 최적조건(最適

條件)을 구하는 경우 반응기의 크기를 최소로 하는 것은 반응기의 가격 때문만은 아니다. 저렴한 반응기를 사용하는 설계가 가능하지만 단위공정을 거쳐 나가는 처리비용이 다른 설계에서 보다 비싸질 수도 있으므로 전체공정에 대한 경제성이 반드시 고려(考慮)되어야 한다.

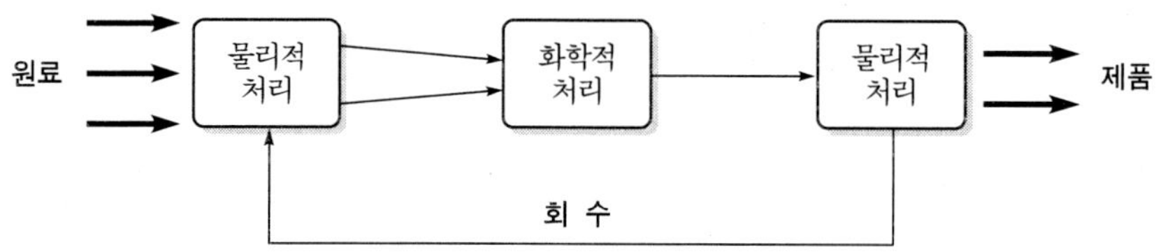

그림 8.1 전형적인 화학공정

8.1.1 반응기의 분류

(1) 조작방법에 의한 분류

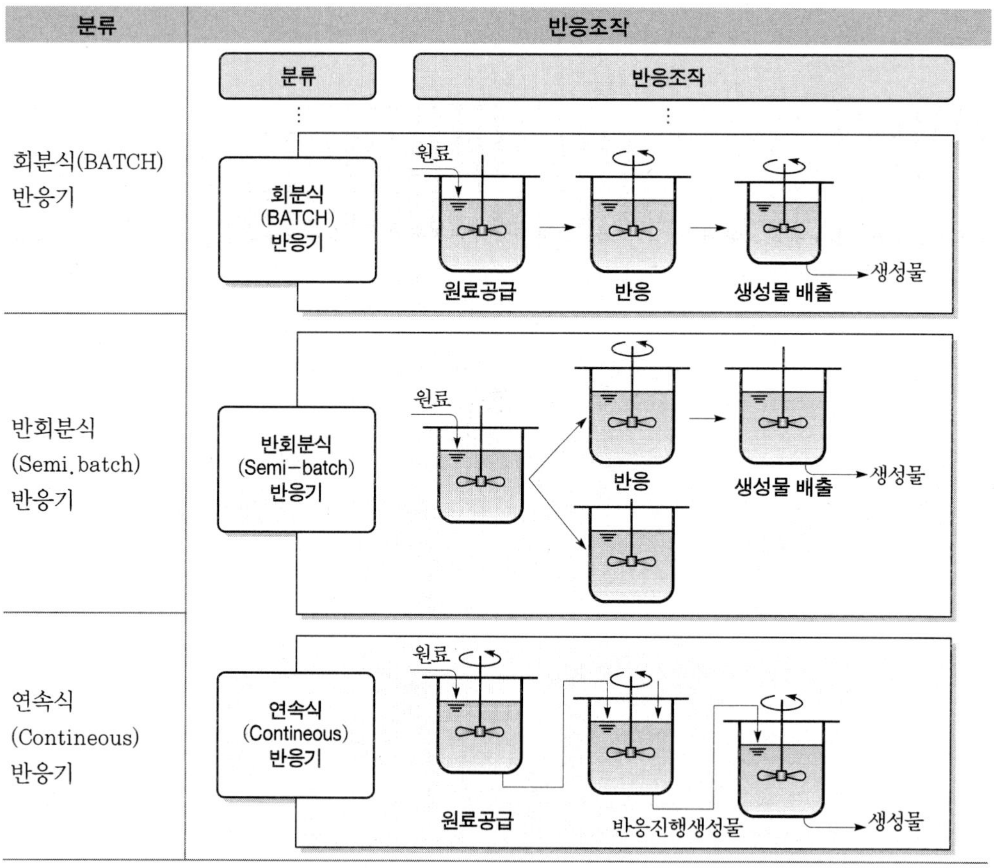

그림 8.2 반응기의 조작방법에 의한 분류

(2) 구조에 의한 분류

(a) 교반식 반응기(Stirred Reactor)

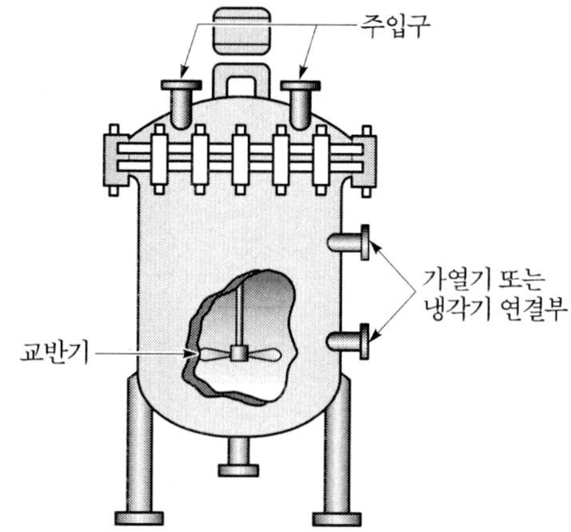

그림 8.3 교반식 반응기

(b) 관식 반응기(Tubular Reactor)

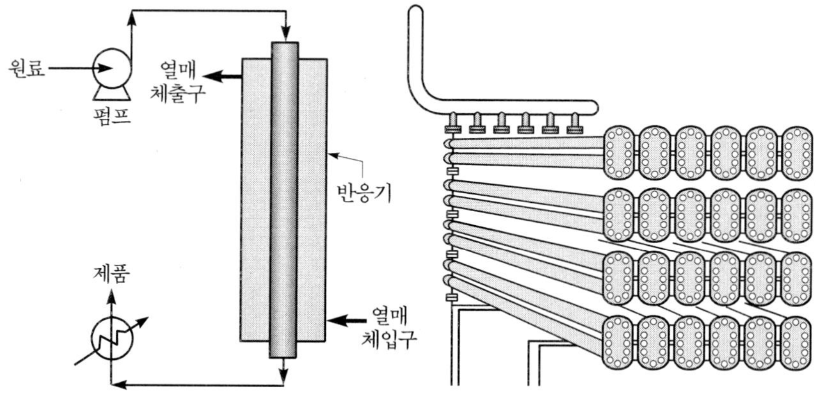

그림 8.4 관식 반응기

(c) 유동층 반응기(Fluidized-bed Reactor)

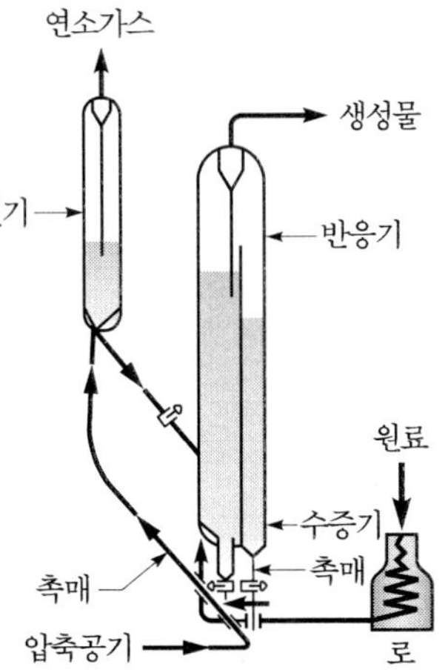

그림 8.5 유동층 반응기

(d) 탑형 반응기(Tower Type Reactor)

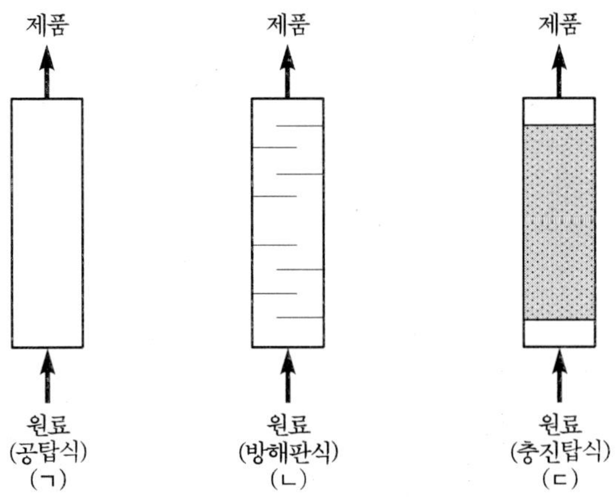

그림 8.6 탑형 반응기

8.1.2 반응기 설계

반응기의 설계를 위해서는 열역학(熱力學), 반응속도론(反應速度論), 유체역학, 열전달(熱傳達), 물질 전달(物質傳達) 및 경제학(經濟學) 등의 각종 분야에 있어서의 정보, 지식 및 경험이 필요하다. 우선 반응기 설계에서 고려해야 할 문제는

첫째, 어떤 변화가 일어날 것인가?

둘째, 그 변화가 얼마나 빨리 일어날 것인가?

하는가를 알아야만 한다. 첫 번째 질문은 열역학(thermodynamics)에 관계되고, 두 번째의 문제는 화학반응 속도론(kinetics), 열전달(heat transfer) 등의 각종 속도공정에 관여된다.

이들을 연결하여 상호관련성을 해석하는 것은 지극히 어려운 일이므로 간단한 상태에서부터 시작하여 보다 더 복잡한 문제를 취급할 수 있을 때까지 부가되는 인자(因子)를 고려함으로서 해석을 완성 시켜야 한다. 화학공장에서의 반응기의 역할은 대체적으로 3가지로 분류할 수 있는데 이는 열을 전달하고 교반을 실시하여 상간(interphase)혼합을 하는 것이다. 이에 따라 반응기의 설계에 관여하는 주요인자는 다음과 같다.

1) 상(phase)의 형태
2) 조업온도 범위
3) 운전 압력
4) 체류시간 또는 공간속도(space velocity)
5) 부식성
6) 열전달
7) 온도조절
8) 조작방법(회분식 또는 연속식 조작)
9) 수율

특히 고압, 고온 및 극저온(極低溫)에서는 건설 용이성과 경제성이 반응기설계의 지배인자이다

8.1.3 반응기 운전 · 보수

반응기의 운전 · 보수에 있어서는 조작방법, 구조 및 형식 등에 따른 최적조건에 의한 운전의 안전성 및 최적제어 등이 매우 중요하다. 특히 최적제어 방법은 최근에 모든 화학설비에 적용되고 있는 컴퓨터(computer)에 의한 분산제어시스템이 많이 이용되고 있다.

이것은 반응기 출구에서 반응물의 정확한 조성 또는 반응기 자체의 최적운전조건(最適運轉條件)을 컴퓨터에 의해 제어(制御)하도록 하는 것이다.

8.2 증류탑

증류탑은 증기압(蒸氣壓)차이가 있는 액체혼합물을 끓는점 차이를 이용하여 가열 기화시켜서 목적성분을 분리하는 목적으로 사용되는 장치이다.

증류탑의 원리, 기술적인 운전 및 보수 방법은 다음과 같다.

8.2.1 증류탑 원리

기체-액체를 접촉시켜 물질이동(mass transfer) 및 열이동(heat transfer)을 도모하는 원리이다. 그러므로 증류탑 내에서 화학적인 현상이 일어나도록 장치 단위 부피당 기체-액체 두상 (phase)의 접촉면적은 가능한 한 크게 하고, 전달저항(transfer resistance)을 작게 하여 물질 또는 열이동량을 크게 해야 한다[그림 8.7].

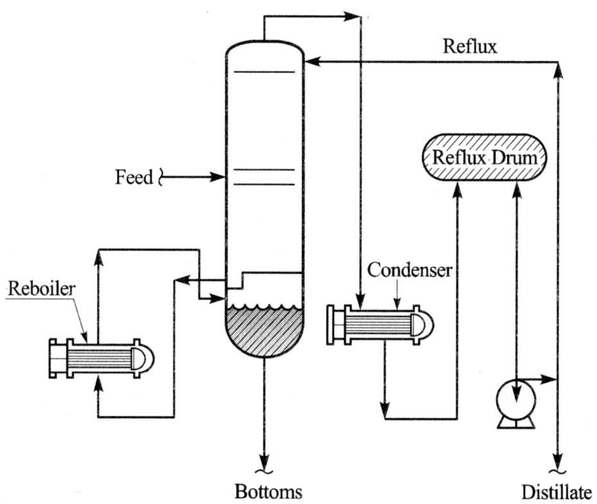

그림 8.7 증류탑의 전체 구성도

8.2.2 증류탑 선정

(1) 주요선정인자

① 액 및 가스량의 비율, ② 고체의 유무, ③ 부식성, ④ 연속식과 회분식, ⑤ 조작 압력

(2) 구조

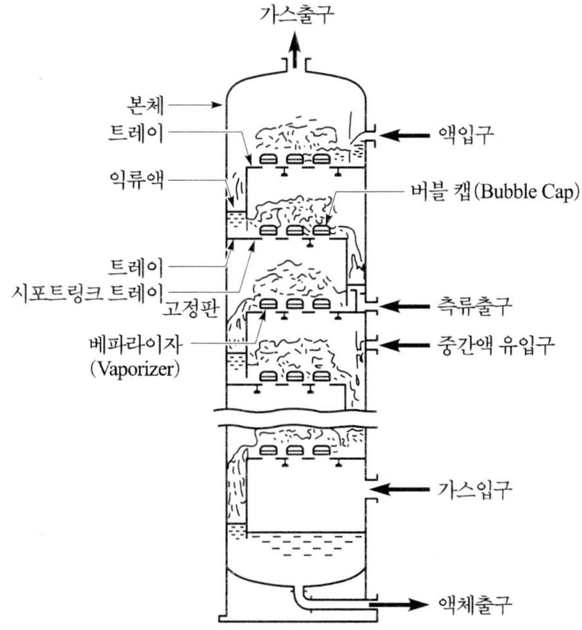

그림 8.8 증류탑의 구조

8.2.3 증류탑 운전

1) 일반적인 증류방법

증류탑 중의 내부선반형 탑(sieve tray)인 연속증류탑에 대한 운전개시(start · up) 시의 일반적인 주의사항은 다음과 같다.

(a) 운전개시 시의 주의사항

① 필요한 배관계통 상태를 확인한다.

② 응축기의 냉각수 흐름상태를 확인한다.

③ 증류탑에 원료공급을 개시한다. 일반적으로 최대공급량의 50% 정도 공급한다.

④ 액을 탑저에 공급하고 난 후 재비기(reboiler)에 수증기를 서서히 공급하여 가열을 시작한다. 단 그림 8.9와 같이 재비기에 공급되는 액의 공급소요시간이 길어지는 경우 공기의 유입을 조심해야 한다.

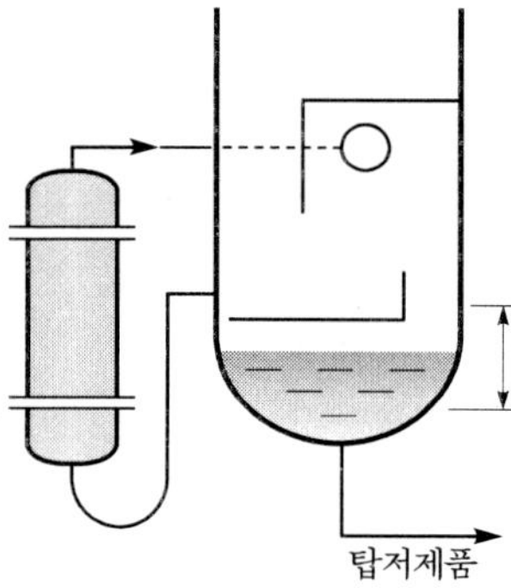

그림 8.9 재비기(reboiler)의 예

⑤ 증발이 시작되면서 환류탱크(reflux tank)에 액이 공급되어진다. 환류탱크의 액면(液面)이 50~70%정도 되면 펌프 운전을 개시하여 환류(還流)를 시작한다. 환류량은 탑상(塔上)제품이 필요한 조성(ON-SPEC)이 될 때까지 규정량 이상으로 한다.

⑥ 증류탑의 운전이 안정되면 공급량을 규정량까지 서서히 증가 시킨다. 이와 동시에 증발기(reboiler)수증기량, 탑정(塔頂) 및 탑저(塔低)의 유출량, 환류량 증가도 동시에 실시한다.

⑦ 제품규격이 목적 값(ON-SPEC)이 되면 환류량을 규정비율까지 내리고 여기에 비례하여 증발기 수증기량도 감소시킨다. 한편 제품이 요구하는 품질이 되기 전까지는 원료저장소에 보내어 지고 블로우다운(blow down)이 된 탑상 및 탑저 제품을 각각 저장탱크에 이송한다.

⑧ 대체로 증류탑은 원료공급량, 탑상 및 탑저 유출량, 환유량, 증발기 수증기량 등 전체가 운전초기에 수동으로 운전하는 것이 일반적이고 운전이 안정된 후 자동 제어장치로 전환하여 운전되도록 한다.

(b) 운전상의 주의사항

가)원료농도와 공급위치

증류탑은 원료공급단의 상부를 농축부(정류부), 하부를 회수부라 한다[그림 8.7참조]. 농축부는 중질분을 완전하게 농축하여 탑상에 유출되지 않도록 하고, 회수부에서는 경질분을 회수하여 탑저에서 유출되지 않도록 한다. 증류탑은 농축과 회수에 필요한 유효단수와 최적증류작용을 하는 원료공급단수의 위치를 결정해야 한다. 또한 원료의 농도를 알고 있는 경우는 탑상 또는 탑저에서 제품규격에 의해 공급단이 결정되기도 한다. 다시 말해 A, B 물질을 증류하여 순수 B를 탑상에서 얻고 A, B의 혼합물을 탑저에서 유출되도록 하는 것으로 증류탑 내의 농도분포는 그림 8.10과 같다.

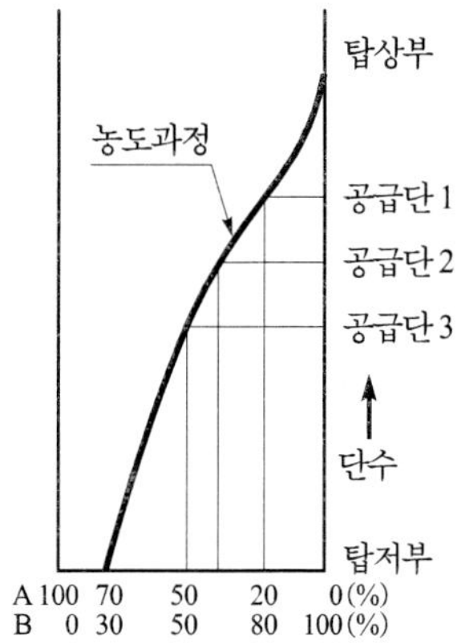

그림 8.10 증류탑 내 원료액 농도분포

원료의 조성이 A:22%, B: 78%인 경우 그림 8.10에 의하면 원료가 1단에 공급되며 농도분포에 외부의 영향이 없다는 조건에서 양호한 증류조작이 가능해진다. 그런데 이것을 증류탑 3단에 공급하면 B를 회수하는 단수가 적어지며 탑저에 B의 유출이 많아지므로 운전상태가 불량해진다.

나) 환류량비(Reflux Rate)

증류를 하기 위한 필요한 총단수는 분리의 난이도 및 환류량에 의해 결정된다. 그러나 단수가 적은 증류탑에서는 증발기(reboiler)의 용량에 여유가 있으면 환류량을 증가시켜 증류조작을 효율적으로 개선할 수가 있다. 일반적으로 환류량비(환류량/유출량)는 간단한 분리조작인 경우에는 0.5~2.0, 분리조작이 복잡한 경우에는 6~10정도가 보통이지만 탑의 이론단수(理論段數, 계산에 의해 구할 수 있으며 실제단수는 이론단수의 1.5~2배 정도)가 30 이상 또는 50 이상의 초정밀 종류에 있어서는 환류비가 10을 초과하는 경우도 있다.

다) 온도분포

경질분(저비점성분)은 탑상에 중질분(고비점성분)은 탑저로 분리 되는데 탑내의 온도는 탑상의 온도가 가장 낮고 하부로 내려갈수록 높아진다. 이때 온도변화율이 급격한 부분과 완만한 부분이 나타나는데 이 온도변화를 탑내의 위치에 따라 나타내면 그림 8.11과 같다.

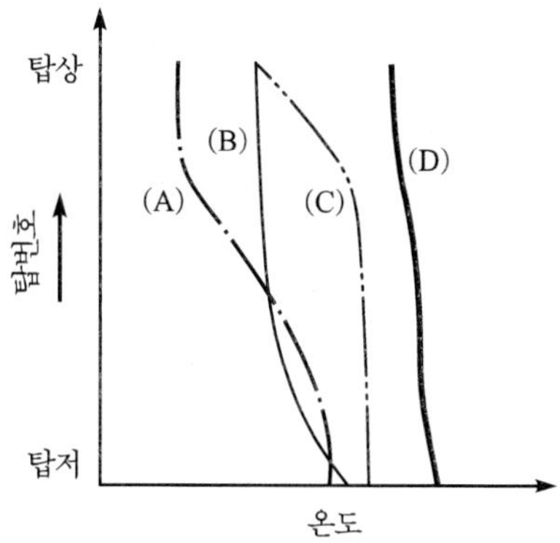

그림 8.11 증류탑 내의 위치에 따른 온도분포

그림 8.11에 표시된 4가지의 온도분포곡선을 분석해 보면 다음과 같다.

① 증기가 증류탑을 통과하면서 마찰저항에 의해 압력저하가 발생한다(통상 3~5 mmHg/단).

② 탑내 탑상(Tray)에 기포(氣泡)가 발생하여 증기가 통과하면 실제로 정압이 발생한다(통상 6~9mmHg/段), ①은 증기량의 증대 또는 중합체(polymer)나 스케일(Scale) 등이 탑에 부착하여 발생되며 ②는 탑상의 유량증가 시에 압력차를 크게 발생한다. 그러므로 증류탑운전 중에는 이와 같은 압력차를 정확하게 측정·관리하여야 한다.

마) 증류탑 적정 운전부하(適正運轉負荷)

증류탑 내에는 부하증가에 기인하는 증기부하와 액부하의 균형의 효과에 따라 운전되어 진다. 따라서 운전압이 적당한 경우에도 여러 가지 부하가 발생하는데 이것을 포종탑(bubble cap tray)을 예로 하여 설명하면 그림 8.12와 같다. 포종탑에서의 다음의 5개의 한계곡선 내의 부분이 효율, 기-액의 유통성 및 접촉, 기포발생 등의 점 등에서 양호한 운전범위이다.

① (A)는 증가량이 많고 액량이 적은 경우에 일어나는 현상으로 액량이 한계선 이하로 되면 증기는 段(tray) 위의 액과 접촉하여 상승한다. 이를 증류탑 내의 액량최소허용한계라 한다.

② (B)와 (D)는 증기량에 대하여 액량이 많고 기포가 불연속적으로 발생하고 또한 증기량이 한계량 이하로 되면서 액이 증기상승관을 따라서 내려온다(backdropping 현상). 이때를 증류탑 내 증기량의 최소효용한계선이라 한다.

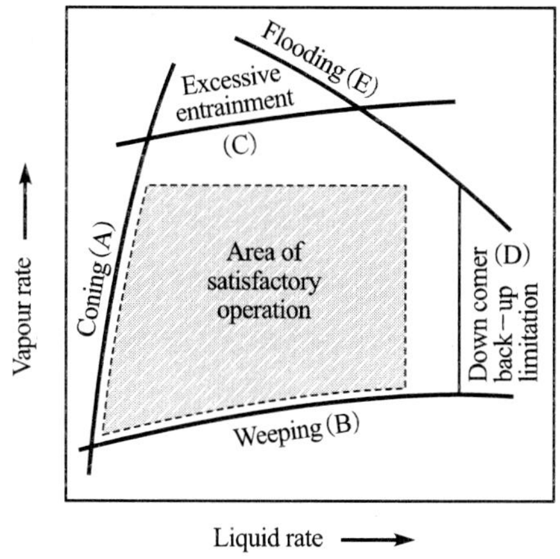

그림 8.12 포종탑의 운전부하곡선(運轉負荷曲線)

③ (C)는 액량에 비해 증기량이 매우 많아서 한계선을 초과하는 동시에 비말동반(entrainment)현상이 일어나 액을 상단으로 이동시키게 되는데 이를 증기의 최대허용한계라 한다.

④ (E)는 flooding한계선이라고 하며, 이 한계선을 초과하면 액량, 증기량이 많아지고 탑상부까지 액과 기포가 충만된다.

다음은 이와 같은 한계선을 벗어나는 경우 알 수 있는 방법으로 일반적으로 다음과 같은 현상을 판단하여야 하지만 일반적으로 (B)의 경우는 다음의 조건에 의해서도 예측이 가능하다.

- 증류효과가 저하되어 비정상적인 제품이 생산될 때(OFF-SPEC제품의 생산)
- 온도, 압력곡선이 크게 변함
- 환류탱크 액면의 갑작스런 상승

또한 안전조작의 범위에서 벗어나 운전의 오조작이 발생되어 지면 탑상 또는 탑저 제품의 원료를 저장탱크에 회수하고 그 원인을 확실하게 파악하여야 한다.

(2) 특수증류 방법

(a) 감압증류(진공증류)

취급물질의 비점이 높아서 적당한 가열매체가 없는 경우와 가열에 의한 원료의 분해반응이 쉽게 일어날 수 있는 물질의 경우에는 비점을 낮추어서 처리하기 위해 감압 또는 진공운전이 필요하다. 감압 또는 진공설비로는 이젝터(ejector) 혹은 진공펌프(vaccum pump)를 사용하여 환류탱크 상부에서 작동되어 지는데, 일반적으로 절대압력으로 최소 20~30mmHg 조건에서 감압운전이 되고 있다.

이 방법은 압력손실이 매우 크고 절대압이 매우 낮으므로 조그마한 압력 변동에 의해서도 영향을 크게 받으며, 공기가 설비내로 유입하기가 용이하다는 등의 문제점이 있다. 따라서 감압방법에 의한 증류조작 시는 배관접속부, 맨홀부, 핸드홀 등의 각 부분에서의 누설유무를 상시 감시하는 등 접속부 계통에 특별한 주의를 해야 한다.

일반적인 감압증류 방법의 계통도는 그림 8.13과 같다.

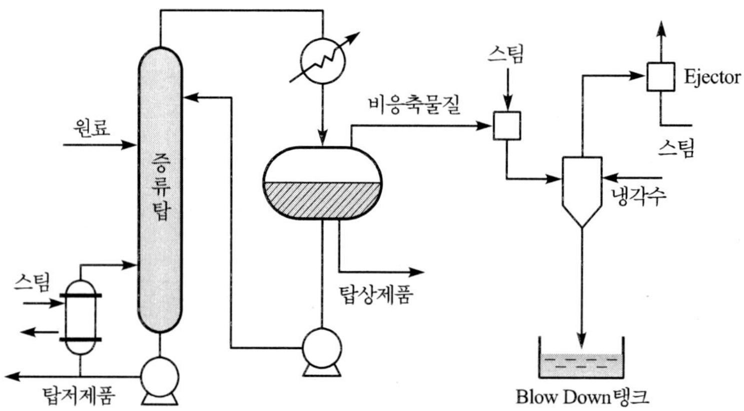

그림 8.13 감압증류 방법의 계통도

(b) 추출증류

분리하고자 하는 물질의 비점이 큰 차이가 없는 경우에는 보통의 조작방법에 의한 증류조작으로는 분리가 어려워 대단히 많은 단수(200~300段)가 필요하게 되어 실제 적용은 곤란하게 된다. 이런 경우에는 용매를 탑상부에 대량 주입하여 두 성분 중의 하나를 흡수하여 탑내에서 한가지의 특정성분만을 용매에 용해처리 하여 탑저로 이동시킨다. 이것은 용매에 중질분, 즉 증발이 어려운 물질을 사용하는데, 이에 따라 한 성분의 비점이 상승하여 두 성분 간에 적당한 비점차이가 생겨 분리가 가능해진다. 즉, 용매가 원료 중에서 한 성분을 효과적으로 추출하는 용도로 사용되는데 이를 추출증류(抽出蒸溜)라 한다. 추출증류탑에서의 탑상 및 탑저 제품은 다음과 같이 된다.

① 용매에 의해 추출되지 않는 순수물질은 탑상에 추출되어지고 나머지는 탑저 제품으로 얻어진다.

② 용매에 흡수되어진 물질은 다른 회수탑(Stripper)에서 용매를 분리할 필요가 있는

경우 증류탑에서 나온 탑저물은 이 회수탑에서 분리된다. 추출증류 방법의 간단한 계통도는 그림 8.14와 같다.

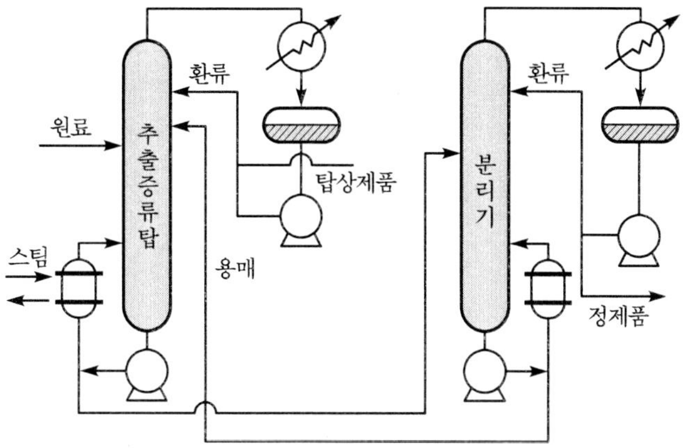

그림 8.14 추출증류 방법의 계통도

더욱이 추출증류에 있어서는 용매의 손실이 항상 따르게 되므로 이의 보충이 필요하며 용매의 조성이 떨어지면 추출효과가 낮아지므로 조성을 일정하게 유지해야 한다.

(C) 공비 증류(共沸蒸溜)

비점차이가 큰 (10°C)물질의 혼합물을 증류하는 경우에도 단수가 증가하고 환류량을 증대시켜도 어느 시점에서는 분리가 될 수 있는 혼합물이 된다. 이와 같은 혼합물을 공비혼합물이라 하며 이때의 비점은 순수한 물질의 비점과는 차이가 난다. 공비혼합물을 분리하는네 있어서 이성분계 공비혼합물의 경우에는 추출증류와 같이 제3의 성분을 첨가하는 방법이 있는데 이 경우 삼성분계 공비혼합물을 만들어서 다른 성분과의 비점차이에 의해 탑상 또는 탑저에서 원료중의 한 성분을 전량 회수하게 된다. 결국 원료 중에 A, B의 두 성분이 있어 A를 순수한 상태로 추출하고 싶을 때는 적당한 첨가제 C를 선정하여 첨가 후 A-B-C계 공비혼합물과 A를 분리시킬 수 있다. 공비증류는 알코올-물계와 같이 상호 용해된 혼합물에서 물을 제거하는 방법 등에 많이 사용되며 계통도를 간단히 표시하면 그림 8.15와 같다.

이것은 알코올-물과의 혼합물에 벤젠을 첨가하여 탑저(塔低)에서 순수한 알코올을 얻는 공정이 있지만 일반적으로 증류장치와 차이가 있는 것은 환류 중에 벤젠이 많이 포함된 탑상제품 중에 물이 많아서 상을 분리할 필요가 있으므로 상분리(相分離) 탱크를 추가로 설치해야 한다.

반면, 탑상제품은 원료 중으로 환류(recycle)하여 재증류하는 경우가 많다.

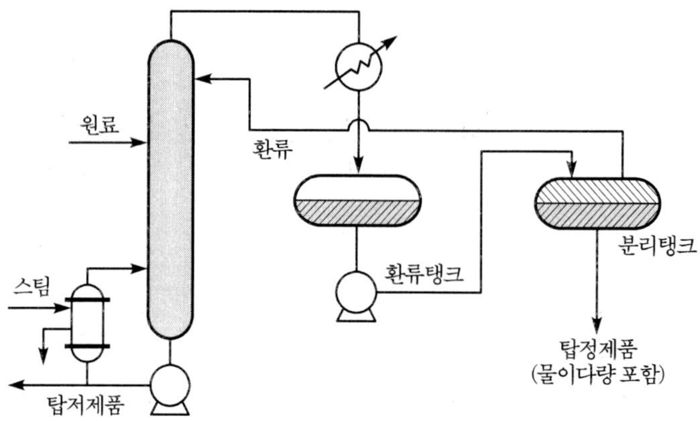

그림 8.15 공비 증류방법의 계통도

(d) 수증기 증류

물에 대체적으로 잘 용해되지 않는 휘발성액체는 직접 수증기로 가열하여 액체의 비점보다 상당히 낮은 온도조건에서 분리할 수가 있는데 수증기 증류는 다음과 같은 경우에 사용된다.

① 물질의 비점이 높고 상압에서 증류 시 분해 가능성이 있는 경우
② 열원의 온도가 낮아서 원액이 증발온도에 도달하는 것이 곤란한 경우

이 방법은 감압증류와 비슷하지만 장치가 간단한 이점이 있다.

8.2.4 증류탑 보수

증류탑은 화학설비의 심장부라고 말할 만큼 중요한 설비로서 만일 증류탑에서 사고가 발생하면 전체설비의 작동중지는 물론이고 관련설비 까지도 영향을 미치게 되므로 특히 다음과 같은 항목에 중점을 두어서 점검을 해야 한다. 또한 점검결과는 정확하게 기록하여 보관하는 것이 필요하다.

(1) 일상점검 항목(운전중에 점검 가능)

① 보온재, 보냉재의 파손여부
② 도장(painting)상태의 결함여부
③ 접속부, 맨홀부 및 용접부 등의 이상유·무

④ 앵카볼트(anchor bolt) 이탈여부

⑤ 열팽창에 의해 증기배관에 무리한 힘이 가해지는지의 여부

⑥ 부식 현상에 의한 문제점 확인

(2) 개방점검 항목(전체)

① 탑내 트레이(tray)의 부식 상태, 부식정도, 부식범위는 어떠한가?

② 폴리머(polymer)나 스케일(scale)이 생성되어 다공판(多孔板)의 구멍이 막혀 있지는 않는지?

③ 익류구의 높이는 설계대로 통과 되는지?

④ 용접선의 상태는 이상 없는가?

⑤ 트레이(tray)의 고정은 견고한가?

⑥ 누설원인이 되고 있는 이상 부위는 없는가?

⑦ 라이닝(lining)과 코팅(coating)상태의 이상유·무

8.3 열교환기

8.3.1 열교환기 원리

화학장치에 사용되는 열교환기는 보유하는 열에너지가 서로 다른 두 유체가 경계면 사이를 흐르면서 이 두 유체 사이에서 열에너지를 교환하게 하는 목적으로 사용되는 장치이다.

그림 8.16에서 큰 관에는 화살표 방향 A → B로 고온의 유체가 흐르고, 작은 관에는 냉각수와 같은 저온유체가 C → D로 통과한다. 이때 고온유체의 온도는 저온유체에 열을 빼앗기게 되므로 입구(A위치)에서의 온도 T_1에서 출구(B위치)에서의 온도 T_2까지 내려가고, 반대로 저온유체는 열을 흡수하여 입구(C위치)온도 t_1에서 출구(D위치)온도 t_2로 온도가 상승하게 된다. 이와 같이 고온유체는 저온유체와의 온도 차이에 해당하는 열전달 추진력에 의해 열을 빼앗기고 저온유체는 고온유체로부터 열을 빼앗아 온도가 상승하게 되는 장치가 열교환기이다.

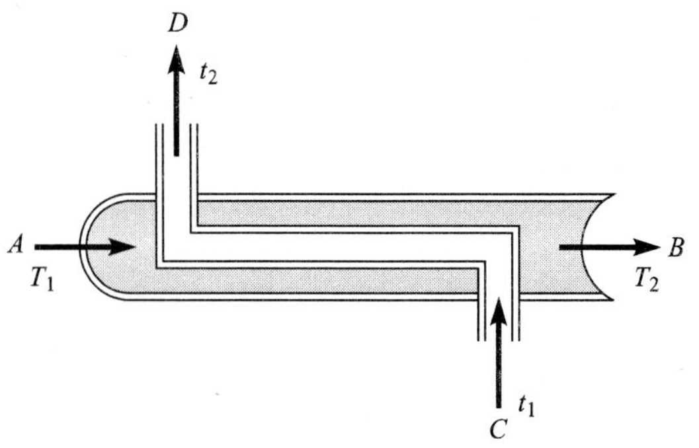

그림 8.16 열교환기 원리

8.3.2 열교환기의 용도 및 분류

열교환기는 화학장치 내에서 다양한 형태로 사용되고 있는데 주요한 것은 사용 장소와 사용목적에 따라 분류하면 다음과 같다.

(1) 주요 용도

표 8.1 열교환기의 주요 용도

번호	사용 장소	목적	형식
1	가열기, 기화기	액화가스 가열, 기화	이중관식, 고정관식
2	증류탑 예열기	공급물질 예열	이중관식, 고정관식
3	증류탑 탑상 응축기	탑상증기 응축	부동두식, 고정관식, U자식
4	증류탑 탑저 냉각기	탑저물 냉각	고정관식, U자 관식
5	증류탑 증발기(Reboiler)	탑저물 재증발	고정관식, U자 관식
6	압축기 중간 또는 출구냉각	압축가스 냉각	이중관식, 고정관식
7	폐열회수 보일러	폐열회수	고정관식

(2) 열교환기

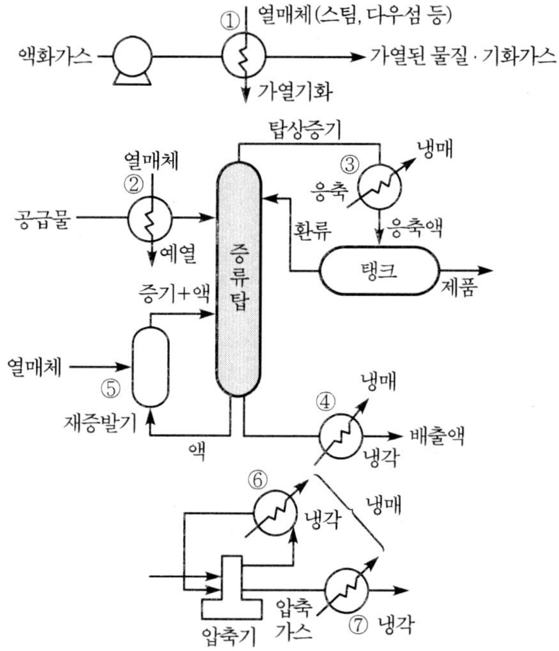

그림 8.17 열교환기 사용 예

(3) 열교환기 용도 분류

(a) 사용목적 또는 상태에 따른 분류

1) 증발기 또는 증발관(Evaporator)

액체를 증발 시킬 목적으로 사용되는 장치로서 발생된 증기를 이용하기 위한 것과 잔류농축액을 얻을 목적으로 사용되는 곳이 있다. 전열부 이외에 증기통을 설치하는 것이 보통이며 이 때문에 외관(外觀)은 다관식(多罐式)열교환기와 다를 경우가 많다.

2) 예열기(Preheater)

유체를 예열하여 열효율의 증대를 도모하기 위해 사용되며 보통 보일러급수 예열기와 같이 앞에 사용 장소 또는 유체명을 붙여 불리워진다.

3) 가열기 (Heater)

유체를 가열해서 온도를 상승시키는 장치이다.

4) 과열기(Super-heater)

가열된 유체에 다시 열을 공급하여 과열(過熱)상태로 만드는 장치이다.

5) 재비기 (Reboiler)

응축액을 재차 가열·증발시킬 목적으로 사용되며 화학장치에서는 그림 8.18과 같이 증류탑 저부에 설치된다. 탑저부에 열을 공급함과 동시에 함유된 재비기에는 케틀식(kettle type)과 서모사이펀식(thermosyphon type)이 있다.

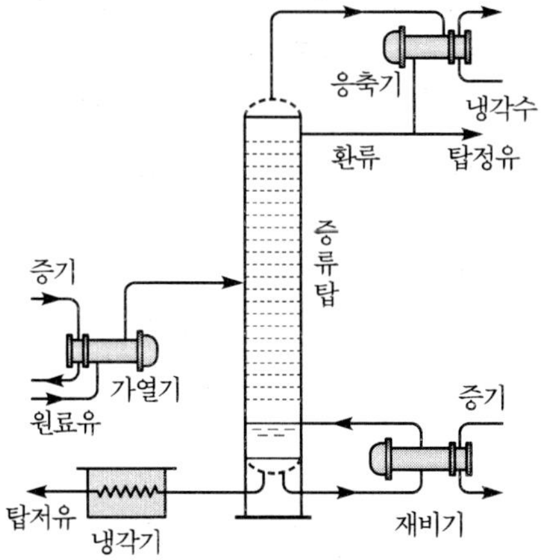

그림 8.18 증류탑과 열교환기

6) 응축기 (Condenser)

응축성기체를 응축·액화할 목적으로 사용되며 수증기를 응축해서 물로 만드는 것을 특히 복수기라고 한다.

7) 전축기 (Total Condenser)

증류탑에 사용되는 응축기의 일종으로서 탑상증류 증기의 전부를 응축, 액화 하도록 설계한 것이다.

8) 분축기(Partial Condenser)

전축기와 마찬가지로 증류탑에 사용되는 응축기로서 탑상증기의 일부를 응축·액화할 목적으로 사용된다. 보통 이 응축액을 환류하여 증류탑으로 되돌려 보내지거나 탑상제품 성분으로 얻어진다.

9) 냉각기 (Cooler)

유체를 냉각하여 온도를 낮추기 위한 장치이다.

10) 냉동기(Chiller)

암모니아(L-NH_3), 프레온(freon) 등의 냉매를 사용하여 유체를 매우 낮은 온도까지 냉각시키는 장치

11) 열교환기(Heat Exchanger)

협의의 열교환기로서 앞에서 열거한 열교환기의 용도 이외의 목적으로 사용되는 것으로서 각각의 유체의 가열 및 냉각을 동시에 할 목적으로 사용되는 장치이다.

1)의 증발기에서 5)의 재비기까지는 유체에 열을 공급하는 목적으로 사용되며, 6)의 응축기에서 10)의 냉동기까지는 열을 빼앗기 위해 사용하며 11)의 열교환기는 이들 양쪽의 기능을 동시에 할 수 있는 것이다.

가열매체로는 수증기(steam)가 가장 널리 사용되며 때때로 고온기름(heating oil) 고압수 등의 액체, 탄산가스 및 질소 등의 고온 불활성가스 및 연료의 연소 후 발생하는 폐가스가 이용된다. 냉각 및 응축일 경우에는 하천수나 해수를 이용하는 것이 보통이지만 때로는 암모니아(L-NH_3), 염화칼슘($CaCl_2$) 및 프레온(freon) 등의 냉매가 사용된다.

(b) 구조에 의한 분류

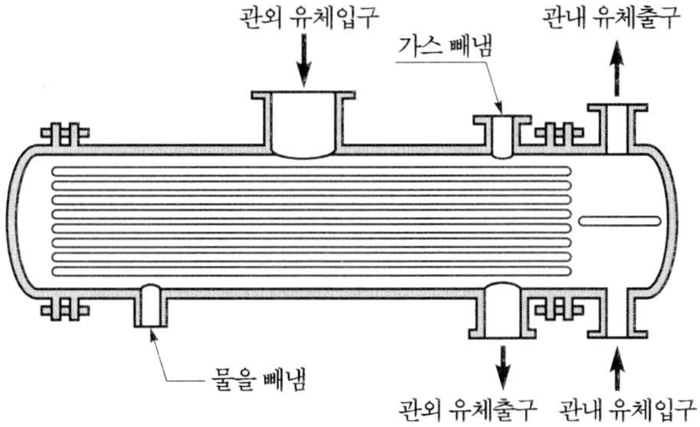

(ㄱ) 다관식 열교환기

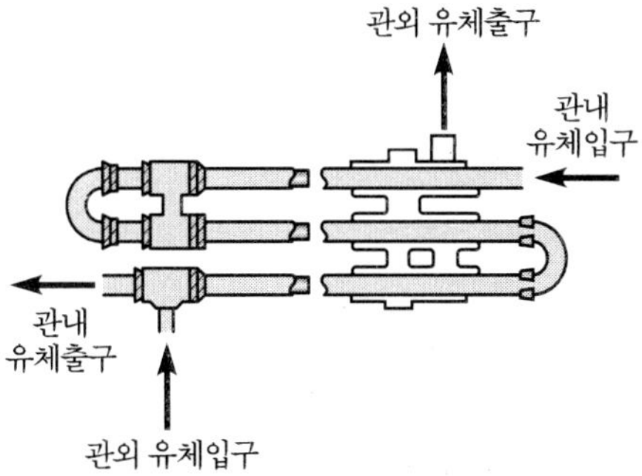

(ㄴ) 이중관식 열교환기

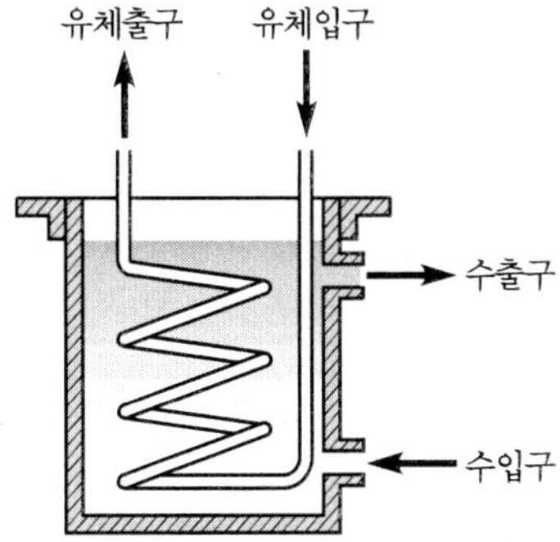

(ㄷ) 코일(coil)식 열교환기

그림 8.19 열교환기의 구조에 의한 분류

8.3.3 열교환기 명칭

열교환기는 동체(shell)에 수많은 전열관(tube)을 설치하여 그 관 벽을 사이에 두고 동측과 관내유체의 열교환을 시키는 것이다. 그림 8.20은 표준형 다관식열교환기의 각부 명칭이다. 동측유체는 동체 및 동체뚜껑에 의해 대기와 차단되어 입구노즐로부터 출구까지 방해판에 의해 유도되며 이 사이에 전열관과 접촉해서 관내유체와 열교환한다. 완충판은 동측유체의 입구유속이 빨라서 전열관을 손상시킬 염려가 있을 때 설치한다. 전열관은 동체에 부착된 고정관식과 부동관판 사이에 부착되는 형이 있다.

관내유체는 간막이실 노즐로부터 들어가 여기서 흐름의 수(회류수)를 조절하기 위해 설치된 간막이판에 유도되어 전열관 속을 지나 부동수로 들어가 반전해서 전열관을 지나 간막이실로 되돌아간다. 이 전열관 왕복을 소요회류수 만큼 반복해서 최후에 간막이실 출구노즐에서 배출되어 나간다.

8.3.4 열교환기 취급

열교환기의 취급에 있어서 사용되는 각각의 설비의 종류, 구조 및 취급물질 등에 적합하도록 취급방법을 사전에 결정하여야 하는데 그 예는 다음과 같다.

(1) 냉각수를 이용하는 열교환기

① 운전개시(start-up)시는 냉각수를 우선 유통시켜 냉각수측에 체류하고 있는 가스를 제거하고 그 후에 피냉각물을 유통시켜야 한다.

② 운전정지 시(shut-down)는 우선 피냉각물의 유통을 중지시킨 후에 냉각수를 차단한다.

③ 자동제어장치의 열교환기는 운전상태가 정상적으로 될 때까지는 수동조작으로 운전한다.

④ 자동제어 장치가 작동되지 않는 경우에는 온도조절은 냉각수 출구밸브를 사용

⑤ 열교환기의 효율이 낮아지는 원인은 다음과 같다.

- 유체의 오염에 의한 스케일(scale)이 관벽에 부착
- 관측(tube-side) 또는 동체측(shell-side)의 비응축 가스의 축적

⑥ 부식, 응력 등에 의해 냉각수가 공정측에 누설, 유입되는 경우에는 다음과 같은 상황이 발생한다.

- 제품, 부산물 중의 수분함량의 증가

■ 압력, 온도 및 유량 등의 운전조건의 변동이 일어나는데 이는 조기에 감지하여 이상사태가 발생하지 않도록 조치해야 한다.

⑦ 부식, 응력 등에 의해 액이 공정측에서 냉각수 측에 유입되는 경우에는 다음과 같은 상황이 발생한다.

■ 상온에서 누설되어 회수액에 기름이 혼입된다.

■ 액화가스가 누설되어 그 양(量)이 많은 경우 냉각수가 동결되어 열교환기 본체가 결빙된다.

■ 소량의 경우에는 폐수에서 가스의 특유한 냄새가 발생한다.

■ 가스가 대량누설 시에는 열교환기 본체가 진동하게 되는데 운전 중에 상시 감지하여 누설의 유무를 확인하고 적절한 조치를 취해야 한다.

⑧ 열교환기를 사용하지 않을 때는 냉각수 입구 밸브를 완전폐쇄하고 배수(drain)를 한 상태에서 보관한다.

(2) 수증기(Steam)를 사용하여 가열하는 열교환기

① 운전개시는 피가열물이 극저온상태이기 때문에 수증기가 동결(凍結)되는 경우가 있는데 이때는 수증기를 우선 공급토록하고 상압증류탑 또는 감압증류탑에 사용되는 증발기(reboiler) 등에는 피가열물을 열교환기 내에 주입한 후 수증기를 서서히 공급하여 가열한다. 즉, 수증기를 통과시킬 때는 열교환기 앞에 있는 수증기 배출밸브(steam drain valve)를 적절하게 차단하고 증발기(reboiler)수증기 드럼의 바이패스(by-pass)를 열어서 응축기를 통과시킴으로서 응축물량을 감소시키고 피가열물을 배출처리 한다.

② 운전중지 시는 수증기를 우선 중지하고 피가열물을 배출처리 한다.

③ 냉각수를 사용하는 열교환기에 비해 자동제어 장치가 부착되어 있는 경우가 많으므로 항시 자동제어장치로 운전하도록 한다.

④ 열교환기 효율이 저하되는 원인은 다음과 같다.

■ 폐쇄된 경우 수증기 유량이 급격히 감소하여 수증기측의 배압(背壓)이 상승한다.

■ 피가열물의 유입이 중지된 상태 즉, 최저유량 경우에는 효율이 저하되므로 사전에 발견하여 적절한 조치를 취해야 한다.

⑤ 열교환기를 사용하지 않는 경우에는 수증기와 피가열물 입구밸브를 완전히 잠그고 배수(drain)시킨다.

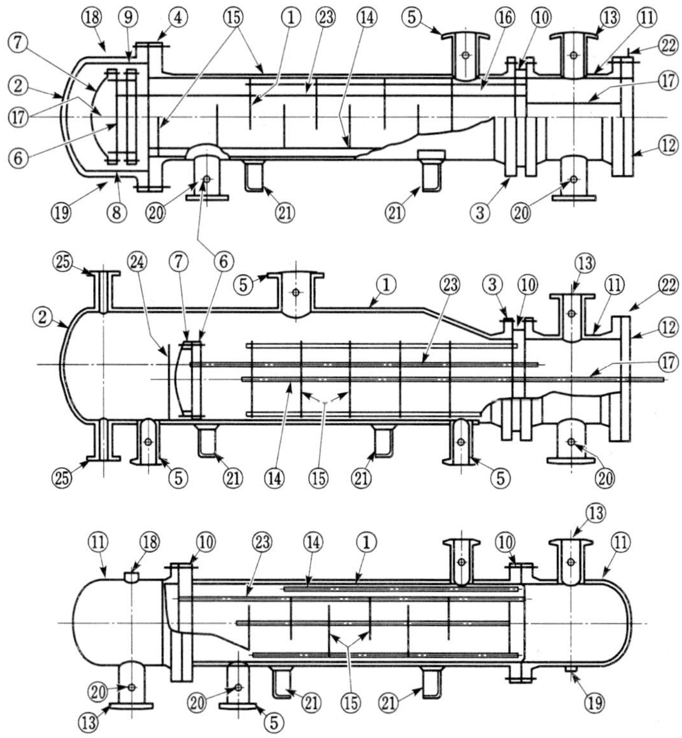

① Shell
② Shell Cover
③ Shell Flange Channel End
④ Shell Flange Cover End
⑤ Shell Nozzle
⑥ Floating Tubesheet
⑦ Fleating Head Fange
⑨ Floating Head Backing Device
⑩ Stationary Tubesheet
⑪ Channel or Stationary Head
⑫ Channel Cover
⑬ Channel Nozzle
⑭ Tie Roda and Spacers
⑮ Transverse Baffles or Support Plates
⑯ Impingement Baffle
⑰ Pass Partition
⑱ Vent Connection
⑲ Drain Connection
⑳ Instrument Connection
㉑ Support Saddles
㉒ Lifting Lugs
㉓ Tubes
㉔ Weir
㉕ Liquid Level Connection

그림 8.20 표준형 열교환기의 각부 명칭

(3) 열교환기의 보수

열교환기는 화학공장에서 매우 중요한 역할을 하는 설비로서 한번 사고가 발생하면 대부분의 설비가 운전 중지되어 각 설비에 큰 영향을 주게 된다. 따라서 이와 같은 사고를 사전예방하기 위해서는 항시 적절한 보수·정비를 하도록 해야 한다. 또한 설비가 장기간의 운전에 의해 재료의 결함, 기능의 저하 등이 발생하는 경우가 있다. 그러므로 다음의 일상점검 항목에 유의하여 상시 및 정기적으로 점검·보수를 해야만 하며 그 결과는 정확히 기록하여 보관해야 한다.

(a) 일상점검 항목(운전 중에도 점검 가능)

① 보온재 및 보냉재의 파손유무
② 도장(painting)부의 결함유무
③ 접속부 및 용접부 등의 누설유무
④ 앵커볼트(anchor bolt)의 이완여부
⑤ 기초부의 파손여부

(b) 정기적 개방 점검항목

① 부식상태 및 중합체(polymer)나 스케일(scale)의 생성여부 및 부착물에 의한 오염상태

② 부식 형태, 정도 및 범위 등의 점검

③ 누설 부위

④ 관(tube) 두께 감소여부

⑤ 용접선 이상유무

⑥ 라이닝(lining) 및 도장(coating)상태의 이상유무

8.4 가열로

로(爐)중간에서 연료를 연소시켜 발생한 열로서 로 내에 위치한 튜브 내에 흐르는 유체를 가열하는 장치인데 그 구조, 운전상의 유의사항 및 보수·점검 상의 유의사항은 다음과 같다.

8.4.1 가열로의 구조

가열로는 일반적으로 그림 8.21과 같이 열의 전달·이동이 이루어지는 부분으로서 복사전열부, 대류전열부 및 폐열회수부의 세 개의 부분과 연료를 연소시켜 고온가스를 발생시키는 연소장치 및 로 내의 폐가스를 대기 중으로 방출시키는 통풍장치 등의 다섯 개의 부분으로 구성되어있다.

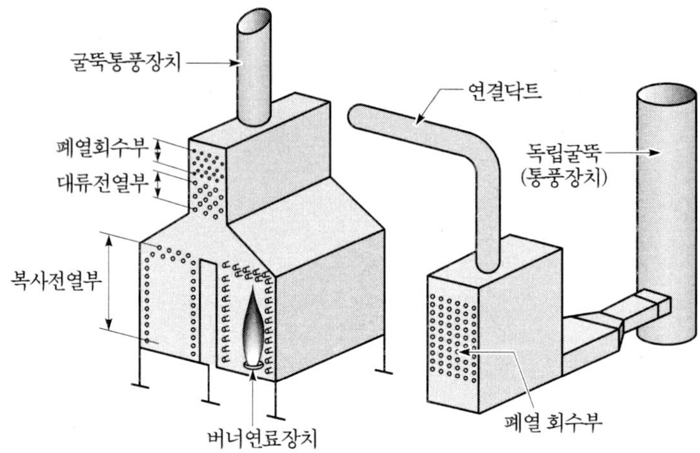

그림 8.21 가열로 구성

(1) 복사전열부

복사전열부는 로 중에서도 가장 중요한 부분이며 이 속에서 연료가 연소되므로 연소실이라고도 한다. 특히 이 부분은 직접 불꽃에 노출되는 장소이고, 로 중에서도 가장 고온부이므로 사용 재료의 재질, 강도 및 살두께 등의 기계적 구조상 충분한 고려가 필요한 곳이지만 동시에 기능상의 면에서도 이 부분이 전체 로에서 필요한 전열부하의 약 70~80%의 열량이 주로 복사전열에 의해 전달되므로 매우 중요하다. 반응, 개질 및 분해를 일으키게 하는 로에 있어서도 그것들의 반응 및 분해 등은 모두 이 복사전열부에서 일어나는 것이 보통이다. 따라서 로의 성능은 이 복사 전열부의 성능여하에 달려있다고 해도 과언이 아니다.

(2) 대류전열부

대류전열부는 보통 복사전열부의 바로 위에 설치되고 복사전열부에서 나온 연소가스로부터 주로 대류전열에 의해 열을 흡수하는 부분이다. 따라서 대류전열부는 가열관을 빽빽하게 배열한 관다발 형식(tube bundle type)의 구조이며 통과하는 연소가스의 속도를 올려 유효한 대류전열이 이루어지도록 되어있다. 보통 이 대류전열에서는 전체 전열부하의 20~30%의 열량이 전달된다. 이 부분에서의 흡수열량이 크면 클수록 로의 발열율은 높아지지만 실제로는 유체와 연소가스의 온도차나 관다발내의 드래프트(draft) 손실 등으로 경제적인 양이 결정된다. 또 로의 형식에 따라서는 대류전열부를 지상에 설치하여 로 본체와 닥트(duct)로 연결하는 방식의 것도 있으나 본질적인 기능차이는 없다.

(3) 폐열회수부

폐열회수부는 대류전열부 또는 대류전열부가 없는 형식에서는 복사전열부를 나온 연소가스에서 다시 열을 회수하는 부분을 말한다. 이 열이 회수방식에는 연소용 공기에서 열을 회수하고 다시 로를 반환시키는 방법과 로와 전혀 관계가 없는 다른 유체로서 회수하는 방식의 두 가지가 있다. 전자를 공기 예열방식, 후자는 물로 대부분 회수하므로 폐열보일러 방식이라고 한다. 공기 예열방식에는 대류부 상부에 관식의 공기예열기를 설치하는 형식과 지상에 설치하는 축열식 공기예열기와 같은 2종류가 있다. 축열식은 대량의 열회수와 보다 높은 열효율을 필요로 할 때 적합하며 관식은 저온부식(低溫腐植)이 일어나는 단점에 의해 그다지 높은 열효율을 기대할 수는 없으나 로 본체와 함께 조립할 수 있는 간편한 점에서 회수량(回收量) 이 많지 않을 때는 적합하다.

폐열보일러는 관식의 강제 순환식이 일반적이며 대류상부 또는 지상에 독립적으로 설치한다. 폐열회수부는 고온가열로나 전 복사형의 로에서 대기에 배출되는 폐가스온도가 아직 높은 경우라든지 대형가열로에서 폐가스에 의해 빼앗기는 열량이 많을 경우에 한하며 그 이외에는 사용하지 않는다. 전자의 경우에는 폐열보일러, 후자의 경우에는 축열식공기예열기(蓄熱式空氣豫熱器)가 사용되는 경우가 많다. 이 폐열회수부를 설치했을 때는 전체열효율이 88~90%나 되어 보일러와 같아진다.

(4) 연소장치

연소장치는 열의 발생장치(發生裝置)로서 로의 중요한 구성부분 중의 하나이다. 관식 가열로의 경우에는 전술한 대로 연료가 가스이거나 또는 액체인 경우에 한정되므로 고체연소장치와 같은 대형의 것은 필요 없다. 가스 또는 액체연료의 연소에는 소위 버너(burner)라고 하는 연소기기가 사용되며 비교적 간단한 연소가 행해진다. 버너는 불꽃을 내며 연소하기 때문에 가열관과 불꽃의 거리, 버너 간의 간격 및 균일한 열전달 등을 위하여 가열관에 불꽃이 접촉되지 않게 하고 또한 완전연소가 되게끔 버너를 적정하게 배치하는 것이 매우 중요하다.

(5) 통풍장치

통풍장치는 버너에 연소용 공기를 유입하는 일과 함께 폐가스를 로 외로 배출하는 역할을 하는 것이어서 중요한 설비이다. 종류로는 자연통풍방식과 강제통풍방식의 두 가지가 있다. 전자는 굴뚝의 통풍력과 같이 기계적 에너지를 전혀 사용하지 않고 자연적인 대류현상에 의한 방법이고, 후자는 송풍기 등을 이용해서 강제적으로 통풍시키는 방법이다. 보통 로 내의 압력손실은 적으므로 굴뚝에 의한 자연 통풍방식이 많이 이용된다. 굴뚝은 로상(爐上)에 로와 일체로 조립되며 높이는 로 내의 압력손실 이상으로 통풍력을 갖는데 충분한 높이이면 된다. 강제 통풍방식은 로의 구조가 복잡하며 로 내의 압력손실이 클 때나 전술한 폐열회수장치가 사용될 때 이용하는데 유인송풍기를 쓰는 것이 일반적이다.

8.4.2 버너(Burner)

가열로에 사용되는 버너는 사용연료의 종류에 따라 (1) 가스버너, (2) 오일버너, (3) 오일-가스 혼합버너로 크게 분류되며, 연소용 공기의 취입방법에 따라 자연통풍형과 강제통풍형의 두 가지로 나눌 수 있다.

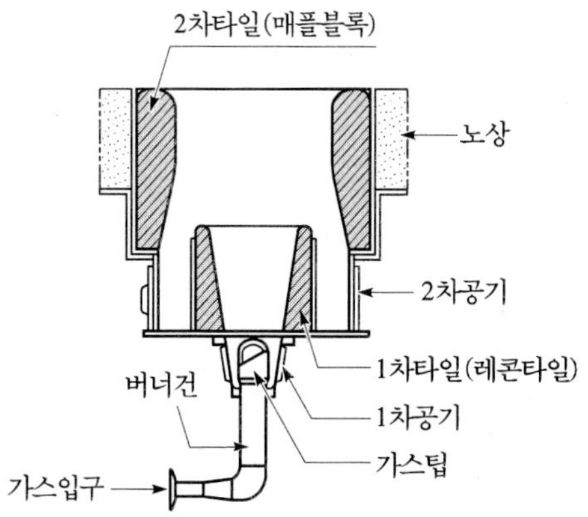

그림 8.22 가스 버너 구조

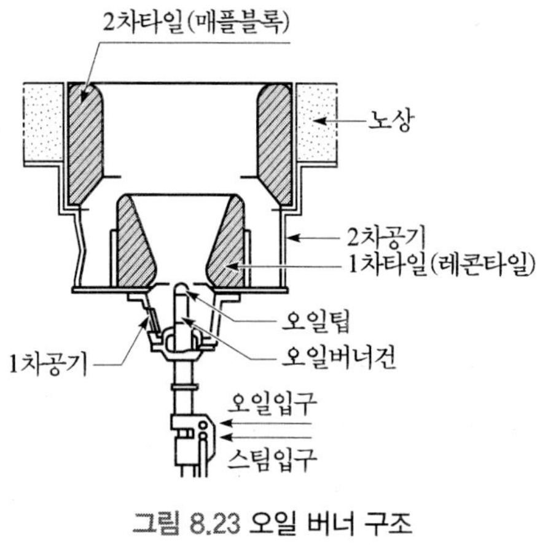

그림 8.23 오일 버너 구조

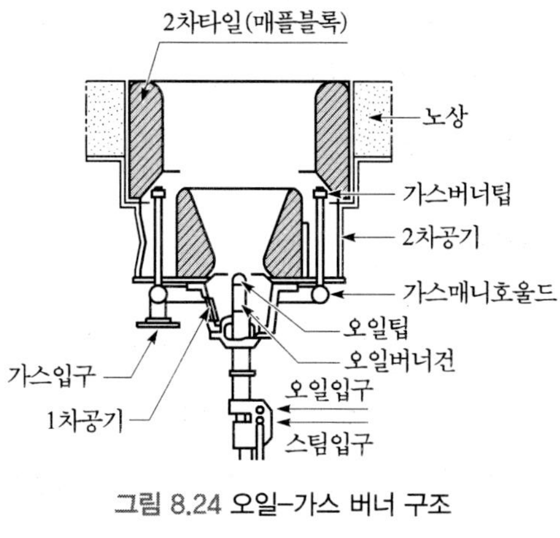

그림 8.24 오일-가스 버너 구조

8.4.3 가열로 운전

(1) 점화 및 소화

(a) 가스를 연소하는 경우

① 연료가스의 압력이 연소에 충분한가를 점검한다. 압력이 낮아지면 역화가 발생하기 쉽다.

② 가스가 로내에 체류하여 폭발한계에 있을 때 점화하는 경우 폭발이 일어나므로 점화 전에 댐퍼(damper)를 충분히 열고 수증기 또는 공기로 치환을 완전하게 한다.

③ 점화 시 파일럿 버너를 사용하고 화염을 버너의 끝에 점화시킨 후 서서히 밸브를 열어서 화염이 안정될 때까지 점차적으로 가스량을 증가시킨다.

④ 한 번에 점화가 되지 않으면 수증기 퍼지를 실시한 후에 다시 점화한다.

(b) 유류 연료의 경우

① 수분이 다량 함유된 버너는 점화가 되지 않으므로 탱크 밑바닥의 수분을 주의한다.

② 버너에서 완전히 분무화될 수 있도록 각각 버너의 사양을 충분히 파악하여 적당한 점도로 조절 후 가열한다. 이때 필요 이상으로 가열하면 펌프흡입부의 손실이 증가하고 일부가 버너에서 증발하여 화염이 꺼지고, 버너 팁에 탄화물이 생성 축적된다. 분무화 수증기가 과열되면 버너 팁에 탄화물이 축적되는 경우도 있다.

③ 가스의 경우와 같이 점화전에 로 내부를 수증기 또는 공기로 치환한다.

④ 수증기 분사인 경우는 수증기 배수구를 차단한다.

⑤ 점화 시에 파일럿 버너를 사용할 때는 버너 앞에서 차이를 두어 서서히 가스밸브를 열고 동시에 분무화 수증기밸브 또는 공기밸브를 연다.

⑥ 한 번에 점화가 되지 않으면 수증기 퍼지(purge) 후 다시 시도한다.

⑦ 소화 시는 기름 밸브를 잠근 후 수증기밸브 및 공기밸브를 잠근다.

(2) 통풍 드래프트 조절

(a) 통풍장치는 로내의 압력이 외부압보다 높지 않도록 조심스럽게 댐퍼를 조절한다. 로내의 압력이 외부압보다 높으면 내화벽돌과 라이닝부에서 누설되어 로의 외측재료의 손상이 생긴다.

(b) 통풍장치와 비교하여 드래프트가 과잉되지 않도록 한다. 댐퍼를 열어 통풍량이 증가하면 로내 온도가 낮아져서 연소가스량이 증가하여 열효율이 낮아진다.

(3) 온도 조절

(a) 가열로의 관(tube) 및 관 지지대의 산화와 내화량 또는 라이닝의 용융정도는 온도 상승에 대해 직접 영향을 받으므로 일정온도(사용재질의 사용한계온도)이상이 되지 않도록 주의한다.

(b) 온도 변화에 의한 금속의 팽창도는 급속한 가열 및 냉각에 의한 열응력(熱應力)을 일으키므로 온도를 올릴 때는 일정한 속도(50~70°C)를 유지하고 고온시에는 가급적 완만하게 한다.

(c) 피가열물의 열적성질에 유의해야한다. 탄화수소를 가열하는 경우 관의 국부가열(局部加熱)로 인해 탄화물(炭火物)이 관내부에 축적되어 열전도도를 저하시키고 재질의 결함이 발생한다. 따라서 관의 과열과 탄화물의 축적은 관내에서 유속이 느린 경우에 발생하므로 설계치 이하의 낮은 유속이 되지 않도록 유의해야 한다. 일정량의 제품을 얻기 위해서는 적정한 온도분포를 유지해야 한다.

(d) 중유 등과 같이 유황 함유량이 많은 연료 사용 시에는 연소 후 발생되는 황화합물에 의한 부식에 유의해야 한다. 이 유황분은 가스상태에서는 큰 문제가 없지만 140~160°C 이하에서는 황산으로 응결되어 금속면을 급격히 부식 시킨다. 연소가스와 공기를 예열하는 열회수장치는 로에서 배출되는 연소가스가 160°C 이하일 때는 부식의 위험이 있다는 것을 유의해야 한다.

(4) 버너 조절

(a) 유류버너에는 분무화(naft) 수증기 또는 공기를, 가스버너에는 1차 및 2차 공기조절을 해야 하는데 최대의 열효율과 안정된 화염 유지를 위해서는 다음 사항을 유의해야 한다.

① 가스버너의 공기량이 부족하면 화염이 길고 주황색이 되고 로내는 어두우며 검은 빛을 띠게 된다. 공기량이 증가하면 화염이 짧아지고 선단이 푸른색을 띠게 되며 화염이 주황색으로 된다.

② 기름버너는 공기량이 부족하면 암적색이 되고 로내는 어두워지며 연기는 검게 된다. 공기량이 과잉이 되면 화염 길이는 짧아지고 백색이 되며 선단에 화염을 비산시 로내의 연기는 무색에서 황갈색으로 변한다. 공기량이 적당하면 화염이 주황색을 나타내며 로내의 연기는 진회색을 띠게 된다. 분부화 수증기양이 많을 때는 화염이 엷어지고 번쩍이는 백색불꽃을 발한다.

(b) 화염에 의해 내화벽돌벽 또는 관이 손상되지 않도록 유의해야 하며 화염에 의해 벽면이 가열되면 내화벽(耐火壁)과 라이닝부의 손상을 촉진시키며 관이 손상되어 국부가열에 의해 탄화물이 생성 누적되어 관 외면에도 손상이 일어난다.

8.4.4 가열로 점검 · 보수

화학공장에는 가연성 가스, 인화성액체 등을 다량으로 취급하므로 화기에 대해 특히 주의를 해야 한다. 그 중에서도 가열로는 화기를 취급하는 대표적인 설비이므로 폭발성 가스 또는 인화성액체를 취급하는 기기와는 안전거리를 반드시 유지해서 설치되지만, 가열로 관의 파손 등에 의한 화재가 발생하면 설비의 가동중단은 물론이고 재산상·인명상의 엄청난 피해를 일으킬 수 있다. 그러므로 운전 시에는 주의사항을 숙지하고 항상 이를 준수해야 한다.

가열로의 장기적인 안전운전을 위해서는 다음 사항을 잘 지켜야 한다.

(1) 일상점검 항목(운전 중)

① 관, 굴곡부, 휨 및 팽창여부
② 관, 회수벤트(return vent) 본체 및 용접부, 접속부의 누설 유무
③ 내화벽돌의 파손여부

(2) 정기점검 항목

① 관의 침하, 팽창 및 스케일 부착 상태
② 관 및 회수벤트의 내압시험, 기밀시험 및 두께 측정
③ 관 지지대의 이상유무
④ 내화벽돌의 파손 및 균열, 탈락 유무
⑤ 연돌 및 열회수장치의 부식상태

표 8.2를 보면 건조설비의 산업재해는 건조설비의 취급방법불량, 건조설비와 그 부속설비의 결함 및 고장에 의해 발생되는 경우가 많으며 화재, 중독 및 폭발 등을 수반하여 중대사고 등이 발생되어 인명피해는 물론 재산상의 손실이 크게 발생됨으로 특히 주의를 해야 한다. 그러므로 건조설비에 있어서의 폭발과 화재를 방지하기 위해서는

① 구조부분과 가열장치 등 본체 및 환기 장치, 온습도 조절장치, 온도측정장치, 안전장치 등의 부속 설비 취급방법을 숙지하고

② 상기설비를 보다 효과적으로 개선하고

③ 점검을 철저히 하여 기능유지에 만전을 기해야 하며

④ 재료 및 연료 등에 대한 충분한 지식을 습득하는 것이 건조장치의 안전 작업에 필요하다.

표 8.2 건조설비에 있어서의 폭발재해의 원인별 현황

원인별	발생빈도(%)
용제 등의 환기불량	33
버너 등의 장치류 불량 및 고장	21
미연가스의 환기불량	11
연료가스 등의 누출	10
가열장치의 과열	6
풍량 조절의 과오	5
기타	14

* 기타에는 건조물의 자연발화, 정전기 스파크에 의한 발화 등이 있다.

8.5 배관

화학장치의 배관, 배관연결부(fittings) 및 밸브는 기체와 액체의 이송경로에 사용되는 설비로서 그 사용 예는 그림 8.25와 같다.

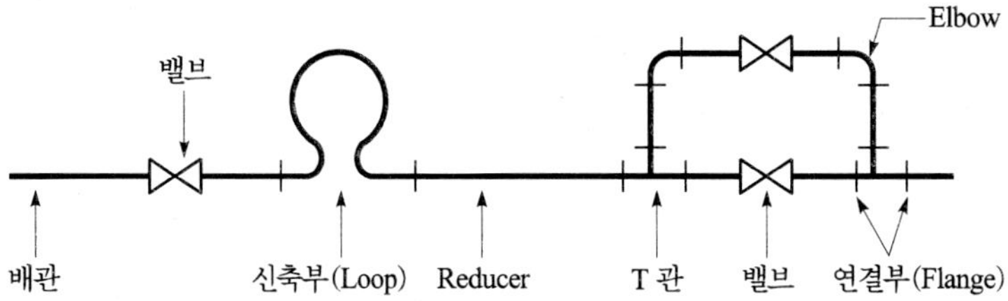

그림 8.25 배관설비의 구조

(1) 재질

배관재료에는 내부에 흐르는 유체의 종류에 따라 여러 가지가 사용되는데 이와 같은 재료 및 용도(用途)의 예를 요약하여 표시하면 다음과 같다.

표 8.3 관의 재질에 따른 용도

KS	JIS	ANS	ASTM	명칭
SPP	SGP	B36.20	A 120.68	배관용 탄소강관
SPPS	STPG	B36.1	A 53.68	압력(壓力) 배관용 탄소강관
SPHT	STPTB	36.3	A 106.68	고온(高溫) 배관용 탄소 강관
SPW	STPY	B36.4	A 134.68	배관용이 아크용접 탄소강관
SPPH	STS	—	—	고압(高壓) 배관용 탄소강관
SPA	STPA	B36.42	A 335.65	배관용 합금강관
SPLT	STPL	B36.40	A 333.67	저온(低溫) 배관용 강관
STS	SUS.TP	B36.26	A 312.64	배관용 스테인리스 강관

(2) 배관설계 압력 및 온도

배관의 설계압력 및 온도는 배관의 특성을 결정하는데 가장 중요한 요소이다. 그 결정에 있어서 기준이 되는 것은 열 및 물질수지도(공정도, P&ID)이다. 이것은 정상운전 상태에서의 중요부분의 압력, 온도 및 유량 등에 의해 결정된다.

배관계의 설계압력 및 온도는 그 계가 취급하는 유체가 도달할 수 있을 것으로 가정되는 최고의 압력 및 온도를 기준으로 하여 결정하는 것이 일반적인 방법이며 다음의 각 항 중에서 가장 높은 값을 채택한다. 그러나 상압, 상온의 경우에는 일반적으로 최저치를 각각 $1kg/cm^2$ 및 20°C로 한다.

(a) 설계압력을 결정하는 방법

① 배관과 접속되는 기기의 설계압력

② 배관을 보호하고 있는 안전밸브의 설정압력

③ 원심펌프의 토출배관은 실제조건에서의 펌프의 최대 흡입압력에 펌프차압 1, 2배를 가한 압력

④ 왕복펌프의 토출배관은 안전밸브의 설정압력

⑤ 대기압 이하로 운전되는 모든 배관은 완전 진공으로 간주한다.

⑥ 상기의 어느 항에도 속하지 않는 배관은 운전압력의 변동의 최고치를 고려한다.

(b) 설계온도를 결정하는 방법

① 배관이 접속되는 기기의 설계온도

② 배관제의 실제조작온도의 10%를 초과시킨다. 그러나 그 증가분이 25°C를 넘지 않도록 한다.

③ 고온의 배관에 있어서는 ②항의 25°C가 재료의 선정에 큰 영향을 주는 경우에는 실제로 상승되는 최고온도를 그래도 사용하는 경우도 있다.

관은 그 치수, 관벽의 두께 등이 표준화 되어 있다. 주철관과 강관의 규격으로는 미국 규격협회(American Standard Association, ASA)에서 만든 규격이 주로 사용되고 있으며 이는 표 5.2에 있다. 관의 두께, 즉 강도는 규격번호(Schedule Number, Sch. No.)로 표시하는데 다음과 같이 정의한다.

$$\text{Schedule No.} = 1{,}000 \times \frac{\text{내부작업 압력}\,[\text{kg/cm}^2]}{\text{재료의 허용응력}\,[\text{kg/cm}^2]}$$

(3) 관 부속품(Pipe Fittings)

관로에서는 여러 가지 목적을 위해 많은 부속품을 사용한다.

(a) 두개의 관을 연결할 때 : 플랜지(flange), 유니온(union), 카플링(coupling), 니플(nipple), 소켓(socket)

(b) 관로의 방향을 바꿀 때 : 엘보우(elbow), Y지관(Y−branch), 티(tee), 십자(cross)

(c) 관로의 크기를 바꿀 때 : 축소관(reducer), 부싱(bushing)

(d) 가지관을 설치할 때 : 티(T), Y지관(Y−branch), 십자(cross)

(e) 유로를 차단할 때 : 플러그(plug), 캡(cap), 밸브(valve)

(f) 유량 조절 : 밸브(valve)

대표적인 관 부속품은 그림 8.26에 나타내었다. 관을 연결할 때는 주로 직경이 5cm 이하일 때는 나사이음을 하고 5cm 이상일 때는 플랜지를 사용하거나 용접 이음을 한다.

관을 흐르는 유체의 온도 변화가 커서 열에 의한 팽창, 수축이 있을 때는 팽창곡관(expansion band)을 사용하여 부작용을 방지한다.

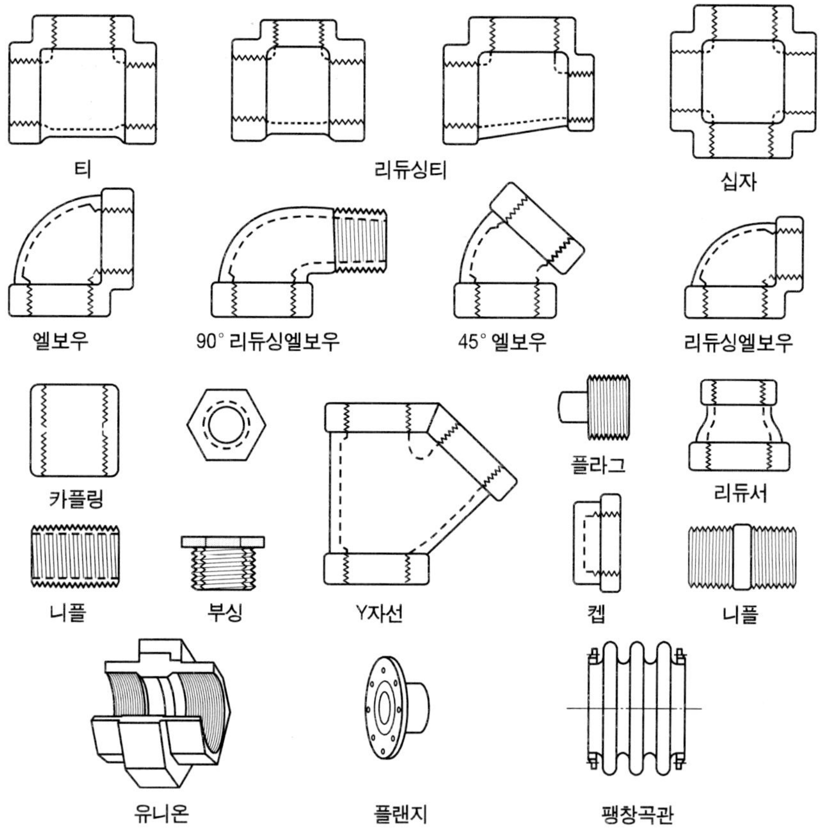

그림 8.26 관 부속품(附屬品)

표 8.4 강관 지수표

호칭경		외경			SCH 10				SCH 20				SCH 30			
		JIS	ANS		살두께		내경	중량	살두께		내경	중량	살두께		내경	중량
A	B	m/m	인치	m/m	m/m	인치	m/m	kg	인치	m/m	m/m	kg	인치	m/m	m/m	kg
1/3	6	10.5	0.405	10.3												
1/4	8	13.8	0.540	13.7												
3/1	10	17.3	0.675	17.1												
1/2	15	21.7	0.840	21.3												
3/4	20	27.2	1.050	26.7												
1	25	34.0	1.315	33.4												
$1\frac{1}{4}$	32	42.7	1.660	42.2												
$1\frac{1}{2}$	40	48.6	1.900	48.3												
2	50	60.5	2.375	60.3						3.2	54.1	4.52				
$2\frac{1}{2}$	65	76.3	2.875	73.0						4.5	47.3	7.97				

호칭경		외경			SCH 10				SCH 20				SCH 30			
		JIS	ANS		살두께		내경	중량	살두께		내경	중량	살두께		내경	중량
A	B	m/m	인치	m/m	m/m	인치	m/m	kg	인치	m/m	m/m	kg	인치	m/m	m/m	kg
3	80	89.1	3.500	88.9						4.5	80.1	9.39				
$3\frac{1}{2}$	90	101.6	4.000	101.6						4.5	92.6	10.8				
4	100	114.3	4.500	114.3						4.9	104.5	12.2				
5	125	139.8	5.563	141.3						5.1	129.6	16.0				
6	150	165.2	6.425	158.2						5.5	154.2	21.7				
8	200	216.3	8.625	219.1					0.250	6.4	203.5	33.1	0.277	7.0	202.3	36.1
10	250	167.4	10.75	273.1					0.250	6.4	254.6	41.2	0.307	7.8	251.8	49.9
12	300	318.5	12.75	323.9					0.250	6.4	205.7	49.3	0.330	8.4	301.7	64.2
14	350	355.6	14.00	355.6	0.250	6.4	342.8	55.1	0.312	7.2	339.3	67.7	0.375	9.5	236.6	61.1
16	400	406.4	16.00	406.4	0.250	6.4	393.5	63.1	0.312	7.2	390.3	77.6	0.375	9.5	387.4	93.0
18	450	457.2	18.00	457.2	0.250	6.4	444.4	71.1	0.312	7.2	441.4	87.5	0.438	11.1	435.0	122
20	500	508.0	20.00	508.0	0.250	6.4	495.2	79.2	0.312	9.5	489.0	117	0.500	12.7	482.5	155

호칭경		외경			SCH 40				SCH 60				SCH 80			
		JIS	ANS		살두께		내경	중량	살두께		내경	중량	살두께		내경	중량
A	B	m/m	인치	m/m	m/m	인치	m/m	kg	인치	m/m	m/m	kg	인치	m/m	m/m	kg
1/3	6	10.5	0.405	10.3	0.068	1.7	7.1	0.269		2.2	6.1	0.450	0.096	2.4	5.7	0.479
1/4	8	13.8	0.540	13.7	0.088	2.2	9.4	0.620		2.4	9.0	0.673	0.119	3.0	7.8	0.799
3/1	10	17.3	0.675	17.1	0.091	2.3	12.7	0.351		2.3	11.7	1.00	0.125	3.2	10.9	1.11
1/2	15	21.7	0.840	21.3	0.109	2.8	16.1	1.31		3.2	15.3	1.46	0.147	3.7	14.3	1.64
3/4	20	27.2	1.050	26.7	0.113	2.9	21.2	1.71		3.4	20.4	2.00	0.154	3.9	12.4	2.24
1	25	34.0	1.315	33.4	0.133	3.4	27.2	2.57		3.9	26.2	2.39	0.179	4.5	25.0	3.27
$1\frac{1}{4}$	32	42.7	1.660	42.2	0.140	3.6	26.5	3.47		4.5	33.7	4.24	0.491	4.9	32.9	4.57
$1\frac{1}{2}$	40	48.6	1.900	48.3	0.145	3.7	41.2	4.10		4.5	39.5	4.89	0.200	5.1	28.4	5.47
2	50	60.5	2.375	60.3	0.154	3.9	52.7	5.44		4.9	50.7	6.72	0.218	5.5	49.5	7.46
$2\frac{1}{2}$	65	76.3	2.875	73.0	0.203	5.2	65.9	9.12		5.0	64.3	10.4	0.276	7.0	62.3	12.0
3	80	89.1	3.500	88.9	0.216	5.5	78.1	11.3		6.0	75.9	13.4	0.300	7.6	73.9	15.3
$3\frac{1}{2}$	90	101.6	4.000	101.6	0.225	5.7	90.2	13.5		7.0	87.6	16.3	0.318	8.1	85.4	18.7
4	100	114.3	4.500	114.3	0.237	6.0	192.3	16.0		7.1	100.1	18.8	0.337	8.6	97.1	22.4
5	125	139.8	5.563	141.3	0.258	6.6	126.6	21.7		8.1	123.6	26.3	0.375	9.5	120.8	30.5
6	150	165.2	6.425	158.2	0.280	7.1	151.0	27.7		9.3	146.6	35.8	0.432	11.0	143.2	41.8
8	200	216.3	8.625	219.1	0.322	8.2	199.9	42.1	0.406	10.3	195.7	52.3	0.500	12.7	190.9	63.8
10	250	167.4	10.75	273.1	0.365	9.3	248.8	59.2	0.500	12.7	242.0	79.8	0.593	15.1	237.2	93.9
12	300	318.5	12.75	323.9	0.406	10.3	297.9	78.3	0.562	14.3	289.9	107	0.687	17.4	283.6	129
14	350	355.6	14.00	355.6	0.428	11.1	333.4	94.3	0.393	15.1	325.4	127	0.750	19.0	317.6	158
16	400	406.4	16.00	406.4	0.500	12.7	281.0	1223	0.656	16.7	373.0	160	0.843	21.4	363.6	203
18	450	457.2	18.00	457.2	0.562	14.3	428.6	156	0.750	19.0	419.2	205	0.937	23.8	409.6	254
20	500	508.0	20.00	508.0	0.593	14.1	477.8	184	0.812	20.6	466.8	248	1.031	26.2	455.6	311

8.6 화학설비 관련법규

8.6.1 화학설비의 종류(산업안전기준에 관한 규칙 별표3)

표 8.5 화학설비의 종류

구분	대상설비
화학설비	1) 반응기, 혼합기 등의 화합물질 반응 또는 혼합장치 2) 증류탑, 흡수탑, 추출탑, 감압탑 등의 화학물질 분리장치 3) 저장탱크, 계량탱크, 호퍼, 사일로 등의 화학물질 저장 또는 계량 설비 4) 응축기, 냉각기, 가열기, 증발기 등의 열교환기류 5) 고로 등 점화기를 직접 사용하는 열교환기류 6) 혼합기, 발포기, 인쇄기, 압출기 등의 화학제품 가공설비 7) 분쇄기, 분체분리기, 용융기 등의 분체화학물질 취급장치 8) 결정조, 유동탑, 탈습기, 건조기 등의 분체화학물질 분리장치 9) 펌프류, 압축기, 이젝터 등의 화학물질 이송 또는 압축설비
화학설비의 부속설비	1) 배관, 밸브, 관, 부속류 등의 화학물질 이송관련설비 2) 온도, 압력, 유량 등을 지시. 기록 등을 하는 자동제어 관련설비 3) 안전밸브, 안전판, 긴급차단 또는 방출밸브 등의 비상조치 관련설비 4) 가스누출감지 및 경보관련설비 5) 세정기, 응축기, 벤트스택(vent stack), 플레어스택(vlare stack) 등의 폐가스 처리설비 6) 사이클론, 백필터, 전기집진기 등의 분진처리설비 7) (1).(6)항의 설비를 운전하기 위해 부속된 전기관련설비 8) 정전기제거장치, 긴급샤워 설비 등의 안전관련설비

8.6.2 특수화학설비(노동부고시 제90-88호)

표 8.6 특수화학설비

적용대상	비고
1) 발열반응이 행해지는 반응장치 2) 증류, 정류, 증발, 추출 등 분리를 하는 장치("분리장치")중 분리되는 위험물질에 의한 폭발위험이 있는 농도에 달할 우려가 있는 상태에서 운전되는 분리장치 3) 가열매 등의 온도가 가열하려고 하는 위험물보다 높은 상태에서 운전되는 설비 4) 반응폭주 등 이상화학반응 등에 의해 위험물질이 발생할 위험이 있는 설비 5) 350°C 이상의 온도("고온") 또는 계기입력 10kg/cm^2 이상(고압)인 상태에서 운전하는 설비 또는 고온과 고압상태로 운전될 우려가 있는 설비 6) 고온유지용 가열기	위험물질에 따른 기준량 이상을 제조, 취급, 사용, 저장하는 설비

8.6.3 건조설비의 범위(노동부고시 제90-90호)

표 8.7 건조설비의 범위

구분	용량	비고
1) 위험 물질	내용적 $1m^3$ 이상	가열, 건조
2) 비위험 물질	*고체 또는 액체연료의 최대사용량이 10kg/hr 이상 * 기체연료의 최대 사용량 $1m^3$/hr 이상 * 전기 사용 정격용량 10KW 이상	

8.6.4 화학설비 관련법규

제282조 (화학설비가 설치되어 있는 건축물의 구조) 사업주는 별표3의 화학설비 및 그 부속설비를 내부에 설치하는 건축물의 바닥, 벽, 기둥·계단 및 지붕 등에는 불연성의 재료를 사용해야 한다.

제283조 (부속방지) 사업주는 화학설비 또는 그 배관(화학설비 또는 그 배관의 밸브 또는 코크 제외)중 위험물 또는 인화점이 65℃ 이상인 물질("위험물질")이 접촉하는 부분에 대해서는 현저한 부식에 의한 폭발 또는 화재를 방지하기 위해 부식이 잘 되지 않는 재료를 사용하거나 도장 등의 조치를 해야 한다.

제284조(덮개 등의 접합부) 화학설비 또는 그 배관의 덮개·후렌지·밸브 및 코크의 접합부에서의 누출을 방지하기 위해 가스켓을 사용하고 접합면을 상호 밀착시켜야 한다.

제285조 (밸브 등의 개폐방향 표시) 사업주는 화학설비 또는 그 배관의 밸브-코크 또는 이들의 조작스위치 및 누름 단추 등의 오조작으로 인한 폭발, 화재 또는 누출방지를 위해 개폐방향을 색채 등으로 표시하여 구분하여야 한다.

제286조 (밸브 등의 재질) 화학설비 또는 그 배관의 밸브나 코크는 개폐의 빈도, 위험물질 등의 종류, 온도, 농도 등에 따라 내구성이 있는 재료를 사용해야 한다.

제288조(안전밸브 등) 대기압 이상으로 운전되거나 이상화학반응 등으로 인해 대기압을 초과할 우려가 있는 화학설비에는 안전밸브를 설치해야 한다.

제289조 (화염 방지기의 설치) 인화성액체 및 가연성가스를 저장 취급하는 화학설비로부터 증기 또는 가스를 대기로 방출할 때에는 외부로부터의 화염을 방지하기 위해 화염방지기를 설비상단에 설치해야 한다.

제290조 (내화기준) 위험물을 저장 취급하는 장소에 다음 각호의 대상물을 설치할 때에는 노동부장관이 정하는 바에 의한 내화구조로 해야 한다.

1. 건축물의 기둥 및 보
2. 위험물 저장 취급용기의 지지대
3. 배관 및 전선관 등의 지지대

제291조(안건거리) 화학설비를 설치할 때에는 폭발·화재에 의한 피해를 줄일 수 있도록 노동부장관이 정하는 바에 의해 설비 및 시설 간에 충분한 안전거리를 유지해야 한다.

제292조(계측장치 설치) 특수화학설비를 설치할 때는 내부의 이상상태를 조기에 파악할 수 있도록 온

도계·유량계·압력계 등의 계측장치를 설치해야 한다.

제293조 (자동 경보장치설치) 특수화학설비를 설치할 때에는 자동경보장치를 설치해야 한다(설치 곤란 시에는 감시인을 둘 수도 있다).

제294조 (긴급차단장치의 설치 등) 특수화학설비를 설치할 때에는 화재·폭발 또는 위험물의 누출을 방지하기 위해 원재료 공급의 긴급차단, 제품 등의 방출, 불활성가스의 주입 또는 냉각용수 등의 공급을 위해 필요한 장치를 해야 한다.

제304조(건조설비의 사용) 건조설비를 사용하여 작업할 때에는 폭발, 화재 방지를 위해 다음 각호의 사항을 준수해야 한다.

1. 위험물 건조설비를 사용할 때에는 미리 대부를 청소하거나 환기시킬 것
2. 위험물 건조설비를 사용하는 때에는 건조로 인해 발생하는 가스·증기 또는 분진에 의한 화재·폭발의 위험이 있는 물질은 안전한 장소로 배출할 것
3. 위험물 건조설비를 사용해 가열 건조한 건조물은 쉽게 이탈되지 않도록 할 것
4. 고온으로 가열 건조한 가연성물질은 발화의 위험이 없는 온도로 냉각 후에 격납시킬 것
5. 건조설비 가까이에는 가연성물질을 두지 말 것

제305조(건조설비의 온도측정) 건조설비에는 내부의 온도를 수시로 수정할 수 있는 장치를 설치하거나 내부의 온도가 자동으로 조정되는 장치를 설치해야한다.

제307조 (자체검사) 건조설비 및 그 부속설비는 매년 1회 이상 다음 각 호의 사항에 대한 자체검사를 해야 한다.

1. 내면 및 외면과 내부의 선반, 틀 등의 손상·변형 또는 부식의 유무
2. 위험물건조설비에 있어서 건조로 인하여 발생하는 가스·증기·분진 등으로 인한 폭발, 화재의 위험을 예방하기 위한 설비의 이상유무
3. 건조설비에 있어서 연소실 기타 점화하는 부분의 환기를 위한 설비의 이상유무
4. 감시 창·출입구·배기구 등 개구부의 이상유무
5. 내부온도 측정장치 및 조정장치의 이상유무
6. 내부에 설치하는 전기기계·기구 또는 배선의 이상유무

제325조(공기 외의 가스 사용제한) 압축가스의 압력을 이용하여 부식성액체를 압송할 때에는 공기 외의 가스를 압축가스로 사용해서는 안 된다. 다만, 당해 작업을 종료한 후 즉시 가스를 배제한 때 또는 출입해도 질식의 위험이 발생할 우려가 없도록 조치한 때에는 질소나 탄산가스를 사용할 수 있다.

8.6.5 압력용기 제작기준 안전기준 및 검사기준

제정 1991. 1. 3 고시 제90.82호

제1조(목적) 산업 안전법 규정에 의해 압력용기의 제작기준과 안전기준 및 검사 기준을 규정함으로서 근원적인 안전성을 확보하는데 그 목적이 있다.

제2조 (적용범위) ① 이 기준은 화학공장의 탑류, 반응기, 열교환기, 저장용기 및 공기압축기의 공기저장탱크로서 사용압력이 0.2kg/cm^{2}G 이상이고 상용압력[kg/cm^2]과 용기내용적[m^3]의 곱이 1

이상인 압력용기에 대해 적용한다.

다만 화염을 받는 관형 가열기 및 원자력관계의 용기는 그러하지 아니 하다.

제3조 (용어의 정의)

1. 최고사용온도 : 장치(용기)의 운전을 정상상대로 할 때, 그 기능을 정상적으로 발휘하는 범위 내에서 사용될 수 있는 최상한의 온도,
2. 최저사용온도 : 정상운전 중 또는 운전개시 및 운전정지 때와 같은 경우에도 장치(용기)내의 온도가 이보다 절대로 내려가지 않는 최하한의 온도.
3. 최고사용압력: 장치(용기)의 운전을 정상상태로 할 때, 그 기능을 정상적으로 발휘하는 최고 압력.
4. 최저사용압력 : 정상운전 중 또는 운전개시 및 운전정지 때와 같은 경우에도 장치내의 압력이 내려갈 수 없는 최하한의 압력
5. 최대허용압력 : 압력용기의 제작에 사용된 재질의 두께를 기준으로 하여 산출된 최대허용 압력.
6. 설계압력 : 최소허용두께 또는 용기의 여러 부분의 물리적 특성을 결정하는 목적으로 용기 설계에서 사용되는 압력
7. 최대허용응력 : 특정재료에 대해 허용되는 최대단위응력
8. 용기벽의 두께
   가. 필요두께 : 계산두께로서 부식 여유를 합하기 전의 두께
   나. 설계두께 : 필요두께+부식 여유
   다. 호칭두께 : 상업적으로 구입할 수 있어 제작자에게 공급할 수 있는 선정된 두께
9. 용접이음효율 : 수치적으로 표시된 용접 이음의 효율
10. 방사선투과시험 : 목적물에 방사선을 투과시켜 필름에 감광시켜 그 건전성을 기록 하는 시험방법
11. 자분탐상시험 : 철 및 철합금강의 표면 또는 그 근처에서의 크랙과 유사 불연속부를 탐지하는 방법으로 주로 가성재료에 불연속부를 나타낼 수 있게 만든 자성 분말을 뿌려 탐상하는 방법
12. 액체침투시험 : 비다공성 비철금속과 재료표면의 비연속성 균열부의 탐지를 위한 비파괴 시험법으로서 탐지 가능한 대표적 불연속부는 크랙, 이음매, 겹침, 냉간 오무러짐 및 적층 등이다.
13. 초음파 탐상시험 : 초음파의 반사를 탐지해 내부 불연속부의 존재와 그 위치를 확인하는 비파괴시험법
14. 스터드 : 한쪽 또는 양끝 온 길이에 걸쳐 나사가 있는 머리 없는 보울트
15. 클래드 용기 : 내식성이 적은 재료의 모재에 내식성이 있는 재료를 전 접촉부에서 완전히 붙인 판으로 만든 용기
16. 라이닝된 용기 : 내식성이 있는 재료를 용기벽에 간헐적으로 부착시켜 라이닝한 용기
17. 적층상 용기 : 둘 또는 그 이상의 분리된 층으로 만든 동체를 가진 용기
18. 경납땜 : 427°C 이상의 적당한 온도로 가열하고 모재(母材)의 용접 보다 낮은 용접을 가지는 비철경납(非鐵硬鉛)을 사용하여 결합시키는 금속이음법

제5조 (재료의 사용제한)

1. 탄소강

1.1. KS D 3521(압력용기용 강판)에 적합한 탄소강재는 최고사용온도 350°C를 초과하는 압력용기의 동체, 경판 기타 이에 유사한 부분에 사용해서는 안 된다.

1.2. KS D 3515(용접 구조용 압연강재)의 강판규격에 적합한 탄소강재는 최고사용압력 30kg/cm²를 초과하는 압력용기 또는 최고사용온도 350°C를 초과하는 압력용기의 동체, 경판 기타 이와 유사한 부분에 사용하여서는 안 된다.

1.3. KS D 3503(일반 구조용 압연강재)의 강판규격에 적합한 탄소강재는 다음 부분에 사용해서는 안 된다.

가. 최고사용압력 16kg/cm²를 초과 하는 압력용기의 동체, 경판 기타 이와 유사한 부분

나. 최고사용온도 350°C를 초과하는 압력용기의 동체, 경판 이와 유사한 부분

다. 최고사용압력 10kg/cm²를 초과하는 압력용기의 동체에서 길이방향 이음을 용접하는 것

라. 유해물질을 보유하는 압력용기의 동체·경판 기타 이와 유사한 부분

1.4. KS D 3507(배관용 탄소강 강관)에 적합한 강관은 최고 사용압력 10kg/cm² 초과하는 압력용기에 사용해서는 안 된다.

2. 주철

2.1. 주철은 인화성 또는 유독성이 있는 증기를 발생하는 압력용기 또는 기타 부분에 사용해서는 안 된다.

2.2. 회주철은 제2.1호의 규정에 따르는 것 이외에, 다음에 게재한 압력용기 또는 그런 부분에 사용해서는 안 된다.

가. 내부의 기체 또는 액체의 온도가 250°C를 초과하는 것

나. 11kg/cm²를 초과하는 압력을 받는 것(부속품을 제외)

다. 부속품에서 16kg/cm²를 초과하는 압력을 받는 것

2.3. 흑심 가단 주철 및 기타 원소를 첨가한 특수 주철은 2.1호의 규정에 따르는 것 이외에 다음에 게재하는 압력용기 또는 그런 부분에 사용해서는 안 된다.

가. 내부의 기체 또는 액체의 온도가 350°C를 초과하는 것

나. 18kg/cm²를 초과하는 압력을 받는 것(부속품 제외)

다 부속품으로서 24k/cm²를 초과하는 압력을 받는 것

3. 동 및 동합금

3.1. 동은 내부의 기체 또는 액체의 온도가 206°C를 초과하는 것(압력계 또는 액면계의 연락관, 내장 또는 패킹 제외)에 사용해서는 안 된다.

3.2. KS D 6002(청동주물)의 청동주물 제3종의 규격에 적합한 것은 내부의 기체 또는 액체의 온도가 230°C 초과하는 것에 사용해서는 안 된다.

4. 알루미늄 및 알루미늄합금

4.1. 알루미늄 및 알루미늄합금은 내부의 기체 또는 액체의 온도가 206°C를 초과하는 것(압력계 또는 액면계의 연락관, 내장 또는 패킹 제외)에 사용해서는 안 된다.

5. 납

5.1. 납관은 내부의 기체 또는 액체의 온도가 120°C를 초과하는 것에 사용해서는 안 된다.

5.2. 경납관은 내부의 기체 또는 액체의 온도가 160°C를 초과하는 것에 사용해서는 안 된다.

Chapter 09

화학설비의 안전

9.1 안전장치의 원리

위험성이 높은 산업 공장의 안전확보를 위한 설계는 다음의 두 가지 목적으로 나타내어져야만 한다. 첫째는 밀폐계에 있어서 위험한 상황의 발생을 피하기 위한 것(예방활동, prevention acting)과, 둘째는 공장과 주민에 대하여 발생 가능한 사고의 결과를 한정하는 것(경감활동, mitigation acting)이다.

예방활동은 공정 임계(한계) 변수(압력, 온도, 농도 등)의 벗어남을 허용치 이내로 제한할 수 있는 보호(예방) 시스템을 계획하고, 또한 그들의 신뢰성을 증가시키기 위한 설비설계와 현실적 범주를 채택하는 것에 의해 달성되는 것이다.

비정상 상황의 경감(mitigation)은 공장을 안전조건으로 되돌릴 수 있는 시스템을 설계하는 것에 의해 행하여진다.

밀폐 유체계 내에서의 압력상승의 제한은 유체의 specific 에너지를 줄이는 작용을 가지는 장치를 사용함으로써 이루어질 수 있다. 적용의 중요성 때문에 2상 조건에 있는 단일 유체계에 대해 설명한다.

압력감소는 다음의 3가지 방법으로 달성될 수 있다.

① 시스템으로부터 주위로 효과적인 에너지 전달을 행하는 적합한 설비를 사용하여서 시스템에 포함되어 있는 유체를 냉각하는 방법
이것은 가압수형 원자력 plant에 있어서 steam generator 비상급수계의 경우에 해당한다. steam generator의 shell측에 있는 물의 존재는 1차 냉각수의 필요한 냉각을 행하고 유체의 specific 에너지와 압력에 있어 통제되지 않는 상승을 방지한다. 다른 예는 바람직하지 못한 태양복사열을 방지하기 위하여 가압액체 연료탱크의 외부표면에서 작용하는 spray system을 들 수 있다.

② 낮은 specific 에너지를 가진 동일한 유체를 시스템에 주입함으로써 평균 specific energy의 감소를 초래하는 방법. 이 예는 steam bubble 가압기의 증기부분에 작용하는 액체분사시스템을 들 수 있다.

③ 시스템으로부터 증기흐름을 뽑아냄으로써 달성하는 방법 : 유체의 증기상이 high specific energy를 가지므로 평균 specific energy의 감소를 최종적으로 초래시켜 목적을 달성한다. 전형적인 것으로 안전밸브와 방출밸브가 이 기능을 수행하는 것이다.

기능적 관점에서 과압을 제한하기 위해 설계되는 시스템으로는 active safety system과 passive safety system으로 구별되어질 수 있다. 이 두 시스템은 모두 공통점을 갖는데, 그것은 규정된 물리적 량이 사전 설정치(setpoint)에 도달할 때 간섭한다는 것이다. 그러나 두 종류의 system에 있어 간섭하는 형태가 다르다.

active system에서 setpoint에 도달하면 적절하게 처리된 신호를 발생시켜 예방(방호) 시스템(예, power-operated relief valve PORV)에 포함된 한 개 이상의 actuabar(일반적으로 동력구동되는)를 조절한다.

반면에 passive system의 경우에는 물리적 량이 직접적으로 시스템에 작용하여 그의 간섭을 일으킨다(예. safety spring valve)

과압을 제한하는 방법에 대하여는 더 많은 사항을 고려할 필요가 있다. 전열장치에서(steam generator 또는 앞에서 인용한 탱크의 표면) 제2의 유체흐름을 통해 시스템 내에 있는 유체를 냉각하는 것은, 두 유체 사이에 열전달이 잘 이루어질 때 대단히 효과적인 것이다. 그러므로 가압수형 원자력 plant에서 비상급수에 의한 에너지제거의 효과는 primary loop inventory가 tube bundle의 꼭대기까지 물이 있다는 것이 충분히 보장되어질 때에만 보증되고, 또한 열원(the nuclear core)과 heat sink(steam generator) 사이에 자연대류가 이루어지고 있을 때에만 보증된다.

액체 연료탱크의 경우에는 탱크 외부표면의 상당부분에 냉각을 할 수 있도록 되어있어야만 한다(그러한 표면의 내측은 액체상과 접하여 있어야만 한다).

시스템의 평균 specific energy를 낮추기 위하여 찬 액체를 주입하는 것은 많은 고려를 해야 한다. 최종 압력치의 관점에서 보면 주입이 시작되는 시스템에서의 지정위치는 평형조건에 있어서 중요하지 않다. 반면에 시간함수로서의 감압화 경향은 주입이 액체영역에서 또는 포화증기 영역에서 일어나느냐에 따라 완전히 다르다. 탱크의 증기부에 냉각수를 균일 분사하는 경우는 감압을 신속하게 한다. 이 효과는 그 설비의 기계적 설계에서 고려되어져야만 한다. 증기영역에서는 국부적으로 평균 specific energy의 감소가 평형조건에 상당하는 경우보다 더 커진다. 그러므로 순간적으로 감압하는 액체속으로 주입하는 경우보다 더 빠르다. 찬 유체와 증기상 사이의 높은 열전달표면이 형성되어져야만 한다.

증기영역에 위치한 안전밸브와 방출밸브의 개방은 감압화를 수행하는 세 번째의 수단이다. 방출밸브는 일반적으로 수동 또는 자동 작동에 의한 기동밸브이다. 이들 밸브는 증기가 존재하는 시스템의 상부에 또는 팽창탱크에 필요에 따라 설치된다.

이러한 밸브를 통하여 높은 압력을 가진 유체가 방출되고 따라서 결과적으로 압력 감소가 일어난다. 밸브가 설치되어져 있는 설비 내측에서 만약 포화상태에 있는 액체가 존재하면 액체가 증발하게 되고 낮은 압력에서 새로운 평형에 도달하게 된다. 이때 증발열은 액체에 의해 제공되어지며 결과적으로 액체는 냉각된다.

시스템 내에서 더 빠른 압력강하를 얻기 위하여는 어떤 경우에는 방출밸브를 통하여 냉각수의 주입과 증기의 배출을 동시에 실행하기도 한다.

relief valve는 active safety system이다. 이와 유사한 system을 "quick relief system"이라고 부른다. 압력이 제어장치 간섭능력에 비하여 너무 빨리 상승할 때에는 설비로부터 유체를 아주 빨리 제거하는 수단을 제공하여야 한다. 이러한 시스템도 active type의 일종이다.

반면에 relief valve와 동일한 원리(감압의 관점에서)에 바탕을 둔 밸브는 일반적으로 spring valve이며 일시적으로 감압이 될 동안 passive safety system으로 작용한다. 이러한 밸브는 시스템 설계압력보다 상당히 낮은 압력에서 작동되도록 하고 이 한계가 절대로 초과되지 않도록 어떤 경우든 보장되어야만 한다.

안전밸브와 방출밸브의 조작에 관하여 시스템설계에서 포함되어져야 하는 3가지 사항을 지적하면 다음과 같다.

① 이들 밸브는 시스템으로부터 증기를 뽑아내도록 설계되어야 한다.

그래서 2상의 품질이 나쁜 혼합물이 밸브를 통해 흐를 때에는 닫히는 동안의 부식 때문에 seal의 손상이 발생할 수 있다. 그러므로 압력이 강하하는 동안 액체 level이 과잉 상승하지 않도록 하기 위하여 직경이 충분히 큰 탱크를 사용하여야만 한다.

② 방출증기가 위험한 물질이거나 급격한 압력강하가 일어날 수 있을 때에는 비상상태 시에 배관을 다시 격리시키기 위해 relief line을 따라 제2차 on-off valve를 설치하여야만 한다.

③ 한계흐름조건(critical flow conditions)에서 밸브의 방출용량이 계산되어져야 한다. 그래서 어떤 경우든 배압이 정상배출 용량을 보증할 수 있는 방법으로 밸브는 설계되어져야만 한다.

파열판(rupture disk)은 안전밸브와 동일한 기능을 가지는 대체 가능한 passive system이다. 낮은 압력에 있어서는 안전밸브의 사용에 어떤 제한이 존재하기 때문에, 즉 관련된 힘에 비해 상당한 질량을 가지는 가동부품들이 있기 때문에, 파열판은 안전밸브에 비해 상당한 이점을 가지고 있다. 실제로 파열판은 아주 작은 압력차로써 작동할 수 있고 사용되는 재료가 작기 때문에 경제적이며 편리하다. 더욱이 기동부분에 있어서 끼임효과(jamming effect)를 쉽게 나타내는 유체의 경우에는 rupture disk는 파괴압력 상수를 유지할 수 있으며 간섭을 보장할 수 있다. 만약 위험성 유체가 포함되어져 있으면 파열판의 최종파괴는 고려되어져야만 한다.

최종적으로 만약 시스템에 포함된 유체가 공중보건에 위험하다면 방출 시스템의 배출에 대한 공장의 특별한 어떤 조치가 취해져야만 한다는 것을 명심해야 한다. 이러한 경우에 유체는 주위로 방출해서는 안 되며 가능한 한 증기억제장치를 가진 적합한 저장탱크를 사용하여야만 한다. 이러한 장치를 사용하면 유체의 주어진 량의 배출에 기인한 탱크내의 최대 압력을 감소시킬 수 있든지 또는 탱크의 주어진 설계압력에 대해 배출능력을 증가시킬 수 있다.

9.2 관계법령

안정장치에 대하여 산업안전보건법 및 고압가스안전관리법에는 다음과 같이 규정하고 있으며, 이에 해당하는 안정장치로서는 안전밸브(safety valve), 파열판(rupture disk), 통기관(vent line), 긴급방출장치(blow down 장치) 등이 있다.

9.2.1 산업안전 기준에 관한 규칙

(1) 제288조(안전밸브 등)

① 사업주는 대기압이상으로 운전되거나 이상화학반응 기타의 이상사태로 인하여 내부의 기체의 압력이 대기압을 초과할 우려가 있는 화학설비에는 안전밸브 또는 이에 대처하는 방호조치(이하 "안전밸브" 등이라 한다)를 설치하여야 한다.

② 사업주는 안전밸브 등을 설치하는 때에는 용량·내식성·정확도 기타 성능이 충분한 것을 사용하여야 하며, 항시 작동될 수 있도록 보수·유지를 철저히 하여야 한다.

③ 사업주는 화학설비를 설치함에 있어서 안전밸브 등의 고장으로 인한 보수 등을 위해 이를 해체한 때에는 당해 화학설비가 운전될 수 없는 구조를 갖추어야 한다. 다만, 안전밸브 등을 추가로 설치하는 등 필요한 조치를 한 때에는 그러하지 아니하다.

④ 사업주는 당해 화학설비에 대하여는 안전밸브 등으로부터 배출되는 위험물을 안전한 장소로 유도하거나 연소 또는 흡수 등의 방법에 의하여 처리할 수 있는 구조로 하여야 한다.

(2) 압력용기 제작기준, 안전기준 및 검사기준 제33조(방호장치 등)

(가) 방호장치라 함은 다음에 기술하는 것을 말한다.

① 안전밸브

② 파열판

③ 긴급방출밸브

④ 자동적으로 압력상승 작용을 정지시키는 장치

⑤ 압력용기 주위의 온도, 압력경보 장치

9.2.2 고압가스안전관리법시행규칙

제6조 별표 3

(가) (22) : 고압가스설비에 장치하는 압력계는 1.5배 이상 2배 이하의 최고눈금이 있는 것일 것. 또한 그 설비내의 압력이 허용압력을 초과하는 경우에는 즉시 그 압력을 허용압력 이하로 되돌릴 수 있는 안전장치를 설치할 것

(나) (23)·(22)의 규정에 의하여 설치한 안전장치 중 가연성가스 및 독성가스의 안전밸브 또는 파열판에는 가스방출관을 설치할 것. 이 경우에 방출관의 방출구의 위치는 다음 기준에 의할 것.

① 가연성 가스의 저장탱크에 설치하는 것은 지상으로부터 5m의 높이 또는 저장탱크의 정상부로부터 2m의 높이 중 높은 위치에서 주위에 화기 등이 없는 안전한 위치

② 독성가스의 고압가스 설비에 설치하는 것은 그 독성가스의 중화를 위한 설비 내

③ 그 밖의 고압가스 설비에 설치하는 것은 인근의 건축물 또는 시설물의 높이 이상의 높이로서 주위에 화기 등이 없는 안전한 위치

(다) (68) : 배관에는 그 배관내의 압력이 상용압력을 초과하는 경우에 즉시 상용압력 이하로 되돌릴 수 있는 조치를 할 것

9.3 안전밸브(safety valve)

9.3.1 설치장소 등

이상 압력의 발생 우려가 있는 부분과 허용압력을 초과할 우려가 있는 부분에는 안전밸브 또는 안전장치의 설치가 의무화되어 있다. 여기에서 말하는 안전장치로는 안전밸브를 비롯하여 vent valve(unloader를 포함한다), 파열판 또는 자동압력제어 장치 등이 있다.

현장에 안전변을 설치할 경우에 있어서 일반적 주의사항은 다음과 같다.

(1) 검사하기 쉬운 위치에 밸브축을 수직으로 하여 설치한다.

(2) 분출 시의 반발력을 충분히 고려하여 설치한다.

(3) 용기에서 안전밸브 입구까지의 압력차가 안전밸브의 설정압력의 3%를 초과하지 않도록 하는 배관 치수로 한다.

(4) 방출관이 긴 경우는 배압(背壓)에 대단히 주의하여야 한다.

또한 안전밸브의 주밸브(안전밸브 앞쪽에 설치는 밸브)의 설치에 대하여는 고압가스 안전관리법에서는 설치하여도 좋다고 되어 있으나, 산업안전보건법에서는 주밸브를 원칙적으로 설치해서는 안 된다고 되어 있다.

9.3.2 종류

안전밸브를 분류하면 다음과 같다.

(1) lift에 의한 분류	**(3) 배기에 의한 분류**
(가) 저양정식(低揚程式) 안전밸브	(가) 개방형 안전밸브
(나) 고양정식(高揚程式) 안전밸브	(나) 밀폐형 안전밸브
(다) 전양정식(全揚程式) 안전밸브	(다) bellows형 안전밸브
(라) 전량식(全量式) 안전밸브	
(2) 작동기구에 의한 분류	**(4) 설치형식에 의한 분류**
(가) spring식 안전밸브	(가) 단식(單式) 안전밸브
(나) lever식 안전밸브	(나) 복식(複式) 안전밸브
(다) 중추식 안전밸브	(다) 2조(二組) 안전밸브

(1) lift에 의한 분류

(가) 저양정식 안전밸브

lift(밸브본체가 밀폐된 위치에서 분출량 결정압력의 위치까지 밸브본체가 상승했을 때의 수직방향의 치수를 말한다. 안전밸브의 작동거리)가 변좌(弁座)입구의 직경의 1/40 이상 1/15 미만의 것

(나) 고양정식 안전밸브

lift가 변좌 입구의 직경의 1/15 이상 1/17 미만의 것

(다) 전양정식 안전밸브

lift가 변좌 입구의 직경의 1/7 이상의 것으로서, 이 경우 1/7열렸을 때 생기는 가스 통과의 면적보다 그 외 부분의 가스의 최소통과면적이 10% 이상 큰 것

(라) 전량식(全量式) 안전밸브

변좌 입구의 직경이 목부분의 1.15배 이상의 것으로 밸브가 열렸을 때의 변좌 입구의 직경의 가스 통로 면적이 목부분의 1.05배 이상으로 밸브입구 및 관내 가스 통로의 면적은 목부분 면적의 1.7배 이상인 것

이상과 같이 안전밸브가 작동했을 때 얻어지는 리프트의 크기에 따라 각 형식으로 분류되는데 당연히 리프트가 큰 폭이 동일 사이즈 안전밸브라도 토출량이 많다. 따라서 소요 토출량에 대하여 필요한 안전밸브 사이즈를 감소할 수 있으며 유리하다. 그러나 토출능력이 큰 안전밸브일수록 비교적 도출압력(안전밸브설정압력과 토출압력과의 차)도 커진다. 따라서 안전밸브에 필요한 토출능력, 용도 등을 고려하여 적절한 형식의 안전밸브를 선택해야 한다.

(2) 배기에 의한 분류

(가) 개방형 안전밸브

분출가스는 대부분 방출관에서 대기로 방출되며 일부 가스가 밸브봉(棒) 등의 간격을 통하여 직접 대기에 분출하는 것

(나) 밀폐형 안전밸브

분출가스는 모든 방출관에서 외부로 배출되는 것. 스프링은 casing 내에 격납되어 각 joint부는 모든 gasket을 삽입하여 기밀을 유지하도록 되어 있다.

(다) bellows형 안전밸브

밸브 본체의 상하운동에 있어 스피링 외에 bellows를 사용하여 부식유체에서 스프링을 보호하는 것

일반적으로 보면 보일러에는 개방형 안전밸브가, 화학설비에는 밀폐형 안전밸브가 많이 사용되고 있다. 그리고 부식성이 강한 가스나 독성이 강한 가스에는 bellows형 안전밸브가 사용된다.

그리고 스프링식 안전밸브의 일종으로 파일럿트 밸브를 부착한 안전밸브가 있다. 이는 파일럿트 밸브라고 하는 직경이 작은 스프링 안전밸브를 설치하여, 이것이 토출했을 때의 토출가스 압력에 의하여 주 밸브를 여는 것이다.

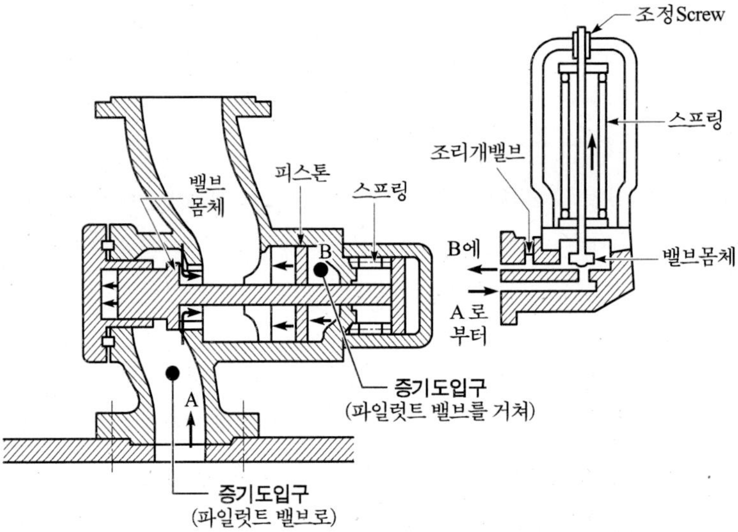

그림 9.1 파일럿트 밸브가 있는 안전밸브

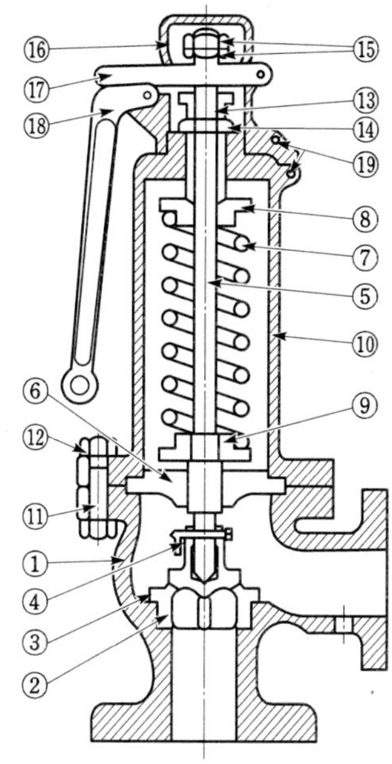

① 본체	⑪ 뚜껑 고정볼트
② Valve Seat	⑫ 뚜껑 고정너트
③ 변체	⑬ 조정볼트
④ 고정핀	⑭ 조정볼트 고정너트
⑤ 변봉	⑮ 너트
⑥ 가이드	⑯ 캡
⑦ 스프링	⑰ arm
⑧ 上스프링 Bearing	⑱ 핸들
⑨ 下스프링 Bearing	⑲ 봉인
⑩ 뚜껑	

그림 9.2 개방형 저양정 안전밸브

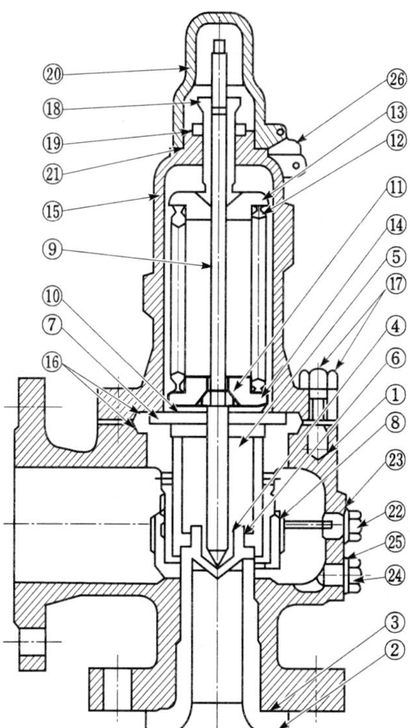

① 본체	⑭ 下스프링 Bearing
② 노즐	⑮ 덮개
③ 노즐 Gasket	⑯ 덮개 Gasket
④ 변체	⑰ 덮개 고정볼트 · 너트
⑤ 변체 원통부	⑱ 조정볼트
⑥ 변체 고정링	⑲ 조정볼트 고정너트
⑦ 변체가이드	⑳ 캡
⑧ 조정링	㉑ Cap Gasket
⑨ 변봉	㉒ 고정핀
⑩ 가이드	㉓ 고정핀 Gasket
⑪ 변봉 스프링받침대	㉔ 드레인 플러그
⑫ 스프링	㉕ 드레인 플러그 Gasket
⑬ 上스프링 Bearing	㉖ 봉인

그림 9.3 밀폐형 전량 안전밸브

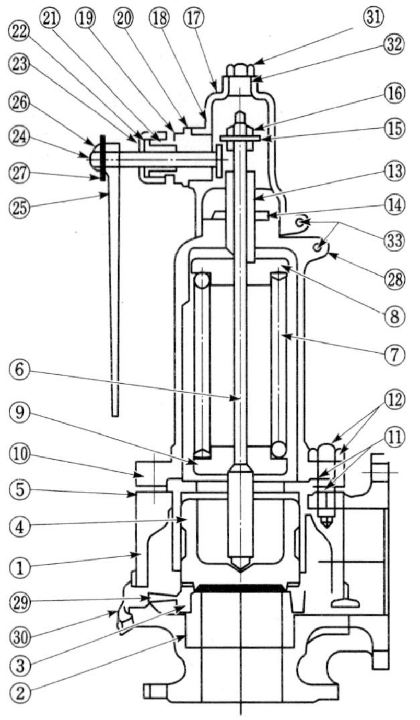

① 본체
② 변좌
③ 조정링
④ 변체
⑤ 가이드
⑥ 변봉
⑦ 스프링
⑧ 上스프링 Bearing
⑨ 下스프링 Bearing
⑩ 뚜껑
⑪ 뚜껑
⑫ Gasket
⑬ 조정볼트
⑭ 조정볼트 고정너트
⑮ 밸브판
⑯ 밸브란 고정너트
⑰ 캡
⑱ Cam
⑲ Cam · Bearing
⑳ Cam · Bearing 개스킷
㉑ Cam축 패킹
㉒ 패킹 누름판
㉓ Box Nut
㉔ 캠축
㉕ 핸들
㉖ 핸들 너트
㉗ 개폐표시판
㉘ 캡 Gasket
㉙ 조정링 고정핀
㉚ 조정핀 Gasket
㉛ 캡 플러그
㉜ 캡 플러그 Gasket
㉝ 봉인

그림 9.4 밀폐형 고양정 안전밸브

9.3.3 설정압력(고압가스 안전관리법 관련)

(1) 액화 가스의 고압가스 설비 등에 설치하는 스프링식 안전밸브는 상용온도에서의 액화가스 사용 체적이 해당 고압가스 설비 등의 내용적의 98%로 팽창하는 온도에 대응하는 압력에서 작동할 것

(2) 고압가스 설비 내의 압력이 허용압력을 초과한 경우에 즉시 그 압력을 허용 압력이하로 복귀할 것

9.3.4 Accumulation

accumulation이란 안전밸브가 작동하고 유체가 분출할 때에 최고 사용압력을 초과하여 상승한 압력과 최고 사용 압력과의 차 또는 최고 사용압력과의 비를 퍼센트로 나타낸 것이다. 이 값에 대하여 법규에는 직접 언급하고 있기는 않으나 관련되는 것으로 다음을 들 수 있다.

압력 용기 제작기준 안전기준 및 검사기준 제33조(방호장치)

(1) 방호장치라 함은 다음에 기술하는 것을 말한다.
 ① 안전밸브
 ② 파열판
 ③ 긴급방출 밸브
 ④ 자동적으로 압력상승 작용을 정지시키는 장치(자동압력제어장치)
 ⑤ 압력용기 주위의 온도, 압력 경보장치

(2) 압력용기의 방호장치 등의 규격은 다음 기준에 적합한 것이어야 한다.
 ① 방호장치 등의 구조 및 재질은 해당 화학설비 등의 내부에 있어 유체의 압력 및 온도와 해당 유체에 의한 부식에 견딜 수 있는 것이어야 한다.
 ② 압력용기에는 운전 중에 최고사용압력 이하에서 작용하는 내부의 압력이 해당부분의 최고 사용압력보다 10%(그 값이 0.2kg/cm^{2}미만일 때는 0.2kg/cm^2)가 초과하지 않도록 하여야 한다. 다만, 압력용기가 화재에 노출될 우려가 있는 경우에는 25%가 초과하지 않도록 하여야 한다.

고압가스 안전관리법 중 안전장치 설치 기준

고압가스 설비의 안전밸브 분출량 결정압력은 압축가스인 경우에는 허용압력의 1.1배 이하의 압력, 액화가스인 경우에는 허용압력의 1.2배 이하의 압력으로 한다.
 ① 스프링식 안전밸브의 분출량 결정압력은 압축가스의 고압가스 설비 등에 있어서는 허용압력의 1.1배 이하의 압력, 액화가스의 고압 가스설비 등에 있어서는 허용압력의 1.2배 이하의 압력일 것.
 ② 파열판의 분출량 결정압력은 당해 파열판이 부착되어 있는 고압가스 설비 등의 허용압력의 1.1배 이하의 압력일 것

고압가스 안전관리법에는 분출량 결정압력의 규정은 있으나 직접 Accumulation의 상한을 규정한 조문은 없다. 실제적으로는 똑같은 것이라 생각된다.

9.3.5 분출량

분출량을 계산하는 압력은 accumulation 상한이 아닌 분출압력(통상은 최고 사용압력)을 이용한다.

압력 용기 안전기준 제83조 ②의 4: 압력용기는 해당 용기에 송입하는 기체의 최대량 또는 발생하는 기체의 최대량 이상으로 한다.

고압가스 안전관리법

(1) 펌프 또는 압축기에 관련하는 것은 펌프 또는 압축기의 1시간당 분출량
(2) 펌프 또는 압축기 이외의 것(화재를 입을 우려가 있는 저장 탱크 제외)은 다음 수치 이상
 ① 기체가 송입하는 것은 그 최대량, 이 경우 감압밸브의 저압측에 설치되는 안전밸브는 감압밸브의 전개 시에 유입되는 최대량

② 기체를 발생하는 것은 그 최대량

(3) 화재를 입을 우려가 있는 저장탱크는 다음 식으로 구할 수 있는 양과 앞에서 결정하는 양중에 큰 쪽 량 이상

① 액화가스의 설비

ㄱ. 단열조치가 된 경우(화재시의 화염에 30분간 이상 견딜 수 있으며 또한 소화설비에 의한 방수(放水) 등의 충격에 견딜 수 있는 것에 한한다).

$$W = \frac{2.61\lambda(650-t)A^{0.82}+H}{\sigma L}$$

W : 1시간당 소요 분출량(kg/h)

A : 저장탱크에 있어서는 그 외부 표면적(m^2), 정유탑, 증유탑 등은 당해 설비내의 액화가스(액상부에 한한다) 체적의 당해 설비의 내용적에 대한 비율을 당해 설비의 외부면적에 곱하여 얻어진 면적(m^2)

L : 분출량 결정압력에서의 액화가스 증발잠열(kcal/kg)

t : 분출량 결정압력에서의 가스 온도(°C)

λ : 상용온도에 있어서 단열재의 열전도율(kcal/m·h·°C)

σ : 단열재의 두께(m)

H : 직사광선 및 그 밖의 열원으로부터의 입열(立熱)에 의한 보정계수로 각각 다음의 (가) 및 (나)에서 규정하는 계산식에 의해 얻어진 수치(kcal/h)

(가) 직사광선 (직사일광)

(65.t)×A′ A′ : 일광을 받는 면적(m^2)

(나) 그 밖의 열원

입열량 [kcal/mh] × A″ A″ : 열을 받는 면적(m^2)

ㄴ. 그 밖의 경우

$$W = \frac{6,000A^{0.82}F + H}{L}$$

F : 전표면에 $7\ell/m^2min$ 이상의 물을 분무할 수 있는 물 분무장치 또는 전표면에 $10\ell/m^2min$ 이상의 물을 살수할 수 있는 살수 장치를 설치한 경우에는 0.6, 지하에 매설한 경우에는 0.3, 기타의 경우에는 1.0

W, A, L, H : 위와 동일

② 압축가스의 고압가스 설비 등

$$W = 0.28V\gamma d_2$$

V: 도입 관 내의 압축가스 유속(m/s)

γ : 안전장치 입구측에 있어서의 가스 밀도(kg/m³)

d : 도입관의 내경(內徑)(cm)

W : 시간당 소요 분출량

9.3.6 분출 면적

안전밸브의 분출 면적이란 안전밸브를 통과하는 유량을 결정하는 부분의 해당면적으로 리프트가 큰 안전밸브(전량식 안전밸브)에서는 목부분의 면적, 리프트가 작은 안전밸브(전량식 안전밸브) 이외에서는 커튼면적(가스가 유출하는 밸브본체와 밸브 좌 사이의 면적)을 말하며 다음 방법으로 산출되는 면적 이상의 면적의 안전밸브를 사용하는 것으로 된다.

고압가스 안전관리법의 안전장치의 설치기준 : 스프링식 안전밸브, 파열판 또는 릴리프밸브의 분출 면적 또는 유출 면적은 다음의 계산식에 의해 계산한 면적 이상일 것

(1) 가스의 경우

① k에 대응하는 P_2/P_1의 값이 표 1에 나타낸 P_2/P_1값 이하인 경우

$$a = \frac{W}{C \cdot K \cdot P_1 \sqrt{\frac{M}{T}}}$$

② k에 대응하는 P_2/P_1의 값이, 표 1에 나타낸 P_2/P_1값을 초과하는 경우

$$a = \frac{W}{548 \cdot K \cdot P_1 \sqrt{\frac{K}{K-1}\left\{\left(\frac{P_2}{P_1}\right)^{2/k} - \left(\frac{P_2}{P_1}\right)^{k-1/k}\right\}} \sqrt{\frac{M}{T}}}$$

여기서, k : 단열 지수의 수치(C_P/C_V)

P_1 : 토출량 결정압력(kg/cm²abs)

압축가스의 경우 P_1 ≤(1.1×허용압력)+1

액화가스의 경우 P_2 ≤(1.2×허용압력)+1

P_2 : 대기압을 포함하는 배압(kg/cm²abs)(절대압력을 말한다)

a : 분출 면적(cm²)

W : 분출량(kg/h)

C : 표 3에 나타내는 수치

T : 분출량 결정 압력에서의 가스의 절대온도(°K)

K : 표 2 그림에 나타낸 분출계수의 수치

(2) 액체의 경우(relief valve)

$$a = \frac{W}{5070K\sqrt{PG}}$$

여기서, G: 입구 온도에서의 액체 비중

P: 배관저항을 포함한 밸브의 분출부에 있어서의 차압(差壓, kg/cm²)

K: 총괄 유출계수

a : 유출 면적(cm²)

〈표 1〉

k	$\frac{P_2}{P_1}$	k	$\frac{P_2}{P_1}$
1.00	0.606	1.40	0.528
1.02	0.602	1.42	0.525
0.04	0.597	1.44	0.522
1.06	0.593	1.46	0.518
1.08	0.588	1.48	0.515
1.10	0.584	1.50	0.512
1.12	0.580	1.52	0.509
1.14	0.576	1.54	0.505
1.16	0.571	1.56	0.502
1.18	0.563	1.58	0.499
1.20	0.559	1.60	0.486
1.22	0.556	1.62	0.493
1.24	0.552	1.64	0.490
1.26	0.549	1.66	0.488
1.28	0.459	1.68	0.485
1.30	0.545	1.70	0.482
1.32	0.542	1.80	0.468
1.34	0.538	1.90	0.456
1.36	0.535	2.00	0.444
1.38	0.531	2.20	0.422

(주) k가 중간 값일 때는 비례법에 따라 $\frac{P_2}{P_1}$의 값을 구하고 소수점 이하 4자리 이하는 끊는다.

〈표 2〉 스프링식 안전밸브의 경우

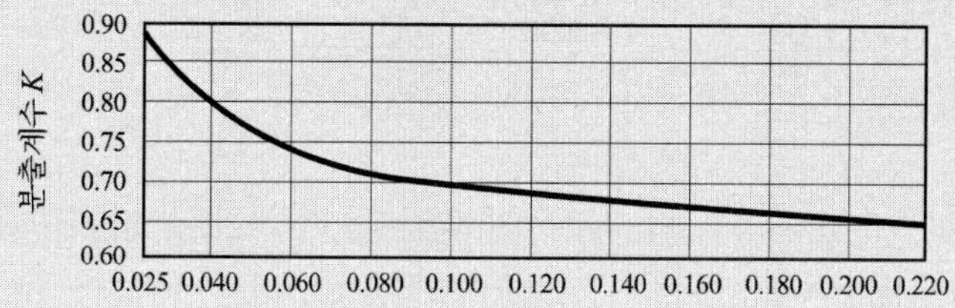

스프링식 안전밸브의 리프트를 밸브씨이트 구멍의 내경으로 나눈 값

(주) 1. L은 스프링식 안전밸브의 리프트의 길이(mm)를 나타낸다.

2. D는 밸브씨이트 구멍의 내경(mm)을 나타낸다.

3. 밸브씨이트 구멍의 내경이 목부분의 내경의 1.15배 이상으로서 밸브가 열렸을 때 밸브씨이트 구멍의 가스통로면적이 목부분 면적의 1.05배 이상이고 밸브의 입구 및 관대의 가스통로 면적이 목부분 면적의 1.7배 이상인 것은 K를 0.777로 한다.

(파열판의 경우)

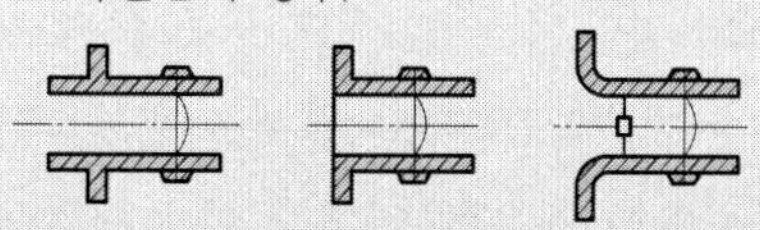

$K=0.67$ $K=0.71$ $K=0.87$

(주) R은 0.2D 이상의 것으로 한다.

〈표 3〉

k	C	*k*	C
1.00	234	1.40	
1.02	237	1.42	265
1.04	238	1.44	266
1.06	240	1.46	267
1.08	242	1.48	268
1.10	244	1.50	270
1.12	245	1.52	271
1.14	246	1.54	272
1.16	248	1.56	274
1.18	250	1.58	275
1.20	251	1.60	276
1.22	252	1.62	277
1.24	254	1.64	278
1.26	255	1.66	280
1.28	257	1.68	281
1.30	258	1.70	283
1.32	260	1.80	289

k	C	k	C
1.34	261	1.90	293
1.36	263	2.00	298
1.38	264	2.00	307

(주) K가 중간값일 때는 비례법에 따라 C의 값을 구하고 소수점이 하는 끊는다.

9.4 파열판(Rupture disk)

파열판은 산업안전 보건법에서「안전밸브 또는 이에 대처할 수 있는 안전장치」, 고압가스 단속법에서「안전장치」에 포함되는데 안전밸브 대신에 파열판을 사용하는 목적은 작동할 가능성이 매우 희박한 경우에 있어서 다음과 같은 경우가 바람직하다.

① 폭연 또는 이상 반응에 유사하게 압력상승이 급격한 경우
② 유체의 조그마한 누출도 허락되지 않는 경우
③ 스프링식 안전밸브 작동을 방해하는 심한 침전물이나 먼지상의 응착물(凝着物)을 발생하는 경우

이러한 것은 다음에서 제시하는 파열판이 가지는 특성에서 생겨난 것이다.

① 압력 방출 기구가 간단하여 안전밸브와 같은 time lag도 없고 저항도 적다.
② 구경이 큰 것으로 하는 것도 쉬우며, 토출량을 크게 할 수 있다.
③ 내식성 재료를 용이하게 구할 수 있으며, 탈락(脫落)을 일으키지 않는다.

압력 용기 구조 규격
다음에 드는 것은 이 안전밸브에 대치하는 안전장치로 간주한다.
(1) 자동적으로 압력 상승 작용을 정지시키는 장치
(2) 감압밸브로써 그의 2차측으로 안전밸브를 설치한 것
(3) 경보장치로서 안전밸브를 병용한 것
(4) relief밸브 또는 통기관

고압가스 안전관리법(안전장치 설치기준) : 급격한 압력 상승의 우려가 있는 경우나 또는 반응생성물의 성상 등에 따라 스프링식 안전밸브를 설치하는 것이 부적당한 경우에는 파열판 또는 자동압력 제어장치를 설치할 것

9.4.1 설치 장소

설치 장소는 안전밸브의 항 및 전기의 사용 목적 등을 고려하여 설정해야 한다. 일반적 주의사항으로는

① 파열판 표면에 포리머(polymer) 등이 부착하면 파열압력을 높일 우려가 있다.

② 안전밸브와 비교하여 일반적으로 분출량이 많으므로 방출관을 설치하는 경우는 배압에 충분히 주의해야 한다.

9.4.2 종류

도움(dome)형으로 성형된 것과 평판형이 있는데 도움형이 표준형이다. 파열판의 경우, 원주를 균일하게 눌러 줄 필요가 있는데, 이 목적으로 사용하는 호울더(holder)를 그림 9.5에 소개한다.

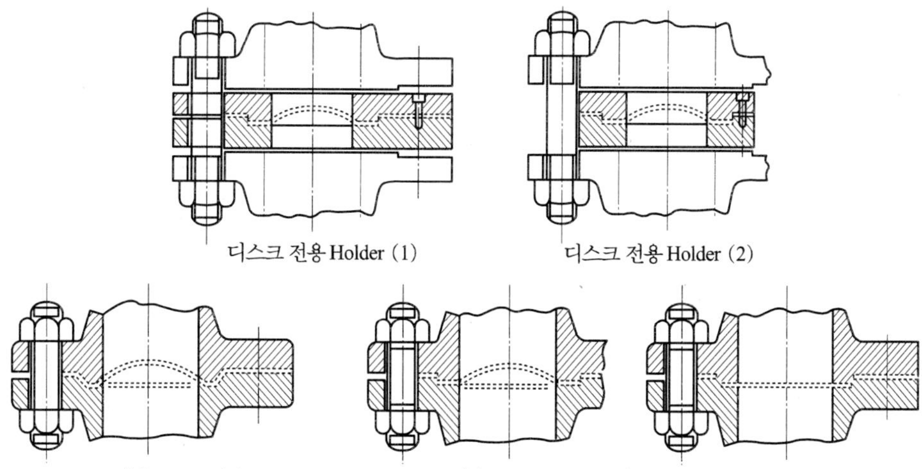

그림 9.5 파열판

9.4.3 설정 압력

안전밸브의 항에서 설명했지만, 산업안전보건법에는 압력용기의 내부압력을 최고사용 압력의 1.1배를 초과하지 않도록 해야 한다고 되어 있고 또한 고압가스 안전관리법에도 압축가스는 허용 압력의 1.1배 이하로 해야 한다고 규정하고 있다. 이 규정에서 파열판의 설정압력을 보면 다음과 같다.

P_M :최고 사용압력

P_{RD} : 파열판 설정압력

P_{OP} : 상용압력

정압의 경우 : $1.1\ P_M = P_{RD} \geq 1.2P_{OP}$

맥동의 경우 : $1.1\ P_M = P_{RD} \geq 1.7P_{OP}$

그러므로

정압의 경우 : $P_{OP} \leq 0.917P_M$

맥동의 경우 : $P_{OP} \leq 0.647P_M$

이것에 파열판 그 자체의 파열 압력의 허용공차를 고려할 필요가 있다.

파열압력 허용공차에 대하여서는 파열판은 그것에 표시된 온도에 있어서 표시된 압력의 6%(그 값이 $0.2kg/cm^2$미만일 때는 $0.2kg/cm^2$) 증가 이내의 압력에서 작용하는 것이어야 한다.

9.4.4 분출량

파열판을 안전밸브 대신 사용하는 경우에 그 분출량 산출도 안전밸브 경우에 준하여 산출할 수 있다. 그러나 폭연 또는 이상반응에 준하는 급격한 압력상승에 대하여 사용하는 경우의 분출량은 압력상승속도 등을 고려하면서 각각 산출할 필요가 있다.

9.4.5 분출 면적

분출 면적 산출은 고압가스 안전관리법에 규정되어 있다. 파열판의 설치 상황에 따라 앞의 유출면적 계산에 나타낸 표 2중의 그림과 같이 3종류에 대하여 분출계수(K)가 나와 있다.

폭연이나 이상 반응의 경우에도 기본적으로는 앞의 식을 이용하여 분출면적을 산출할 수 있다. 예를 들면 폭연의 경우, 분출량으로서 최대폭발력에 도달하는 시간에서 용기내의 가스전량을 방출한다고 하고 단위시간당으로 환산한 량을 사용한다. 또한 분출 압력은 파열판의 설정압력, 온도는 폭연시의 가스 온도로서 앞의 식에 넣어 분출면적을 산출할 수 있다.

9.5 통기관

통기관은 안전밸브나 파열판과 같이 비교적 높은 압력에 대한 안전장치라기보다 대기압 또는 대기압에 가까운 상태에서의 저장탱크 등의 안전장치에 사용된다. 일반적으로 저장탱크내의 액체의 주입과 배출 및 주야의 기온 변화 등에 의한 호흡작용(呼吸作用)에 의해 공간부분의 증기나 공기 등의 체적의 변화를 통기관을 통하여 행한다. 이것에 의해 저장탱크의 과압 또는 부압(負壓)의 방지를 행한다.

9.5.1 브리드밸브(Breather valve)

인화성 액체의 저장탱크 등의 내부 압력과 대기압과의 사이에 차이가 생긴 때, 대기 등을 탱크내에 흡인하고 또는 탱크 내의 압력을 외부에 방출함으로서 끊임없이 탱크 내를 대기압과 평형한 압력을 유지하여 탱크를 보호하는 경우가 브리드 밸브이다.

브리드 밸브의 구조를 그림 9.6에 나타낸다. 그림에서 탱크의 내압이 상승하면 밸브 B가 열리고, 외부에 가스를 방출한다. 또 부압이 되면 대기 또는 질소 등이 가스의 압력으로 밸브 A가 열리고, 탱크 내에 대기 등을 빨아들이는 것이다.

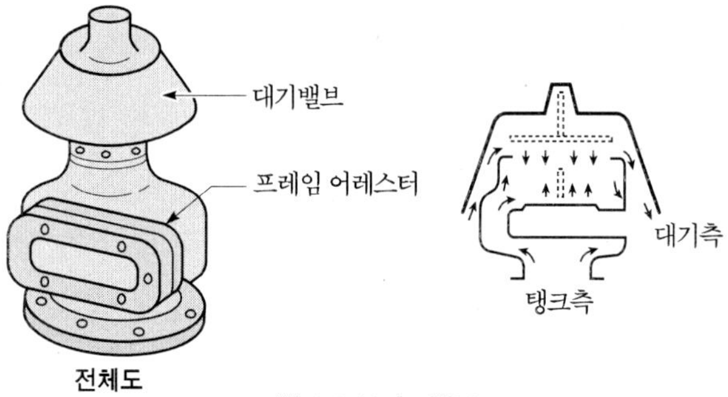

그림 9.6 브리드밸브

9.5.2 후레임 에레스터(Flame Arrester)

비교적 저압 또는 상압에서 가연성의 증기를 발생하는 유류를 저장하는 탱크에 대해서, 외부에 그 증기를 방출하기도 하고, 탱크 내에 외기를 흡인하기도 하는 부분에 설치하는 안전장치에 프레임 에레스터가 있다.

그림 9.7에 나타내듯이 금망을 기기층에 걸친 간단한 구조의 것이다.

브리드 밸브와 복합해서 사용되는 경우가 많다.

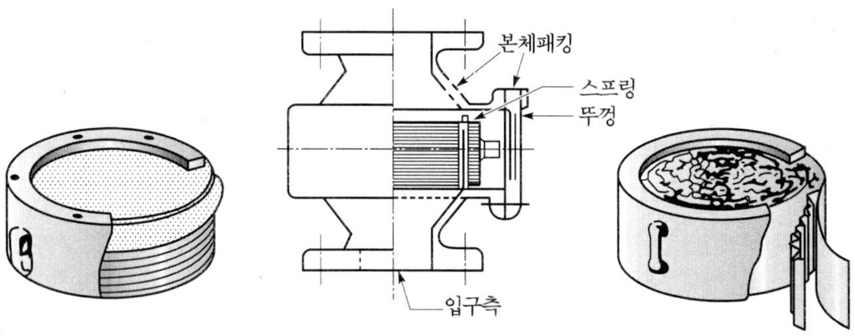

그림 9.7 후레임 에레스터

9.5.3 설치장소

> **소방법(시설기준 제181조, 제197조)**
> ① 옥외저장 탱크 가운데 압력 탱크 이외의 탱크에는 통기관을 설치할 것
> ② 옥내저장 탱크 가운데 압력 탱크 이외의 탱크에는 통기관을 설치할 것

9.5.4 종류

통기관에는 무(無)밸브 통기관과 대기밸브 부착 통기관이 있다. 무(無)밸브 통기관은 증발하기 어려운 액체의 저장탱크에, 대기밸브 부착 통기관은 증발하기 쉬운 액체 저장탱크에 사용한다.

> **소방법(시설기준 제181조 제197조)**
> (1) 무밸브 통기관
> ① 직경은 30m 이상일 것
> ② 선단은 수평에서 아래로 45도 이상 구부려 빗물 등이 들어가지 아니하도록 할 것
> ③ 가는 눈금의 동망(銅網) 등으로 인화방지 장치를 설치할 것

(2) 대기밸브 부착 통기관

① 水高 100m 이상의 압력차로 작동할 수 있는 것일 것(1제곱미터에 대하여 100그램 이하의 압력에서 작동할 수 있는 것으로 할 것).

② 가는 눈금의 동망(銅網)등으로 인화방지 장치를 할 것

인화방지 장치는 결이 가는 동망 (銅網) 등이 사용되는데 너무 성기면 인화방지 효과가 떨어지고 역으로 너무 좁으면 증기(Vapour)의 응축이나 먼지 등에 막혀 과압(過壓)이나 부압(負壓)을 초래하게 되어 대형 사고가 되기 쉬우므로 주의할 필요가 있다.

9.5.5 통기량

통기량 산출에 일본고압기술협회(HPI)에서 제정한 기준이 있으므로 참고로 소개한다.

HPI 기준

(1) 긴급시의 통기의 정의

긴급시의 통기란 탱크가 화염에 휩싸일 경우의 분출을 말한다.

(2) 통기량 산출법

탱크가 화염에 휩싸일 경우의 전 분출통기량은 다음 (가)~(라)중 하나 또는 그림 1에 의해 산출한다.

(가) 젖음면적(지상높이 9m까지의 측벽면적을 말한다)이 $20m^2$ 이하의 탱크는 다음 식에 의한다.

$$Q_e = 318A$$

(나) 젖음면적이 $20m^2$을 넘어 $90m^2$ 이하 탱크는 다음 식에 의한다.

$$Q_e = 1151A^{0.566}$$

(다) 젖음면적이 $90m^2$을 넘고 $260m^2$ 이하 탱크는 다음 식에 의한다.

$$Q_e = 3212A^{0.338}$$

(라) 젖음면적이 $260m^2$을 넘는 탱크는 다음 (①) 또는 (②)에 의한다.

① 내압이 수주 700mm이하의 탱크는 다음 식에 의한다.

$$Q_e = 21000$$

② 내압이 수주 700mm를 넘는 탱크는 다음 식에 의한다.

$$Q_e = 220A^{0.82}$$

(기호)

Q_e : 긴급시의 전분출통기량(m^3/h)

A : 탱크의 젖음면적(m^2)

(3) 탱크의 보온에 의한 효과

탱크의 상황에 따라 표 1의 보정(補正)계수를 앞 (2) (가)~(라)에 의해 구한 분출시 전통기량과 곱하여 전통기량으로 할 수 있다.

표 1 탱크의 보온에 의한 보정계수

보온상황	보정 계수
두께가 25mm 단열재가 시공되어 있는 경우	0.3
두께가 50mm 단열재가 시공되어 있는 경우	0.15
두께가 100mm 단열재가 시공되어 있는 경우	0.075

(주) 긴급시의 통기량은 저장액을 헥산으로 구한 것, 헥산 이외의 기름에 대해서도 거의 적용가능하다. 정확하게 산출할 필요가 있는 경우에는 다음 식으로 보전한다.

$$Q_e' = Q_e \times \frac{742}{\lambda\sqrt{M}}$$

(기호)

Q_e' ; 소정의 저장액의 대한 긴급시 전 토출 통기량(m^3/h)

Q_e : 계산식으로 구할 수 있는 긴급시 통기량(m^3/h)

M : 소정의 저장액의 분자량(kg/kmol)

λ : 소정의 저장액의 비점에 있어서 증발잠열(kcal/kg)

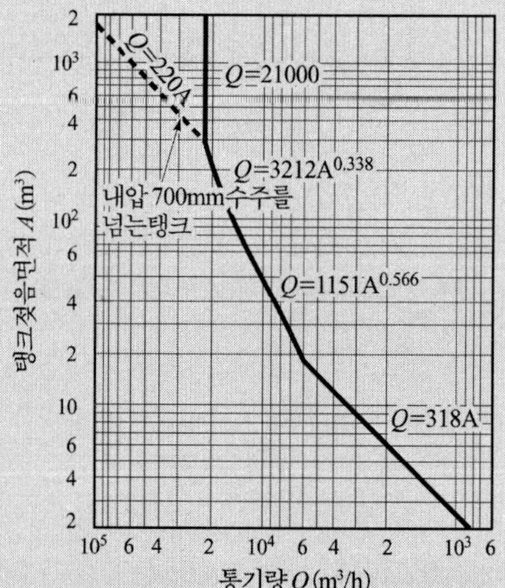

그림 1 긴급시의 통기량과 탱크 젖음면적의 관계

9.6 화염 전파방지 장치

9.6.1 화염전파 방지장치의 용도 및 종류

폭발성 혼합가스로 채워져 있는 배관(配管) 등의 내부에서 폭발이 일어났을 때 그 이상 화염이 전파하는 것을 저지(沮止)하기 위한 안전장치를 화염전파 방지장치라 일컫는다. 인화방지장치, 역화(逆化)방지기 등으로 불러져 예로부터 알려져 있는 안전장치이지만 소방법규에서 석유 탱크의 압력방출장치에 해당되는 「인화 방지장치」나 「화염방지 철망(鐵網)」 등, 대기(大氣) 중에서의 화염의 침입방지에 대하여 몇 가지의 규정이 있음에도 불과하고, 구체적인 구조 등에 대한 데이터는 충분하지 않다.

한편 실제의 화학장치나 공정(工程) 등에 있어서는 폭발이 발생하였을 때 그것을 될 수 있는 한 국한시켜 다른 것에 피해가 미치지 않도록 해야만 할 경우가 있으며, 또한 이 종류의 안전장치를 갖추어 있으면 큰 재해로는 발전되지 않았을 것으로 보여지는 사례도 많다. 화염전파 방지장치의 설치를 권장하는, 예를 들면 석유류 탱크의 모든 개구부(開口部), 가연성(可燃性)가스 송급(送給)라인, 용제회수(溶劑回收)duct, flare stack, 건조기 배기duct, 가스 용접장치 배관 등이 있으나, 그 외 일반적으로 어떤 공간에서 이에 인접한 공간으로의 화염 전파를 방지하는 경우에는 화염전파 방지장치의 설치를 필요로 한다.

어떤 종류의 폭발성 혼합가스에 있어서는, 배관 등의 형상, 치수에도 의하지만 화염이 전파거리와 함께 속도를 증가시켜 그대로 방치해 두면 폭굉으로 전이하는 경우가 있다. 폭굉으로 전이하기 전(前)과 후(後)에서는 화염방지의 어려움이 완전히 다르므로, 전이하기 전(연소파(波)로서 전파하는 화염)과 후(폭굉 파(波))에 대한 안전장치는 구별하여 취급하는 것이 실제적이며, 여기에서는 전자(前者)를 화염방지기(flame arrester), 후자(後者)를 폭굉 억지기(detonation arrester)라 하여 구별한다(폭굉방지기는 화염 방지기로서도 사용할 수 있으나 그 역(逆)은 불가능하다).

9.6.2 화염전파 방지의 원리

화염전파 방지장치의 기능은 이상시(異相時)에 있어서는 배관 등의 내부의 화염의 저지(沮止)에 있지만, 통상의 조업 조건하에 있어서는 배관 등의 내부의 기체 유동을 방해하지 않는 것이 실용상 요구된다.

이러한 제약조건하에서 화염전파를 저지하는 근본적인 방법으로서는 수봉에 의한 방법과, 화염을 검출하여 관로를 차단 혹은 불활성 물질을 산포하는 방법도 있으나, 사용의 편리성, 신뢰성, 응답성, 경제성 등으로 보아 실용상 지장이 있는 경우가 많다. 여기에서는 세극(細隙-가는 틈)에 있어서 소염 현상을 이용한 건식의 안전장치에 대하여 기술한다. 이 종류의 안전장치는 구조가 비교적 단순하고, 저렴한 가격으로 제작할 수 있고, 취급과 보관도 용이 함으로 널리 활용할 수 있을 것이다.

(1) 세극(細隙)에 의한 소염 현상

금망 등의 세극을 통과하려고 하는 화염은 세극 벽면과의 접촉에 의해 연소 반응의 계속에 필요한 열 혹은 활성분자종(活性分子種)을 빼앗기게 되며, 세극이 충분히 작으면 벽면으로의 옆이나 분자종의 손실 속도의 편이 이들의 생성속도를 초과하는 것으로 되어 결국 화염은 소멸한다. 이것을 세극(細隙)에 의한 소염현상이라 하며 여기에서 기술하는 안전장치의 원리이다.

(2) 소염에 관한 용어

(가) 소염경(消炎徑) : 화염이 어느 정도 작은 세극을 통과할 수 있는가는 화염전파 방지 장치의 설계상 중요한 것이다. 이를 수치적으로 표현하는 방법은 몇 가지 있지만 소염경이 그의 대표적인 것이다.

일반적으로 소염경이라 할 때는 대기에 개방된 관단(管端)에 있어서 혼합가스에 점화하였을 때 화염이 전파하지 않는 한계의 관경(管徑)을 의미하며 관의 제(諸)성질이나 온도가 일정하면 혼합가스에 고유의 값을 가지므로, 혼합가스의 소염의 난이(難易)의 척도로서 이용된다. 대표적인 혼합가스의 소염경을 표 9.1에 나타낸다.

(나) 연소속도 : 단위 시간, 단위 면적 당에 연소하는 혼합가스량($m^3/m^2/s$ 또는 m/s)을 연소속도라 하지만 이것은 화염이 미연(未然) 가스에 침입하는 속도중의 화염면에 수직한 성분인 것이다.

연소속도는 조성, 압력, 온도 등이 정해지면 혼합가스에 고유의 값을 가지며, 일반적으로 연소속도라 할 때는 상온(常溫), 대기압(大氣壓)하에 있어서의 값을 말한다. 표 9.1에 대표적인 혼합가스의 연속속도를 나타냈으나 연소속도와 소염경의 사이에는 반비례의 관계가 있다. 즉, 연소속도가 큰 혼합가스 일수록 그 화염을 소염하기가 어렵고, 이것은 화염전파 방지장치의 설계에 있어서 중요한 의미를 갖는다.

표 9.1 혼합가스의 연소속도와 소염경

혼합가스	연소속도(cm/s)	소염경(mm)
메탄-공기	36.6	3.7
프로판-공기	45.7	2.7
부탄-공기	39.6	2.8
헥산-공기	39.6	3.0
에틸렌-공기	70.1	1.9
아세틸렌-공기	176.8	0.79
수소-공기	335.3	0.86
프로판-산소	396.3	0.38
아세틸렌-산소	1127.7	0.13
수소-산소	1188.7	0.30

(다) 화염속도(화염전파속도) : 혼합가스로 가득 차있는 배관 등의 내부를 전파하는 화염의 겉보기의 속도(m/s)를 화염속도라 한다. 화염전파에 있어서는 일반적으로 혼합가스의 유동이나 연소 생성가스에 의한 팽창이 다르므로, 화염속도는 이들의 운동 속도와 연소속도를 더한 것으로 된다. 즉, 화염속도는 화염의 전파에 따라서 변화하는 값이며, 혼합가스에 고유한 값은 아니다.

일반적으로 연소속도가 큰 혼합가스에서는 전파거리와 함께 화염속도가 증대하고 그 값은 연소속도의 수백 배 정도에까지 이른다.

(라) 소염소자(消炎素子): 소염 현상의 연구에 있어서 세극의 모델(model)은 세관이나 평관간의 간극을 말하나, 실제로는 이들의 세극의 집합체가 필요한 것으로 그 집합체를 소염소자(消炎素子)라 부른다. 소염소자는 화염전파 방지장치의 가장 중요한 구성부품이며, 이 선택의 적부(適否)가 안전장치로서 능력에 결정적인 영향을 준다. 통기성이 있는 세극으로 구성되는 다공체(多孔體)이면 소염소자로서 이용되지만, 폭발 화염을 받게 됨으로 불연성이어야 하며 그 외에 어느 정도의 강도가 요구된다. 일반적으로 filter로서 사용될 수 있는 것은 구하기 쉬운 소염소자이다.

가장 입수하기 쉬운 소염소자는 금망(金網)이며 그 강도상의 결점을 보완한 것으로는 소결금망이 있다. 소결 금속은 압력 손실이 크지만, 강한 화염에 대한 대표적인 소염소자이다. 영국 등에서는 crimped ribbon이라 불리우는 소자가 실용화되어 있다. 이외에 다공판, 세립(細粒)충전층, 협극관(挾隙板), 세관속(細管束) 등 여러 가지가 있으나 최근에는 새로운 소자로서 발포(發泡)금속이 주목되고 있다. [소결금망은 포개진 금망을 소재의 융점보다 약간 낮은 온도에서 소결한 것으로서, 소재선 상호의 융점에서 융합(融合)하기 때문에 강도가 향상된다. 소결금속은 형틀에 충전한 금속입자를 소결한 것으로 입자의 각 접점은 융합하여 있으나 입자간의 세극은 연속하여 있다.] [crimped ribbon은 일정폭의 얇은 금속의 평판과 이것에 zigzag로 접은 것을 붙인 것과 서로 포갠 것으로 하나의 세극 단면은 이등변 삼각형으로 보인다. ]

(3) 소염에 영향을 미치는 인자

소염의 난이는 전파하는 화염의 강도와 소염소자의 특성에 따라서 결정된다. 화염의 강도는 화염속도로 내표되며, 화염속도는 혼합가스의 종류, 농도, 압력, 온도, 그 외에 전파하는 관로(管路)의 형상, 치수, 내벽의 상태 등에 영향을 받으나 혼합가스의 경우에는 당량농도(當量濃度)의 약 1.1배의 농도에서 가장 소염이 어려운 것으로 되어 있다. 소염 기구에서 본다면, 소염소자의 열전도율, 세극 표면의 거친 정도나 화학적 활성도 중요하지만, 이미 만들어져 있는 소자를 쓰는 경우에는 이것들의 선택의 여지는 없으므로, 실제로는 세극의 크기와 세극의 깊이(길이)(소자의 두께. 금망의 매수 등)를 생각하면 된다(다만, 다공판 등에서는 세극 상호 간의 거리가, 또 발포 금속 등에서는 공극율(空隙率)이 소염에 영향을 미친다). 소염소자는 세극의 구조가 명확하고 세극 치수를 정량적으로 나타낼 수 있으며, 더구나 균질한 것이 바람직하며, 뒤에서 설명하는 실험적인 확인을 행한다고 하는 관점에서는 여러 가지 세극치수의 물건이 얻어지는 것도 필요한 것이다.

단순한 model을 사용한 이론적 해석에 의하면, 소염될 것인가, 안될 것인가는 소염소자에 접근하는 화염속도에 의하여 정해진다. 이 관계는 예를 들면 다음 식으로 나타내어진다. 이 생각은 실용적 관점에서는 설명되고 있으나 화염속도가 같으면 혼합가스의 종류가 달라도 소염거동이 같게 될까 어떨까. 또한 혼합가스의 압력이 대기압이 아닌 경우에도 성립할까 어떨까는 충분이 확인되지 않고 있다.

$$v = k\mathrm{L}/\mathrm{D}^2$$

여기에 v는 크기 D, 틈새의 깊이(길이) L의 세극에 의해 소염되는 한계의 화염속도, k는 혼합가스의 성질이나 소염소자의 종류 등에 의하여 정해지는 상수이다. 이 식은 화염속도가 커질수록 소염은 곤란하며, 고속도의 화염을 소멸하기에는 세극을 작게 또는 세극의 깊이(길이)를 크게 하지 않으면 안 된다는 것을 나타내고 있다. 위 식의 D는 세극의 크기 (직경)이지만, 세극 단면이 원형이 아닐 때의 상호 비교를 위하여는 다음 식에서 나타내는 상당 직경(D_H)을 쓴다. 예를 들면 단면이 정삼각형 일 때는 D_H는 내접원의 직경으로 된다.

$$D_H = (\text{세극의 단면적}) \times 4/\text{세극의 둘레길이})$$

또, 깊이(길이) L은, 만약에 세극이 굽어 틀어져 있을 때는 그 편 길이로 해야 하지만, 종류가 다른 소염소자에 대하여 L을 비교하는 것은 복잡함을 더 할 뿐이며, 같은 종류의 소염소자에 대하여는 단순한 두께만을 고려하면 된다.

화염속도 v는 겉보기 화염속도이다. 따라서 혼합가스가 정지상태(靜止狀態)에 있을 때의 화염속도를 v_0, 혼합가스가 흐르고 있는 경우의 속도를 u로 하면, $v = -v_0 + u$로 나타나게 된다. 흐르는 방향과 화염 전파의 방향이 같을 때에 u가 (+) 값을 취한다고 하면, 흐름을 타고 전파하는 화염의 저지(沮止)는 어렵게 된다. 보통은 가스의 흐름에 반대로 전파하려고 하는 화염(즉, 逆火)을 저지하는 경우가 많고, 이때는 $u < 0$, 즉 $v < v_0$로 되어 u=0의 경우보다도 쉽게 소염될 수 있다. 그러므로 역화방지를 위하여는 정지 혼합가스 중에서의 실험결과의 이용을 할 수 있게 한다. 다만 뒤에서 설명하게 되는 $v_0 = -u$로 한다면, $v=0$로 되며, 화염은 정지된다. 결국, 관로의 도중(소염소자의 표면 등)에 있어서 안정한 버너(burner flame)염이 형성된다고 하는 위험이 생기므로 주의를 요한다.

9.6.3 화염방지기의 구조, 설계, 시험 등

(1) 구조

화염 방지기는 수 m/s~수 100m/s의 속도의 화염을 대상으로 한다. 그의 기본 구조를 그림 9.8에 예시한다. (a)는 혼합가스의 압력이 높고 화염속도가 큰 배관계에 적합하고, (b)는 석유탱크의 통기관 등에 설치하는 형태로서 화염속도가 작고, 압력도 가해지지 않는 경우에 사용된다. 소염소자의 선택에 대하여는 위에서 설명하겠지만 폭발압력에 의한 소염소자의 파손, 변형을 방지하기 위하여서는 보강판을 사용한다.

packing은 불연성의 것으로 하고 압축 ring의 병용에 의해 소염소자의 외주(外周) 부분에서의 화염 일주를 방지한다. housing이 폭발압력에 견딜 수 있어야 한다는 것은 말할 것도 없다. 화염 방지기에 의한 압력 손실을 줄이고자 할 때는 housing 직경을 관경에 비하여 크게 한다.

그림 (b)의 형태로 금망을 사용할 때는 망의 눈금 치수(40mesh 정도), 매수, 포개어 합한 거리가 설계요소이다.

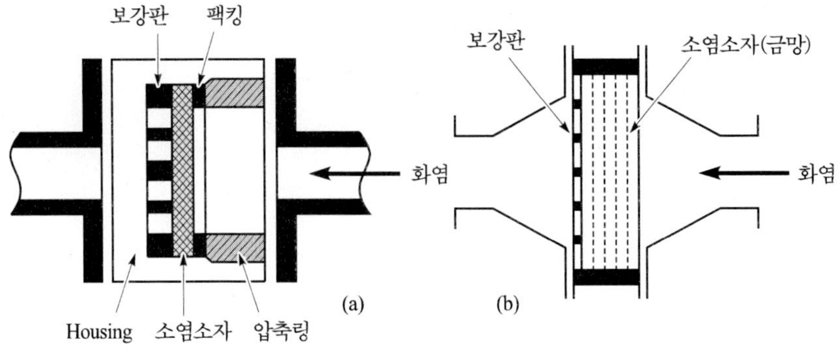

그림 9.8 화염방지기의 기본 구조(단면)

(2) 설계(소염소자의 선택 및 실험)

화염방지기의 중추부는 소염소자이다. 소염소자는 화염을 소멸시킴과 동시에 뜨거운 연소생성 가스를 냉각시키고(화염이 소멸하여도 세극을 통과한 열가스가 미연 혼합가스를 발화시키는 경우가 있다), 폭발압력에 견딜 수 있어야 한다. 세극이 적으며 두텁고 큰 소염소자가 있으면 어떠한 화염이라도 소염되지만, 실제로는 압력손실이 문제가 됨으로 각각의 용도에 적합한 소자의 종류, 세극의 크기와 깊이(길이)를 선택하여야 한다. 소자의 기계적 강도는 보강판의 사용에 의해 보완하는 경우가 많다.

소염소자는 실제로 화염방지기를 설치하는 조건하에 있어서의 실험을 토대로 설계하는 것이 바람직하다. 그 이유는 화염 전파의 양상이 개개의 배관계에 따라 크게 틀리게 되는 것으로, 어떤 근거에 의하여 화염방지기를 설계하였다 해도 이것이 실제로 설치되는 조건화에서 항상 유효하게 가동한다고 해석하는 것은 위험하므로, 안전성(소염 능력)이 어느 정도의 여유가 있는가를 시험에 의하여 확인하지 않으면 안 된다. 이와 같은 확인 시험과 설계근거를 구하기 위한 실험은 실질적으로는 동일한 것이다. 실제의 장치를 쓰는 실험에는 곤란이 따르는 것이 많으나, 적어도 폭발이 생길 수 있는 배관부분에 대하여는 그 나름의 강도 설계가 되어 있을 것이니까 이것을 실험에 이용하는 것도 가능할 것이다. 또 실험의 성격으로 보아 실제보다 가혹한 조건 하에서 행하는 것도 권장할 사항이다. 이런 실험의 구체적인 방법은 몇 가지 있으나 예를 들면 연소속도가 보다 큰 혼합가스를 사용하여, 혹은 실제보다 높은 압력하에서 행한 결과를 설계에 이용하는 방법이나, 실험에 의한 소염능력을 확인한 소염소자보다도 세극이 적으며 두텁고 큰 소자를 화염방지기에 사용하는 방법은 기본적인 것이다. 석유 탱크의 통기관에 사용하는 경우에는, 탱크 부분을 실험에 사용할 수는 없으나, 탱크 대신에 짧은 배관을 접속한 실험에 의하여 소염능력을 평가할 수 있다. 이 외에 배관의 형상, 치수, 발화원과 소염소자의 거리 등을 적절하게 선택하는 것에 의하여, 등가적(等價的) 또는 보다 가혹한 조건하에서의 실험이 가능할 것이다. 이와 같은 실험에 쓰이는 소염소자의 세극치수의 목표치를 구할 때에 참고가 될 사항을 다음에 기술한다.

세극의 크기 D가 어떤 한계치보다 크게 되면 깊이(길이) L를 아무리 증가시켜도 소염은 되지 않는다. 즉, 혼합 가스가 대기압 이상일 경우에는, D가 소염경(D_q)보다도 큰 것 같은 소자는 아무런 소염 효과도 나타내지 않으므로, D〈D_q의 때에 처음으로 L를 증가시키는 것이 유효한 것이다. 9.6.2(3)에서 나타낸 식에 의하면 L/D^2=(일정)이라는 조건이 만족되면 소염능력은 동일하게 되지만, 이 관계는 L를 증가시키기보다는 D를 감소시키는 것이 효과적이라는 것을 나타내고 있다. 석유 탱크의 통기관의 경우와 같이 화염 배면(背面)이 대기 중에 개방되어, 더구나 화염 전과거리가 짧으면 화염속도는 연소속도의 항으로 된다. 이와 같은 화염은 D〈D_q이면 세극의 입구에서 쉽게 소염(消炎) 하므로, L는 작아도 좋으나 다수의 세극이 인접하고 있는 것의 영향을 고려한다면 소염경 그것을 채용한다는 것은 위험한 것이다. 한편, 화염속도가 클 경우에는 D〈0.5D_q로 하지 않으면 안 된다는 것이 경험상 알려져 있고, 뜨거운 가스의 냉각이라고 하는 목적도 고려한다면, 소염소자에는 어느 정도의 두께가 필요하게 된다. 소자의 D와 L의 일반적 목표는 다음과 같다.

화염속도가 1m/s정도 이하의 개방단(開放端) 점화의 화염(수소나 아세틸렌의 화염은 제외)에 대하여는

(D/D_q) 〈 0.7~0.8이라면 (L/D) 〉 3~5
D 〈 0.75mm 이라면 L는 1~2mm 라도 좋다.

화염속도가 수10~수100m/s의, 배압을 받는 화염에 대하여는

D〈0.5D_q이라면 (L/D) 〉 15

Palmer는 소염소자의 세극 치수와 그것에 의하여 소염될 수 있는 한계의 화염속도와의 관계에 대하여 실험식을 제창하였으며, 예를 들면 금망에 대한 실용적인 식으로는 다음의 식이 있다.

$$v = 0.5aL/D^2$$

단, v는 한계 화염속도(ft/s), a는 금망의 전 노출 면적(全露出面積)에 대한 금망의 개구부(開口部) 전 면적의 비, L는 금망의 두께 [소선경(素線徑)의 2배](in), D는 금망의 눈금 크기(in)이다. 또 이 식은 금망 1매에 대한 것으로, 매수를 1매 늘릴 때마다 v는

20%씩 증가하나, 5매를 초과해도 그 이상 v의 증가는 없다는 것이 언급되어 있다. 이 식 및 매수에 대한 생각은 HPI의 지침에도 채용되어 있지만 수를 늘린다는 의미가 정확히 이해되어 있지 않은 것 같다. 결국, 금망을 어느 매수 이상 겹쳐도 효과가 없다는 한계의 매수는 어디까지나 금망눈금의 거친 정도에 의하며, 눈금이 좁은 금망이라면 5매 이상이라도 매수와 함께 소염능력이 증가하고, 역으로 엉성한 금망이라면 몇 장을 겹쳐도 1매의 때와 같은 효과뿐이라는 것에 유의하지 않으면 안 된다.

화염속도에서 소염소자의 세극치수를 구하는 방법은 유용한 것이나, 실제의 배관 등에 있어서 화염속도의 추정은 그렇게 쉽지 않다고 하는 결점이 있다.

어느 거리를 전파했을 때의 화염속도도 나타내어져 있지만(표 9.2), 화염속도는 혼합가스의 조성, 압력, 배관의 형상, 치수, 관단(管端)의 개폐도, 관벽의 조활도(粗滑度), 전파거리, 발화원의 강도, 가스의 유동상대 등 많은 인자의 영향을 받으므로, 표의 값은 정확한 최고속도는 아니다. 표에 나타난 이외의 가스, 증기에 대하여는, 아세틸렌은 수소와 산화에틸렌은 에틸렌과 각각 같은 정도의, 또한 이들 이외의 대부분의 가스 증기는 프로판과 같은 정도의 화염속도를 나타내는 것으로 생각하면 된다. 이 분류는 측정치가 없는 가스, 증기의 연소속도나 소염경에 대하여도 대체로 부합되며, 프로판은 대부분의 가스, 증기에 비슷한 소염거동을 나타낸다고 되어 있다.

표 9.2 가연성가스–공기혼합물의 화염속도의 추정치(화염속도의 단위는 m/s)

가스	전파거리 m			
	0.3	1.5	3	10
프로판	5 (33)	70 (115)	100 (125)	100 (150)
에틸렌	30	70	150	Deto
수소	–	Deto	Deto	Deto

주 1. 상온, 대기압에서 관경 90cm까지의 장애물이 없는 직관의 경우의 값
2. ( )의 값은 폐쇄단 착화, 그 외는 개방단 착화의 경우이다.
3, "Deto"는 폭굉으로 전이하는 경우

배관의 형상이나 치수가 정해져 있는 경우에 대하여는 유사한 조건하에서의 실험결과에서 소염소자를 설계할 수 있다. 실험적으로 임의의 화염속도를 얻는 것은 곤란한 것이나, 한편 밀폐관 내에 있어서의 실험에서는 혼합가스의 압력을 연속적으로 변하게 할 수 있으며, 더욱 압력이 높을수록 소염하기 어려움으로, 소자의 소염능력을 소염 한계압력으로 비교할 수 있다. 또한 밀폐계에 있어서 가압하의 실험결과에서는 압력이 낮은 경우

나 관의 끝이 개방되어 있는 경우의 소염거동도 예측할 수 있으며, 경우에 따라서는 이것들의 data를 이용할 수 있다. 소결금속이나 금망, 발포금속 등에 대한 data가 얻어져 있다.

(3) 압력 및 온도의 영향

혼합가스의 압력이 높아지면 폭발시의 발열량도 크므로, 소염소자의 기능이 열을 빼앗는 것에 있다고 하면, 소염은 더욱 곤란해진다. 이와 마찬가지로 혼합가스의 온도가 높은 경우나 화염방지기를 고온부에 설치할 수밖에 없는 경우에도 소염은 더욱 곤란하게 됨으로, 소염소자의 세극 치수에는 다각적인 생각을 해야 한다. 소염경은 압력에 반비례하고, 절대온도의 평방근에 대개 반비례한다는 것이 알려져 있으므로 설계상의 참고로는 되지만, 고온, 고압하에 사용하는 소염소자에 대하여는 실험적 확인이 반드시 필요하다.

(4) 압력손실

관로에 화염방지기를 설치하는 경우에 대한 압력 손실은 통상의 조업 시에 기체가 유동하고 있는 배관계에 있어서는 실제로 중요한 문제이다. 그러나 같은 종류의 소염소자에 대하여는 소자에 의한 압력손실과 소염능력과는 비례한다는 것이 알려져 있어, 화염전파를 저지하기 위하여는 어느 정도의 압력 손실은 어쩔 수 없다. 더구나, 소염소자의 종류 또는 세극구조에 대하여는, 소염능력이 같은 정도라 하여도 압력손실에는 차이가 있으므로 소자 선택에 의하여 어느 정도는 압력손실을 줄일 수 있다.

(5) 압력 방출 장치와의 병용

긴 배관계에 화염 방지기를 설치할 때는, 굴곡부에 압력방출장치를 설치하고, 그 직·후에 화염 방지기를 설치하면 효과적이라는 것이 예로부터 알려져 있다.

9.6.4 폭굉억지기(爆轟抑止器)

(1) 폭굉억지기의 원리 및 구조

안전상의 관점에서는, 폭굉으로 전이하지 않는 가운데 화염을 저지하는 것이 바람직하지만, 발화원의 위치를 특별히 지정할 수 없는 경우나 혼합가스의 종류나 배관의 형상 등으로 보아 폭굉으로 전이할 위험이 있을 때에는 폭굉억지기의 설치가 필요하게 된다.

폭굉억지기는 직접식과 간접식으로 분류된다. 직접식은 소염소자의 세극만에 의하여 폭굉을 저지하려고 하는 것으로, 세극이 충분히 작은 것이면 폭굉파는 세극중에 있어서 그 특성을 유지할 수 없어, 소멸한다. 간접식 억지기는 폭굉을 일시적으로 중단시켜, 이때에 충격파에서 분리된 연소파를 소멸시키게 하는 것으로, 폭굉중단기구와 화염 방지기를 조합한 구조라 생각하면 된다.

직접식 폭굉억지기의 기본구조는 그림 9.8(a)와 같은 것이다. 소염소자의 종류도 화염 방지기에 사용되는 것과 같은 것으로, 가연성가스와 공기와의 혼합가스의 폭굉을 금망이나 소결금속을 소염소자로 하여 직접 저지할 수 있다는 것이 보고되어 있으나, 세극경(細隙經)이 상당히 작거나 또는 두께가 두터운 소자를 필요로 하며 이것 때문에 억지기에 의한 압력손실은 크지 않을 수 없다.

간접식 억지기의 폭굉중단 기구로서는, 관로를 급격하게 확대하는 방법이나 관로에 세공(細孔)이 있는 다공판을 삽입하는 방법이 유효하다. 그림 9.9의 곡선은 발화원에서의 거리와 화염속도의 관계를 나타낸 예이다.

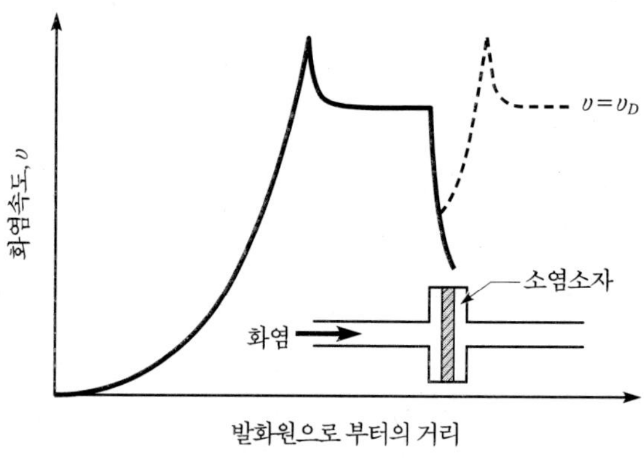

그림 9.9 전파거리에 따른 화염속도의 변화와 관로확대에 따른 폭굉의 중단
(파선은 소염소자가 없는 경우, v_D는 폭굉의 전파속도)

정상적인 폭굉으로 된 후의 관로의 확대에 의해 폭굉이 중단되어, 화염속도가 일시적으로 급격하게 감소하였다고 하여도, 그대로 방치한다면 다시 폭굉으로 전이하여 버리므로, 그림에 나타낸 것과 같이 화염속도의 작아지는 부분에 소염소자를 두어서 소염되게 하는 것이 필요하다. 직경 1 inch의 밀폐관내에 있어서 수소 또는 아세틸렌과 공기와의 대기압하에서의 혼합가스의 폭굉의 직접 저지에는 100mesh의 금망이라면 25~30매를 필요로 하는데, 어떤 종류의 간접식 억지기에서는 금망의 필요 매수는 약 1/2로 되며, 더욱이 압력손실도 아주 작게 되는 것으로 보고되고 있다.

(2) 건식 안전기(乾式安全器)

아세틸렌 기타의 가연성가스를 사용하여 용접, 용단(溶斷) 등을 행할 때의 배관(호스) 내에서의 역화를 방지하기 위한 안전장치를, 일반적으로 건식 안전기라고 부른다. 지연성가스로서 산소를 사용하기 때문에 이것이 역류하여 가연성가스와 혼합하였을 때에 발화하게 되면 폭굉을 일으킨다. 따라서 건식 안전기는 폭굉억지기로 생각하지 않으면 안된다(통상의 용접 작업에 사용하는 정도의 아세틸렌 압력에서는 분해폭발은 발생하지 않는다고 하나, 아세틸렌-산소 혼합가스의 폭굉파에 의하여 발화시키면 폭발할 위험이 있다).

용접 등의 작업에 동반하는 역화사고(逆火事故)는 많이 발생하고 있으며, 이것을 방지하기 위한 건식 안전기에 대한 각국의 관심은 높고, 독일이나 영국에서는 이미 규격의 제정이 되어있으며, ISO에 있어서는 국제규격의 검토로 행하여지고 있다.

우리나라에서는 산업안전보건법에 아세틸렌용접장치 또는 가스집합용접장치의 방호장치 성능검정규격(노동부고시 제90-64)이 정하여져 있다.

현재 수 종류의 건식 안전기가 시판되어, 그 성능 시험도 받고 있다. 소염 기구로서 폐쇄변(閉鎖弁)을 쓰는 것도 있으나, 대부분의 것은 소염소자로서 소결금속을 쓰고 있다. 건식안전기의 이용에 있어서는, 그것이 어떠한 조건하에서 화염을 저지시킬 수 있을까를 이해하여 두지 않으면 안 된다. 참고로 역화방지기에 관한 노동부고시를 소개한다.

아세틸렌용접 장치 또는 가스집합 용접 장치의 방호장치 성능검정규격

개정 1987. 6.23. 노동부고시 지 87-45호
개정 1989. 7.13. 노동부고시 제89-49호
개정 1990. 11.17. 노동부고시 제90-64호

제1조 (목적) 산업안전보건법 제33조 및 동법시행령 제27조에 의거 아세틸렌 용접장치 또는 가스집합 용접 장치의 역화방지기의 성능시험을 할 수 있는 규격을 규정함을 목적으로 한다.

제2조 (적용범위) 이 규격은 산소아세틸렌 또는 가스집합 용접장치에 부착하는 건식 또는 수봉식의 역화방지에 대하여 적용한다.

제3조 (종류)

구분	종류	용도
역화방지기	수봉식 건식	산소, 아세틸렌 용접용 〃

제4조 (외관검사) 외관검사는 제작자 제출 도면에 의하여 검사하고, 다음 조건에 만족하는 가를 검사한다.

① 역화방지기의 구조는 소염소자, 역화방지장치 및 방출장치 등을 구비하여야 한다.
② 역화방지기는 그 다듬질면이 매끈하고, 사용상 지장이 있는 부식, 흠, 균열 등이 없어야 한다.
③ 가스의 흐름방향을 지워지지 않도록 돌출 또는 각인하여 표시하여야 한다.
④ 가스가 역화방지기내의 소염소자 등을 통과할 때 가스압력손실은 유량이 134ℓ/분일 때, 900mmH_2O 이하, 유량이 30ℓ/분일 때, 2,000mmH_2O 이하이어야 한다.
⑤ 방출장치는 작동압력이 3kg/cm이상 4kg/cm^{2}이하에서 작동되어야 한다.
⑥ 소염소자는 금망, 소결금속, 스틸 울(steel wool), 다공성금속물 또는 이와 동등 이상의 소염성능을 갖는 것이어야 한다.
⑦ 역화방지기는 역화를 방지한 후 복원이 되어 계속 사용할 수 있는 구조이어야 한다.

제5조(재료) ① 몸통

1. 당해가스에 침식 또는 화학적 반응을 일으키지 않는 재료로서 KS D5101(동 및 동합금봉)의 단조용 황동 또는 KS D3564(고압 재관용 탄소강관) 및 이와 동등 이상의 재료이어야 한다.
2. 스프링은 KS D3535(스프링용 스테인레스 강선) 또는 KS D3536(피아노선)이나 KS D3510(경강선)으로서 내식 처리를 한 것이어야 한다.

② 소염소자 : 당해 가스에 대하여 충분한 내식성을 가져야 한다.

제6조 (시험종류 및 방법) ① 내압시험 : 수압시험에 역화방지기를 부착하여 밀폐시키고, 50kg/cm^2 이상의 수압을 가했을 때 균열변형 등이 없어야 한다.
② 기밀시험 : 최고 사용 압력의 1.5배의 공기를 밀폐 역화장지기에 연결할 후 물속에서 공기누설 상태를 검사한다.
③ 역류방지시험 : 가스의 흐름반대 방향으로 시험품을 부착한 후 0.1kg/cm^2 이하의 공기를 보냈을 시 공기의 역류현상이 없어야 한다.
④ 역화방지시험 : 역화방지시험은 산소아세틸렌 불꽃이 정상상태를 유지할 수 있는 조성의 혼합가스를 시험품에 보낸 다음 강제점화시켜 역화방지 상태를 검사하고, 연속 3회 이상 실험하여 역화현상이 없어야 한다.

제7조(표시) 제품의 알기 쉬운 장소에 쉽게 지워지지 않는 방법으로 다음 사항을 표기해야 한다.
① 제조회사명
② 제조년월
③ 제품명 및 모델
④ 가스의 흐름 방향

제8조 (특수한 구조의 역화방지기) 특수한 구조의 역화방지기는 한국산업안전 공단이사장이 제2조에서 제6조까지에 규정한 동등 이상의 성능을 보유한 것으로 인정하면 고시의 관계 규정을 적용하지 않을 수 있다.

부칙

1. (시행일) 이 규칙은 1987년 10월 1일부터 시행한다.

부칙

제1조 (시행일) 이 고시는 1989. 9. 1부터 시행한다.

제2조 (경과규정) 이 고시 이전에 검정을 받은 역화방지기는 이 고시에 의한 검정을 받은 것으로 본다.

부칙

제1조 (시행일) 이 규정은 고시한 날로부터 시행한다.

9.6.5 화염전파방지 장치의 실용상의 유의사항

이 종류의 안전장치는 기체의 흐름을 저해하는 요소이며, 막힘현상을 발생시키는 것에 의해 process에 위험상태를 발생시키는 것이 가장 중대한 관심사이다. 한편, 외력이나 부식에 의한 소염소자 등의 손상은 안전장치로서의 기능에 치명적으로 영향을 미치므로, 이들의 악영향을 피하기 위해 점검, 교환을 게을리 하여서는 안 된다. 또한 될 수 있는 데로 발화원의 가까이에서 화염을 저지시키는 것을 원칙으로 하며, 어느 정도의 거리를 화염이 전파되지 않을 수 없는 경우에는, 관로의 도중에 압력방출장치(파열판이나 폭압방산공(暴壓放散孔))을 설치하여 화염의 가속을 억제한다. 폭굉으로 전이하는 것을 막기 어려울 때는, 배관계를 폭굉 압력에 견딜 수 있도록 한 후 폭발억지기를 설치한다.

더욱이 이 종류의 안전장치를 설치할 때에는 다음과 같은 위험이 잠재함으로 주의하지 않으면 안 된다. 즉, 어느 종류의 배관계에 있어서는, 만약 폭발이 일어났다고 해도 안전장치가 유효하게 작동한 경우에는 외견상 폭발이 일어난 것을 탐지할 수 없는 경우가 있다. 폭발이 일어났다고 하는 것은 일반적으로는 정상적인 상태는 아니므로, 이것을 간과한다는 것은 있을 수 없다. process 전체로서는 폭발의 원인 규명과 대책이, 또 안전장치로서는 소염소자 등의 손상 체크나 교환이 각각 필요하다. 이 때문에, 배관 등의 내부에 있어서 폭발의 발생을 검출할 수 있는 어떠한 방법(예를 들면 열전대에 의한 온도 측정)이 갖추어져 있지 않으면 안 된다. 이들의 검출방법은 화염의 안정화에 의한 위험의 방지를 위하여도 필요한 것이다. 즉, 배관 중에 혼합가스가 유동하고 있는 경우의 역화방지용 안전장치에 있어서는, (역화가 일어난 시점에서는 안전장치의 상류측으로는 화염은 전해지지 않으나) 혼합가스의 유속과 화염속도가 균형을 이루는 경우에는 소염소자의 표면에 있어서 일종의 burner염이 형성되어, 안정화한 화염이 지속된다. 이와 같은 상태가 계속되면 가열된 소염소자의 온도가 발화온도를 넘어 또는 소염소자(消炎素子)가 소손(燒損)하여 구멍이 나는 것에 의해, 결국에는 상류측에 화염이 전해진다. 이와 같은 상태는 배관중의 가스의 유동자체에는 아무런 이상을 가져오지 않으므로, 외부에서 판단하기 어려운 경우도 있다. 여기에서 설명한 안전장치는 이와 같은 상태를 대상으로 한 것은 아니다. 이렇게 지속되는 화염에 일정기간 견딜 수 있게 소염소자를 설계 하려는 연구도 있으나, 기본적으로는 화염을 검출하여 관로를 차단하는 방법 또는 폭발압력이나 화염의 열(온도상승)을 사용하여 작동시키는 차단변을 설치하는 방법뿐이다.

9.7 폭발억제장치

9.7.1 폭발억제장치의 개요

폭압방산공(爆壓放散孔)은 발생한 압력을 이용하여 장치의 일부에 구멍이 나도록 하여 장치의 파괴를 가져올 수 있는 압력에 도달하는 것을 방지하는 것이다. 밀폐장치 내에 있어서 폭발압력은 연소한 혼합가스의 량에 비례함으로, 만약 폭발이 일어나도 장치 전체에 화염이 화대되지 않는 가운데 소멸된다면, 폭압방산공과 같은 형태로, 장치에 가해지는 압력을 낮추어 억제할 수 있다. 즉, 초기의 화재라면 이동식 소화기로 소화하여 연소(延燒)를 방지할 수 있는 것과 같이 밀폐장치 내의 폭발에 대하여도, 폭발의 발생을 조기에 검출하여, 연소 억제제를 산포하는 것에 의해 화염을 소멸시켜 폭발의 성장을 정지시키는 것이 가능하다. 이와 같이 하여 적극적으로 폭발을 억압시키는 것을 목적으로 한 자동적 시스템을 폭발억제강지라 부른다. 억제장치의 특징은, 방호(防護)해야만 하는 장치의 내부에서만 억제과정을 종료시키는 것에 있으며, 폭압방산공의 경우에 보여지는 화염이나 미연물의 분출, 폭발음의 발생 등이 없으므로, 외부로의 이러한 영향을 싫어하는 경우에 적합한 방호방법이다. 또한 분체처리장치의 duct계와 같이, 화염방지기를 이용할 수 없는 경우에는 이들의 내부를 전파하는 폭발화염의 저지는 억제장치에 의존하지 않을 수 없다.

억제장치는 그 목적으로서 고속작동성(高速作動性)과 고도의 신뢰성이 요구되며, 안전장치로서는 상당히 고가인 것으로 된다. 또 폭압방산공이나 화염방지기와 달리, 충분한 지식과 기술 및 경험이 필요하므로, 누구라도 설계, 제작할 수 있는 성격의 것은 아니다.

여기서는 억제장치의 도입을 검토할 때에 이해하여 두어야 할 사항을 중심으로, 억제장치의 기본원리와 응용에 대하여 설명한다.

9.7.2 억제장치의 특성과 응용상의 한계

억제장치가 작동하는 경우와 장치 등이 파괴로부터 방호되는 경우는 전혀 의미가 다른 것임을 먼저 이해하지 않으면 안 된다. 중요한 것은, 장치 등의 파괴를 가져올 수 있을 만한 폭발 압력에 달하기 이전에 억제장치를 작동시킬 것인가 아닌가에 있다. 억제장치는 어떠한 경우에라도 유효한 것이라고 말할 수는 없고, 방호해야 할 장치와 그 내부에서 발생하는 폭발의 특성에 의하여 응용상의 제약이 있다.

억제장치가 유효하게 작동했을 때의 장치내의 압력(폭발압력)의 변화는 낮은 압력에서 큰 개구(開口) 면적을 생각하면 이해하기 쉽다. (단, 억제제의 산포에 따르는 압력이 남으므로, 밀폐장치에서는 최종압력이 되지 않는다) 그림 9.10은 대기압에서 조업하는 밀폐장치 내에서의 폭발과 그것을 억제하였을 때의 압력변화의 모델(model)이다. 시간 $t=0$는 폭발의 개시(發火)를, t_0는 폭발 발생의 검출, t_1는 억제제의 산포개시, t_2는 억제제와 화염면의 접촉(抑制開始), t_3는 억제제의 산포 종료시간을 나타낸다.

(더욱이, 그림에서 억제제 산포 기구의 기동에서부터 산포개시까지의 시간 지연은 무시하고, 또 억제제가 화염면과 접촉하였을 때 그 이후는 압력의 상승은 없고, 억제제의 산포에 따른 압력상승은 무시된다고 가정하고 있다)

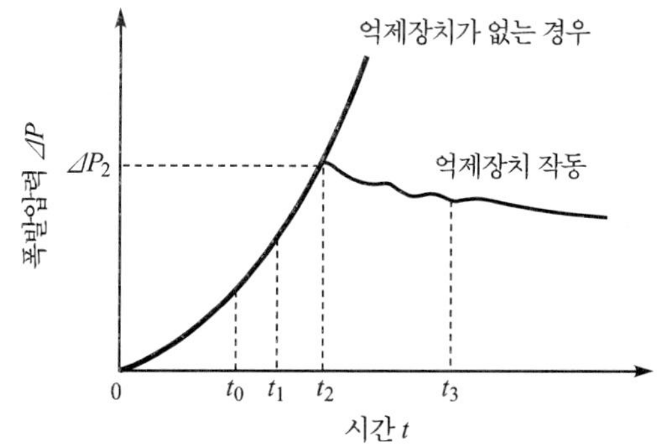

그림 9.10 억제장치의 원리와 응답성

억제제의 산포속도가 화염속도에 비하여 충분히 크게 되면 $t_2=t_1$로 보아 넘길 수 있지만, 산포속도가 작고, 혹은 억제제 분출구와 화염면과의 거리가 큰 경우에는, 억제제 산포후도 압력은(시간 t_2까지) 상승이 계속된다. t_0 및 t_1에는 억제장치의 구성 부품의 특성에 따라서 그 이상 단축할 수 없는 한계가 있다. t_2는 억제제 분출구를 발화원에 접근시키든지, 분출(산포)속도(일반적 설계에서는 보통 60m/s의 속도가 사용된다)를 늘리는 등의 방법에 의하여 t_1에 가까이 붙이게 할 수 있으나, 더욱 필요하다면 억제제를 몇 군데에서 동시에 분출시키면 좋다. 억제제와의 접촉에 의하여 화염이 즉시 소멸된다고 가정 한다면, 대부분의 억제제는 연소생성가스의 냉각에 사용될 뿐이므로, t_3는 별로 중요한 것은 아니다. 이러한 억제 기구에 대하여는 충분히 알려져 있지 않다. 어떻게 되든 그림 9.10에서 알 수 있는 바와 같이 폭발 압력 P_2를 낮게 억제하기 위하여는 최종적으로 t_2를 줄이는 것이 필요한 것이다.

한편, 장치 내에 폭발 압력이 어느 값에 도달하기까지의 시간은 장치내용적의 1/3승에 비례함으로, 작은 용기 중에서의 실험으로 구한 폭발 압력의 파형에서, 지금 문제로 하는 실제의 장치 내에 있어서 폭발압력과 시간과의 관계를 예측할 수 있다. 이 결과, 최대도달 압력을 어느 값(ΔPm)으로 억제하기 위하여 발화 후 어느 시간(tm)내에 억제제를 산포하지 않으면 안 된다는 것을 알 수 있다.

억제장치의 작동까지에 허락되는 이 시간 tm이 억제장치의 특성에 의하여 정해지는 응답시간(그림 9.10의 t_2에 상당한다)보다 짧을 경우에 억제장치를 사용하여도 완전히 의미가 없다. 단, ΔPm은 장치의 내압(內壓)에 안전율을 곱한 허용최대압력이므로 장치의 내압(內壓)이 클수록 tm를 길게 하는 것을 허용한다. 더욱이 이 방법으로 구한 tm는 소(小)용기 중에서의 실험에 기초한 추정치이므로, 이 값 자체를 억제장치의 응답시간과 비교한다는 것은 바람직스럽지 않다. 폭발의 검출이나 억제제 산포의 방법에도 의하지만, 폭발압력이 장치의 허용압력에 도달하기까지의 시간이 40ms정도 이하에 있는 폭발에 대하여는 억제장치에 의한 방호는 무리라고 생각된다.

9.7.3 억제장치의 구성

1) 폭발검출 기구(爆發檢出機構)

폭발검출 기구에는, 빠른 응답성과 정확한 동작이 요구된다. 즉, 통상의 조업상태에 있어서 온도나 압력 등의 제인자(諸因子)의 변동, 진동 등의 외력, process물질 부착에 의한 기능 열화(劣大) 등의 영향을 받지 않고, 설정되어 있는 조건에 도달하였을 때에 실제대로 빠르게 동작하지 않으면 안 된다.

가장 많이 사용되는 폭발 검출기는 압력 switch이지만, 폭발초기의 압력상승을 검출하는 데는 고감도로서 응답성이 좋은 것을 필요로 하며, 보통은 금속 diaphragm microswitch를 조합하여 쓴다. 검출 압력의 설정치는 통상의 조업조건하에 있어서 장치의 내압(內壓)의 변동범위를 고려하여 결정하지만 압력 변동이 큰 장치에서는 압력에 의한 폭발의 검출은 무리한 것이다. 압력 그 자체가 아닌 압력 상승속도를 검출하는 검출기도 알려져 있다. 다른 검출방법으로는, photocell 등의 수광소자(受光素子)를 사용하여 폭발시의 발광을 검출하는 방법이 있다. 기계적 동작을 포함하지 않고 응답성은 좋으나 분체처리장치로서는 빛의 투과가 방해를 받으므로 적당하지는 않고, 또 회로 구성이 복잡해지는 등의 이유에서 용용 예는 적다. 검출대상은 가시광선뿐만 아니고, 예를 들면 자외선 검출기가 이미 실용화되어 있다.

(2) 억제제와 그의 산포기구(散布機構)

폭발검출기에서의 신호를 받아서 억제제를 산포하는 기구(機構)는 억제장치의 주요부분이며, 원리적으로는 2종류의 방법이 실용화 되어 있다. 하나는 강도가 작은 용기 내에 억제제를 채워, 이 안에서 전기뇌관을 기폭시켜 이 폭발 압력에 의하여 용기 벽의 파괴와 동시에 억제제를 분출 시키는 방법이며, 다른 방법은 미리 약한 부분(파열판)을 설치한 용기 내에 억제제를 질소 등으로 가압 충전해 놓고, 용기 내에서 전기뇌관을 기폭시켜서 파열판을 파괴하여, 그 개구부에서 가압용 가스의 압력에 의하여 억제제를 분출시키는 방법이다. 전기뇌관을 기폭시키는 회로가 닫혀 지고부터 억제제가 분출을 시작하기까지의 시간은 수 ms이다 억제제로서는, 연소반응에 대하여 부(負)의 촉매효과가 있는 것이 유효한 것이며, 억제 작용 외에 취급하기 쉬운 것, 작동후의 처리가 용이한 것 등에서 할로겐화탄화수소가 많이 쓰여진다. 1취화 3불화 메탄(하론 1301)은 그 예이다.

(3) 제어기구

폭발발생의 신호를 받아서 뇌관을 기폭시키는 기능이 주체이지만, 발생이 예측되지 않는 폭발에 대비하기 위해, 뇌관으로의 회로를 포함한 전기회로의 이상을 감시하는 기능 및 예비전원의 보유는 불가결한 것이다. 이외, 억제장치의 동작에 따르는 경보나 그 밖의 방호 시스템 구동을 위하여 외부 접점을 실시하는 경우가 많다. 더욱이, 제어기구는 일반적으로 계기실 등에 설치되지만, 폭발검출기나 전기뇌관 및 그곳까지의 배선은, 이것들이 설치되는 장소에 따라서는 방폭구조, 방폭 배선공사로 하지 않으면 안 되므로 주의가 필요한 것이다.

9.7.4 억제장치의 설치

억제장치의 시스템 구성이나 개개의 구성요소의 동작특성은 임의로 선택할 수 없으나, 조업시의 장치의 내압이나 온도가 폭발의 특성이나 억제장치의 동작에 미치는 영향을 고려하여 될 수 있는 한 정확히 그리고 고속으로 응답할 수 있도록 설계하지 않으면 안 된다.

억제장치의 설계 예는 현재로서는 분체처리장치에 압도적으로 많다. 구체적인 date는 별로 공포되어있지 않으나, 원심분리기나 건조기내에서의 폭발의 억제, duct 내의 화염 전파의 방지들의 응용 예가 보고되어 있다.

9.7.5 그 밖의 방호시스템의 응용

(1) 폭발이 발생한 시스템 전체의 방호

지금까지는 하나의 장치 내에서 일어난 폭발을 억제한다고 하는 관점에서 설명하였으나, 몇 개의 장치가 duct나 배관에 의하여 접속되어져 있는 경우에는, 최초에 폭발한 장치(억제장치를 갖춘 장치)는 방호되었다 하여도, 다른 장치류로 폭발이 전해질 가능성이 남게 되는 것이다(어떤 시스템에 설치할 수 있는 억제장치가 1대에 한정되고 더욱이 그것을 갖춘 장치에서 폭발이 발생한 경우를 생각한다), 이러한 경우에는 폭발한 장치에 설치한 폭발검출기에서의 신호를 사용하여, 인접한 장치나 접속 duct의 내부에 억제제를 산포하고 또는 duct에 설치한 격리변(隔離弁)을 폐쇄하여 폭발이 전파하지 않도록 한다. 더욱더 필요한 경우에는 그 공정 전체 혹은 plant 전체를 정지시키는 등의 대책이 취해진다. 폭발개시의 신호에 의하여 폭압방산공을 작동시키는 경우도 있으나, 격리변과 같이, 그 작동원에 화약의 폭발력을 이용한다면 고속작동이 가능해진다.

(2) 폭발이외의 화학반응으로의 응용

억제장치의 생각은 폭발 이외의 위험한 상태를 억압하는 경우에도 적용할 수 있다. 즉, 발열 반응에 있어서 반응의 폭주, 퇴적 분진의 자연발화, 밀폐 장치 내에서 폭발성 혼합가스의 형성 등, 폭발의 원인으로 되는 여러 가지 현상을 감시하여, 압력, 온도, 농도 등이 어느 수준(level)에 도달하였을 때 조속히 위험상태를 배제하는 대책을 취함에 의해, 폭발이나 용기의 파열을 미연에 방지할 수 있는 것이다. 이와 같은 방법은 폭발예방대책이긴 하지만, 기술적으로는 억제장치의 연장으로서 생각할 수 있고, 여러 가지의 이상사태에 대한 유효한 대책인 것이다. 위에서 예시한 여러 가지 현상에 있어서 변화인자(압력, 온도, 농도 등)는 폭발의 경우의 압력상승에 비하면 훨씬 변화가 늦으므로, 위험수준(level)의 설정이 적절하다면 이상사태의 억압은 용이한 것이다. 반응폭주나 자연발화에 대하여는 온도 검출기로도 충분히 대응할 수 있으나, 온도검출기의 위치와 수가 적절하지 않으면 안 된다는 것은 과거의 재해사례에서 배울 수 있다. 억제제는 대상으로 되는 현상에 따라서, 물, 불활성 가스, 어떤 종류의 분체, 반응 정지제 등의 중에서 최적의 것을 선택한다. 억제제의 종류, 량, 투입방법 등을 틀리게 하면 역효과가 날 수도 있으므로 주의가 필요하다. 억제제의 투입에는 반드시 화약의 힘을 빌릴 필요는 없고, 전기(電氣)적으로 구동(驅動)하는 밸브 등의 사용에 의해서도 충분히 목적은 달성 시킬 수 있다. 더욱이 기체의 단순한 물리적인 팽창에 의한 과압(過壓)에 대하여는 폭압 방산공이나 파열판을 강제적으로 작동시키는 경우를 제외하면, 억제장치 본래의 기능(억제제의 산포)을 발휘시킬 여지가 없다.

(3) 긴급 차단장치에의 응용

긴급차단변은 폭발의 전파 방지에 반드시 유효한 것은 아니고, 또한 억제장치와 직접으로는 관계가 없으나 이상사태를 검출하여 대책을 강구한다고 하는 자동 시스템으로서의 생각은 억제장치와 같은 것이므로, 편의상 여기에서 설명한다.

긴급차단장치는 이상사태가 발생한 장치 그것에 대하여 이상사태를 배제하는 대책을 취하지 않는 경우라도, 이상사태가 다른 장치나 배관계로 전해지는 것을 방지하기 위한 중요한 안전장치이다. 억제장치나 기타의 안전장치, 제어기구 등과 조합시켜 작동시키는 경우도 있지만, 차단변으로서 단독으로 사용하는 경우도 있다. 실제로는, 이상사태를 발생시킨 장치와 다른 장치의 격리, 누설을 일으킨 연속처리장치의 고립화, 이상반응을 일으킨 반응용기로의 원료의 공급정지 등에 사용되지만, 차단이란 역으로 관로를 개방하는 기구로서도 사용되는 경우가 있으며, 장치내용물의 배출, 이송 등을 할 때에 작동시킨다. 이상사태의 검출방법은 대상으로 하는 현상에 필요로 하는 것은 억제장치의 경우와 같다. 긴급차단장치를 자동적으로 작동시키느냐 작업원의 판단을 개재시키느냐의 구별 및 작동을 인력으로 행할 것인가, 전기력이나 화약의 폭발력에 따라서 행할 것인가의 선택은, 현상의 변화속도와 위험수준(level)설정에 따라서 다르므로, 각각의 process에 따라서 신중하게 검토하지 않으면 안 된다.

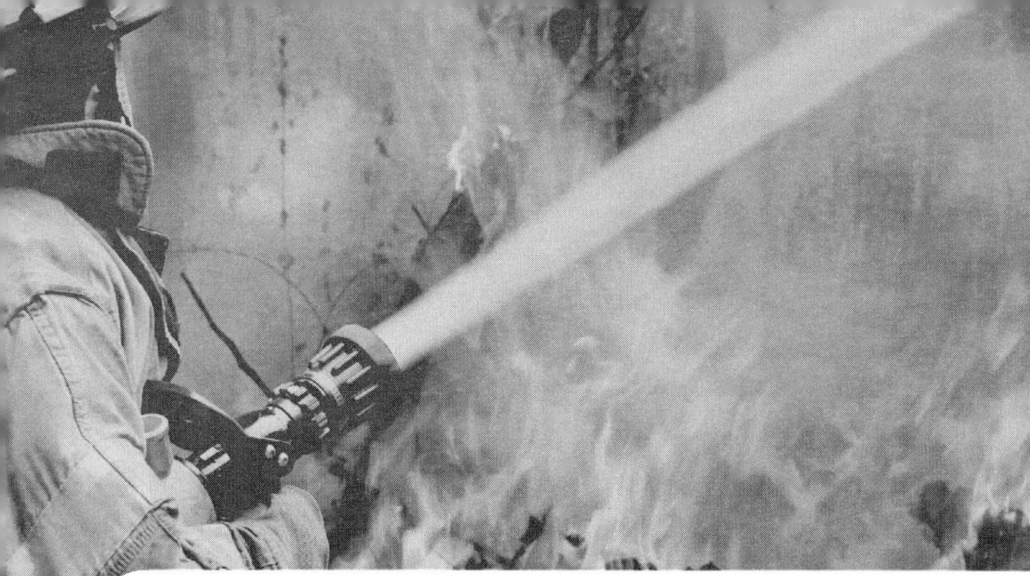

Chapter

10

대형사고 사례 및 원인분석

10.1 사고사례에 대한 물리화학적 고찰

10.1.1 개요

화학공장 등의 생산현장에서 발생하는 화학적 사고사례를 검토하여 보면, 그들은 물리화학의 여러 가지 원리 중에서 한 가지 내지 몇 가지가 얽혀져 있는 사태를 예측하지 못함으로 인해 발생했다고 생각되어지는 경우가 거의 대부분이라는 것을 알 수 있다.

이들 사고의 발생을 방지하기 위하여는 어떤 특별한 지식을 필요로 하는 것이 아니고, 더구나 고도의 물리화학적 원리를 반드시 습득해야만 하는 것도 아니다. 필요한 지식의 수준이 고등학교 정도의 것을 넘는 경우는 그다지 많지 않다. 결국 문제는 지식을 가지고 있지 않는 것이 아니고, 사고가 발생할 것이라는 것을 먼저 인식하지 못한 것에 있다고 할 수 있다.

이들의 경우에 필수적인 물리화학상의 여러 가지 원리는 정말 기초적인 것에 지나지 않음에도 불구하고, 탕면하고 있는 사태에 그들이 개입되어 있는 것을 인식하지 못함으로서 발생하는 사고는 중대 사고나 혹은 인명에 관계가 있는 사고로 나타나기도 한다. 이러한 사고를 사전에 방지하기 위하여, 사고발생에 관련되는 물리화학적 원리를 사례를 통해 익히도록 한다.

10.1.2 gas 및 증기의 밀도차에 기인한 사례

gas나 증기의 거동은 그 압력이 상압에 가까우면 대체로 이상기체의 법칙에 따르는 것으로 보아도 좋다. 그러면, 압력을 일정하게 한 경우 다음의 수식이 성립한다.

gas의 밀도 $\propto$ 분자량/온도

$(PV = nRT = w/M \cdot RT \quad \therefore w/V(\text{밀도}) = M/RT \cdot P)$

따라서 온도, 압력이 일정하면 기체의 분자량이 클수록 그 밀도는 크게 되고, 압력이 일정하면 기체의 밀도는 그 온도에 반비례하는 것으로 된다. 이들의 기초적인 원리를 알지 못하였던 것에서부터 발생한 전형적인 사례로서는 다음과 같은 것이 있다.

예 1 벤젠용의 증류관이 밀폐된 건물 내에 설치되어져 있었다. 증류를 마친 후, 관상부의 manhole뚜껑을 열어 관내를 청소하였으나, 그 후 뚜껑을 닫은 것이 불완전하였으므로 다음의 증류를 시작했을 때 갑자기 benzene vapor가 manhole에서 누출되고 말았다. 그래서 benzene의 분자량(78)은 공기의 분자량(29)보다 훨씬 크므로, 그 증기는 빠른 속도로 실내의 바닥면에 자욱하게 깔려 작업원 1명이 gas mask를 쓸 여유 없이 사망하는 원인으로 되었다(그림 10.1 참조).

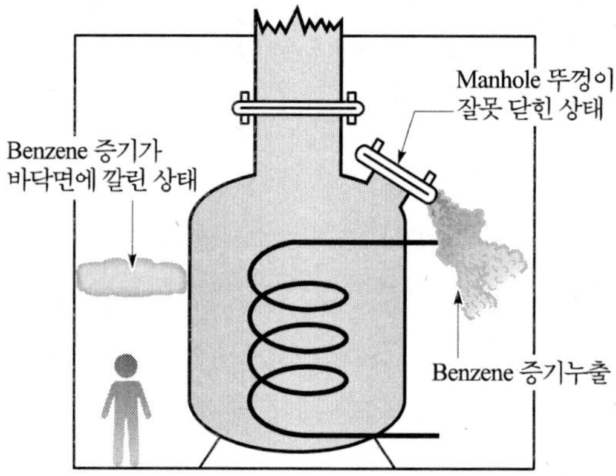

그림 10.1 증류관에서 벤젠증기가 누출한 상황

예 2 고온의 toluene이 들어있는 혼합용의 탱크가 있었다. 이 탱크에도 manhole이 설치되어 있었으나 예 1의 경우와 같이 그의 잠김상태가 적절하지 못하였으므로 toluene 증기가 새어서 1층의 바닥까지 흘러와 그곳에서 공기와 폭발성 혼합기체를 형성하여 인화 폭발하는 사고를 일으켰다.

예3 이 예에서는 이황화탄소(CS_2)용액을 교반기가 설치되어있는 용기 중에서 처리하는 작업을 장기간에 걸쳐 계속했을 때, 교반기의 날개에 고형의 잔사(殘渣)가 많이 부착하였으므로 이것을 제거하지 않으면 안 되게 되었다. 그래서 사고당일 작업자는 용기내의 이황화탄소 용액을 pump로서 퍼낸 후, 용기내의 gas를 질소치환하고 manhole의 뚜껑을 열어 쇠막대기(鐵棒)를 넣고, 교반기 날개에 부착해 있던 잔사를 떼어내는 작업을 시작하였으나, 마침 점심시간이 되어 manhole의 뚜껑을 열어둔 채 현장을 떠났다. 조금 후 작업자가 돌아와서 다시 쇠막대기로 교반기를 힘차게 때렸을 때 충격불꽃이 튀었기 때문에 용기가 갑자기 폭발하는 사태가 발생했다.

이 사고를 일으킨 요인으로는 다음과 같은 상황이 생각될 수 있다.

(1) 이황화탄소 증기와 질소의 혼합기체의 온도는 처음에는 용기 주위의 대기온도보다 높았을 것이나 용기가 식음에 따라서 내용물도 냉각되었을 것이다. 그렇게 되면 혼합기체의 체적은 저온측에서는 보다 작게 되므로 그에 따라 공기가 용기 내에 유입할 가능성이 있다.

(2) 만일, 이황화탄소 증기가 응축했다고 하면 용기 내는 상당히 감압상태로 될 수 있으므로 이 효과에 의해서도 공기가 manhole을 통하여 흡입될 가능성이 있다.

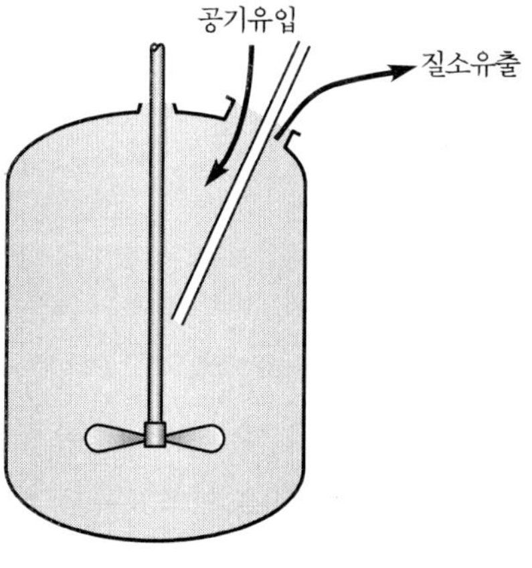

그림 10.2 이황화탄소 용액 사용 후 질소 치환한 탱크 중에 공기가 유입한 상황

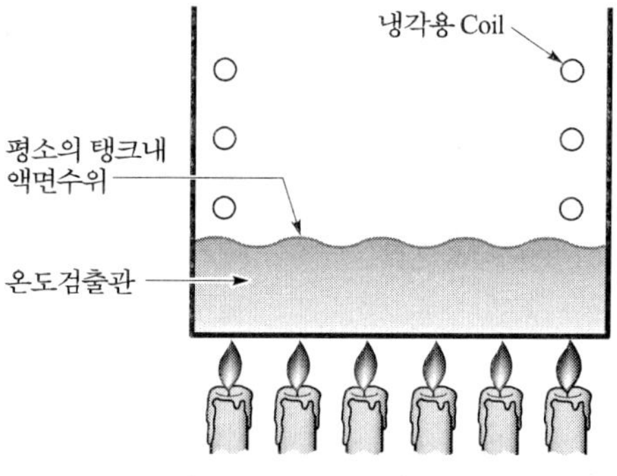

그림 10.3 trichloroethylene 탈지탱크

(3) manhole에서 공기가 용기 내에 유입하고, 한편 이황화탄소 증기와 질소가 유출한다고 하는 확산현상(擴散現象)이 생길 가능성도 있다. manhole이 있는 곳에서는 당연히 대류도 일어나므로 그것에 의해서도 이 현상이 촉진된다고도 생각된다(그림 10.2 참조).

예 4 trichloroethylene을 사용하는 탈지(脫脂) 탱크가 가동되고 있었다. 사고당일 연락이 불충분하였기 때문에 탱크내의 trichloroethylene액의 level이 정상치보다 큰 폭으로 떨어져 버린 일이 발생 하였으나 작업자의 누구도 그것에 주의를 기울이지 않았다. 어떻든 간에 탱크바닥 부근에 삽입되어 있는 온도 검출부가 액면위로 나와 버린 결과 실제보다 훨씬 낮은 온도를 지시하는 것으로 되었으며, 당연히 그 지시값에 바탕을 둔 가스 불에 의한 가열이 자동적으로 계속되었기 때문에 탱크내의 잔액은 아주 고온으로 될 때까지 가열되어 버렸던 것이다. 탱크 내의 사태가 이미 그렇게 된 것을 알지 못하고 작업자가 trichloroethylene용액을 새로이 추가하려고 하여 탱크 내에 23ℓ 정도 주입했을 때, 증기운(雲)이 탱크 바닥에서 격렬하게 올라오게 되어 overflow하고, 탱크 바깥쪽으로 흘러내려 탱크가열용의 gas불에서 인화하여 폭발에 이르렀다(그림 10.3 참조).

이 사고가 일어난 경과는 다음과 같다고 추정된다. 탱크내의 trichloroethylene이 모두 증발하여 버린 후, 탱크바닥에 oil층이 생겨져 있었으나 그 온도가 극도로 높아졌기 때문에 oil의 증기층이 액면에 접해서 발생하여 있었다. 그와 같은 상황에 있었을 때에 새로운 trichloroethylene액이 추가되어졌으므로 이것이 바로 기화하여 그 밀도가 oil의 밀도보다 컸기 때문에 oil증기를 밀어 올려 탱크의 테두리를 넘어 나오게 된 것이다. 더욱이 고온 oil이 가지고 있던 대량의 열에 의해 다량의 trichloroethylene이 기화했기 때문에 냉각용 coil의 냉각능력도 그 기화를 완전하게는 억제할 수 없었다고 생각된다.

어떻게 해서든 oil과 trichloroethylene의 증기는 다 같이 공기보다 무거워서 탱크 외벽을 흘러내려 gas불에 닿아서 쉽게 인화한 것으로 되었다.

예 5 수소화반응조를 수리하기 위하여 조업정지한 후 용기 내를 세정하기 위하여 반응조 밑부분(槽嵌)의 flange를 제거했다. 그런데 유감스럽게도 탱크로 통하는 수소공급 line의 valve의 잠김이 불완전하였으므로 용기 내에는 이미 수소가 체류하여 있었으며, 수소와 침입한 공기가 혼합하여 폭명기(爆鳴氣)를 형성하기에 이르렀다.

얼마 안 되어 용기 내를 CO_2치환하려고 용기 상부에 있는 manhole의 뚜껑을 열었을 때 부근의 화원(火源)에서 인화하여 용기가 폭발하였다. 더욱이 용기내의 기체의 밀도는 수소를 포함하고 있었기 때문에 공기의 밀도보다 작아져서 manhole의 뚜껑을 열었을 때 공기가 바닥 쪽에서 들어오는 현상이 발생할 가능성도 있을 수 있다(그림 10.4 참조).

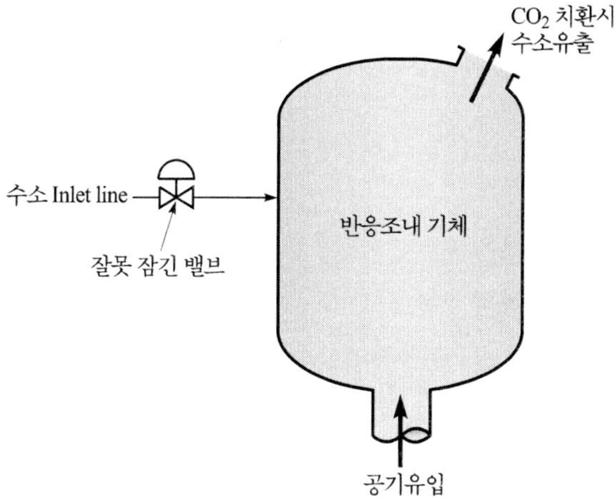

그림 10.4 수소화 반응조 내에 폭명기 형성과정

10.1.3 액체의 밀도차(密度差)에 기인한 사례

액상물질의 밀도는 각각의 근소한 차이로 다르게 되어있다. 그래서 2종의 액체가 서로 녹지 않는 경우, 화학조작에서는 이 성질을 불균일상의 공비증류(共沸蒸溜) 등에 이용하는 것이다.

더욱이 액체의 밀도는 온도의 함수이므로 일반적으로 온도의 상승과 함께 밀도는 저하한다.

액체의 밀도차를 배려하지 않았으므로 발생한 사고는 그 단독으로서 일어나는 것은 적고, 다른 물리화학적 원리도 동시에 고려할 필요가 있는 경우가 많으나, 액체의 밀도의 차가 주요한 역할을 한 사고도 자주 발생하는 경우가 있다.

예 6 ethyleneglycol용 원심pump의 housing이 돌연 파열하는 사고가 발생했다. 조사에 의하면 이 pump는 출구, 입구 양쪽 모두 valve를 잠근 상태로 구동시켜 방치함으로 pump의 회전에너지는 결국 ethyleneglycol을 가열하는데 사용되어, ethyleneglycol은 팽창되지 않은 상태로 점차 고온으로 되었기 때문이었다(그림 10.5 참조).

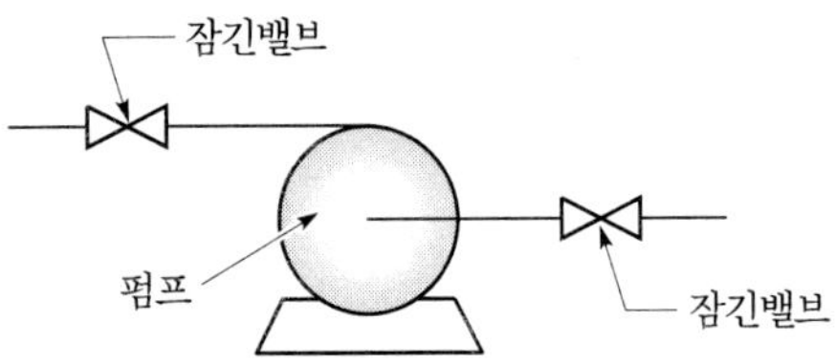

그림 10.5 원심 펌프가 파열에 이른 상황

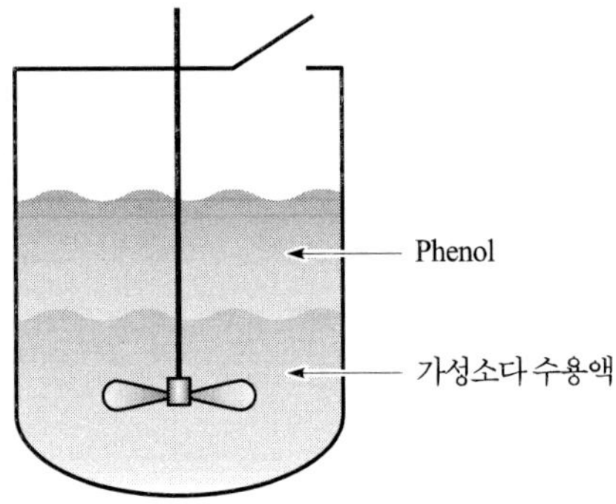

그림 10.6 반응조 내에서의 phenol과 가성소다 수용액의 상부

예 7 어린 작업자가 가성소다 수용액이 들어있는 반응조를 중화시키기 위하여 phenol을 주가(住加)하였기 때문에, 두 물질은 밀도의 차에 의해 층상을 만들어 가면서 가라앉는 상황으로 되었다. 얼마 안 되어 교반기에 switch를 넣자마자 순간적으로 격렬한 반응이 진행되어 반응조의 내용물이 폭발적으로 비등하여, hinge가 붙은 뚜껑이 튕겨 나가게 되었으며 내용물이 분출하기에 이르렀다. 그 결과 이 작업자는 반응조의 전체 내용물 중 약 반을 전신에 뒤집어쓰는 사고를 일으켰다(그림 10.6 참조).

예 8 실험실 내에서 butadiene이 들어 있던 bombe가 폭발하여 연구원 1명이 사장했다. 이 bombe는 어떤 pilot plant에 bradere gas를 보내기 위해 사용되어졌으나 그 butadiene의 증기압을 올리기 위하여 Bombe를 가열할 필요가 있었다. 사고 후 추가 시험을 행한 결과, routine의 bombe 가열조작을 거의 극한까지 행한 경우, bombe의 액면 온도는 약 160°C까지 올릴 수 있다는 것, 또한 butadiene의 임계온도인 150°C에서 그의 증기압은 약 44Kg_f/cm^2이라고 하는 것 등을 알았다. 44Kg_f/cm^2이라고 하는 것은 이 bombe의 내압시험압력 이상이었으나 수압을 사용하여 측정했을 때, 같은 bombe의 실제의 파괴압력치는 이 압력치의 거의 2배 이상으로 올라가는 것을 알았다. 더욱이 bombe내의 액체 butadiene은 약 144°C로 되면 팽창하여 bombe를 채울 정도로 된다는 것. 한편 bombe 자체는 폭발직전까지 처음 체적의 120% 정도로 팽창하는 것 등을 알았다. 이들 두 가지의 견해를 종합해 보면 사고당시 액체 butadiene은 그 온도가 거의 임계온도에 달한 지경에서 팽창 Bombe를 채웠을 것이라는 것, 그리하여 더욱 고온으로 됨에 따라 bombe내부에 강한 정압이 작용하도록 되었을 것이라는 것 등이 추정되었다. 그러나 더욱 실험을 진행한 결과 100°C 이상으로 되면 butadiene은 vinylcyclohexene을 만드는 발열적 2량화 반응을 일으키는 것이 판명되었다.

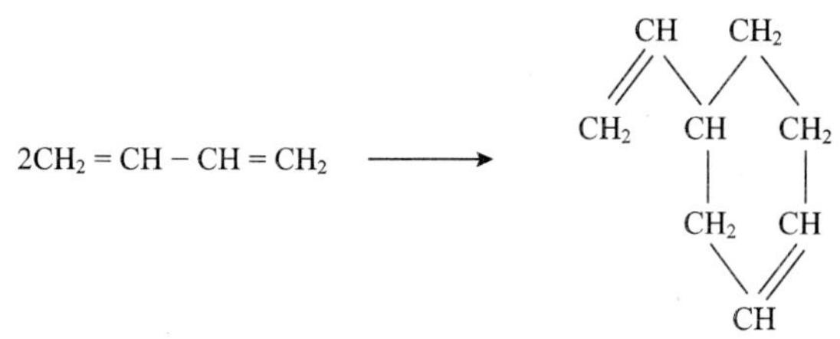

그 경우에는 계의 온도는 500°C 이상으로 급상승하는 것으로 되고 그렇게 되면 bombe가 파열하기에 이르는 것은 명백한 것이다.

10.1.4 상변화를 동반하는 체적의 증감(增減)에 기인한 사례

개개의 화학물질의 기-액상 간에 일어나는 밀도 변화는 고-액상 간에 일어나는 것 보다 훨씬 크고, 이 현상에 기인한 몇 가지의 사고가 발생하고 있다. 이 경우의 팽창비를 물에 대해 계산해 보면

$$\text{물 } 1\text{mol} = 18\text{g} \cong 18\text{cm}^3 \text{ at } 100°\text{C}$$

$$\therefore V_{steam}/V_{water} = 0.082 \times 373 \times 1000/18 \cong 1700 \text{으로 된다.}$$

결국, 1기압 하에서 물은 비등하며 액상의 물의 약 1700배의 체적을 가지는 수증기로 변화하는 것을 알 수 있다.

이와 같은 종류의 현상에 관련하여 발생한 전형적인 사례로서 다음의 2가지를 소개한다.

예 9 tank lorry에 100°C 보다 조금 낮은 온도의 뜨거운 tar를 적재하고 있었다. 탱크용량의 약 반 정도 적재하였 때 pump가 고장 났기 때문에 운전사는 적재작업을 정지하지 않을 수 없었다. 그래서 그는 어쨌든 통상의 적재종료시의 작업순서에 따라서 tank에 연결되어 있던 tar line을 live steam으로서 blow 하였다. 그 후 어떻게 해서든 tar 적재를 완료해 버리려고 lorry를 별도의 charge hole에 이동시켜 그것에 tar line을 연결하여, 다시 적재작업을 시작했을 때 너무 놀라서 보니 뜨거운 tar가 tank의 manhole에서 격렬하게 분출하고 있었다. 결국 steam이 응축하여 된 물이 최초의 batch의 tar층에 고여 있었으며 두 번째의 tar가 100°C보다 고온의 것이었기 때문에 그것을 pump로서 lorry 내로 주입하자마자 대량의 steam이 발생하여 tar를 tank 밖으로 분출하는 결과로 되었다(그림 10.7 참조).

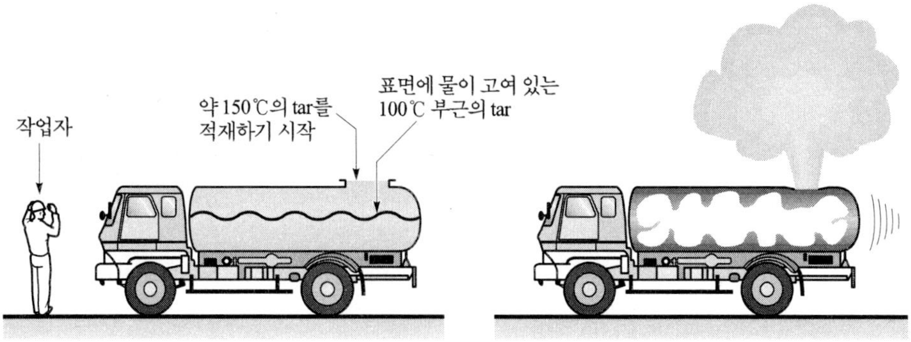

그림 10.7 탱크로리에서 고온tar가 분출하는 상황

예 10 비중이 1보다 작은 기름(oil)이 있었으나 그것이 물을 미량 함유하고 있었기 때문에 반응개시 전에 물을 제거하려고 반응기 중에서 가열하였다. 물과 이 oil은 서로 용해하지 않으므로, 물은 거의 대부분 반응기 바닥에 가라앉았다. 더욱이 사용되어진 열매(熱媒)는 250°C의 전열유(傳熱油)로서 동심 원상으로 배치된 coil중을 순환하도록 되어 있었다.

그런데 가열을 시작했을 때에는 manhole은 일부 열려져있었다. 가열을 시작하고 잠시 후 작업자는 교반기를 돌리지 않았던 것을 알게 되었으며, 바로 스위치를 넣었다. 그러던 중 갑자기 대량의 oil이 상당한 위력으로 manhole에서 분출하였다. 이 분출은 처음에 주입한 양의 약 4분의 3이 분출할 때까지 계속되었다.

비중자에 의해 물은 가열 coil의 아래에 있는 반응기 바닥에 가라앉은 상태로 있었으므로 열전달이 불충분하였고 계속 저온으로 유지되어 있었다. 그곳에 갑자기 교반기가 돌아갔으므로 물은 고온의 oil과 접촉하게 되어 기름 중에서 순간적으로 기화하여 대량의 steam으로 되어 oil을 뿜어내었던 것이다.

이 사고가 일어났던 시점에서 교반기를 시동시키지 않았다고 하여도 결국에는 동일한 결과로 되었을 것이라고 상상하는 것은 어렵지 않다. 결국 물중의 약간의 부분이 곧 열전도에 의해 비점까지 가열된 것은 확실하나, 순간에 비등 현상이 일어나 격렬한 혼합효과를 불러일으켜 결국 똑같은 oil분출현상을 일으키게 되었을 것이라고 생각되기 때문이다(그림 10.8 참조).

똑같은 체적변화는 기상에서 액상으로의 천이(遷移), 즉 응축현상에 있어서도 발생할 수 있으나, 그때의 갑작스런 체적수축도 중대한 사고를 일으킬 수 있다. 이 경우를 예 11에 나타낸다.

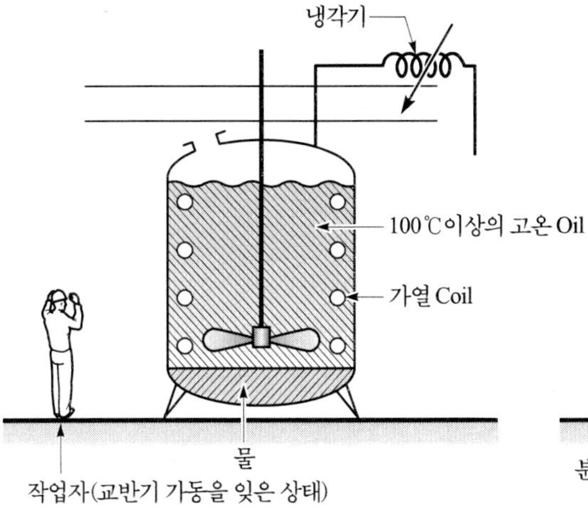

그림 10.8 반응조에서 고온의 oil이 유출한 과정

예 11 직경 2″의 개방 vent를 갖추고 있는 발효용의 tank내에 살균을 하기 위해 30분간 생증기(live steam)를 불어 넣었다. 그 후 대량의 차가운 액체를 일시에 탱크내 에 보내었을 때 이 탱크가 찌그러들었다.

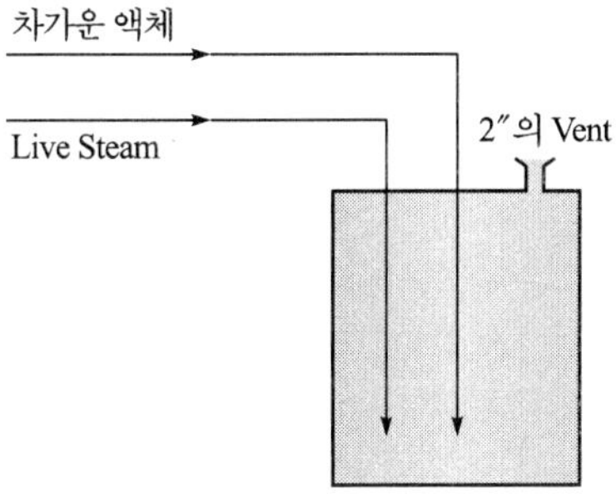

그림 10.9 사고가 난 발효용의 탱크

차가운 액체가 steam을 응축시킨 결과 탱크 내는 급속하게 감압상태로 되었으며 이 vent의 통기 능력으로서는 그 감압속도를 따라갈 수가 없었다(그림 10.9 참조).

그 외의 예로서는 증류 line을 들 수 있다. 증류 line 내는 조업중 정상상태에서 당연히 증기로서 채워져 있으므로 증류조(蒸溜槽)에서 가열조작을 갑자기 중단하든지 하면 증기가 응축하여 계내가 감압상태로 되기 때문에 어떤 대응책, 예를 들면 질소gas 주입장치 등을 준비하여 두지 않으면 공기가 vent류를 거쳐 계내에 새어 들어가 사고의 원인으로 되는 경우가 있다.

10.1.5 증기압에 기인한 사례

액상의 순수물질은 언제나 고유의 증기압-온도관계를 가지고 있다. 구체적으로는 그들의 증기압은 Antoine식(증기압에 관한 실험식)에 의하면 온도의 함수로서 다음과 같다.

$$\ln P = A - B/(T+C)$$

여기서, P : 증기압,

T : 절대온도,

A,B,C : 상수이다.

즉, 액상의 순수물질의 증기압은 온도가 상승함에 따라 현저하게 상승하는 것을 알 수 있다. 예를 들면 물의 증기압은 18°C에 있어서 15.5mmHg이나 100°C로 되면 760mmHg로 급상승하는 것이다.

두 종류의 이상용액의 경우, 그것에 접(接)하는 기상중의 각 물질의 분압은 Raoult의 법칙에 따라 용액중의 각 물질의 mole분율에 비례하는 것으로 된다.

$$p_1 = x_1 P_1$$

$$p_2 = x_2 P_2$$

여기서 p_1, p_2 : 물질 1 및 2의 기상중의 분압

x_1, x_2 : 용액중의 각 물질의 mole fraction

P_1, P_2 : 그 온도에 있어서 순수물질의 증기압이다.

기상 중에 불활성gas도 공존하고 있는 경우에는, 1 및 2의 휘발성물질은 기상에 있어서 앞에서와 다름없이 위식에서 정하는 분압 p_1, p_2를 나타내나, 불활성gas의 분압은 Dalton의 법칙에 따라 각 분압의 합은 전체 압에 같게 된다.

$$p_1, + p_2 + p_{\text{inert}} = \text{전압}$$

액상의 순수물질이 공기와 접하여 평형상태로 있는 경우 공기 중의 그 물질의 분압, 즉 농도는 그 경우의 온도에 있어서 그 물질의 증기압에 정비례하고, 더욱이 그것은 온도의 상승에 따라 급격하게 증대한다.

증기압이 관련된 사고의 전형적인 사례로서 다음의 것을 소개한다.

예 12 수은법에 의한 어떤 식염전해공장에서의 작업환경의 수은농도가 허용한도를 초과할 정도로 상승하여 있는 것을 알았다. 그래서 공장 내의 전 작업자들의 소변 중 수은농도의 측정을 일정기간 계속하여 행하였을 때, 어떤 작업자의 소변중의 수은농도가 지속적으로 높은 값을 나타내는 것을 알았다.

그러나 그 작업자가 전해실에 들어가는 것은 그때까지 거의 없었다. 그래서 더욱 더 조사를 했을 때 그는 전해조의 구성부품인 철판에서 ebonite를 떼어내는 작업에 종사하고 있었으나, 이 ebonite에는 미소한 균열이나 공동(空洞)이 많이 있어 이들 중에 미량의 수은이 들어가 있었다는 것을 알았다.

이 ebonite를 떼어내는 데는 열(熱)을 줄 필요가 있었기 때문에 그때 수은이 증발하여 그 작업장의 대기 중의 수은농도를 상승시키는 결과로 되었다.

예 13 Dowtherm가열용의 로(爐)에 점화하여 start-up하였다. 그때 gauge압으로 약 $1kg_f/cm^2$를 유지해야만 하는 가열관 내의 압력이 갑자기 약 $7.7kg_f/cm^2$로 올라가는 것이 관찰되었으나 안전밸브가 작동하였기 때문에 큰 사고는 되지 않았다.

원인은 Dowtherm중에 물이 혼입하여 있어서 이들 2가지의 액체는 서로 용해하지 않음으로서 각각 그곳의 온도에 따른 증기압을 작용시켜 결국 관내압은 2가지의 액체가 나타내는 증기압의 합이 되어 관내에 예기치 않은 압력이 발생하는 결과로 되었기 때문이다. 이와 같은 종류의 장치에는 적절한 방산계를 설치하여 두는 것이 필요하다(그림 10.10 참조).

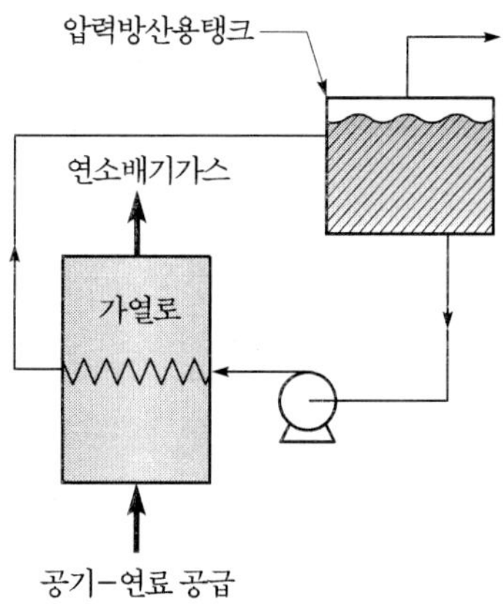

그림 10.10 Dowtherm 가열로

예 14 어떤 공장에서 3개의 드럼관이 적재되어 있었다. 각각에는 propylene oxide와 유기중간몰 및 촉매로서의 가성소다의 3가지 물질로 된 혼합물이 담겨있었다. 한사람의 작업자가 그곳을 지나가게 되었을 때, 이들 드럼관중 하나가 파열하여 내용물이 발화하고 격렬한 화재사고가 발생했다.

드럼관 내의 3가지의 성분은 반응조 내에서 서로 완전하게 반응한 것이었으나 관내의 조건에서는 반응은 진행하기 어려웠다. 그래도 장시간이 경과하는 중에 하나의 드럼관 내에서 점차 반응이 시작되어 그것이 발열반응이 있기 때문에 내용물의 온도가 상승함에 따라 폭주상태로 되고 결국 발화하여 관이 파열하는 것으로 되었다.

예 15 실험실에 있는 장치를 사용하여 합성 연구를 하였다

이 장치에서는 benzene과 cyclohexane의 증기가 vent를 거쳐 발산함으로서, 그들의 증기농도를 저하시키기 위해 −21.1°C의 공융점을 가지는 식염−얼음의 혼합한제(混合寒劑)에 vent를 설치하여 증기를 응축시키는 것을 시험했다. 그런데 이 냉각장치를 통한 후의 vent gas를 분석했을 때 양자의 증기농도는 예상했던 것 보다 훨씬 높았다. 그래서 혼합한제와 접촉하고 있는 vent gas의 실제온도를 측정해본 결과 그것은 −5°C 정도 밖에 되지 않는 것을 알았다. 이 온도에 있어서 양자의 증기압은 −21.1°C에 있어서의 그들 값보다 2배~4배 큰 것이다. 이러한 상태에서 vent gas중의 이들의 농도가 예상보다 높았던 것이다. 겨우 15°C 온도가 상승한 것만으로 증기압이 2배 이상으로 증대하는 것에 주의하여야 한다.

예 16 원심pump를 사용하여 고온액체를 저압에서 흡입하는 경우 등에도 증기압을 고려하지 않으면 안 된다. 예를 들면 증류장치 등에 사용되고 있는 강제순환pump 등에 해당하는 경우이다. 만일, 계내의 어떤 장소에서 그 국부(局部)의 압력이 사용하는 액체의 증기압보다 저하하는 경우가 일어나면 증발현상이 일어나 증기의 pocket가 될 수 있으며, 다음의 순간, 그 국부의 압력이 액체의 증기압보다 높게 되면 이 pocket는 없어지는 것으로 된다. 이와 같은 종류의 현상, 즉 cavitation은 그것이 발생하는 장소의 부근에서 pump내벽에 대하여 침식이나 공식(孔食)을 발생시켜 pump에 손상을 주는 원인으로 된다.

10.1.6 Flashing에 기인한 사례

이 현상(갑작스런 감압에 따르는 액체의 기화분출 현상)은 고압하, 그 비점 부근에서 가열되어지고 있는 액체가 갑작스럽게 감압된 경우에, 새로운 압력하에서 그 액체의 포화온도(비점)가 액체의 실제 온도보다 일반적으로 낮게 되기 때문에 발생하는 것이다. 고온액체가 위에서 설명한 바와 같은 조건하에 놓여 지면 일반적으로 급격한 flashing이 발생하나, 이 현상은 그 액체의 온도가 새로운 압력하에서 그의 비점으로 떨어질 때까지 계속된다. 결국 flashing하는 증기의 량은 액체가 보유하는 enthalpy의 감소폭에 상당하는 것으로 된다.

이런 종류의 현상에서 발생할 수 있는 전형적인 사례로서 다음의 2가지를 소개한다.

예 17 어느 탱크의 내부를 대량의 열수(熱水)를 사용하여 끓여서 세정하는 작업을 행하였다. 발생하는 steam은 가는 관의 vent에서 방출하고 있으나 충분하지 않고 탱크내부는 약간 가압상태로 되어 있었다. 그런데 끓여서 세정하는 작업을 일단 마친 후 steam의 배출이 끝나기 전에 작업자가 manhole의 cover를 풀었을 때, 갑자기 대량의 steam과 비등수가 manhole에서 분출하는 현상이 발생했다(그림 10.11 참조).

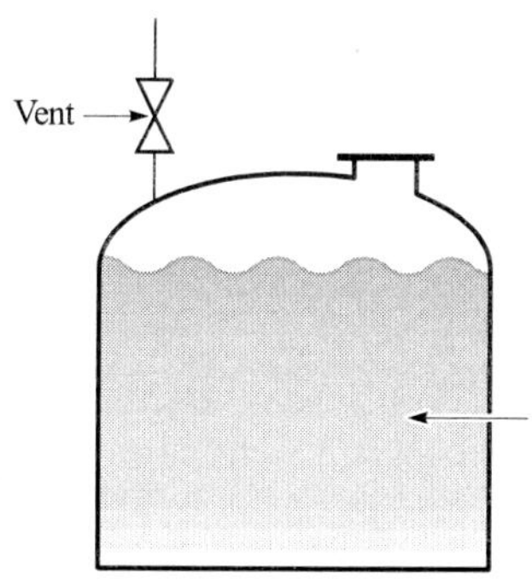

그림 10.11 flashing이 발생한 탱크

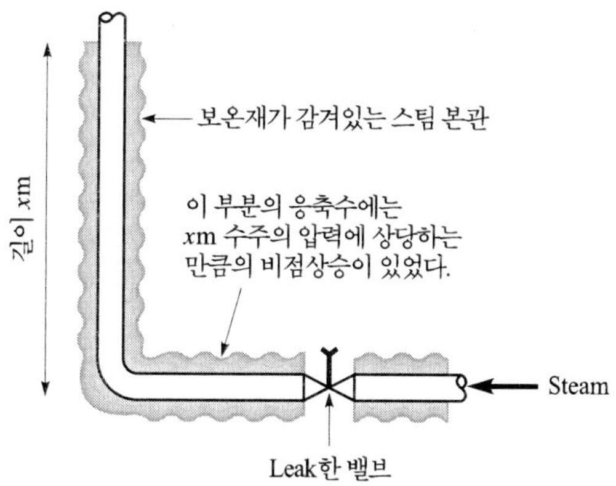

그림 10.12 고온응축수의 flashing이 발생한 스팀배관의 상황

결국 탱크 내의 대량의 물은 대기압이상의 압력으로 유지되어져 있었으므로 그 온도도 대기압하에서의 비점, 즉 100°C보다 약간 높았다. 그 때문에 압력이 개방됨과 동시에 flashing의 원리가 작용하게 되었던 것이다.

예 18 maintenance steam이 보온재로 감겨있는 steam 본관의 끝 쪽 부근에서 배관의 증설 공사를 하고 있었다. 당해 배관 하단에는 valve가 설치되어져 있으며, 공사 중에는 물론 이것이 잠겨져 있었으나 조금 새고 있었다. 그 때문에 수직배관 내의 어느 높이(x m)까지 괴여 있던 응축수의 온도는 비점으로 유지되어져 있었다. 단 valve 부근이 수평 부분이 배관내의 응축수에 대하여는, x m 수주의 압력에 해당하는 만큼 비점상승이 있었던 것이다.

이와 같은 상황하에 있었던 곳에 가끔 무엇인가가 계기가 되어 약간의 비등현상이 배관 내에서 발생하여 일종의 vapour lift(기포가 부상하는 것에 의해 액체를 위쪽으로 들어올린다.) 효과가 발생하고, 이 배관의 아래쪽 부분 중에 있던 응축수에 걸리는 압력이 감소하였기 때문에, 고온의 응축수의 flashing가 일어나고 당해 배관 중의 대부분의 열수가 불려나와 공사 중의 작업자들의 위에 떨어지는 재해가 발생했다(그림 10.12 참조).

10.1.7 불균일계 액체에 기인한 사례

2가지 이상의 액상으로 불균일계를 형성하고 있는 경우, 액체는 일종의 분배법칙에 따라 다른 상중에 조금씩 녹아들어 가는 것으로 된다. 즉, 상호 접촉하여 평형상태에 있는 두 액상(液相)으로 되는 계에 있어서는 특정성분에 대하여 다음식이 성립한다.

$$y = kx$$

여기서, y : 1의 상(相)중의 특정성분의 농도
x : 2의 상(相)중의 특정성분의 농도
k : 상수

그런데 농도 분배가 평형에 도달한 뒤에 하층의 액을 유출시켜 이것에 공기를 접촉시키면 이 새로운 계는 분명히 별도의 농도분배비(濃度夯配比)를 취하지 않으면 안 된다. 이것을 알고 있지 않으면 이것 또한 재해를 일으키는 원인으로 될 수 있다.

예를 들면 다음과 같은 경우이다.

예 19 어떤 작업자가 benzene tank내의 물층을 찌어 내었을 때(drain시켰을 때) benzene 증기를 흡입하여 중독되었다. 물층이 탱크에서 빠져나가 공기와 접촉하자마자, 앞에서 설명한 바와 같이 용질(benzene)은 물층(木相)과 공기 걸쳐서 새로운 농도 분배비를 취하게 되고, 이 경우 공기와 접촉하고 있는 물 중의 benzene의 평형농도가 benzene과 접촉하고 있는 물중의 농도보다 훨씬 적기 때문에 benzene은 물에서 빨리 기화하는 결과로 되었다 (그림 10.13 참조).

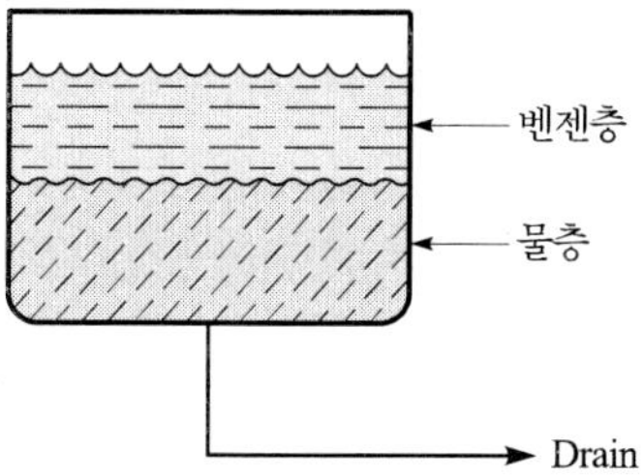

그림 10.13 벤젠탱크 내 물층의 drain 배출상황

예 20 gasoline tank 내의 물을 drain시켰을 때 예 19와 같은 사태가 발생하였으나 이 경우는 하수구 화재를 일으키는 결과로 되었다.

10.1.8 혼합열에 기인한 사례

2종류의 약품을 혼합할 때, 그들이 이상계(理想系, 분자 상호간에 어떠한 작용도 일어나지 않는다고 가정할 수 있는 계)를 형성한다면 열의 출입은 전혀 없다. 그러나 분자구조가 서로 다른 2종류의 약품을 혼합하면 일반적으로 분자결합을 새롭게 생성하든지 기존의 것을 절단하든지 하는 결과, 발열 내지 흡열하는 현상을 일으키는 것으로 된다. 이와 같은 혼합열의 효과에 의해, 특히 발열을 동반하는 경우에 종종 사고가 일어난다.

예를 들면 다음과 같은 경우이다.

예 21 연락이 철저하지 못해 염산(HCl)을 적재한 lorry 차가 진한 황산이 들어있던 대용량의 탱크 내에 염산을 충전하는 것으로 되었다. 전 적재량(약 13.6m^3) 중 반(半)정도 방출했을 때, 탱크 내에서 강렬한 폭발이 발생하여 송급측 및 배출측 line이 파괴되고, 탱크 전체가 지면에서 10cm정도 들어 올려짐과 동시에 탱크전체가 심하게 비틀어져 버렸다.

예 22 어느 저장조에서 아주 농도가 높은 가성소다액과 그것보다는 훨씬 저농도의 가성소다액이 갑자기 접촉 혼합하는 사태가 발생했다. 당연히 혼합열이 발생하였기 때문에 가성소다액이 저장조에서 분출하게 되어 작업자 한사람이 죽게 되었다.

원래 이 저장조는 73% 가성소다 수용액을 steam jacket으로서 100°C로 보온하면서 저장하여 두었다가 가성소다액이 필요하게 되었을 때 공기압을 걸어서 소요량만큼 탱크에서 압송(壓送)하는 역할을 행하고 있었다. 이 저장조에 있어서는 가성소다액을 송출하기 위한 침출관(浸出管)이 저장조 내에서 부러져 있었으므로 저장조 내의 액 중에서 약 3분의 2밖에 뽑아낼 수 없었으며, 저장조 바닥부근의 약 3분의 1은 no touch의 상태로 그대로 있는 것을 그 전부터 알고 있었다. 그런데 당일 manhole의 뚜껑을 열어서 부러진 침출관을 들어내는 작업을 시작하였다. 저장조 내의 상부 3분의 2정도는 비어져 있을 것으로 상상하고 있었는데 뚜껑을 열어보고 놀란 것은 저장조 내는 가득 찬 상태로 되어 있었다.

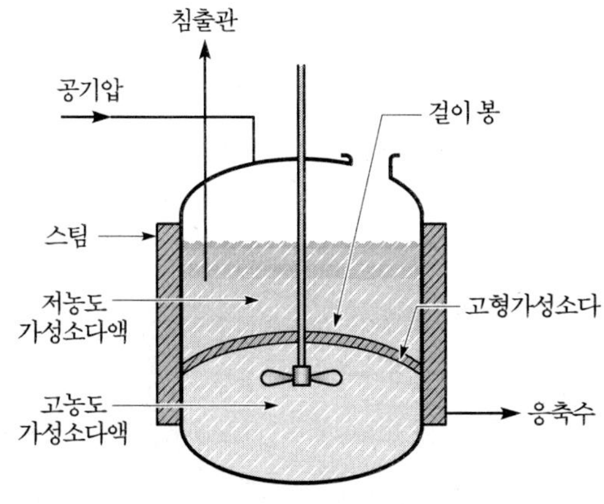

그림 10.14 가성소다액의 분출사고를 일으킨 저장조 상황

그래서 액표면 부근의 가성소다액의 농도를 확인한 결과, 6%정도 밖에 되지 않았다. 그래서 어떻게 해서든 부러진 침출관의 한 조각을 들어내려고 걸이 봉(棒)을 액 중에 담궈 내렸을 때 갑자기 폭발적인 비등현상이 시작되고 가성소다액이 높이 약 9m 정도 분출하였으며, 작업자 1명이 그것을 완전히 덮어쓴 것이다. 사고조사를 했을 때, steam trap이 불완전하여 jacket 내에 물이 가득 차있었으며 따라서 저장조 저부(低部)의 가성소다 액층은 가열되어지지 않고 상온 그대로 있었기 때문에 그 표면에 고형 가성소다의 피막이 형성되어져 있었다. 더욱이 밸브의 하나가 불완전한 상태였으므로 물이 저장조 내 상부 공간에 스며들어 갔으며, 그 때문에 저장조 내에는 가성소다의 농후액과 희박액이 고형 가성소다의 피막을 매개로 하여 공존하여 있는 상황이었다는 것이 판명되었다. 그러므로 걸이봉이 피막을 뚫어 파괴하는 순간에 양층은 갑자기 서로 접촉 혼합하게 되어 대량의 혼합열이 발생하여 가성소다액이 저장조에서 분출하는 결과로 되었다(그림 10.14 참조).

10.1.9 화학반응에 의한 사고 사례

반응이 진행하는 속도(반응속도)는 일반적으로 반응물의 농도와 온도의 함수로서 표시된다.

예를 들면 아래의 반응에서의 반응속도는 다음과 같다.

A+B → 생성물

반응속도 = k = $[A]^{\alpha}[B]^{\beta}$

여기서, a,b : 반응물 A 및 B의 농도

k : 반응속도 상수

α, β : 각 반응의 특유한 상수이다.

또한 반응속도 상수 k는 통상 Arrhenius의 식으로 알려져 있으며 온도의 함수로서 나타내어진다. 즉,

$$k = A \exp(-E/RT)$$

여기서, A : 빈도인자(frequency factor) ┐ 각 반응에 특유한 값이다.

E : 활성화에너지(activated energy) ┘

T : 절대온도

위 식에서 반응속도 상수는 온도가 상승함에 따라 지수함수적으로 커지는 것을 알 수 있다. 발열반응의 경우 발생하는 반응열을 반응혼합물에서 어떤 냉매를 사용하여 제거하지 않는 한, 계의 온도는 계속하여 상승하게 된다. 만약 이때 온도가 상승하는 그대로 방치하여 두면 위에서 본바와 같이 반응속도 상수가 온도와 함께 급격하게 증대하여 가는 것 때문에 사람에게 직접 관측되는 반응속도 그 자체도 급속하게 증대하여 가는 것으로 된다. 따라서 발열반응을 적절하게 제어하기 위하여는 반응물을 주입하는 속도를 제어함과 동시에 반응 온도를 제어하기 위해 충분한 냉각수단을 준비하여 둘 필요가 있다.

발열 반응에 사용되는 고반기가 달린 반응조에 있어서 종래 많은 사고가 발생하여 온 것이 알려서 있다. 그들 중 대부분의 것은 교반하지 않는 반응이였는가, 교반기를 회전하기 시작하는데 무엇이 뒤따라 일어났든가의 어느 것으로 구분할 수 있다.

이 종류의 사고의 전형 적인 예로서는 다음의 것을 들 수 있다.

예 23 benzene의 sulfon화 공정에 있어서는 상압하에서 benzene과 진한 황산을 혼합하면서 수냉식 반응관에 보내는 방법을 취하는 것이 보통이다. 어떤 lot에 있어서 무심코 교반기를 정지시킨 그대로 관내에 one batch charge하여 버렸다. 이 순간 정신을 차려 작업자가 관내의 교반기를 가동시켰을 때, 반응열이 급격하게 발생하기 시작하여 금방 그 발생속도는 관의 냉각속도를 초과하게 되었으며 미 반응의 benzene이 기화하게 되었고, 그 증기 발생속도는 plastic제의 동기관의 통기허용한도(通氣許容限度)를 초과할 정도였다. 곧 benzene증기는 건물 내에 확산하여 어떤 화원으로부터 인화하여 폭발적인 화재가 발생했다. 이 사례에 있어서는 반응물의 농도가 갑자기 증대하는 상황이 반응관내에서 나타났기 때문에 반응속도가 크게 되는 것으로 되었으며 계속하여 그것이 원인으로 되어 고온 환경(高溫環境)이 되게 되었으므로 결국 지수함수적(指數函數的)으로 반응속도가 증대하는 소위 반응이 폭주(暴走)하는 결과로 된 것이다. 예기치 못한 제3의 물질이 반응계에 혼입하여도 맹렬한 반응을 일으키는 것이 있고 그와 같은 경우에도 사고로 될 수 있다.

예 24 어떤 반응공정에 있어서 먼저 처음에 3염화시아눌(cyanuryl chloride $C_3N_3Cl_3$, 2, 4, 6-trichloro-1, 3, 5-triagine)을 반응관 중에서 acetone에 용해할 필요가 있었다. 이것은 아무런 반응도 동반하지 않고 통상적으로는 위험이 없는 작업이었으나 사고 당일의 lot에 있어서는 사용한 acetone이 사실은 물을 함유하고 있었기 때문에(acetone 농도 40%), 3염화시아눌의 발열적 가수분해 반응이 일어나 관내의 압력이 상승하여 manhole의 뚜껑이 날려 갔으며 acetone 증기가 건물 내에 충만하게 되어 어떤 화원으로 인화하여 폭발하는 사고가 발생했다.

$$C_3N_3Cl_3+3H_2O \rightarrow C_3N_3(OH)_3+3HCl$$

물 혼입에 의한 유사한 사례를 다음에 2가지 정도 열거하여 본다.

예 25 250ℓ 용량의 드럼관이 튀어 날려가는 사고가 발생하여 작업자 한사람이 사망한 사고로 되었다. 이 사고는 드럼관내에 잔류하여 있던 약 3.4ℓ의 옥시염화인(phosphorous oxychloride, $POCl_3$, phosphoryl trichloride)과 물과의 사이에서 시한적인(시간을 두고서 일어난다.) 반응이 일어났기 때문에 발생한 것으로 추정된다.

이 경우의 옥시염화인은 대개 동결되어 있었기 때문에 드럼 관내에 잔류하는 것에 의해 약 $2m^3$의 HCl gas가 발생한 것으로 볼 수 있으며, 그 때 동시에 발생하는 반응열에 의해 이 gas와 수증기가 다 같이 팽창하여 드럼관내의 압력을 높이게 되었으며 드럼관의 아래 판을 약 90m 날아가게 하는 결과로 되었다.

$$2POCl_3+3H_2O \rightarrow 6HCl+P_2O_5$$

예 26 염화치오닐(thionyl chloride, sulfinyl chloride $SOCl_2$) 이송용 SS제 flexible hose가 과압에 의해 파열하고, 작업자 한 사람이 중상을 입는 사고가 발생하였다.

이 과정은 다음과 같다. 낡은 호스를 사용하여 thionyl chloride 250ℓ 드럼관에서 진공흡인에 의해 이송하기 시작했을 때, 이것에 leak가 있는 것을 사전에 알았으므로 작업자는 예비의 호스로 바꾸려고 했다. 그런데 새로운 호스로 바꾼 후 이것에 통하는 송급(送給) valve를 열어 잠시 지난 후 이것이 상당한 위력으로 파열하였다. 조사의 결과 새로운 호스 내에 있었던 극미량의 물이 thionyl chloride와 맹렬한 반응을 일으켰기 때문에 이 사고가 초래되었다는 것을 알았다.

$$SOCl_2+H_2O \rightarrow 2HCl+SO_2$$

이 반응에 의해 HCl과 SO_2가 발생하나 계산하여 보면, 이때의 팽창비는 3700:1 정도 된다. 또한 다른 계산에 의하면 한 스푼의 물이 당해 호스 내에 있었다면 이것이 염화치오닐과 반응한다고 하면 약 $200kg_f/cm^2$의 압력을 호스 내에 발생시킬 가능성이 있다는 것이다.

10.1.10 부식에 의한 사례

부식의 본질은 대개의 경우 전해현상(電解現象)이다. 안전의 견지에서 보았을 때 장치가 금속제 장치가 부식하여 파괴하는 현상을 가지는 중요성은 명화하나 부식과정에서 발생하는 gas도 또한 사고를 초래하는 경우가 있다.

예 27 훈련 중에 있던 견습공이 배관중의 joint를 잘라내는 정확한 방법을 배울 목적으로 어떤 배관계를 조립하였다. 그때 그는 어떤 크기의 blind flange가 필요하게 되었는데 바로 적합한 flange가 인근에 사용하지 않고 있는 배관계통에 있는 것을 알고 그것을 사용하기로 하였다. 그러나 그 blind flange를 떼어 내려고 했을 때 관내에서 산성액이 튀어나와 그 작업자의 얼굴에 튀었다. 문제의 배관계통은 이전에 진한 황산용에 사용되었으나 사용하지 않는 동안에 부식에 의해 배관 내에서 수소가 발생하였기 때문에 관내는 사고당시 가압상태로 되어 있었다.

10.1.11 대기압의 효과에 기인한 사례

예 28 그림 10.15와 같은 깊은 우물에서 지하수를 퍼 올리고 있다. 지표면 바로 밑에 있는 우물의 최상부에는 점검용의 chamber가 있으며, 여기에는 뚜껑이 설치돼 있고, 그것에는 대기로 통하는 아주 가는 통기관이 붙어있다.

언젠가 chamber에 들어가기 전에 내부의 산소농도를 check 했을 때 그 값이 정상치 21%보다 훨씬 낮은 15% 밖에 안 된다는 것을 알았다.

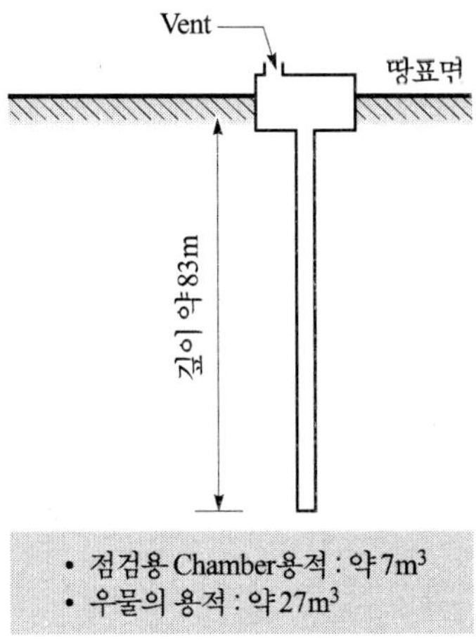

그림 10.15 우물의 측면도

그래서 정밀점검을 해본 결과 chamber내의 산소농도는 8~21% 사이에서 변동하며 대기압이 높은데서 낮은 데로 변동할 때에 항상 낮은 산소 농도가 기록되는 것, 대기압이 상승함에 따라서 chamber 내의 산소 농도는 정상치로 돌아오는 것 등이 판명되었다

이상의 내용으로부터 우물의 벽에서 흡수, 흡착내지 반응 등 산소를 소비하는 현상이 일어나고 있다는 것을 알았다. 결국 대기압이 저하함에 따라서 우물 내는 이미 산소농도가 감소하여 버린 공기가 흡인되어 chamber 내에 들어가고, 그때까지 그중에 있었던 정상적인 산소 농도를 가지는 공기를 vent를 통하여 대기 중에 밀어내는 현상이 일어난 것이다.

계산하여 보면 대기압의 변동에 따라 $2m^3$을 상회하는 공기가 vent를 통과하는 것으로 되는 것이었다(그림 10.15 참조).

10.2 여천 L회사의 폭발사고

(1) 개요

1989년 10월 4일 전남 여천시 소재 석유화학 공장의 ABS 공장에서 화재폭발사고가 발생하여 16명이 사망하고 20여 명이 중경상을 입는 인명피해와 막대한 재산피해를 가져온 중대재해가 발생하였다.

(2) 제품생산 공정과 사고 원인

사고가 발생한 ABS제품의 생산 작업공정은 다음과 같다.

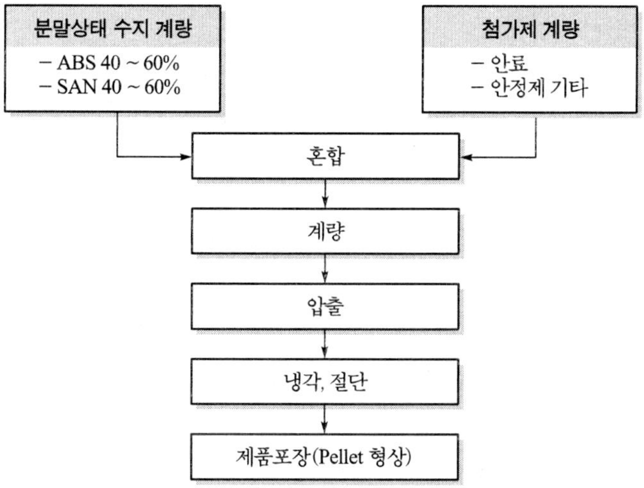

그림 10.16 생산공정의 개략도

분말상태의 ABS수지와 SAN수지를 계량하여 (제품에 따라 혼합비율 다름) 여기에 안료 등의 첨가제를 투입하여 혼합시킨 다음 일정하게 개량된 혼합분말이 압출기에 투입되고, 여기에서 전기 가열기에 의해 200~250°C로 가열되면서 분말수지는 용융되어 압출기 금형을 통해 압출되고, 이것이 냉각조를 통해 냉각되어 단단하게 굳어진다. 이를 절단기에서 일정한 크기로 자르게 되면 펠레트(pellet)모양으로 되어 최종 제품이 된다.

(가) 사고설비와 발화지점

사고 설비는 16번 압출기이며, 발화지점은 "16번 압출기의 덮개와 전기가열기 사이"

임이 확인되었다. 이와 같은 사실은 압축기 덮개를 제거해 본 결과 연소 후에 발생되는 탄화물이 이곳에 대량 있었고(다른 압출기는 없음), 초기 화재 목격자 여러 명의 진술들이 모두 일치하기 때문이다.

(나) 사고 당일 작업 상황

압출기가 있는 1층에서는 19대의 압출기가 운전되고 있었으며 ABS공실 2층에서는 분말수지의 계량 및 혼합공정을 자동으로 시설개조 공사 중에 있었으며, 이 공사는 하도급 업체에 의해서 수행되고 있었다.

또한 ABS 2층 공실에서는 시설개조 작업 중에 있기 때문에 분말수지 계량 및 혼합작업을 임시로 수동작업에 의존해 왔는데, 반자동 작업 시 보다 많은 작업자가 배치되었다.

(다) 가연성 물질의 발생

1) 분말수지의 가연성 여부

-ABS나 SAN의 분말은 분말상태에서는 직접 급격하게 연소하지 않는 비교적 안정된 물질이나 280°C 이상에서 분해하여 이들의 합성원료인 부타디엔, 스타일렌, 아크릴로니트릴과 기타 저분자 탄화수소가스 등의 폭발성물질을 발생시킨다.

2) 수지분말이 발화지점에 누적된 이유

① 장시간 조금씩 누적되었으나 청소를 일체 하지 않은 경우

② 압출기 상부의 canvas(천으로 된 배관의 일종)가 노후되어 찢어지고 이로 인해 다량의 분말이 분출되면서 덮개사이에 누적되는 경우

③ 압출기 상부의 canvas의 조립 잘못으로 외부로 대량 누출되면서 덮개사이에 누적되는 경우

이상 3가지 고려사항 중 ①항의 주위의 분말비산(粉末飛散)에 의해 소량씩 누적될 경우는 전열기에 의해 바로 용융되던지 가수분해(加水分解)되어 없어질 것이기 때문에 장시간에 걸쳐 누적될 가능성은 적기 때문이다.

②항의 경우는 canvas가 노후(老朽)될 수 있고 또한 canvas 부위에 분말이 막혔을 경우 이들 밑으로 털어내기 위해 어떤 도구로 이 부위를 두드릴 수 있기 때문에 마모되어 찢어질 가능성이 있다

③항의 경우 역시 가능성이 많은데 canvas 부위에 이상이 있어서(분말이 내려오지 않는다던가 연결부위에서 소량 누설되는 등) canvas를 재조립하는 과정에서 대량의 분말이 밑으로 누출될 수 있기 때문이다.

결론적으로 ②항의 경우는 가능성은 있지만 이 경우 새로운 canvas로 교체되었을 것이므로 작업자는 작업반장이나 간부에게 보고하여 교체작업(신품 교환 후)에 대한 사실이 밝혀지지 않아 분말 누적의 원인은 ③항인 것으로 추정된다.

(라) 발화원

사고설비인 압출기에서의 발화원은 전기가열기이며 예상되는 과열 요인을 열거하면

① 히터 전원공급 전선의 탄화연소

② 아크 또는 스파크의 발생

③ 히터 전원공급 단자 접촉불량에 의한 단자부 국부가열

④ 감지계동 불량에 의한 히터 전체표면의 과열 등이다.

①항의 경우 화재 후에 공급전선인 석면선을 점검한 결과 표면의 흰색이 그대로남아 있는 등 그 징후를 발견할 수 없으므로 전선불량으로는 고려할 수 없으며, ②항의 경우 아크에 의한 반점 흔적이 발견되어야 하나 발견되지 않았으므로 또한 스파크에 의한 발화로 단정할 수 없다.

③항에 국부적으로 오랜 시간 동안 진행되는 현상으로 접촉부위 변색 또는 전선의 탄화가 여타 단자보다 좀 더 깊은 등의 흔적이 있어야 하나 탄화(炭火) 흔적이 전혀 발견되지 않았다.

결국 ④항의 경우로 추정될 수밖에 없으며, 그러한 현상은 열전대 보상전선의 단락, 단선 또는 단자접촉 이완 등 여러 가지 이유가 있을 수 있으며, 소손 후에도 증거가 남은 1~3항의 경우와 달리 이 경우 소손(燒損)시에 물적 입증이 불가능함.

따라서 발화원은 전열히터의 감지계통 불량에 의한 전열기표면 전체의 과열(발화온도 450°C 내외 추정)에 의한 것으로 추정된다.

(마) 폭발의 확산과정

ABS공장 압출기에서 화재가 발생하자 상단에 설치되어 있는 canvas(사고당시 canvas 조립이 정상으로 되어 작업 중에 있었음)가 과열 상태가 되어 파열되었고 분말저장 호퍼(hopper) 내의 분말수지는 다량으로 쏟아지게 되었다.

쏟아진 분말수지는 고열에 의해 계속 분해되면서 연소가 일어나게 되었고, 분해 가스는 폭발하게 되었으며, 수십 개의 수지분말 저장용기는 가열되어 용기내의 분말수지도 계속 분해되어 2층 실내에 가연성 가스의 농도가 폭발한계(1.5~15%)에 도달되어 2차 폭발되면서 2층 구조물이 전파되었다.

(3) 결론

(가) 직접적인 원인

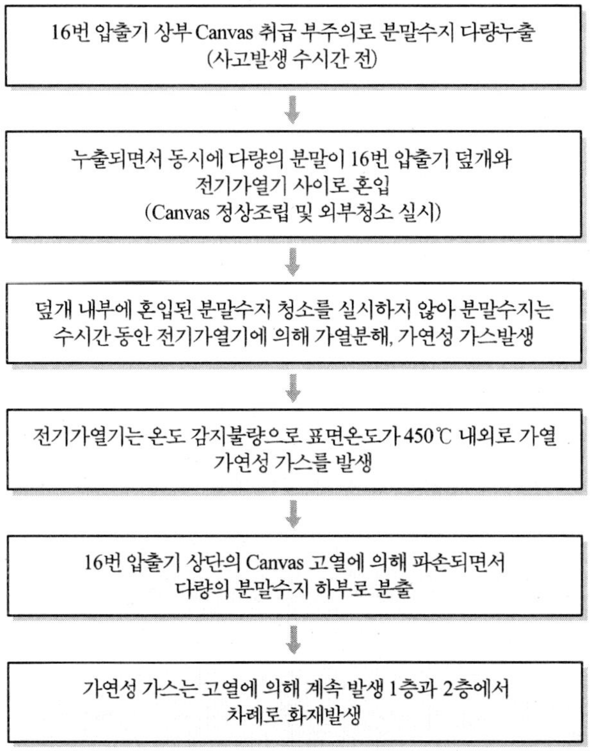

그림 10.17 직접적인 원인의 개략도

(나) 간접적인 원인

① canvas조립 방법 및 재질선정 잘못

작업자가 canvas 취급 과정 중 실수에 의해 분말이 쏟아져 나왔다 할지라도 이것은 반영구적 고정식 타입으로 설치되어 작업자는 취급하지 않아도 되도록 해야 한다. 또한 재질이 고열에 의해 쉽게 터지는 가연성인 섬유질이므로 불연성 재질(금속성 등)로 교체되어야 한다.

③ 전기가열기 표면에 보온처리를 하지 않았다.

④ 작업자에 대한 안전교육 및 감독 불충분

(4) 대책

(가) ABS취급 작업장의 모든 설비는 불연재료를 사용해야 한다. 특히 canvas 는 섬유질의 재료에 서 영구적인 금속성의 재료로 제작되어야 한다.

(나) ABS취급 설비는 외부로 분말수지가 누출되지 않도록 반영구적으로 씰링(sealing)되어야 한다.

(다) 압출기의 전기가열기에는 반드시 단열재(아스베스토스 등)로 완전히 덮어서 분말수지와 전기가열기의 접촉이 없도록 해야 한다.

(라) 압출기 온도조정은 자동으로 되어 있으나 경보장치가 없으므로 기준온도 이상일 경우 경보가 울리도록 보완해야 한다.

(마) 실내작업장의 비상 대피계단이 충분히 설치되어야 한다. 작업자의 수와 위치에 따라 적절히 비상계단과 비상등이 설치되어야 한다.

10.3 Flixborough 폭발사고

(1) 개요

1974년 6월 1일 영국 Flixborough의 Nypro공장에서 발생한 폭발사고로 28명이 사망, 76명이 부상을 입은 대재해가 발생하였다. 이 사고로 공장내부가 완전히 파괴되었으며, 공장에서 4마일 떨어진 지역에까지 피해가 미쳤다. 이 공장은 나일론 제조 원료인 카프로락탐(caprolactam)을 생산하는 업체로서 석유화학의 기초물질인 싸이크로헥산(cyclohexane)을 합성하여 카프로락탐을 생산하고 있었다.

폭발의 원인은 싸이클로헥산의 산화반응중 반응기에서 유출된 물질이 주위의 인화물질에 점화되면서 대규모의 폭발이 발생하였는데 당시 반응온도는 155°C, 압력은 8.8kg/cm^{2}였으므로, 싸이클로헥산의 비등점(81°C)을 감안할 때 유출 물질들은 기체 상태로서 대기중에 쉽게 확산될 수 있었음을 알 수 있다.

(2) 싸이클로헥산의 산화 반응

산화반응은 가압(加壓)된 싸이클로헥산에 촉매와 공기를 사용하여 진행된다(그림 10.18).

반응에 필요한 온도를 유지하기 위해 열교환기(熱交換機, C2544)를 이용하여 수증기를 생산하였다. 반응기의 상당부분은 기화상태의 싸이클로헥산, 산소 및 질소가스로 충전되어 있으며 동 기체들은 반응기의 위쪽에 위치한 폐기가스 라인과 연결되어 열교환기, 냉각기, 흡수탑, 플레어스택(flare stack)을 거쳐 공기 중으로 방출된다.

사고 당시 폐가스 배관에 부착된 주요 안전장치는 아래의 3가지로 구분된다.

(가) 안전밸브(safety valve) : 가스가 11kg/cm^{2}로 가압되는 경우 flare stack으로 방출시킨다.

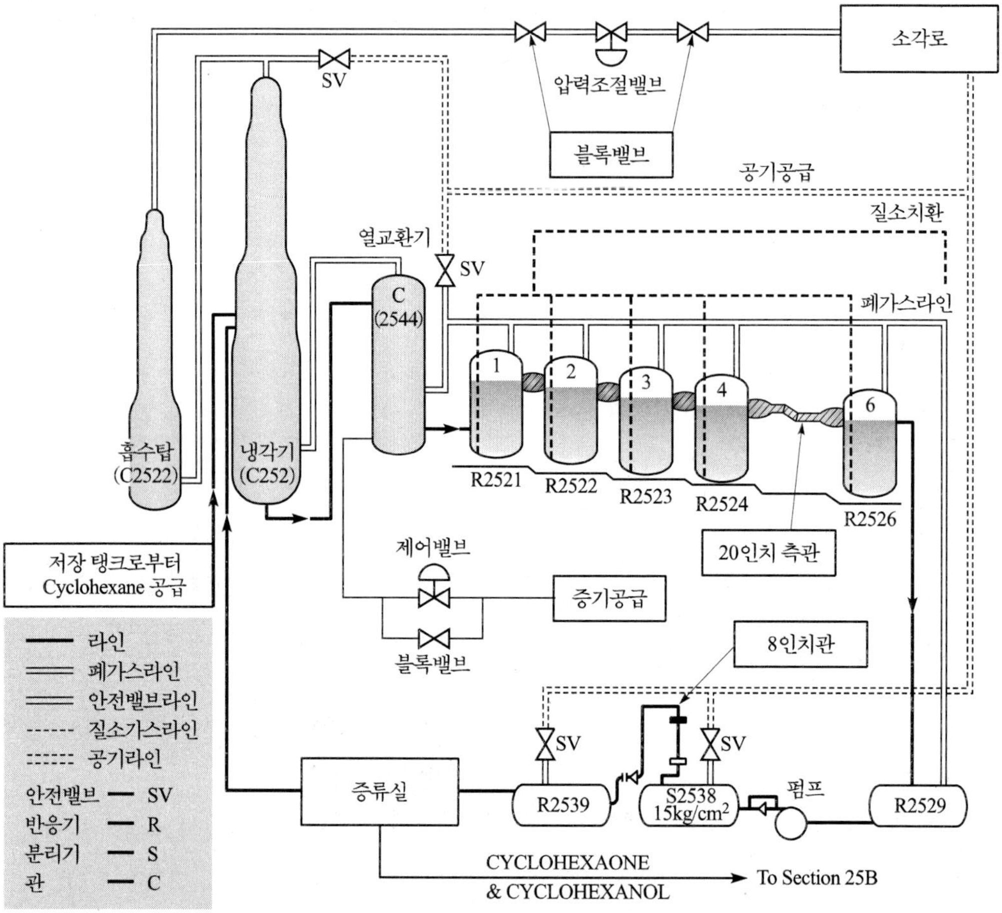

그림 10.18 Cyclohexane 산화공정(Section 25A)

(나) 압력제어 밸브(pressure control valve) : 조정실(control room)과 연결되어 비상시 자동제어에 의해 가스가 flare stack으로 방출되게 한다.

(다) 산소분석기(oxygen analysers) : 폐가스의 연소 위험에 대처하기 위해 산소 용량이 4% 초과 시 반응기 내의 공기 공급이 중단 및 질소가스의 치환이 가능하도록 설계되어있다.

(3) 사고의 발단

1967년 3월 27일 5번 반응기에서 누수(漏水)를 발견하고 조사를 한 것과 반응기 내부에 6피트 정도의 균열이 생긴 것을 발견하였으므로 일단 5번 반응기를 제거하고, 4번과 6번 반응기를 연결하기로 결정하였다. 그 당시 4번 반응기와 6번 반응기의 연결 시 기술적인 문제가 발생하리라는 것에 대해서 충분히 검토를 하지 못한 상태였다.

기존 파이프 직경은 28인치였으나 동 출입구를 연결할 수 있는 관을 구할 수가 없었으므로 직경 20인치 관을 이용하였다. 3개의 20인치 관을 연결시켜, 기존 28인치 파이프의 입출구인 연결관(bellows)과 결합하였다.

그 당시 연결관과 결합된 2인치 관이 유체의 압력을 무난히 지탱할 수 있으리라는 과학적인 계산이 되어 있지 않았다.

파이프의 연결 작업을 완료한 후 압축공기를 불어 넣어 파이프의 지구력 테스트를 실시하였는데 9kg/cm^{2}까지는 정상이었다. 11kg/cm^{2}에서는 안전밸브가 제대로 작동하지 않았으나 정상작업에는 별다른 지장이 없으리라는 판단을 하고 그해 4월 1일 정상 가동을 실시하였다.

1974년 6월 1일 16시 53분 폭발사고가 발생하였다. 28명의 사망자가 발생하였으며 폭발의 여파가 매우 커서 Flixborough 지역의 총 734 건물중 72채가 파괴되었고, Amcotts 지역의 총 77채 건물 중 73채 파손, Burton-Uponstather 지역의 756채 건물 중 644채, Scunthorpe 지역의 786채가 손실을 입었다. 폭발의 강도는 약 45%의 TNT에 해당하는 위력으로 만일 공장이 인구 밀집 지역에 소재하였다면 재산 및 인명피해는 더욱 심각했을 것으로 예상된다. 전문가들의 의견에 의하면 사고의 원인은 20인치 측관의 수용능력 한계로 인해 28인치 출구로 유체압력이 증가되면서 일시적으로 대량의 내용물이 유출되어 파급된 것으로 분석 하였다.

(4) Flixborough 사고가 석유화학 산업분야에 미친 영향

Flixborough공장은 나일론 제조를 위한 기초 원료인 카프로락탐을 제조하기 위해 싸이클로헥산의 화학반응 과정을 거치는데 이 분야가 공정상의 위험이 높다는 사실에 대해 취급자들이 잘 알고 있었지만 다른 유사 공장에서는 폭발사고가 발생되지 않았으므로 평소 위험에 대해 심각하게 우려하지는 않았다.

싸이클로헥산(cyclohexane)은 상온에서 액체상태의 탄화수소 화합물로서 인화점은 -17°C이며 공기의 약 3배에 해당하는 비중을 가지고 있는데 이 물질이 일정량의 동기를 함유할 때 대규모의 폭발이 발생될 수 있다는 사실은 실감하지 못하고 있었다.

Fixborough 사고 발생 전의 유사한 사고로는 1967년 8일 미국의 한 정유공장에서 500바렐의 이소부탄(isobutane, LPG의 일종으로 비등점이 −12°C임)이 밸브를 통해 유출됨으로써 발단되었다. 이 사고로 인해 진화에 2주일이 소요되었으며 추정 손해액은 3천 5백만 불에 달하였다. Flixborough의 경우 유출사고가 저장탱크 부위에서 발생되었다면 사태는 더욱 악화되었을 것이다. 석유화학 계열공장의 안전관리상 취약점은 일정 제한된 지역 내에 장치물들을 집중하여 건설하는 점이다. 주요 단위 공정인 열분해설비(cracker) 및 증류탑 등은 공장의 중심부에 위치하여 가열로(oilfired furnace)와 연결되어 있으므로 위험의 노출도가 훨씬 두드러진 것이다.

일반적으로 위험도 조사는 조립공사시, 시설물의 설치 시, 가동 시 및 보수시의 4단계를 구분하여 조사되어야 하는데 특기할 것은 위험물의 유출시 비상조치를 사전에 파악하는 일이다.

(5) 석유화학공장의 안전도 조사

(가) 사용하고 있는 물질의 성질

① 공정상의 온도 및 압력

② 취급되는 물질의 양

③ 사고 시 방출될 수 있는 물질의 양 및 예상파급 손실

④ 안전 설비 현황(차단밸브, 스팀커텐, 드레쳐(수막), 스프링쿨러 설비 등)

(나) 공정상태, 작동방법

① 작동의 실수 시 야기될 수 있는 상황

② 비상사태에 대비한 불활성 기체의 관리

(다) 원료, 반제품, 제품의 저장상태

① 물질의 양 및 금액

② 파이프라인 내의 내용물, 지하저장물, 탱크, 방유제 상태

③ 공장건설시 사용된 재료의 성질(강도, 부식성, 유소성 등)

(라) 공장설계상의 적합성 여부

① 단위공장 간의 거리

② 각 시설물의 보호상태(감지기, 방폭벽, 스프링쿨러 설비 등)

(마)공정상의 안전상태

① 공장 내 구축물이나 공정과정 중 설계변경 사항

② 정기보수 및 결함 발견 시 응급처치 사항(과도한 부식, 밸브 결함 등)

③ 가동중지(shutdown)시 또는 재가동(start-up)시의 안전관리 계획사항

(바) 종업원의 교육

① 신입사원을 위한 교육 및 기존사원의 재교육

② 작업요령의 숙지

③ 각종 점검 기간의 사용방법 숙지

(사) 주요시설물의 설치

① 파이프라인, 유틸리티(utility)설비, 케이블 및 닥트(duct)설비 설치상태

② 변압기, 보일러, 압축기 등의 기계류 설치상태

(아) 화재 및 폭발위험에 대한 조치

(자) 작업인원의 효율적인 통제

(6) 비상대책(Disaster Planning)

가. 발생 가능한 주요위험 및 예상손실 파악

나 비상 시 공장의 가동중지 절차의 선정 및 경영진에 보고절차 수립

다. 신속한 대피계획 수립

라. 소방당국과의 연락체제 확립(공장에서 취급하는 물질의 성격 및 공정과정을 파악하고 있는 소방기관과의 연락체제가 이루어져야 함)

마. 공장의 재건설 계획

바. 사고시라도 고객에게 제품의 공급이 가능할 수 있도록 유사제품 생산업체와 상호협정을 체결하여 대책강구

사. 기술발전에 따라 신공정이나 개량된 공정으로 기존시설을 계속 변경할 필요성이 증대하고 있으므로 이러한 공정상의 변화에 대해 발생될 수 있는 위험에 대한 대책 수립

10.4 Bhopal의 MIC 누출사고

(1) 개요

1984년 12월 2일 인도 중부의 도시 Bhopal에 있는 Union Carbide India사(UCL)에서 맹독성의 Isocyan산 methyl(methylisocyanate, MIC)가 다량으로 누출되어 2,000명 이상의 사망자를 낸 금세기 최대의 화학 plant사고가 발생했다(표 10.1).

표 10.1 금세기의 중대 산업관련 재해

년도	사고	사고발생 장소	사망자수
1921	화학 plant의 폭발	Oppau, 독일	561
1942	분진폭발	Honkeiko Colliery, 중국	1572
1947	비료운반선의 폭발	Texas City, 미국	562
1956	dinamite운반트럭의 폭발	Cail, 미국	1100
1974	화학물질의 누출	Flixborough, 영국	28[1)]
1976	화학물질의 누출	Seveso, 이탈리아	(?)[2)]
1979	생물화학병기공장 사고	Novosibirsk, 소련	300
1984	천연가스의 폭발	Mexico City, 멕시코	452[3)]
1984	독가스의 누출	Bhopal, 인도	2500[4)]
1985	원자력발전소의 사고	Chernobyl, 소련	29[5)]

1) 3,000명 피난
2) 700명 피난, 수백 마리의 동물사망, 피부장해 200건
3) 부상자 4,258명, 31,000명 피난
4) 100,000명 피난 · 중상 50,000명
5) 동년 8월까지 사망자의 보고가 있다.

표 10.2 작업장에 있어서 화학물질의 허용농도

화학물질	ppm*	근거
일산화탄소	50.00	1. American Conference of Governmental Industrial Hyienists(ACGIH) TLVS, Threhold Limit Values for Chemical Substances and Physical Agents in the Work Environment and Biological Exposure Indicates with Intended Changes for 1984~1985, ACGIH, Cincinnatic (1984)
클로로포름	25.00	
메틸 아민	10.00	
벤젠	10.00	
빙초산	10.00	
시안	10.00	
포스겐	0.10	
MIC	0.02	

* 8시간 평균치

사고발생 이전(以前)부터 이 MIC의 독성에 대하여는 알려져 왔으나 Bhopal 공장에서는 MIC를 취급하는 플랜트로서의 충분한 안전조치가 취해져 있지 않았다.

Bhopal의 사고는 플랜트의 선비 및 운전, 보수·점검, 운전자(operator)의 훈련, 독성물질에 관한 정보, 비상시의 대응 등 안전에 관련한 모든 면의 결함에 의해 발생한 사고이다.

(2) 사고 해석법

(가) hardware에 관련한 측면

(나) 인간의 기능, 경험, 지식 등에 관련한 측면

(다) 문서, manual 등의 정보에 관련한 측면

(라) 상기의 측면의 관리, 운영 등 조직에 관련한 측면

여기서 이들 4가지의 측면을 hardware, software 등의 용어와 비슷하게 각각 technoware, humanware, inforware 및 orgaware로 부르는 것으로 한다.

Bhopal 공장에서는 다음과 같이 생각할 수 있다.

Technoware : MIC 저장탱크, 냉각장치, 안전장치 등

Humanware : 플랜트를 운전하는 operator, 안전 책임자 등

Inforware : 플랜트의 운전에 관련한 정보, MIC의 독성에 관한 정보 등

Orgaware : 회사조직, 정부 등

technovrare는 플랜트의 핵이라 할 수 있는 플랜트의 설치 등에 관련한 부분이고, humanware에 의해 개발되고 운전, 보수된다. humanware는 inforware에 의하여 backup 된다. inforware는 humanware에 의해 작성되고 이용된다. orgaware는 다른 3요소를 관리한다. 이들 4요소의 상호관계를 그림 10.19에 나타낸다.

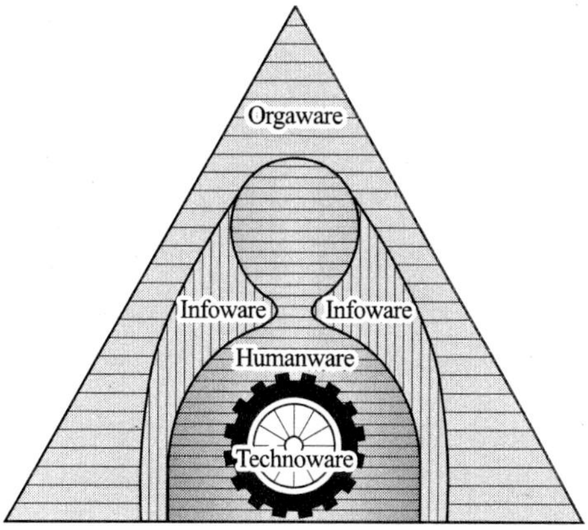

그림 10.19 기술의 4요소

(3) Bhopal공장

Bhopal(인구 80만)은 인도 중부의 Madhya Pradesh주의 주도(州都)이며 철도, 도로 등에 의해 살충제의 소비자와 연결되어 있으므로 Bhopal시가 살충제의 생산공장건설지로 선택되었다. MIC plant의 개략도는 그림 10.20에 나타낸다.

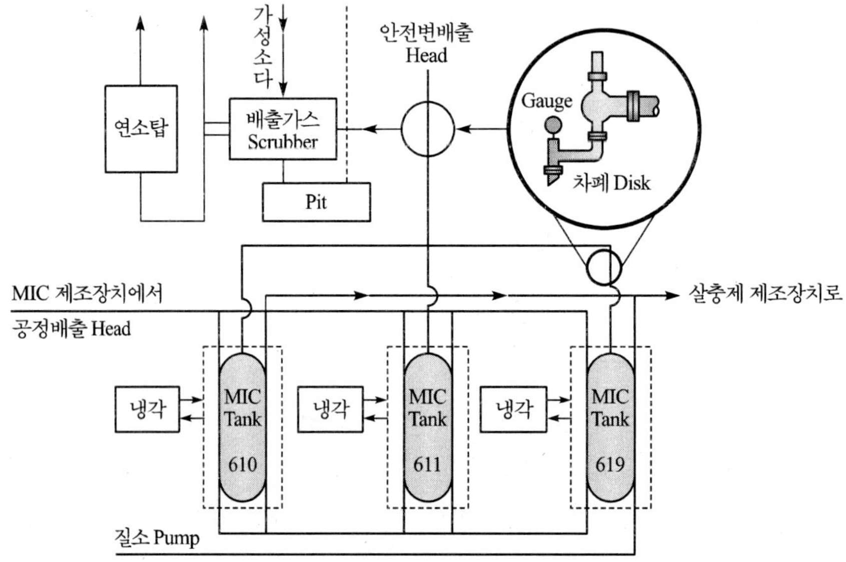

그림 10.20 MIC의 저장시설

plant에는 각각 100ton의 MIC를 저장할 수 있는 탱크가 3기 있었다. MIC는 강한 독성반응을 나타내기 때문에 가스의 누출 및 유출에 대비하여 가성소다를 분무하여 중화하기 위한 배출 gas scrubber가 설치되어져 있다.

배출 gas scrubber 다음에는 중화(中和)되지 않을 MIC를 태우기 위한 연소탑이 있었다. 그리고 MIC 누출은 주민에게 알리는 경보장치를 갖추는 등 여러 겹으로 안전장치가 설치되어져 있었다.

(4) 사고의 경위

1978년에서 1983년에 걸쳐 Bhopal공장에서는 6건의 사고가 발생하였다. 1978년의 사고발생 후 미국 Union Carbide사는 Bhopal 공장의 안전도를 체크하기 위해 조사단을 파견했으며, 조사의 결과 다수의 개선해야 할 점을 지적했다.

1981년의 사고 후 사고 조사단이 재차 Bhopal에 파견되어졌다. 중복되는 사고 후에도 플랜트의 안전 경시의 자세는 계속되었다. 1982년과 1984년에 UCIL은 위험물질을 취급하고 있는 플랜트로서의 안전 자세가 신문지상에서 비판을 받기도 하였다.

1984년 11월 플랜트는 보수점검을 위해 일시적으로 폐쇄되었다. 그 전에 새로운 파이프의 증설(jumper line), 안전변 배출 헤드 및 공정 배출 헤드를 접속하는 공사가 행하여졌다. 상세한 것을 그림 10.21에 나타낸다.

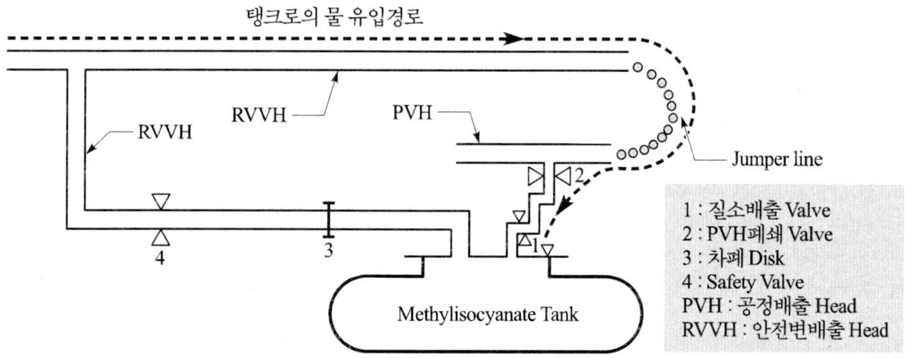

그림 10.21 MIC 탱크로의 물의 유입 경로

11월 하순에 MIC를 탱크 610에서 질소를 사용하여 반응조에 옮기는 작업이 행하여 졌으나 탱크의 압력은 올라가지 않았다(이것 자체가 플랜트에 결함이 있는 것을 나타낸다). 12월 3일 MIC plant의 책임자(MIC를 취급하지 않는 플랜트에서 옮겨왔음)는 파이프라인을 세척하도록 명령하였다. 안전 manual에서는 MIC의 파이프라인은 안전변(safety valve)에서 새는 것을 방지하기 위하여 세정하는 파이프를 나머지의 시스템에서 차단할 목적으로 파이프의 가까운 곳에 slip blind라고 불리우는 금속판을 삽입하도록 되어 있다. 그러나 실제는 이 금속판을 삽입시키지 않은 채 세정이 행하져 졌다.

운전자는 파이프라인의 세정이 충분치 않은 것을 발견하고 책임자에게 보고 하였다. 그 사이에 파이프라인 내에 물이 고여 밸브를 통과하여 MIC탱크 내로 들어갔다. MIC는 격렬하게 반응하여 methylamino 등을 생성한다.

안전조작요령(operation manual)에 의하면 MIC는 격심한 부식성을 나타내기 때문에 저장탱크 및 파이프라인은 stainless제가 아니면 안 된다고 규정하고 있다. 그러나 안전변 배출헤드에는 일반적인 철이 사용되어 있었다. 따라서 물과 같이 철도, MIC의 탱크 속으로 들어갔다. 철은 MIC의 중합반응(重合反應)시에 촉매로서 작용하였다.

MIC의 중합 및 MIC와 물과의 반응을 방지하기 위하여 MIC에는 미량의 Phosgen이 함유되어져 있다. 물은 이와 반응하여 CO_2, 및 HCl을 생성한다. HCl은 철파이프의 철과 반응하여 $FeCl_3$를 생성하고, 이것이 중합반응 시에 촉매로 된다. 중합반응은 MIC의 농도와 압력을 상승시킨다.

40 psi로 setting되어 있던 안전밸브가 작동하여 배출가스 밸브를 통하여 33m의 높이에서 대기 중에 대량의 MIC가 방출되었다.

운전자가 가스 누출을 발견했을 때 배출가스의 scrubber의 운전을 개시하려고 했으나, scrubber내에는 MIC를 중화하는 알칼리가 없었다. 탱크 내에는 약 55톤의 MIC가 있었으나 거의 전부가 12월 3일의 한밤중에 방출되어 버렸다.

경보용의 싸이렌도 오전 1시까지 울리지 않았으며 피해가 발생할 때까지 관계당국에 알리지도 않았다. 주정부 당국이 오전 1시 15분에 공장에 문의했을 때 공장측은 중대한 사건이 일어나지 않았다고 답변했다.

12월 4일 현재로 MIC로 인한 1,120명의 사망자가 발생했으며 약 12,000명의 사람들이 병원으로 향했으나 수용능력이 750명 이어서 panic상태로 되었다.

UCIL은 누출 가스의 성질, 또 사람이 노출되었을 경우의 처치방법에 대하여 일절 정보를 제공하지 않았다.

1984년 12월 7일 서독의 독물(毒物)학자가 5만개의 티오황산나트륨의 주사약을 가지고 Bhopal에 도착했다. 많은 환자에게 이 치료법을 시행하여 그 효과가 확인되었다.

그러나 정부는 치료법의 의견 차이로 인하여 독물학자(毒物學者)에게 Bhopal에서 바로 떠날 것을 당부하고, 주정부(州政府)의 의학당국은 티오황산나트륨을 사용하지 말도록 경고했다.

이러한 사고에 관한 정보를 배경으로 Bhopal 사고원인에 대해 technoware, humanware, inforware 및 orgaware의 4가지의 관점에서 해석한다.

(5) 사고해석

(가) technoware의 문제점

① MIC를 중화하는 scrubber의 용량이 충분하지 않았다.

② 안전 manual에 의하면 MIC의 탱크는 0°C로 보존해야 한다고 되어 있었다. 그러나 MIC의 냉각장치는 사고 전 6~8개월간 사용하지 않았다.

③ MIC 탱크의 온도상승 감지센서가 설치되지 않았다.

④ MIC의 압력계, 온도계는 작동하지 않았다.

⑤ 플랜트에 gas mask가 충분히 갖추어져 있지 않았다. 최초에 MIC의 누출을 감지했을 때 플랜트 책임자는 operator에게 밸브를 체크하도록 명령하였으나 그 때 operator는 gas mask가 없는 이유로 거절하였다.

⑥ 배출 gas scrubber와 소각탑이 보수점검을 위해 연결되어 있지 않았다. 따라서 가스는 gas scrubber를 통하여 지상 33m의 높이에서 방출되었다.

⑦ 배출 gas scrubber내에서는 누출 MIC를 알칼리 분무로 중화한다. 안전 manual에 의하면 항상 이 장치는 가동 가능한 상태여야 하나 실제로는 그 상태가 되지 못했다.

⑧ 플랜트를 보수했을 때 jumper line을 설치했기 때문에 그것이 결과적으로 물의 주입구로 되어버렸다. jumper line은 안전변 배출 head와 공정 배출 head를 연결하여 보수점검을 용이하게 하기 위하여 설치되었다.

⑨ 철제 파이프를 사용했기 때문에 탱크 내에 철이온이 들어갔다. 철이온은 MIC 중합반응의 촉매로 작용하였다. 안전 manual에는 stainless steel을 사용하도록 명기되어져 있었다.

⑩ MIC가 누출될 때는 scrubber를 자동적으로 작동시키는 장치가 없었기 때문에 operator 자신이 스위치를 넣기 위해 scrubber 밑으로 가야 했다.

⑪ 안전 manual에는 MIC가 반응성이 높기 때문에 배관과 밸브는 정기적으로 세정하고 1년에 한번은 교환해야 한다고 기록되어 있으나 1979년 이후 밸브는 교환되지 않았다.

⑫ MIC가 반응성이 높음에도 불구하고 다른 물질이 탱크내로 들어가는 가를 체크하는 모니터 장치가 설치되어져 있지 않았다.

⑬ 제어실에는 플랜트 내의 밸브상태를 나타내는 모니터가 전혀 없었다.

⑭ 압력 모니터 장치가 고장 나 있었다.

(나) humanware의 문제점

① 운전 manual에는 MIC 플랜트에 전임의 안전책임자, 3명의 감독관, 2명의 보수책임자 및 12명의 operator를 배치하도록 되어 있었다. 그러나 당시에는 MIC 플랜트 전임이 아닌 plant전체의 안전 책임자가 1명, 감독자가 1명 있었을 뿐이었다. 야간에는 보수(補修)책임자가 1명 있을 뿐이었다.

② 플랜트의 책임자는 다른 플랜트에서 왔기 때문에 MIC plant의 경험이 없었다.

③ 파이프 세정 후 MIC탱크의 압력이 통상치 3psi에서 10psi로 상승했다. 이것을 확인한 operator는 요원 교체에 의해 교대한 operator에게 압력이 상승한 것을 알리지 않았다

④ 1984년 11월 30일 MIC탱크에 압력을 거는 것에 실패했다. 이 사실은 어떤 밸브에 결함이 있는 것을 나타낸 것이었으나 그 원인조사를 행하지 않았다.

⑤ 파이프 세정시 안전조치가 취해져 있지 않았다. 안전 manual에는 MIC의 누출을 방

지하기 위해 세정 시에 밸브 가까운 곳에 금속 sheet를 삽입 하도록 되어져 있다.

⑥ 누출 시 11시 반에 시작되었으나 경보사이렌은 1시까지 올리지 않았다.

⑦ operator가 MIC탱크의 압력 상승에 주의를 기울일 때 압력상승이 이상사태의 발생 때문에 일어났다고 생각하지 않았다.

⑧ 가스가 누출했을 때 operator들은 이것을 중대시하지 않았다

(다) inforware의 문제점

① 플랜트에 비상사태에 대한 계획이 전혀 없었기 때문에 적절한 정보도 없이 operator들은 panie상태에 빠졌다.

② Bhopal시에서는 비상시의 피난계획이 세워져 있지 않았다.

③ MIC는 독성물질이나 그 상세한 것은 기업비밀로서 기업 내에만 있었기 때문에 일반 문헌에는 거의 그 내용이 보고되어 있지 않았다.

④ MIC는 물과 격렬하게 반응을 일으키기 때문에 아주 위험성이 높은 물질이나 쉽게 중화할 수 있다. 물을 묻힌 타올을 통하여 흡입하면 MIC는 불활성으로 된다. 만약 사람들이 이 정보를 알고 실행했더라면 5일 밤의 사망자는 방지할 수 있었을 것임에 틀림없다.

(라) orgaware의 문제점

ogaware의 문제점으로 다음의 각 점을 열거할 수 있다.

① 위험한 플랜트를 Bhopal과 같은 인구가 급증하고 있는 도시의 가까운 곳에 있다는 것은 현명하지 못한 것이다.

② 1979년에서 1982년에 걸쳐서 행한 2회의 플랜트 안전조사에 의해 관리상 많은 결함이 있는 것으로 나타났으나 안전상태는 개선되지 않았다.

③ 안전조사 결과 강조된 것은 각 부분마다의 안전이고, 장치전체의 안전은 아니었다.

④ 플랜트에서는 1978년에서 1983년에 걸쳐 6회의 사고가 일어났으나 안전관리는 개선되지 않았다.

⑤ 1일 MIC 사용량이 5톤임에도 불구하고 55톤의 MIC를 저장하는 것은 잘못이었다.

⑥ 경험이 없는 운전자에게 책임이 무거운 업무를 부여해 왔다.

⑦ 위험분석을 하지 않고 공장의 수리를 한다고 하는 가장 중대한 조직상의 하자가 있었다.

⑧ 일반적으로 12월의 Bhopal의 풍향은 남풍이다. 즉, 가스가 도심에서 멀어져가는 방향으로 바람이 분다. 그러나 12월 3일 밤에는 역방향의 바람이 불었다. 이 풍향의 정보는 알려지지 않았다.

⑨ 미국의 Union Carbide의 플랜트에서 1984년 7월에 상세한 안전조사가 행하여졌다. 이 안전조사에서 가장 위험한 상태의 하나가 MIC 탱크내의 폭주반응이라는 것이 지적되었다. Union Carbide사는 이 반응을 방지하기 위한 수단을 강구하여 1984년 9월에 미국환경보호국에 보고했다. 그러나 Union Carbide사는 이 건에 대하여 UCIL에는 알리지 않았다.

(6) Plant의 안전관리와 4요소

(가) 위험도의 증가에 따라 technoware는 오조작(誤操作)을 피한다는 의미에서도 level up되어져야만 한다. 또한 humanware는 장치 운전의 숙련도 및 비상사태의 대응관점에서 level up되어야만 한다.

(나) 위험도의 증가에 따라 human error를 감소시키기 위해 장치에 용장기능(冗長機能)을 가지게 한다든지 자동화, computer 제어를 채용하는 등으로서 humanware의 자유도를 떨어뜨려야만 한다.

(다) 위험도의 증가에 따라 위험사태가 발생하지 않도록 또한 여러 가지 비상사태에 대처하는데 필요한 행동을 익혀두는 등 infoware가 충분히 정비될 필요가 있다.

(라) 위험도의 증가에 따라 안전을 확보하기 위하여 orgaware는 강력하게 그 지도적 역할을 띄고 있어야만 하고 조직 내의 기구, 절차, 교육 등에 있어서도 안전을 고려해 넣어야만 한다.

(7) 결론

Bhopal 사고의 직접적 원인을 technoware, humanware, inforware 및 orgaware의 4가지의 측면에서 생각했다. 이들의 원인의 배경(背景)으로서

(가) 회사의 안전관리 잘못

(나) 정부의 안전관리 잘못으로 생각되어질 수 있다(그림 10.22).

technoware, humanware 및 inforware에서 보여 지는 원인의 대부분은 회사가 위험물을 취급하는 plant로서 안전확보 의무를 대단하게 해왔기 때문이다. 정부기관이 plant의 설치장소로서 적절한 장소를 계몽하지 않았다는 것과 적절한 안전지도를 행하지 않았다는 것 등이 정부 측의 책임으로서 열거되어진다.

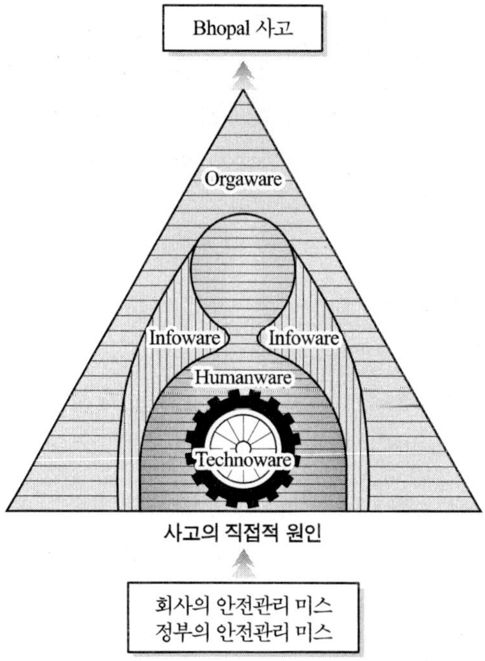

그림 10.22 사고해석의 흐름도

(8) 사고의 교훈

(가) 운전원의 실수를 최소로 하기 위하여 sensor, 장치의 자동화, computer의 도입을 시도하여 설비의 level을 올려야 한다(techroware).

(나) 독성물질을 저장하지 않고 운전이 가능하도록 설계하여야 한다(technoware).

(다) 안전이 충분하지 않을 때에는 plant의 운전이 불가능 하도록 안전 lock system을 채용하여야 한다(technoware).

(라) 위험성 물질을 취급하는 장치에는 비상시를 가상하여 operator의 훈련을 행하여 두어야 한다(humanware).

(마) 위험성 물질을 취급하는 장치에는 비상시의 대응에 숙련된 인원을 항상 배치하여 두어야 한다(humanware).

(바) 위험해석, 안전관리가 가능한 전문가를 빠른 시일내 양성해야 한다(humanware).

(사) 한 번의 사고로서 막대한 피해가 예상되는 장치는 그 정보를 공개해야만 한다(inforware).

(아) 장치의 보수는 충분한 위험분석을 행한 후에 실시하여야 한다(orgaware).

(자) 위험성 물질을 취급하는 장치가 거주지역 가까이에 있는 경우에는 재해의 가능성

이 있는 주민을 보호하는 적절한 보험에 들어야 한다(orgaware).

(차) 작은 사고라도 상세하게 해석될 수 있어야 한다. 이상은 어떤 경우라도 기록되어 있어야 한다(orgaware).

이상과 같이 한가지의 사고의 배후에는 여러 가지의 문제점이 잠재해 있다. humanware, inforware 및 orgaware를 고려하지 않고 단지 고도의 기술도입만으로서 안전을 관리하여 가는 것은 곤란하다.

10.5 울산 H회사의 폭발사고

(1) 개요

1988년 5월 2일 울산 석유화학공단(石油化學工團)내에 위치한 화학공장에서 화학제품인 말로네이트(DIPM, diisopropyl malonate: 농약의 원료) 생산 작업 중 합성(合成) 탱크가 폭발하여 수명의 인명피해와 막대한 재산피해를 가져온 대형사고가 발생하였다. 사고공장은 1988년 3월 10일 제품생산을 중단한 이래 사고 당시까지 50여 일간 가동되지 않았으며 말로네이트 수요가 증가될 것으로 예상하여 4월 29일 조업 개시를 결정하였고, 이에 따라 생산부서에서는 생산 준비작업을 4월 29일에 시작하였고, 사고 당일인 1988년 5월 2일 11시부터 DIPM 합성 작업(원료투입)을 개시하였다.

본 중대재해(重大災害)는 DIPM 합성 작업 개시 후 약 6시간 후인 17시경 DIPM합성 탱크(크기: 지름 1.9m, 높이 3.8m, 부피 10m^3)가 갑자기 폭음과 함께 폭발하면서 화재가 발생하여 약 1시간 반 동안 화재가 계속된 뒤 18시 반경 진화(鎭火)작업이 완료되었다.

DIPM 합성 탱크의 폭발사고에 의해서 발생된 재해의 현황은 다음과 같다.

(가) 인명피해

- 사망 : 6명(말로네이트 공장에 있던 직원 전원 사망)
- 중경상 : 4명

(나) 재산피해

- 말로네이트 공장(3층 철골 구조물) 설비 대파

- 냉각탑(사고공장에서 50m 떨어짐) 전파
- 자재 창고(사고공장에서 100m 떨어짐) 반파
- 공장 사무실(사고공장에서 100m 떨어짐) 반파
- 본관건물(사고공장에서 500m 떨어짐) 유리창 파손

(다) 피해액 추정

상기사고로 인한 재산피해액은 재해보상금, 설비파손에 의한 재산손실, 원료 및 제품 피해, 그리고 생산중단에 의한 손실 등을 고려할 때 약 20억 원으로 추정한다. 그러나 고급인력의 손실이나 종업원의 사기저하로 인한 작업능률 저하 그리고 사고로 인한 기업 이미지의 손상 등의 무형손실을 감안할 때 사고로 인한 실질적 피해는 더 클 것으로 사료된다.

(2) 사업장 개요

(가) 사고공장 개요

재해가 발생한 공장에 대한 개요는 다음과 같다.

① 공장명 : 말로네이트 공장

② 생산제품 : DIPM(disopropy malonate)

③ 생산규모 : 연 600톤

④ 공장의 위치 : 사고 사업 장내에 수종의 정밀화학공장이 밀접된 지역의 모서리부분에 위치함

⑤ 공장설치년도 : 1984년 7월에 착공하여 동년 12월에 완공

⑥ 공장구조 : 반응부분은 옥내설비로써 3층(6m×10m×13mH) 철골구조이며 증류탑 등 기타설비는 옥외설비임.

(나) 기술개발 경위

말로데이트의 합성(合成)은 주원료의 합성과 촉매(觸媒)의 합성, 그리고 최종제품인 말로네이트 합성 등 33단계로 이루어진다. 사고가 발생한 공정은 마지막 단계인 말로네이트를 합성하는 과정에서 발생하였고, 이에 대한 기초반응은 다음과 같다.

$$2(CH_3)_2CHOCOCH_2Cl + 2(CH_3)_2CHOH + 2CO$$

(Isopropyl chloroacetate) (isopropyl alcohol)

$$\xrightarrow[75°C,\ 14kg/cm^2G]{\text{촉매}} 2(CH_3)_2CHOCOCH_2COOCH(CH_3)_2 + 2NaCl$$

DIPM(Diisoproyl malonate)

$+H_2O+CO_2+$반응열

(4) 사고발생 장치

폭발사고는 DIPM을 합성하는 탱크(반응기)에서 일어났으며 사고원인을 파악하는 데는 설계상 문제점을 조사하는 것이 중요하므로 우선 탱크주위의 공정 설계(piping and instrument diagram)을 소개하면 다음 그림 10.23과 같다.

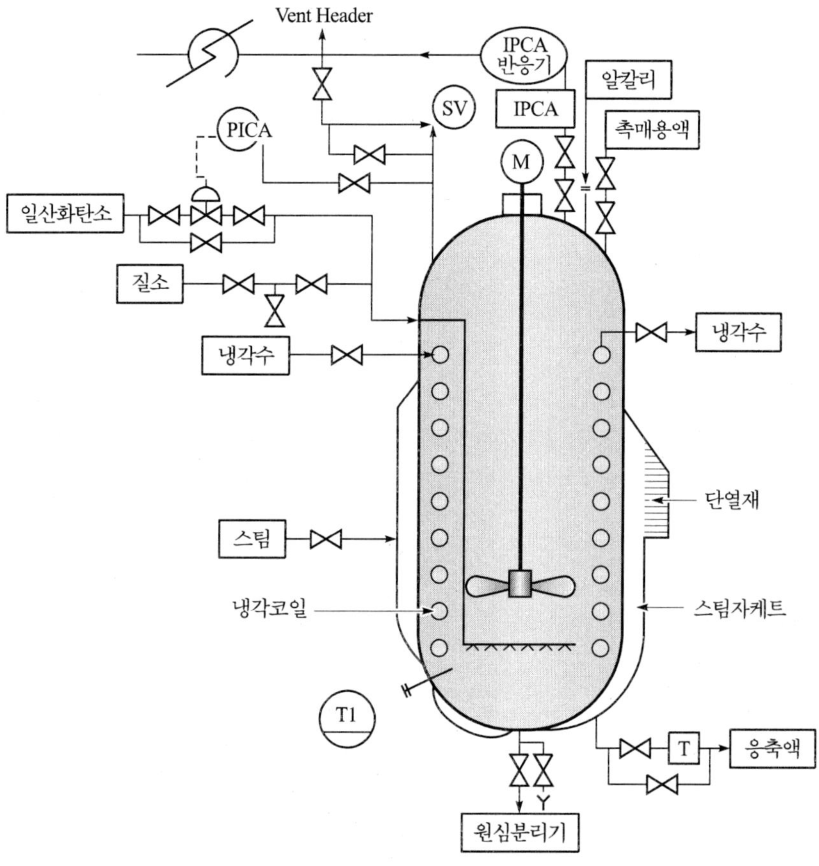

그림 10.23 DIPM 합성공정

(라) 합성순서 및 조건

표 10.3 DIPM합성의 운전 순서 및 운전조건

운전 순서	운전 조건
1. 고압질소로 DIPM 반응기 내압(內壓) 및 기밀시험 - 고압 질소를 반응기에 주입 - 질소가스의 누출여부 비눗물로 확인 - 맹판제거 및 안전밸브 부착	- 반응기 내부압력 2kg/cm^2 유지 - 각밸브, 배기관·플랜지 부분 및 반응기 용접부분 기밀검사
2. 액상(液長)원료 투입 - IPCA 투입 - IPA 투입	- IPCA 합성탱크 액높이 차이로 투입량 확인 - IPA 저장탱크 액높이 차이로 투입량 확인
3. 고상(固相) 알칼리 투입 - 알칼리 규정량 투입 - 교반기 운전	- 투입구(8 inch)를 열어 계량된 알칼리를 투입
4. 반응기내 산소제거 작업 - 질소로 2회 치환(置換) - 일산화탄소로 1회 치환 - 반응기내 산소 잔류량 확인	- 질소 사용압력(4kg/cm^2) - Orsat로 산소량 0.2% 이하
5. 액상촉매 투입	액상촉매 저장탱크 level 투입량 확인
6. 기체원료(CO)투입 개시	투입 압력 14kg/cm^2 고정
7. 승온(昇溫)하면서 DIPM 합성 개시	Steam을 이용 반응기내 온도 30~40°C까지 승온
8. 반응기 내 냉각코일에 냉각수공급	발열반응이므로 반응기내의 온도를 75°C ± 3°C로 되도록 냉각수량을 수동으로 조작
9. 반응종료 - CO자동공급밸브 수동밸브로 전환 - CO를 수동밸브 이용 추가공급 - 시료채취(試料採取) 분석	- 반응기 내 압력 1~2kg/cm^2 하강 때마다 CO추가공급 - CO추가 공급되어도 압력하강 없을 때 반응종료(시료채취)
10. 반응액 냉각	50°C 이하
11. 질소로 반응기 내 CO가스 치환	- 사용질소 4kg/cm^2 - 잔존 CO농도 270ppm 이하
12. 반응액 타공정으로 송출	- 질소가스(20kg/cm^2) 이용

(마) 사고 발생 공정

사고발생 시점이 DIPM을 합성하기 위해 최초 원료를 투입한 후 6시간 경과 후, 즉 반응개시 2시간여가 지난 후였음이 작업일지에 의하여 확인되었다.

DIPM 합성작업이 정상적인 운전조건하에서 이루어졌다면 폭발사고의 시점은 다음 그림 10.24와 같은 것으로 볼 수 있다.

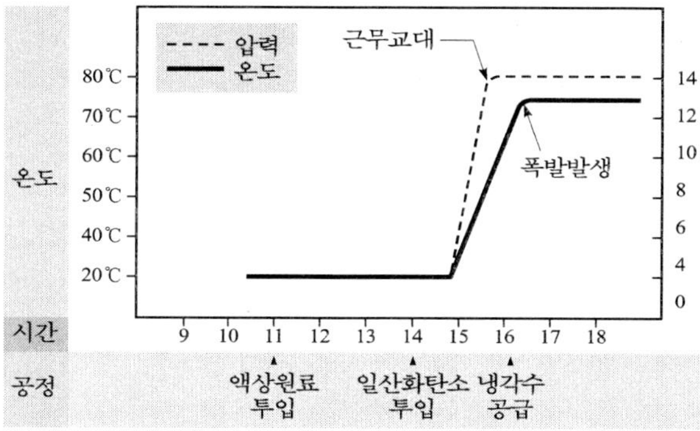

그림 10.24 폭발사고의 예상시점

(4) 원료 및 제품의 주요물성

표 10.4 DIPM 합성원료 및 제품의 물성치

원료 및 제품명	분자식	인화점 (℃)	발화점 (℃)	폭발한계 (공기 중 %)	비점 (℃)	연소열 (Cal/g)
IPA	$CH_3CHOHCH_3$	15	460	2.8	82	8,000
MCA	$ClCH_2COOH$	–	–	–	188	1,171
IPCA	$ClCH_2OCOCH(CH_3)_2$	–	–	–	149	–
일산화탄소	CO	–	720	12~74	−190	–
수소	H_2	–	–	4~74	−253	–
Dicobalt Octacarbonyl	$CO_2(CO)_8$	–	–	–	52	–
Toluene	$C_6H_5CH_3$	–	–	–	111	10.143
DIPM	$(CH_3)_2CHOCO-$ $CH_2OCOCH(CH_3)_2$	–	–	–	220	

(3) 사고 원인의 조사방법

(가) 사업주로부터 사고 경위 청취

(나) 사고 장소(말로네이트 공장)답사

(다) 공장설계 도면 입수

(라) 공장설계시의 문제점 검토

(마) 탱크설계 및 제작상의 문제점 검토

(바) 탱크재료 용접시편 제작 및 물성

(사) 공장운전 순서 및 기준조건(매뉴얼) 검토 및 확인

(아) 공장 점검 보수기록 검토

(자) 안전운전 및 생산기록 검토
(차) 안전교육, 기록, 일선조직 및 직무점검
(카) 사고현장 재답사(諸踏査)
(타) 사업주와 사고원인 종합의견 교환

(4) 사고요인의 분석

(가) 설계사항

① 발열반응(發熱反應)인데도 합성탱크내의 온도를 자동 조정할 수 없도록 되어 있다. DIPM합성은 격렬한 발열반응이므로 텡크내의 온도변화에 따라서 냉삭수의 양을 자동적으로 조정함으로써 반응온도가 기준치 범위(75±3°C) 내로 유지되도록 하는 것이 일반적인 설계방법이다. 그러나 실제는 현장에서 온도 지시계를 보고 수동으로 냉각수의 밸브를 조정하도록 되어 있고 조정실에는 경보설비 없이 오직 온도기록만 되도록 되어 있다. 합성탱크내의 온도가 기준치를 훨씬 초과하게 되면 다음과 같은 부반응에 의해 열을 더욱 많이 발생하게 되는 것으로 알려졌다.

$$ClCH_2COOH + (CH_3)_2CHOH \xrightarrow{H^+} (CH_3)_2CHCOOCH_2Cl + H_2O+\text{발열}$$

(발열반응이므로 온도를 더욱 상승시키게 됨)

IPCA+DIPM polymer+$(CH_3)_2$+발열

(발열반응이면서 기체가 발생되므로 온도 및 압력상승의 요인이 됨)

$$Na_2CO_3 \xrightarrow{\text{열}} NaO + CO_2$$

(기체발생으로 압력상승의 요인이 됨)

촉매의 분해로 탄산가스 발생하여 압력상승 요인이 됨

② 합성탱크의 안전밸브 출구측 배관에 수동(手動)밸브가 설치되어 있다. 탱크내의 압력이 안전밸브 설정치(18kg/cm^2)이상이 되면 안전밸브가 떨리게 되고 탱크내의 가스는 vent배관을 통해 flare stack으로 방출되어야 한다. 이 때문에 안전밸브 출구에는 일시의 장애물이 설치되어서는 안 되며 따라서 안전변 출구에는 수동밸브를 설치하지 말아야 한다.

③ 합성탱크의 재질선정(材質選定) 및 강도계산(強度計算) 방법이 합리적이라 볼 수 없다.

그림 10.25에서 보는 바와 같이 탱크의 뚜껑 head는 SUS304(22m), 몸체(shell)는 clad plate(SM50B SUS316)로 되어 있어서 탱크는 3종의 재질로 되어 있다.

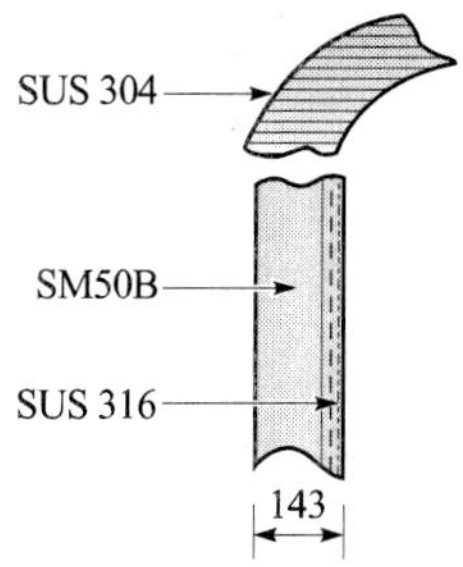

그림 10.25 DIPM합성 탱크의 재질

일반적으로 부식성(腐蝕性)물질을 취급하는 고압탱크에는 3종의 재질을 사용하지 않는다. 또한 탱크의 강도 계산 시 용접 효율을 100% 적용했는데 이 탱크의 경우는 3종의 재질로 되어 있고 열처리나 용접부의 가공을 충분히 실시하였다고 볼 수 없기 때문에 용접 효율을 통상적으로 85%로 적용하는 것이 타당할 것이다. 참고로 JIS B8243 재질 SM50B의 경우 용접효율(溶接効率) 적용계수를 제시하면 다음 표 10.5와 같다.

표 10.5 JIS B8243 용접효율 적용기준

응력제거 여부	용접부 가공상태	용접효율		
		X-Ray(100%)	X-Ray(20%)	X-Ray(0%)
행할 경우	충분히 가공	95	90	76
	소량가공	91	86	73
안할 경우	충분히 가공	91	86	73
	소량가공	86	81	69

④ 원료 및 촉매 투입량을 확인할 수 있는 계기류가 설치되어 있지 않았다.

(나) 제작사항

① 시편검사(試片検查)를 실시하지 않았다.

탱크가 3종의 재질로 제작되는 고압탱크이므로 용접 부위에 결함이 발생하기 쉽기 때문에 제작 전에 용접시방서(WPS, welding Procedure Specification)를 확정하기 위해 동일 시편을 제작하여 시편의 물성검사(production test)를 한 다음, 용접 부위의 물성(강도, 경도 등)에 문제가 없을 때 실제작업에 임해야 한다.

② 도면과 WPS상의 용접봉 재질이 상이하다.

표 10.5 용접봉의 사양비교

Base Metal	용접봉 사양	
	도면	WPS
SUS304+SB50	D309	D309
SUS304+SUS316	D308	D316

(다) 운전 사항

① 탱크 내 산소함량 확인 기록이 없었다.

고압탱크이며 내용물이 폭발성 물질이므로 반응개시 전 질소와 일산화탄소를 이용하여 탱크 내의 산소를 치환한 후 잔존 산소량이 0.2% 이하임을 확인하도록 돼 있다.

② 안전밸브 해체 및 재설치 작업기록이 없었다.

원료투입 전 합성탱크의 내압 및 기밀시험을 20kg/cm^{2}G의 고압 질소를 사용하여 실시하였는데 탱크주위의 P&I에서 보는 바와 같이 안전밸브 입구에 밸브가 없기 때문에 압력이 20Kg/cm^{2}G가 되기 전에 안전밸브(setting pressure, 18Kg/cm^{2}G)는 18Kg/cm^{2}G에서 터지게 될 것이다. 따라서 시험 전에 안전밸브를 해체해서 입구에 맹판(盲板)을 부착한 다음, 내압시험을 하여야 할 것이고 또한 내압시험 완료 후에는 맹판을 제거하고 안전밸브를 설치해야 한다.

③ 원료투입량 및 시간을 기록하지 않았다.

(라) 점검 및 보수사항

① 안전밸브에 대한 기능검사(機能檢査)를 실시하지 않았다.

② 산소검지기 기능을 점검하지 않았다.

③ 정기점검 시 탱크 용접부위 검사가 미흡했다.

(마) 연구개발 사항

① 위험물질에 대한 연구가 미흡했다.

② 운전조건 개발이 미흡했다.

(5) 사고원인과 결론

사고 당시의 DIPM 합성탱크의 운전조건(온도 및 압력)에 대한 기록이 전부 손실 되었고 그 당시 운전원 전원이 사망함에 따라 확실한 사고원인에 대한 물적 증거를 확보하는 데는 한계가 있었다. 그러나 앞에서 분석한 결과와 그림 10.26의 시간에 따른 온도 및 압력 변화를 토대로 사고원인을 추정하면 다음과 같다.

(가) 사고당일 오전 11시경 DIPM 합성탱크에 액체원료를 투입하기 시작하여 오후 2시경부터는 일산화탄소를 공급하기 시작하였으며 오후3시경까지는 정상적으로 냉각수를 통과시키면서 합성작업을 계속한 것으로 추정된다.

(나) 그러나 그 이후 탱크내의 온도는 계속 증가하여 (초기 액체원료 또는 촉매 투입량 부정확, 과다 산소량 잔존, 냉각수 량 조건 지연 등에 의해) 운전기준 온도인 75°C를 훨씬 초과하게 되었다.

(다) 이에 따라 합성탱크 내에서 이상반응(반응폭주, 부반응 등)이 일어나 계속적인 온도상승과 함께 압력이 급격히 상승하게 되어 탱크설계압력(20Kg/cm^{2}G)을 훨씬 초과하게 되었다.

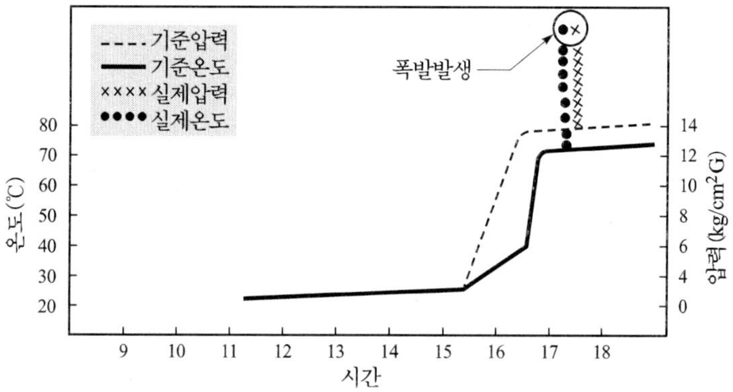

그림 10.26 시간에 따른 탱크 내 온도 및 압력변화

(라) 이때 합성탱크에 부착된 안전밸브(safety valve)는 그 기능을 다하지 못하여 탱크 내의 고압 증기가 외부로 방출되지 않았거나 또는 충분히 방출되지 않았으며 이때 냉각수 량 증가나 일산화탄소 공급 중지 등의 응급조치를 취했다 하더라도 온도 및 압력증가 억제효과는 기대할 수 없을 것으로 판단된다.

(마) 따라서 합성탱크내의 압력이 설계압력을 훨씬 초과하게 되었고, 이에 따라 탱크내의 가장 취약부인 몸체(shell)와 뚜껑(head)과의 용접부분에서 순간적으로 파열되기 시작하였으며 이때 발생한 스파크가 탱크 내의 가연성 물질을 점화하게 되어 급격한 연소반응을 일으키며 폭발화재사고가 발생하게 되었다.

(6) 대책

(가) 위험설비 및 물질에 대한 위험도 파악

① 사업장 내의 위험설비와 물질이 무엇인지 파악하고 이를 목록표를 만들어 관리한다.

② 위험물질에 대한 물성을 상세히 파악하고 사고발생시 어떤 재해가 어떻게 일어나는지 파악함으로써 대책수립이 되어야 한다.

③ 사고발생지 피해범위(구역)를 조사하여 피해를 최소화 시킬 수 있는 대책을 세워야 한다.

(나) 위험설비에 자동조절계기 설치

① 위험장치의 운전을 안정적으로 할 수 있도록 주요 운전요소인 온도, 압력, 유량 등을 자동적으로 지시, 기록, 조정 및 경보가 가능하도록 계장설비가 설치되어야 한다.

② 이와 같은 계장설비가 필요치 않을 경우 그 이유를 명확히 파악해야 한다.

③ 특히 반응기 증류탑류 등에는 반드시 자동온도조정설비가 필수적이다.

(다) 위험장치 설계제작 보수검사 계획 확인

① 고압설비 설계 시 최소한 다음의 4가지 사항은 설계기준, 사양서 및 관련법규에 맞게 설계되었는지 확인하여야 한다.

- 재질의 적합성 유무
- 강도계산의 적합성
- 비파괴 검사(非破壞檢査, X-ray, MT, UT 등)의 적정여부
- 열처리 여부

② 위험장치제작 및 보수시는 설계도면과 용접시방서에 따라 제작 보수하는지 여부와 시방서나 QA/QA manual에 따라 검사업무가 수행되는지 확인한다. 이에 대한 기록관리가 철저히 되어야 한다.

(라) 위험지역구분 및 방폭설비 확인

사업장의 위험지역구분(hazardous area classification)이 설계기준에 맞게 정확히 되어있는지 여부와 이에 따라서 전기계장설비들이 방폭 기준에 맞게 선정되었는지 확인해야 한다.

(마) 위험지역에 내화(fire proofing)재료 사용 확인

위험지역 중 최소한 다음과 같은 설비에는 내화재료를 사용하여 실질적인 내화(fire proofing)가 되도록 하여야 한다.

① main structure 하단부분(6cm 이하)
② 반응기 증류탑 등의 위험설비의 하단부분(support, skirt, leg 등)
③ 전선관의 벽 관통부위
④ 기타 주요부분

(바) 위험지역의 방호 및 소화설비

위험설비 및 지역에 가스누출검지기 및 경보기, 눈세척기 등의 방호설비가 되어 있어야 하며 특히 화재 탐지기 및 소화설비가 관련법규에 맞도록 형식 용량 등이 적합하게 설계 제작되어있는지 그리고 그 기능은 적절히 유지되고 있는지 확인한다.

(사) 비상조치 기준 및 수빈가능 여부

① 주요공정에서 이상사태(온도, 압력 증가 등) 발생시, 그리고 폭발화재 등 비상사태 발생시, 운전자와 기타 관련자들이 취해야 할 조치에 대한 순서 및 기준이 확립되었는지(규정 등으로) 확인한다.
② 이에 따라 정기적인 가상훈련을 실시하여 실질적으로 관련자들이 비상조치 수행할 수 있는지 확인하여야 한다.

10.6 Chernobyl 원자력 발전소 사고

(1) 개요

1986년 4월 26일 소련연방 우크라이나 공화국의 Chernobyl 원자력 발전소 4호기에서 큰 사고가 발생했다. 이 사고는 원자로의 손상의 정도, 사상자수·방출 방사능량 등 어느 것을 취해도 원자력 개발사상 미증유(未曾有)의 것으로서, 세상에 큰 충격을 주었다. 먼 일본까지 확실히 이 사고에 유래 한다고 생각되어지는 방사성 물질이(미량이라고 하나) 飛來한 것에서도 이 사고가 얼마나 큰 것이었는가를 말할 수 있다. 발전소의 주변은 말할 것도 없이 지리적으로 비교적 가까운 유럽 여러 나라에서는 방사성 물질에 의한 오염이 상당히 심하여 많은 국가에서 음식물의 섭취제한, 혹은 유통의 제한 등의 조치가 취해졌다.

최초로 이 사고에 관한 정보를 흘린 것은 소련이 아니고 스웨덴이었다. 4월 27일, 스웨덴 스톡홀름에서 그렇게 떨어지지 않은 원자력 발전소에서 이상한 환경 방사능을 검출했다. 이 발전소에서는 자기네의 시설에 이상이 발생했다는 가능성을 생각하여 직원 600명을 퇴피시켜 조사했으나 어디에도 이상은 발견되지 않았다. 스웨덴 당국은 소련을 포함한 근접 국가들에 사고 발생의 유무(有無)를 문의했으나, 어디라도 부정적인 회답이었다.

4월 29일에 이르러 소련은 Chernobyl 발전소에서 사고가 발생하이 원자로1기(基4)가 손상을 입었다는 것을 발표했다. 5월 상순 IAEA(국제원자력기구, 국제연합의 하부기관의 하나)의 Blix 시무총장 등이 소련을 방문해 상황을 시찰함과 동시에 이 사고에 대한 상세한 정보의 제공을 제의했다. 소련도 이 제의를 원칙적으로 받아들여 8월 25일에서 5일간에 걸쳐 빈의 IAEA본부에서 국제회의가 열려 겨우 사고의 개요를 밝히게 되었다.

이 소련의 보고는 사고 후 4개월이 지난 시점에서의 조사에 바탕을 둔 것이다. 로는 대규모로 파괴되었고, 접근은 아주 곤란하였을 뿐 아니라 사고시의 당사자가 대개 거의 사망 또는 중증의 상태에 있는 것을 생각하면 소련의 보고는 아마도 당시로서 얻은 최선의 것에 가까운 것이었을 것이다.

(2) 사고로(事故盧)의 특징

사고로는 소련연방 우크라이나 공화국의 키에프시의 북북동 약 130km에 위치한 Chernobyl 발전소에서 발생했다. 이 발전소에는 RBMK-1000이 4기(基)설치되어져 있었으며 다시 2기가 건설 중에 있었다. 발전소는 강가에 위치하고 있었으며 그 주변 30km권 내에 약 30만 명이 살고 있다.

사고를 일으킨 4호기는 소련이 독자적으로 개발한 흑연감속(黑鉛減速)·경수비등냉각(輕水沸騰冷却)·압력관형(壓力管型)이다.

(3) 사고의 경과

1986년 4월 25일 Chernobyl 4호기는 정기적인 점검을 위하여 정지시킨 것으로 되어져 있으나 정기조작의 도중에 어떤 실험을 할 계획이었다. 그 시험은 증기를 잠금(이것을 turbin trip라고 한다) 후의 발전기의 관성 회전에 의해 발생되는 전력(cost down전력)을 안전계의 일부에 단기간 사용하는 설계였으나, 이것을 실증하려고 한 것이었다.

이 시험은 이전에도 시도되었으나 그 때는 발전기의 전압강하가 너무 빨라서 실패했으므로 이번에는 여자회로(勵磁回路)를 계량하여 다시 시험하는 것이 있다. 시험은 순수하게 전기적인 것으로 되어져 있어, 시험 계획은 원자로의 안전에 대한 배려가 불충분했을 뿐만 아니라, 정식 수속을 밟아 승인을 얻지 않았다고 보고되어져 있다.

상기의 시험은 열출력 700~1000MW의 범위에서 행할 예정으로 계속하여 출력을 저하시키려고 했으나 급전지령(給電指令)의 요청에 의해 오후 11시경까지 50% 출력으로서 발전을 계속했다. 오후 11시 10분경 출력저하를 재개했으나 제어계의 바꿔치기(change)에서 잘못이 있어서 출력은 30MW까지 내려가 버렸다. 운전원은 계획치까지 출력을 상승시키려고 하였으나 200MW까지 밖에 도달시키지 못했다.

4월 26일 오전 1시 23분, turbin이 trip되어 발전기에 접속되어 있던 냉각제 펌프의 회전수가 저하함과 동시에 냉각제 유량도 저하하기 시작했다. 이것에 의해 로심의 void가 증가하기 시작하여 정(正)의 void 계수보다 출력이 증가하기 시작했다.

운전원은 수동 scram button을 눌렀으나 반응도 조작여유가 극도로 저하하여 있기 때문에 정지계의 기능은 충분하지 않아, 출력의 증가를 억제할 수 없었다. 로심의 연료의 상당부분이 fragmentation을 일으켜, 미세화한 연료가 냉각제에 접촉하여 급격하게 대량의 증기가 발생했다. 이 때문에 냉각제 내의 압력이 상승하고, 계통의 과압 파손을 일으킨 것으로 추정된다.

또한 로심에서의 고온물질이 비산하여 건물의 각 곳에서 화재를 일으켰다.

건물의 화재는 달려온 소방사의 활동에 의해 오전 5시경까지에는 진화했으나 소방사 중에 대량의 방사선을 피복한 사람이 많아 다수의 희생자를 내었다.

그림 10.27에 방사성물질의 방출상황을 나타낸다.

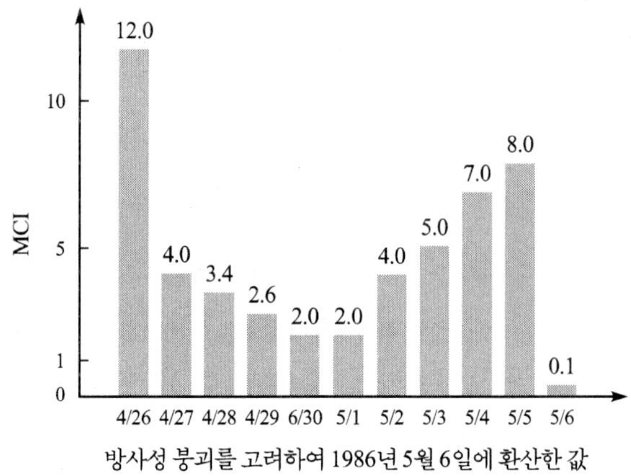

그림 10.27 Inert Gas를 제외한 방사성 물질의 방출 상환

(4) 사고의 평가

(가) 반응도 조작 여유가 저하하여 있음에도 원자로를 정지하지 않았다.
(나) 계획보다도 낮은 출력으로서 시험을 했다
(다) 대기 중(待機中)의 냉각제 pump를 기동시켜 규정치를 초월한 유량으로 했다
(라) 기수분리기(氣水分離器)의 수위(水位), 압력에 관한 scram 신호를 by pass 했다.
(마) turbin 2기 정지로서 자동정지라고 하는 scram신호를 by pass했다
(바) 중요한 안전계(ECCS)가 잘려 흩어진 그대로 운전을 계속했다

(5) 사고 후의 대응

(가) 긴급정지의 효과를 높이기 위하여 제어봉은 로심 상단에서 120cm 이상 인발(引拔)하지 않도록 한다.
(나) 반응도 조작 여유의 하한치를 30본에서 80본으로 증가한다.
(다) 가까운 장래, 연료 농축도를 2%에서 2.4%로 증가한다.
(라) 반응도 조작여유를 항상 표시함과 동시에 원자로의 자동정지 신호를 동반하는 반응도 조작여유 계산 system을 설치한다.
(마) 주 냉각제 pump의 cavitation에의 여유를 나타내는 지시계를 설치한다.
(바) 장기적인 안전대책으로 1~2초에서 동작하는 긴급정지계의 설치를 검토한다.

(6) 사고의 교훈

(가) 로의 안정한 실적을 바탕으로 장점을 신장시키는 것에 치우쳐, 단점을 보충하려는 점에 노력이 치중되어서는 안 된다.
(나) 운전원이 다수의 규칙위반을 범하여, 설계자가 예상도 하지 않았던 위험한 상태로 원자로를 이끌고 가서 더욱이 그 중대성에 운전원이 주의를 기울이지 않았던 것에 출발하고 있다.
(다) 설계상의 다중방호 및 원자력 발전소에 있어서 인간과 기계와의 역할분담의 중요성을 재인식 시키게 되었다.
(라) 중대재해에 대하여는 오늘날 국제적으로 연구가 진행되고 있는 단계이다. 지금까지의 검토에 의하면 원자로 시설은 큰 안전상의 여유가 있어, 가령 설계의 범위를 벗어난 상태로 되어도 상당한 범위에서 안전기능이 유지되는 것 및 사고시에 적절한 조작을 행하는 것에 의해 이상 사상을 안전한 범위로 흡수 혹은 가령 이것을 초과하여도 재해의 비율을 현저하게 저하시키는 것 등이 명확하게 되어가고 있다.

Chapter

11

화학공장의 안전성 평가

화학플랜트는 열교환기, 증류탑, 압축기, 반응기 등의 많은 장치를 결합하여 구성되는 시스템으로 각 장치의 사용목적에 따라 설계 및 운전 기술은 이미 확립되어져 있다. 그러나 화학플랜트의 운전 중 돌발적인 불안전 사태를 취급하는 기술이나 공학은 아직 완전히 개발되어 있지 못한 단계로서 많은 연구과제를 안고 있다

현재 운전 중인 플랜트에 대한 예방대책, fail-safe 회로, 긴급정지 회로 등의 설비는 있으나 그 기준이 되고 있는 사고방법(思考方法), 기능, 역할에 대한 정보들이 수집, 축적되어 있지 못한 상태이다. 이와 같은 문제들은 모두 화학플랜트의 위험도 평가에 속하는 문제이며, 실용적인 위험도 평가방법을 개발하여 확립하는 것이 강력히 요구되고 있다 여기에서는 시스템공학의 입장에서 본 화학플랜트의 위험도 평가방법을 소개하고 그 응용 예를 제시하도록 한다.

11.1 결함수 분석(FTA: Fault Tree Analysis)

FTA는 대규모 시스템의 정량적 위험도 평가에 응용되고 있으나, 이 기법에도 적용한계가 있고 문제의 가정이나 조건보다도 리스크 계산의 결과만이 중시되고 있다. 해석 순서 중에서도 트리(tree)작성은 가장 곤란한 단계로서 현재 트리 작성기법의 확립이 요망되고 있다. 여기서는 트리 작성에 관하여 지금까지의 기법을 소개하여 그 현상과 문제점들을 명확하게 하였으며, FTA와 다른 기법과의 연관성, 트리 작성법의 개요, 화학플랜트에 대한 트리작성법의 세안과 그 응용 예에 대하여 기술한다. FTA는 아직도 완성된 기법은 아니며, 이 기법의 본질을 이해하고 그것을 정확하게 응용하는 것이 무엇보다 중요하다.

11.1.1 FTA의 정의

FTA(Fault Tree Analysis)란 결합수법, 결함관련수법, 고장의 나무해석법의 뜻으로 해석되고 있으며, 시스템 안전공학의 발달과 더불어 1962년 미국 벨전화연구소의 H. A. Watson에 의해 처음으로 고안되었다. FTA의 특징은 연역적이고, 정량적인 해석을 할 수 있다는 것 때문에 재해의 정량적 예측을 할 수 있는 아주 우수한 해석방법이다. 더구나 경우에 따라서 재해의 직접원인에 관한 초보적인 해석이나, 복잡한 시스템을 상세하게 해석할 수 있는 등 융통성이 풍부하고, 앞으로의 많은 활용이 기대된다. FTA의 작성시기는 기계설비를 설치 가동할 경우, 위험 또는 고장의 우려가 있거나 그러한 사유가 발생하였을 경우, 재해가 발생했을 경우이다.

11.1.2 FT(Fault Tree)의 논리기호

FT를 작성하려면 먼저 분석하려는 시스템을 완전히 이해하고 시스템의 모든 정보를 수집 정리하여 세밀히 작성하여야 한다. FT의 기호를 대별하면 사상을 나타내는 기호, 게이트를 나타내는 기호, 그리고 게이트의 수정 기호가 있다.

(1) 사상(event) : 사건에 정의되고 구체적으로 명기된 시스템내의 사상으로서 이것은 시스템 혹은 구성 부품 수준에서 정의될 수 있다. 이 사상은 일어날 것인가 일어나

지 않을 것인가 두 가지로 정의된다.

(2) 결함사상(fault event) : 두 가지 상태 중 하나가 고장 또는 결함으로 나타나는 비정상적인 사건이다. 장방형기호로 표시하며 논리 게이트(gate)의 입력, 출력이 된다. 해석하고자 하는 정상 사상과 중간 사상에 사용한다.

(3) 기본사상(basic event) : 시스템 분석의 최소 세분 단위에서 일어나는 결함사상이다. 원 기호로 표시하며, 더 이상 해석을 할 필요가 없는 기본적인 기계의 결함 또는 작업자의 오동작을 나타낸다. 항상 논리게이트의 입력이며, 출력은 되지 않는다.

(4) 통상사상(normal event) : 결함사상은 아니고 발생이 예상되는 사상이다 지붕형 기호로 표시하며, 통상적인 작업이나 기계의 상태에 재해의 발생 원인이 되는 요소가 있는 것을 나타낸다.

(5) 생략사상(undeveloped event) : 다이아몬드 기호로 표시하며, 사상과 원인과의 관계를 충분히 알 수 없거나 필요한 정보를 얻을 수 없기 때문에 더 이상 전개할 수 없는 사상이다.

(6) 전이기호(transter): 삼각형 기호로 표시하며, 동일한 FT안의 내용이 같은 다른 부분과의 사이에 전이를 표시하는 기호로서 삼각형 위쪽에 선이 나와 있는 경우는 다른 부분에서의 전입을, 또 측방에 선이 나와 있는 경우는 다른 부분의 전출을 표시한다. 전입하는 부분이 전출하는 부분과 내용적으로는 같지만 수량적으로 다른 경우에는 역삼각형 기호가 사용한다.

(7) AND 게이트 : 출력의 사상이 일어나기 위해서는 모든 입력의 사상이 일어나지 않으면 안 된다는 논리조작을 나타낸다. 기호의 형상은 사람에 따라서 상당한 차이가 있으며, AND 게이트에 「AND」 또는 「·」붙이는 경우도 있다.

(8) OR 게이트 : 입력사상중 어느 하나가 일어나도 출력사상이 일어난다고 하는 논리조작을 나타낸다. OR 게이트에 「OR」 또는 「+」를 붙이는 경우도 있다.

11.1.3 FT의 작성 순서

(1) 분석대상의 시스템을 정의한다. 이때 분석대상의 범위를 잘 선택해야 한다. 너무 광범위하게 선정하면 분석에 어려움이 따르게 되며. 너무 좁게 잡으면 시스템을 분석할 수 없는 경우가 생길 수 있으므로 중점항목을 명시한다.

(2) 톱사상(top event)의 원인이 되는 기본사상을 분석한다.

(3) 톱사상과 기본사상과의 관계를 논리게이트를 이용하여 도해한다.

(4) (2), (3)단계에서 결정된 사상이 좀 더 전개가 가능한지 검사한다. 전개 가능하면 그 단계를 되풀이하여 더 이상의 분석이 필요 없을 때까지 계속한다.
(5) FT를 간소화 한다.
(6) 정성, 정량적으로 해석·평가한다.

11.1.4 FTA와 다른 기법과의 관계

FTA의 순서는 다음의 6단계로서 구성된다.

(1) 바람직하지 않는 사상을 정의
(2) 시스템의 이해
(3) FT(Fault Tree)를 작성
(4) 기본사상의 고장을 데이터 수집
(5) 정상사상(top event)의 발생확률의 계산
(6) 결과의 해석과 시스템의 개량

여기서는 FTA해석의 기초 및 그 응용 예는 생략하고 이 기법과 다른 기법과의 관계에 대하여 검토한다. Operability Study(운전성 연구, OS)와는 상호 밀접한 관계가 있다. 순서 (1)의 바람직하지 않는 사상을 정의하는 경우에도 왜 그의 사상을 선정하는가 라고 하는 근거가 필요하게 된다. Operability Study를 행하는 것에 의해 더욱 더 검토를 필요로 하는 문제가 명확하게 된다. 그것들을 Fault Tree Analysis의 정상사상으로 하는 것은 선정의 한가지의 근거로 된다. 순서 [2)의 시스템의 이해를 깊게 하는 것은 정상상태가 아니고, 이상상태의 동적 거동의 입장에서 시스템을 이해하는 것이 중요하다. 그러기 위해서는 Operability Study의 기준치로부터의 벗어남(deviation)이라고 하는 생각은 유용하다.

FTA, OS와 FMECA(고장형태, 영향과 치명도 분석)의 3가지 기법의 상호관계를 그림 11.1에 나타내었다. FTA는 정상사상을 출발점으로 하여 이 발생의 원인으로 되는 사상을 중간 레벨을 거쳐 하위 레벨에 이를 때까지 표현한다. 예를 들면 반응 장치의 화재 폭발을 정상사상으로 하면 플랜트, 보호계, 제어계 등 모든 포함한 시스템을 대상으로 하여 그 인과 관계를 명확하게 한다.

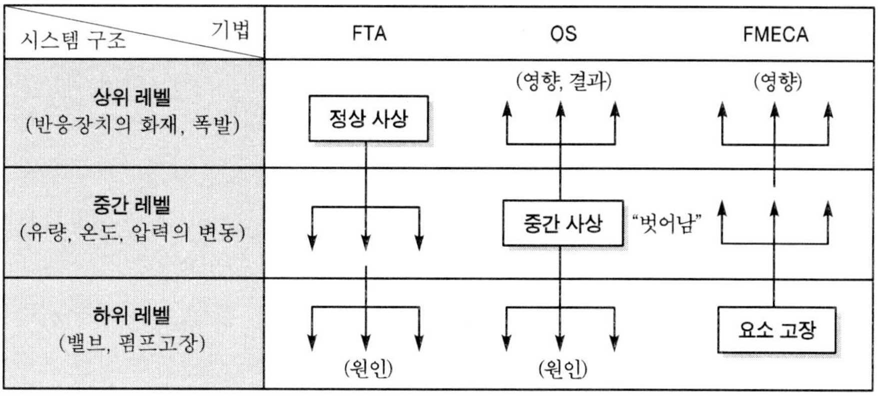

그림 11.1 각 기법의 특성비교

그림 11.1에서 알 수 있는 바와 같이 OS에서는 중간 레벨 사상으로 "벗어남"의 발생을 출발점으로 한다. 유량감소에 의해 반응용기 내 농도가 변화하고, 이로부터 폭발에 이르는 경우에는 폭발이 상위 레벨에 속하고, 펌프 고장, 밸브 닫힘이라고 하는 원인이 하위 레벨로 된다. 이와 같이 Operability Study에서는 중간사상을 출발점으로 하고 있기 때문에 원인, 결과의 탐색이 비교적 용이하다. FTA에서는 상위 레벨에서 하위 레벨까지 전개할 필요가 있기 때문에 트리 구조도 크게 되고 또한 많은 노력과 시간을 필요로 한다. 트리 내부에는 중간사상도 포함되어져 있으므로 Fault Tree에는 OS에서 검토한 "벗어남"이 모두 포함되어져 있다.

FMECA는 요소의 고장형태를 해석하여 시스템에 미치는 영향을 명확하게 하는 것으로 그림 11.1에 나타낸 바와 같이 Fault Tree와는 역의 방향에서 해석한다. 각 요소마다 그 영향을 검토할 필요가 있으므로 요소의 수와 함께 작업량도 증가하나 OS에서는 몇 가지의 요소를 가지는 배관부를 하나의 부분으로 생각하여 검토하고 있다. 즉, FMECA에서는 조작량 변동(밸브 닫힘, 펌프고장)의 영향을 검토하고 있으나 OS에서는 상태량(유량, 온도, 압력, 조성)의 변동의 영향을 고려하고 있다.

FTA는 그 모든 것을 포함하고 있다.

11.1.5 Fault Tree 작성 기법

비교적 간단한 플랜트이며, 화학 플랜트의 사고로서 중대한 화재, 폭발과 관계가 깊은 가열로의 FT 작성에 관하여 다음과 같이 정리할 수 있다.

(1) 가열로는 외견상 간단하다고 생각할 수 있으나, 계장제어계를 포함하면 결코 간단한 플랜트는 아니며 화학반응장치와 본질적으로 동일하다. 최초로 해석하는 대상으로는 너무 복잡하여, 다시 모델을 간략화해야만 한다.
(2) Fault Tree 작성의 방법론이 확립되어져 있지 않기 때문에 작성자의 개인적인 판단을 필요로 하는 경우가 많다.
(3) 요소 또는 시스템의 이상, 고장, 사고에 대한 인식이 통일되어져 있지 않다.
(4) 다른 사람이 작성한 Fault Tree는 충분한 설명을 듣지 않는 한 이해가 곤란하고 일단 작성된 트리는 간단하게 수정될 수 없다. 즉, 별도로 작성한 트리를 모아서 통일하는 것은 불가능하고, 결국 전원이 모여서 토론하면서 작성해야만 한다.
(5) 작성된 트리가 옳은가 아닌가를 검정하는 방법이 없다.

이들의 문제점에서 Fault Tree의 작성에 다음 내용이 중요하다는 것을 알 수 있다.

(1) 프로세스와 그의 제조건을 규정하면 작성자가 달라도 동일한 트리가 작성될 수 있는 알고리즘 또는 표준적인 기법을 개발할 필요가 있다
(2) 플로우 시트, 운전 매뉴얼 등에서 바로 트리를 작성하는 것이 아니고, 도중의 사고(思考)과정을 추적할 수 있는 기법으로 작성하는 것이 바람직하다.
(3) 트리 작성의 알고리즘은 사용하기 쉽고, 실용적인 기법이 아니면 안 된다.

FT의 정상사상으로서는 화재, 폭발 등이 있으나 그림 11.1에서 알 수 있는 바와 같이 중간, 하위 레벨에서는 유량변동, 요소고장 등이 있다. 통상의 화학 플랜트에서는 유량이 변동한 경우에는 제어계로부터 변동을 수정해야만 하나, 제어계가 그 기능을 상실하고 있으면 사고에 이를 가능성이 있다. 이로부터 FTA는 프로세스제어와 밀접한 관계가 있는 것을 알 수 있다. 단, 프로세스 제어에서는 외부이상인 부하변동에 대하여 제어계가 성공하는 경우만을 검토하고 있다. Fault Tree에 서는 외부이상만이 아니고 내부이상인 고장, 오조작이 발생하는 경우에는 시스템이 실패하는 경우를 검토하고 있다. 말하자면 이 두 기법은 상호보완적인 입장에 있는 것이 명확하게 되었다. FTA를 프로세스제어의 연장상에 위치시키는 것이 여기에서의 생각하는 방법의 기본으로 되는 것이며, 이 생각에 바탕을 두고 트리 작성의 방법도 개발되어지고 있다.

여기서부터는 그림 11.2에 나타낸 것과 같은 간단한 유량제어계를 보기로 하여, 트리 작성을 위한 한 방법을 제안하여 그 응용 예를 나타낸다. 이 그림에서 각 상태도를 ○로 나타내고 요소를 □으로 나타낸 경우를 그림 11.3에 나타낸다. 이 그림에서 P1은 1의 점의 압력, F2는 2의 점의 유량을 나타낸다. 운전 또는 설계 조건의 기준을 0으로 하고, 이

로부터 각 변수가 증가 또는 감소한 때의 변동량을 +1 또는 −1로 나타낸다. □중의 (+1), (−1)은 각 상태량의 입력과 출력의 변동량 관계를 나타낸 것으로 이것을 OS의 벗어남(deviation)에 의한 원인, 결과의 관계와 유사하다. 여기서는 그림 11.3을 특성 Block선도라고 부르기도 한다. 이 그림은 시스템 내를 상태 변동량, 정보가 어떻게 흐르는가를 나타낸 것으로 프로세스제어의 Block 선도에 대응하는 것이다.

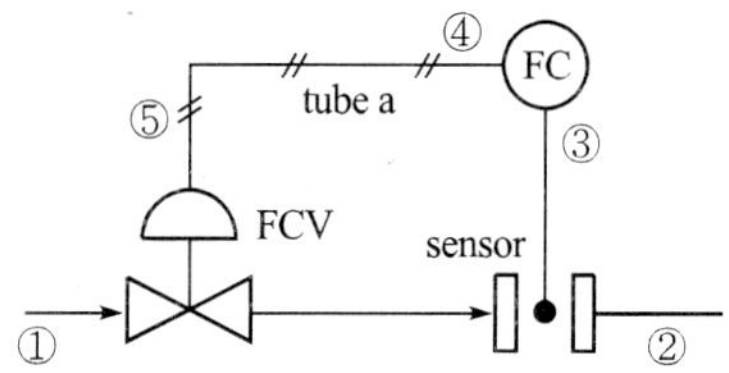

그림 11.2 유량제어계

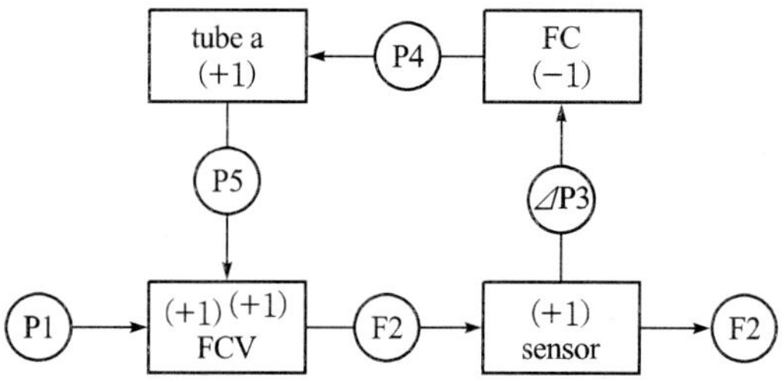

그림 11.3 특성 Block 선도

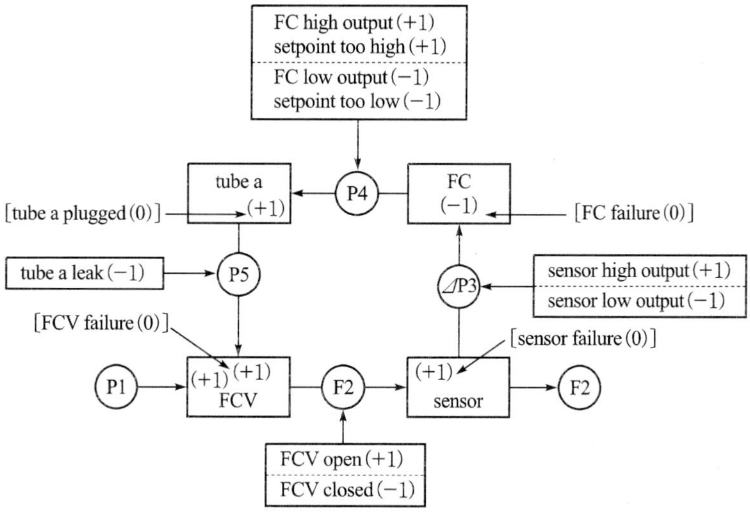

그림 11.4 고장형태를 기입한 특성 Block선도

그림 11.3의 각 요소와 상태점에 여러 가지의 고장형태를 기입한 경우를 그림 11.4에 나타낸다. 이 그림에 있어서 [FCV Failure(0)]는 P5에서 F2로 신호를 전달하지 못하는 고장을 나타낸다. 이때 P5의 ±1의 신호는 F2로 전달되지 않음으로서 P5의 출력은 0으로 되고, 유량변동은 일어나고 있으나 제어계는 이 변동에 대응할 수 없다. 이 고장 형태는 □의 (±1)의 점에 기입된다. 그림 11.4의 FCV open (+1)은 FCV가 오작동에 의해

밸브를 open으로 하는 고장 즉, 오작동을 나타낸다. 이때 P5의 신호에는 무관하며 F2의 출력은 ±1로 된다. 동일하게 FCV closed (−1) 에서는 F2의 출력은 −1로 된다. 이 고장에 의해 유량은 정상으로 있으나 제어변이 open 또는 closed 되어 유량 변동이 일어난다. 이 고장형태는 상태점에 직접 기입한다. 트리작성의 단계에서 이 특징 Block 선도를 완성하는 것은 대단히 중요하다. 대상으로 하는 플랜트에 대하여 각자의 생각방법, 고장형태의 종류, 그의 발생장소와 영향 등을 검토하면서 Block 선도를 작성하면 좋다. 이 선도가 완성되면 작성 알고리즘에 따라서 트리를 바로 작성하는 것이 가능하고 작성자에 따라 트리가 다른 경우는 없다.

유량제어계의 트리를 그림 11.5에 나타내었다. 여기에서는 트리 작성의 알고리즘은 생략한다. 그림 11.5에 있어서 좌측의 AND gate의 하부는 신호를 전달하지 않는 고장을 나타내고, 우측은 오신호, 오작동의 고장을 나타내고 있다.

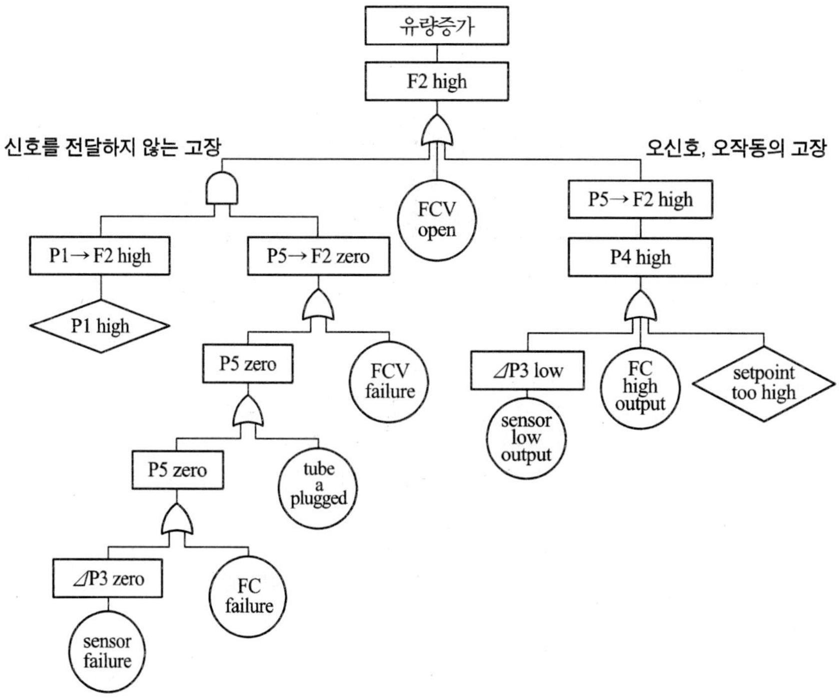

그림 11.5 유량제어계의 Fault Tree

11.1.6 FTA 적용 사례

(1) 폐유 재생공장의 폭발화재

(가) 제조 프로세스 : 이 공장은 원유탱크와 공장으로부터 폐유를 공급받아 저장 탱크에 넣고 탈수하여 수분은 분리기 등으로 정화한다. 유분은 유수(油木)분리기에 넣고, 가열 정치하여 다시 유수를 분리한다. 유수분리기의 상부에는 폐유중의 경질가스를 배출하는 통기관이 설계되어 있고, 크기가 30m인 배가스탑에 연결되어 있다. 가열탱크는 완전히 개방되어 있고, 약 70°C로 기름을 가열한다. 유분은 이 가열탱크를 거쳐서 원심분리방식의 기름 청정기를 통해서 정제되고, 회수용 기름탱크에 저장된다. 가열탱크 및 기름 청정기는 청정기실에 들어 있었다.

(나) 사고 개요 : 당일 가열탱크에 있었던 유분은 원래 휘발성분이 많은 것으로서 전 단계의 기름분리탱크에서 충분한 가스제거를 할 수 없었기 때문에 상담한 휘발성분이 남아있었다. 이 기름이 약 70°C로 가열되었기 때문에 가스성분이 기름청정기실에 가득차 있었고 하루 일과가 끝났기 때문에 전원의 주 스위치를 끌 때의 불꽃에 의해 발화·폭발하였다. 이 때문에 근처에 있었던 작업자 5명이 불에 타서 숨지고 공장의 북측 도로를 자전거로 통행중이던 여성 2명이 폭풍 및 화염에 의해서 사망하였으며, 또 동시에 통행 중이던 우편차 내에 있던 우체국 직원 2명도 화염에 의해서 화상을 입었다. 1,000kℓ용 저장탱크 및 1,500kℓ용 회수탱크가 화재를 일으켰지만, 진화작업 중 후자의 탱크가 폭발하였다.

사고 원인은 당일 어느 때보다도 가솔린 냄새가 난다고 말하면서 작업자들이 작업을 했기 때문에 증발하여 체류하고 있던 가스에 인화되었지만, 가스제거 능력이 충분치 못했던 것과 70°C에서도 가열되는 장치를 개방한 채로 작업을 하게 한 것 등 기술적, 관리적 결합에 의한 재해라 할 수 있다. 이 사고의 FTA는 그림 11.6에 나타내었다

(2) 고압 폴리에틸렌 제조장치의 폭발사고

사고 개요 : 압축기실의 고압압축기 제3계통의 밸브스탠드 근처에서 '슈'하는 소리와 함께 연기가 뿜어져 나와, 이것이 검은 연기로 변하면서 잠깐 뒤 큰 소리와 함께 폭발이 일어나 실내는 말할 것도 없이 인접공장, 민가에 까지 피해를 주었다. 사고 후 밸브 스텐드를 분해했을 때 고압압축기의 고압측 배관의 역화방지기로부터 반응기에 이르는 사이의 관내에는 흑색 카본물질이 꽉 차 있었다. 그 원인으로서 사고 당일 이 배관계를 약 2시간 운전을 중지하여 정지상태에 고압상태로 방치했기 때문에 이 부분에서 중합반응을

일으켜, 더욱이 열에 의해 분해하여 카본물질을 생성하였다. 이 때문에 유로에 저항이 발생하여 생긴 국부적인 고압에 의해 볼트가 풀려 가스를 분출시킨 것으로 판명되었다. 화재원인으로서는 정전기 등을 생각할 수 있지만 확실하지 않았다. 이 사고의 FTA는 그림 11.7에 나타내었다.

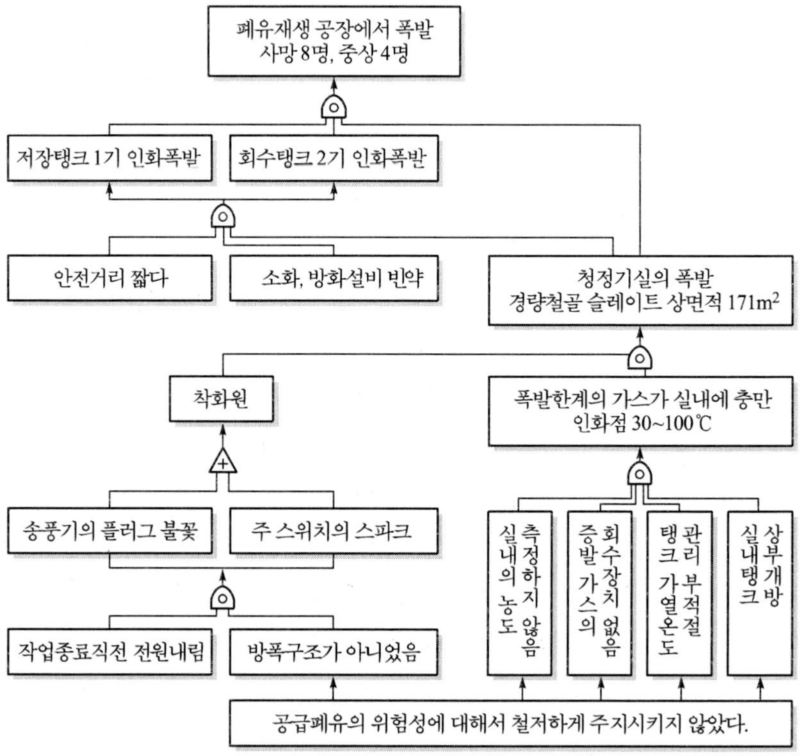

그림 11.6 폐유 재생공장의 폭발화재 사고의 FTA

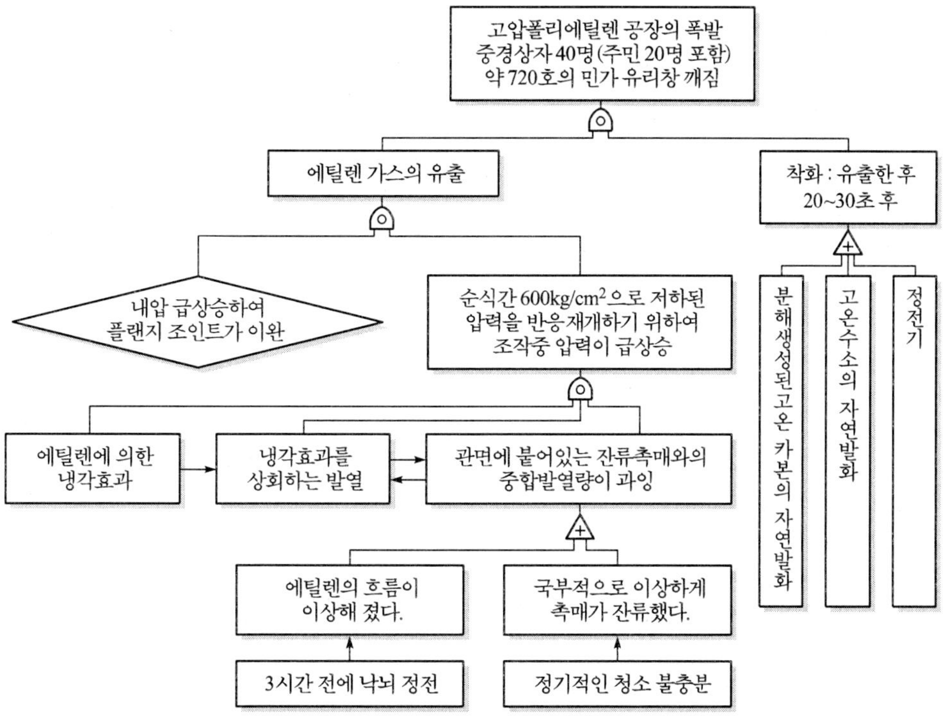

그림 11.7 고압 폴리에틸렌 제조장치 폭발사고의 FTA

(주) 1,610kg/cm^2, 222°C에서 운전 중에는 1,660kg/cm^{2}로 되고, 인터록되어 촉매의 주입이 중지되며, 임시 600kg/cm^{2}로 내린다.

11.2 사상수 분석 (ETA: Event Tree Analysis)

11.2.1 디시젼 트리(Decision Tree)

'의사결정나무'의 뜻으로 복잡한 경영상의 문제를 푸는데 많이 사용되는 도식적인 모형이다. 이 방법은 경영자가 각각의 대안에 대한 결과와 위험에 대해서 알 수 있도록 보여 준다. 디시젼 트리의 장점 중의 하나는 문제분석에 확률을 도입하여 시스템의 신뢰도를 귀납적이고 정량적으로 분석할 수 있다는 것이다.

디시젼 트리에서는 시스템내의 각 요소가 그 상대마다 분기되어 그 분기에 따라 발생확률이 표시되며, 다음의 요소에 나뭇가지 모양으로 연결된다. 최후에도 시스템의 상태를 표시하는 출력에 연결된다. 디시젼 트리의 작성은 시스템 다이어그램에 따라 좌측으로부터 우측으로 진행되고, 각 요소를 나타내는 시점에서 통상 성공사상은 위쪽에, 실패사상은 아래쪽으로 분기된다. 분기마다 신뢰도와 불신뢰도가 표시되고 마지막에 각각의 곱의 합으로 해서 시스템의 신뢰도가 계산되며, 분기된 각 사상의 확률의 합은 1이다.

11.2.2 ET 분석 방법

ETA는 리스크 분석(Risk Analysis)의 대표적인 방법 중 하나로서 시스템의 구성이 거의 확정되는 시기에 실시된다. 디시젼 트리(Dicision Tree)가 재해사고의 분석에 이용될 때는 Event Tree라고 하며, 이 경우 Tree는 재해사고의 발단이 된 요인에서 출발하여 2차적인 원인과 안전수단의 성공과 실패에 의해 분기되고 최후에 재해사상에 도달한다.

ETA의 본래 목적은 고장에 따른 영향의 사전해석이지만 재해사고의 근원이 된 고장 또는 오작동이 명확한 경우, 재해분석에 ETA를 적용하면 재해가 확대해 가는 과정을 그림으로 추적해 갈 수 있고 종래에는 별로 중시되지 않던 재해의 확대요인을 분석할 수 있다는 것과 재해와 끔찍한 사고와의 관계를 구할 수 있기 때문에 유사사고의 예방대책에 편리하다. ETA의 작성방법은 디시젼 트리와 같으며, ETA의 순서는 먼저 문제로 삼는 초기 사상에 대해서 ET를 만들고, 그 사상에서 파생하는 결과를 찾아낸다. 다음 결과의 의미를 생각하여 적당히 분류한다. 이 경우 ET의 각 사상에 따라 현상 경험에 의거정할 수 있고 각 기능의 고장이 독립적으로 생긴다고 간주할 수 있다면 정량적 평가가 간단하게 실행될 수 있다. 원자로의 냉각배관 파단을 원인사상으로 하는 사고 시나리오를 그림 11.8과 같이 Event Tree로서 나타내었다.

원인 사상은 확률 P_A로서 발생한다. 이 값은 원인사상 「냉각계 배관의 파단」을 정상사상으로 하는 Fault Tree에서 구해진다. 계속해서 조사해야 하는 사상은 (1) 전력의 이용 가능성, (2) 긴급 로심 냉각계(ECCS)의 상태, (3) 방사능 제거장치의 상태, (4) 플랜트 격리장치의 상태 등이다. Event Tree에서 사상마다 가지를 미분하여 가면 원인사상 이외에 N개의 사상이 있는 경우 그림 11.8과 같이 사고 시나리오의 총수는 2^N개로 된다. 그러나 실제로는 그림 11.9에 나타내는 바와 같이 몇 가지의 분기는 생략되어 간단화된다.

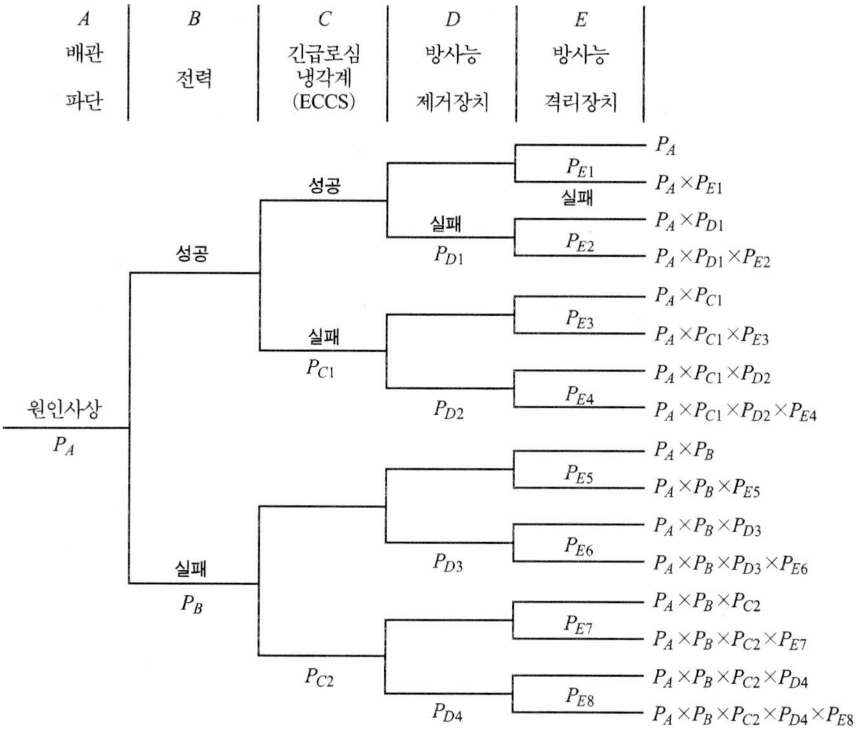

그림 11.8 냉각계 배관 파단을 원인 사상으로 하는 ET

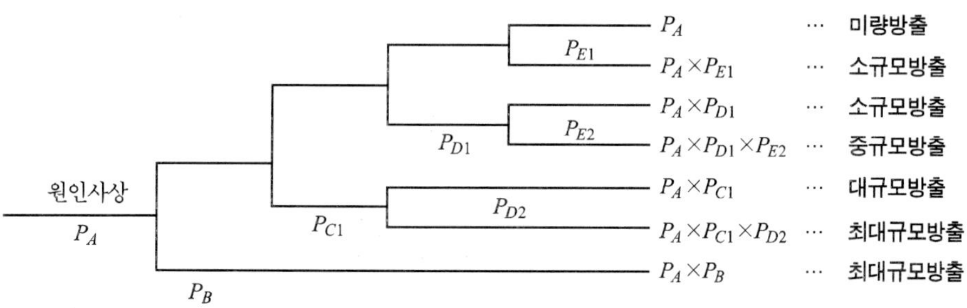

그림 11.9 간단화된 ET

11.2.3 ETA적용 사례

(1) 알루미늄 재생공장의 폭발

(가) 작업개요 : 이 공장은 알루미늄 판 등의 연삭가루를 용융하여 잉곳(ingot) 하고, 그중의 일부는 알루미늄 분말로 만들고 있다. 공장은 용해로에서 연삭가루를 녹여 잉곳작업을 하는 용해장과 분쇄기를 사용하여 알루미늄 분말을 만드는 작업을 하는 분쇄장으로 구성되어 있다.

(나) 사고개요 : 사고 당일 용해작업반 4명은 아침 일찍부터 용해장에서 작업을 시작하여 용해로(1ton용)에 연삭가루를 넣고 용융될 때까지 다음 일을 준비하고 있었다. 작업자 중 한사람은 분쇄장으로 가서 이동식 그라인더를 사용하여 잉곳 제조에 필요한 직경 1.3cm, 길이 50cm 철봉 연마작업을 시작하였다. 이 그라인더의 불꽃이 분쇄장에 산더미로 쌓여 있던 연삭가루에 착화되어 화재가 발생하였다. 이 때문에 작업자는 용해장에 있던 다른 작업자들에게 알려 함께 드럼통의 방화수를 물통으로 퍼서 날랐다. 작업자가 물통의 물을 그라인더 부근에서 타고 있던 알루미늄 분말에 부은 직·후 '꽝'하는 소리와 함께 폭발하면서 불기둥이 치솟았다. 이때 작업자 4명 전원이 화상을 입고 이 중 2명은 사망하였다. 최초의 발화는 앞에서 서술한 대로 그라인더의 불꽃에 의한 것이지만 물을 부었기 때문에 알루미늄과 물과의 반응에 의해 수소가 발생하여 이것이 폭발함과 동시에 알루미늄 분진이 날아오르게 되어 분진 폭발을 일으킨 것으로 추정된다. 작업환경의 열악함을 우선 지적할 수 있지만 작업자에 대한 교육이 불충분하고 알루미늄 분말의 위험성에 대해서 전혀 지식을 갖지 못한 것과 작업자 전원을 관할하는 책임자가 없었던 것도 지적할 수 있다. 이 사고의 ETA를 그림 11.10에 나타내었다.

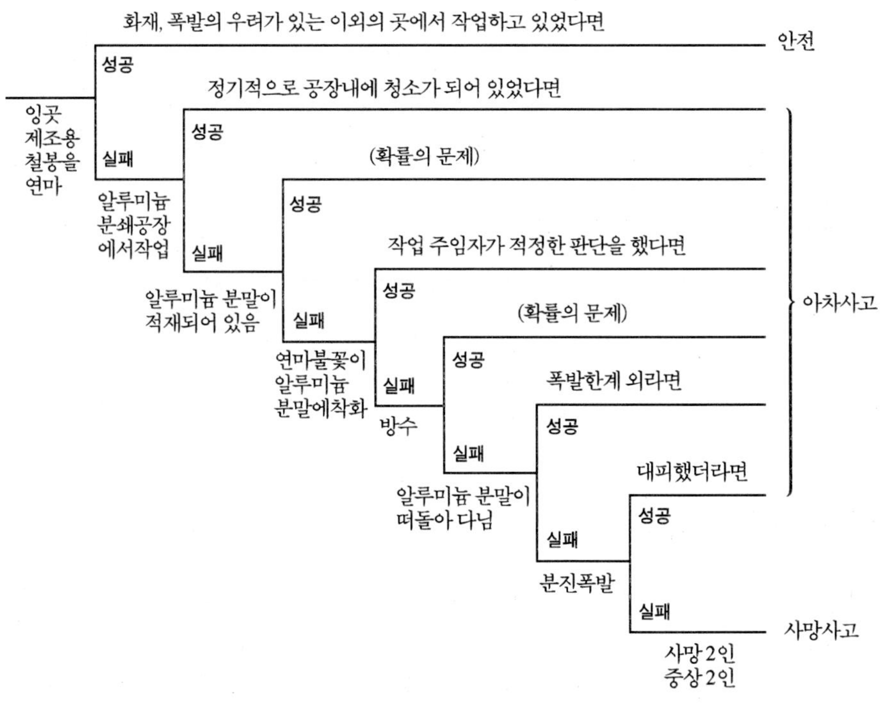

그림 11.10 알루미늄 재생공장 폭발사고의 ETA

(2) 클로로술폰산 탱크의 폭발

사고개요 : 이 공장에는 110ton용 클로로술폰산 탱크가 모두 4기 있었지만 그중 2기의 긴급차단밸브가 나쁜 상태였기 때문에 내부를 청소하여 점검 정비하기로 되어 있었다. 작업 순서는 다음과 같이 하기로 하였다. (가) 탱크 내의 클로로술폰산을 공장 내 다른 탱크로 옮긴다. (나) 잔류하는 슬러리상의 클로로술폰산은 물을 천천히 주입하여 가수분해한다. (다) 클로로술폰산이 완전히 가수분해하여 연기가 없어진 후 탱크 내에 물을 주입하여 일단 만수상태로 한다. (라) 잠시 방치한 후 탱크내의 물을 배출한다. (마) 탱크의 맨홀을 열어서 작업자가 탱크 내부에 들어가 점검정비 작업을 시작한다.

그런데 (가)와 (나)의 작업에 일손이 많이 소요되었기 때문에 감독자는 (다)의 작업을 도중에 중지시켜, 내부의 물이 모두 배출되지 않은 상태에서 맨홀을 제거하도록 지시하였다. 이 때문에 2명의 작업자가 녹슨 맨홀에 설치된 볼트를 풀기 위해서 아세틸렌의 절단토치를 사용해서 볼트를 절단하려고 했을 때 갑자기 폭발이 일어나 감독자와 2명의 작업자가 9m나 날아가 사망하였다.

원인으로서 (가) 탱크내의 클로로술폰산은 가수분해 결과 $SO_2Cl(OH)+H_2O \rightarrow H_2SO_4+HCl$의 반응에 의해 황산과 염산으로 변해 있었다. (나) 이들의 산은 탱크 내부로 주입되는 물에 의해 희석되어 탱크 본체의 철과 쉽게 반응하여 $2Fe + 3H_2SO_4 \rightarrow Fe_2(SO_4)_2 +3H_2\uparrow$, $2Fe+6HCl \rightarrow 2FeCl_2+3H_2\uparrow$의 반응을 진행시켜, 그 결과 (다) 탱크내의 자유공간에는 공기와 수소의 폭발성 혼합기체가 형성되었다. 거기에 아세틸렌 토치의 화염에 의해 맨홀 부위가 가열되었기 때문에 위의 혼합기체가 발화 폭발하였다. 이 사고의 ETA를 그림 11.11에 나타내었다.

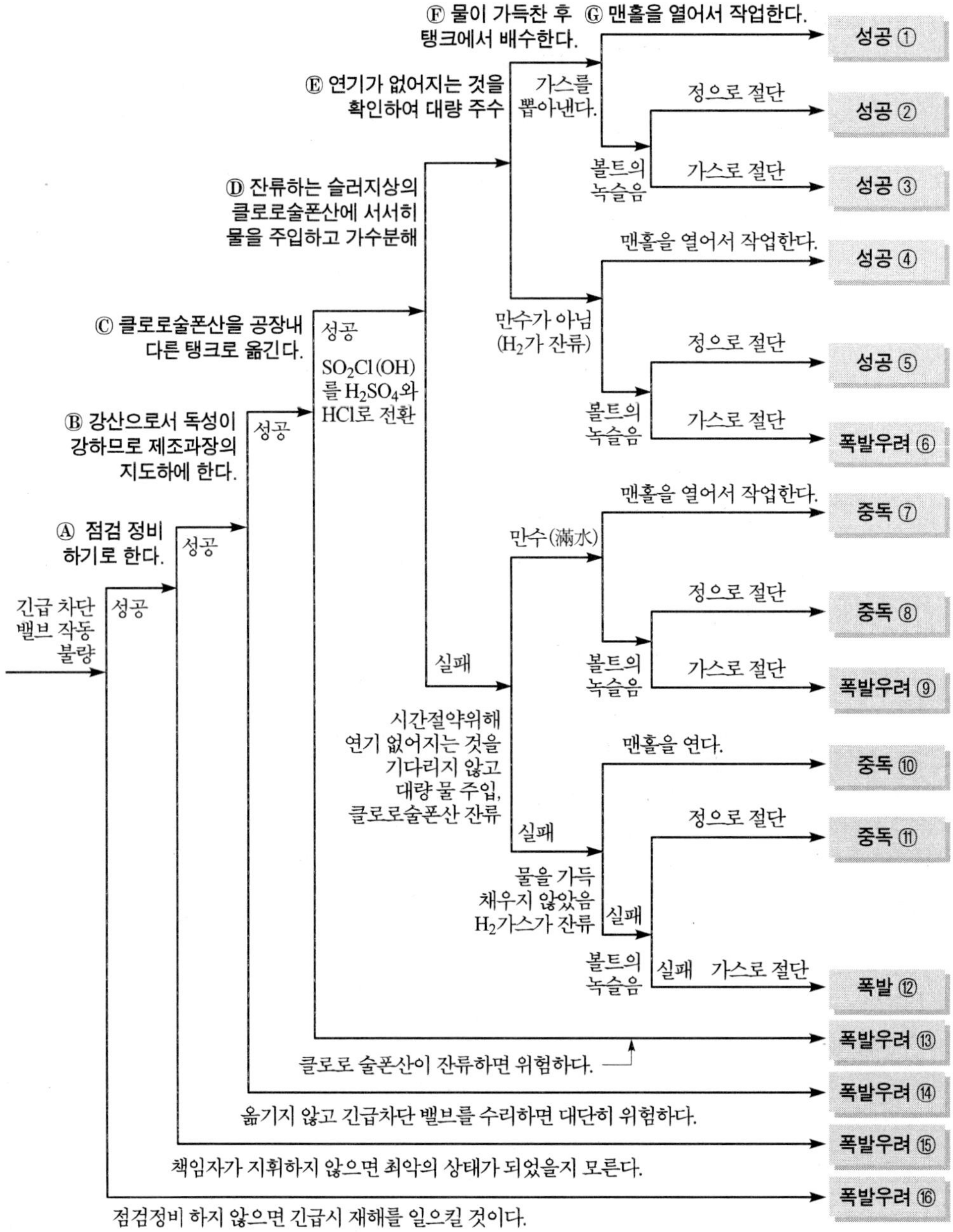

그림 11.11 클로로술폰산 탱크 폭발사고의 ETA

11.3 운전성 연구(OS: Operability Study)

시스템 공학에 바탕을 둔 위험도 평가방법의 하나로서 화학플랜트의 설계, 운전에 있어서 플랜트의 위험을 명확하게 하며, 필요한 대책을 강구하기 위한 실용적 방법이다. Operability Study는 영국의 ICI사에서 개발한 기법이며, 이 회사에서는 새로운 플랜트의 건설 또는 플랜트 증설을 할 경우에는 이 기법을 적용하여 의무적으로 플랜트의 위험도 평가를 실시하였다.

11.3.1 기초원리

이 기법의 기초원리는 어떤 기준이 되는 설계, 운전조작에서의 "벗어남(deviation)"에 관심을 가지는 것이다. 기법의 순서로서는 제일 먼저 대상으로 하는 프로세스를 충분히 이해할 수 있도록 도면, 사양서를 준비한다. 다음으로 어떠한 벗어남이 일어날 것인가를 프로세스 각 부에 대하여 검토하고, 마지막으로 그 벗어남에서 위험이 발생할 것인가 아닌가를 결정한다. 기준상태에서의 벗어남을 조직적으로 검토하기 위해 표 11.1의 가이드 워드(guide word)를 각 부분에 적용한다. 이 용어는 화학플랜트 뿐만 아니라 그 외의 일반산업에도 적용할 수 있다.

표 11.1 가이드 워드 일람표

가이드 워드	의 미	설 명
NO 또는 NOT	설계, 운전 전기준을 달성해야 하는 사상이 전혀 발생하지 않는다.	설계·운전기준은 전혀 달성되지 않고 아무것도 일어나지 않는다(예: 흐름이 없다).
MORE, LESS	기준치보다 양이 증가한다. 또는 량이 감소한다.	물리량+특성치에 관한 것(예: 유량, 온도, 가열이나 반응 같은 사상이 발생하는 것).
AS WELL AS	질적 향상	설계, 운전의 기준은 이미 달성되어져 있으나 그 외에 어떤 사상이 발생한다(예: 여분의 조성, 상이 존재한다).
PART OF	질적 저하	설계, 운전의 기준의 일부는 달성되어져 있으나 달성되지 않는 것도 있다(예: 조성이 기준치와 다르다).
REVERSE	설계, 운전기준과는 반대의 사상, 물(物)	주로 어떤 사상이 발생하는 경우에 적용한다(역류, 역반응의 발생). 물질에도 적용할 수 있다.
OTHER THAN	본래의 것과 다른 사상, 물(物)	설계·운전기준은 전혀 달성되지 않는다. 전혀 다른 사상이 발생하고 있다.

이 기법을 알기 쉽게 설명하기 위하여 간단한 플랜트를 생각해 보자. 그림 11.12에 나타내는 바와 같이 반응용기에 원료 A와 B를 펌프(pump)로써 이송하여, 거기서 반응시켜 제품 C를 만든다. 지금 원료 B의 농도가 원료 A의 농도보다 크게 하면 폭발적으로 반응이 진행한다고 가정한다. 그림 11.12의 플로우 시트(flow sheet)에서는 원료 A의 펌프, 기준 흡입구에서 반응용기 입구까지의 부분을 취한다. 이 부분의 설계, 운전은 어떤 지정된 유량으로서 원료 A를 이송한다.

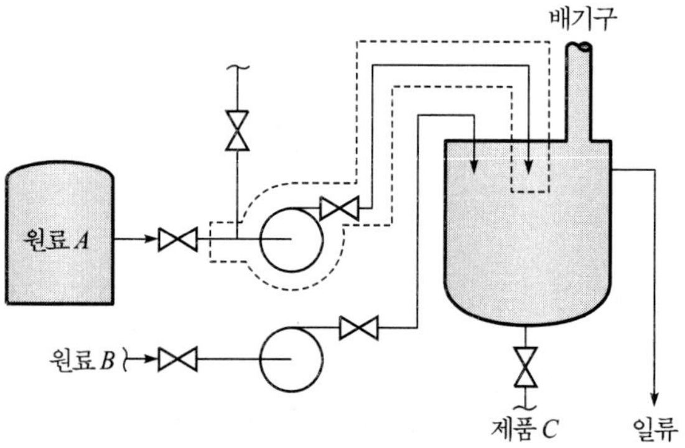

반응 : $A+B \rightarrow C$　　B의 농도가 A의 농도보다 크면 폭발한다.
검토대상은 점선으로 둘러싸여 있는 부분이다.

그림 11.12 반응용기 원료 공급계

여기서 표 11.1의 가이드 워드(guide word), NOT, DONT 또는 NO를 이 기준에 적용하면 “A를 이송하지 않는다.”로 된다. 플로우시트(flow sheet)에서 원료 A를 이송하지 않는 원인을 검토하면 (1) 원료 A의 탱크가 비어 있다. (2) 펌프가 회전하지 않는다(기계적 고장, 전기적 고장, 펌프의 스위치를 끊는다). (3) 파이프 라인(pipe line)이 파단되어 있다. (4) 밸브(valve)가 잠겨있다. 그 결과를 생각해 보자. 원료 A의 흐름이 정지하면 바로 용기 내에서 A보다 B의 양이 크게 되어 폭발의 위험성이 발생한다. 이것은 재해에 이르게 된다.

MORE를 적용하면 “반응용기에 다량의 원료 A가 유입한다.”고 하는 벗어남(deviation)으로 된다. 이 원인은 펌프의 이송유량이 크게 되기 때문이다. 이 원인에 의하여 일어날 수 있는 결과로는 (1) 반응생성물 C중에 과잉의 A가 포함되어져 있어 이것이 다음의 프로세스에도 계속되게 된다. (2) 반응용기로 향하는 유량이 크게 되면 용기에서 일류(overflow)한다. 이것이 위험에 이르게 될지 어떨지의 여부는 더 검토해야 한다. LESS를 적용하면 이때의 벗어남(deviation)은 “반응용기로의 원료 A의 유입량은 감소한다.”

로 된다. 이 원인은 A가 전혀 유입되지 않는 경우와 달라서 (1) 밸브가 일부 닫혀져 있다. (2) 배관이 일부 폐쇄되어져 있다. (3) 펌프(pump)가 전격유량으로서 운전되지 않는다 등이다. 이 결과는 흐름이 완전하게 정지한 경우와 같아서 이 경우에는 폭발이라는 재해가 일어날 가능성이 있다.

AS WELL AS는 운전조건은 달성되어져 있으나 그것과 동시에 어떤 사상이 발생하는 것이다. 이 용어를 적용하면 "원료 A를 이송함과 동시에"라고 하는 벗어남으로 된다. 이 의미는 (1) 원료 A와 그 이외의 성분을 이송하는 것이다. 그림 11.12로부터 펌프의 흡입구에는 원료탱크 A와의 배관이 있으며, 이 밸브가 닫혀져 있지 않는 경우에 일어날 수 있다. 예를 들면 A의 희석제가 혼입되는 경우이다. (2) 반응기 이외의 장소로 원료 A를 이송하는 것이다. 플로우시트에서 펌프흡입구의 배관을 통하여 원료 A를 이송하는 경우가 있을 수 있다. (3) 원료 A의 이송과 동시에 다른 사상이 발생한다. 예를 들면 배관, 펌프중에서 원료 A가 액상에서 기상으로 변화한다. A의 분해반응이 일어나는 것 등이다.

PART OF는 설계, 운전기준의 일부에만 적용된다. 이 용어를 적용하면 "원료 A의 일부를 이송한다."고 하는 벗어남으로 된다. 이 예로서는 (1) 원료 A의 어떤 성분이 소실된다. 소실된 성분의 영향을 평가한다. (2) 펌프에서 1개소 이상의 반응용기에 원료를 공급하고 있다면 1개소 또는 그 이상의 반응용기에는 공급되지 않는다.

REVERSE를 적용하면 "원료 A를 역으로 이송한다."고 하는 벗어남으로 된다. 이 예로서 (1) 반응용기가 원료 A로 가득 차게 되어 압력이 상승하고, 반응용기에서 펌프의 배관에서 역류가 발생한다.

끝으로 OTHER THAN은 설계, 운전조건과는 전혀 다른 사상이 발생하는 경우이다. 이 용어를 적용하면 "원료 A를 이송하는 것 이외"라고 하는 벗어남으로 된다. (1) A와는 다른 원료를 이송한다. 플로우 시트에서 이것이 일어날 경우는 몇 가지 있다. 예를 들면 펌프의 흡입구의 T자관으로부터 다른 원료가 유입한다. 어떠한 물질이 탱크에 혼입할 가능성이 있을까를 조사하여 그 영향을 정확하게 할 필요가 있다. (2) 설계, 운전의 목적에서 변경된다. 예를 들면 반응용기 이외의 개소에 원료 A를 이송한다. 플로우 시트에서 알 수 있는 바와 같이 펌프 흡입구의 T자관을 통하여 이것은 일어날 수 있다. (3) 다른 사상이 발생한다. 예를 들면 원료 A를 이송하는 대신에 A는 응고할 것인가?

이상의 검토결과를 표 11.2에 정리하였다. 여기서는 대책에 관하여는 설명하지 않았으나 이 문제는 다음의 응용 예에서 고려한다.

표 11.2 반응용기 계의 Operability Study(탱크출구에서 용기입구까지)

가이드 워드 Guide Word	벗어남 Deviation	생각할 수 있는 원인 Possible Causes	계에 미치는 영향, 결과 Consequence
NO또는 NOT	Don't transfer A 원료 A를 이송하지 않는다.	1. 탱크가 비었다 2. 펌프의 고장 3. 배관부의 파손 4. 밸브 닫힘	1. 용기 내에서 B의 농도가 A보다도 크게 되어 폭발이 일어난다.
MORE	Transfer More A 다량의 A를 이송한다.	1. 펌프의 유량과대 2.밸브개도가 크다 3. 탱크 내 고압력	1. 용기 내에서 A가 과잉으로 되고 다음의 프로세스의 영향을 조사한다. 2. 용기에서 일류하나 이것이 재해로 될까 조사한다.
LESS	Transfer Less A 소량의 A를 이송	1. 밸브의 일부 닫힘 2. 배관의 일부 폐쇄 3. 펌프의 성능저하	1. NO, NOT의 경우와 동일
AS WELL AS	As Well As Transfer A A의 이동함과 동시에	1. 펌프의 흡입구의 밸브에서 유입 2. 펌프의 흡입구의 밸브에서 이송 3. 관, 펌프 내에서 상변화	1. 역시 위험한 혼합물이 생성된다. 화재, 정전기, 부식
PART OF	Transfer Part of A A의 일부를 이송	1 . A의 어떤 성분 소실 2. 다른 반응용기에 공급한다.	1. 소실성분의 영향을 평가한다. 2. 다른 용기에서의 영향을 평가한다.
REVERSE	Reverse Transfer of A A의 역류	1. 반응용기가 가득 차게 되어 압력이 상승하고, 관, 펌프로 역류한다.	1. 원료 A가 외부로 누설한다. A의 위험성을 조사한다.
OTHER THAN	Other Than Transfer A A를 이송하는 이외에	1. A와 다른 원료를 이송한다. 2. 다른 개소에 A를 이송한다. 3. 관 내에서 A가 응고한다.	1. A와의 반응의 유무를 조사한다. 2. 다른 개소에서의 결과를 예측한다.

11.3.2 해석 순서

이 기법을 실제의 문제에 응용하기 위한 순서는 6단계로 된다.

(1) 목적을 명확하게 한다.

이 기법을 응용하는 목적으로는 설계조사, 건설 가·부와 그 장소의 결정, 장치구입의 결정, 운전매뉴얼의 심사, 기존 플랜트의 안정성 개량 등이다. 위험이 발생한 경우의 대상을 명확하게 한다. 예를 들면 공장종업원, 플랜트 또는 장치, 환경 등이다.

(2) 팀(Team) 구성

이 해석을 실시하는 데는 2가지의 팀을 필요로 한다. 하나는 기술팀이며 플랜트에 대한 광범위하고 상세한 지식을 가지고 설계와 운전의 양쪽에서 선발한다. 구성원은 기계공학과 화학공학의 기술자, 연구개발화학자·제조관리자, 기획관리자 거기에 계측 또는 전기기술자로서 구성하며, 하나의 팀의 인원수는 3~5명이 바람직하다. 그 위에 해석을 실시하는 것을 지원하는 팀도 조직한다. 이 팀에는 해석의 리이더가 소속되고, 리이더의 책무는 기술팀의 구성, 교육, 데이터의 수집과 정리, 해석을 관리하는 것이다. 위험의 존재가 명확하게 되면 그것을 기입, 정리하는 서기를 두는 것은 아주 능률적이다.

(3) 해석의 준비

준비 작업은 다음의 4단계로 된다. (가) 데이터의 입수 (나) 데이터를 적절한 형태로 변환한다. (4) 해석의 순서를 결정한다. (라) 해석에 요하는 시간을 정한다. 연속 프로세스에서는 데이터를 입수하여 해석하는 것이 간단하다. 회분식에서는 플랜트의 조작순서를 조사하는데 시간이 소요된다. 복잡하며 특허가 있는 기기에서는 준비하는 일에 해석하는 일보다 많은 사람수×일수를 필요로 한다. 데이터를 입수하면 리이더는 해석에 요하는 시간을 정한다. 그림 11.1에서는 1개소 15분으로 하여 1시간 반으로서 해석을 마치는 것으로 한다. 1회의 해석시간은 3시간 이내로 한다.

(4) 해석을 실시한다.

여기에서는 실제로 응용하기 위한 조언을 제공한다. 먼저 리이더는 어떤 배관부를 설정하여 그 부분의 목적을 명확하게 하도록 팀에게 요구한다. 팀의 각자가 그 내용을 이해할 때까지는 가이드 워드를 적용하지 않는다. 어떤 위험의 존재가 명확하게 되면, 팀 전원이 그것을 이해하고 있는지 아닌지를 리이더는 확인한다. 위험이 명확하게 되면 그의 해결법으로는 다음의 2가지의 방법이 있다. 하나는 각 위험마다 그 해결법을 구한다.

다른 한 가지는 모든 위험이 명확하게 될 때까지 해결법을 생각하지 않는다. 실제에는 문제에 따라 해결법을 검토할 필요가 있다.

(5) 추적 작업

해석의 결과 다시 해결해야 할 의문이 있으면 이 표를 작성하고 팀 전원에게 회람한다. 그 후 "평가와 대책"이라고 하는 작업을 시작한다. 대책이 많이 있으면 가장 유효한 대책을 선정하는 것으로 되나, 대책으로서는 다음의 4종류가 있다.

(가) 프로세스의 변경
(나) 프로세스 조건의 변경
(다) 설계의 일부 수정
(라) 운전방법의 변경

몇 가지의 대책들을 다음의 두 가지로 분류하면 이해하기 쉽다. (가) 위험요인을 제거하기 위한 대책 (나) 계의 영향을 감소하기 위한 대책. 대책을 평가하기 위한 기법의 하나로써 FTA(Fault Tree Analysis)를 사용하는 경우도 있다.

(6) 기록

팀의 중요한 활동의 하나로서 해석의 결과를 기록하는 것이다. 그 하나의 방법으로서 "위험화일"을 작성한다. 이 화일의 내용은 (가) 해석에 사용한 데이터의 복사(플로우시트, 운전매뉴얼 등), (나) 팀이 작성한 보고서, 질문, 권고, 재설계 등의 모든 자료의 복사, 이 화일은 플랜트마다 보존해야 하고 개선할 때 정보원으로 쓴다. 더욱이 장래에는 이와 같은 해석이 충분히 실시되어 있으면 보험료도 영향을 받을 것이다.

11.3.3 적용사례

원료가스(H_2 100%)를 400°C로 가열하는 가열로에서 연료는 CH_4가스로 하고 원료가스 출구를 일정하게 하기 위하여 TICV로써 유량 제어한다. 버너는 4기이고, 간단하게 하기 위하여 파일러트 버너(pilot burner)는 설치하지 않았다. 가열로와 그 주변의 플로우시트는 그림 11.13에 나타내었다.

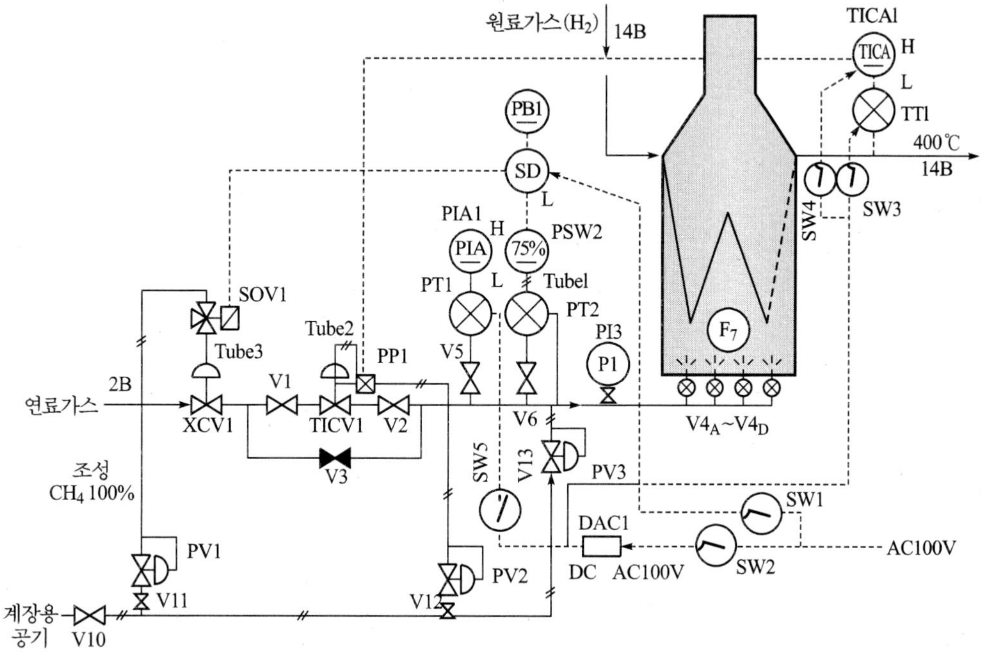

그림 11.13 가열로와 그 주변부의 플로우시트

안전장치로서는 연료가스 압력이 저하했을 때 연료가스를 차단하기 위한 긴급차단 장치가 설치되어져 있다. 그 외에 연료가스 경보(고 및 저), 원료가스 출구 온도 경보(고 및 저) 등의 경보장치도 설치되어져 있다.

이 프로세스에 대한 Operability Study의 결과를 표 11.3에 나타내었다. 표 11.3은 연료가스 공급부에서 버너까지의 구간을 대상으로 하고 있다. 표 11.2에서는 대책의 항목은 빠져있으나 표 11.3에서는 최후의 항에 필요한 대책이 나타내어져 있다. 기준상태에서 벗어남에 의해 위험이 발생할 것인가 아닌가를 검토하는 경우에는 대책의 항은 기입되지 않으나, 위험발생의 방지를 중시하는 경우에는 대책을 검토한다. 표 11.3의 결과 B, C, I에 대하여는 몇 가지의 대책을 생각할 수 있으나, 대책 4, 11, 7에서 나타내는 바와 같이 불확정의 요소가 많기 때문에 Fault Tree해석으로 더욱더 검토하는 것이 필요하다. 이와 같이 Operability Study는 Fault Tree Analysis의 정상사상의 선정에 아주 유용하다.

표 11.3의 하부의 OTHER THAN은 maintenance를 취급하고 있으나 이것은 ICI사의 최초의 가이드 워드 OTHER에 대응하는 OTHER는 통상운전과는 다르게 일어날 수 있는 모든 것을 말하며, 예를 들면 작동, 정지, 보건 등 모든 것을 포함한다. 그러나 이 OTHER 라고 하는 용어는 응용범위가 넓고 그 내용도 막연하다.

표 11.3 가열로의 Operability Study(연료가스 공급에서 버너까지)

가이드 워드	벗어남	생각할 수 있는 원인	예상되는 결과	대책
NOT NO	NO Flow	(1) V1, TICV1, V2 오조작에 의한 닫힘 (2) TICV1의 지시계 조절계, CV고장에 의한 닫힘 (3) XCV1의 CV고장, 인터록 오작동 등에 의한 닫힘 (4) $V4_A$~$A4_D$의 오조작에 의한 닫힘	A. 불이 꺼짐, 원료가스 출구 가스온도 저하 B. 불이 꺼짐, 연료가스가 로 내에 유입하면 폭발	1. 원료가스경보(TICAL) 및 연료가스경보(PIAL) 설치 2. XCV1이 자동 복귀되지 않도록 한다. 3. 차단변과 FCV의 연동인터록의 검토 4. B에 대하여는 FTA로서 검토 5. 불이 꺼짐을 감지하는 방법의 검토
MORE	MORE Press	(5) 버너폐쇄 (6) TICV열림 증대 ① TICV온도 저하 ② 원료가스 유량증가 온도저하 등 ③ TICV의 지시계, 조절계 CV의 고장 ④ 오조작 (7) TICV BP밸브열림 (8) $V4_A$~$A4_D$의 오조작에 의한 열림 증대	C. 버너의 원압 상한계를 넘으면 불려 꺼지고 미연가스 유입, 폭발 D. (6)~③④, (7) (8)의 경우는 원료가스 온도상승 E. 위 경우, 코일 설계온도를 초과하다든지, 화염 이상에 의한 코일파손, 폭발 F. 연료압력의 과대에 의한 불완전 연소, 로내에서 after burning	6. PIAH의 차단변과 인터록 검토 7. 온도계의 점검 충실 8. 온도계의 이중화, 이중점검 9. 버너 능력숙지 및 버너검사방침 확립 10. 버너의 정기 청소 검토 11. 폐가스분석계(CO, O_2)의 설치 검토 12. C에 대하여는 FTA로서 검토 13. 연료가스경보(PIAL) 및 원료가스경보 (TIAL) 설치
	MORE Flow	(9) 버너 칩 파손 (6), (7), (8)의 내용과 같음	상동	14. 로내 연소상태의 파악. 그 외 위와 같음
LESS	LESS Press	(10) 밸브, 플랜지, 배관의 샘(누설) (11) 버너팁 파손 (12) TICV열림 감소 ① TICA온도상승 ② 원료가스유량 저하 온도상승 등 ③ TICV1의 지시계, 조절계 CV의 고장 ④ 오조작 (13) $V4_A$~$A4_D$의 오조작에 의한 닫힘 (14) 연료가스 공급원의 압력 저하	G. (10), (12)~③④, (13)의 경우는 원료가스온도 저하 H. (10)의 경우로는 밖에서 착화원에 의해 폭발 I. 버너의 원압 하한계를 초과하면 불이 꺼지고 미연가스 유입 폭발	15. 가연성가스 검지기 설치 16. 로내 압력계의 검토 17. 연료가스경보(TIAL) 및 원료가스경보(PIAL) 설치 18. I에 대하여는 FTA로서 검토

가이드 워드	벗어남	생각할 수 있는 원인	예상되는 결과	대책
OTHER THAN	Maintenance	버너착화 시 (15) 점화 실패에 의해 로내 가연성가스의 체류	재착화, 폭발, 화재	19. 로 내의 가스감지실시
		버너 공기량 부족 (16) 댐퍼 오조작 (17) 댐퍼 고장 닫힘 (18) 버너 공기댐퍼 또는 노즐오조작 (19) 버너 공기댐퍼 또는 노즐 고장	J. 로내 압상승 K. 연소공기 부족에 의해 불완전연소 더욱이 불려 꺼짐 L. 로 밖으로 불려나와 폭발 M. 원료가스 온도 저하	20. 댐퍼 등의 조작의 기준화

이 점에서 표 11.1에서 정한 용어와 그 의미는 명확하게 규정되어져 있다. 플랜트 작동정지, 보전의 경우에는 별도의 형식으로서 검토되어져야 한다.

Operability Study는 개발되어 수년이 지났으나 응용 예는 주로 화학 플랜트로서 위험도 평가 기법으로서는 아직 확립되어진 것은 아니다. 지금까지의 실시결과에서 명확하게 된 문제점과 그 특징을 아래에 정리하여 둔다.

(1) 필요한 대책은 다음에 기술하는 것과 같은 문제점이 있으며, 대책의 목적, 기능을 명확하게 할 필요가 있다.
   (가) 원인 또는 결과의 어느 것에 대한 것인가
   (나) 이상발생의 발견, 예방, 사후대책의 어느 것인가
   (다) 이상의 회피, 경감, 분산, 조합, 전이의 어느 것인가
   (라) 설계 또는 운전단계의 어느 것인가
   (마) 대책을 강구한 것에서 원인, 결과를 재검토할 필요는 없는가
(2) 이 기법은 주로 배관부에 적용하나 용기에 대한 해석 순서는 명확하지 않다.
(3) 제어계의 오조작, 설치한 안전대책이 작동하지 않는 경우, 대책의 유효성에 대하여는 검토되지 않는다.

이 기법의 특징으로서는

(1) 중간사상에서 출발하므로 Fault Tree Analysis와 FMECA의 양기법의 장점을 병용하고 있다. Fault Tree Analysis보다도 작업량, 경비 모두 적게 들고 실용적 기법이다.
(2) 이 기법은 설계 및 운전 양편의 문제에 적용할 수 있다. 운전원에 의한 실제문제의 해결, 신입사원의 교육에도 유용하다.

(3) 플랜트의 안전설계, 운전매뉴얼 작성을 위한 기초자료로서 보존하여 정보의 축적, 전달이 가능하다.

11.4 Hazard and Operability Study(HAZOP)

정유, 가스, 석유화학 공장 등 장치 산업에 있어서 안전과 관련된 제반사항은 장치의 신뢰성, 공정설계 방법, 공장의 운전 방법 등과 밀접한 관계가 있다. 여러 분야에서 장치의 설계나 제작들에 있어서 안전과 운전상의 문제가 발생할 가능성이 있음을 인식하고 장치의 설계, 제작, 설치 그리고 운전상의 규정(KS, JIS, ASME 등)이 만들어져 있다. 그러나 이러한 규정은 설비안전에 관한 일반적인 사항이므로 특수한 조건에서 운전되고 있는 각 장치의 안전을 확보하기에는 미흡한 점이 있다. 따라서 이러한 규정과 특수한 공정에 대한 전문가의 지식과 경험을 통합하여 공정의 잠재재해를 발굴하고 공정을 개선하기 위한 적절한 절차를 개발하여 적용하는 것이 필요하게 되었다.

이러한 필요가 수년간의 연구를 통해 Operability Study를 개발하게 되었으며, 이 기법의 기본 개념은 많은 문제(사고, 재해, 고장 등)가 야기되는 원인은 설계자의 무지에서 발생된다기보다는 대개 설비와 설비의 집합체인 공장이 복잡해서 설계자가 놓치고 지나쳤다고 가정하는 것이다. 이 기법의 결과는 정성적으로 표현되며 세계적으로 널리 쓰여지고 있다. 이와는 달리 Hazard Analysis는 Operability Study나 다른 기법을 사용하여 몇 가지의 심각한 잠재재해를 발굴하거나 잠재재해가 발생할 수 있는 가능성을 정량적으로 규정하는 것이다. 위의 두 기법을 통합하여 장치 산업에서 발생할 수 있는 잠재재해 발굴 및 운전성 향상을 위해 개발된 것이 HAZOP이다.

11.4.1 목적

HAZOP의 기본목적은 공정상에서 발생할 수 있는 모든 조건 또는 상태를 검토하여 더욱 안전하고 경제적인 공장을 만드는 것이며, HAZOP Study를 실시하면

(1) 공장 건설시 안전하고 경제적인 공장을 설계

(2) 운전 매뉴얼 작성과 운전원의 교육

(3) 신공정의 안전과 운전 방법의 체계적 검토

(4) 기존 공정의 운전방법 개선과 품질향상

(5) 설계 시 재질, relief 장치, 계기 등의 적절성 검토

(6) 법적 요구 조건 충족 등의 효과를 기할 수 있다.

11.4.2 HAZOP Study

HAZOP Study는 공정에서 안전상의 위험이나 운전에 있어서 문제를 일으킬 수 있는 벗어남(deviation)을 찾는 기법이다. Study는 공장을 Section by Section, Line by Line, Item by Item으로 구분하여 공정설계에 관련된 모든 분야를 이해하기 쉽고 체계적으로 검토할 수 있는 질문리스트에 따라 진행된다. 이러한 질문리스트는 공정설계에 전문적인 지식과 경험을 가진 설계 및 운전 담당자에 의해 작성된다. 질문리스트에 있는 가이드 워드(Guide Word)에 의해 가능성 있는 벗어남이 정해지면 벗어남이 일어날 수 있는 원인을 찾고 벗어남에 따라 일어날 수 있는 결과를 예측한다. 이때 원인이 실제로 발생될 가능성이 없다면 이것으로부터 유추된 결과도 의미가 없다. 또한 발생가능성은 있지만 결과가 심각하지 않다면 더 이상 고려하지 않아도 된다. 그러나 원인이 실제로 일어날 수 있고 결과도 심각하다면 이러한 원인을 제거할 수 있는 대책을 세워야 한다. 이와 같이 문제점을 발굴하고, 해결할 방법을 제안하는 것이 HAZOP Study이다.

HAZOP은 시간을 많이 소비하는 작업이며, 지름길은 거의 없다. 이상적인 HAZOP Study Team은 6명~8명의 설계, 운전, 공무전문가로 구성된다. HAZOP기법의 기본 전파는 서로 다른 전공을 가진 여러 명의 전문가가 힘께 문제를 해결하는 것이 서로 각각 독립적으로 작업하여 결과를 종합하는 것보다 더 효율적이라는 것이다.

11.4.3 HAZOP Study 실시 시점

HAZOP Study는 설계 초기부터 공장이 폐쇄될 때까지의 기간 중 어느 때나 실시할 수 있지만 주로 다음과 같은 시기에 실시한다.

(1) basic design 완료시점(상세설계가 확정되기 전)

(2) 설계 변경에 대한 mini study

(3) 공장건설 후 start-up 직전의 pre-commissioning study

(4) 운전되고 있는 공장에 대한 정기적인 study

HAZOP Study의 일반적인 전개는 그림 11.14와 같이 실시한다.

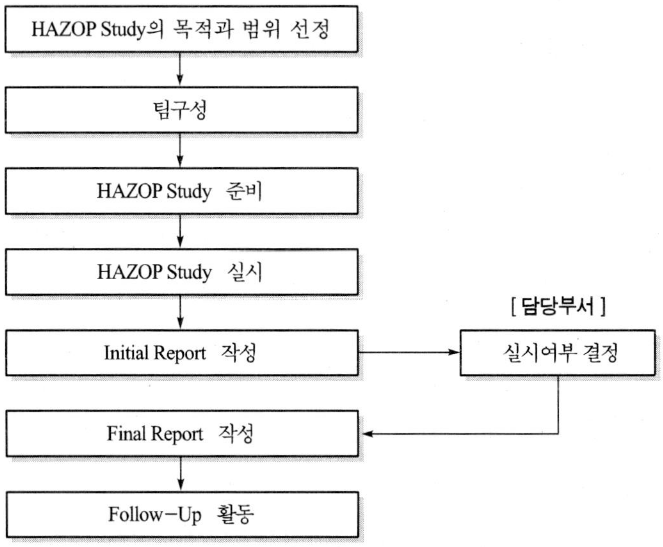

그림 11.14 HAZOP Study 전개 Flow

11.4.4 Manager의 역할 및 책임

효과적인 HAZOP Study를 위해서는 manager의 확고한 의지가 있어야 하며, study에서 발생된 recommendation에 대해서는 채택, 기각 여부를 결정하여야 하는데, 기각의 이유로 비용이 많이 들기 때문에 기각한다는 것은 적절한 이유가 될 수 없다.

Plant Manager	Project Manager
· 안전운전 절차의 준수와 개발 · Operating Unit에 대한 주기적인 HAZOP Study 실시 여부 확인 · 공정개조 작업에 대한 HAZOP Study 실시 여부 확인 · HAZOP Study 팀에 대한 인원 지원 · HAZOP Study 팀의 Recommend에 대한 Follow-up	· HAZOP team leader와 secretary 임명 · 적절한 시기에 Study가 계획되었는가 확인 · HAZOP Team에 대한 인원 지원 · 회의실, Vendor의 Arrange 등 Leader가 Study 준비하는 것을 지원 · 설계시 안전과 손실방지를 포함한 모든 설계에 관한 Checklist에 의해 검토되었는가의 확인

11.4.5 팀 구성

(1) 팀원 선정은 HAZOP Leader와 Study에 관련된 manager에 의해 이루어진다.

(2) 팀의 규모는 매우 중요한 사항이며, 팀원이 6명(leader 및 secretary 포함) 이하이면 효율이 떨어지고 8명 이상이면 소요시간이 증가할 것이다. 따라서 팀원은 6~8명이 가장 적절하다.

(3) 팀원 구성 또한 매우 중요한 문제이다. 즉, 팀원 개개인에게 요구되는 역할이 서로 다르기 때문에 팀원은 각 분야의 전문적인 지식을 갖고 있는 사람들로 구성되어야 한다. 그러나 불가피한 경우 한사람이 두 가지 역할을 담당할 수도 있으며, study의 목적에 따라 필요 없는 역할도 있다.

(4) 일반적으로 New process plant project시와 Existing plant HAZOP Study시 참여하는 사람은 다음과 같다.

New Process Plant Project	Existing Plant
- Process Engineer(Chemical) - Mechanical Engineer - Production Operations Supervisor or Foreman - Instrument Design Engineer - Commissioning Manager - Electrical Engineer - Civil Engineer - Company Safety Representative	- Unit Supervisor - Unit Foreman - Plant Engineer - Instrument Foreman - Process Engineer - Company Safery Representative

11.4.6 Study 준비 및 실시

study 대상과 leader가 정해지면 이 study를 완료하기 위한 세부 추진 계획을 HAZOP Coordinator 또는 leader와 secretary에 의해 작성되어야 하며, 주요 내용은 다음과 같다.

(1) study의 목적을 명시

(2) study 일정

(3) 자료 준비

(4) 장소 선정

HAZOP은 많은 시간과 노력이 소요되므로 설비 전체에 관한 연구보다는 단위별 또는 부문별로 나누어 개괄적인 검토를 실시하고, 심각한 위험요소가 예상되는 부문에 대해 상세하게 실시하며, 적용대상의 기준은 다음과 같다. (가) 다수의 사상자나 심각한 환경오염을 초래할 수 있는 치명적인 화학물질이나 독극물의 누출 우려가 있을 경우, (나) 대형화재나 폭발의 우려가 있을 경우, (다) 새로운 공정기술이나 공정제어 시스템을 도입하는 경우, (라) 기존 설비의 변경으로 인하여 위험요소가 증가될 우려가 있을 경우에 적용된다. 그림 11.15에 study실시 플로우를 나타내었다.

가정용 가스보일러를 고려하여 HAZOP기술을 설명해 보자. 설계목적은 사전에 정정된 수준의 방 온도를 유지하기 위하여 가스가 충분한 양으로 보일러에 공급되도록 하는 것일 것이다. 그러므로 가이드 워드 "NO"는 가스흐름이 없는 것을 의미하므로 그 결과

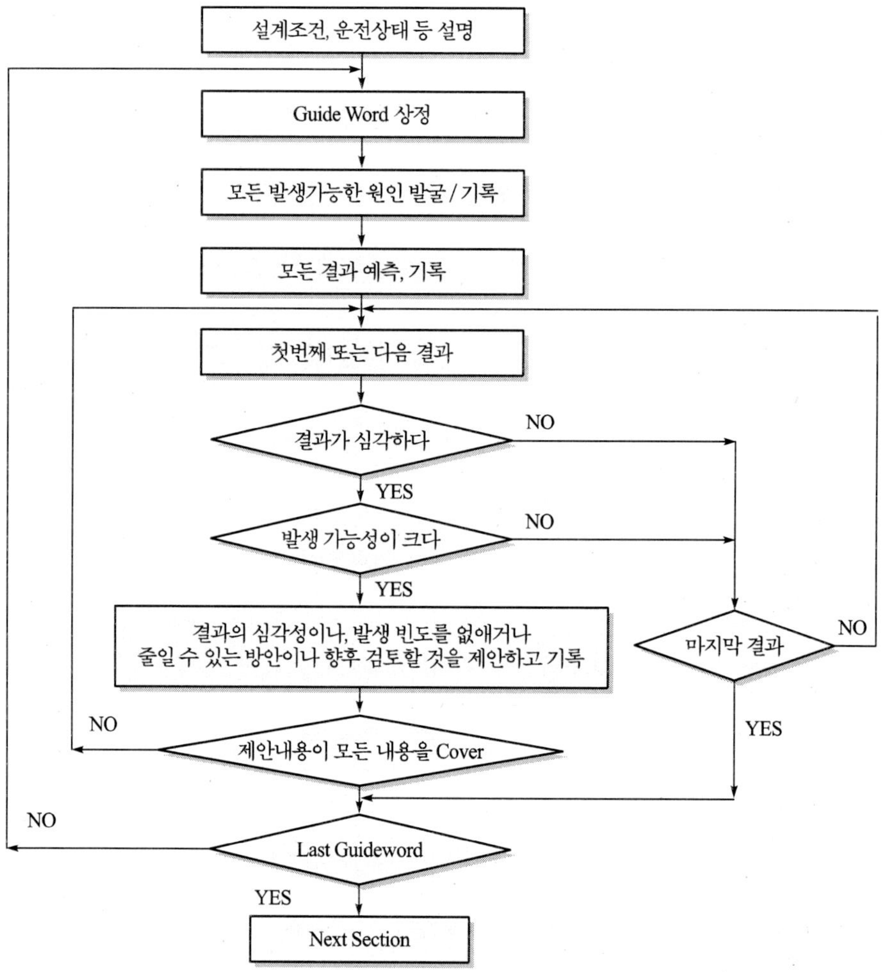

그림 11.15 HAZOP Study 실시 Flow

가스불꽃과 점화기가 꺼지게 되는 일은 명백한 것이다. 만약 점화기가 재점화되지 않는다면 가스흐름이 있은 뒤의 복원은 위험하게 될 것이다. 그 후 가이드 워드를 차례로 적용하여 적절한 결론을 끌어낼 수 있을 것이다. 이 방법은 단점과 장점을 가진다. HAZOP은 정량적인 결과를 얻을 수는 없으나 정성적인 접근을 체계화 할 수는 있다. 그것은 평가를 수행하는 기술자의 판단에 달려 있다. 가이드 워드 "AS WELL AS"가 적용되는 범위는 고려될 수 있는 동시결함의 수를 제안하게 될 것이다. 컴퓨터 프로그램과 신뢰성 데이터가 필요 없기 때문에 이 방법의 강점은 단순화에 달려 있으며, 어떤 프로세스 플랜트에도 적용된다. 이 기술은 Failure Mode and Effect와 FT 또는 ET와 같은 기법의 보충기법인 것이다. HAZOP은 귀납적인 반면 다른 방법들은 연역적이라 할 수 있다.

HAZOP LOG SHEET

SESSION#	ORGINAL DATE	HAZOP LEADER	HAZOP SECRETARY	REV.DATE	SESS RE#

DOCUMENT	REV#	DOCUMENT SECTION#

DESIGN INTENTION

SECTION DESCRIOTION

GUIDE WORD	RPSSIBLE CAUSES	POSSIBLE CONSEQUENCES	RECOMMENDATION

HAZOP LOG SHEET

GUIDE WORD	RPSSIBLE CAUSES	POSSIBLE CONSEQUENCES	RECOMMENDATION

INDEX

ㅅ

ㅇ

ㅈ

ㅊ

ㅋ

ㅌ

ㅍ

ㅎ

저자 소개

최재욱

부경대학교 공과대학 소방공학과 교수

저서 : 〈최신 위험물질론〉, 〈최신 가스안전공학〉, 〈소방화학〉 외 다수

경력 : 소방방재청 화재특별조사 전문위원
한국산업인력공단 소방기술사 출제위원
대한민국 안전대상 심사위원

전성균

동원과학기술대학교 소방안전관리과, 소방방재학과(심화과정) 교수

저서 : 〈방화방폭공학〉, 〈위험물안전관리〉, 〈소방학개론〉 외 다수

경력 : 소방기술심의위원회 위원(울산광역시)
위험성평가 인정심사위원(안전보건공단)
성능위주설계 심의위원(울산광역시)

소방안전공학 정가 23,000원

저자 : 최재욱 · 전성균

발행인 : 임정대
발행처 : 도서출판 화수목

인쇄 : 2018년 3월 5일 초판
발행 : 2018년 3월 12일 초판

등록 : 제2014-000166호

주소 : 서울시 마포구 신촌로 2길 5-15
전화 : 02-338-9119
팩스 : 02-335-2201

ISBN 979-11-86290-92-7 (93530)